FUNDAMENTOS DE TRANSFERÊNCIA DE CALOR PARA ENGENHARIA

gen
Grupo
Editorial
Nacional

FUNDAMENTOS DE TRANSFERÊNCIA DE CALOR PARA ENGENHARIA

JOSÉ ROBERTO **SIMÕES MOREIRA**
ELÍ WILFREDO **ZAVALETA AGUILAR**

- Os autores deste livro e a editora empenharam seus melhores esforços para assegurar que as informações e os procedimentos apresentados no texto estejam em acordo com os padrões aceitos à época da publicação, *e todos os dados foram atualizados pelos autores até a data de fechamento do livro.* Entretanto, tendo em conta a evolução das ciências, as atualizações legislativas, as mudanças regulamentares governamentais e o constante fluxo de novas informações sobre os temas que constam do livro, recomendamos enfaticamente que os leitores consultem sempre outras fontes fidedignas, de modo a se certificarem de que as informações contidas no texto estão corretas e de que não houve alterações nas recomendações ou na legislação regulamentadora.
- Data do fechamento do livro: 05/10/2022
- Os autores e a editora se empenharam para citar adequadamente e dar o devido crédito a todos os detentores de direitos autorais de qualquer material utilizado neste livro, dispondo-se a possíveis acertos posteriores caso, inadvertida e involuntariamente, a identificação de algum deles tenha sido omitida.
- **Atendimento ao cliente: (11) 5080-0751 | faleconosco@grupogen.com.br**

  LTC | Livros Técnicos e Científicos Editora Ltda.
  Uma editora integrante do GEN | Grupo Editorial Nacional
  Travessa do Ouvidor, 11
  Rio de Janeiro – RJ – 20040-040
  www.grupogen.com.br

- Capa: Leonidas Leite
- Imagem de capa: © iStockphoto | Ruslana Chub; ©iStockphoto | Chayantorn
- Editoração eletrônica: IO Design
- Ficha catalográfica

CIP-BRASIL. CATALOGAÇÃO NA PUBLICAÇÃO
SINDICATO NACIONAL DOS EDITORES DE LIVROS, RJ

M837f

Simões Moreira, José Roberto

Fundamentos de transferência de calor para engenharia / José Roberto Simões Moreira, Elí Wilfredo Zavaleta Aguilar. - 1. ed. - Rio de Janeiro : LTC, 2023.
: il.

Apêndice
Inclui bibliografia e índice
ISBN 978-85-216-3819-3

1. Termodinâmica. 2. Calor -Transmissão. 3. Massa - Transmissão. I. Zavaleta Aguilar, Elí Wilfredo. II. Título.

22-80317 CDD: 621.4022
CDU: 621.43.016

Meri Gleice Rodrigues de Souza - Bibliotecária - CRB-7/6439

Dedicamos esta obra às nossas queridas famílias

"...mas, logo depois o rei Nabucodonosor, alarmado, levantou-se e perguntou aos seus conselheiros: "Não foram três homens amarrados que nós atiramos no fogo?"
Eles responderam: "Sim, ó rei".
E o rei exclamou: "Olhem! Estou vendo quatro homens, desamarrados e ilesos, andando pelo fogo, e o quarto se parece com um filho dos deuses"..."
Daniel 3:24-25

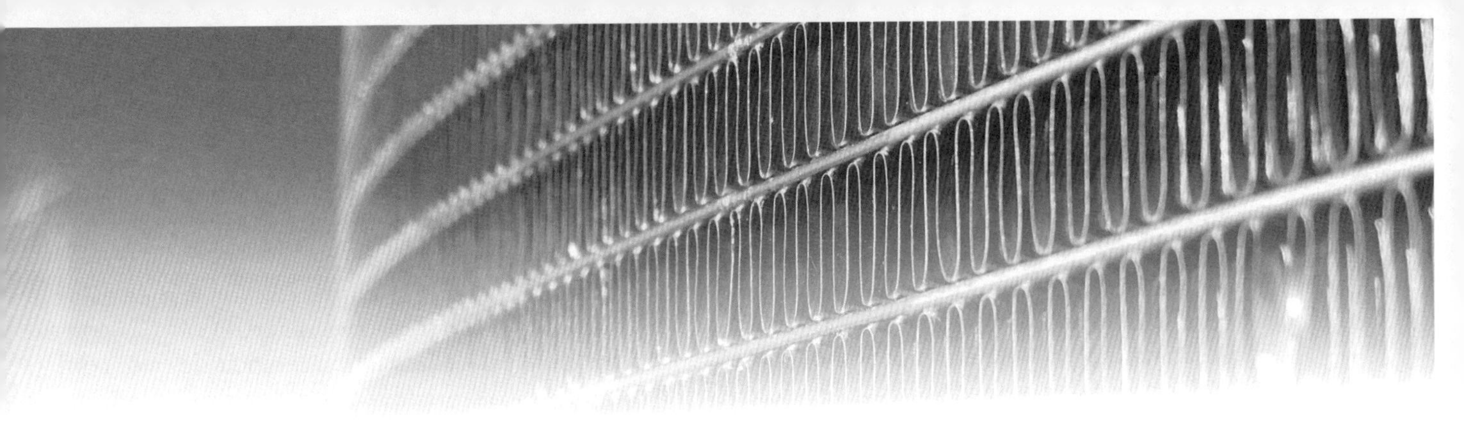

Prefácio

A disciplina *Transferência de Calor e Massa* normalmente segue a disciplina de *Engenharia Termodinâmica* ou *Termodinâmica Clássica* nos currículos de engenharia. Nessa última disciplina, os conceitos de propriedades das substâncias, energia, entropia, balanços mássico e energético e seu aproveitamento em máquinas, processos e equipamentos de transformação energética são apresentados. A análise de processos termodinâmicos está fundamentada na hipótese de *estados de equilíbrio* térmico, mecânico e químico. Já no caso de estados de *não equilíbrio* ocorre a transferência de calor de regiões de maior temperatura para regiões de menor temperatura e a transferência de massa ou de espécies químicas das regiões de maior para as de menor concentração. Questões práticas do projeto térmico de equipamentos, tais como tamanho, forma e operação, ficam à margem dos objetivos da Termodinâmica. Para exemplificar, essa disciplina permite que se avalie a capacidade térmica de um condensador em termos de temperatura operacional, substância de trabalho e carga de condensação. Porém, não responde à questão do dimensionamento do tamanho do equipamento e suas características construtivas, por exemplo, quantos tubos e de qual diâmetro devem ser empregados para atingir aquela capacidade térmica operacional? Deve-se estender as superfícies dos tubos por meio de aletas ou empregar outra técnica de melhoria das trocas térmicas? Outro exemplo prático e familiar que distingue as duas disciplinas é o caso de resfriamento de um corpo. Suponha que o corpo esteja a uma dada temperatura e é colocado em uma câmara fria, como o gabinete de uma geladeira. A Termodinâmica permite determinar o calor total trocado no processo de resfriamento desde a sua temperatura inicial até a final, quando se iguala à do gabinete, porém falha ao informar quanto tempo ocorre para que o novo estado de equilíbrio térmico seja alcançado. Também não possui ferramental teórico para informar quais técnicas podem ser empregadas para aumentar ou diminuir o tempo de resfriamento. Portanto, estes dois exemplos indicam que há uma distinção muito clara entre os campos de atuação das duas disciplinas.

Neste livro, incluímos todos os assuntos relevantes de forma clara e concisa para os cursos de engenharia, que englobam as diversas modalidades, uma vez que a disciplina Transferência de Calor e Massa perfaz o currículo de praticamente todas as modalidades. Os diversos assuntos são tratados para aplicação em um curso introdutório, mas a obra também tem profundidade suficiente para um curso mais avançado. Costuma-se dividir os assuntos de transferência de calor nas suas três formas fundamentais, quais sejam: condução, convecção e radiação térmica. Do lado da transferência de massa, ocorre a difusão e a convecção de massa. Em conformidade com muitos currículos de engenharia, uma carga horária menor é dedicada à transferência de massa e, portanto, o assunto foi concentrado no último capítulo, de forma que há uma fluidez e continuidade do assunto de transferência de calor nos primeiros 11 capítulos e a apresentação da transferência de massa ocorre em separado no capítulo final.

O Capítulo 1 apresenta a introdução aos fenômenos de transferência de calor e de massa de forma ampla. A condução ou difusão de calor unidimensional em regime permanente é tratada no Capítulo 2. O assunto é expandido para situações geométricas bi e tridimensional no Capítulo 3, incluindo uma introdução aos métodos numéricos de solução. No Capítulo 4, são abordados os problemas transitórios para situações elementares, como os sistemas concentrados, e os casos de geometrias mais complexas tanto por solução analítica quanto por técnicas numéricas. A convecção forçada de calor sobre suas superfícies externa e interna é tratada nos Capítulos 5 e 6, respectivamente. O caso da convecção natural ou livre é abordado no Capítulo 7. O Capítulo 8 é devotado à transferência de calor com mudança de fase nos modos de condensação e vaporização. Uma das grandes aplicações da transferência de calor se dá no projeto térmico de trocadores de calor, assunto tratado em detalhes no Capítulo 9. Os fenômenos de radiação térmica são abordados nos Capítulos 10 e 11, sendo o primeiro deles dedicado aos fundamentos e o segundo a aplicações em engenharia, quando a teoria dos fatores de forma é apresentada. Finalmente, o último capítulo contempla os fenômenos de difusão e convecção de massa.

Os autores entendem que todo o texto é passível de correções e ajustes e agradecem, antecipadamente, por quaisquer sugestões e comentários para o aperfeiçoamento e melhoria do livro, os quais podem ser enviados diretamente para os autores. Como palavra final, cabe ressaltar que esta obra é o resultado da experiência dos autores na ministração da disciplina. O primeiro autor tem mais de 30 anos de experiência como ministrante de transferência de calor e massa. Muitos problemas resolvidos e propostos foram questões de prova de ambos os professores. Os autores estão em dívida com os seguintes professores que contribuíram tanto com a leitura de capítulos originais como com a cessão de problemas para o livro: Caridad Noda Pérez (UFG), Cláudio R. Freitas Pacheco (Poli-USP), Edson Cordeiro do Valle (UFRGS), Elaine M. Cardoso (UNESP), Gherhardt Ribatski (EESC-USP), Jorge R. H. Guerrero (UFPE), Luis M. Moura (PUCPR e UFPR), Marcelo da Silva Rocha (IPEN/SP) e Marcos de Mattos Pimenta (Poli-USP).

José Roberto Simões Moreira
Professor Titular
SISEA – Laboratório de Sistemas Energéticos Alternativos e Renováveis
Deptº de Engenharia Mecânica da Escola Politécnica da Universidade de São Paulo (Poli-USP)

Elí Wilfredo Zavaleta Aguilar
Professor Assistente Doutor
Engenharia de Produção
Universidade Estadual Paulista "Júlio de Mesquita Filho" (Unesp) – *Campus* de Itapeva

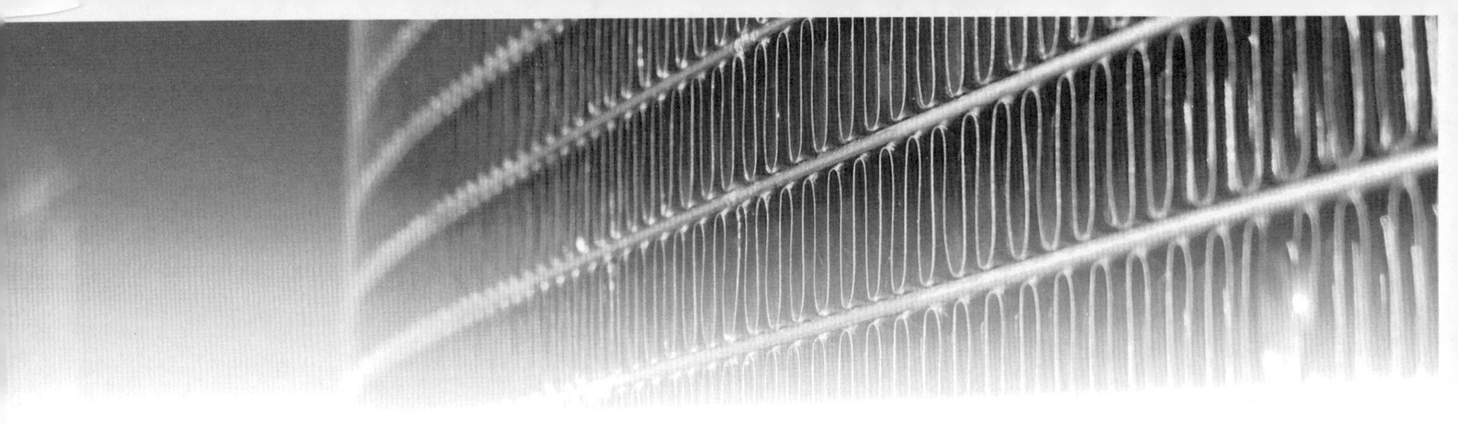

Símbolos

A	área [m^2]
Bi	número de Biot [-]
Bo	número de ebulição (*boiling*) [-]
Bi'	número de Biot numérico [-]
c	velocidade da luz [m/s]
C	calor específico [J/kgK]; capacidade térmica [W/K]; razão de capacidades térmicas [-]; concentração [mol/m^3]; constante
C_f	coeficiente de atrito [-]
Co	número de convecção [-]
COP	coeficiente de desempenho [-]
D	diâmetro [m]; difusividade mássica ou coeficiente de difusão mássica [m^2/s]
DMLT	diferença média logarítmica de temperaturas [K, °C]
E	energia [J]; poder emissivo [W/m^2]
$\dot{E}$	taxa de energia [W]
E_n	poder emissivo de corpo negro [W/m^2]
$E_{n\lambda}$	poder emissivo espectral de corpo negro [W/m^2 μm]
$\dot{E}_{ar}$	taxa de variação de energia armazenada [W]
f	fator de atrito de Darcy [-]
F	fator de forma [-], força [N]
Fo	número de Fourier [-]
Fo'	número de Fourier numérico [-]
Fr	número de Froude [-]
g	aceleração da gravidade [m/s^2]
G	irradiação [W/m^2]
Gr	número de Grashof [-]
Gr^*	número de Grashof modificado [-]
h	coeficiente de transferência de calor por convecção [W/m^{2}K]; constante de Planck [Js]; entalpia específica [J/kg]
I	corrente elétrica [A]; intensidade de radiação [W/m^{2}sr]
j	fluxo difusivo mássico [kg/m^{2}s]; fator de Stanton [-]

J	radiosidade [W/m²], funções de Bessel [-]; fluxo difusivo molar [mol/m²s]
k	condutividade térmica [W/mk]
k_m	coeficiente de transferência de massa por convecção [m/s]
L	comprimento [m]
m	massa [kg]
$\dot{m}$	vazão mássica [kg/s]
M	massa molar [kg/kmol]
N	número total de tubos [-]; fluxo molar absoluto [mol/m²s]
n	fluxo mássico absoluto [kg/m²s]; número de mols [mol]
N_L	número de tubos na direção longitudinal [-]
N_T	número de tubos na direção transversal [-]
Nu	número de Nusselt [-]
NUT	número de unidades de transferência [-]
p	pressão [Pa]
P	perímetro [m]
Pr	número de Prandtl [-]
q	fluxo de calor [W/m²]
q''	taxa de energia térmica gerada (calor) por unidade de volume [W/m³]
Q	calor transferido [J]
$\dot{Q}$	taxa de transferência de calor [W]
R	resistência térmica [K/W]; resistência superficial [1/m²]; resistência de contato [1/m²]; constante universal dos gases ideais [kJ/kmol·K]
R_e	resistência elétrica [Ω]
R_d	resistência de incrustação [m²K/W]
$R''_{t,c}$	resistência térmica de contato [m²K/W]
r	raio de um cilindro ou uma esfera [m]
r, ϕ, z	coordenadas cilíndricas
r, θ, ϕ	coordenadas esféricas
Ra	número de Rayleigh [-]
Ra^*	número de Rayleigh modificado [-]
Re	número de Reynolds [-]
Sc	número de Schmidt [-]
Sh	número de Sherwood [-]
St	número de Stanton [-]
t	tempo [s]
T	temperatura [K, °C]
u	energia interna específica [J/kg]
u, v, w	velocidades no sistema cartesiano [m/s]
U	coeficiente global de transferência de calor [W/m²K]; energia interna [J]
V	velocidade [m/s]
$\forall$	volume [m³]
w	fração mássica [-]
$\dot{W}$	trabalho por unidade de tempo, potência [W]

We	número de Weber [-]
x	fração molar em líquidos [-], título [-]
x, y, z	coordenadas retangulares
y	fração molar em gases [-]

Letras gregas

α	difusividade térmica [m²/s]; absortividade [-]; fator termodinâmico [-]
β	coeficiente de expansão volumétrica [1/K]
Γ_x	vazão mássica por unidade de largura [kg/ms]
δ	espessura da camada-limite [m]
Δ	diferença [-]
ε	efetividade da aleta [-]; efetividade do trocador de calor [-]; emissividade [-]; rugosidade [m]
η	eficiência [-]; variável de similaridade [-]
θ	diferença de temperaturas [K, °C], temperatura adimensional [-]
λ	comprimento de onda [μm]
μ	viscosidade dinâmica [kg/ms]
ρ	densidade [kg/m³]; refletividade [-]; resistividade elétrica [Ωm]; concentração mássica [kg/m³]
σ	constante de Stefan-Boltzmann [W/m²K⁴]; tensão superficial [N/m]
τ	tensão de cisalhamento [Pa]; transmissividade [-]; constante de tempo [s]
υ	viscosidade cinemática [m²/s]
ϕ	fator de associação [-]
ω	ângulo sólido [sr]

Subscritos

amb	ambiente
A	espécie A
b	bolha
B	espécie B; ebulição (*boiling*)
CHF	fluxo de calor crítico (*critical heat flux*)
conv	convecção
corr	corrigido
crít	crítico
D	diâmetro
e	entrada; excesso
ebul	ebulição
evap	evaporação
f	filme
G	gerado
H	hidrodinâmico; diâmetro hidráulico

L	indica o comprimento total; lateral; líquido
máx	máximo
mín	mínimo
n	negro
ONB	início da ebulição nucleada (*onset of nucleate boiling*)
p	parede
r	radiação
s	saída
sat	saturação
t	térmico
V	vapor
viz	vizinhança
x	posição local
δ	espessura de camada-limite
λ	espectral
∞	ao longe

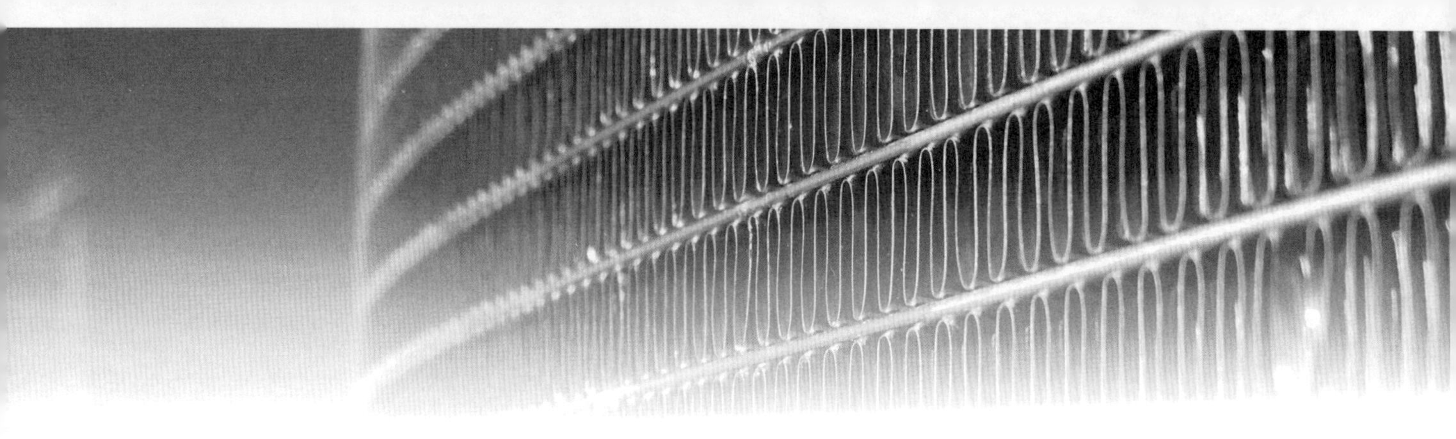

Material Suplementar

Este livro conta com o seguinte material suplementar:

- Manual de Soluções (restrito a docentes cadastrados).

O acesso ao material suplementar é gratuito. Basta que o docente se cadastre e faça seu *login* em nosso *site* (www.grupogen.com.br), clicando em Ambiente de aprendizagem, no *menu* superior do lado direito.

O acesso ao material suplementar online fica disponível até seis meses após a edição do livro ser retirada do mercado.

Caso haja alguma mudança no sistema ou dificuldade de acesso, entre em contato conosco (gendigital@grupogen.com.br).

Sumário

4 CONDUÇÃO EM REGIME TRANSITÓRIO, 88

5 CONVECÇÃO FORÇADA EXTERNA, 111

6 CONVECÇÃO FORÇADA INTERNA, 156

7 CONVECÇÃO NATURAL, 182

8 CONDENSAÇÃO E EBULIÇÃO, 204

9 TROCADORES DE CALOR, 226

10 FUNDAMENTOS DE RADIAÇÃO TÉRMICA, 248

11 RADIAÇÃO TÉRMICA APLICADA, 275

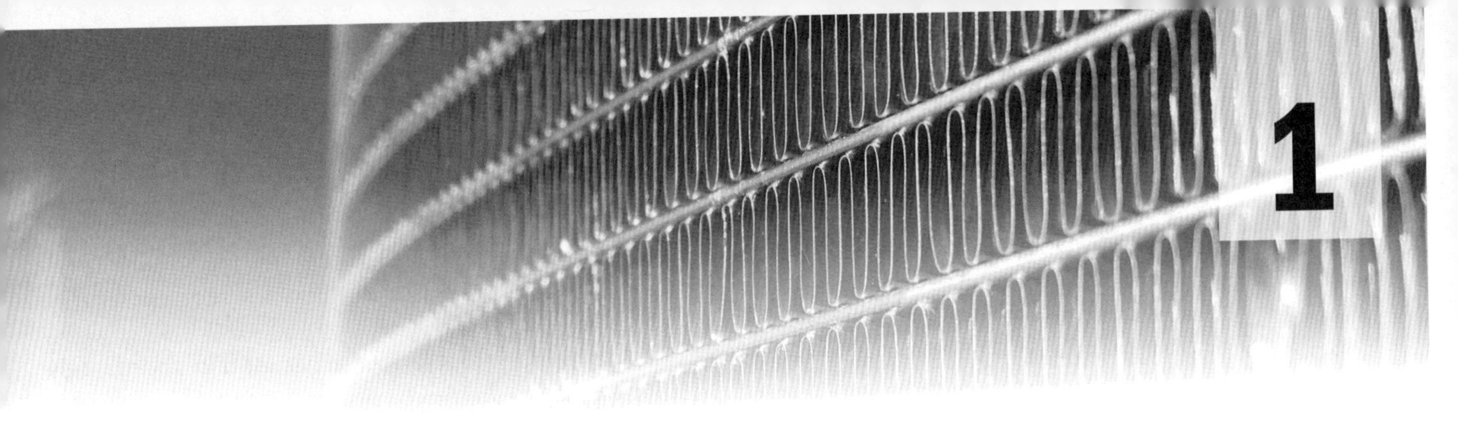

Introdução: Modos de Transferência de Calor e Massa

1.1 Transferência de calor × termodinâmica

Em geral, a disciplina *Transferência de calor e massa* sucede a disciplina *Termodinâmica clássica* ou *Engenharia Termodinâmica* na grade curricular dos cursos de engenharia e tecnologia. Naturalmente, surge a seguinte dúvida: qual a diferença entre essas duas disciplinas? Ou, há alguma diferença entre elas? Para responder a essa questão, considere os seguintes exemplos.

(a) Equilíbrio térmico – frasco na geladeira

Considere um frasco, inicialmente à temperatura ambiente, isto é, $T_f = T_{amb}$. Em seguida, esse frasco é colocado no interior de uma geladeira, que possui temperatura interna T_G, como ilustrado na Figura 1.1.

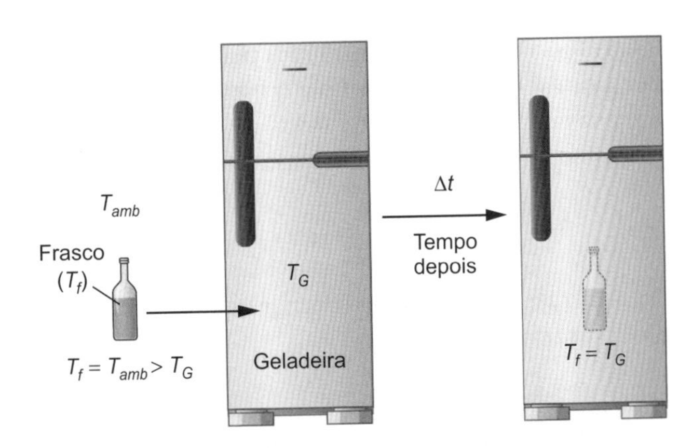

Figura 1.1 Frasco colocado no interior da geladeira.

A análise do problema do resfriamento do frasco permite as seguintes abordagens, cada qual no âmbito das duas disciplinas:

Termodinâmica: a Primeira Lei da Termodinâmica expressa que $Q_T = mC\Delta T$, em que Q_T é o calor total necessário a ser transferido do frasco para resfriá-lo com base na sua massa, m, diferença de temperaturas inicial e final, ΔT, e calor específico médio, C, do frasco.

Transferência de calor: responde a outras questões de interesse que a *Termodinâmica* não aborda, tais como: quanto tempo, Δt, levará para que haja equilíbrio térmico do frasco com seu novo ambiente (gabinete da geladeira), ou seja, para que $T_f = T_G$ seja alcançado? Outra questão: que parâmetros interferem no aumento ou diminuição desse intervalo de tempo?

A *Termodinâmica* não permite estabelecer o intervalo de tempo para que o novo estado de equilíbrio térmico do frasco com o interior da geladeira seja atingido, embora informe quanto de calor seria necessário remover do frasco para que esse novo equilíbrio térmico ocorra. Por outro lado, a *Transferência de calor* permite estimar aquele intervalo de tempo, bem como definir quais parâmetros interferem para que o tempo de resfriamento seja aumentado ou diminuído.

(b) Outro exemplo – operação de um ciclo de refrigeração

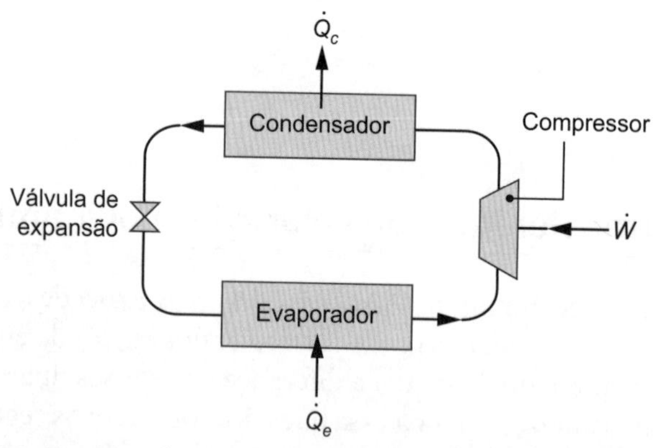

Figura 1.2 Esquema de um ciclo de refrigeração por compressão a vapor.

Considere um ciclo de refrigeração padrão como aquele esquematizado na Figura 1.2. A análise do ciclo no âmbito de cada disciplina se resume aos seguintes pontos:

Termodinâmica: Primeira Lei da Termodinâmica: $\dot{W} = \dot{Q}_e - \dot{Q}_c$ permite conhecer ou estabelecer a potência de acionamento do compressor, $\dot{W}$, e as taxas de calor transferidas no evaporador e no condensador, $\dot{Q}_e$ e $\dot{Q}_c$, respectivamente. Porém, não permite dimensionar os componentes do ciclo no sentido de estabelecer, por exemplo, o tamanho e o diâmetro das serpentinas do condensador e do evaporador. Assim, lida apenas com os valores de taxas de energia envolvidas, bem como com o comportamento energético do sistema, tal como o coeficiente de desempenho, *COP*, do ciclo, dado por

$$COP = \frac{\dot{Q}_e}{\dot{W}_c} \tag{1.1}$$

Transferência de calor: permite dimensionar os equipamentos térmicos do ciclo. Por exemplo, responde às seguintes perguntas:

- Qual o tamanho do evaporador/condensador?
- Qual o diâmetro e o comprimento dos tubos?
- Como atingir maior/menor taxa de troca térmica?
- Que propriedades dos materiais das serpentinas seriam relevantes para aumentar (ou diminuir) a transferência de calor?

Em um sentido amplo, o problema-chave da transferência de calor é o conhecimento e a determinação da taxa de transferência de calor. De uma forma geral, toda vez que houver gradientes ou diferenças finitas de temperatura ou mudança de fase (condensação ou ebulição) ocorrerá também uma transferência de calor. A transferência de calor pode se dar no interior de um corpo ou sistema ou na interface da superfície desse corpo com um meio fluido.

O conhecimento dos mecanismos de transferência de calor permite:

- aumentar o fluxo de calor: projeto de condensadores, evaporadores, trocadores de calor, caldeiras e outros equipamentos de transferência térmica de energia;
- diminuir o fluxo de calor: evitar ou diminuir as perdas durante o "transporte" de frio ou calor, por exemplo, tubulações de água "gelada" de circuitos de refrigeração e tubulações de transporte de vapor de água;
- controlar a temperatura: motores de combustão interna, pás de turbinas, aquecedores.

1.2 Mecanismos físicos de transferência de calor

A transferência de calor ocorre por meio de três mecanismos físicos: condução, convecção e radiação térmica. A seguir, apresenta-se cada um desses mecanismos.

(a) Condução de calor

- *Gases, líquidos* – transferência de calor ocorre da região de alta temperatura para a de baixa temperatura pelo choque molecular de partículas mais energéticas com as menos energéticas.
- *Sólidos* – energia é transferência por vibração da rede (menos efetivo) e, também, pelo movimento dos elétrons livres (mais efetivo), no caso de materiais bons condutores elétricos. Geralmente, bons condutores elétricos são também bons condutores de calor e vice-versa. Com frequência, isolantes elétricos são também isolantes térmicos.

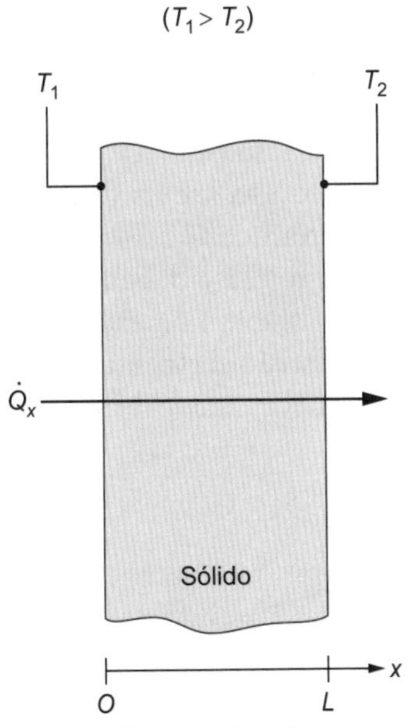

Figura 1.3 Transferência de calor por condução.

A Figura 1.3 ilustra a seção transversal de uma parede cujas faces são mantidas a temperaturas distintas T_1 e T_2, do que origina uma transferência de calor através da sua espessura L. Pode-se dizer que a taxa de transferência de calor, $\dot{Q}_x$, na direção x é diretamente proporcional à área perpendicular em que acontece a transferência e ao gradiente de temperaturas naquela direção em uma dada posição x, isto é:

$$\dot{Q}_x \propto A\frac{dT}{dx} \tag{1.2}$$

em que A é a área perpendicular ao fluxo de calor e T, a temperatura em cada posição x. A constante de proporcionalidade na Equação (1.2) é a *condutividade* ou *condutibilidade térmica* do material, k. Assim, essa equação torna-se:

$$\dot{Q}_x = -kA\frac{dT}{dx} \tag{1.3}$$

As unidades das grandezas da Equação (1.3) no sistema internacional (SI) são:

$$[\dot{Q}_x] = \text{W};$$

$$[A] = \text{m}^2;$$

$$[T] = \text{K ou °C};$$

$$[x] = \text{m}.$$

A unidade da condutividade térmica k é: $[k]$ = W/mK ou W/m °C. A condutividade térmica é uma propriedade de transporte do material. Em geral, a condutividade térmica aumenta na seguinte sequência de acordo com o material: gases e vapores, que possuem os menores valores (ordem de 0,1 W/m °C), materiais isolantes térmicos, líquidos, sólidos metálicos, ligas metálicas, metais puros e alguns tipos de cristais, incluindo o grafeno (ordem de 1000 W/m^2 °C). Portanto, a faixa de variações da condutividade térmica para os materiais é de cerca de 10.000 vezes ou mais. Valores precisos para vários materiais estão no Apêndice A.

A Equação (1.3) é conhecida como a *Lei de Fourier* da condução de calor, que foi estabelecida por J. Fourier, anunciando-a pela primeira vez em 1822. Note que a taxa de transferência de calor ($\dot{Q}_x$), a área perpendicular (A), o gradiente de temperatura (dT/dx) e k podem variar com x.

Necessidade do sinal negativo na Lei de Fourier

A Figura 1.3 mostra que existe transferência de calor $\dot{Q}_x$ na direção x positivo, porque $T_1 > T_2$. Dessa forma, a distribuição de temperaturas é decrescente na direção x no interior desse sólido, como indicado de forma genérica na Figura 1.4 e, portanto, $dT/dx < 0$. Além disso, a condutividade térmica é uma propriedade do material sempre positiva, isto é, $k > 0$, bem como a área perpendicular, $A > 0$. Portanto, conclui-se que é preciso inserir o sinal negativo (–) na expressão da condução de calor (Lei de Fourier) para manter a convenção de que $\dot{Q}_x > 0$ na direção crescente de x. A análise complementar, de distribuição negativa, isto é, $T_1 < T_2$, indicará também a necessidade do sinal negativo.

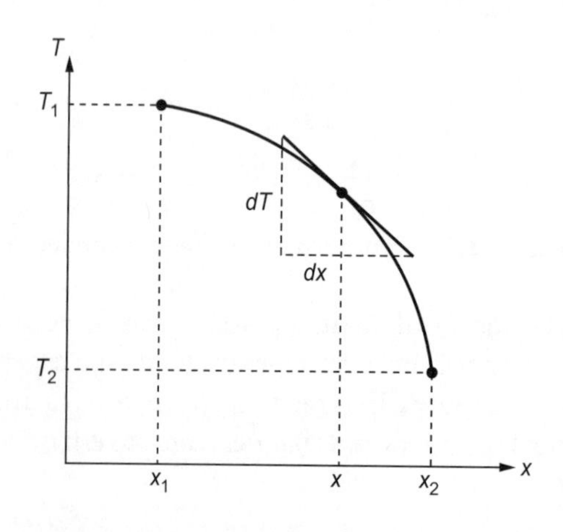

Figura 1.4 Direção da transferência de calor.

Em condições de regime permanente (sem dependência do tempo), sem geração de energia térmica (calor) no interior do sólido e transferência de calor unidirecional, o gradiente de temperatura é dado pela Equação (1.4).

$$\frac{dT}{dx} = \frac{T_2 - T_1}{L} \tag{1.4}$$

em que L é a espessura do material em que se dá a transferência de calor. O caso multidimensional de condução de calor será avaliado no Capítulo 3.

EXEMPLO 1.1 Condução de calor

A base do ferro de passar roupa ilustrado na figura a seguir tem 0,5 cm de espessura, 150 cm² de área transversal e sua condutividade térmica é de 15 W/mK (aço inoxidável). Assumindo que toda a potência elétrica é transformada em térmica e transferida à parede interna da base do ferro, avaliar a temperatura interna da base do ferro (T_i). Refaça o cálculo considerando que o material da base é uma liga de alumínio com condutividade térmica de 168 W/m²K.

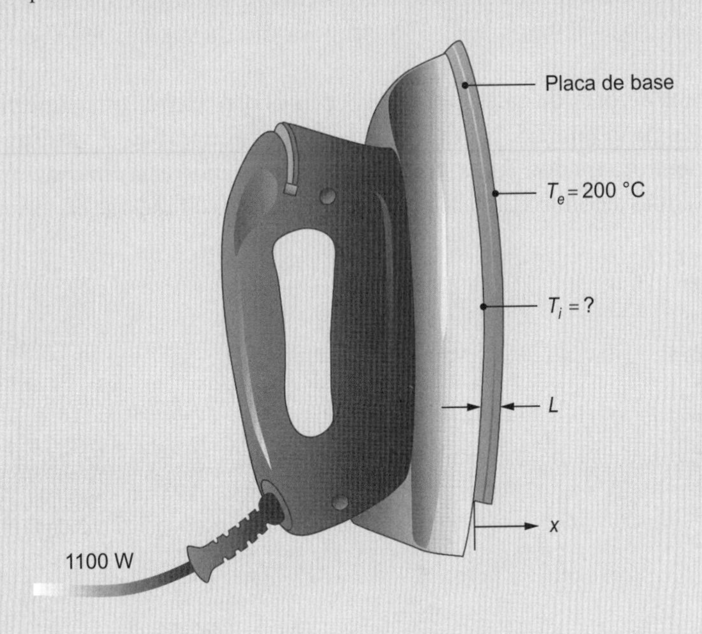

Solução:

Dados do problema:

- Área de transferência de calor A = 0,015 cm².
- Espessura da base L = 0,005 m.
- Condutividade dos materiais:
  aço inoxidável → k_{ai} = 15 W/mK;
  alumínio → k_{al} = 168 W/mK (as propriedades de alguns metais podem ser encontradas na Tab. A.2).
- Temperatura na parede externa T_e = 200 °C.

Hipóteses:

- Regime permanente.
- Condução unidimensional.

Da Lei de Fourier: $\dot{Q} = -kA\frac{dT}{dx} = -kA\frac{(T_e - T_i)}{L - 0}$

Logo, $T_i = T_e + \frac{\dot{Q}L}{kA}$

Para o aço inoxidável: $T_i = 200 + \frac{1100 \times 0,005}{15 \times 0,015} = 224,4\ °C$

Para o alumínio: $T_i = 200 + \frac{1100 \times 0,005}{168 \times 0,015} = 202,2\ °C$

Note que, em razão de a condutividade do alumínio ser maior do que a do aço inoxidável, as diferenças de temperatura entre T_i e T_e são menores.

(b) Convecção de calor

A convecção de calor é baseada na *Lei de resfriamento de Newton* (1701), que matematicamente é expressa segundo a Equação (1.5).

$$\dot{Q} = hA\left(T_p - T_\infty\right) \tag{1.5}$$

sendo h o *coeficiente de transferência de calor por convecção*, por vezes também chamado *coeficiente de película*, A a área da superfície de troca de calor [m²], T_p a temperatura da superfície [°C ou K] e T_∞ a temperatura do fluido ao longe [°C ou K].

O processo de transferência de calor por convecção ocorre entre uma superfície e um fluido que a circunda, como indicado na Figura 1.5. Nesta, a temperatura da superfície T_p transfere calor por convecção ao fluido que tem temperatura menor, T_∞, ao longe. Na figura, o fluido está em movimento dotado de velocidade u_∞ paralela à placa, mas a convecção também ocorre quando o fluido se encontra quiescente.

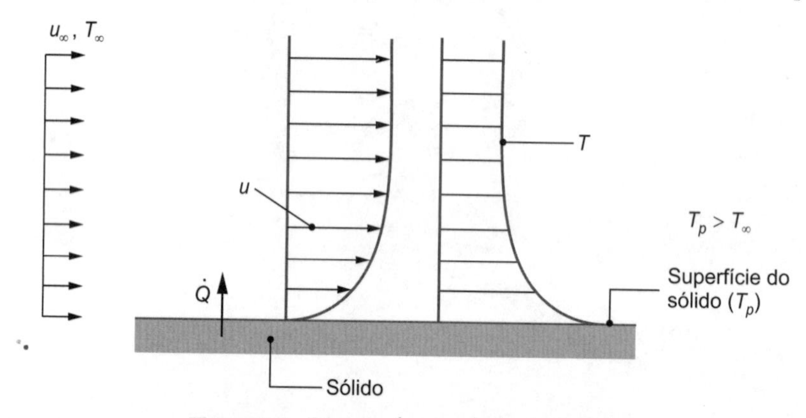

Figura 1.5 Direção da transferência de calor.

O problema central da transferência de calor por convecção é a determinação do valor do coeficiente de transferência de calor por convecção, h, o qual depende de vários fatores, entre eles: geometria de contato fluido-superfície (área da superfície, rugosidade e geometria), propriedades termodinâmicas e de transportes do fluido, temperaturas envolvidas, velocidades, para citar alguns dos fatores intervenientes. A Tabela 1.1 mostra alguns valores típicos ilustrativos do valor desse coeficiente de acordo com o estado físico (líquido, vapor e mudança de fase) e forma de convecção natural ou forçada.

Tabela 1.1 Faixa de valores do coeficiente de transferência de calor, h

Forma	Meio físico	h (W/m² °C)
Convecção natural	Ar e gases	1 - 50
	Líquidos	50 - 2000
Convecção forçada	Ar e gases	20 - 500
	Líquidos	50 - 10.000
Água em ebulição		3000 - 100.000
Condensação de vapor de água		5000 - 100.000

EXEMPLO 1.2 Convecção de calor

No exemplo anterior, considere que a temperatura do ar envolta ao ferro de passar roupa seja de 15 °C. Encontre o valor do coeficiente de transferência de calor por convecção.

Solução:

Idealmente, todo o calor produzido na resistência elétrica é transferido à base do ferro e desta ao ar ambiente no seu entorno. A Lei de resfriamento de Newton afirma que:

$$\dot{Q} = hA(T_e - T_\infty), \text{ logo } h = \frac{\dot{Q}}{A(T_e - T_\infty)}$$

$$h = \frac{1100}{0{,}015 \times (200 - 15)}$$

$$h = 396{,}4 \text{ W/m}^2\text{K}.$$

EXEMPLO 1.3 Convecção de calor

A face externa da parede de uma casa está a 14 °C e encontra-se submetida a ar frio de 7 °C com uma velocidade tal que seu coeficiente de transferência de calor por convecção é de 27 W/m²K. Avalie a taxa de perda de calor da parede da casa para o ambiente externo (desconsiderando as portas e as janelas).

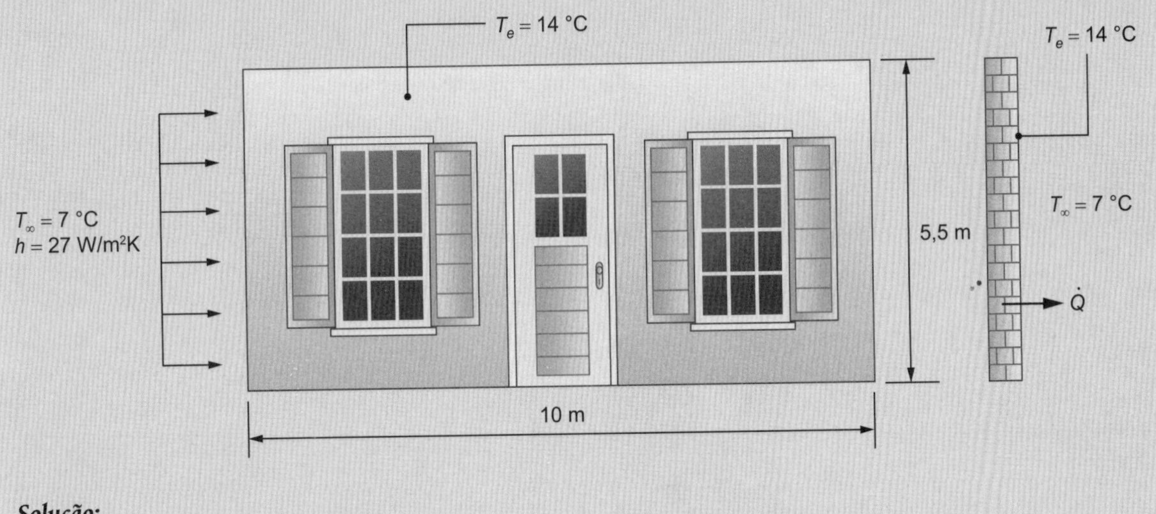

Solução:

- Área da parede: A = 10 × 5,5 = 55 m².
- Taxa de calor trocado: $\dot{Q} = hA(T_s - T_\infty) = 27 \times 55 \times (14 - 7) = 10.395$ W.

(c) Radiação térmica

A radiação térmica é a terceira forma de transferência de calor e é regida pela *Lei de Stefan-Boltzmann* que, para um corpo negro, é indicada na Equação (1.6). Stefan a obteve de forma empírica (1879) e Boltzmann, de forma teórica (1884).

$$\dot{Q} = \sigma A T^4 \tag{1.6}$$

em que σ é a constante de Stefan-Boltzmann (5,669 × 10^{-8} W/m²K⁴), A é a área superficial do corpo negro [m²], *T* é a temperatura absoluta da superfície do corpo negro [K].

Um corpo negro é também chamado de *irradiador perfeito de radiação térmica*, o qual irradia a máxima radiação térmica possível a uma dada temperatura. Também absorve toda a radiação térmica incidente. Em corpos reais (cinzentos), em que a emissividade média de sua superfície é ε, a taxa de calor emitida desde sua superfície é:

$$\dot{Q} = \varepsilon \sigma A T^4 \tag{1.7}$$

O mecanismo físico da transferência de calor por radiação térmica ainda não é completamente conhecido. Sabe-se que essa forma de transporte de energia térmica pode se dar na forma de ondas eletromagnéticas ou de fótons, dependendo do modelo físico adotado – a chamada *dualidade onda-partícula*. Porém, independentemente do modelo adotado, a transferência de calor por radiação térmica não necessita de meio físico para se propagar. Graças a essa forma de transferência de calor é que existe vida na Terra, em razão da energia na forma de calor e luz proveniente da irradiação solar que atinge nosso planeta.

Para qualquer modo de transferência de calor (por condução, convecção ou radiação térmica), define-se *fluxo de calor* como a razão entre a taxa de calor transferido e a área transversal onde esse calor atravessa, Equação (1.8).

$$\dot{q}_x = \frac{\dot{Q}_x}{A} \tag{1.8}$$

EXEMPLO 1.4 Transferência combinada de calor por convecção e por radiação térmica

No Exemplo 1.3, considere também que exista troca de calor por radiação térmica com a vizinhança no entorno do ferro de passar, à qual atribui-se a temperatura de 15 °C. A emissividade da base do ferro é de 0,55. Encontre as parcelas de calor trocado por convecção pura e por radiação térmica.

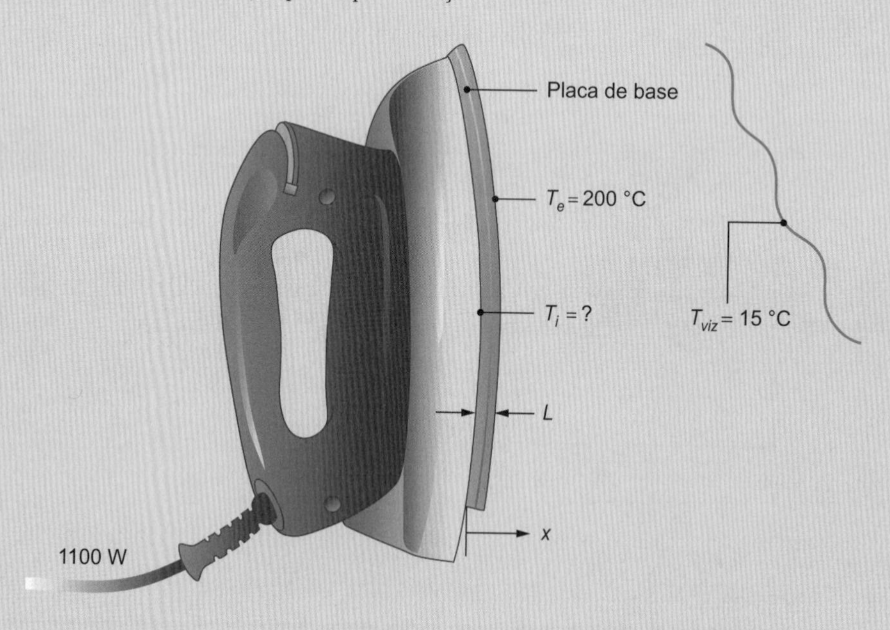

Solução:

A transferência de calor líquida (emitida menos a recebida) por radiação térmica da base do ferro para a vizinhança é:

$\dot{Q}_r = \varepsilon A \sigma (T_e^4 - T_{viz}^4)$, ou

$\dot{Q}_r = h_r A (T_e - T_{viz})$ em que $h_r = \varepsilon \sigma (T_e^2 + T_{viz}^2)(T_e + T_{viz})$ é chamado *coeficiente de transferência de calor por radiação térmica*.

Assim, a taxa de calor trocado pela base do ferro será por convecção ao ambiente e por radiação à vizinhança:

$\dot{Q} = \dot{Q}_{conv} + \dot{Q}_{rad} = hA(T_e - T_\infty) + h_r A (T_e - T_{viz})$, como $T_\infty = T_{viz}$, segue que:

$\dot{Q} = h_{cr}A(T_e - T_\infty)$, em que $h_{cr} = h + h_r$ é o *coeficiente combinado por convecção e por radiação térmica*. Como todo o calor é transferido ao ambiente, no Exemplo 1.2 o coeficiente obtido foi chamado de coeficiente de transferência de calor por convecção, no entanto, na verdade, aquele valor obtido de 396,4 W/m²K é o coeficiente combinado de convecção e radiação térmica, pois foi realizado um balanço energético global na base do ferro. Assim, o coeficiente de transferência de calor apenas por radiação é: $h_r = 0{,}55 \times 5{,}67 \times 10^{-8} \times (473{,}2^2 + 288{,}2^2) \times (473{,}2 + 288{,}2) = 7{,}3\ \text{W/m}^2\text{K}$.
Finalmente, o coeficiente de calor por convecção será:

$$h = 396{,}4 - 7{,}3 = 389{,}1\ \text{W/m}^2\text{K}$$

A parcela puramente convectiva de troca de calor será, portanto:

$$\dot{Q}_{conv} = 389{,}1 \times 0{,}015 \times (200 - 15) = 1079{,}7\ \text{W}$$

A parcela de radiação térmica será:

$$\dot{Q}_{rad} = 7{,}3 \times 0{,}015 \times (200 - 15) = 20{,}3\ \text{W}$$

Observações:

- A parcela de radiação térmica representa 1,8 % da troca térmica total. Ainda, a contribuição de troca térmica por radiação diminui se as temperaturas envolvidas (T_e e T_{viz}) estão mais próximas.
- Em muitas aplicações práticas, a parcela correspondente à troca de calor por radiação é desprezada, nos casos em que há pequenas diferenças de temperatura. Entretanto, essa parcela fica cada vez mais relevante quando as diferenças de temperatura aumentam substancialmente.

1.3 Mecanismos físicos de transferência de massa

O *potencial* que controla e dá curso à transferência de calor é a diferença de temperaturas no interior de um meio ou entre meios distintos. De forma análoga, a transferência de massa também ocorrerá toda vez que houver diferenças de concentração de uma espécie (A, p. ex.) no interior de um meio ou na superfície de um sólido ou líquido e um meio fluido qualquer. A analogia com a transferência de calor é praticamente perfeita. Há duas classificações gerais para a transferência de massa, como indicado a seguir.

(a) Difusão de massa (molecular)

A transferência de massa, neste caso representada pelo fluxo mássico difusivo, j_A [kg/m²s], é definida como massa de A que atravessa uma superfície por unidade de tempo e ocorre da região de alta concentração, ρ_{A1} [kg/m³], para a região de baixa concentração, ρ_{A2}, dessa espécie no interior de um sólido ou fluido quiescente ao longo de um comprimento z, como ilustrado na Figura 1.6.

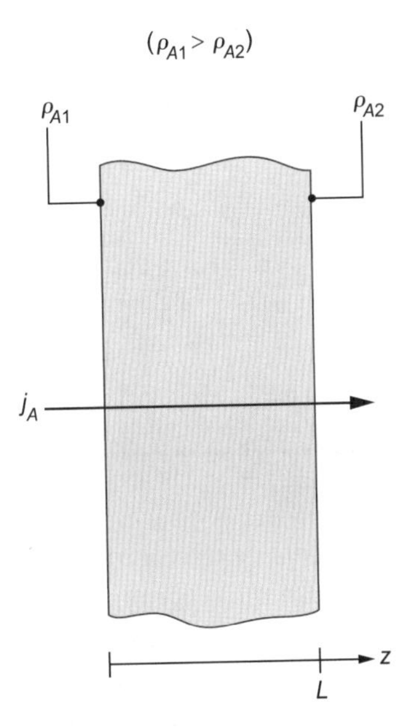

Figura 1.6 Transferência de massa por difusão.

O fluxo difusivo de massa, j_A, na direção z é definido matematicamente conforme a *Lei de Fick* (Adolf Fick, 1855) como igual ao coeficiente de difusão (ou difusividade) binário de A se difundindo em B, D_{AB} [m²/s], vezes o gradiente de concentração de A, conforme a Equação (1.9).

$$j_A = -D_{AB}\frac{d\rho_A}{dz} \tag{1.9}$$

A difusividade mássica D_{AB} é uma propriedade de transporte do material que depende fortemente da temperatura, e da fase do material, da pressão, da concentração, entre outras propriedades, como será visto no Capítulo 12. Assim, como ocorre com a Lei de Fourier, é preciso introduzir o sinal negativo (–) para compatibilizar o fluxo de massa na direção em que ocorre a menor concentração. A Lei de Fick, bem como quaisquer formas de transferência de massa, podem ser expressas em termos mássicos (kg) ou molares (mol).

Em condições de regime permanente, sem reação química, coordenadas retangulares e transferência de massa unidirecional, o gradiente de concentração é indicado na Equação (1.10).

$$\frac{d\rho_A}{dz} = \frac{\rho_{A1} - \rho_{A2}}{L} \tag{1.10}$$

EXEMPLO 1.5 Difusão do gás hidrogênio

Hidrogênio gasoso está armazenado em um cilindro pressurizado de aço com parede de 12,7 mm de espessura. Avalie o fluxo molar difusivo do hidrogênio através da parede. Assumir que a concentração molar de hidrogênio na interface sólida interna é de 1,5 kmol/m³ e que na parede externa é desprezível; além disso, o coeficiente de difusão de hidrogênio no aço é de $2{,}6 \times 10^{-12}$ m²/s.

Solução:

Hipóteses:

- Regime permanente, unidimensional.
- Gradiente de concentração molar uniforme.
- Inexistência de reações químicas do hidrogênio.
- Espessura da parede pequena em comparação ao diâmetro do tanque.

Sob essas hipóteses, o gradiente da concentração é constante, cujo valor é $\frac{dC_A}{dx} = \frac{C_{A2} - C_{A1}}{L - 0}$, em que C_{A1} e C_{A2} são as concentrações molares de hidrogênio na parede interna e externa do tanque, respectivamente, e L é a espessura do tanque, assim: $\frac{dC_A}{dx} = -\frac{C_{A1}}{L}$

$$C_{A1} = 1{,}5 \text{ kmol/m}^3 \text{ e } D_{AB} = 2{,}6 \times 10^{-12} \text{ m}^2/\text{s}$$

Resultando em um fluxo difusivo molar de:

$$J_A = -2{,}6 \times 10^{-12}\left(-\frac{1{,}5}{0{,}0127}\right)$$

$$J_A = 3{,}07 \times 10^{-10} \text{ kmol/m}^2\text{s}$$

(b) Convecção de massa

Diferentemente do que ocorre na transferência de massa molecular ou por difusão em que o movimento da espécie A se dá de forma aleatória e em um meio geralmente quiescente, a transferência de massa por convecção se dá em um meio em movimento convectivo (movimento macroscópico). O processo de transferência de massa por convecção ocorre entre uma superfície sólida e um fluido (líquido ou gás), ou entre um líquido e um gás, como indicado na Figura 1.7.

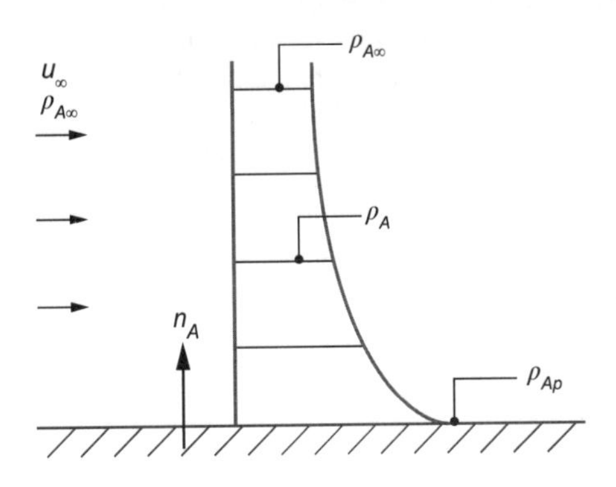

Figura 1.7 Direção da transferência de massa.

Na figura, a concentração mássica de A no fluido junto à parede (ρ_{Ap}) é maior que a concentração de A longe da superfície ($\rho_{A\infty}$) e, portanto, haverá um fluxo mássico de A (n_A[kg/m²s]) transferido da parede até o fluido, definido de forma análoga à Lei de resfriamento de Newton, conforme a Equação (1.11).

$$n_A = k_m(\rho_{Ap} - \rho_{A\infty}) \tag{1.11}$$

em que k_m[m/s] é o coeficiente de transferência de massa por convecção.

EXEMPLO 1.6 Transferência de massa de água por convecção

Estime a perda de água em litros e em cm de altura por dia de uma pequena piscina de 2 m por 5 m em que passa ar com concentração de vapor de água de 0,013 kg/m³. O coeficiente de transferência de massa por convecção entre o ar e a superfície de água da piscina é de 0,01 m/s e a concentração mássica de vapor de água na interface ar-água é de 0,02 kg/m³.

Solução:

Desprezando os efeitos da radiação, por considerar que a piscina se encontra coberta ou na sombra.

$$n_A = k_m(\rho_{As} - \rho_{A\infty}) = 0{,}01 \times (0{,}02 - 0{,}013) = 7 \times 10^{-5}\ \text{kg/m}^2\text{s}$$

A taxa de perda mássica de água evaporada será de:

$$\dot{m}_A = An_A = 2 \times 5 \times 7 \times 10^{-5} = 7 \times 10^{-4}\ \text{kg/s}$$

Em um dia há 86.400 s, assim a taxa de massa evaporada é de $7 \times 10^{-4} \times 86.400 = 60{,}48$ kg/dia. Assumindo a densidade da água de 1000 kg/m³; logo, ao dia evaporam 60,68 L.
Como a piscina tem 10 m² de área superficial, a altura H de água evaporada por dia será de: 10H = 60,68/1000; logo, a altura é de H = 0,61 cm.

Problemas propostos

1.1 Uma sala é mantida a 20 °C com ar-condicionado em um dia de verão. Uma das paredes da sala, de 2,7 m × 5 m, tem uma temperatura externa de 30 °C, enquanto a face interna é de 20 °C, em função da circulação do ar frio. Considerando que a parede tenha 20 cm de espessura e que seja feita de um material de condutividade térmica média de 0,5 W/m °C, determine a taxa de calor perdida pela parede em watts, bem como o fluxo de calor em W/m².

1.2 A temperatura da parede interna de um forno vale 800 °C. O forno é constituído por uma parede de tijolo comum. Determine a espessura que a parede de tijolos deve ter para que a perda de calor seja inferior a 1000 W/m² e a temperatura da superfície externa não ultrapasse 50 °C. O que poderia ser feito para diminuir a perda de calor?

1.3 Uma análise termodinâmica de um ciclo de refrigeração indicou que a carga de refrigeração de uma serpentina de evaporação é de 2 kW quando o fluido evapora a 10 °C e mantém esse valor na parede da serpentina. Qual deve ser o tamanho da tubulação que forma a serpentina, se seu diâmetro externo vale 1 cm e o ar está à temperatura média de 25 °C? O coeficiente de convecção de calor vale 100 W/m^2°C.

1.4 A temperatura superficial da pele vale cerca de 35 °C. Compare o resfriamento, isto é, a taxa de remoção de calor por unidade de superfície da pele, quando está em contato com ar a 30 °C em convecção natural (h = 6 W/m^2 °C) e quando alguém fica em frente de um ventilador (h = 15 W/m^2°C).

1.5 Uma pessoa está em pé ao lado de uma grande fornalha. Supondo que a temperatura da parede da fornalha seja de 50 °C e a emissividade valha 0,6, calcule o fluxo de calor em W/m^2 que a pessoa recebe da parede.

1.6 Água pode migrar pelas paredes de uma casa se elas apresentam concentrações diferentes. Em um dia frio, a concentração de água no lado externo da parede de gesso de um quarto é de 0,2 mol/m^3; já do lado interno, junto ao isolamento, considere-a desprezível. Sabendo que a parede é de *drywall* com dimensões de 2,5 m de altura, 7 m de largura e 12,5 mm de espessura e que a difusividade mássica da água na parede de geso é de 0,2 × 10^{-5} cm^2/s, avalie a taxa de água se difundindo na parede.

1.7 Uma placa sólida de sal (NaCl) de 10 cm × 12 cm se encontra em uma parte do mar onde a velocidade das águas é de 1 m/s e, nessas condições, o coeficiente de transferência de massa vale 1,6 × 10^{-5} m/s. Sabendo que a concentração do sal na interface sal-água do mar no lado líquido é de 350 kg/m^3 e a concentração do sal na água do mar ao longe é de 35 kg/m^3, quanto tempo levará para diluir essa camada de sal que possui uma espessura de 5 mm, sabendo que somente um lado dela está exposto à água e que a densidade do sal sólido é de 2165 kg/m^3?

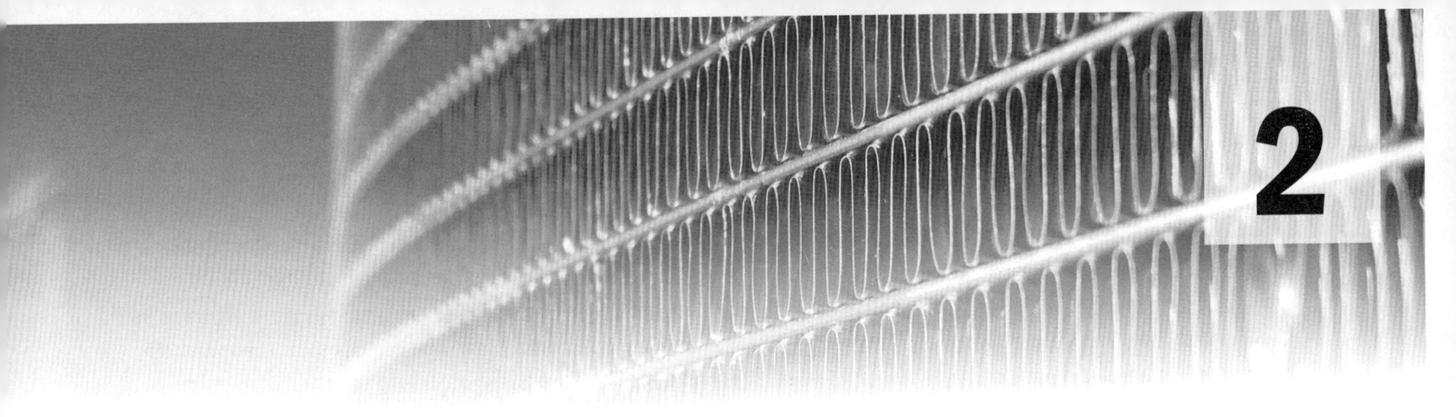

2

Condução Unidimensional em Regime Permanente

A condução ou difusão de calor é regida pela chamada *Lei de Fourier* de 1722. A transferência de calor difusiva ocorre no interior dos corpos sólidos e em fluidos quiescentes, em que o calor é conduzido das regiões de maior para as de menor temperatura. A versão unidimensional da Lei de Fourier é dada pela Equação (2.1). Por simples inspeção dessa equação se depreende que a taxa de transferência de calor, $\dot{Q}$[W], é diretamente proporcional ao gradiente de temperatura na direção x e à área, A [m²], perpendicular a essa direção, x, em que a taxa de transferência de calor ocorre, como ilustrado na Figura 2.1.

$$\dot{Q} = -kA\frac{dT}{dx} \tag{2.1}$$

em que k é a *condutividade* ou *condutibilidade térmica* do meio material, uma propriedade do meio discutida a seguir.

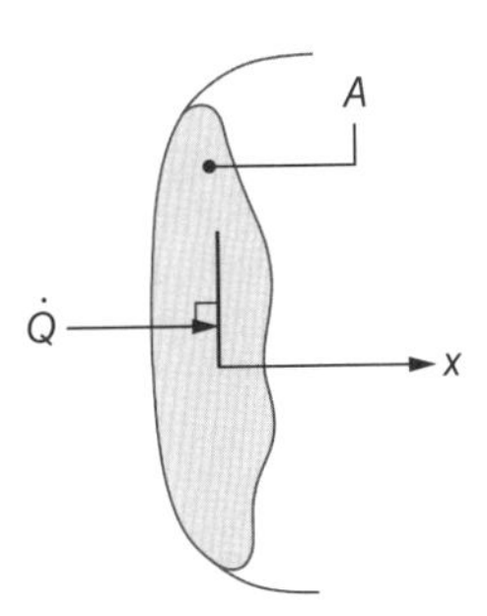

Figura 2.1 A taxa de transferência de calor $\dot{Q}$ ocorre na direção perpendicular à área.

A análise de unidades no Sistema Internacional de Unidades, ou SI, da Equação (2.1) revela as unidades de k.

$$[k] = \frac{[\dot{Q}]}{[A]\left[\frac{dT}{dx}\right]} = \frac{\text{W}}{\text{m}^2\frac{°\text{C}}{\text{m}}} = \frac{\text{W}}{\text{m}°\text{C}}, \quad \text{ou} \quad [k] = \frac{\text{W}}{\text{mK}}$$

Nota: a unidade da condutividade térmica pode ser expressa como função °C ou K, já que $1\Delta\,°\text{C} = 1\Delta\text{K}$.

Experimento laboratorial para obtenção de k

Suponha um experimento como aquele esquematizado na Figura 2.2a, em que uma corrente elétrica (I) é fornecida à resistência elétrica (R_e), que está enrolada em torno da base de uma haste. A haste é isolada termicamente, de forma que a taxa de calor produzida por efeito Joule pela resistência elétrica se dá por condução unidimensional ao longo da haste. Mediante a instalação de sensores de temperatura (p. ex., termopares) ao longo da haste, pode-se levantar o perfil da distribuição de temperaturas em função da posição x a partir da base da haste, como aquele indicado no gráfico da Figura 2.2b.

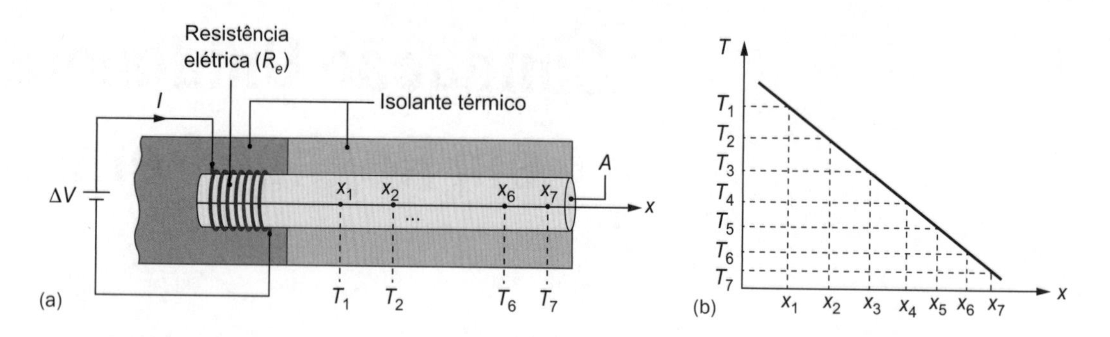

Figura 2.2 (a) Esquema experimental para a obtenção da condutividade térmica, k; (b) perfil de temperatura em condução de calor ao longo da haste.

Como se depreende da Figura 2.2b, a distribuição de temperaturas é linear. Sabe-se também que a taxa de transferência de calor é a própria potência elétrica dissipada, ou seja, $\dot{Q} = \Delta V I = R_e I^2$, em que ΔV é a diferença de tensão elétrica [V], I é a corrente elétrica [A] e R_e, a resistência ôhmica Ω. Sendo a seção transversal A da haste, então, pela Lei de Fourier (Eq. 2.1), determina-se a condutividade térmica do material da haste, k, neste caso:

$$k = \frac{\dot{Q}}{A\dfrac{\Delta T}{\Delta x}} \tag{2.2}$$

Um aspecto importante do fenômeno da condução de calor em nível molecular é que a condução é regida por mais de um mecanismo dependendo da natureza do material e do seu estado físico (gasoso, líquido ou sólido). Os mecanismos de condução de calor são apresentados a seguir para os três estados físicos da matéria.

Gases

O choque molecular das moléculas gasosas permite a troca de energia cinética das moléculas mais energéticas com as menos energéticas. Sabe-se que a energia cinética molecular implica na temperatura absoluta do gás. Quanto maior a temperatura, maior será o movimento molecular que proporcionará um maior número de choques moleculares e, portanto, mais rapidamente a energia térmica fluirá no interior dos gases. Pode-se mostrar que a condutividade térmica se relaciona com a temperatura por meio de:

$$k \propto \sqrt{T} \tag{2.3}$$

Porém, pra alguns gases, em pressão moderada, k depende unicamente da temperatura T. Assim, os dados tabelados para uma dada temperatura e pressão podem ser usados para outra pressão moderada, desde que à mesma temperatura. Isso não é válido para valores próximos do ponto crítico termodinâmico.

Líquidos

Qualitativamente, o mecanismo físico de transporte de calor por condução nos líquidos é o mesmo que o dos gases. Entretanto, a situação é consideravelmente mais complexa em razão da menor mobilidade das moléculas.

Sólidos

Duas maneiras básicas regem a transferência de calor por condução em sólidos: vibração da rede cristalina e transporte por elétrons livres. O segundo modo é o mais efetivo e preponderante em materiais metálicos. Isso explica por que, em geral, bons condutores de eletricidade também são bons condutores de calor. A transferência de calor em isolantes térmicos se dá por meio da vibração da rede cristalina, que é consideravelmente menos eficiente.

O diagrama da Figura 2.3 ilustra qualitativamente a ordem de grandeza da condutividade térmica de diversos materiais. Nota-se que, em geral, a condutividade térmica aumenta na sequência de gases, líquidos e sólidos, sendo que os metais puros têm elevada condutividade térmica e alguns cristais, elevadíssima condutividade térmica.

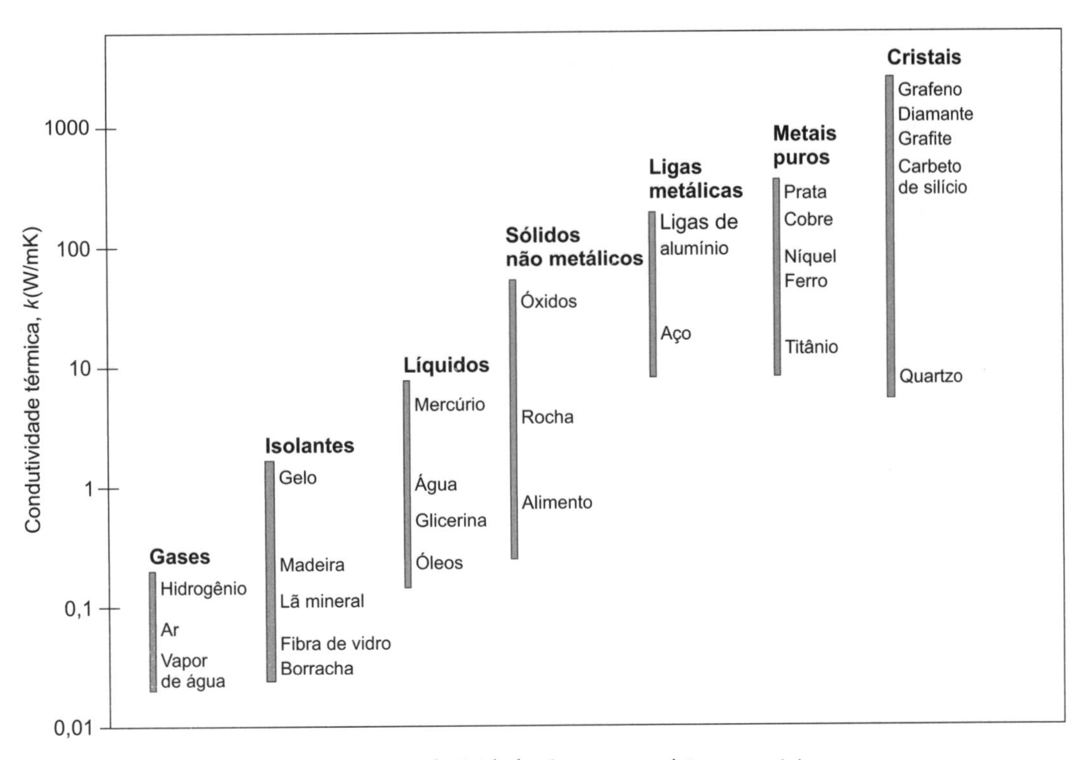

Figura 2.3 Condutividade térmica em vários materiais.

2.1 Equação geral da condução de calor em coordenadas cartesianas

O problema precípuo da condução de calor é determinar a taxa de calor transferido no interior de um dado material nas diversas direções x, y e z, bem como a distribuição interna da temperatura, isto é, $T(x, y, z, t)$. Para resolver esse problema, primeiro deve-se estabelecer a equação geral de condução de calor, que pode ser obtida a partir de um balanço de energia em um volume de controle diferencial desse material, como indicado na Figura 2.4.

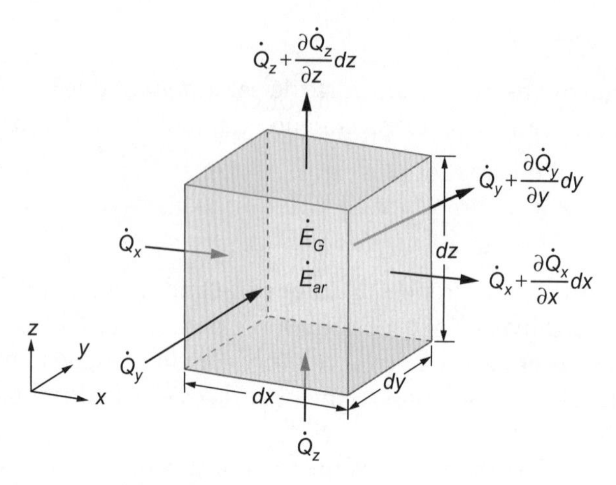

Figura 2.4 Balanço de energia no volume de controle diferencial.

O balanço de energia (ou Primeira Lei da Termodinâmica) para o volume de controle (VC) diferencial da Figura 2.4 contabiliza as taxas de energia térmica envolvidas, de forma que o seguinte esquema pode ser estabelecido:

$$\underbrace{\begin{Bmatrix}\text{Taxa de transferência}\\ \text{de calor que entra no}\\ \text{VC}\end{Bmatrix}}_{\text{I}} - \underbrace{\begin{Bmatrix}\text{Taxa de transferência}\\ \text{de calor que deixa o}\\ \text{VC}\end{Bmatrix}}_{\text{II}} + \underbrace{\begin{Bmatrix}\text{Taxa de energia}\\ \text{térmica (calor)}\\ \text{gerada no VC}\end{Bmatrix}}_{\text{III}} = \underbrace{\begin{Bmatrix}\text{Taxa de}\\ \text{variação da energia}\\ \text{interna do VC}\end{Bmatrix}}_{\text{IV}}$$

Explicitando os termos (I), (II), (III) e (IV), vem:

(I) *Taxa de transferência de calor que entra no VC nas três direções a partir da Lei de Fourier – a área elementar é perpendicular à taxa de transferência de calor:*

Direção x: $\dot{Q}_x = -k_x \, dydz \frac{\partial T}{\partial x}$

Direção y: $\dot{Q}_y = -k_y \, dxdz \frac{\partial T}{\partial y}$

Direção z: $\dot{Q}_z = -k_z \, dxdy \frac{\partial T}{\partial z}$

(II) *Taxa de transferência de calor que deixa o VC nas três direções:*

Para isso, deve-se realizar uma expansão em série de Taylor da taxa de transferência de calor na direção de interesse com truncamento no primeiro termo da expansão (os demais termos são desprezíveis por serem de ordem superior):

Direção x: $\dot{Q}_x + \frac{\partial \dot{Q}_x}{\partial x} dx$

Direção y: $\dot{Q}_y + \frac{\partial \dot{Q}_y}{\partial y} dy$

Direção z: $\dot{Q}_z + \frac{\partial \dot{Q}_z}{\partial z} dz$

(III) *Taxa temporal de energia térmica (calor) gerada no VC:*

A taxa de geração de energia térmica (calor) decorre da transformação de um tipo de energia, por exemplo, a energia elétrica em energia térmica por efeito Joule no volume de controle, ou pela cura de uma resina ou, ainda, em face de uma reação química exotérmica ou endotérmica (nesse caso, o sinal da taxa será negativo) ou reações nucleares. Assume-se que a geração de energia térmica se dá de forma uniforme em todo o volume analisado. Portanto, trata-se de geração de energia térmica que vai, posteriormente, se difundir na forma de calor.

$$\dot{E}_G = q_G^{'''} dxdydz$$

em que $q_G^{'''}$ é a taxa de calor gerado na unidade de volume [W/m³].

(IV) *Taxa temporal de variação da energia interna armazenada:*

A energia do elemento é a sua própria energia interna; assim, a taxa de variação da energia armazenada, $\dot{E}_{ar}$, é apenas a taxa temporal de variação da sua energia interna, U, que é:

$$\dot{E}_{ar} = \frac{\partial U}{\partial t} = m\frac{\partial u}{\partial t} = \rho C dxdydz \frac{\partial T}{\partial t}$$

com C sendo o calor específico [J/kgK], m a massa do VC elementar e ρ, a densidade ou massa específica. Estritamente falando, o calor específico C é o calor específico a volume constante que, no caso de sólidos e líquidos, é muito próximo do calor específico à pressão constante e não há necessidade de fazer distinção.

Juntando os termos (I) – (II) + (III) = (IV), vem:

$$\dot{Q}_x + \dot{Q}_y + \dot{Q}_z - \left(\dot{Q}_x + \frac{\partial \dot{Q}_x}{\partial x}dx + \dot{Q}_y + \frac{\partial \dot{Q}_y}{\partial y}dy + \dot{Q}_z + \frac{\partial \dot{Q}_z}{\partial z}dz \right) + q_G^{'''}dxdydz = \rho C dxdydz \frac{\partial T}{\partial t}$$

Os termos de taxa de transferência de calor se cancelam para obter a seguinte equação simplificada:

$$-\frac{\partial \dot{Q}_x}{\partial x}dx - \frac{\partial \dot{Q}_y}{\partial y}dy - \frac{\partial \dot{Q}_z}{\partial z}dz + q_G^{'''}dxdydz = \rho C dxdydz \frac{\partial T}{\partial t}$$

e, substituindo a Lei de Fourier (Eq. 2.1) para os termos de taxa de transferência de calor em cada uma das três direções, vem:

$$-\frac{\partial}{\partial x}\left(\underbrace{-k_x \frac{\partial T}{\partial x}dydz}_{\dot{Q}_x} \right)dx - \frac{\partial}{\partial y}\left(\underbrace{-k_y \frac{\partial T}{\partial y}dxdz}_{\dot{Q}_y} \right)dy - \frac{\partial}{\partial z}\left(\underbrace{-k_z \frac{\partial T}{\partial z}dxdy}_{\dot{Q}_z} \right)dz + q_G^{'''}dxdydz = \rho C dxdydz \frac{\partial T}{\partial t}$$

Dividindo ambos os lados pelo volume de controle elementar $dxdydz$, tem-se:

$$\frac{\partial}{\partial x}\left(k_x \frac{\partial T}{\partial x} \right) + \frac{\partial}{\partial y}\left(k_y \frac{\partial T}{\partial y} \right) + \frac{\partial}{\partial z}\left(k_z \frac{\partial T}{\partial z} \right) + q_G^{'''} = \rho C \frac{\partial T}{\partial t} \quad (2.4)$$

A Equação (2.4) constitui a *equação geral da condução de calor* em coordenadas cartesianas. Trata-se de uma equação diferencial parcial de 2ª ordem. Não existe uma solução analítica geral, porque a solução dessa equação depende da geometria do material e das condições inicial (condição temporal) e de contorno (condição espacial). O estudo dessa classe de equações diferenciais é chamado de *problemas de condições de contorno*. Por isso, no campo da transferência de calor, ela é geralmente resolvida para diversas geometrias e situações comuns. A solução que se busca dessa equação diferencial é uma solução do tipo $T = T(x, y, z, t)$ isto é, a distribuição espacial da temperatura no interior do meio e sua evolução com o tempo. Em geral, algumas simplificações são adotadas a fim de que se apliquem a muitas situações reais, tais como os casos analisados a seguir.

Casos

(a) Condutividade térmica *k* uniforme (material isotrópico) e constante (independe de *T*)
A condutividade térmica k pode ser considerada uniforme em um material isotrópico. Tal hipótese não se aplicaria para o caso de um material compósito ou de fibras naturais, em que a condutividade em uma direção pode ser diferente daquela em outra direção – pense no caso de um tronco de madeira em que as fibras estão alinhadas com o eixo principal. No entanto, ela pode variar com a temperatura $k = k(T)$, mas se essa dependência da temperatura for desprezível, tem-se que:

$$k = k_x = k_y = k_z = \text{cte} \tag{2.5}$$

Logo, substituindo essa informação na Equação (2.4), resulta em:

$$\frac{\partial^2 T}{\partial x^2} + \frac{\partial^2 T}{\partial y^2} + \frac{\partial^2 T}{\partial z^2} + \frac{q_G'''}{k} = \frac{1}{\alpha}\frac{\partial T}{\partial t} \tag{2.6}$$

ou, em notação matemática mais sintética, tem-se:

$$\nabla^2 T + \frac{q_G'''}{k} = \frac{1}{\alpha}\frac{\partial T}{\partial t} \tag{2.7}$$

em que $\nabla^2 = \frac{\partial^2}{\partial x^2} + \frac{\partial^2}{\partial y^2} + \frac{\partial^2}{\partial z^2}$ é o operador matemático *laplaciano* no sistema de coordenadas cartesiano (mais será dito sobre o operador matemático na sequência). Já α é a *difusividade térmica*, cuja unidade no SI é:

$$[\alpha] = \frac{[k]}{[\rho][c]} = \frac{\left[\frac{W}{m \cdot K}\right]}{\left[\frac{kg}{m^3}\right]\left[\frac{J}{kg \cdot K}\right]} = \frac{m^2}{s}$$

A difusividade térmica indica a razão entre a "capacidade" de conduzir calor e a de armazenar energia térmica. Em termos práticos, indica a "velocidade" de propagação de *calor* no interior do material.

(b) Sem geração de energia térmica (calor) e *k* uniforme e constante
O próximo caso a ser analisado é o sem geração de energia térmica (calor) com condutividade isotrópica e constante. Essas simplificações introduzidas na equação geral (Eq. 2.4) resultam na *equação de Fourier*, expressa na Equação (2.8).

$$\nabla^2 T = \frac{1}{\alpha}\frac{\partial T}{\partial t} \tag{2.8}$$

(c) Regime permanente e *k* uniforme e constante
Nesse caso, o termo temporal é nulo e, considerando a condutividade isotrópica e constante, resultam na *equação de Poisson*, expressa na Equação (2.9).

$$\nabla^2 T + \frac{q_G'''}{k} = 0 \tag{2.9}$$

(d) Regime permanente, *k* constante e uniforme e sem geração de energia térmica (calor)
Considerando essas condições, obtém-se a *equação de Laplace*, expressa pela Equação (2.10).

$$\nabla^2 T = 0 \tag{2.10}$$

A forma de escrever a equação da condução de calor no formato da Equação (2.7) e as suas simplificações seguintes com o uso do operador laplaciano é preferível, pois, embora a equação geral da condução de calor tenha sido deduzida para o sistema cartesiano de coordenadas, o uso da formulação simbólica do operador laplaciano é mais geral, sendo independente do sistema de coordenadas adotado.

Dessa forma, caso haja interesse em usar outros sistemas de coordenadas, basta substituir o operador laplaciano pelo sistema de coordenadas de interesse, como os casos de coordenadas cilíndricas, Equação (2.11), ou esféricas, Equação (2.12):

- Coordenadas cilíndricas (r, ϕ, z):

$$\nabla^2 = \frac{1}{r}\frac{\partial}{\partial r}\left(r\frac{\partial}{\partial r}\right) + \frac{1}{r^2}\frac{\partial^2}{\partial \phi^2} + \frac{\partial^2}{\partial z^2} \tag{2.11}$$

- Coordenadas esféricas (r, ϕ, θ):

$$\nabla^2 = \frac{1}{r^2}\frac{\partial}{\partial r}\left(r^2\frac{\partial}{\partial r}\right) + \frac{1}{r^2\,\text{sen}\theta}\frac{\partial}{\partial \theta}\left(\text{sen}\theta\frac{\partial}{\partial \theta}\right) + \frac{1}{r^2\,\text{sen}^2\theta}\frac{\partial^2}{\partial \phi^2} \tag{2.12}$$

2.2 Condução unidimensional em regime permanente sem geração de energia térmica (calor) - placa ou parede plana

O caso mais simples de condução de calor é o da parede ou placa plana, em regime permanente, sem geração de energia térmica (calor) e propriedades de transporte (condutividade térmica) constantes. Este é o caso ilustrado na Figura 2.5, em que uma parede ou placa de espessura L tem a face à esquerda mantida a uma temperatura T_1 e a face à direita mantida à temperatura T_2. Poder-se-ia imaginar que se trata, por exemplo, de uma parede que separa dois ambientes de temperaturas distintas. Como se verá adiante, a distribuição de temperaturas $T(x)$ dentro da parede é linear, conforme indicado nesta figura, com $T_1 > T_2$.

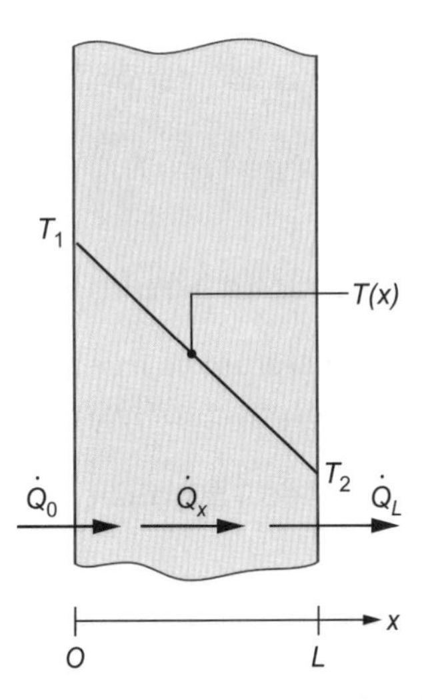

Figura 2.5 Distribuição de temperaturas em parede plana sem geração de calor em regime permanente e condutividade térmica constante.

Para resolver esse caso, vamos partir da equação geral da condução de calor, deduzida na Equação (2.7), isto é, $\nabla^2 T + \frac{q_G'''}{k} = \alpha\frac{\partial T}{\partial t}$. Introduzindo as simplificações do problema:

- Não há geração de energia térmica (calor): $q_G''' = 0$.
- Regime permanente: $\frac{\partial T}{\partial t} = 0$.
- Unidimensional (1D) em x: $\nabla^2 T = \frac{d^2 T}{dx^2}$.

Assim, com a introdução dessas simplificações, a equação geral é simplificada para se obter a seguinte forma elementar.

$$\frac{d^2T}{dx^2}=0 \tag{2.13}$$

Para resolver essa equação diferencial de segunda ordem homogênea de coeficientes constantes, considere a seguinte mudança de variáveis: $\theta=\frac{dT}{dx}$.

Logo, substituindo na equação, vem que: $\frac{d\theta}{dx}=0$.

Integrando de forma indefinida por separação de variáveis, tem-se: $\int d\theta=\int 0dx$, ou seja, $\theta=C_1$.

Porém, como foi definido: $\theta=\frac{dT}{dx}$, logo $\frac{dT}{dx}=C_1$.

Integrando a equação de forma indefinida mais uma vez: $\int dT=\int C_1dx$, vem: $T=T(x)=C_1x+C_2$, que é a equação de uma reta, ou seja, a distribuição de temperaturas é linear.

Para se obter as constantes de integração C_1 e C_2, deve-se aplicar as condições de contorno (CC) que, nesse exemplo, são dadas pelas temperaturas superficiais das duas faces. Em termos matemáticos, isso quer dizer que:

CC_1: em $x = 0$ $\quad T = T_1 \rightarrow T_1 = C_1(0) + C_2 \rightarrow C_2 = T_1$

CC_2: em $x = L$ $\quad T = T_2 \rightarrow T_2 = C_1(L) + T_1 \rightarrow C_1=\frac{T_2-T_1}{L}$

Assim, a distribuição final de temperaturas no interior da parede é dada por:

$$T=T(x)=(T_2-T_1)\frac{x}{L}+T_1 \tag{2.14}$$

Cálculo do fluxo de calor transferido através da parede

Para efeito de ilustração, suponha que a temperatura da face à esquerda seja maior que a da direita, isto é, $T_1 > T_2$, como mostrado na Figura 2.5. Para encontrar o fluxo de calor, q_x, na parede, deve-se usar a Lei de Fourier, dada por: $q_x=\frac{\dot{Q}_x}{A}=-k\frac{dT}{dx}$. Substituindo a distribuição de temperaturas (Eq. 2.14), vem:

$$q_x=-k\frac{d}{dx}\left[(T_2-T_1)\frac{x}{L}+T_1\right]=-k\frac{(T_2-T_1)}{L}\text{, logo}$$

$$q_x=k\frac{(T_1-T_2)}{L} \tag{2.15}$$

Note que o fluxo de calor é constante para qualquer posição x no interior da parede, já que q_x independe de x ($q_x = q_0 = q_L$). Além disso, é positivo na direção de x positivo, isso quer dizer que a direção de transferência de calor segue a direção de x positivo. Finalmente, conhecida a equação que rege o fluxo de calor através da parede, pode-se:

Aumentar o fluxo de calor q:

- com o uso de material bom condutor de calor, $k\uparrow$
- pela diminuição da espessura da parede, isto é, $L\downarrow$

Ou diminuir o fluxo de calor q:

- com o uso de material isolante térmico, $k \downarrow$
- pelo aumento da espessura da parede, isto é, $L \uparrow$

A taxa de calor transferido na parede será: $\dot{Q}_x = Aq_x$

$$\dot{Q}_x = Ak\frac{(T_1 - T_2)}{L} \tag{2.16}$$

EXEMPLO 2.1 Transferência de calor em parede plana

Transferência de calor em regime permanente sem geração de energia térmica (calor) ocorre em uma placa de espessura L. Além disso, admita que há troca térmica somente na direção x (unidimensional). Determine a validade dos seguintes casos:

(a) $T_1 > T_2$, $\dot{Q}_1 > 0$.

(b) $T_1 < T_2$, $\dot{Q}_2 > 0$.

(c) $\dot{Q}_1 = \dot{Q}_2 = \dot{Q}_{x_0}$.

(d) A distribuição de temperatura no sólido é linear.

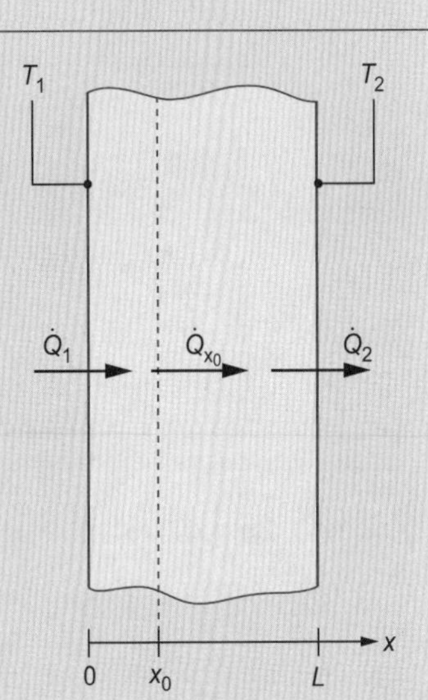

Solução:

Da Equação (2.16): $\dot{Q}_x = q_x A = \dfrac{kA(T_1 - T_2)}{L}$

(a) A taxa de calor transferida na face 1 é:

$\dot{Q}_1 = \dfrac{kA(T_1 - T_2)}{L}$, como $T_1 > T_2$, logo $\dot{Q}_1 > 0$, ou seja, o sentido positivo da transferência de calor é à direita em concordância com o sentido positivo do eixo x. Assim, a afirmação está correta.

(b) $\dot{Q}_2 = \dfrac{kA(T_1 - T_2)}{L}$, se $T_1 < T_2$, logo $\dot{Q}_2 < 0$

A afirmação está incorreta, já que a transferência de calor é negativa; isso significa que seu sentido é à esquerda no lado oposto do sentido positivo do eixo x da figura do exemplo.

(c) Neste problema, a transferência de calor $\dot{Q}_x = \dfrac{kA(T_1 - T_2)}{L}$ independe de x, assim é constante para qualquer posição de x, sendo que a afirmação está correta.

(d) A distribuição de temperaturas no sólido é (Eq. 2.14): $T = T(x) = (T_2 - T_1)\dfrac{x}{L} + T_1$ e percebe-se que é linear, logo a afirmação está correta.

Comentário: a Lei de Fourier é função do gradiente de temperatura, logo, uma taxa de calor transferido positiva indica que seu sentido é o mesmo que x positivo e, quando negativo, indica que a taxa de calor segue o sentido x negativo. Além disso, a Lei de Fourier pode ser aplicada a qualquer posição x.

EXEMPLO 2.2 Condução com fluxo de calor conhecido

Um ferro de passar roupa é constituído, basicamente, por uma resistência elétrica, que, quando ligada à energia elétrica, aumenta sua temperatura por efeito Joule transferindo calor à base do ferro, como ilustrado no esquema a seguir. Admitindo que a resistência transfere um fluxo de calor de 35.000 W/m², calcule a diferença de temperatura das duas faces da base do ferro de espessura 0,5 cm, supondo que o material seja (a) alumínio; (b) aço inoxidável A304.

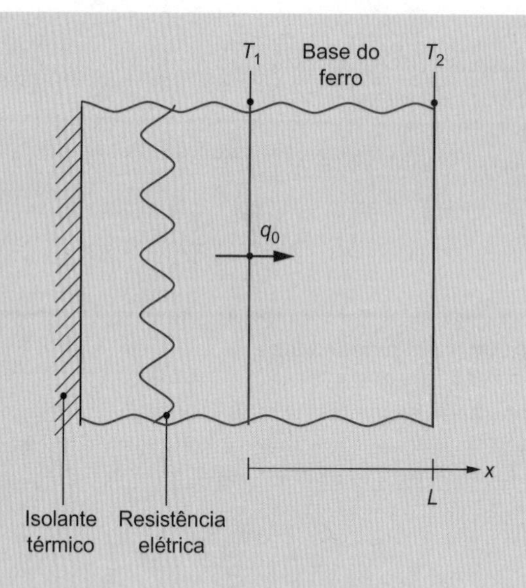

Solução:

Supondo um isolamento térmico perfeito na parede à esquerda da resistência elétrica e sem perdas de calor nas laterais da base do ferro, o fluxo de calor transferido da resistência elétrica é o mesmo que chega até a base do ferro, o qual é transferido por condução através da base até o lado oposto em contato com o ar ambiente. Nessas condições, o fluxo de calor na base do ferro fica definido como: $q_0 = k\frac{(T_1 - T_2)}{L}$. Portanto, a diferença de temperaturas $\Delta T = T_1 - T_2$ é avaliada por: $\Delta T = \frac{q_0 L}{k}$.

(a) Alumínio, k = 237 W/mK (Tab. A.2)

$$\Delta T = \frac{35.000 \times 0,005}{237} = 0,7\ °\mathrm{C}$$

(b) Aço inoxidável A304, k = 14,9 W/mK (Tab. A.2)

$$\Delta T = \frac{35.000 \times 0,005}{14,7} = 11,7\ °\mathrm{C}$$

Pode-se notar que o aço inoxidável provoca queda maior de temperatura em virtude de sua menor condutividade térmica, o que é indesejável nessa aplicação.

EXEMPLO 2.3 Condução de calor em vidro de coletor solar

A energia solar pode ser aproveitada para aquecimento de ar mediante coletor solar de placa plana. O coletor mostrado na figura tem uma cobertura de vidro (k = 1,4 W/mK). Em face da diferença de temperatura entre a cobertura de vidro e o ar aquecido no interior do coletor, existe perda de calor para o ambiente. Em regime permanente, essa perda de calor é de 140 W/m². Avalie a diferença de temperaturas entre as faces superior e inferior da cobertura de vidro de 4 mm de espessura.

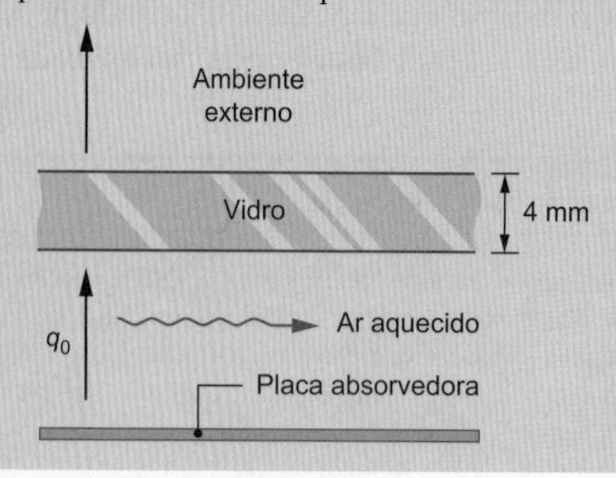

Solução:

O fluxo de calor pode ser avaliado pela relação $q_0 = k\frac{(T_1 - T_2)}{L}$; assim, a diferença de temperaturas $\Delta T = T_1 - T_2$ é avaliada por: $\Delta T = \frac{q_0 L}{k}$

$$\Delta T = \frac{140 \times 0{,}004}{1{,}4} = 0{,}4\ °\text{C}$$

A diferença de temperatura nos vidros de coletores solares geralmente é pequena, assim, em alguns cálculos, assume-se que as temperaturas nas faces do vidro sejam iguais.

2.3 Condução unidimensional em regime permanente sem geração de energia térmica (calor) – tubo cilíndrico

A solução de tubos cilíndricos é equivalente, em coordenadas cilíndricas, ao caso anterior de uma parede ou placa plana com propriedades constantes e sem geração de energia térmica (calor) em regime permanente. Ambos são unidimensionais, mas o presente caso se aplica a tubos cilíndricos, como indicado na Figura 2.6, com as temperaturas interna T_i e externa T_e estabelecidas nas posições radiais r_i e r_e. O tubo tem comprimento L.

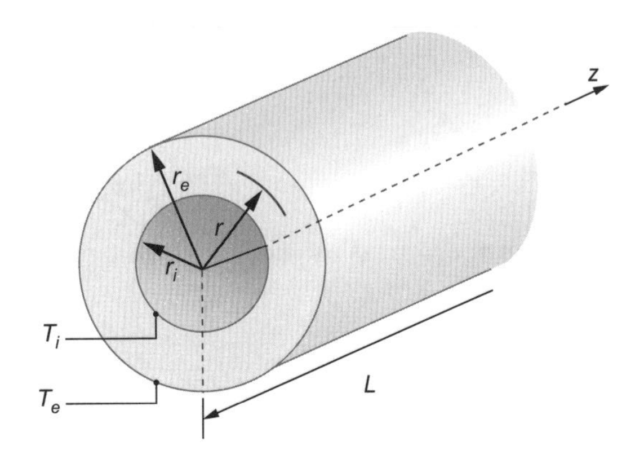

Figura 2.6 Parâmetros para a análise de transferência de calor unidimensional em tubo cilíndrico.

Partindo da equação geral da condução de calor (Eq. 2.7), basta agora usar o operador laplaciano em coordenadas cilíndricas, Equação (2.11), do que resulta:

$$\frac{1}{r}\frac{\partial}{\partial r}\left(r\frac{\partial T}{\partial r}\right) + \frac{1}{r^2}\frac{\partial^2 T}{\partial \phi^2} + \frac{\partial^2 T}{\partial z^2} + \frac{q_G'''}{k} = \frac{1}{\alpha}\frac{\partial T}{\partial t} \tag{2.17}$$

Introduzindo as simplificações do problema:

- Não há geração de calor: $q_G''' = 0$.
- Regime permanente: $\frac{\partial T}{\partial t} = 0$.
- Unidimensional (1D): variação somente com o raio (r).
  – válido para um tubo muito longo em que as condições das extremidades não interferem (sem efeitos de borda), ou seja, T não depende de z, isto é, $\frac{\partial T}{\partial z} = 0$;
  – há simetria radial, ou seja, T não depende da posição angular ϕ, isto é, $\frac{\partial T}{\partial \phi} = 0$.

Ao aplicar todas essas simplificações, o resultado é a Equação (2.18):

$$\frac{d}{dr}\left(r\frac{dT}{dr}\right)=0 \qquad (2.18)$$

Para resolver a Equação (2.18), deve-se integrar duas vezes:

1ª integração: separe as variáveis e integre uma vez, para obter:

$$\int d\left(r\frac{dT}{dr}\right)dr=\int 0dr \rightarrow r\frac{dT}{dr}=C_1$$

2ª integração: após separação de variáveis, vem:

$$\int dT=\int C_1\frac{dr}{r} \rightarrow T=T(r)=C_1\ln r+C_2$$

Portanto, a distribuição de temperaturas no caso do tubo cilíndrico (ou cilindro maciço) é logarítmica na direção da coordenada radial e não linear, como no caso da parede plana (Eq. 2.14). A determinação de C_1 e C_2 se dá por meio da aplicação das condições de contorno que, como indicado na Figura 2.6, são:

CC_1: a superfície interna é mantida a uma temperatura constante, isto é, $r = r_i$, $T = T_i$

CC_2: a superfície externa é também mantida a uma outra temperatura constante, isto é, $r = r_e$, $T = T_e$

$$CC_1: r = r_i, T = T_i \rightarrow T_i = C_1\ln r_i + C_2$$

$$CC_2: r = r_e, T = T_e \rightarrow T_e = C_1\ln r_e + C_2$$

Realizando a subtração das temperaturas interna e externa, tem-se que $T_i - T_e = C_1 \ln\frac{r_i}{r_e}$, ou $C_1 = \frac{T_i - T_e}{\ln(r_i/r_e)}$.

Substituindo C_1 na CC_2, vem: $C_2 = T_e - \frac{(T_i - T_e)}{\ln(r_i/r_e)}\ln r_e$.

Finalmente, substituindo C_1 e C_2 na equação após a segunda integração,

$$T=T(r)=(T_i-T_e)\frac{\ln(r/r_e)}{\ln(r_i/r_e)}+T_e \qquad (2.19)$$

A Equação (2.19) representa a distribuição de temperaturas na parede cilíndrica de espessura $r_e - r_i$. Supondo $T_i > T_e$, seu comportamento é indicado na Figura 2.7.

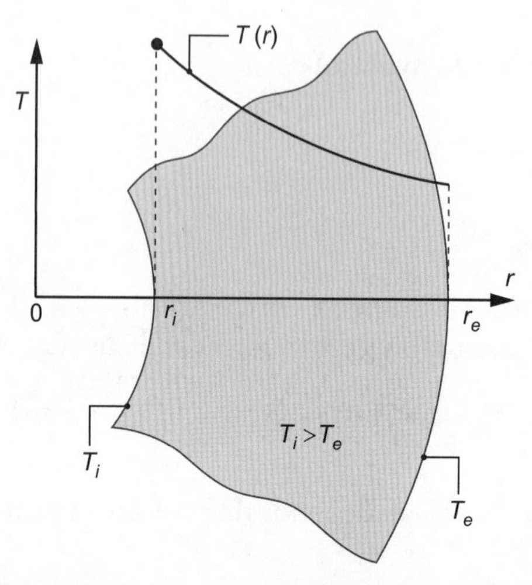

Figura 2.7 Distribuição de temperatura no tubo cilíndrico.

A taxa de transferência de calor na direção radial é obtida mediante o emprego da Lei de Fourier, $\dot{Q}_r = -kA_r \dfrac{dT}{dr}$, em que a área A_r é a área perpendicular ao fluxo de calor, e não a área da seção transversal. Portanto, trata-se da área da "casquinha" cilíndrica de raio r ilustrada na Figura 2.8.

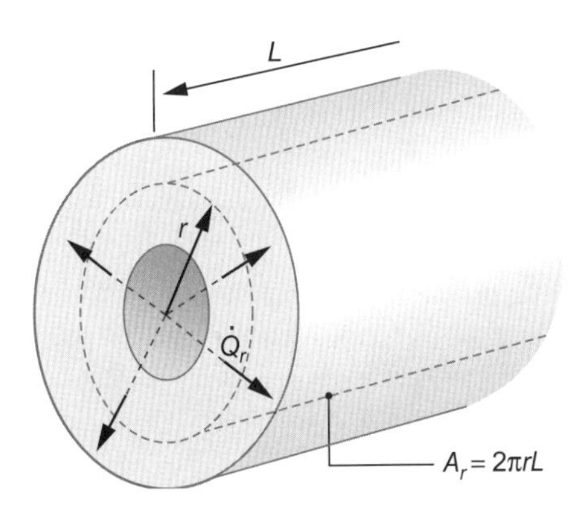

Figura 2.8 Área da "casquinha" cilíndrica.

Com $A_r = 2\pi rL$, em que L é o comprimento do tubo.

Substituindo a distribuição logarítmica de temperatura na equação de Fourier, vem:

$$\dot{Q}_r = -k(2\pi rL)\frac{d}{dr}\left[(T_i - T_e)\frac{\ln(r/r_e)}{\ln(r_i/r_e)} + T\right] = -k(2\pi rL)\frac{(T_i - T_e)}{\ln(r_i/r_e)}\frac{1/r_e}{r/r_e}.$$

Finalmente:

$$\dot{Q}_r = 2\pi kL\frac{(T_i - T_e)}{\ln(r_e/r_i)} \quad (2.20)$$

Pode-se notar, na Equação (2.20), que a taxa de transferência de calor não depende do raio (r), sendo constante através das superfícies cilíndricas, isto é, $\dot{Q} = \dot{Q}_i = \dot{Q}_r = \dot{Q}_e$.

Entretanto, o fluxo de calor, q_r, depende da posição radial, como indicado a seguir:

$$q_r = \frac{\dot{Q}_r}{A_r} = \frac{2\pi kL\dfrac{(T_i - T_e)}{\ln(r_e/r_i)}}{2\pi rL}$$

ou

$$q_r = \frac{k}{r}\frac{(T_i - T_e)}{\ln(r_e/r_i)}. \quad (2.21)$$

EXEMPLO 2.4 Condução de calor em tubo cilíndrico

Vapor de água circula pelo interior de um tubo de aço inoxidável (k = 15 W/mK) que tem raio interno de r_1 = 8 cm e raio externo de r_2 = 9 cm. Um acidente faz com que 10 cm da tubulação fiquem sem isolamento térmico. As temperaturas das superfícies interna e externa são T_1 = 120 °C e T_2 = 102,5 °C, respectivamente. Obtenha a distribuição de temperatura da parede do tubo e determine a perda de calor do vapor pela parede do tubo nesse trecho descoberto de tubulação.

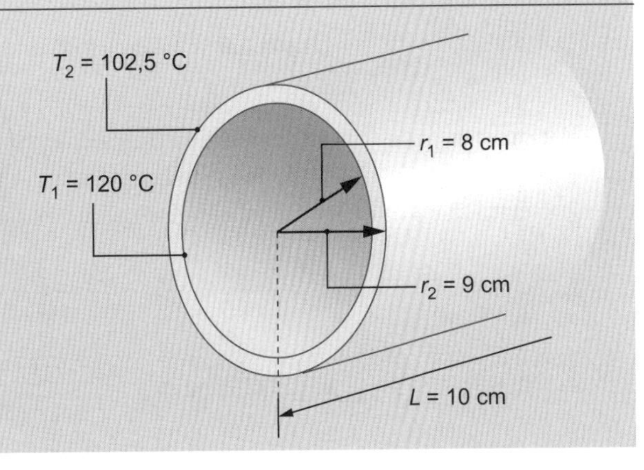

Solução:

Considerando regime permanente, condução de calor unidimensional, propriedades de transporte constantes, sem geração de calor, obtém-se a distribuição de temperaturas, indicada na Equação (2.19). Substituindo os valores do problema, chega-se a:

$$T(r)=(T_1-T_2)\frac{\ln(r/r_2)}{\ln(r_1/r_2)}+T_2=(120-102{,}5)\frac{\ln(r/0{,}09)}{\ln(0{,}08/0{,}09)}+102{,}5\text{, ou}$$

$$T(r)=-148{,}6\ln r-255{,}3.$$

Com r em metros, resulta na distribuição procurada de temperaturas (°C) em função do raio.
A taxa de transferência de calor do vapor através do trecho descoberto da parede do cilindro metálico é determinada utilizando a Lei de Fourier, indicada na Equação (2.20):

$$\dot{Q}=2\pi kL\frac{(T_1-T_2)}{\ln(r_2/r_1)}$$

Substituindo os valores numéricos, obtemos:

$$\dot{Q}=2\pi\times15\times0{,}1\times\frac{(120-102{,}5)}{\ln\left(\frac{0{,}09}{0{,}08}\right)}$$

$$\dot{Q}=1399\text{ W}$$

Isso significa que, em apenas 10 cm, o vapor perde 1399 W de taxa de calor para o ambiente externo.

2.4 Paredes planas compostas

Por vezes, a parede é composta de várias camadas de diferentes materiais, por exemplo, a parede de uma casa. A Figura 2.9 mostra, esquematicamente, uma parede plana composta de três materiais distintos.

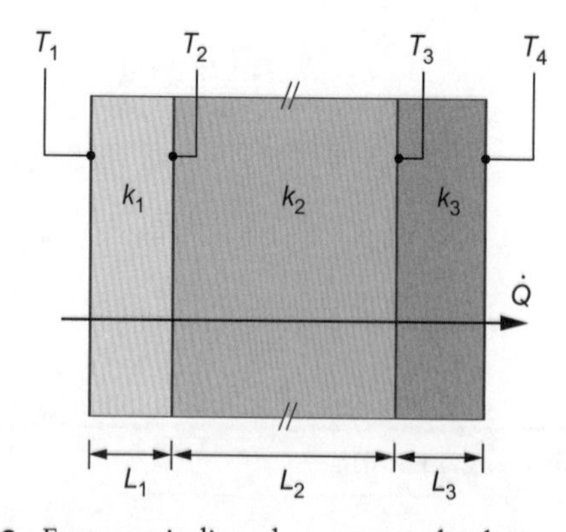

Figura 2.9 Esquema indicando uma parede plana composta.

Para resolver de forma rápida e simples esse tipo de configuração de paredes compostas, note que a taxa de calor transferido $\dot{Q}$ é a mesma que atravessa todas as paredes (regime permanente, sem geração de energia térmica e unidimensional). Desse modo, para cada parede pode-se escrever as seguintes equações:

- Parede 1: $\dot{Q}=k_1A\dfrac{(T_1-T_2)}{L_1}\rightarrow T_1-T_2=\dfrac{\dot{Q}L_1}{k_1A}$
- Parede 2: $\dot{Q}=k_2A\dfrac{(T_2-T_3)}{L_2}\rightarrow T_2-T_3=\dfrac{\dot{Q}L_2}{k_2A}$

- Parede 3: $\dot{Q} = k_3 A \dfrac{(T_3 - T_4)}{L_3} \rightarrow T_3 - T_4 = \dfrac{QL_3}{k_3 A}$

Somando os termos das três paredes: $T_1 - T_4 = \dot{Q} \sum \dfrac{L_i}{k_i A}$

ou, simplesmente,

$$\dot{Q} = \frac{T_1 - T_4}{R} \tag{2.22}$$

em que $T_1 - T_4$ refere-se à diferença de temperaturas das *duas faces externas da parede*, já que as temperaturas das faces intermediárias se anularam duas a duas. R é conhecida como *resistência térmica* da parede composta, dada por:

$$R = \sum \frac{L_i}{k_i A} \tag{2.23}$$

Analogia elétrica

Essa abordagem permite que se estabeleça uma *analogia elétrica* perfeita entre fenômenos elétricos ôhmicos e térmicos de condução de calor, por meio da seguinte correspondência:

$$i \rightarrow \dot{Q} \qquad U \rightarrow \Delta T \qquad R_{\text{ÔHMICA}} \rightarrow R_{\text{TÉRMICA}}$$

Assim, por exemplo, para a parede composta mostrada na Figura 2.9 seu "circuito térmico" é indicado na Figura 2.10.

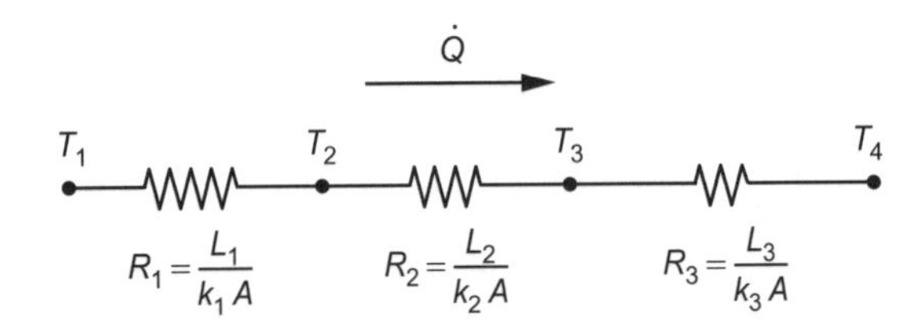

Figura 2.10 Circuito térmico de 3 paredes compostas em série.

Por meio de analogia elétrica, configurações mais complexas (em série e paralelo) de paredes podem ser resolvidas, como no sistema indicado na Figura 2.11. Para isso, assume-se que as interfaces entre as paredes A, B, C e D têm a temperatura uniforme e igual a T_2; da mesma forma a temperatura da face entre as paredes B, C, D e E tem a temperatura uniforme e igual a T_3.

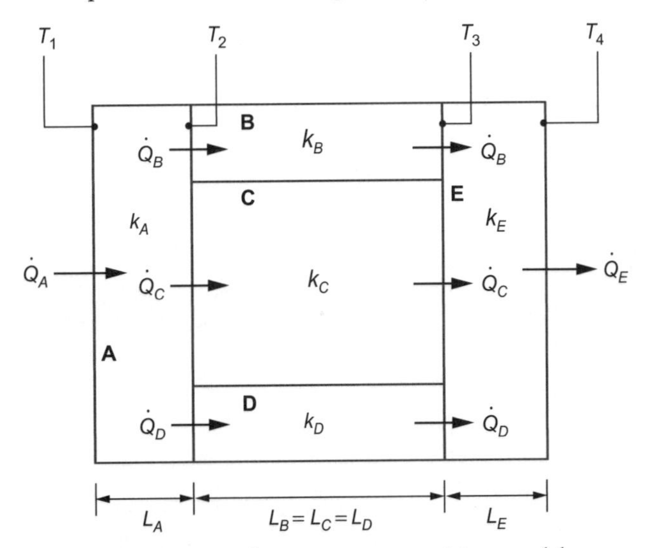

Figura 2.11 Paredes compostas em série e paralelo.

O circuito térmico equivalente é indicado na Figura 2.12.

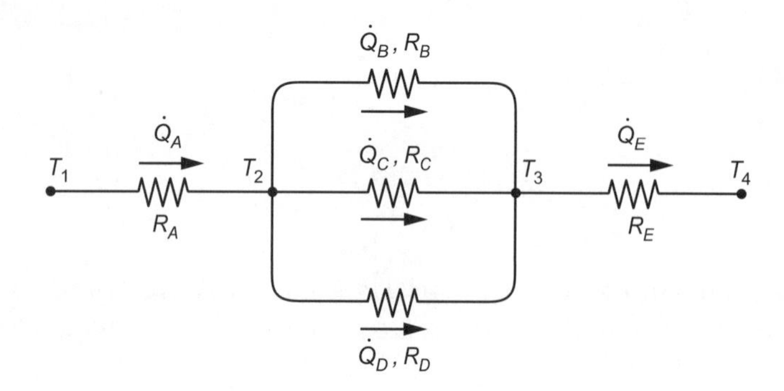

Figura 2.12 Circuito térmico equivalente do arranjo de paredes compostas indicado na Figura 2.11.

A taxa de transferência de calor é indicada na Equação (2.24):

$$\dot{Q} = \frac{\Delta T_{total}}{R_T} = \frac{T_1 - T_4}{R_T} \tag{2.24}$$

em que a resistência equivalente R_T é dada por:

$R_T = R_A + R_{//} + R_E$ e $\frac{1}{R_{//}} = \frac{1}{R_B} + \frac{1}{R_C} + \frac{1}{R_D}$, sendo $R_{//}$ a resistência térmica do circuito paralelo.

Da mesma forma que na condução, pode-se definir uma resistência térmica por convecção, a qual relaciona a diferença de temperatura entre o meio e a superfície (ou ao contrário, dependendo do sentido do fluxo de calor) com a taxa de calor transferido nessa superfície.

$$R = \frac{1}{hA} = \frac{\Delta T}{\dot{Q}} \tag{2.25}$$

EXEMPLO 2.5 Isolamento térmico em paredes

Em regiões frias, como em Picotani, a 5000 m de altitude, nos andes peruanos, a temperatura ambiente pode atingir −15 °C à noite. Propõe-se colocar uma parede composta de gesso (k_g = 0,17 W/mK), um enchimento de material isolante e madeira (k_m= 0,16 W/mK) como indicado na figura. Pretende-se manter a temperatura interna do ar em 20 °C em uma casa que possui área de 5 × 7 m e altura de 2,5 m. Na casa, há quatro pessoas produzindo uma carga térmica total de 400 W. Assumindo um piso perfeitamente isolado termicamente e que o teto é construído do mesmo material das paredes compostas, avalie: (a) a espessura necessária (L) se o material isolante for composto por placas de poliestireno, (b) que potência térmica deve ter um aparelho extra (p. ex., aquecedor elétrico) no interior da casa para reduzir essa espessura pela metade e continuar mantendo 20 °C no interior da casa. Desprezar a condensação/congelamento do vapor de água do ar nas paredes.

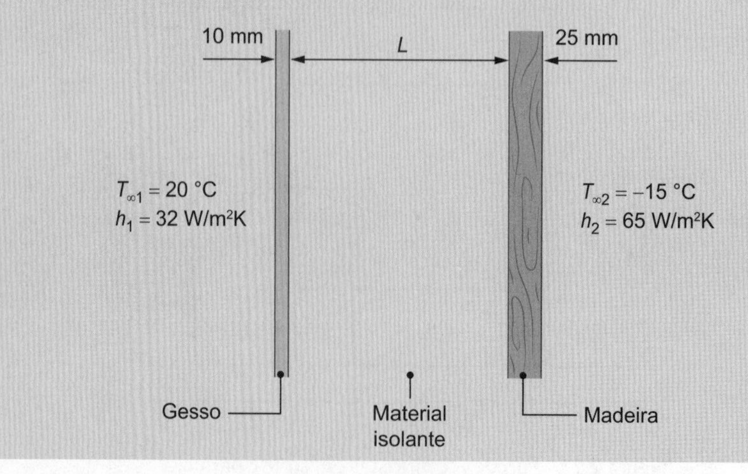

Solução:

Supondo regime permanente, condução unidimensional, sem geração de calor e propriedades de transporte constantes, conclui-se que a taxa de transferência de calor é constante ao longo da parede e, portanto, pode-se usar o conceito de resistência térmica. O problema pode ser representado no circuito térmico indicado no esquema a seguir.

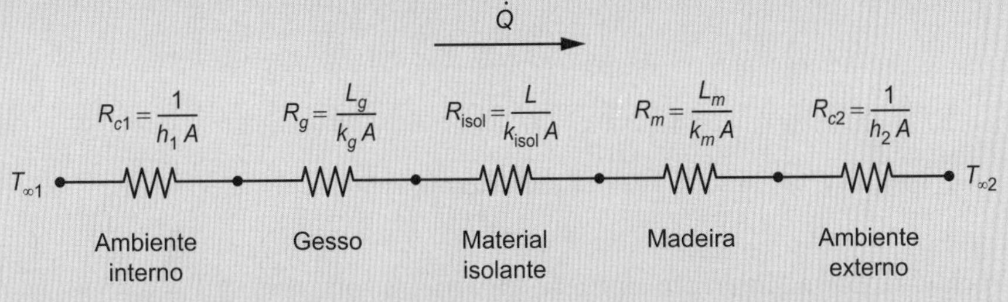

As paredes laterais e o teto possuem uma área total de:

$$A = 2\times5\times2{,}5 + 2\times7\times2{,}5 + 5\times7 = 95\ \text{m}^2$$

A taxa de transferência de calor pode ser obtida por:

$$\dot{Q} = \frac{T_{\infty1} - T_{\infty2}}{R} = \frac{T_{\infty1} - T_{\infty2}}{\dfrac{1}{h_1 A} + \dfrac{L_g}{k_g A} + \dfrac{L}{k_{isol} A} + \dfrac{L_m}{k_m A} + \dfrac{1}{h_2 A}}$$

(a) Substituindo valores:

$$400 = \frac{20-(-15)}{\dfrac{1}{32\times95} + \dfrac{0{,}010}{0{,}17\times95} + \dfrac{L}{0{,}027\times95} + \dfrac{0{,}025}{0{,}16\times95} + \dfrac{1}{65\times95}}$$

Assim, a espessura da parede de isolamento deve ser: $L = 0{,}217$ m ou $L = 21{,}7$ cm.

(b) Reduzindo a espessura do isolamento térmico pela metade e conservando a temperatura interna em 20 °C, estar-se-ia transferindo uma taxa de calor de dentro para fora da casa de:

$$\dot{Q}_1 = \frac{20-(-15)}{\dfrac{1}{32\times95} + \dfrac{0{,}010}{0{,}17\times95} + \dfrac{0{,}109}{0{,}027\times95} + \dfrac{0{,}025}{0{,}16\times95} + \dfrac{1}{65\times95}} = 773{,}5\ \text{W}$$

Assim, é necessário um equipamento que produza uma taxa de calor de 773,5 – 400 = 373,5 W para manter a temperatura de 20 °C no interior da casa.

Observação: caso não seja instalado esse equipamento adicional de aquecimento, a temperatura interna da casa será de:

$$400 = \frac{T_i-(-15)}{\dfrac{1}{32\times95} + \dfrac{0{,}010}{0{,}17\times95} + \dfrac{0{,}109}{0{,}027\times95} + \dfrac{0{,}025}{0{,}16\times95} + \dfrac{1}{65\times95}} \Rightarrow T_i = -1{,}9\ ^\circ\text{C}.$$

2.5 Resistência térmica de contato

Quando as superfícies de dois sólidos são colocadas em contato, a região interfacial entre elas pode ter uma resistência térmica de contato, $R''_{t,c}$, tendo em vista que não existe um contato "perfeito" entre as duas superfícies, como ilustrado na Figura 2.13, em razão da rugosidade superficial, o que estabelece uma diferença de temperaturas na interface entre as duas superfícies. Portanto, a transferência de calor se dará por condução nos pontos de contato dos picos das rugosidades e por condução através do fluido (ar) que preenche o espaço entre as superfícies. Radiação térmica também pode ser relevante se elevadas diferenças de temperatura estiverem presentes.

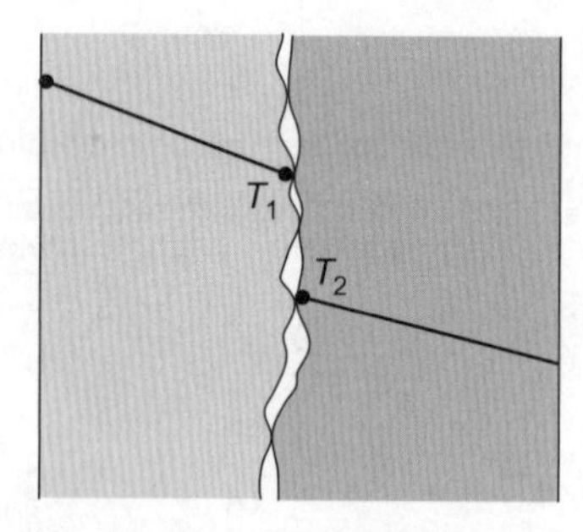

Figura 2.13 Esquema da resistência térmica entre superfícies sólidas.

A transferência de calor na interface, entre as superfícies sólidas é: $\dot{Q} = \dfrac{T_1 - T_2}{R} = \dfrac{T_1 - T_2}{R''_{t,c}/A}$, assim a resistência térmica de contato é dada pela Equação (2.26):

$$R''_{t,c} = \frac{T_1 - T_2}{q} \tag{2.26}$$

A resistência térmica de contato varia com os materiais envolvidos e com a pressão entre superfícies. Alguns valores estão indicados na Tabela 2.1.

Tabela 2.1 Resistência térmica na interface entre sólidos

Interface	$R''_{t,c}$ (m²K/W)
Latão/latão com inserção de 15 μm de solda de estanho a 1-10 MPa (Yoyanovich; Tuarze, 1969)	$0{,}025 \times 10^{-4}$ - $0{,}14 \times 10^{-4}$
Cobre/alumínio com inserção de graxa eupec (Henton) (Sartre; Lallemand, 2001)	$1{,}47 \times 10^{-4}$
Cobre/alumínio com inserção de folha de grafite (Furon® C695) (Sartre; Lallemand, 2001)	$6{,}25 \times 10^{-4}$
Cobre/alumínio com inserção de folha de silicone com óxido de alumínio (Therm, 1674) (Sartre; Lallemand, 2001)	$8{,}01 \times 10^{-4}$

2.6 Resistência térmica – várias situações

A Tabela 2.2 resume várias geometrias e situações de troca térmica, o circuito térmico, a taxa de transferência de calor e a resistência térmica.

Tabela 2.2 Resumo de resistências térmicas para algumas situações de interesse

Configuração	Circuito térmico	Taxa de transferência de calor	Resistências térmicas
Parede plana T_1 T_2 A L	$\dot{Q}$ T_1 T_2 $R = \dfrac{L}{kA}$	$\dot{Q} = \dfrac{T_1 - T_2}{R}$	$R = \dfrac{L}{kA}$

(continua)

Tabela 2.2 Resumo de resistências térmicas para algumas situações de interesse (*continuação*)

Configuração	Circuito térmico	Taxa de transferência de calor	Resistências térmicas
Parede plana com convecção 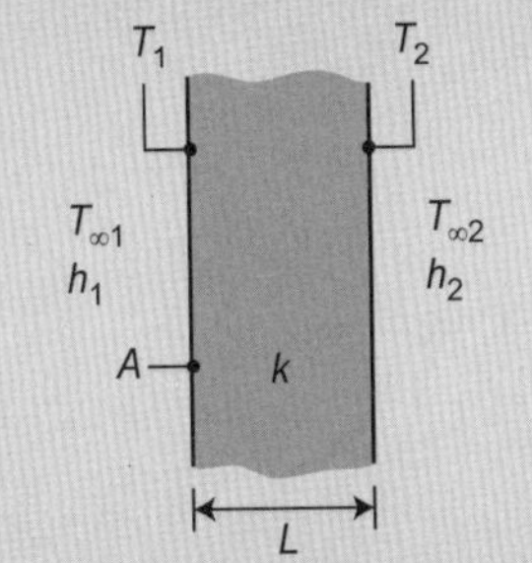 (T_1, T_2, $T_{\infty 1}$, h_1, $T_{\infty 2}$, h_2, A, k, L)	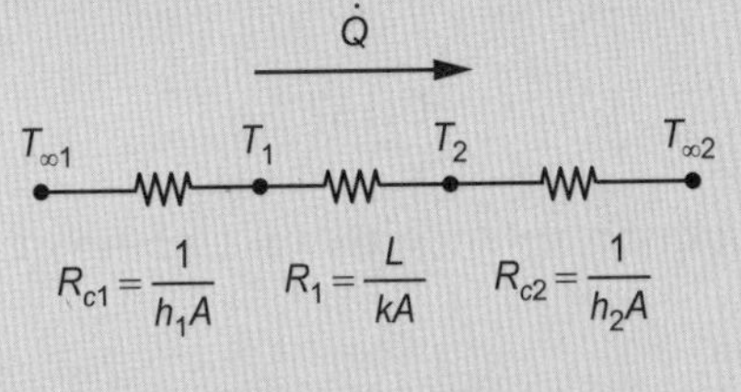 $\dot{Q}$; $T_{\infty 1}$ — T_1 — T_2 — $T_{\infty 2}$; $R_{c1} = \frac{1}{h_1 A}$, $R_1 = \frac{L}{kA}$, $R_{c2} = \frac{1}{h_2 A}$	$\dot{Q} = \frac{T_{\infty 1} - T_{\infty 2}}{R}$	$R = R_{c1} + R_1 + R_{c2}$ $R = \frac{1}{h_1 A} + \frac{L}{kA} + \frac{1}{h_2 A}$

Paredes compostas (T_1, T_2, T_3, T_4, k_A, k_B, k_C, k_D, k_E, L_A, $L_B = L_C = L_D$, L_C) 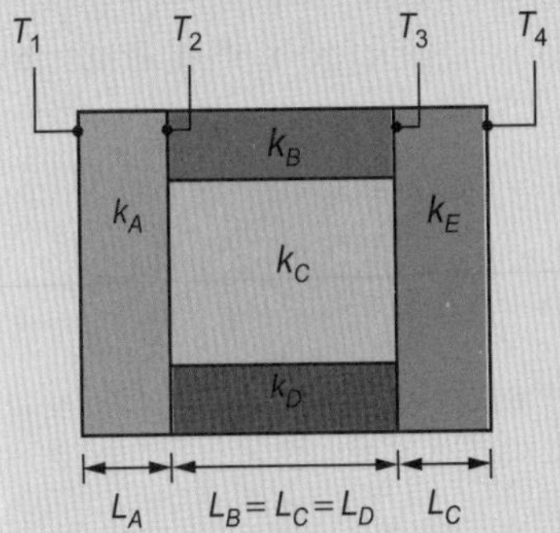	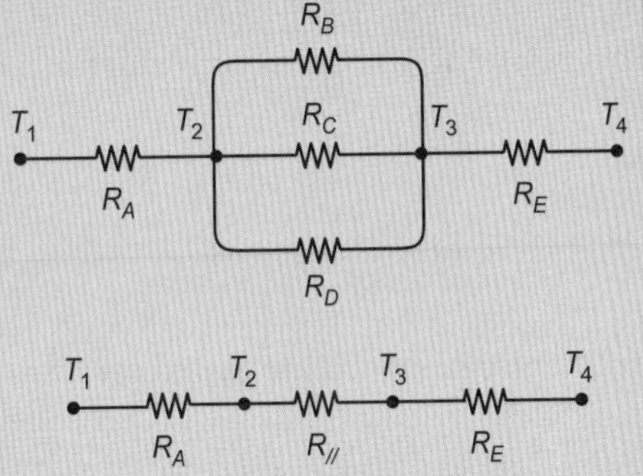 T_1 — R_A — T_2 — (R_B, R_C, R_D em paralelo) — T_3 — R_E — T_4
	T_1 — R_A — T_2 — $R_{//}$ — T_3 — R_E — T_4
		$\dot{Q} = \frac{T_1 - T_2}{R}$	$R_i = \frac{L_i}{k_i A_i}$
			$R = R_A + R_{//} + R_E$
			$\frac{1}{R_{//}} = \frac{1}{R_B} + \frac{1}{R_C} + \frac{1}{R_D}$

Tubo cilíndrico 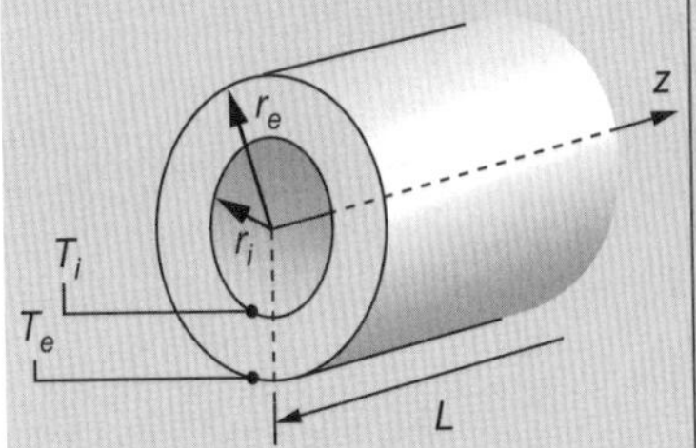 (r_e, r_i, T_i, T_e, z, L)	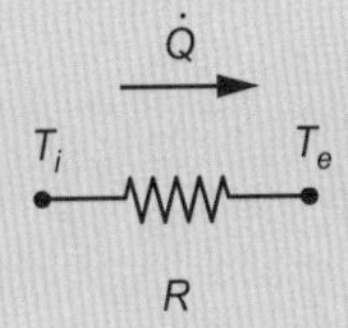 $\dot{Q}$; T_i — R — T_e	$\dot{Q} = \frac{T_i - T_e}{R}$	$R = \frac{\ln\left(r_e / r_i\right)}{2\pi k L}$
Tubo cilíndrico composto 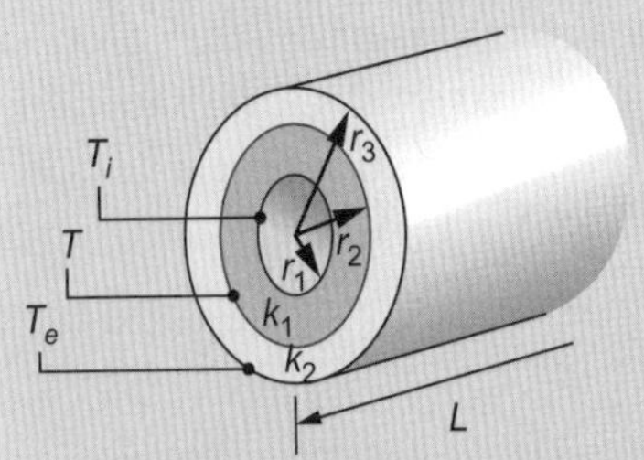 (T_i, T, T_e, r_1, r_2, r_3, k_1, k_2, L)	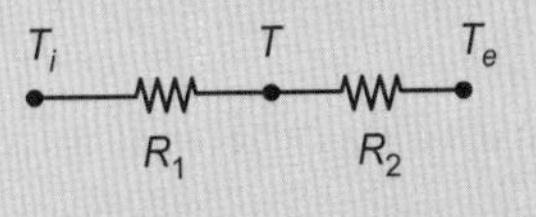 T_i — R_1 — T — R_2 — T_e	$\dot{Q} = \frac{T_i - T_e}{R}$	$R = \sum \frac{\ln\left(r_{i+1}/r_i\right)}{2\pi k_i L}$
Convecção externa em tubo cilíndrico 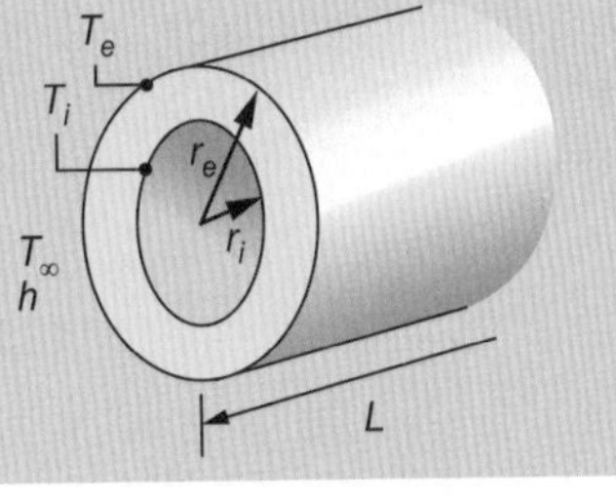 (T_e, T_i, T_∞, h, r_e, r_i, L)	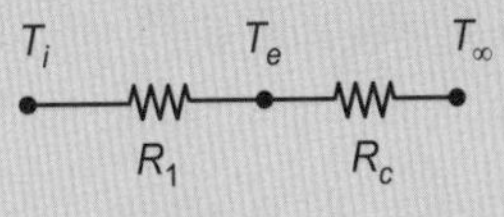 T_i — R_1 — T_e — R_c — T_∞	$\dot{Q} = \frac{T_i - T_\infty}{R}$	$R = R_1 + R_c$ $R = \frac{\ln\left(r_e/r_i\right)}{2\pi k L} + \frac{1}{h A_e}$

2.7 Coeficiente global de transferência de calor *U*

A transferência de calor global entre dois ambientes ou regiões separadas por uma parede deve considerar não apenas a condução através da parede, como também a convecção que ocorre de ambos os lados da parede, como visto no Exemplo 2.5. Para isso, define-se o *coeficiente global de transferência de calor, U,* como:

$$\dot{Q} = UA\Delta T_{\text{total}} \tag{2.27}$$

Claramente, U está associado com a resistência térmica, como mostrado a seguir.

Casos

Parede plana com convecção de ambos os lados

$R = \dfrac{1}{h_1 A} + \dfrac{L}{kA} + \dfrac{1}{h_2 A}$. Combinando a resistência térmica com a definição do coeficiente global, Equação (2.27), tem-se:

$$\dot{Q} = \frac{\Delta T}{R} = UA\Delta T$$

De forma que se obtém a relação entre o coeficiente global e a resistência térmica.

$$UA = \frac{1}{R} \quad \text{ou} \quad U = \frac{1}{RA}$$

Logo,

$$U = \frac{1}{\dfrac{1}{h_1} + \dfrac{L}{k} + \dfrac{1}{h_2}} \tag{2.28}$$

Tubo cilíndrico com convecção interna e externa

O procedimento de relacionar o coeficiente global com a resistência térmica é o mesmo. Entretanto, no caso dos tubos cilíndricos, há um problema associado à área de referência. Em outras palavras, é preciso dizer se U se refere à área interna do tubo, U_i, ou à área externa, U_e. No entanto, os dois valores são intercambiáveis mediante a seguinte expressão: $U_e A_e \Delta T_{\text{total}} = U_i A_i \Delta T_{\text{total}}$, já que a taxa de transferência de calor deve ser a mesma, independentemente da área de referência adotada. Logo, $U_e A_e = U_i A_i$

Assim, tem-se o U_e referido à área externa:

$$U_e = \frac{1}{\dfrac{A_e}{A_i h_i} + \dfrac{A_e \ln\left(r_e/r_i\right)}{2\pi kL} + \dfrac{1}{h_e}} \tag{2.29}$$

e U_i referido à área interna:

$$U_i = \frac{1}{\dfrac{1}{h_i} + \dfrac{A_i \ln\left(r_e/r_i\right)}{2\pi kL} + \dfrac{A_i}{A_e h_e}} \tag{2.30}$$

2.8 Condução em placa ou parede plana com geração de energia térmica (calor)

A geração de energia térmica (calor) é o resultado da conversão de uma forma de energia em calor. Por exemplo:

1. *Conversão de energia elétrica em calor (efeito Joule)*
Nesse caso, toda a potência elétrica em uma resistência elétrica é convertida em calor. A potência elétrica pode ser avaliada pela Equação (2.31).

$$P = R_e I^2 \tag{2.31}$$

em que P é a potência elétrica [W], R é a resistência ôhmica [Ω] e I é a corrente elétrica [A]. Ainda, se V é a diferença de potencial elétrico, a potência elétrica será:

$$P = VI \qquad \text{ou} \qquad P = \frac{V^2}{R_e} \tag{2.32}$$

Normalmente, define-se a densidade volumétrica de geração de energia térmica (calor) como $q_G''' = \frac{P}{\forall_s}$(W/m³), sendo $\forall_s$ o volume do sólido em que há geração de calor.

2. *Reação química exotérmica* ($q_G''' > 0$), por exemplo, o calor liberado durante a cura de resinas e concreto. Já no caso de uma *reação química endotérmica*, $q_G''' < 0$.

3. *Absorção de radiação*, nêutrons, entre outros.

Notar que o termo "geração" deve ser entendido como a transformação de uma forma de energia em energia térmica, comumente chamado de *geração de calor*. Como primeiro exemplo considere uma parede (placa) plana com geração uniforme de calor, como a resistência elétrica plana indicada na Figura 2.14. Para o caso em que a largura da resistência $W >> L$ e $C >> L$, sendo W a largura da resistência, C seu comprimento e $2L$ sua espessura. Nessas condições, haverá transferência de calor aproximadamente unidimensional no sentido da espessura do material a fim de dissipar a energia térmica na forma de calor gerada internamente para o ambiente do entorno.

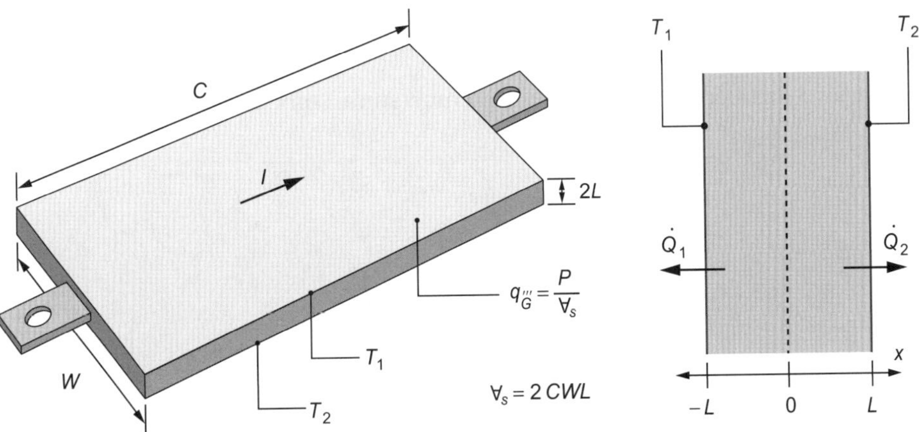

Figura 2.14 Esquema dos principais comprimentos da resistência térmica e detalhe da transferência unidimensional de calor.

Da equação geral da condução de calor (Eq. 2.7), vem: $\nabla^2 T + \frac{q_G'''}{k} = \frac{1}{\alpha}\frac{\partial T}{\partial t}$. Introduzindo as hipóteses adotadas, tem-se:

- Regime permanente: $\frac{\partial T}{\partial t} = 0$.
- Transferência de calor unidimensional no sentido x: $\nabla^2 T = \frac{d^2 T}{dx^2}$.

Com essas simplificações, a equação geral resulta em: $\frac{d^2T}{dx^2}+\frac{q_G'''}{k}=0.$
Condições de contorno:

$$CC_1\text{: em } x=-L,\ T=T_1$$
$$CC_2\text{: em } x=L,\ T=T_2$$

Seja a seguinte mudança de variável (apenas por conveniência): $\theta=\frac{dT}{dx}$, então $\frac{d\theta}{dx}=-\frac{q_G'''}{k}$.

Integrando essa equação por partes, vem: $T(x)=-\frac{q_G'''}{2k}x^2+C_1x+C_2$.

Comentário: trata-se de uma distribuição parabólica de temperaturas. Como no caso da resistência elétrica, a geração de calor é positiva e, claro, k também é uma grandeza positiva, a constante $-q_G'''/2k$ que multiplica o termo x^2 é negativa, logo, a parábola tem a concavidade voltada para baixo. Por outro lado, se q_G''' for negativo, o que pode ocorrer com processos de cura de algumas resinas (processos endotérmicos), então a concavidade será voltada para cima.

Aplicando as duas condições de contorno na equação anterior:

$$CC_1\text{: } T_1=-\frac{q_G'''L^2}{2k}-C_1L+C_2$$

$$CC_2\text{: } T_2=-\frac{q_G'''L^2}{2k}+C_1L+C_2$$

Somando as temperaturas, vem:

$$T_1+T_2=\frac{-q_G'''L^2}{k}+2C_2\text{, logo, } C_2=\frac{T_1+T_2}{2}+\frac{q_G'''L^2}{2k}$$

Substituindo em (CC_1) ou (CC_2), tem-se: $C_1=\frac{T_2-T_1}{2L}$

A distribuição final de temperaturas é:

$$T(x)=\frac{q_G'''}{2k}\left(L^2-x^2\right)+\left(T_2-T_1\right)\frac{x}{2L}+\frac{T_2+T_1}{2} \tag{2.33}$$

Casos de distribuição de temperatura

Caso A: suponha que as duas faces estejam à mesma temperatura, como indicado na Figura 2.15: $T_1=T_2=T_p$.
Daí, resulta que: $T(x)=\frac{q_G'''}{2k}\left(L^2-x^2\right)+T_p$.

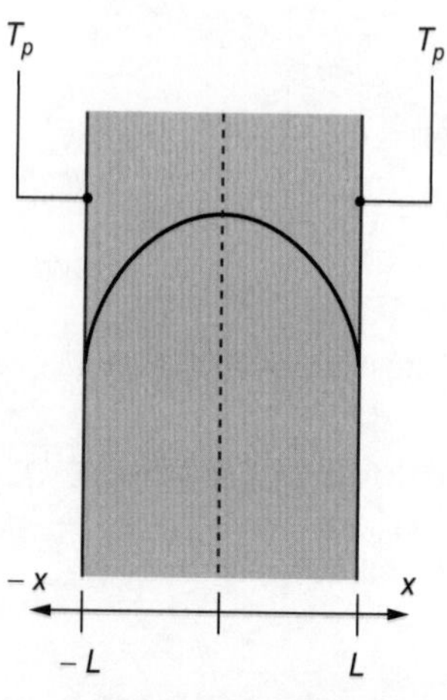

Figura 2.15 Geração de calor em regime permanente com temperatura das faces iguais.

Essa situação constitui uma distribuição simétrica de temperaturas. A máxima temperatura, nesse caso, ocorre no plano central, em que $x = 0$ (note a simetria do problema). Se for o caso pouco comum de uma reação endotérmica, ou $q_G''' < 0$, a concavidade seria voltada para cima e, no plano central, haveria a mínima temperatura.

$$T_{máx} = T_0 = \frac{q_G''' L^2}{2k} + T_p \tag{2.34}$$

Também poderia se chegar a essa expressão usando: $\left.\frac{dT}{dx}\right|_{x=0} = 0$. O fluxo de calor (Lei de Fourier) depende da posição do plano de interesse, o que resulta na Equação (2.35):

$$q_x = -k\frac{dT}{dx} = -k\frac{d}{dx}\left[\frac{q_G'''(L^2 - x^2)}{2k} + T_S\right] = xq_G''' \tag{2.35}$$

$$q_x = xq_G'''$$

No plano central ($x = 0$), o fluxo de calor é nulo em função da simetria do problema e das condições de contorno. Dessa forma, o plano central age como o caso de uma parede adiabática, $q_0 = 0$, como indicado esquematicamente na Figura 2.16.

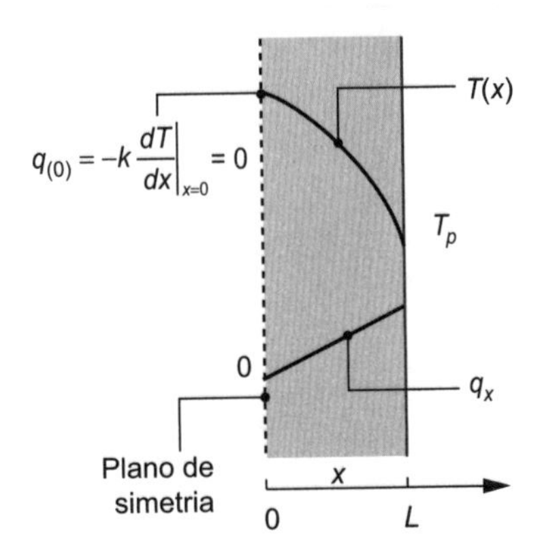

Figura 2.16 Distribuição de temperatura e de fluxo de calor.

Caso B: suponha agora que a temperatura de uma das faces seja maior que a outra. Por exemplo, $T_1 > T_2$, como ilustrado na Figura 2.17.

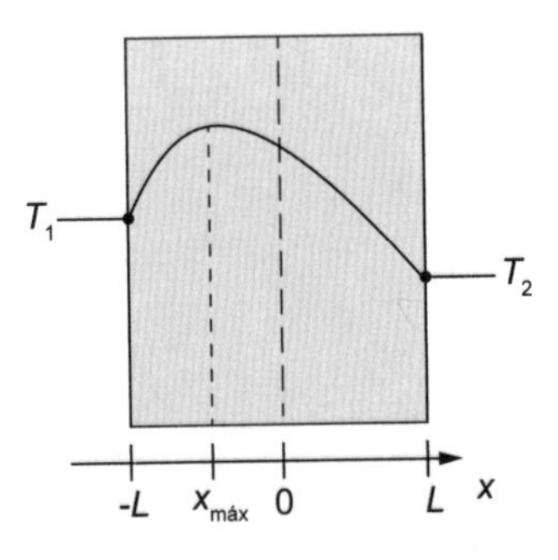

Figura 2.17 Distribuição de temperaturas em que $T_1 > T_2$.

Sabe-se que o fluxo de calor é nulo na posição ($x_{máx}$) em que a temperatura é máxima:

$$-k\left.\frac{dT}{dx}\right|_{x_{máx}} = 0, \text{ ou } -k\frac{d}{dx}\left[\frac{q_G'''}{2k}(L^2 - x^2) + (T_2 - T_1)\frac{x}{2L} + \frac{T_1 + T_2}{2}\right] = 0,$$

o que resulta em: $-\frac{q_G'''}{k}x_{máx} + \frac{(T_2 - T_1)}{2L} = 0$, cuja solução é:

$$x_{máx} = \frac{(T_2 - T_1)k}{2Lq_G'''} \tag{2.36}$$

Substituindo-se o valor de $x_{máx}$ na expressão da distribuição da temperatura, encontra-se o valor da máxima temperatura:

$$T_{máx} = \frac{q_G'''L^2}{2k} + \frac{(T_2 - T_1)^2 k}{8L^2 q_G'''} + \frac{T_2 + T_1}{2} \tag{2.37}$$

EXEMPLO 2.6 Parede com geração de energia térmica (calor)

Considere uma parede plana de nicromo (liga com 80 % Ni e 20 % de Cr) (k = 15 W/mK) de 8 cm de espessura que possui geração de energia térmica (calor) uniforme de 0,25 MW/m³. Um lado da parede (esquerdo) está isolado termicamente, enquanto o outro está exposto a um ambiente de 20 °C e h = 50 W/m²K. Determine a temperatura máxima da parede e as temperaturas em ambos os lados dela.

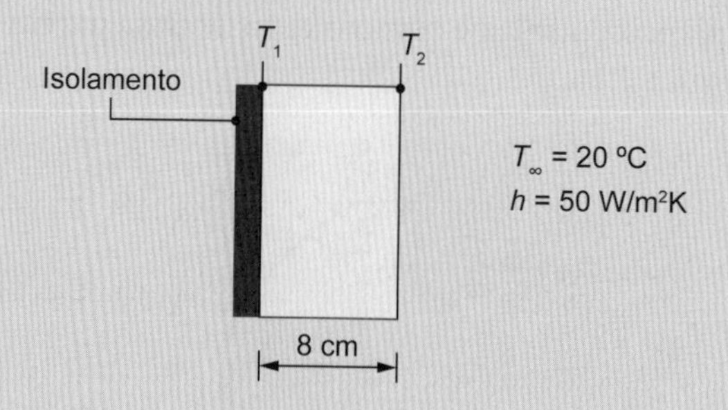

Solução:

Hipóteses:

- Regime permanente.
- Condução unidimensional.
- Geração de energia térmica (calor) uniforme.

Das hipóteses anteriores: $\frac{d^2T}{dx^2} + \frac{q_G'''}{k} = 0 \quad \rightarrow \quad \frac{dT}{dx} = -\frac{q_G'''}{k}x + C_1.$

CC_1: Parede interna (1) é adiabática

$$q_{x=0} = -k\left.\frac{dT}{dx}\right|_{x=0} = 0 \quad \rightarrow \quad -k\left(-\frac{q_G'''}{k}(0) + C_1\right) = 0 \quad \rightarrow \quad C_1 = 0$$

$$\frac{dT}{dx} = -\frac{q_G'''}{k}x \quad \rightarrow \quad T = -\frac{q_G'''}{2k}x^2 + C_2$$

CC_2: Parede externa transfere calor por convecção

$$q_L = -k\left.\frac{dT}{dx}\right|_{x=L} = h(T_2 - T_\infty)$$

$$-k\left(-\frac{q_G'''}{k}L\right) = h\left(-\frac{q_G'''}{2k}L^2 + C_2 - T_\infty\right) \quad \rightarrow \quad C_2 = \frac{q_G'''L}{h} + \frac{q_G'''L^2}{2k} + T_\infty$$

Logo, a distribuição de temperaturas será: $T(x) = \frac{q_G'''}{2k}\left(L^2 - x^2\right) + \frac{q_G'''L}{h} + T_\infty$

Para encontrar a posição da temperatura máxima na placa, a distribuição da temperatura é derivada em x:

$$\frac{dT}{dx}=\frac{d}{dx}\left[\frac{q_G'''}{2k}\left(L^2-x^2\right)+\frac{q_G'''L}{h}+T_\infty\right]=-\frac{2xq_G'''}{2k}=0,\ \text{logo},\ x_{\text{máx}}=0$$

O nicromo tem uma condutividade térmica de $k = 15$ W/mK.
A temperatura máxima na parede será:

$$T_{\text{máx}}=T(0)=\frac{q_G'''L^2}{2k}+\frac{q_G'''L}{h}+T_\infty=\frac{250.000\times 0{,}08^2}{2\times 15}+\frac{250.000\times 0{,}08}{50}+20$$

$$T_{\text{máx}}=T_1-=473{,}3\ °C$$

$$T_2=T(L)=\frac{q_G'''L}{h}+T_\infty=\frac{250.000\times 0{,}08}{50}+20$$

$$T_2=420\ °C.$$

2.9 Condução de calor em cilindros com geração de energia térmica (calor)

Nesta seção se estuda o caso de geração de energia térmica (calor) em cilindros maciços. Como exemplo de aplicação, tem-se a taxa de calor gerada por efeito Joule em razão da passagem de corrente elétrica em resistências e fios elétricos, como ilustrado na Figura 2.18.

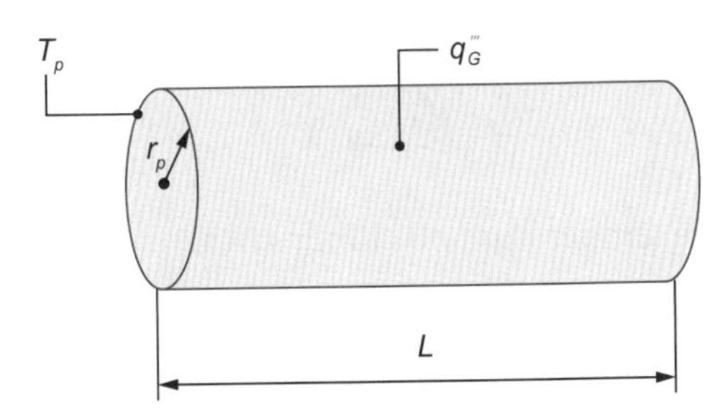

Figura 2.18 Cilindro maciço com geração de energia térmica (calor).

Partindo da equação geral da condução de calor em coordenadas cilíndricas (Eq. 2.11), vem:

$$\frac{1}{r}\frac{\partial}{\partial r}\left(r\frac{\partial T}{\partial r}\right)+\frac{1}{r^2}\frac{\partial^2 T}{\partial \varphi^2}+\frac{\partial^2 T}{\partial z^2}+\frac{q_G'''}{k}=\frac{1}{\alpha}\frac{\partial T}{\partial t}$$

Hipóteses:

- Simetria radial: $\frac{\partial^2 T}{\partial \varphi^2}=0$ (não há condução de calor no sentido angular).
- Tubo é muito longo: $\frac{\partial^2 T}{\partial z^2}=0$ (efeitos de borda desprezíveis nas extremidades do tubo).
- Regime permanente: $\frac{\partial T}{\partial t}=0$.

Assim, a equação geral é simplificada para:

$$\frac{1}{r}\frac{d}{dr}\left(r\frac{dT}{dr}\right)+\frac{q_G'''}{k}=0$$

Integrando por partes assumindo q'''_G constante:

$$r\frac{dT}{dr}=-\frac{q'''_G r^2}{2k}+C_1$$

Integrando novamente por separação de variáveis:

$$T(r)=-\frac{q'''_G r^2}{4k}+C_1\ln r+C_2$$

Condições de contorno para obtenção das constantes C_1 e C_2:

CC_1: em $r = r_p$, $T = T_p$ a temperatura da superfície externa é conhecida.

CC_2: em $r = 0$, $\left.\frac{dT}{dr}\right|_{r=0}=0$ simetria radial na linha central.

A CC_2 implica dizer que o fluxo de calor é nulo na linha central e, em decorrência, também pode-se afirmar que a máxima temperatura ocorre nessa linha.

Como existe uma indeterminação na linha central, é preciso estabelecer o limite da equação quando o raio se aproxima de zero. Assim, da segunda condição de contorno, CC_2, vem que:

$$\lim_{r\to 0}\left[-\frac{q'''_G r}{2k}+\frac{C_1}{r}\right]=0.$$

Do que resulta $C_1 = 0$, para que a expressão permaneça sempre nula.

Da primeira condição de contorno, CC_1, vem:

$$T_p=-\frac{q'''_G r_p^2}{4k}+C_2 \quad \text{ou} \quad C_2=T_p+\frac{q'''_G r_p^2}{4k}$$

Finalmente, a distribuição de temperatura no cilindro fica:

$$T=\frac{q'''_G}{4k}\left(r_p^2-r^2\right)+T_p \tag{2.38}$$

que é uma equação parabólica (segundo grau), como indica esquematicamente a Figura 2.19.

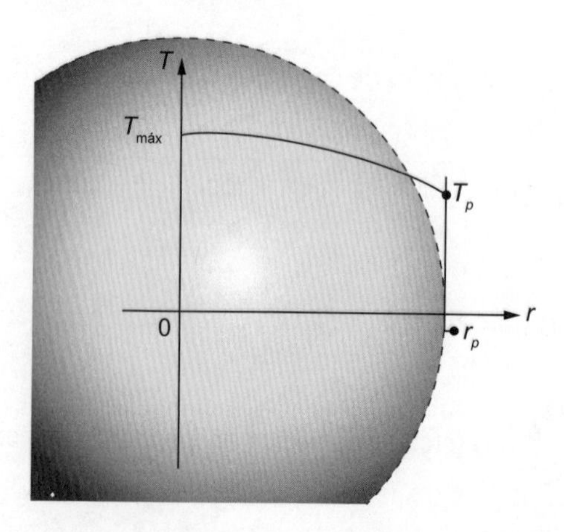

Figura 2.19 Distribuição de temperaturas no cilindro maciço com geração interna.

Sendo $T_{máx}=\frac{q'''_G r_p^2}{4k}+T_p$

Pense: suponha que você, como um engenheiro-perito, é chamado para elaborar um parecer sobre um incêndio com suspeita de ter origem no sobreaquecimento do sistema elétrico. Como você poderia, a partir de uma análise na fiação elétrica, inferir se houve ou não sobreaquecimento à luz do assunto tratado neste tópico?

EXEMPLO 2.7 Condução de calor em fios elétricos em razão do efeito Joule

Em um fio de aço inoxidável de 3,2 mm de diâmetro e 30 cm de comprimento é aplicada uma tensão de 1 V. O fio é mantido em um ambiente que está a 25 °C e o coeficiente de transferência de calor por convecção vale 100 W/m²K. Calcule a temperatura no centro do fio. A resistividade do fio é de 70 μΩcm e sua condutividade térmica vale 22,5 W/mK.

Solução:

A taxa de energia térmica (calor) gerada por unidade de volume é a potência elétrica dissipada no volume:

$$P=\frac{V^2}{R_e};\ R_e=\rho\frac{L}{A}$$

$$\rho=70\times10^{-8}\,\Omega\text{m}$$

$$L=0,3\,\text{m},\ A=\pi\frac{D^2}{4}=\pi\frac{(3,2\times10^{-3})^2}{4}=8,0425\times10^{-6}\,\text{m}^2$$

$$R_e=\rho\frac{L}{A}=\frac{70\times10^{-8}\times0,3}{8,0425\times10^{-6}}=2,6111\times10^{-2}\,\Omega$$

$$P=\frac{1}{2,6111\times10^{-2}}=38,3\text{ W}$$

$$q'''_G=\frac{P}{\forall}=\frac{P}{AL}=\frac{38,3}{8,0425\times10^{-6}\times0,3}=1,587\times10^7\,\frac{\text{W}}{\text{m}^3}$$

$$P=hA_L(T_p-T_\infty)\ \Rightarrow\ T_p=T_\infty+\frac{P}{hA_L}=25+\frac{38,3}{100\times\pi\times3,2\times10^{-3}\times0,3}=152,0\text{ °C}$$

$$T_0=T_{\text{máx}}=T_p+\frac{q'''_G\cdot r^2}{4k}=152,0+\frac{1,587\times10^7\times(1,6\cdot10^{-3})^2}{4\times22,5}$$

$$T_0=152,45\text{ °C}.$$

EXEMPLO 2.8 Resistência tubular isolada

Considere um tubo cilíndrico de aço inoxidável 304 de 15 cm de comprimento e raios r_i = 10 mm e r_e = 12 mm, revestido de isolamento térmico perfeito na superfície externa. Sua superfície interna é mantida a uma temperatura constante igual a T_i = 100 °C em virtude da remoção de calor pela vaporização da água no seu interior. Considere, ainda, que ocorre geração de energia térmica (calor) q'''_G = 48 MW/m³ uniforme no tubo. Ver figura. Pede-se:

(a) Calcule a distribuição radial de temperaturas.
(b) Determine a taxa de transferência de calor removido (da parede interna).
(c) Determine a temperatura da superfície externa.

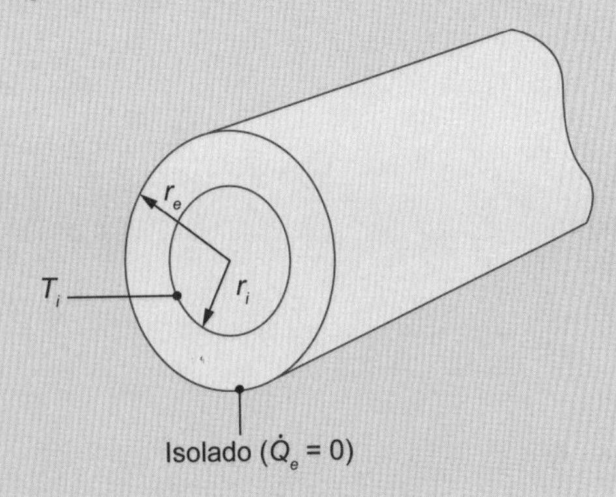

Solução:

(a) Considerando simetria radial, tubo muito longo, sem efeitos de borda na direção axial e regime permanente, chega-se à seguinte equação de condução de calor em coordenadas cilíndricas:

$$\frac{1}{r}\frac{d}{dr}\left(r\frac{dT}{dr}\right)+\frac{q_G'''}{k}=0.$$

Como já visto, a solução geral é:

$$T(r)=-\frac{q_G'''r^2}{4k}+C_1\ln r+C_2$$

C_1 e C_2 são encontradas das condições de contorno do problema específico:

CC_1: $r = r_i$, $T = T_i$ temperatura interna constante.

CC_2: $r = r_e$, $-kA_e\left.\frac{dT}{dr}\right|_{r_e}=0$ taxa de transferência de calor nula na superfície externa. Assim, encontram-se C_1 e C_2.

$$C_1=\frac{q_G'''r_e^2}{2k};\ C_2=T_i+\frac{q_G'''r_e^2}{4k}\left[\left(\frac{r_i}{r_e}\right)^2-2\ln(r_i)\right]$$

Logo, a distribuição de temperatura será:

$$T(r)=\frac{q_G'''r_e^2}{4k}\left[\frac{r_i^2-r^2}{r_e^2}+2\ln\left(\frac{r}{r_i}\right)\right]+T_i$$

Substituindo valores, em que para o aço A304 k = 14,9 W/mK (Tab. A.2),

$$T(r)=1248{,}62-805369{,}1r^2+231{,}9\ln r$$

A distribuição de temperaturas na direção radial no tubo é indicada no seguinte gráfico.

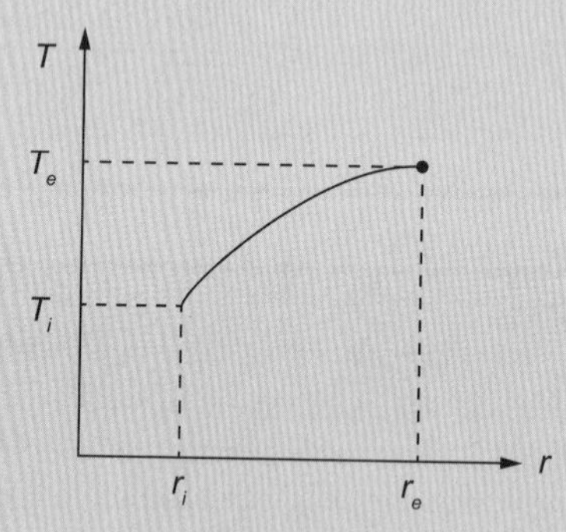

(b) A taxa de transferência de calor removido na parede interior é obtida pela Lei de Fourier:

$$\dot{Q}_i=-kA\left.\frac{dT}{dr}\right|_{r=r_i}=-kA\frac{d}{dr}\left\{\frac{q_G'''r_e^2}{4k}\left[\frac{r_i^2-r^2}{r_e^2}+2\ln\left(\frac{r}{r_i}\right)\right]+T_i\right\}$$

$$\dot{Q}_i=\pi Lq_G'''\left(r_e^2-r_i^2\right)$$

Substituindo valores,

$$\dot{Q}_i=994{,}8\ \text{W}.$$

(c) A temperatura da superfície externa é:

$$T_{\text{máx}}=T_e=\frac{q_G'''r_e^2}{4k}\left[\frac{r_i^2-r_e^2}{r_e^2}+2\ln\left(\frac{r_e}{r_i}\right)\right]+T_i$$

Substituindo valores,

$$T_{\text{máx}}=T_e=106{,}9\ °\text{C}.$$

2.10 Raio crítico de isolamento térmico

As tubulações que transportam fluidos aquecidos (ou frios) devem ser isoladas (ver Fig. 2.20) do meio ambiente a fim de restringir a perda (ou ganho) de calor do fluido que transporta no seu interior, já que isso implica custos e ineficiências. Aparentemente, alguém poderia supor que a instalação pura e simples de camadas de isolante térmico em torno do tubo fosse suficiente. Entretanto, um estudo pormenorizado mostrará a necessidade de se estabelecer um critério para realizar essa operação.

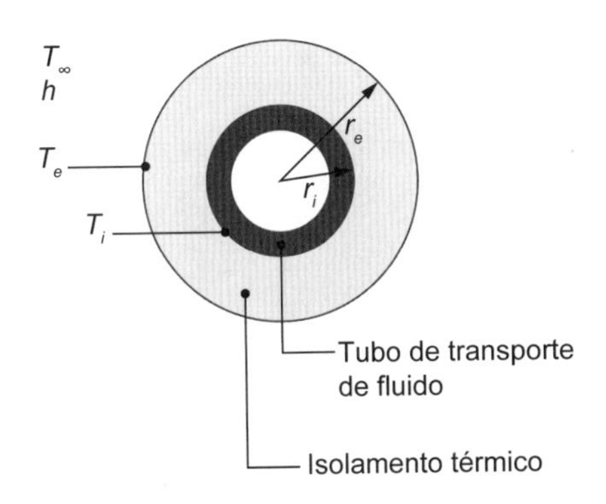

Figura 2.20 Isolamento térmico em torno de tubos.

Como visto, a taxa de transferência de calor que o fluido perde para o ambiente ($T_i > T_\infty$) se dá primeiro por condução através da parede do tubo, quando atinge a temperatura T_i, no interior do isolamento, e continua por condução através do isolamento térmico e por convecção da superfície externa do isolamento para o ambiente. A análise se dá apenas no isolamento térmico de forma que a taxa de calor transferido combinado será:

$$\dot{Q} = \frac{T_i - T_\infty}{\frac{\ln(r_e/r_i)}{2\pi kL} + \frac{1}{2\pi L r_e h}} \quad \text{ou} \quad \dot{Q} = \frac{2\pi L(T_i - T_\infty)}{\frac{\ln(r_e/r_i)}{k} + \frac{1}{r_e h}}$$

Note que o raio externo r_e que aparece no denominador dessa expressão tem contribuições em sentidos opostos no termo de condução (primeiro termo do denominador) e no termo que contabiliza a convecção. De forma que, se o raio externo do isolamento r_e aumentar, diminuirá a resistência à convecção de calor, ao passo que a resistência térmica à condução aumentará. Isto está ilustrado no gráfico da Figura 2.21 e dá origem a um problema de maximização (ou minimização).

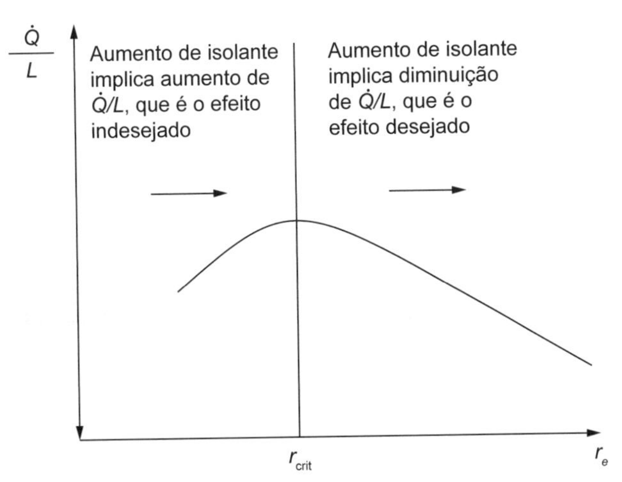

Figura 2.21 Efeito do raio crítico de isolamento.

Do cálculo, sabe-se que a máxima taxa de transferência de calor ocorre quando a derivada dessa taxa de calor é nula, isto é,

$$\frac{d\dot{Q}}{dr_e} = \frac{-2\pi L(T_i - T_\infty)}{\left[\frac{\ln\left(r_e/r_i\right)}{k} + \frac{1}{r_e h}\right]^2}\left(\frac{1}{k \cdot r_e} - \frac{1}{h \cdot r_e^2}\right) = 0$$

De onde se obtém a seguinte relação:

$$\frac{1}{kr_e} = \frac{1}{hr_e^2}$$

ou seja, o raio externo crítico será:

$$r_{\text{crít}} = \frac{k}{h} \tag{2.39}$$

Na Equação (2.39), $r_{\text{crít}}$ é o raio externo em que $\dot{Q}$ é máximo e é chamado *raio crítico de isolamento*. Se o raio externo de isolamento for *originalmente* menor que $\frac{k}{h}$, a transferência de calor será aumentada pelo acréscimo de camadas de isolamento até a espessura dada pelo raio crítico – conforme tendência do gráfico da Figura 2.21. Nesse caso, ter-se-ia o efeito oposto ao desejado de diminuir a taxa de calor transferido. Por outro lado, se originalmente o raio externo do isolamento for maior que o raio crítico, adições sucessivas de camadas isolantes vão de fato diminuir a perda de calor.

Para exemplificar, considere um valor do coeficiente de transferência de calor por convecção de $h = 10$ W/m² °C (convecção natural). A Tabela 2.3 indica os raios críticos de isolamento para alguns isolantes térmicos.

Tabela 2.3 Raios críticos para alguns materiais considerando $h = 10$ W/m² °C

Material	k(W/mK)	$r_{crít}$(mm)
Teflon	0,350	35
Couro	0,159	15,9
Madeira aglomerada	0,087	8,7
Manta de fibra de vidro, revestida com papel	0,046	4,6
Poliestireno extrudado	0,029	2,9
Folhas de alumínio e papel de vidro laminado (75 a 150 camadas, em vácuo)	0,000017	0,0017
Revestimento plástico de fio elétrico	0,18	18

EXEMPLO 2.9 Raio crítico de isolamento

Um fio elétrico consiste em um condutor elétrico de 4 mm de diâmetro e uma cobertura de revestimento plástico de 2 mm de espessura e $k = 0{,}18$ W/mK. O fio está exposto, inicialmente, em um ambiente de ar quiescente com $h = 10$ W/m²K e, depois, um vento passa e provoca um aumento de h até atingir 100 W/m²K. Analise para as duas situações se revestimento plástico melhora ou não a transferência de calor para o ambiente.

Solução:

Como visto, o raio crítico depende da condutividade térmica do isolante e do coeficiente de transferência de calor por convecção. Assim, neste exemplo, o mesmo fio elétrico tem dois raios críticos.

$$r_{\text{crít}1} = \frac{0{,}18}{10} \rightarrow r_{\text{crít}1} = 18 \text{ mm}$$

$$r_{\text{crít}2} = \frac{0{,}18}{100} \rightarrow r_{\text{crít}1} = 1{,}8 \text{ mm}$$

Como o raio externo do isolamento plástico é de 4 mm, logo:

- Se $h = 10$ W/m²K, o revestimento plástico ajuda na transferência de calor, pois $r_e < r_{\text{crít}1}$.
- Se $h = 100$ W/m²K, o revestimento plástico atua como isolante térmico, pois $r_e > r_{\text{crít}2}$.

Um esquema desse comportamento é indicado na figura que se segue (as curvas de taxa de calor transferido por unidade de comprimento estão sem escala).

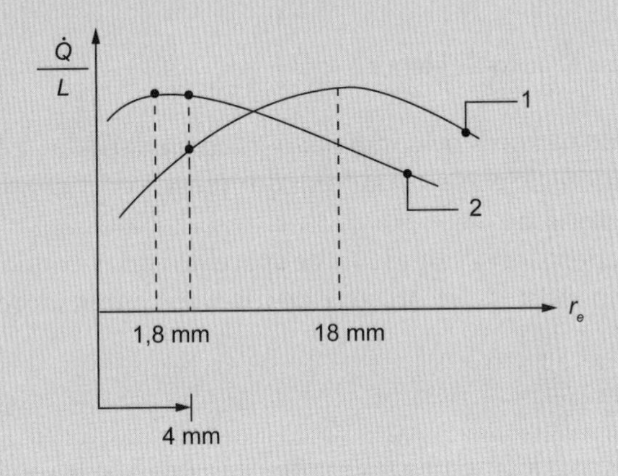

2.11 Aletas ou superfícies estendidas

Considere uma superfície em que ocorre transferência de calor para ou de um fluido que a envolve que está à temperatura T_∞, como indicado na Figura 2.22. A superfície está à temperatura T_b.

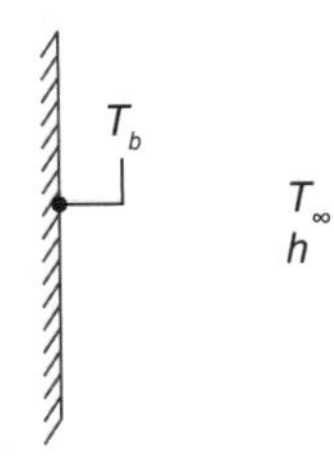

Figura 2.22 Transferência de calor convectiva de uma superfície à T_b com um fluido à T_∞.

Por uma simples análise, sabe-se que a transferência de calor pode ser melhorada, por exemplo, se a velocidade do fluido em relação à superfície for aumentada, como bem fazemos ao ligar um ventilador em dias quentes. Com isso, aumenta-se o valor do coeficiente de transferência de calor h e, por conseguinte, a taxa de calor trocado. Porém, há um preço a pagar, que é o fato de que vai se exigir a utilização de equipamentos para a movimentação mecânica do fluido, ou seja, ventiladores e sopradores (ar) ou bombas (líquidos).

Por outro lado, uma forma muito empregada de se aumentar a taxa de transferência de calor de forma passiva consiste em aumentar a superfície de troca de calor com o emprego de *aletas* ou de *superfícies estendidas*, como ilustrado na Figura 2.23. Dessa forma, a superfície original de troca térmica é aumentada, ou estendida, pelo aumento da área exposta ou de contato entre a superfície aquecida (ou resfriada) e o fluido.

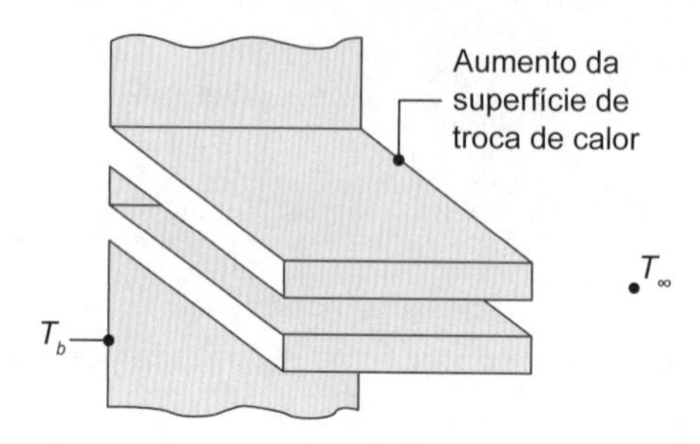

Figura 2.23 Esquema de uma superfície dotada de aletas para aumentar a troca de calor com um fluido.

Eis alguns exemplos de aplicação de aletas:

- camisa do cilindro de motores de combustão interna resfriados a ar, como o motor do "velho" fusca e motores de motocicletas e cortadores de grama;
- carcaça de motores elétricos;
- condensadores e evaporadores, como nos de aparelhos de ar-condicionado;
- dissipadores de componentes eletrônicos e de CPU de computadores.

Tipos de aletas

A Figura 2.24 mostra o esquema de um motor a combustão interna de motocicleta resfriado a ar e a fotografia de um motor elétrico. Note que as aletas são construídas como parte integrante da carcaça do motor. Evidentemente, existem centenas ou milhares de formas de aletas que estão, muitas vezes, associadas ao processo construtivo delas (extrusão, soldagem, entre outras). A Figura 2.25 ilustra uma série de geometrias construtivas de aletas.

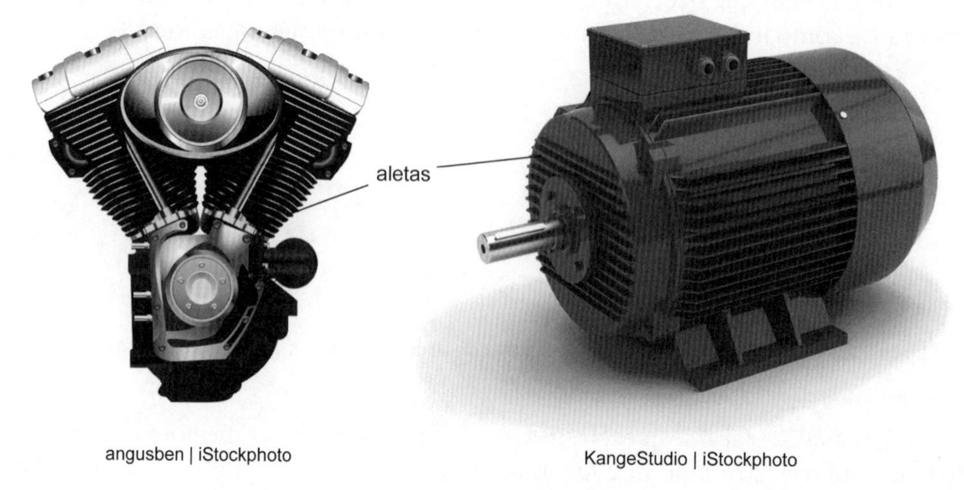

angusben | iStockphoto KangeStudio | iStockphoto

Figura 2.24 Aletas na carcaça em um motor de motocicleta resfriada a ar e na carcaça de um motor elétrico.

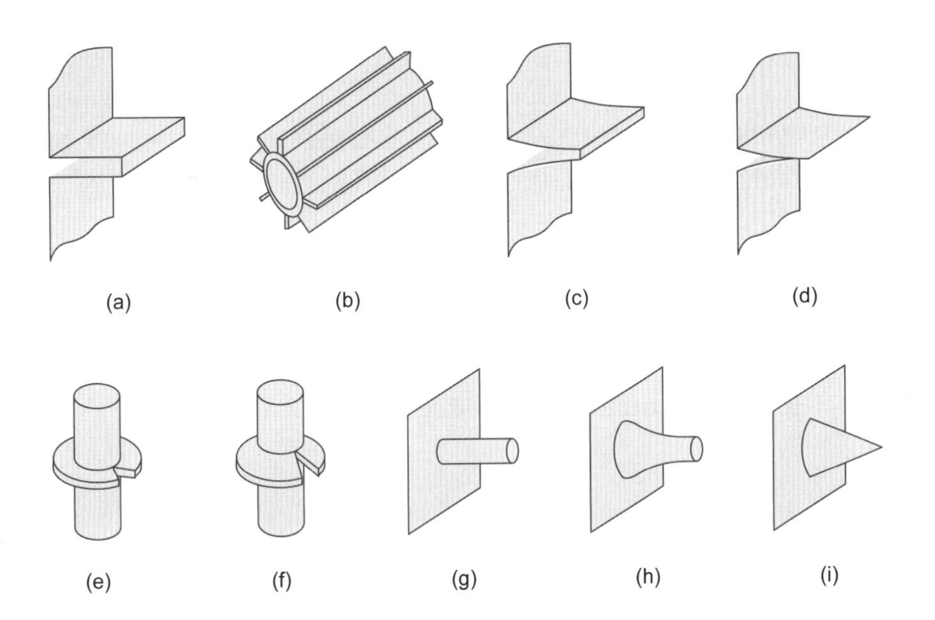

Figura 2.25 Diferentes tipos de superfícies aletadas: (a) aleta longitudinal de perfil retangular; (b) tubo cilíndrico com aletas de perfil retangular; (c) aleta longitudinal de perfil parabólico; (d) aleta longitudinal de perfil parabólico final em ponta; (e) tubo cilíndrico equipado com aleta radial; (f) tubo cilíndrico equipado com aleta radial com perfil cônico truncado; (g) pino cilíndrico; (h) pino parabólico; (i) pino cônico. (Adaptada de Kreith e Bohn, 2001.)

2.11.1 Equação geral da aleta

A equação geral da aleta resulta do balanço da taxa de transferência de calor entre a aleta e o ambiente. Para isso, considere um volume de controle elementar, como indicado na Figura 2.26, em que se admite o caso de resfriamento com a aleta cedendo calor para o ambiente. Assim, a taxa de calor por condução que chega na face da esquerda do VC elementar será igual à soma da taxa de calor transferido na face da direita do VC somado com a parcela perdida por convecção para o exterior pela superfície lateral da aleta, A_L, como bem ilustrado do lado direito da Figura 2.26.

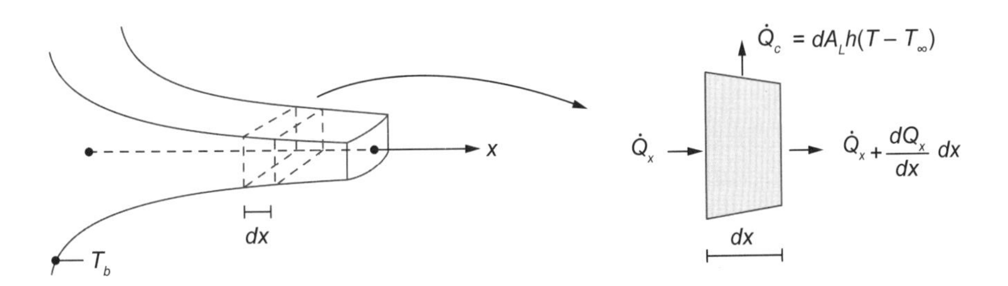

Figura 2.26 Volume de controle para análise térmica da aleta.

As seguintes hipóteses principais são válidas:

- Regime permanente.
- Temperatura uniforme na seção transversal.
- Propriedades de transporte constantes.
- A temperatura da superfície lateral (superficial) para troca de calor por convecção é a própria temperatura T da seção transversal.

Balanço de energia

$$\begin{pmatrix} \text{I} \\ \text{Taxa de calor que entra} \\ \text{no VC por condução} \end{pmatrix} = \begin{pmatrix} \text{II} \\ \text{Taxa de calor que deixa} \\ \text{o VC por condução} \end{pmatrix} + \begin{pmatrix} \text{III} \\ \text{Taxa de calor que sai} \\ \text{do VC por convecção} \end{pmatrix} \quad (2.40)$$

Parcelas:

(I) $\dot{Q}_x = -kA_x \dfrac{dT}{dx}$

(II) $\dot{Q}_{x+dx} = \dot{Q}_x + \dfrac{d\dot{Q}_x}{dx}dx$ expansão truncada em série de Taylor

(III) $\dot{Q}_c = hdA_L(T - T_\infty)$

Substituindo-se as equações anteriores no balanço global de energia, vem:

$$\dot{Q}_x = \dot{Q}_x + \frac{d\dot{Q}_x}{dx}dx + hdA_L(T - T_\infty)$$

$$\frac{d\dot{Q}_x}{dx}dx + hdA_L(T - T_\infty) = 0$$

Substituindo a Lei de Fourier da condução (Eq. 2.1), vem:

$$\frac{d}{dx}\left(-kA_x \frac{dT}{dx}\right)dx + hdA_L(T - T_\infty) = 0$$

$$\frac{d}{dx}\left(A_x \frac{dT}{dx}\right)dx - \frac{hdA_L}{k}(T - T_\infty) = 0 \quad (2.41)$$

Note que A_x é a área da seção transversal da aleta e A_L é sua área lateral na posição x considerada. A Equação (2.41) constitui a *equação geral da aleta.*

Aleta de seção transversal constante

O caso mais simples de geometria de aleta é o de seção transversal constante, por exemplo, uma aleta prismática de seção transversal retangular ou circular. Quando a seção transversal é constante, a área lateral A_L está diretamente associada ao *perímetro molhado* da aleta, P, por meio da Equação (2.42).

$$dA_L = Pdx \quad (2.42)$$

O perímetro molhado é o perímetro da superfície externa da aleta que se encontra em contato com o fluido. Assim, a equação geral da aleta para aletas prismáticas de seção transversal constante (A) se resume à Equação (2.43):

$$\frac{d^2T}{dx^2} - \frac{hP}{kA}(T - T_\infty) = 0 \quad (2.43)$$

Trocando de variável: $\theta = T - T_\infty \rightarrow d\theta = dT$, e substituindo na equação anterior, vem:

$$\frac{d^2\theta}{dx^2} - m^2\theta = 0 \quad (2.44)$$

em que m é definido segundo a Equação (2.45),

$$m^2 = \frac{hP}{kA} \tag{2.45}$$

A solução geral da Equação (2.44) é do tipo:

$$\theta = C_1 e^{mx} + C_2 e^{-mx} \tag{2.46}$$

Essa solução geral provém do polinômio característico, o qual possui duas raízes reais e distintas (m e $-m$). Ver "Lembrete de cálculo" a seguir.

LEMBRETE DE CÁLCULO

Solução geral de equação diferencial homogênea de 2ª ordem com coeficientes constantes:

$$\frac{d^2y}{dx^2} + b\frac{dy}{dx} + cy = 0$$

Assume-se que: $y = e^{nx}$

Substituindo essa solução, vem

$$n^2 e^{nx} + bne^{nx} + ce^{nx} = 0$$

Daí, obtém-se o polinômio característico

$$n^2 + bn + c = 0$$

Caso 1: n_1 e n_2 reais e distintos

$$y = c_1 e^{n_1 x} + c_2 e^{n_2 x}$$

Caso 2: n_1 e n_2 reais iguais

$$y = c_1 e^{n_1 x} + c_2 x e^{n_1 x}$$

Caso 3: n_1 e n_2 conjugados complexos

$$n_1 = p + qi; \; n_2 = p - qi$$
$$y = e^{px}[c_1 \cos(qx) + c_2 \text{sen}(qx)]$$

sendo $p = -\frac{b}{2}$; $q = \frac{\sqrt{4c - b^2}}{2}$.

Para resolver a Equação (2.46) deve-se aplicar as condições de contorno e, assim, determinar as constantes C_1 e C_2, as quais estão relacionadas com os fenômenos de transferência de calor na base ($x = 0$) e na extremidade da aleta ($x = L$).

1ª condição de contorno

Inicialmente, impõe-se a condição da base da aleta estar à temperatura T_b, como ilustrado na Figura 2.26.

Nesse caso, para $x = 0$, $T(0) = T_b$ ou $\theta(0) = \theta_b = T_b - T_\infty$, logo, da Equação (2.46), vem $\theta_b = C_1 e^0 + C_2 e^{-0}$, ou

$$C_1 + C_2 = \theta_b \tag{2.47}$$

2ª condição de contorno

Depende das dimensões ou condições da extremidade livre da aleta, conforme os casos (a), (b), (c) e (d) a seguir estudados:

(a) Aleta muito longa

Nesse caso, admite-se que a aleta é muito longa, tendo transferido calor em todo o seu comprimento, de modo que sua extremidade já atingiu a temperatura do fluido T_∞. Do ponto de vista matemático, uma aleta muito longa pode ser simplificada como uma aleta de comprimento "infinito", isto é:

$$x \to \infty \;\Rightarrow\; T = T_\infty \;\text{ ou }\; \theta = 0$$

Assim, da Equação (2.46), tem-se:

$$\lim_{x\to\infty}\left[C_1 e^{mx} + C_2 e^{-mx}\right] = 0 \;\Rightarrow\; C_1 = 0,$$

e da Equação (2.47), vem que: $C_2 = \theta_b$.

De forma que a distribuição de temperaturas, nesse caso, é:

$$\theta = \theta_b e^{-mx} \;\Rightarrow\; \frac{\theta}{\theta_b} = e^{-\sqrt{\frac{hP}{kA}}x}$$

ou, substituindo a definição de θ, vem:

$$\frac{\theta(x)}{\theta_b} = \frac{T(x) - T_\infty}{T_b - T_\infty} = e^{-\sqrt{\frac{hP}{kA}}x} \tag{2.48}$$

O gráfico da distribuição de temperaturas da aleta longa está esquematizado na Figura 2.27.

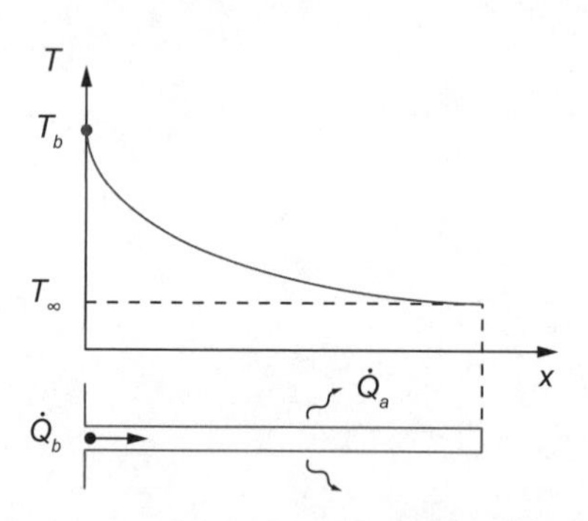

Figura 2.27 Distribuição de temperaturas em uma aleta muito longa.

Note, na Figura 2.27, que a taxa de calor transferido por condução através da base da aleta é $\dot{Q}_b$ e deve, necessariamente, ser igual à taxa de calor total transferida ao longo da aleta por convecção, $\dot{Q}_a$. Essa grandeza pode ser calculada por dois métodos:

1. $\dot{Q}_a = \dot{Q}_b$, isto é, a taxa de calor total transferido é igual à taxa de calor transferido por condução na base da aleta.
2. $\dot{Q}_a = \int_0^\infty hP(T - T_\infty)dx$, assim, a taxa de calor total transferido é a integral da taxa de calor convectivo ao longo de toda a superfície da aleta.

Usando o método (1), vem:

$$\dot{Q}_a = -kA_b \left.\frac{dT}{dx}\right|_{x=0} = -kA_b \left.\frac{d\theta}{dx}\right|_{x=0}$$

Mas, $A_b = A = \text{cte}$

$$\dot{Q}_a = -kA\frac{d}{dx}\left[\theta_b e^{-mx}\right] = -kA\theta_b(-m)e^{-mx}\Big|_{x=0}$$

$$\dot{Q}_a = kA\theta_b\sqrt{\frac{hP}{kA}} = \theta_b\sqrt{hPkA}$$

Do que resulta em:

$$\dot{Q}_a = \sqrt{hPkA}(T_b - T_\infty) \tag{2.49}$$

Pelo método (2):

$$\dot{Q}_a = \int_0^\infty hP\theta dx$$

$$\dot{Q}_a = hP\int_0^\infty \theta_b e^{-mx} dx$$

$$\dot{Q}_a = hP\theta_b \lim_{\varsigma\to\infty}\int_0^\varsigma e^{-mx}dx = hP\theta_b \lim_{\varsigma\to\infty}\left(-\frac{e^{-mx}}{m}\right)_0^\varsigma = -\frac{hP\theta_b}{m}\lim_{\varsigma\to\infty}\left(e^{-m\varsigma}-1\right) = \frac{hP\theta_b}{m} = \sqrt{hPkA}\ \theta_b$$

ou $\dot{Q}_a = \sqrt{hPkA}(T_b - T_\infty)$, que, evidentemente, reproduz o resultado anterior indicado na Equação (2.49).

(b) Extremidade da aleta é adiabática

Esta constitui outra condição de contorno que indica o caso em que a transferência de calor na extremidade da aleta é muito pequena e desprezível, de modo que a extremidade pode ser considerada adiabática em sentido prático. Dessa forma, tem-se:

$$\dot{Q}_L = -kA\frac{dT}{dx}\Big|_{x=L} = 0 \Rightarrow \frac{d\theta}{dx}\Big|_{x=L} = 0 \text{ (extremidade adiabática)}$$

ou, substituindo a solução geral (Eq. 2.46), vem:

$$\frac{d}{dx}\left[C_1e^{mx} + C_2e^{-mx}\right] = 0$$

De onde, se obtém: $C_2 = \dfrac{\theta_b e^{mL}}{e^{mL} + e^{-mL}}$

A constante C_1 é obtida da Equação (2.47):

$$C_1 = \theta_b\left[\frac{e^{-mL}}{e^{mL} + e^{-mL}}\right]$$

Assim, substituindo as duas constantes na Equação (2.46), vem:

$$\theta = \underbrace{\theta_b\frac{e^{-mL}}{e^{mL} + e^{-mL}}}_{C_1}e^{mx} + \underbrace{\theta_b\frac{e^{mL}}{e^{mL} + e^{-mL}}}_{C_2}e^{-mx}$$

que pode ser rearranjada para obter:

$$\frac{\theta}{\theta_b} = \frac{e^{-mL}}{e^{mL} + e^{-mL}}e^{mx} + \frac{e^{mL}}{e^{mL} + e^{-mL}}e^{-mx} = \frac{\left(e^{m(L-x)} + e^{-m(L-x)}\right)/2}{\left(e^{mL} + e^{-mL}\right)/2}$$

ou, substituindo as definições das funções trigonométricas hiperbólicas (Tab. 2.4), vem:

$$\frac{\theta(x)}{\theta_b}=\frac{T(x)-T_\infty}{T_b-T_\infty}=\frac{\cosh[m(L-x)]}{\cosh(mL)} \tag{2.50}$$

Tabela 2.4 Funções hiperbólicas básicas

Função	Definição	Derivada
senh(x)	$\frac{e^x-e^{-x}}{2}$	cosh(x)
cosh(x)	$\frac{e^x+e^{-x}}{2}$	senh(x)
tgh(x)	$\frac{\text{senh}(x)}{\cosh(x)}$	$\text{sech}^2(x)$

Considerando o método (1) de cálculo da taxa de transferência de calor transferido pela aleta, obtém-se:

$$\dot{Q}_a=-kA\left.\frac{d\theta}{dx}\right|_{x=0}=-kA\frac{d}{dx}\left[\frac{\theta_b\cosh[(L-x)m]}{\cosh mL}\right]_{x=0}=\frac{-kA\theta_b\text{senh}(mL)}{\cosh(mL)}(-m)$$

$$=\frac{-kA\theta_b\text{senh}(mL)}{\cosh(mL)}(-m)=kA\theta_b\, m\,\text{tgh}(mL)$$

ou, finalmente,

$$\dot{Q}_a=\sqrt{hPkA}(T_b-T_\infty)\text{tgh}(mL) \tag{2.51}$$

(c) Aleta com temperatura especificada na extremidade

Algumas aletas podem ter sua extremidade instaladas em um sistema que tenha a temperatura da extremidade ($x = L$) especificada. Nessas condições, tem-se que:

$$x=L \Rightarrow \theta_L=T_L-T_\infty=C_1e^{mL}+C_2e^{-mL}$$

mas, por outro lado, para primeira condição de contorno, Equação (2.47):

$$C_1+C_2=\theta_b$$

Resolvendo esse sistema de duas equações, obtém-se as duas constantes C_1 e C_2. Substituindo-as na equação da distribuição de temperaturas, obtém-se:

$$\frac{\theta(x)}{\theta_b}=\frac{T(x)-T_\infty}{T_b-T_\infty}=\frac{\left(\frac{T_L-T_\infty}{T_b-T_\infty}\right)\text{senh}[mx]+\text{senh}[m(L-x)]}{\text{senh}(mL)} \tag{2.52}$$

E a taxa de calor transferido pela aleta, conforme o método (1):

$$\dot{Q}_a=\sqrt{hPkA}(T_b-T_\infty)\frac{\cosh(mL)-\frac{T_L-T_\infty}{T_b-T_\infty}}{\text{senh}(mL)} \tag{2.53}$$

(d) Aleta finita com perda de calor por convecção na extremidade

É o caso mais realista, isto é, a extremidade também transfere calor. Nessa situação, a condução de calor na extremidade da aleta deve ser igual à taxa de transferência de calor por convecção naquela extremidade. Portanto,

$$\text{em } x = L \;\Rightarrow\; -k\left.\frac{dT}{dx}\right|_{x=L} = h(T_L - T_\infty)$$

por outro lado:

$$C_1 + C_2 = \theta_b$$

Resolvendo para essas duas condições, tem-se a distribuição de temperaturas:

$$\frac{\theta(x)}{\theta_b} = \frac{T(x) - T_\infty}{T_b - T_\infty} = \frac{\cosh[m(L-x)] + \left(h/mk\right)\text{senh}[m(L-x)]}{\cosh mL + \left(h/mk\right)\text{senh}(mL)} \quad (2.54)$$

E a taxa de transferência de calor:

$$\dot{Q}_a = \sqrt{hPkA}(T_b - T_\infty)\frac{\text{senh}(mL) + \left(h/mk\right)\cosh(mL)}{\cosh(mL) + \left(h/mk\right)\text{senh}(mL)} \quad (2.55)$$

A distribuição de temperaturas e a taxa de calor transferido para os quatro casos analisados estão resumidos na Tabela 2.5.

Tabela 2.5 Resumo da distribuição de temperaturas e da taxa de perda de calor em aletas de seção transversal uniforme

Distribuição de temperaturas	Taxa de transferência de calor
a) *Aleta muito longa* $\frac{T(x) - T_\infty}{T_b - T_\infty} = e^{-\sqrt{\frac{hP}{kA}}x}$	$\dot{Q}_a = \sqrt{hPkA}(T_b - T_\infty)$
b) *Extremidade adiabática* $\frac{T(x) - T_\infty}{T_b - T_\infty} = \frac{\cosh[m(L-x)]}{\cosh(mL)}$	$\dot{Q}_a = \theta_b\sqrt{hPkA}\ \text{tgh}(mL)$
c) *Temperatura especificada* $\frac{T(x) - T_\infty}{T_b - T_\infty} = \frac{\left(\frac{T_L - T_\infty}{T_b - T_\infty}\right)\text{senh}[mx] + \text{senh}[m(L-x)]}{\text{senh}(mL)}$	$\dot{Q}_a = \sqrt{hPkA}(T_b - T_\infty)\frac{\cosh mL) - \frac{T_L - T_\infty}{T_b - T_\infty}}{\text{senh}(mL)}$
d) *Convecção na extremidade* $\frac{T(x) - T_\infty}{T(x) - T_b} = \frac{\cosh[m(L-x)] + \left(h/mk\right)\text{senh}[m(L-x)]}{\cosh mL + \left(h/mk\right)\text{senh}(mL)}$	$\dot{Q}_a = \sqrt{hPkA}(T_b - T_\infty)\frac{\text{senh}(mL) + \left(h/mk\right)\cosh(mL)}{\cosh(mL) + \left(h/mk\right)\text{senh}(mL)}$

$m = \sqrt{hP/kA}$

(e) Comprimento corrigido de aleta

Embora a última solução da convecção na extremidade da aleta (caso d) seja realista, ela envolve expressões mais complexas. Uma forma prática de avaliar a transferência de calor da aleta é adotar a solução do caso (b) de extremidade adiabática pelo artifício de substituição do comprimento da aleta L pelo comprimento corrigido de aleta, L_c, definido como:

$$L_c = L + \frac{A}{P} \quad (2.56)$$

Para uma aleta retangular de largura b e espessura t ($t \ll b$), tem-se que:

$$A/P = bt/(2b+2t) = t/(2+t/b) \approx t/2$$

No caso de cilindros, substitua t pelo raio do cilindro, r. O resultado é um valor bem próximo ao de convecção na extremidade. Essa situação é ilustrada na Figura 2.28.

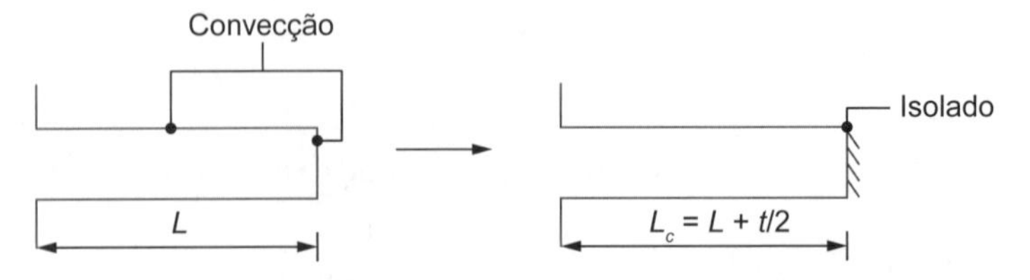

Figura 2.28 Comprimento corrigido da aleta de seção retangular.

O erro introduzido por essa aproximação será menor que 8 % desde que $\frac{ht}{k} < 0{,}5$.

EXEMPLO 2.10 Aletas

Considere um ferro de solda elétrico, como ilustrado na figura. Por simplificação, foi considerado que a ponteira de soldagem é formada por um bastão sólido de cobre de comprimento L = 50 mm e diâmetro D = 6 mm, como mostrado na ilustração. Uma taxa de calor total de 40 W atravessa a base do bastão, enquanto sua extremidade à direita foi considerada o caso de comprimento corrigido e adiabático, L_c, ignorando a geometria cônica. Nessas condições, determine a distribuição de temperaturas ao longo da ponteira de cobre. O coeficiente de transferência de calor vale 100 W/m²K e a temperatura ambiente, T_∞ = 25 °C.

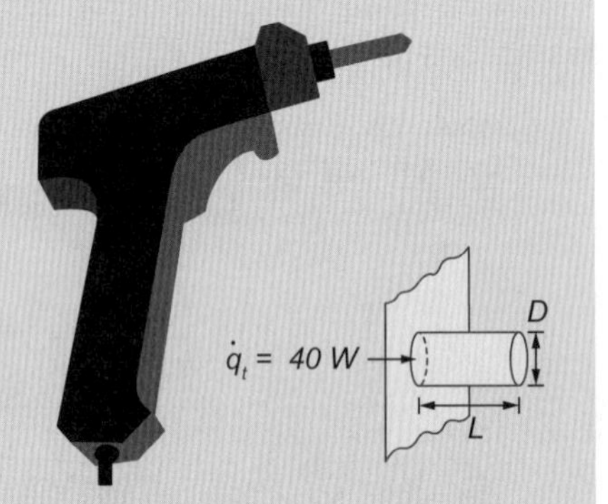

Solução:

Trata-se do caso de extremidade adiabática da Tabela 2.5 com o uso do comprimento corrigido.

Cobre: k = 401 W/mK (Tab. A.2)

$$P = \pi D \qquad A = \frac{\pi D^2}{4} \qquad \Rightarrow \frac{P}{A} = \frac{4}{D}$$

$$m = \sqrt{\frac{hP}{kA}} = \sqrt{\frac{100}{401} \times \frac{4}{0{,}006}} = 12{,}89$$

$$L_c = L + \frac{r}{2} = 0{,}05 + 0{,}001 = 0{,}051 \text{ m}$$

Da Equação (2.51), vem:

$$\theta_b = T_b - T_\infty = \frac{\dot{Q}_a}{\sqrt{hPkA} \times \text{tgh}(mL_c)} = \frac{40}{\sqrt{100 \times \frac{\pi^2 0{,}006^3}{4} \times 401} \times \text{tgh}(12{,}89 \times 0{,}051)}$$

$$\theta_b = T_b - T_\infty = 471{,}3 \text{ °C}$$

A distribuição de temperatura (em °C) é dada pela Equação (2.50)

$$\frac{T(x)-T_\infty}{T_b-T_\infty}=\frac{\cos h[m(L_c-x)]}{\cos h(mL_c)}=\frac{\cos h[12{,}89\times(0{,}051-x)]}{\cos h(12{,}89\times 0{,}051)}\Rightarrow$$

$$\frac{T(x)-25}{471{,}3}=0{,}817\cos h[12{,}89\times(0{,}051-x)]\Rightarrow$$

$$T(x)=25+385{,}1\cos h[12{,}89\times(0{,}051-x)]$$

A distribuição de temperatura na ponta de cobre é como se segue:

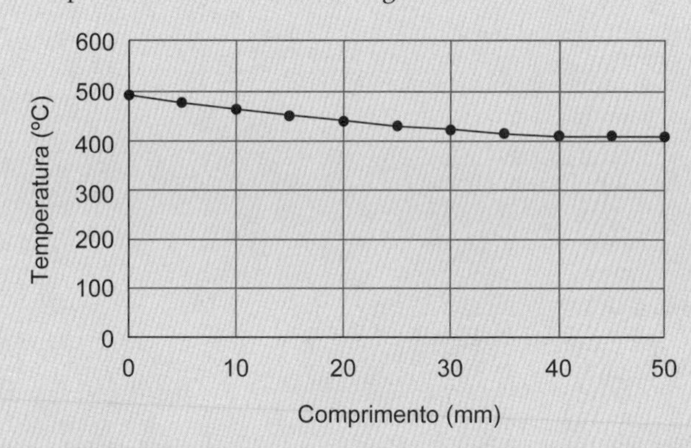

EXEMPLO 2.11 Aletas de materiais diversos

Uma placa de 2 mm de espessura, 10 mm de largura e 10 cm de comprimento está unida pelas suas extremidades a paredes que estão a 100 °C. A placa está em um ambiente com temperatura de 20 °C, cujo coeficiente de transferência de calor vale h = 20 W/m²K. Qual é a taxa de calor perdido ao ambiente da placa assumindo que seja de material de (a) alumínio e (b) aço inoxidável A304? Para cada material, (c) qual será a temperatura no meio da placa (5 cm)? (d) Faça um esquema da distribuição de temperatura da placa sem escala.

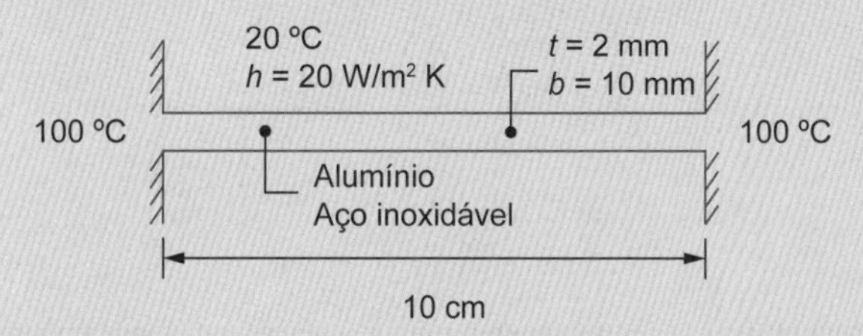

Solução:

Da figura, pode-se notar que a aleta é simétrica tanto do ponto de vista geométrico como de condições de contorno em relação ao centro. Assim, no centro, em L = 5 cm, não há transferência de calor líquida por condução. Logo, o plano central pode ser considerado adiabático e o problema pode ser abordado supondo uma aleta de extremidade adiabática, de comprimento L = 5 cm e com temperatura na base de T_b = 100 °C.
Calculando os parâmetros geométricos da aleta, vem:

$$P=2\times(0{,}002+0{,}010)=0{,}024\ \text{m}$$
$$A=0{,}002\times 0{,}010=2\times10^{-5}\ \text{m}^2$$
$$L=0{,}05\ \text{m}.$$

(a) Alumínio: k = 237 W/mK

$$m=\sqrt{\frac{hP}{kA}}=\sqrt{\frac{20(0{,}024)}{237(2\times10^{-5})}}$$
$$m=10{,}0631\ \text{m}$$
$$\dot{Q}_a=\theta_b\sqrt{hPkA}\ \text{tgh}(mL)=(100-20)\sqrt{20\times0{,}024\times237\times2\times10^{-5}}\ \text{tgh}(10{,}063\times0{,}05)$$
$$\dot{Q}_a=1{,}77\ \text{W, logo a placa perde 3,54 W.}$$

(b) Aço inoxidável, selecionamos o A304: k = 14,9 W/mK

$$m=\sqrt{\frac{hP}{kA}}=\sqrt{\frac{20\times0{,}024}{14{,}9\times2\times10^{-5}}}$$

$$m=40{,}1341\ \text{m}$$

$$\dot{Q}_a=\theta_b\sqrt{hPkA}\ \text{tgh}(mL)=(100-20)\sqrt{20\times0{,}024\times14{,}9\times2\times10^{-5}}\ \text{tgh}(40{,}134\times0{,}05)$$

$\dot{Q}_a=0{,}92$ W, logo a placa perde 1,84 W

(c) $$\frac{T_L-T_\infty}{T_b-T_\infty}=\frac{\cos h[m(L-L)]}{\cos h[mL]}$$

Alumínio: $T_L=(100-20)\dfrac{\cos h(10{,}063\times0)}{\cos h(10{,}063\times0{,}05)}+20$

$T_L=90{,}8$ °C

Aço inoxidável: $T_L=(100-20)\dfrac{\cos h(40{,}134\times0)}{\cos h(40{,}134\times0{,}05)}+20$

$T_L=41{,}1$ °C.

(d) $$T(x)=(T_b-T_\infty)\frac{\cos h[m(L-x)]}{\cos h[mL]}+T_\infty$$

Alumínio: $T(x)=70{,}84\cos h(0{,}5032-10{,}0630x)+20$

Aço inoxidável: $T(x)=21{,}13\cos h(2{,}0067-40{,}1340x)+20$

Essa distribuição corresponde até a distância de 5 cm; o que se repete do outro lado da aleta, como indicado no gráfico da figura.

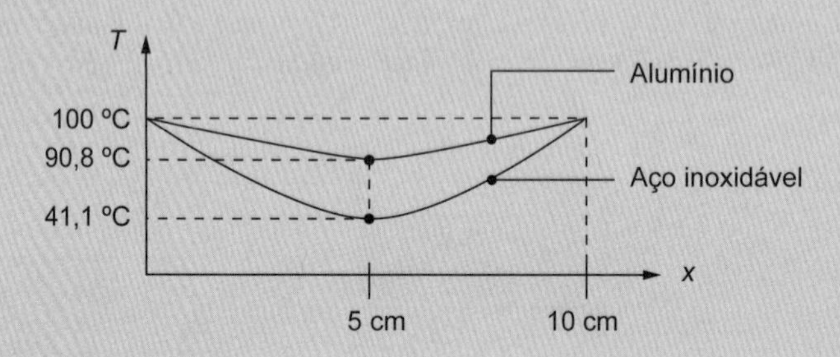

2.11.2 Eficiência da aleta

A teoria de aletas desenvolvida na seção anterior vale para uma análise detalhada de projeto de novas configurações e geometrias mediante a solução geral da equação da aleta para o caso específico. Como visto, para aletas prismáticas e outras geometrias de seção transversal constante existem soluções analíticas. Mesmo seções geométricas irregulares, ou que envolvam condições de contorno mais complexas, podem ser resolvidas mediante solução numérica da equação diferencial geral da aleta. Porém, existe um método de seleção de tipos de aletas chamado *método da eficiência da aleta*. Esse método não se refere ao projeto de aletas, mas a selecionar, entre diversos tipos e configurações de aletas, aquela(s) que satisfaz(em) determinados condicionantes.

A eficiência de aleta, η_a, é definida pela razão entre a taxa de calor real transferida pela aleta e a máxima troca de calor possível, que corresponde ao hipotético caso de a aleta estar integralmente à mesma temperatura da base:

$$\eta_a=\frac{\dot{Q}_a}{\dot{Q}_{a,\,\text{máx}}} \tag{2.57}$$

em que $\dot{Q}_a$ é a taxa de calor real transmitida pela aleta e $\dot{Q}_{a,\,máx}$ é a taxa de calor ideal máxima que seria transmitida caso toda a aleta estivesse à sua temperatura da base. Nesse caso, o valor máximo de taxa de transferência de calor pode ser facilmente obtido por meio de:

$$Q_{a,máx} = hA_a\theta_b \tag{2.58}$$

em que $\theta_b = T_b - T_\infty$ e A_b é a área exposta da superfície da aleta em que ocorre a transferência de calor.

Um esquema mostrando a variação da temperatura da aleta nos casos real e ideal é indicado na Figura 2.29.

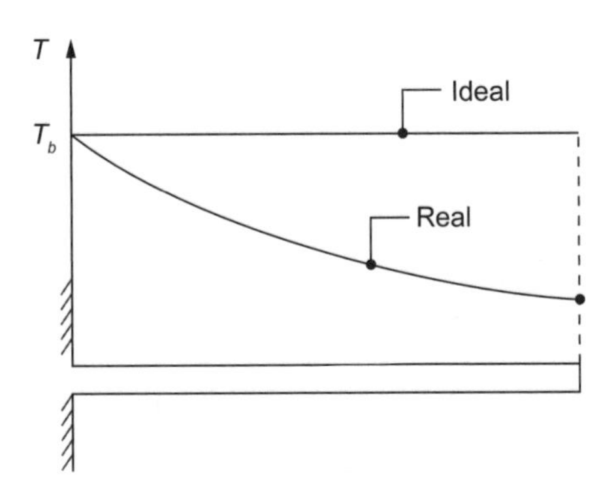

Figura 2.29 Variação da temperatura real e ideal da aleta.

Para uma aleta retangular de extremidade adiabática, a aplicação da definição de eficiência de aleta (Eq. 2.57) resulta da razão entre os resultados das Equações (2.51) e (2.58):

$$\eta_a = \frac{\sqrt{hPkA}\,\theta_b \text{tgh}(mL_c)}{hPL_c\theta_b} \text{ ou}$$

$$\eta_a = \frac{\text{tgh}(mL_c)}{mL_c} \tag{2.59}$$

com $m = \sqrt{\frac{hP}{kA}}$, como já previamente definido (Eq. 2.45). Por outro lado, o perímetro molhado da aleta (área em contato com o fluido) é dado por: $P = 2(b + t) \approx 2b$, em caso de $t \ll b$ (aleta fina), sendo $A = bt$, de onde se obtém:

$$mL_c = \sqrt{\frac{2h}{kt}}L_c \tag{2.60}$$

Casos mais complexos de geometrias já foram resolvidos, obtendo a eficiência de aleta como função de vários parâmetros. A Figura 2.30 mostra o caso da eficiência de quatro tipos de aleta. De forma que, dada uma geometria e outros parâmetros construtivos e operacionais da aleta, por meio de um gráfico como o da Figura 2.30 pode-se obter a taxa de calor transferido real, a partir da própria definição da eficiência, dada por:

$$\dot{Q}_a = \eta_a hA_a\theta_b \tag{2.61}$$

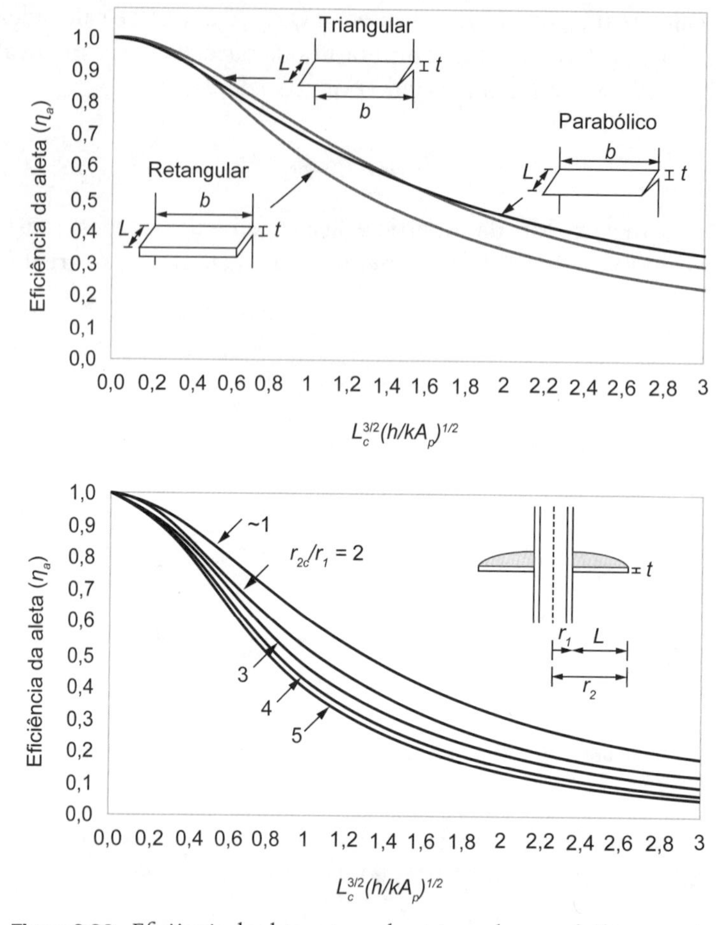

Figura 2.30 Eficiência de aleta retangular, triangular, parabólica e anular.

A Tabela 2.6 mostra as expressões teóricas para alguns tipos de aleta. Nessa tabela, aparecem as funções de Bessel modificadas, cujos valores estão na Tabela C.1.

Tabela 2.6 Expressões teóricas para alguns tipos de aletas

Tipo	Parâmetros	Eficiência
Retangular	$m=(2h/kt)^{1/2}$, $L_c = L + t/2$, $A_p = L_c t$, $A_a = 2bL_c$	$\eta_a = \dfrac{\text{tgh}(mL_c)}{mL_c}$
Triangular	$m=(2h/kt)^{1/2}$, $A_p = L_c t$, $A_a = 2b\left[L^2 + (t/2)^2\right]^{1/2}$	$\eta_a = \dfrac{1}{mL}\dfrac{I_1(2mL)}{I_0(2mL)}$
Parabólica	$m=(2h/kt)^{1/2}$, $y=(t/2)(1-x/L)^2$, $A_p = (t/3)L$, $A_a = b\left[C_1L + (L^2/t)\ln(t/L + C_1)\right]$, $C_1 = \left[1+(t/L)^2\right]^{1/2}$	$\eta_a = \dfrac{2}{1+\sqrt{4m^2L^2+1}}$
Anular	$m=(2h/kt)^{1/2}$, $r_{2c} = r_2 + t/2$, $A_p = L_c t$, $A_a = 2\pi\left[r_{2c}^{\,2} - r_1^{\,2}\right]$	$\eta_a = \dfrac{2r_1}{m(r_{2c}^2 - r_1^2)}\dfrac{K_1(mr_1)I_1(mr_{2c}) - I_1(mr_1)K_1(mr_{2c})}{I_0(mr_1)K_1(mr_{2c}) + K_0(mr_1)I_1(mr_{2c})}$

A_p: área de seção transversal de aleta; A_a: área total exposta da aleta; b: largura da aleta; L_c: L-corrigido; t: espessura; I_0, I_1, K_0 e K_1: funções de Bessel modificadas, indicadas na Tabela C.1.

Tendo por base a equação da eficiência da aleta de perfil retangular, Equação (2.59), pode-se tecer alguns comentários pertinentes:

1. Deve-se instalar aletas quando a superfície está em contato com um meio em que o valor de h é baixo (geralmente em convecção natural em gases, como o ar atmosférico).
2. A aleta deve ser construída com um material de condutividade térmica elevada, como cobre ou alumínio. O alumínio é melhor em razão de seu baixo custo e baixa densidade e, portanto, de menor peso.
3. Por inspeção dos gráficos de eficiência de aleta da Figura 2.30, a aleta triangular ($y \sim x$) requer menos material (volume) para uma mesma dissipação de calor do que a aleta retangular. Contudo, a aleta de perfil parabólico ($y \sim x^2$) é a que tem melhor índice de dissipação de calor por unidade de volume ($\dot{Q}/V$), mas é apenas um pouco superior ao perfil triangular e seu uso é raramente justificado em função de maior custo de produção.
4. A aleta anular é usada em tubos.
5. Em alguns casos, deve ser considerada a resistência de contato entre a aleta e a superfície onde ela é colocada. Isso depende do processo de fabricação, como indicado na Figura 2.31, em que são mostradas duas técnicas de fabricação. No caso (a), as aletas são ranhuras usinadas no próprio tubo. O caso (b) mostra a instalação de aletas no tubo por prensagem. Por vezes, após a instalação, o tubo sofre uma expansão radial por meio de pressão hidráulica. Também técnicas de soldagem para a fixação das aletas são empregadas.

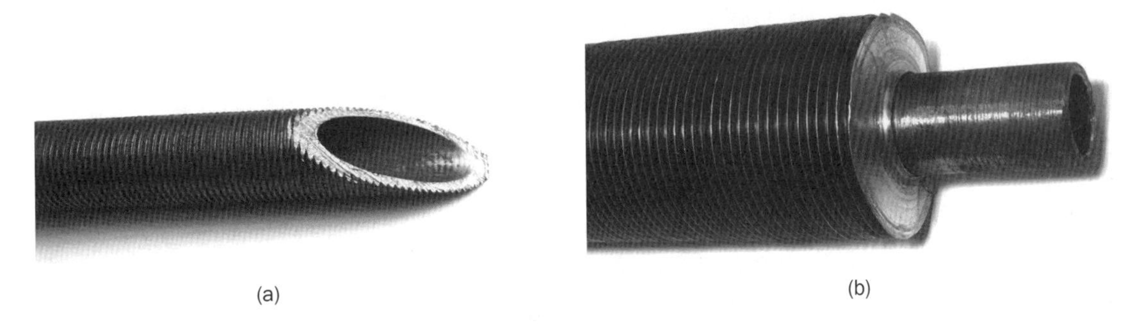

Figura 2.31 Duas formas de fabricação e instalação de aletas na superfície de tubos: (a) torneado, (b) colocação no tubo.

EXEMPLO 2.12 Uso de aletas em tubos

Considere dois tipos de aletas em tubos circulares. No caso (a), as aletas são de aço carbono com baixo teor de cromo, com $k = 37{,}7$ W/mK e, no caso (b), são de liga alumínio ($k = 177$ W/mK). As dimensões delas são indicadas na figura a seguir. A temperatura externa do tubo é de 100 °C e o ambiente ao redor do tubo está a 15 °C. Assumindo, para os dois casos, um coeficiente de transferência de calor por convecção entre as aletas e o ambiente de $h = 45$ W/m²K, calcule a taxa de calor transferido para cada caso. Desconsidere a resistência de contato entre a aleta e o tubo, bem como admita o mesmo h entre as aletas e o ambiente.

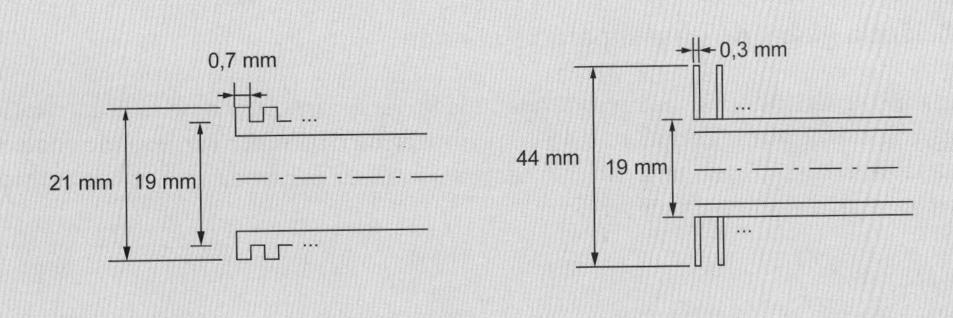

Solução:

(a) Aleta de aço carbono com baixo teor de cromo.
A condutividade térmica desse material é de aproximadamente 37,7 W/mK.

$$t = 0{,}0007 \text{ m}$$

$$L = 0{,}001 \text{ m} \qquad r_1 = 0{,}0095 \text{ m} \qquad r_2 = 0{,}0105 \text{ m}$$

$$L_c = L + \frac{t}{2} = 0{,}00135 \text{ m}$$

$$A_P = L_c t = 0{,}00135 \times 0{,}0007 = 9{,}45 \times 10^{-7} \text{ m}^2$$

$$L_c^{3/2}\left(h/kA_P\right)^{1/2} = 0{,}00135^{3/2}\left[45/(37{,}7 \times 9{,}45 \times 10^{-7})\right]^{1/2} = 0{,}06$$

$$r_{2c} = r_2 + t/2 = 0{,}0108 \text{ m}$$

$$\frac{r_{2c}}{r_1} = \frac{0{,}0108}{0{,}0095} = 1{,}14$$

Com esses dois últimos parâmetros, obtemos $\eta_a \approx 98$ % (Fig. 2.30).

A área exposta da aleta é: $A_a = 2\pi\left(r_{2c}^2 - r_1^2\right) = 1{,}657 \times 10^{-4}$ m^2.

Assim, a taxa de calor trocada pela aleta será:

$$\dot{Q}_a = \eta_a h A_a \theta_b = 0{,}98(45)(1{,}657 \times 10^{-4})(100 - 15)$$

$$\dot{Q}_a = 0{,}62 \text{ W}.$$

(b) Aleta de liga de alumínio

$$k = 177 \text{ W/mK}$$

$$t = 0{,}0003 \text{ m}$$

$$L = 0{,}0125 \text{ m} \qquad r_1 = 0{,}0095 \text{ m} \qquad r_2 = 0{,}022 \text{ m}$$

$$L_c = 0{,}0127 \text{ m}$$

$$A_P = 3{,}80 \times 10^{-6} \text{ m}^2$$

$$L_c^{3/2}\left(h/kA_P\right)^{1/2} = 0{,}37$$

$$r_{2c} = 0{,}0222 \text{ m}$$

$$\frac{r_{2c}}{r_1} = \frac{0{,}0222}{0{,}0095} = 2{,}33$$

$$\eta_a \approx 86\%$$

$$A_a = 2{,}528 \times 10^{-3} \text{ m}^2$$

$$\dot{Q}_a = 8{,}32 \text{ W}.$$

Neste exemplo, embora a eficiência da aleta de alumínio seja menor do que a da aleta de aço, a taxa de calor dissipado pela aleta de alumínio é maior por conta de sua maior área.

2.11.3 Eficiência global de uma superfície aletada

As aletas geralmente são instaladas em grande quantidade nas superfícies, como indicado na Figura 2.32. Dessa forma, é relevante que se considere o desempenho térmico da superfície levando em conta a totalidade das aletas instaladas. Portanto, a eficiência deve ser avaliada para toda a superfície considerando as partes aletadas e as não aletadas da superfície.

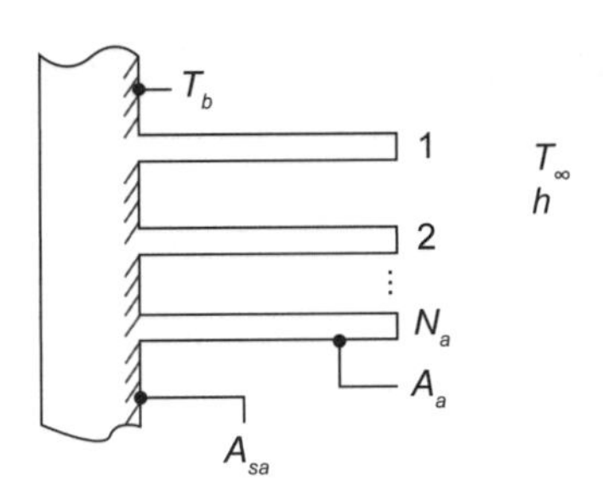

Figura 2.32 Superfície aletada.

A eficiência global de uma superfície aletada é definida como:

$$\eta_{ga} = \frac{\dot{Q}_T}{\dot{Q}_{\text{máx}}} \tag{2.62}$$

em que $\dot{Q}_{\text{máx}}$ é a taxa de calor total trocado pela superfície aletada caso sua temperatura de superfície seja T_b e $\dot{Q}_T$ é a taxa de calor total real trocado pela superfície aletada:

$$\dot{Q}_T = \dot{Q}_{Na} + \dot{Q}_{sa} = N_a \eta_a h A_a \theta_b + h A_{sa} \theta_b \tag{2.63}$$

$\dot{Q}_{Na}$ é a taxa de calor trocado pelas N_a aletas e $\dot{Q}_{Sa}$ é a taxa de calor trocado pela superfície da base onde não há aletas (A_{sa}). Assim, $A_{sa} = A_T - N_a A_a$, sendo A_T a superfície total de troca térmica. Logo,

$$\eta_{ga} = 1 - \frac{N_a A_a}{A_T}(1 - \eta_a) \tag{2.64}$$

2.11.4 Efetividade da aleta

A eficiência de aleta apresentada na seção anterior trata-se de um procedimento de seleção de tipos de aleta, já que uma tabela, gráfico ou equação fornece as eficiências das aletas e o procedimento de seleção se dá a partir desses valores. Entretanto, ainda há uma questão relevante que precisa ser abordada no estudo das aletas: haverá um incremento ou não da transferência de calor com a instalação de aletas? Claro que essa informação é crucial para que o projetista decida pela instalação de aletas. Para que se possa seguramente tomar uma decisão sobre a vantagem ou não da instalação de aletas, deve-se lançar mão do *método da efetividade de aleta*, ε. Nesse método, compara-se a taxa de calor trocado através da aleta com a taxa de calor transferido que ocorreria caso ela não houvesse sido instalada (Fig. 2.33). Lembrando que se a aleta não existisse, a transferência de calor em questão ocorreria por meio da área da base da aleta, A_b. Assim, define-se a efetividade ε como a razão entre a taxa de transferência de calor por meio da aleta e a taxa de transferência de calor através de sua base sem aleta ($\dot{Q}_{bsa}$), ou seja:

$$\varepsilon = \frac{\dot{Q}_{\text{aleta}}}{\dot{Q}_{bsa}} = \frac{\dot{Q}_{\text{aleta}}}{h A_b \theta_b} \tag{2.65}$$

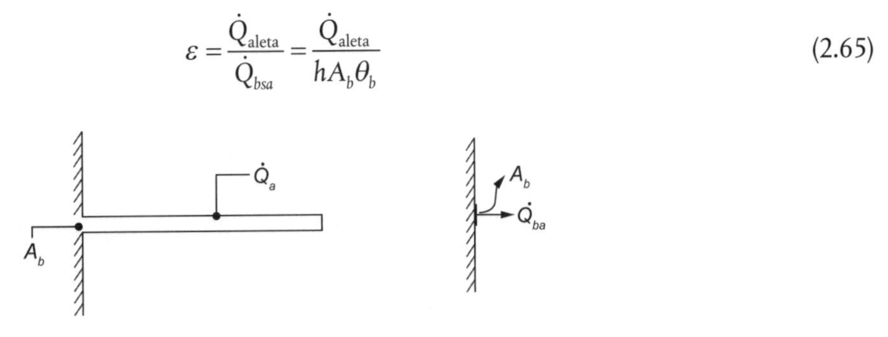

Figura 2.33 Taxa de calor transferido pela aleta (esquerda) e pela base sem aleta (direita).

A taxa de calor trocado sem as aletas, $\dot{Q}_{bsa}$, é o que ocorreria na base da aleta, conforme ilustrado na Figura 2.33. Como regra geral, justifica-se o uso de aletas quando $\varepsilon > 2$.

Para uma aleta retangular de extremidade adiabática, com comprimento corrigido, tem-se a partir da Equação (2.51):

$$\varepsilon = \frac{\sqrt{hPkA}\,\theta_b \text{tgh}(mL_c)}{hA_b\theta_b}$$

Nesse caso, $A = A_b$ e, portanto,

$$\varepsilon = \frac{\text{tgh}(mL_c)}{\sqrt{hA/kP}} \tag{2.66}$$

Os dois exemplos seguintes ilustrarão o emprego da efetividade.

EXEMPLO 2.13 Efetividade de aletas

Uma aleta de aço inoxidável ($k = 19$ W/mK), com seção circular de dimensões $L = 5$ cm e $r = 1$ cm, é submetida a três condições de resfriamento, quais sejam:

A: água em ebulição $h = 5000$ W/m²K

B: ar em convecção forçada $h = 100$ W/m²K

C: ar em convecção natural $h = 10$ W/m²K

Calcule a efetividade da aleta, considerando a efetividade de uma aleta com comprimento corrigido.

Solução:

Para o aço inoxidável: $k = 19$ W/mK

$$L_c = L + \frac{r}{2}$$

$$mL_c = \sqrt{\frac{hP}{kA}}\left(L + \frac{r}{2}\right) = \sqrt{\frac{h2\pi r}{k\pi r^2}}\left(L + \frac{r}{2}\right) = \sqrt{\frac{2h}{kr}}\left(L + \frac{r}{2}\right)$$

$$mL_c = \sqrt{\frac{2h}{19(0{,}01)}}\left(0{,}05 + \frac{0{,}01}{2}\right) = 0{,}178\sqrt{h}$$

$$\sqrt{\frac{hA}{kP}} = \sqrt{\frac{h\pi r^2}{k2\pi r}} = \sqrt{\frac{hr}{2k}} = \sqrt{\frac{h \times 0{,}01}{2 \times 19}} = 0{,}0162\sqrt{h}$$

Substituindo esses dois resultados na expressão da efetividade, vem:

$$\varepsilon = \frac{\text{tgh}(mL_c)}{\sqrt{hA/kP}} = \frac{\text{tgh}(0{,}178\sqrt{h})}{0{,}0162\sqrt{h}}$$

Agora, analisando os três casos (valores diferentes de h):

A: $h = 5000$ W/m²K $\quad \varepsilon = \frac{\text{tgh}(0{,}178\sqrt{5000})}{0{,}0162\sqrt{5000}} = \frac{1}{1{,}145} = 0{,}873$

B: $h = 100$ W/m²K $\quad \varepsilon = \frac{\text{tgh}(0{,}178\sqrt{100})}{0{,}0162\sqrt{100}} = \frac{0{,}945}{0{,}162} = 5{,}833$

C: $h = 10$ W/m²K $\quad \varepsilon = \frac{\text{tgh}(0{,}178\sqrt{10})}{0{,}0162\sqrt{10}} = \frac{0{,}510}{0{,}051} = 10{,}0$

Comentário: como visto, a colocação da aleta nem sempre melhora a transferência de calor. No caso A, por exemplo, a instalação de aletas deteriora a transferência de calor, já que $\varepsilon < 1$. Um critério básico é que a razão hA/Pk deve ser muito menor que 1 para justificar o uso de aletas.

A: $\frac{hA}{kP} = 1{,}31$

B: $\frac{hA}{kP} = 0{,}026$

C: $\frac{hA}{kP} = 0{,}00262$

A aleta deve ser colocada do lado do tubo de menor coeficiente de transferência de calor, que é também o de maior resistência térmica.

EXEMPLO 2.14 Efetividade de aletas - *continuação*

Considere o exemplo anterior, porém, agora suponha que a aleta seja constituída de três materiais distintos: cobre ($k = 368$ W/mK), aço inoxidável ($k = 19$ W/mK) e alumínio ($k = 240$ W/mK). Para cada caso, o coeficiente de transferência de calor é $h = 100$ W/m²K. Calcule a efetividade de aleta para cada material.

Solução:

Os materiais avaliados são:

A: cobre $k = 368$ W/mK

B: aço inox $k = 19$ W/mK

C: alumínio $k = 240$ W/mK

$$m = \sqrt{\frac{2h}{kr}} = \sqrt{\frac{2 \times 100}{k \times 0{,}01}} = \frac{141{,}4}{\sqrt{k}} \text{ e, portanto, } mL_c = \frac{141{,}4}{\sqrt{k}}(0{,}05 + 0{,}01/2) = \frac{7{,}76}{\sqrt{k}}$$

No denominador, agora temos: $\sqrt{\frac{hA}{kP}} = \sqrt{\frac{hr}{2k}} = \sqrt{\frac{100 \cdot 0{,}01}{2k}} = \frac{1}{\sqrt{2k}}$

Substituindo ambos os resultados, obtém-se: $\varepsilon = \sqrt{2k} \times \text{tgh}(7{,}76/\sqrt{k})$

A: cobre $k = 368$ W/mK $\varepsilon = 10{,}7$

B: aço inox $k = 19$ W/mK $\varepsilon = 5{,}8$

C: alumínio $k = 240$ W/mK $\varepsilon = 10{,}1$

Comentário: o material construtivo da aleta é determinante no que tange à efetividade de uma aleta. Deve-se procurar usar material de elevada condutividade térmica (cobre ou alumínio). Geralmente, o material empregado é o alumínio por apresentar várias vantagens, tais como:

- é fácil de ser trabalhado e, portanto, pode ser extrudado;
- tem custo relativamente baixo;
- possui uma densidade baixa, o que implica menor peso final do equipamento;
- tem excelente condutividade térmica.

Em algumas situações, as aletas podem ser parte do projeto original do equipamento e serem fundidas juntamente com a peça, como ocorre com as carcaças de motores elétricos e os cilindros de motores de combustão interna resfriados a ar, por exemplo. Nesse caso, as aletas são feitas do mesmo material da carcaça do motor.

2.11.5 Efetividade global de uma superfície aletada

Quando se quer avaliar se uma superfície aletada transfere suficiente calor para sustentar sua implementação, pode ser utilizada a sua efetividade global, definida como:

$$\varepsilon_{ga} = \frac{\dot{Q}_T}{\dot{Q}_{Tb}} \tag{2.67}$$

em que $\dot{Q}_{Tb}$ é a taxa de calor trocada pela superfície antes da colocação das aletas, $\dot{Q}_{Tb} = hA_{Tb}\theta_b$, sendo A_{Tb} a área total da superfície antes de instalar as aletas. Substituindo a Equação (2.62) na Equação (2.67), consegue-se uma expressão da efetividade global em função da eficiência da aleta.

$$\varepsilon_{ga} = \frac{A_{sa} + N_a A_a \eta_a}{A_{Tb}} \tag{2.68}$$

EXEMPLO 2.15 Efetividade de uma superfície aletada

Para resfriar um processador (CPU) é usado um dissipador de calor, que consiste em uma placa de 50 mm × 40 mm com 108 (12 × 9) aletas cilíndricas de 2 mm de diâmetro e 20 mm de comprimento espaçadas 2 mm e dispostas simetricamente. As aletas são de alumínio, e o coeficiente de transferência de calor médio das aletas com o ar a 20 °C é de 50 W/m²K. Qual é a efetividade da superfície aletada? Considerando que o processador não pode ultrapassar 50 °C, qual é a taxa de calor que dissipará nessa temperatura?

Solução:

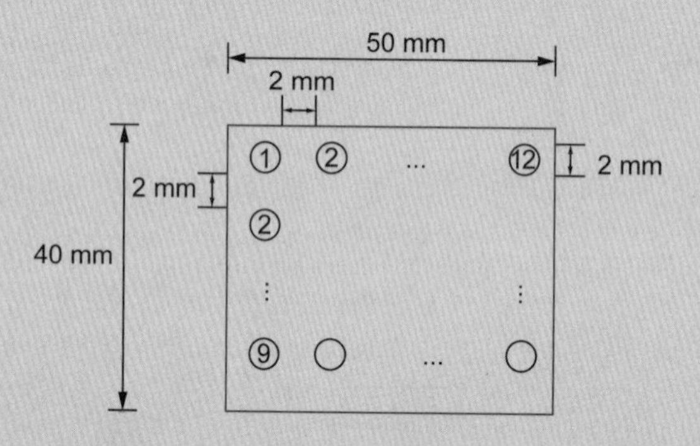

$k = 237$ W/mK (Tab. A.2), $L = 0{,}020$ m, $d = 0{,}002$ m, $h = 50$ W/m²K

$$L_c = L + r/2 = 0{,}020 + 0{,}001/2 = 0{,}0205 \text{ m}$$

$$m = \sqrt{\frac{hP}{kA}} = \sqrt{\frac{h\pi d}{k\pi d^2/4}} = \sqrt{\frac{h4}{kd}} = \sqrt{\frac{50(4)}{237(0{,}002)}} = 20{,}54/\text{m}$$

$$\eta_a = \frac{\text{tgh}(mL_c)}{mL_c} = \frac{\text{tgh}(20{,}54 \times 0{,}0205)}{20{,}54 \times 0{,}0205} = 0{,}97$$

Área total da base sem nenhuma aleta: $A_{Tb} = 0{,}05 \times 0{,}04 = 2 \times 10^{-3}$ m²

Área da superfície aletada, parte sem aletas: $A_{sa} = A_{Tb} - N_a A$

$$A_{sa} = 2 \times 10^{-3} - 108\pi \frac{0{,}002^2}{4} = 1{,}66 \times 10^{-3} \text{ m}^2$$

Área superficial corrigida da aleta: $A_a = \pi d L_c$

$$A_a = \pi 0{,}002 \times 0{,}0205 = 1{,}287 \times 10^{-4} \text{ m}^2$$

$$\varepsilon_{ga} = \frac{A_{sa} + N_a A_a \eta_a}{A_{Tb}} = \frac{1{,}66 \times 10^{-3} + 108 \times 1{,}287 \times 10^{-4} \times 0{,}97}{2 \times 10^{-3}}$$

$$\varepsilon_{ga} = 7{,}6$$

Como a efetividade é maior que 2, seu uso é justificado.
A taxa de calor dissipado pela superfície aletada será de: $\dot{Q}_T = \varepsilon_{ga} h A_{Tb} (T_b - T_\infty)$

$$\dot{Q}_T = 7{,}6 \times 50 \times 2 \times 10^{-3} \times (50 - 20) \quad \Rightarrow \quad \dot{Q}_T = 22{,}8 \text{ W}$$

Referências

Kreith, F.; Bohn, M. S. *Principles of Heat Transfer*. 6. ed. New York: Brooks/Cole, 2001.

Sartre, V.; Lallemand, M. Enhancement of thermal contact conductance for electronic systems. *Applied Thermal Engineering*, v. 21, p. 221-35, 2001.

Yoyanovich, M. M.; Tuarze, M. Experimental evidence of thermal resistance at soldered joints. *Journal of Spacecraft and Rockets*, v. 6, n. 7, p. 855-857, 1969.

Problemas propostos

2.1 Determine o fluxo de calor transferido através de uma parede plana de espessura L = 50 mm quando a parede é feita de: (a) concreto; (b) aço carbono 1010; (c) madeira de pinho. As temperaturas das faces externas são 25 °C e 10 °C.

2.2 Parte de uma parede plana de material desconhecido é submetida a um teste de laboratório. Ela tem espessura L = 150 mm e foi medida uma diferença ΔT = 10 °C entre as duas superfícies externas. Também foi imposto um fluxo de calor q = 10 W/m². Qual a condutividade térmica do material da parede? Consultando as tabelas do Apêndice A, identifique de qual(is) material(is) pode ser feita a parede.

2.3 A temperatura do corpo humano cai do nível central (*nível arterial sanguíneo*), em que a temperatura vale T_a = 36,5 °C, para o nível superficial (relativo à pele) em uma camada, chamada *subcutânea*, que apresenta espessura δ da ordem de 1 cm, cuja condutividade térmica é próxima de 0,4 W/m°C. Pede-se:

(a) Calcular a temperatura da superfície da pele (T_P) quando o corpo está submetido ao ar atmosférico a 20 °C com um coeficiente de transferência de calor 25 W/m²°C.

(b) Calcular a temperatura da superfície da pele (T_P) quando o corpo está submetido à água a 20 °C com um coeficiente de transferência de calor 500 W/m²°C.

(c) Em qual dos dois casos você "sentiria mais frio" e por quê?

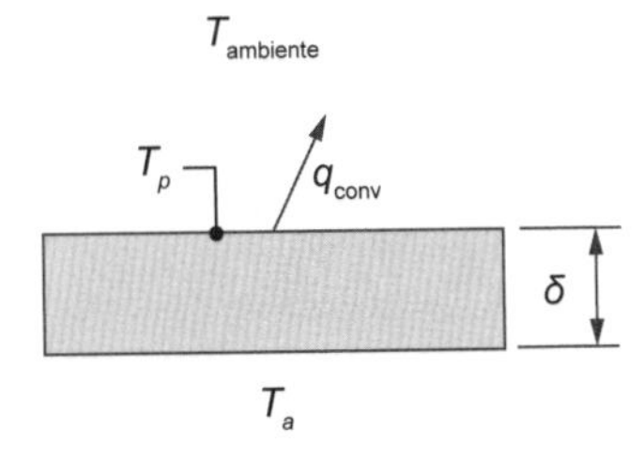

2.4 A parede de um forno de espessura de 150 mm é feita de tijolo refratário, cuja condutividade térmica varia de acordo com a temperatura de acordo com $k = 24{,}125 - 0{,}009375 \times T$, sendo T em °C e k em W/m°C. Sabendo que na superfície interior da parede voltada para o forno a temperatura vale 1300 °C e do lado de fora está a 50 °C, determine a distribuição de temperaturas ao longo da espessura da parede e o fluxo de calor perdido.

2.5 As paredes de um forno são feitas de uma camada de tijolo refratário de condutividade térmica média k_r = 17,5 W/m°C e espessura de 150 mm revestida por tijolo comum (k_t = 0,72 W/m°C) de espessura 500 mm. A temperatura interna do conjunto é 1100 °C e da superfície exterior, 50 °C. Calcule a taxa de perda de calor por unidade de área (m²) e a temperatura na superfície (T_c) de contato perfeito entre as duas camadas de tijolos.

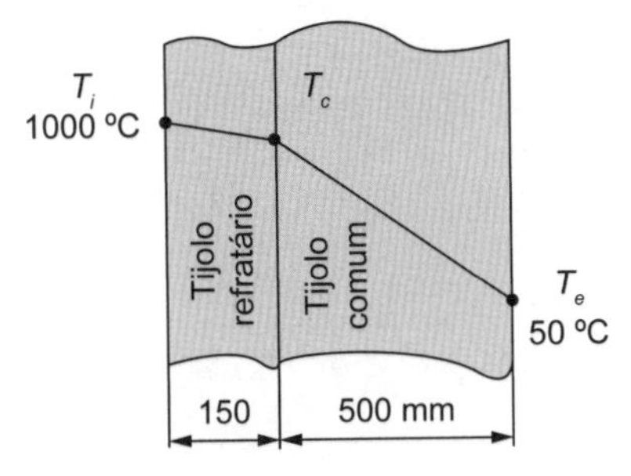

2.6 A fim de diminuir em 50 % a espessura da camada de tijolos do Problema 2.5, decidiu-se instalar uma camada de diatomita entre as duas camadas de tijolos, como indicado na figura, cuja condutividade térmica vale k_d = 0,05 W/m°C. Pergunta-se: qual deve ser a espessura L da camada de diatomita para que seja mantida a mesma taxa de perda de calor por unidade de área (m²) e as novas temperaturas de contato nas superfícies T_{c1} e T_{c2} indicadas no esquema da figura?

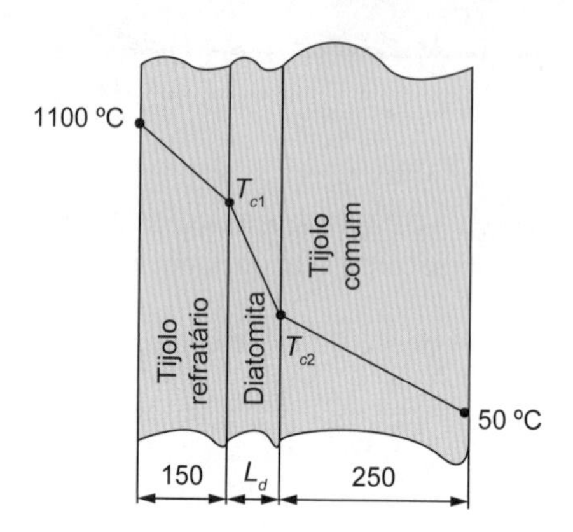

2.7 Escreva a equação geral da condução de calor em coordenadas cartesianas e simplifique-a para um problema em regime permanente, unidimensional, propriedades constantes e uniformes e sem geração de calor. Justifique detalhadamente todas as simplificações. Indique qual deve ser a distribuição de temperaturas $T(x)$ e o fluxo de calor $q(x)$ em função da condutividade térmica k e das grandezas indicadas para cada um dos três casos mostrados nas figuras a seguir. A é a área perpendicular ao fluxo de calor.

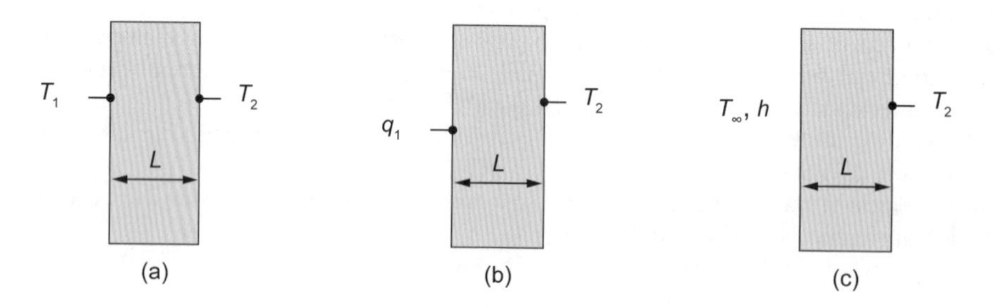

2.8 Um projeto de isolamento de parede de um país de clima frio está esquematizado na figura adiante. A parede será exposta a um ambiente externo (T_{ext} = –20 °C e h_{ext} = 12,0 W/m²°C) e a um ambiente interno (T_{int} = 24 °C e h_{int} = 8,0 W/m²°C). Os dados dos materiais e espessuras estão indicados na tabela. Para essas condições, pede-se:

(a) Fluxo de calor na parede por unidade de área (W/m²).

(b) Mantidos constantes os materiais nas três camadas e as espessuras e_1 e e_2, que modificações de projeto poderiam ser feitas na camada 2 para reduzir o fluxo calculado no item (a) em 30 %?

Camada	Espessura [mm]	Condutividade térmica [W/m °C]
1	20	0,8
2	80	1,5
3	10	0,5

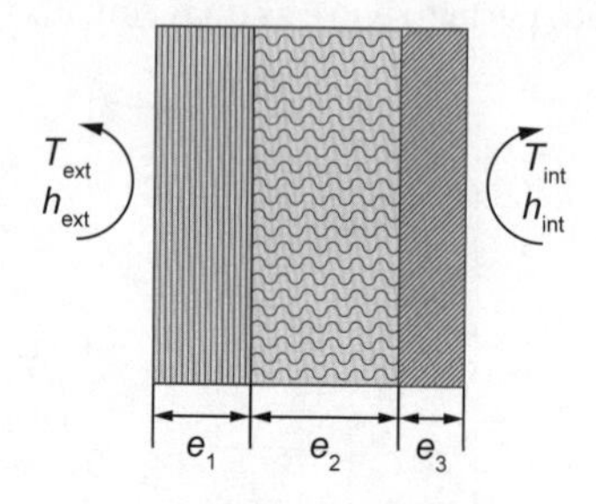

2.9 Uma parede plana composta possui duas camadas com condutividades térmicas k_A e k_B, que estão separadas por um aquecedor elétrico delgado. As resistências de contato nas superfícies são desprezíveis. As faces externas da parede estão em contato com dois ambientes de temperaturas T_i e T_e, cujos coeficientes de transferência de calor são h_i e h_e, respectivamente, como mostrado na figura. O fluxo de calor de aquecimento por unidade de área produzido no aquecedor vale q_a. Pede-se:

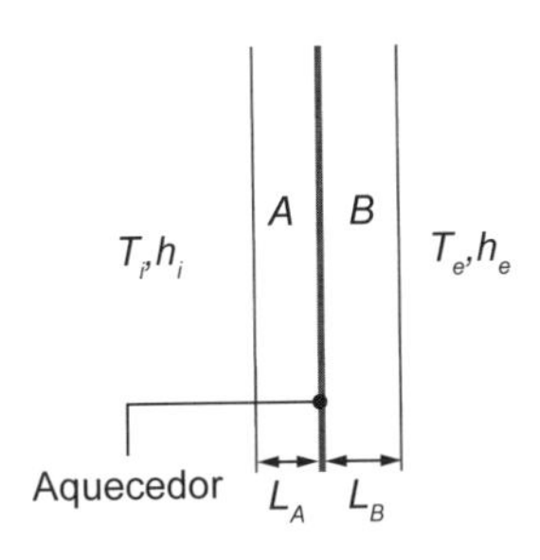

(a) Esboce o circuito térmico equivalente para o sistema e identifique todas as resistências em termos das variáveis relevantes.

(b) Obtenha uma expressão que possa ser usada para determinar a temperatura do aquecedor T_a de forma explícita.

(c) Obtenha uma expressão para a razão entre os fluxos de calor para os fluidos externo e interno, isto é, q_A/q_B. Como podem ser ajustadas as variáveis do problema para minimizar essa razão?

2.10 Um grande tanque metálico de aço inoxidável 316 é empregado para armazenar água industrial a $T_{\infty 1}$ = 20 °C. Em um dia ensolarado, a superfície externa recebe uma irradiação solar G como indicado, que é totalmente absorvida pela parede. A temperatura externa do ar vale $T_{\infty 2}$. Nessas condições, pede-se a temperatura das superfícies interna (T_1) e externa (T_2) da parede do tanque (use, pelo menos, uma casa decimal). Os dados são os seguintes: e = 5 mm; G = 600 W/m² e $T_{\infty 2}$ = 30 °C

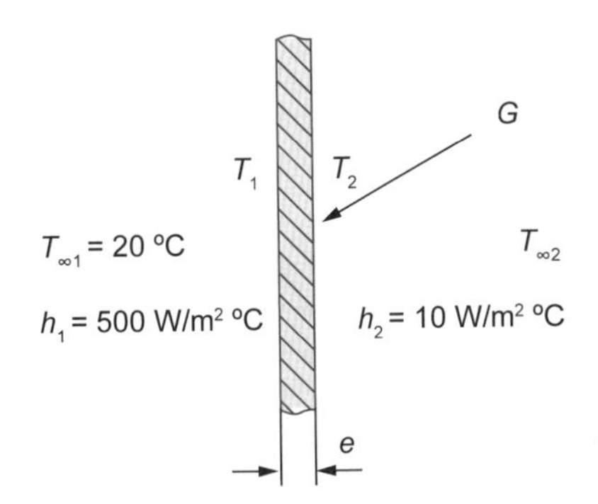

2.11 A serpentina de um reaquecedor de vapor é fabricada de um material cuja condutividade térmica vale k = 14 W/m°C e seus diâmetros interno e externo são, respectivamente, 32 e 42 mm. As temperaturas das superfícies externa e interna valem 580 °C e 400 °C, respectivamente. Determine a taxa de perda de calor por metro de tubulação.

2.12 Um tubo de aço de diâmetros interno e externo de, respectivamente, 100 e 110 mm tem condutividade térmica k_t = 50 W/m°C e é revestido com uma camada de 50 mm de isolamento térmico, cuja condutividade vale k_i = 0,07 W/m°C. A temperatura interna do tubo vale 250 °C e a da superfície externa do isolamento, 50 °C. Determine a taxa de perda de calor em 1 m de tubulação e a temperatura da superfície externa do tubo (ou interna do isolamento térmico).

2.13 Um tubo de aço carbono de 12 mm de diâmetro interno e espessura de parede de 2 mm é usado para produzir vapor de água saturado. A água entra no estado de líquido saturado a 100 °C e deixa o tubo como vapor saturado a 100 °C, na vazão de 0,01 kg/s. O aquecimento se dá pela circulação perpendicular ao tubo de gases de combustão a 450 °C. O coeficiente médio de transferência de calor dos produtos de combustão para o tubo vale 40 W/m² °C. Nessas condições, pede-se o comprimento L necessário do tubo sabendo que a temperatura interna do tubo vale 100 °C.

2.14 Determine o coeficiente global U de transferência de calor para o tubo indicado no esquema. Mostre que a taxa de perda de calor de um tubo metálico (baixa resistência térmica) é dominada pelo lado que possui o menor coeficiente h de transferência de calor e que a temperatura da parede do tubo é dominada (ou imposta) pelo lado que tem o maior coeficiente de transferência de calor. Despreze a resistência de térmica de condução do tubo.

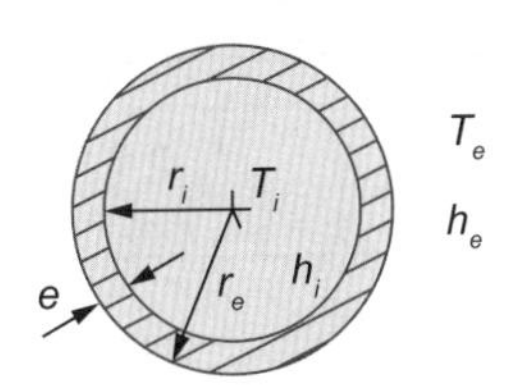

2.15 Uma parede plana de espessura de 7,5 cm gera energia térmica (calor) internamente a uma taxa de 10^5 W/m³. Um lado da parede é isolado, enquanto o outro lado é exposto a um ambiente a 80 °C. O coeficiente de convecção de calor do lado exposto para o ar vale 100 W/m² °C. Se a condutividade térmica da parede é de 12 W/m°C, qual o valor da máxima temperatura da parede?

2.16 Considere um fio elétrico de cobre puro e diâmetro de 4 mm que apresenta uma resistência elétrica de $1,3 \times 10^{-3}$ Ω/m e é percorrido, em uma situação de sobrecarga, por uma corrente elétrica de 100 A. Esse fio é revestido por uma película plástica que tem a função de isolá-lo eletricamente. A condutibilidade térmica do material plástico vale k_f = 0,20 W/m °C e sua espessura é de 1 mm. O isolamento está exposto ao ar ambiente, a uma temperatura T_∞ = 20 °C e o coeficiente de convecção vale h = 9 W/m² °C.

(a) Escreva a equação da condução de calor com as condições de contorno adequadas à solução do problema.
(b) Determine a potência total dissipada.
(c) Determine a equação que fornece a distribuição de temperatura no fio, com os valores numéricos do problema.
(d) Calcule a temperatura máxima no fio.
(e) Determine a temperatura na superfície externa do fio.

2.17 Um elemento combustível nuclear com espessura $2L$ é coberto com um revestimento de aço de espessura b em ambos os lados. A energia térmica (calor) gerada no interior do combustível nuclear, q'''_G, é removida por um fluido na temperatura T_∞, adjacente a uma das superfícies, e o coeficiente de convecção nessa superfície é h. A outra superfície encontra-se bem isolada termicamente. O combustível e o aço possuem condutividades térmicas k_c e k_a, respectivamente. Esboce a distribuição de temperatura $T(x)$ para todo o sistema e descreva as características principais da distribuição.

Para k_c = 60 W/mK, L = 15 mm, b = 3 mm, k_a = 15 W/mK, h = 10.000 W/m²K e T_∞ = 200 °C, quais são a maior e a menor temperaturas no elemento combustível se a energia térmica é gerada uniformemente a uma taxa volumétrica de $q'''_G = 2 \times 10^7$ W/m³? Quais são as posições correspondentes?

Se o isolamento for removido e as condições equivalentes de convecção forem mantidas em cada superfície, qual é a forma correspondente da distribuição de temperatura no elemento combustível? Para as condições do item (a), quais são a maior e a menor temperatura no combustível? Quais são as posições correspondentes?

2.18 Em uma barra cilíndrica de combustível de um reator nuclear, calor em uma dada taxa é gerado internamente de acordo com a seguinte expressão:

$$q'''_G = q'''_o \times \left[1 - \left(\frac{r}{r_e}\right)^2\right]$$

em que q'''_G é a taxa de energia térmica (calor) gerada por unidade de volume [W/m³] na posição r, q'''_o é a taxa de energia térmica gerada por unidade de volume na linha de centro da barra e r_e é o raio externo da barra. Calcule a diferença entre a temperatura da linha central e a temperatura da superfície para uma barra de 50 mm de diâmetro. A condutividade térmica vale 25 W/m °C e a taxa de remoção de calor da superfície é 0,15 MW/m².

2.19 A blindagem de proteção de um reator nuclear pode ser idealizada como uma grande parede plana de L = 25 cm de espessura, cuja condutividade térmica vale k = 1 W/m°C. A radiação do interior do reator penetra na blindagem e produz uma geração interna de calor q'''_G que diminui, exponencialmente, a partir de q'''_i = 1000 W/m³ na superfície interna até um valor de 100 W/m³ a uma distância de 12,5 cm da superfície interna. Se a superfície externa for mantida a 40 °C por meio de convecção forçada, determine:

(a) O coeficiente λ da expressão da geração interna de calor, dada a seguir (ver *Dica*).
(b) A equação da distribuição de temperaturas no interior da parede com as devidas condições de contorno e valores numéricos.
(c) A temperatura da superfície interna.

Dica: defina a equação diferencial da condução de calor com geração interna de calor que varia de acordo com $q_G(x) = q_{Go} \cdot e^{-\lambda x}$. Todo o fluxo de calor gerado é transferido apenas pela parede externa.

2.20 A extremidade de uma barrinha circular de aço de 40 mm de diâmetro e 300 mm de comprimento está conectada a duas paredes isotérmicas mantidas a 200 °C e 90 °C, como indicado na figura. Um fluxo de ar cruza a barrinha com um coeficiente de transferência de calor h = 20 W/m²°C, sendo a temperatura do ar igual a 20 °C. Determinar a taxa de calor cedida para o ar, a taxa de calor transferida nas duas bases isotérmicas e a distribuição de temperaturas ao longo da barra.

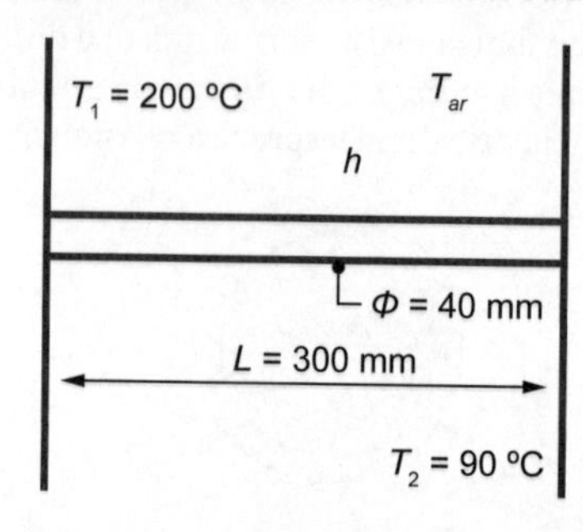

2.21 Uma aleta circular de uma liga alumínio é montada em um tubo aquecido de 2,5 cm de raio externo. A espessura da aleta é de 0,4 mm e seu raio externo, 40 mm. A temperatura na parede do tubo vale 150 °C, a temperatura do ar circundante é de 20 °C e o coeficiente de transferência de calor por convecção vale 30 W/m²K. Pede-se para determinar a taxa de calor transferido pela aleta.

(*Nota*: use as propriedades de transporte de uma liga de alumínio da tabela e assuma que esse valor é constante.)

2.22 Um tubo de aço carbono de 10 mm de diâmetro interno e espessura de parede de 2 mm é usado para produzir vapor de água saturado, como ilustrado. A água entra no estado de líquido saturado a 120 °C e deixa o tubo como vapor saturado a 120 °C. O aquecimento se dá pela circulação perpendicularmente ao tubo de gases de combustão a 470 °C. O coeficiente médio de transferência de calor dos produtos de combustão para o tubo vale 40 W/m² °C.

Nessas condições, pede-se o comprimento L necessário do tubo e a temperatura da parede externa do tubo, T_P. Agora, considere a instalação de aletas circulares de alumínio espaçadas de $\delta = 5$ mm, espessura t de 1 mm e diâmetro externo $D_2 = 27$ mm. Determine o novo comprimento do tubo. Suponha que a temperatura da parede externa do tubo permaneça a mesma que a do caso sem aletas, bem como o coeficiente de transferência de calor de h seja também o mesmo. Em razão do elevado coeficiente interno de transferência de calor e de a resistência térmica de condução através do tubo ser desprezível, pode-se considerar que a temperatura externa do tubo é a própria temperatura da água em ebulição (120 °C). A entalpia específica de vaporização da água vale h_{LV} = 2202 kJ/kg e a vazão mássica é de 0,01 kg/s.

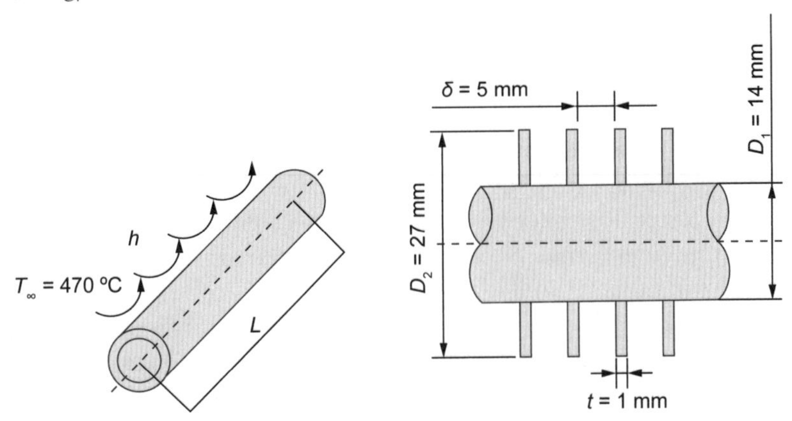

2.23 Um transistor deve dissipar 0,1 W sem ultrapassar a temperatura máxima de operação de 150 °C. Ver outros dados na figura. Para as condições indicadas, verifique se a temperatura da superfície de dissipação do transistor em contato com o ar não ultrapassa o valor máximo especificado. Determine a temperatura de superfície para verificar se está dentro das condições operacionais.

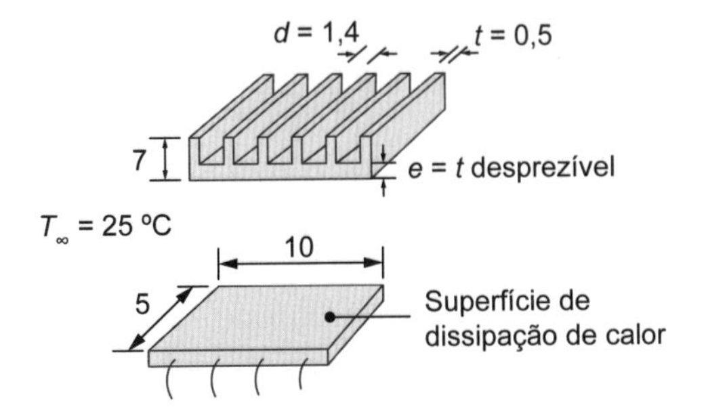

Alternativamente, propõe-se utilizar uma aleta de perfil uniforme e retangular conforme indicado na figura. Para essa nova condição, calcule a temperatura da base da aleta. Essa temperatura pode ser comparada com a máxima especificada. A resistência de contato entre a aleta e o transistor é desprezível, em virtude da montagem com pasta térmica e da espessura da base da aleta. Considere a troca de calor nas aletas e na região sem aletas. Verifique se essa segunda opção de projeto atende ao limite de temperatura máxima.

Dados: h = 9 W/m² °C; k_{al} = 177 W/m °C; T_∞ = 25 °C medidas em mm.

3

Condução Multidimensional em Regime Permanente

O Capítulo 2 foi dedicado à análise da transferência de calor por condução unidimensional em regime permanente. Evidentemente, muitos problemas reais de transferência de calor são bi ou tridimensionais, como ocorre no interior dos sólidos, o que demanda a solução da equação da condução de calor além do caso unidimensional. No entanto, soluções analíticas da equação da condução de calor existem para um número limitado de problemas, cujas condições de contorno e geometrias são elementares. Casos de geometrias e condições de contorno mais complexas, que são os mais comuns, devem ser resolvidos por meio de solução numérica, sendo *o método das diferenças finitas* amplamente empregado para essa finalidade e objeto de análise na segunda parte deste capítulo. Não obstante, é importante que o estudante tenha uma visão da existência de soluções analíticas para os casos mais elementares. Nesta seção, dois problemas clássicos são resolvidos pelo emprego da técnica de solução da equação diferencial chamada *método da separação das variáveis.*

3.1 Condução bidimensional com solução analítica

Considere um caso particular de uma placa retangular, cujos lados são submetidos às condições de temperatura constante, em regime permanente, como ilustrado na Figura 3.1. Veja na ilustração que todos os lados estão à mesma temperatura T_1, exceto o lado superior, que está à T_2. Assim, a solução da equação geral da condução de calor vai fornecer a distribuição espacial de temperaturas na placa, $T = T(x, y)$, a partir da qual pode-se obter o vetor fluxo de calor local.

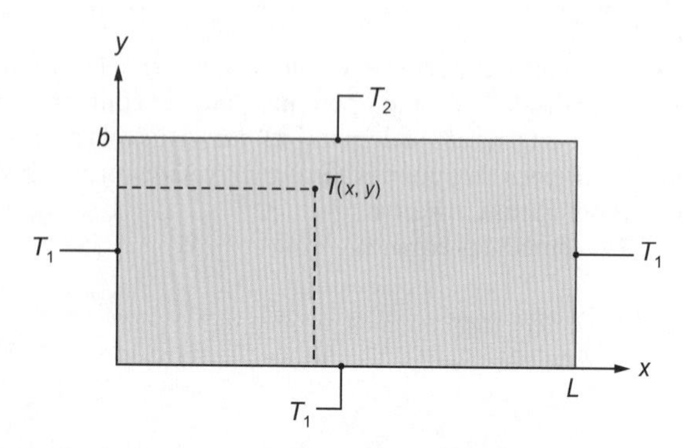

Figura 3.1 Placa retangular de dimensões $L \times b$ submetida a diferentes condições de contorno isotérmicas.

A equação geral da condução de calor em coordenadas retangulares com propriedades constantes é dada pela Equação (2.6):

$$\frac{\partial^2 T}{\partial x^2}+\frac{\partial^2 T}{\partial y^2}+\frac{\partial^2 T}{\partial z^2}+\frac{q_G'''}{k}=\frac{1}{\alpha}\frac{\partial T}{\partial t} \tag{2.6}$$

Simplificando o problema com as seguintes hipóteses aplicáveis ao caso da placa retangular em evidência: regime permanente, sem geração de energia térmica (calor) e bidimensional. Assim, a equação geral se reduz a:

$$\frac{\partial^2 T}{\partial x^2}+\frac{\partial^2 T}{\partial y^2}=0 \tag{3.1}$$

As condições de contorno desse problema são as temperaturas fixas dos quatro lados da placa, expressas de forma matemática como:

CC_1: $T(0, y) = T_1$ temperatura na face da esquerda;
CC_2: $T(L, y) = T_1$ temperatura na face da direita;
CC_3: $T(x, 0) = T_1$ temperatura na face inferior;
CC_4: $T(x, b) = T_2$ temperatura na face superior.

É conveniente que se realize uma mudança de variáveis de forma a se obter a temperatura adimensional, $\theta(x, y)$.

$$\theta=\frac{T-T_1}{T_2-T_1} \tag{3.2}$$

Dessa forma, as condições de contorno na nova variável $\theta = \theta(x, y)$ são:

CC_1: $\theta(0, y) = 0$;
CC_2: $\theta(L, y) = 0$;
CC_3: $\theta(x, 0) = 0$;
CC_4: $\theta(x, b) = 1$.

A variação elementar de temperatura é: $\frac{dT}{T_2-T_1}=d\theta$. Então, substituindo na Equação (3.2), vem:

$$\frac{\partial^2 \theta}{\partial x^2}+\frac{\partial^2 \theta}{\partial y^2}=0 \tag{3.3}$$

Esta é a equação da condução na nova variável $\theta(x, y)$.

A solução clássica desse tipo de equações diferenciais parciais se dá com o emprego da *técnica de separação das variáveis*. Essa técnica supõe que a distribuição de temperaturas $\theta(x, y)$ seja o produto de duas outras funções $X(x)$ e $Y(y)$, que, por sua vez, são funções exclusivas apenas das coordenadas do problema x e y, isto é:

$$\theta(x, y) = X(x) \times Y(y) \tag{3.4}$$

Assim, as derivadas parciais em relação a x dessa nova função são:

Primeira derivada: $$\frac{\partial \theta}{\partial x}=Y\frac{dX}{dx}$$

Segunda derivada: $$\frac{\partial^2 \theta}{\partial x^2}=Y\frac{d^2X}{dx^2}$$

De maneira análoga em relação a y:

Segunda derivada: $$\frac{\partial^2\theta}{\partial y^2} = X\frac{d^2Y}{dy^2}$$

Logo, substituindo essas duas derivadas parciais na Equação (3.3), vem:

$$Y\frac{d^2X}{dx^2} + X\frac{d^2Y}{dy^2} = 0$$

ou, dividindo-se pelo produto XY, tem-se:

$$\frac{1}{Y}\frac{d^2Y}{dy^2} = -\frac{1}{X}\frac{d^2X}{dx^2} \tag{3.5}$$

Nota-se que na Equação (3.5) o lado esquerdo é uma função exclusiva da coordenada y e o lado direito, uma função exclusiva da coordenada x. No entanto, os dois lados da equação permanecem iguais. Isto implica que cada lado da equação não pode ser nem função de x nem de y, já que, de outra forma, não seria possível manter a igualdade. A única possibilidade de manter a validade é que a igualdade deve ser uma grandeza constante independente das variáveis x e y que, por conveniência matemática, se atribui o valor positivo λ^2. Assim, tem-se:

$$-\frac{1}{X}\frac{d^2X}{dx^2} = \lambda^2 \tag{3.6}$$

e

$$\frac{1}{Y}\frac{d^2Y}{dy^2} = \lambda^2 \tag{3.7}$$

Convém ressaltar que a equação diferencial parcial original, Equação (3.5), deu origem a duas outras equações diferenciais comuns ou ordinárias (Eqs. 3.6 e 3.7). As soluções dessas duas novas equações são bem conhecidas (ver Lembrete de cálculo, na Seção 2.11.1):

$$X(x) = C_1\cos(\lambda x) + C_2\operatorname{sen}(\lambda x) \quad \text{e} \quad Y(y) = C_3e^{-\lambda y} + C_4e^{\lambda y}$$

Substituindo ambas as soluções na Equação (3.4), vem:

$$\theta(x,y) = [C_1\cos(\lambda x) + C_2\operatorname{sen}(\lambda x)](C_3e^{-\lambda y} + C_4e^{\lambda y})$$

A obtenção das constantes C_1, C_2, C_3 e C_4 depende das condições de contorno impostas (temperaturas das faces). Assim:

Da CC_1: $\theta(0,y) = 0$

$$\theta(0,y) = [C_1\cos(\lambda 0) + C_2\operatorname{sen}(\lambda 0)](C_3e^{-\lambda y} + C_4e^{\lambda y}) = C_1(C_3e^{-\lambda y} + C_4e^{\lambda y}) = 0$$

De onde se conclui que a única possibilidade é $C_1 = 0$, já que, de outra forma, se obteria a solução trivial, logo:

$$\theta(x,y) = C_2\operatorname{sen}(\lambda x)(C_3e^{-\lambda y} + C_4e^{\lambda y})$$

Da CC_3: $\theta(x, 0) = 0$

$$C_2\operatorname{sen}(\lambda x)\,(C_3e^{\lambda 0} + C_4e^{-\lambda 0}) = C_2\operatorname{sen}(\lambda x)(C_3 + C_4) = 0$$

de onde se obtém que: $C_3 + C_4 = 0 \rightarrow C_3 = -C_4$, pois C_2 não pode ser nula, logo:

$$\theta(x,y) = C_2C_4\operatorname{sen}(\lambda x)(e^{-\lambda y} - e^{\lambda y})$$

Da CC_2: $\theta(L, y) = 0$

$$C_2C_4\text{sen}(\lambda L)(e^{\lambda y} - e^{-\lambda y}) = 0$$

mas, como o produto das duas constantes (C_2 e C_4) não pode ser nulo, logo, deduz-se que: $\text{sen}(\lambda L) = 0$.

Nesse caso, existe um número ilimitado de soluções particulares, sendo que os possíveis valores de λ que satisfazem essa condição são: $\lambda L = n\pi$, ou seja, $\lambda_n = \dfrac{n\pi}{L}$, em que $n = 1, 2, 3, ...$

O valor de $n = 0$, logo, $\lambda = 0$ resulta em solução trivial e não foi considerada. As constantes λ_n são os chamados *autovalores*.

Portanto, coletando os resultados anteriores, tem-se que a distribuição de temperaturas até o momento é:

$$\theta_n(x, y) = \underbrace{2C_2C_4}_{C_n}\text{sen}\left(n\pi\frac{x}{L}\right)\underbrace{\left(\frac{e^{\frac{n\pi y}{L}} - e^{-\frac{n\pi y}{L}}}{2}\right)}_{\text{senh}\left(\frac{n\pi y}{L}\right)}, \text{ ou seja,}$$

$$\theta_n(x, y) = C_n\text{sen}\left(n\pi\frac{x}{L}\right)\text{senh}\left(n\pi\frac{y}{L}\right) \quad (3.8)$$

Para cada $n = 1, 2, 3, ...$ existe uma solução particular de θ_n. Também, a constante resultante do produto $2C_2C_4$ assume n valores distintos e, por isso, foi substituída por uma nova única constante C_n que também depende do valor de n. Assim, a solução geral deve ser a combinação linear de todas as possíveis n-ésimas soluções particulares θ_n. Isto é,

$$\theta(x, y) = \sum_{n=1}^{\infty} C_n\text{sen}\left(\frac{n\pi x}{L}\right)\text{senh}\left(\frac{n\pi y}{L}\right)$$

Finalmente, as constantes C_n são obtidas da última condição de contorno, CC_4: $\theta(x, b) = 1$, isto é:

$$\sum_{n=1}^{\infty} C_n\text{sen}\left(\frac{n\pi x}{L}\right)\text{senh}\left(\frac{n\pi b}{L}\right) = 1 \quad (3.9)$$

A última tarefa é a de encontrar os coeficientes C_n da série anterior para obter a distribuição final de temperaturas. Essa tarefa é realizada usando a *teoria das funções ortogonais*, revista no quadro a seguir.

Revisão do conceito de funções ortogonais

Um conjunto infinito de funções $g_1(x), g_2(x)$, é dito ortogonal no domínio $a \le x \le b$, se $\int_a^b g_m(x)g_n(x)dx = 0$, para $m \ne n$.

Muitas funções exibem a propriedade de ortogonalidade, incluindo as funções trigonométricas seno e cosseno, tais como: $\text{sen}(n\pi\frac{x}{L})$ e $\cos(n\pi\frac{x}{L})$ no intervalo $0 \le x \le L$.

Verifica-se, também, que qualquer função $f(x)$ pode ser expressa em uma série infinita de funções ortogonais, ou seja:

$$f(x) = \sum_{m=1}^{\infty} A_m g_m(x)$$

Para se obter os coeficientes A_m, procede-se da seguinte maneira:
(1) Multiplica-se por $g_n(x)$ ambos os lados da igualdade:

$$g_n(x)f(x) = g_n(x)\sum_{m=1}^{\infty} A_m g_m(x)$$

(2) Integra-se no intervalo [a, b] de interesse:

$$\int_a^b g_n(x) f(x)dx = \int_a^b \left[g_n(x) \sum_{m=1}^{\infty} A_m g_m(x) \right] dx$$

Usando a propriedade de ortogonalidade no intervalo, ou seja:

$$\int_a^b g_m(x) g_n(x)dx = 0 \qquad \text{se } m \neq n$$

pode-se eliminar a somatória, pois todos os termos são nulos, exceto o m-ésimo termo quando $m = n$, então:

$$\int_a^b g_m(x) f(x)dx = \int_a^b A_m g_m^{\,2}(x)dx$$

Finalmente, as constantes da série A_m podem ser obtidas:

$$A_m = \frac{\int_a^b g_m(x) f(x)dx}{\int_a^b g_m^{\,2}(x)dx}$$

Aplica-se a propriedade de ortogonalidade para a seguinte situação com

$$f(x) = 1 \text{ e } \underbrace{g_n(x) = \text{sen}\left(\frac{n\pi x}{L}\right)}_{\text{função ortogonal}} \quad ; \quad n = 1, 2, 3, \ldots$$

Logo, expandindo a função $f(x) = 1$, vem:

$$\sum_{n=1}^{\infty} A_n \text{sen}\left(\frac{n\pi x}{L}\right) = 1$$

Assim, podem ser obtidos os coeficientes da série, A_n, como indicado no quadro anterior:

$$A_n = \frac{\int_0^L \text{sen}\left(\frac{n\pi x}{L}\right)dx}{\int_0^L \text{sen}^2\left(\frac{n\pi x}{L}\right)dx} = \frac{2}{\pi}\frac{(-1)^{n+1}+1}{n} \tag{3.10}$$

Então,

$$\sum_{n=1}^{\infty} \frac{2}{\pi}\frac{(-1)^{n+1}+1}{n} \text{sen}\left(\frac{n\pi x}{L}\right) = 1 \tag{3.11}$$

Comparando as Equações (3.9) e (3.11), vem:

$$\sum_{n=1}^{\infty} C_n \text{sen}\left(\frac{n\pi x}{L}\right) \text{senh}\left(\frac{n\pi b}{L}\right) = \sum_{n=1}^{\infty} \frac{2}{\pi}\frac{(-1)^{n+1}+1}{n} \text{sen}\left(\frac{n\pi x}{L}\right)$$

Então, pela regra de igualdade das séries em que se igualam os termos, tem-se que:

$$C_n = \frac{2\left[(-1)^{n+1}+1\right]}{n\pi \text{senh}\left(\frac{n\pi b}{L}\right)}, \; n = 1, 2, 3, \ldots \tag{3.12}$$

De forma que a solução final do problema é:

$$\theta(x,y)=\frac{2}{\pi}\sum_{n=1}^{\infty}\frac{(-1)^{n+1}+1}{n}\operatorname{sen}\left(\frac{n\pi x}{L}\right)\frac{\operatorname{senh}\left(\frac{n\pi y}{L}\right)}{\operatorname{senh}\left(\frac{n\pi b}{L}\right)} \tag{3.13}$$

O gráfico dessa distribuição de temperaturas está mostrado na Figura 3.2, com $b = L/2$.

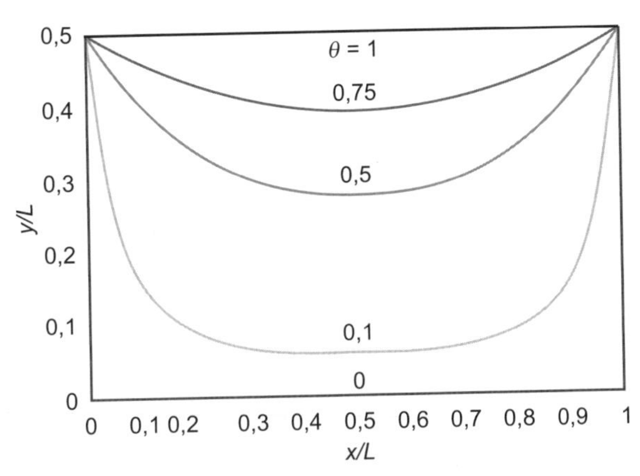

Figura 3.2 Distribuição bidimensional de temperatura (linhas isotérmicas) em uma placa com altura $b = L/2$.

Para avaliar o fluxo de calor nas direções x e y, q_x e q_y, é preciso ter em mente que fluxo de calor é uma grandeza vetorial, isto é:

$$\vec{q}_x=-k\frac{\partial T}{\partial x}\vec{i} \quad \text{e} \quad \vec{q}_y=-k\frac{\partial T}{\partial y}\vec{j}$$

sendo que o fluxo total de calor será $\vec{q}=\vec{q}_x+\vec{q}_y$, e o módulo do fluxo de calor será $q=\sqrt{q_x^2+q_y^2}$, em W/m².

A partir da distribuição de temperatura é possível obter uma expressão para o fluxo de calor.

$q_x=-k\frac{\partial T}{\partial x}=-k(T_2-T_1)\frac{\partial\theta}{\partial x}$, substituindo a solução $\theta(x, y)$ da Equação (3.13), vem:

$$\frac{\partial\theta}{\partial x}=\frac{2}{\pi}\sum_{n=1}^{\infty}\frac{(-1)^{n+1}+1}{n}\left[\cos\left(\frac{n\pi x}{L}\right)\right]\left(\frac{n\pi}{L}\right)\frac{\operatorname{senh}\left(\frac{n\pi y}{L}\right)}{\operatorname{senh}\left(\frac{n\pi b}{L}\right)}, \text{ e}$$

$$\frac{\partial T}{\partial x}=(T_2-T_1)\frac{2}{\pi}\sum_{n=1}^{\infty}\frac{(-1)^{n+1}+1}{n}\left[\cos\left(\frac{n\pi x}{L}\right)\right]\left(\frac{n\pi}{L}\right)\frac{\operatorname{senh}\left(\frac{n\pi y}{L}\right)}{\operatorname{senh}\left(\frac{n\pi b}{L}\right)}$$

$$q_x=-\frac{2k(T_2-T_1)}{L}\sum_{n=1}^{\infty}\left[(-1)^{n+1}+1\right]\cos\left(\frac{n\pi x}{L}\right)\frac{\operatorname{senh}\left(\frac{n\pi y}{L}\right)}{\operatorname{senh}\left(\frac{n\pi b}{L}\right)} \tag{3.14}$$

De forma similar, é obtido o fluxo de calor na direção y:

$$q_y = -\frac{2k(T_2 - T_1)}{L}\sum_{n=1}^{\infty}\left[(-1)^{n+1}+1\right]\operatorname{sen}\left(\frac{n\pi x}{L}\right)\frac{\cosh\left(\frac{n\pi y}{L}\right)}{\operatorname{senh}\left(\frac{n\pi b}{L}\right)} \tag{3.15}$$

3.2 Solução analítica em coordenadas cilíndricas

A equação geral da condução de calor em coordenadas cilíndricas para propriedades de transporte constantes é expressa pela Equação (2.17). Nesta seção, o caso de distribuição bidimensional é apresentado quando a temperatura varia na direção radial e ao longo do comprimento do sólido ou tubo cilíndrico em regime permanente, sem geração de calor. Nessa solução, despreza-se qualquer variação de temperatura ao longo da direção angular ϕ em uma mesma posição radial r. Dessa forma, a distribuição de temperatura a ser determinada é uma função do tipo $T = T(r, z)$. Partindo da equação geral da condução de calor, já com as hipóteses simplificadoras, tem-se:

$$\frac{1}{r}\frac{\partial}{\partial r}\left(r\frac{\partial T}{\partial r}\right)+\frac{\partial^2 T}{\partial z^2}=0 \tag{3.16}$$

Será analisado aqui um cilindro sólido submetido à convecção na sua superfície, como ocorre com uma aleta de seção transversal circular constante, já explorada na Seção 2.11.1, mas sob a ótica de um problema bidimensional. Evidentemente, uma aleta pode estar submetida a diferentes condições de transferência de calor na sua superfície, ou seja, diferentes condições de contorno. Nesta seção, é resolvido o problema de uma aleta com condições indicadas na Figura 3.3, quais sejam: perda de calor convectiva na sua superfície e extremidade adiabática (isolada).

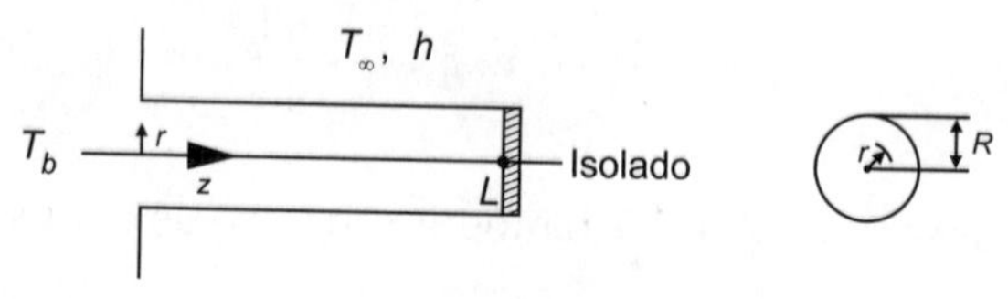

Figura 3.3 Problema da aleta em coordenadas cilíndricas bidimensionais de uma aleta com troca de calor convectiva e extremidade adiabática.

Esse problema considera que a temperatura da base (T_b) é conhecida ($x = 0$) e a extremidade direita em $x = L$ é perfeitamente isolada termicamente. A superfície da aleta é submetida à convecção de calor para o meio circundante com o valor h conhecido. Portanto, as condições de contorno são:

CC_1: $T(r, 0) = T_b$ — temperatura na base da aleta

CC_2: $\left.\frac{\partial T}{\partial z}\right|_{z=L} = 0$ — extremidade L isolada

CC_3: $r = 0$, temperatura finita na linha central (elimina a indeterminação da singularidade em $r = 0$, ver situação similar na CC_2 da Subseção 2.9)

CC_4: $-k\left.\frac{\partial T}{\partial r}\right|_{r=R} = h\left[T(R,z)-T_\infty\right]$ convecção na superfície lateral da aleta

Para resolver essa classe de problemas, é conveniente que se defina a temperatura adimensional $\theta(r, z)$, neste caso, como:

$$\theta(r,z)=\frac{T(r,z)-T_\infty}{T_b-T_\infty}$$

Assim, a Equação (3.16) assume a seguinte forma na nova variável:

$$\frac{1}{r}\frac{\partial}{\partial r}\left(r\frac{\partial \theta}{\partial r}\right)+\frac{\partial^2\theta}{\partial z^2}=0 \tag{3.17}$$

Com o emprego do método da separação de variáveis, definem-se duas novas funções que dependem das coordenadas de forma independente, isto é, $U = U(r)$ e $V = V(z)$, tal como visto na seção anterior. Assim, a temperatura adimensional se torna o produto dessas duas novas funções.

$$\theta(r, z) = U(r)V(z) \tag{3.18}$$

Substituindo na Equação (3.17) e dividindo pelo produto UV, vem:

$$\frac{1}{U}\frac{d}{dr}\left(r\frac{dU}{dr}\right)=-\frac{1}{V}\frac{d^2V}{dz^2}=-\lambda^2$$

De onde se obtêm as duas equações diferenciais ordinárias, conforme indica o método:

$$r\frac{d^2U}{dr^2}+\frac{dU}{dr}+U\lambda^2=0 \text{ e}$$

$$\frac{d^2V}{dz^2}-V\lambda^2=0$$

cujas soluções gerais são, respectivamente:

$$U = C_1J_0(\lambda r) + C_2Y_0(\lambda r)$$

$$V = C_3e^{\lambda z} + C_4e^{-\lambda z}$$

em que J_0 é a função de Bessel de primeira espécie de ordem 0 e Y_0 é a função de Bessel de segunda espécie de ordem 0 (ver Apêndice C). Essas duas equações (U e V) são resolvidas considerando as condições de contorno com a temperatura adimensional indicadas a seguir.

CC_1: $\theta(r, 0) = 1$

CC_2: $\left.\frac{\partial\theta}{\partial z}\right|_{z=L}=0$

CC_3: $r = 0$, temperatura finita na linha central (elimina a indeterminação da singularidade de U em $r = 0$, ver situação similar na CC_2 da Subseção 2.9)

CC_4: $\left.-k\frac{\partial\theta}{\partial r}\right|_{r=R}=h\theta\ (R,z)$

Para detalhes adicionais da solução, sugere-se uma consulta à obra de Carslaw e Jaeger (1959), que fornece várias soluções gerais com condições de contorno estabelecidas. Assim, a solução é:

$$\theta(r,z)=\frac{2hL^2}{kR}\sum_{n=1}^{\infty}\frac{\cosh\left[\lambda_n\left(1-\frac{z}{L}\right)\right]J_0\left(\frac{\lambda_n r}{L}\right)}{\cosh(\lambda_n)J_0\left(\frac{\lambda_n R}{L}\right)\left[\lambda_n^2+\left(\frac{hL}{k}\right)^2\right]} \tag{3.19}$$

Os autovalores λ_n devem satisfazer à seguinte condição:

$$\lambda_n J_1\left(\lambda_n\frac{R}{L}\right)=\frac{hL}{k}J_0\left(\lambda_n\frac{R}{L}\right) \tag{3.20}$$

com J_1 sendo a função de Bessel de primeira espécie de ordem 1. Os autovalores λ_n dependem das variáveis do processo (R, L, h, k).

Uma vez conhecida a distribuição de temperatura, o fluxo de calor pode ser obtido a partir da Lei de Fourier. No sentido radial, o fluxo de calor r é:

$$q_r = -k\frac{\partial T}{\partial r}$$

Aplicando a derivada parcial na Equação (3.19) (ver propriedades de derivação da função de Bessel no Apêndice C), obtém-se:

$$q_r = \frac{2hL(T_b - T_\infty)}{R}\sum_{n=1}^{\infty}\frac{\lambda_n \cosh\left[\lambda_n\left(1-\frac{z}{L}\right)\right]J_1\left(\frac{\lambda_n r}{L}\right)}{\cosh(\lambda_n)J_0\left(\frac{\lambda_n R}{L}\right)\left[\lambda_n^2+\left(\frac{hR}{k}\right)^2\right]} \tag{3.21}$$

De forma similar, o fluxo de calor na direção axial z é avaliado por:

$$q_z = -k\frac{\partial T}{\partial z}, \text{ ou}$$

$$q_z = \frac{2hL(T_b - T_\infty)}{R}\sum_{n=1}^{\infty}\frac{\lambda_n \text{senh}\left[\lambda_n\left(1-\frac{z}{L}\right)\right]J_1\left(\frac{\lambda_n r}{L}\right)}{\cosh(\lambda_n)J_0\left(\frac{\lambda_n R}{L}\right)\left[\lambda_n^2+\left(\frac{hR}{k}\right)^2\right]} \tag{3.22}$$

EXEMPLO 3.1 Transferência de calor bidimensional em uma barra cilíndrica

Uma barra cilíndrica de aço A316 é resfriada com água a 20 °C. O coeficiente de transferência de calor por convecção entre a superfície externa da barra e a água é de 350 W/m²K. Uma das extremidades da barra possui temperatura uniforme de 90 °C, enquanto a outra está isolada termicamente. Encontre e faça um gráfico da distribuição de isotermas adimensionais θ = 1; 0,7; 0,3; 0,1; 0,01; 0,001; 0,0001; 0,00001 e 0,000002.

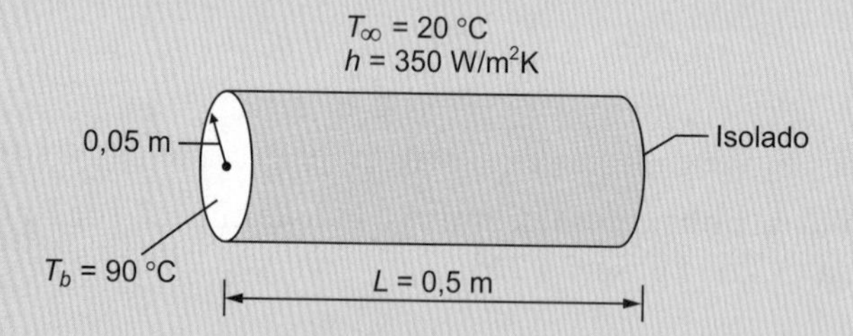

Solução:

Inicialmente, são avaliados os autovalores. Com os valores do exemplo, a Equação (3.20) fica expressa como: $\lambda_n J_1(0,1\ \lambda_n) = 13,06\ J_0(0,1\ \lambda_n)$. Para conhecer o comportamento dessa equação, veja o gráfico a seguir. Nele, pode-se notar que os valores λ em que z = 0 correspondem aos autovalores λ_n. Nesta figura também são indicados os autovalores do exercício até um limite de 700.

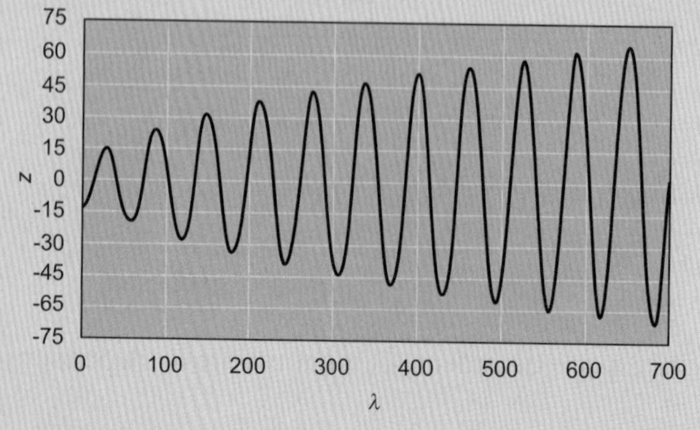

n	λ_n
1	13.8773
2	41.4843
3	71.9736
4	103.0036
5	134.2105
6	165.4957
7	196.8223
8	228.1733
9	259.54
10	290.9173
11	322.302
12	353.6923

n	λ_n
13	385.0868
14	416.4845
15	447.8848
16	479.2871
17	510.6911
18	542.0965
19	573.503
20	604.9105
21	636.3188
22	667.7279
23	699.1375

Uma vez de posse dos autovalores, eles são substituídos na Equação (3.19), o que resulta em:

$$\theta(r,z)=261{,}19\sum_{n=1}^{23}\frac{\cosh\left[\lambda_n\left(1-\dfrac{z}{0{,}5}\right)\right]J_0\left(\dfrac{\lambda_n r}{0{,}5}\right)}{\cosh(\lambda_n)J_0(0{,}1\lambda_n)\left[\lambda_n^2+32{,}65\right]}$$

A questão pede para obter as linhas isotérmicas adimensionais, logo, é substituído, por exemplo, $\theta = 0{,}7$ e são encontrados os pares (r, z) no intervalo $0 \leq r \leq 0{,}05$ m e $0 \leq z \leq 0{,}5$ m. O resultado é indicado na figura que se segue.

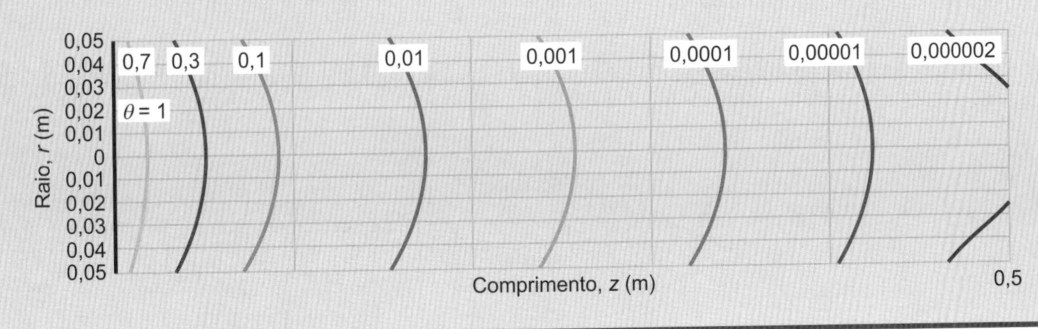

3.3 Condição de contorno qualquer e princípio da superposição de solução

Na Seção 3.1, foi analisado o caso de uma placa retangular submetida a três condições de contorno de mesma temperatura e uma de temperatura diferente nas suas faces. Por meio de uma mudança apropriada de variáveis, a equação na nova variável de temperatura adimensional θ tornou as três condições de contorno isotérmicas iguais em valor nulo (homogêneo), e a quarta condição de contorno se tornou $\theta = 1$. Por meio da expansão da quarta condição de contorno $f(x) = 1$ em série de senos, foi possível determinar os coeficientes da série infinita da solução dada pela Equação (3.14).

Usando a teoria das funções ortogonais, qualquer função pode ser expandida em uma série infinita de uma classe de funções ortogonais em dado intervalo, como as funções trigonométricas seno e cosseno. Assim, é possível resolver o problema ilustrado na Figura 3.4, em que uma das faces tem a temperatura adimensional descrita por uma função $f(x) = \theta(x, b)$, que corresponde à condição de contorno CC_4, isto é, uma distribuição de temperaturas qualquer na face superior com $y = b$.

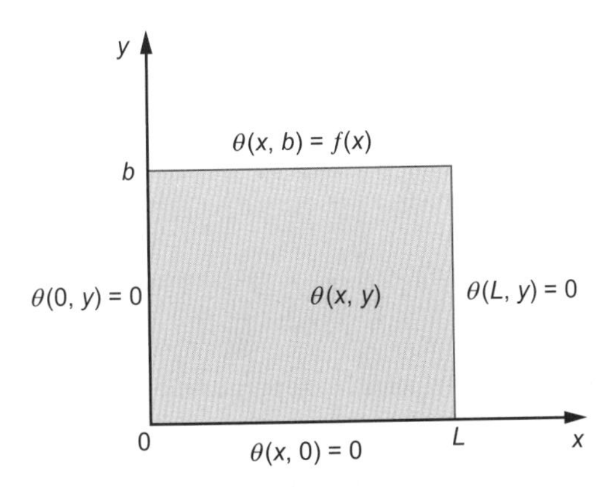

Figura 3.4 Face com distribuição qualquer de temperatura $f(x) = \theta(x, b)$.

A expansão em série de senos da função $f(x)$ que descreve a condição de contorno é dada por:

$$\sum_{n=1}^{\infty}A_n\operatorname{sen}\left(\frac{n\pi x}{L}\right)=f(x) \tag{3.23a}$$

em que as constantes da expansão são dadas por:

$$A_n = \frac{2}{L}\int_0^L f(x)\text{sen}\left(\frac{n\pi x}{L}\right)dx \tag{3.23b}$$

Comparando com a Equação (3.9), que vem da quarta condição de contorno, tem-se:

$$\sum_{n=1}^{\infty} C_n \text{sen}\left(\frac{n\pi x}{L}\right)\text{senh}\left(\frac{n\pi b}{L}\right) = f(x) \tag{3.23c}$$

Comparando a equação anterior com as Equações (3.23a) e (3.23b), vem a distribuição final de temperaturas $\theta(x, y)$:

$$\theta(x,y) = \frac{2}{L}\sum_{n=1}^{\infty}\text{sen}\left(\frac{n\pi x}{L}\right)\frac{\text{senh}\left(\frac{n\pi y}{L}\right)}{\text{senh}\left(\frac{n\pi b}{L}\right)}\int_0^L f(x)\text{sen}\left(\frac{n\pi x}{L}\right)dx \tag{3.24}$$

A equação de Laplace é linear, que rege a condução bidimensional em regime permanente. Com isso, é possível estabelecer a solução de um caso com condições de contorno mais complexas e combinar os resultados individuais. Isso chama-se *princípio da superposição*. A fim de exemplificar o método, considere o caso de uma placa retangular $L \times b$ com as seguintes condições de contorno prescritas nas quatro faces: $\phi(x, 0) = f_1(x)$; $\phi(0, y) = f_2(y)$; $\phi(x, b) = f_3(x)$; e $\phi(L, y) = f_4(y)$. As condições de contorno estão ilustradas na Figura 3.5.

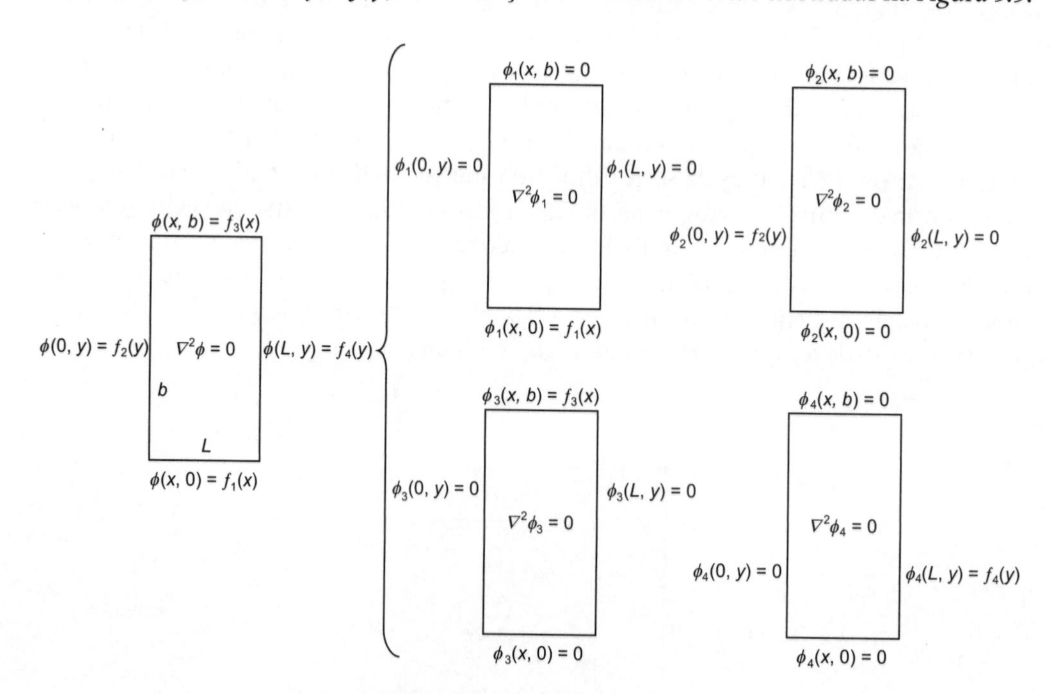

Figura 3.5 Princípio da superposição de solução.

A solução final é dada pela superposição dos quatro problemas e cada um, individualmente, tem três condições de contorno homogêneas (nula). Note que cada uma das soluções individuais dos casos ilustrados na Figura 3.5 é dada pela Equação (3.24), tomando cuidado para inverter b e L onde necessário e utilizar a variável ϕ de forma não dimensional. Portanto, cada uma das soluções ϕ_1, ϕ_2, ϕ_3 e ϕ_4 é determinada. Finalmente, a solução do problema original é dada pela soma das quatro soluções, isto é:

$$\phi(x,y) = \phi_1(x,y) + \phi_2(x,y) + \phi_3(x,y) + \phi_4(x,y) \tag{3.25}$$

3.4 Solução numérica - diferenças finitas

A solução da equação da condução de calor analisada nas Seções 3.1 a 3.3 em configurações bidimensionais pode tornar-se bastante complexa e, verdadeiramente, na maioria dos casos de geometrias práticas, não existem soluções analíticas. Nesse caso, lança-se mão de métodos numéricos de solução. Há certa variedade de métodos disponíveis, mas aqui será abordado um método relativamente simples e intuitivo chamado *método das diferenças finitas.*

A técnica consiste em dividir o sólido contínuo em pontos discretos ou *pontos nodais*, e aplicar um balanço de energia para cada ponto nodal, conforme ilustrado na Figura 3.6. Assim, transforma-se o meio contínuo original (sólido ou superfície) em um meio discreto formado por uma matriz de pontos com propriedades térmicas que "concentram" as informações do meio contínuo original naqueles pontos nodais. A fim de ilustrar a técnica, considere o esquema da Figura 3.6, em que um ponto nodal genérico (m, n) tem como vizinhos os pontos nodais $(m - 1, n)$ à esquerda, $(m + 1, n)$ à direita, $(m, n - 1)$ abaixo e $(m, n + 1)$ acima. A distância entre os pontos nodais é Δx e Δy, nas duas direções principais.

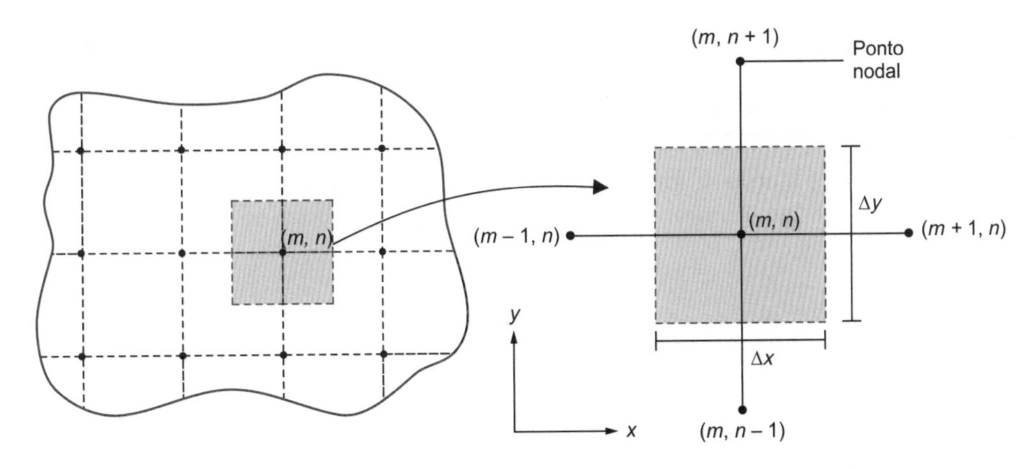

Figura 3.6 Divisão do meio contínuo em redes nodais no caso plano.

A equação da condução de calor em regime permanente (RP), bidimensional (2D), sem geração de energia térmica (calor) é dada pela Equação (3.1). Dessa forma, fazendo a discretização das derivadas parciais em cada direção x e y, obtém-se:

$$\left.\frac{\partial T}{\partial x}\right|_{m-\frac{1}{2},\, n} \approx \frac{(T_{m,\,n} - T_{m-1,\,n})}{\Delta x} \quad \text{Primeira derivada na direção } x - \text{face esquerda}$$

$$\left.\frac{\partial T}{\partial x}\right|_{m+\frac{1}{2},\, n} \approx \frac{(T_{m+1,\,n} - T_{m,\,n})}{\Delta x} \quad \text{Primeira derivada na direção } x - \text{face direita}$$

$$\left.\frac{\partial^2 T}{\partial x^2}\right|_{m,\,n} \approx \frac{\left.\frac{\partial T}{\partial x}\right|_{m+\frac{1}{2},\, n} - \left.\frac{\partial T}{\partial x}\right|_{m-\frac{1}{2},\, n}}{\Delta x} \quad \text{Segunda derivada na direção } x - \text{no centro}$$

Em seguida, substituem-se as primeiras derivadas para obter:

$$\left.\frac{\partial^2 T}{\partial x^2}\right|_{m,\,n} \approx \frac{T_{m-1,\,n} + T_{m+1,\,n} - 2T_{m,\,n}}{(\Delta x)^2} \qquad (3.26a)$$

Analogamente, na direção y:

$$\left.\frac{\partial^2 T}{\partial y^2}\right|_{m,\,n} \approx \frac{T_{m,\,n-1} + T_{m,\,n+1} - 2T_{m,\,n}}{(\Delta y)^2} \tag{3.26b}$$

Substituindo as aproximações discretas do ponto nodal (m, n) das derivadas parciais das duas equações anteriores na equação original da condução de calor diferencial, Equação (3.1), para o caso em que $\Delta x = \Delta y$, tem-se a seguinte equação algébrica para o ponto nodal (m, n):

$$T_{m-1,\,n} + T_{m+1,\,n} + T_{m,\,n-1} + T_{m,\,n+1} - 4T_{m,\,n} = 0 \tag{3.27}$$

A Equação (3.27) é a forma da equação do calor em diferenças finitas para o caso em RP, 2D, sem geração de energia térmica (calor) em coordenadas retangulares. Note que a temperatura nodal $T_{m,\,n}$ representa a média aritmética das quatro temperaturas dos pontos nodais adjacentes.

Análise das regiões de contorno

A equação algébrica (3.27) é válida para um ponto nodal (m, n) no interior da região. O passo seguinte é a determinação dos casos dos pontos nodais que se encontram no contorno da região, ou seja, é preciso discretizar as condições de contorno. Comecemos com o caso de convecção na face, conforme ilustrado na Figura 3.7. Um nó (à direita) se situa sobre a superfície em que ocorre a convecção para o meio externo a uma temperatura T_∞.

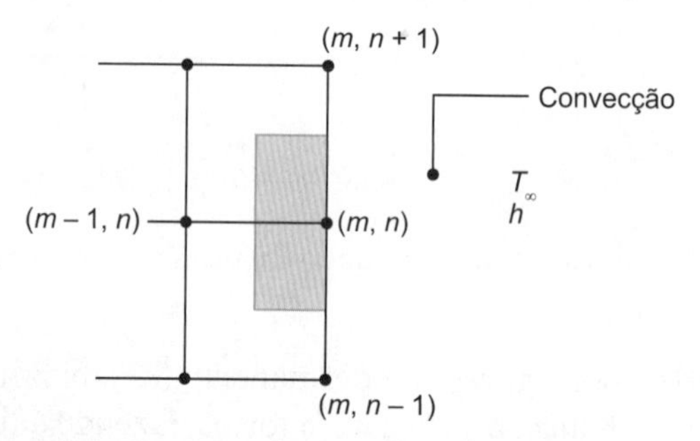

Figura 3.7 Contorno de superfície plana em convecção.

Ao proceder a um balanço de energia para o ponto nodal em questão, considerando uma unidade de profundidade, as taxas de calor que entram e saem do nó (m, n) permitem realizar o seguinte balanço:

$$-k\Delta y\frac{(T_{m,\,n} - T_{m-1,\,n})}{\Delta x} - k\frac{\Delta x}{2}\frac{(T_{m,\,n} - T_{m,\,n-1})}{\Delta y} - k\frac{\Delta x}{2}\frac{(T_{m,\,n} - T_{m,\,n+1})}{\Delta y} = h\Delta y(T_{m,\,n} - T_\infty)$$

Com a hipótese de que $\Delta x = \Delta y$. Assim, após rearranjo, obtém-se:

$$T_{m,\,n}\left(h\frac{\Delta x}{k} + 2\right) - \frac{1}{2}(2T_{m-1,\,n} + T_{m,\,n+1} + T_{m,\,n-1}) - h\frac{\Delta x}{k}T_\infty = 0 \tag{3.28}$$

Para outras condições de contorno, ver Tabela 3.1.

Tabela 3.1 Equações diferenciais finitas para pontos nodais em que $\Delta x = \Delta y$

Esquema	Equação
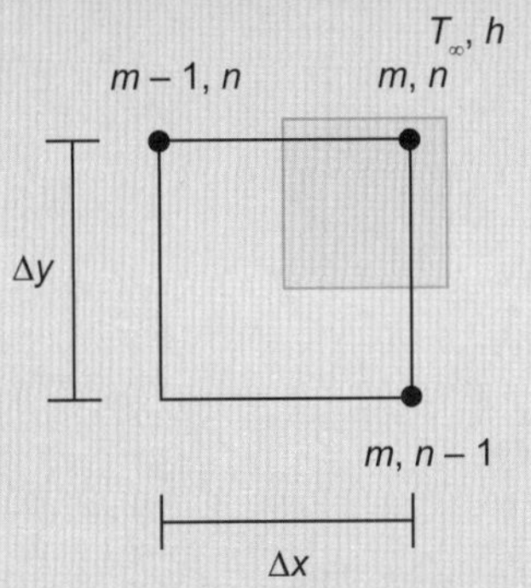 T_∞, h; $m-1, n$; m, n; $m, n-1$; Δx; Δy	Canto externo com convecção externa $T_{m,n-1}+T_{m-1,n}-2\left(\frac{h\Delta x}{k}+1\right)T_{m,n}+\frac{2h\Delta x}{k}T_\infty=0$
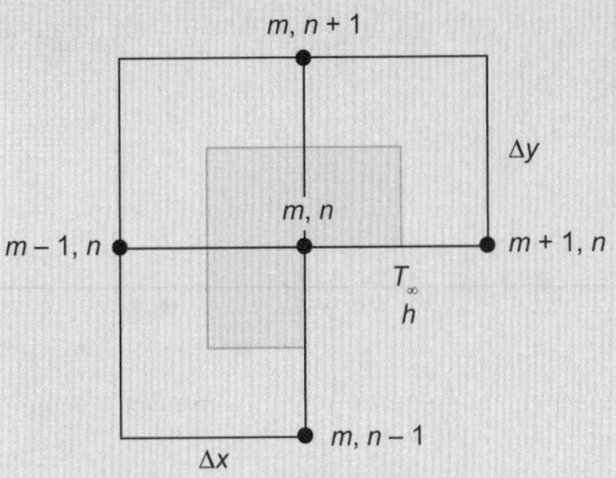 $m, n+1$; $m-1, n$; m, n; $m+1, n$; $m, n-1$; T_∞, h; Δx; Δy	Canto interno com convecção externa $2\left(T_{m-1,n}+T_{m,n+1}\right)+\left(T_{m+1,n}+T_{m,n-1}\right)-2\left(3+\frac{h\Delta x}{k}\right)T_{m,n}+\frac{2h\Delta x}{k}T_\infty=0$
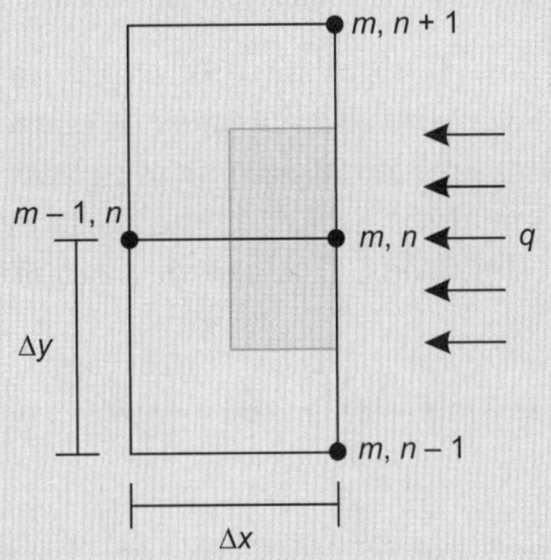 $m, n+1$; $m-1, n$; m, n; q; $m, n-1$; Δx; Δy	Parte plana com fluxo de calor constante $\left(2T_{m-1,n}+T_{m,n+1}+T_{m,n-1}\right)-4T_{m,n}+\frac{2q\Delta x}{k}=0$
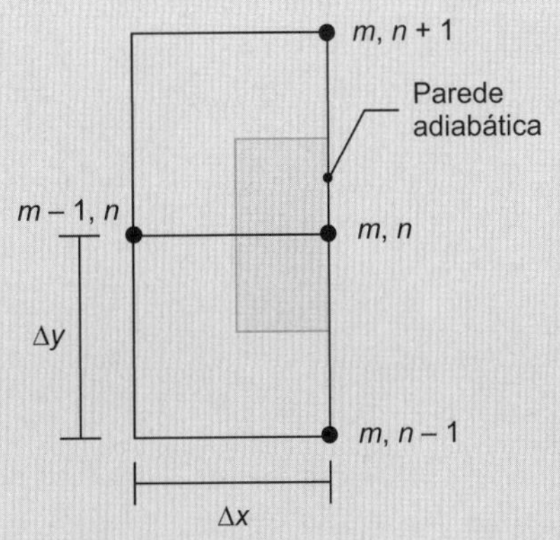 $m, n+1$; Parede adiabática; $m-1, n$; m, n; $m, n-1$; Δx; Δy	Parte plana adiabática ou simétrica $\left(2T_{m-1,n}+T_{m,n+1}+T_{m,n-1}\right)-4T_{m,n}=0$

Uma vez que as equações de todos os pontos nodais forem estabelecidas, obtém-se um sistema de N equações com N incógnitas do tipo:

$$
\begin{array}{ccccccc}
a_{11}T_1 & + & a_{12}T_2 & + & \dots\ a_{1N}T_N & = & c_1 \\
a_{21}T_1 & + & a_{22}T_2 & + & \dots\ a_{2N}T_N & = & c_2 \\
. & & . & & . & = & . \\
. & & . & & . & = & . \\
. & & . & & . & = & . \\
a_{N1}T_1 & + & a_{N1}T_2 & + & \dots\ a_{NN}T_N & = & c_N
\end{array}
$$

ou, em notação simplificada matricial:

$$[A]\cdot[T]=[C] \tag{3.29}$$

em que:

$$
A=\begin{bmatrix} a_{11} & a_{12} & \dots & a_{1N} \\ a_{21} & a_{22} & \dots & a_{2N} \\ . & . & . & . \\ . & . & . & . \\ . & . & . & . \\ a_{N1} & a_{N2} & \dots & a_{NN} \end{bmatrix},\ T=\begin{bmatrix} T_1 \\ T_2 \\ . \\ . \\ . \\ T_N \end{bmatrix},\ C=\begin{bmatrix} c_1 \\ c_2 \\ . \\ . \\ . \\ c_N \end{bmatrix}
$$

Existem várias técnicas de solução de sistemas lineares de equações. Há, também, muitos programas de computador, e até de calculadoras científicas e aplicativos, que resolvem um sistema linear de equações por diversas técnicas, incluindo o método de eliminação gaussiana. Em problemas de muitos pontos nodais (dezenas de milhares), existem outras técnicas que demandam menos posições de memória RAM. Sugere-se reportar a uma literatura sobre o assunto para soluções otimizadas. O próximo exemplo vai mostrar a técnica completa de solução.

EXEMPLO 3.2 Transferência de calor bidimensional em placa

Uma placa retangular com condutividade térmica k = 10 W/mK é submetida às condições de contorno ilustradas na figura. Calcule a distribuição de temperatura nos pontos nodais indicados. A face superior troca calor por convecção com um fluido a 20 °C e o coeficiente de transferência de calor é de 200 W/m²K, enquanto as faces laterais e inferior estão à temperatura constante de 100 °C. Considere $\Delta x = \Delta y$ = 0,1 m.

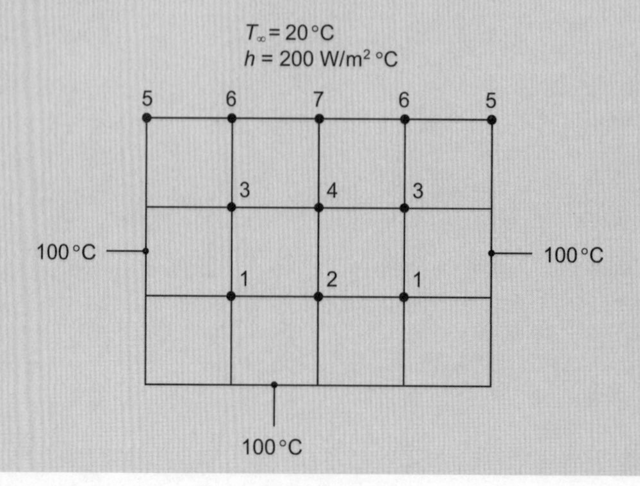

Solução:

Para os pontos nodais internos (1-4) é válida a Equação (3.27):

$$T_{m-1,\,n} + T_{m+1,\,n} + T_{m,\,n-1} + T_{m,\,n+1} - 4T_{m,\,n} = 0$$

Portanto,

nó 1: $-4T_1 + T_2 + T_3 + 2(100) = 0$

nó 2: $2T_1 - 4T_2 + T_4 + 100 = 0$

nó 3: $T_1 - 4T_3 + T_4 + T_6 + 100 = 0$

nó 4: $T_2 + 2T_3 - 4T_4 + T_7 = 0$

nó 5: $T_5 = 100$ °C (temperatura conhecida)

Nos pontos nodais com convecção (6-7), vale a seguinte equação:

$$T_{m,n}\left(h\frac{\Delta x}{k} + 2\right) - h\frac{\Delta x}{k}T_\infty - \frac{1}{2}\left[2T_{m,\,n-1} + T_{m-1,\,n} + T_{m+1,\,n}\right] = 0$$

Portanto,

nó 6:

$$T_6\left(\frac{200 \times 0{,}1}{10} + 2\right) - \frac{200 \times 0{,}1}{10}20 - \frac{1}{2}\left[2T_3 + 100 + T_7\right] = 0, \text{ ou}$$

$$T_3 - 4T_6 + 0{,}5T_7 + 90 = 0$$

nó 7:

$$T_7\left(\frac{200 \times 0{,}1}{10} + 2\right) - \frac{200 \times 0{,}1}{10}20 - \frac{1}{2}\left[2T_3 + T_6 + T_6\right] = 0, \text{ ou}$$

$$T_4 + T_6 - 4T_7 + 40 = 0$$

Juntando todas as equações nodais em forma de matriz, tem-se o seguinte sistema de equações lineares:

$$\begin{pmatrix} -4 & 1 & 1 & 0 & 0 & 0 \\ 2 & -4 & 0 & 1 & 0 & 0 \\ 1 & 0 & -4 & 1 & 1 & 0 \\ 0 & 1 & 2 & -4 & 0 & 1 \\ 0 & 0 & 1 & 0 & -4 & 0{,}5 \\ 0 & 0 & 0 & 1 & 1 & -4 \end{pmatrix} \begin{pmatrix} T_1 \\ T_2 \\ T_3 \\ T_4 \\ T_6 \\ T_7 \end{pmatrix} = \begin{pmatrix} -200 \\ -100 \\ -100 \\ 0 \\ -90 \\ -40 \end{pmatrix}$$

Solução do sistema pelo método de eliminação gaussiana resulta em:

$T_1 = 91{,}4$ °C

$T_2 = 88{,}3$ °C

$T_3 = 77{,}1$ °C

$T_4 = 70{,}5$ °C

$T_5 = 100$ °C (prescrito)

$T_6 = 46{,}7$ °C

$T_7 = 39{,}3$ °C

EXEMPLO 3.3 Transferência de calor bidimensional em aleta

Uma aleta de aço inoxidável A304 de seção transversal retangular é submetida a um ambiente com temperatura de 15 °C, como indicado na figura. Um ventilador promove um coeficiente de transferência de calor entre a aleta e o ambiente de 150 W/m²K. Se a aleta possui uma temperatura na base de 100 °C, encontre a distribuição de temperatura considerando 20 elementos nodais, sendo que a ponta está isolada e a largura da aleta é grande o suficiente para considerar apenas a distribuição de temperatura bidimensional.

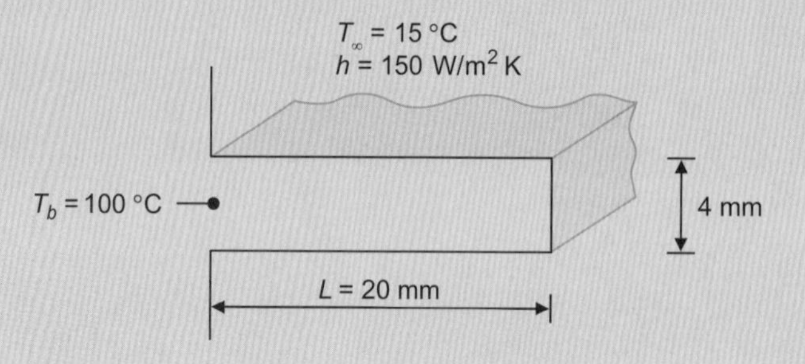

Solução:

Como a aleta possui nós que estão submetidos às mesmas condições de contorno nas faces superior e inferior, é possível atribuir nós iguais por simetria, como ilustrado, com $\Delta x = 0{,}002$ m.

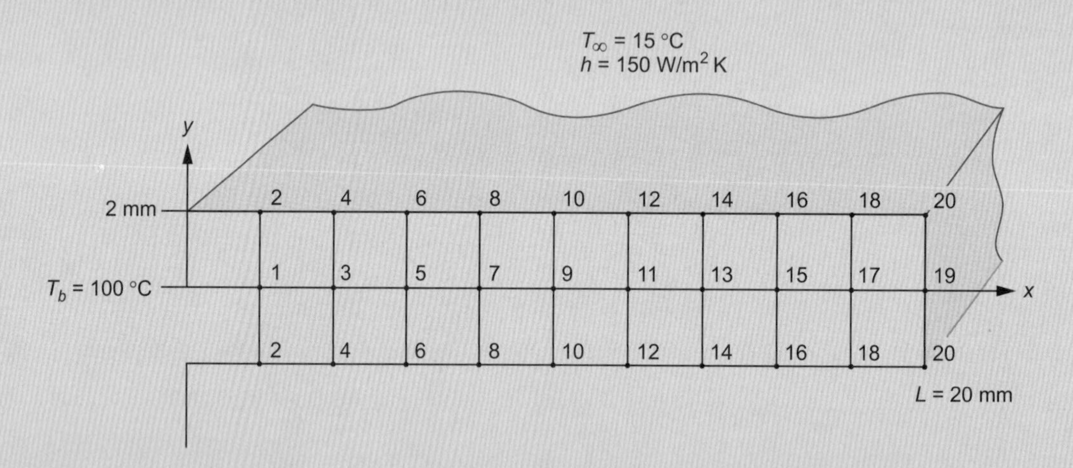

– Para os nós internos: 1, 3, 5, 7, 9, 11, 13, 15, 17, utiliza-se a Equação (3.27), em que as equações são indicadas nessa ordem:

$$100 + T_3 + T_2 + T_2 - 4T_1 = 0$$
$$T_1 + T_5 + T_4 + T_4 - 4T_3 = 0$$
$$T_3 + T_7 + T_6 + T_6 - 4T_5 = 0$$
$$T_5 + T_9 + T_8 + T_8 - 4T_7 = 0$$
$$T_7 + T_9 + T_8 + T_8 - 4T_7 = 0$$
$$T_9 + T_{13} + T_{12} + T_{12} - 4T_{11} = 0$$
$$T_{11} + T_{15} + T_{14} + T_{14} - 4T_{13} = 0$$
$$T_{13} + T_{17} + T_{16} + T_{16} - 4T_{15} = 0$$
$$T_{15} + T_{19} + T_{18} + T_{18} - 4T_{17} = 0$$

– Para os nós externos com perdas convectivas: 2, 4, 6, 8, 10, 12, 14, 16, 18, usa-se a Equação (3.28), conforme as equações indicadas a seguir. A condutividade térmica do A304 é $k = 14{,}9$ W/mK (Tab. A.2).

$$T_2[150(0{,}002)/14{,}9 + 2] - 0{,}5(2T_1 + 100 + T_4) - [150(0{,}002)/14{,}9](15) = 0$$
$$-T_1 + 2{,}020T_2 - 0{,}5T_4 = 50{,}302$$
$$T_4[150(0{,}002)/14{,}9 + 2] - 0{,}5(2T_3 + T_2 + T_6) - [150(0{,}002)/14{,}9](15) = 0$$
$$-0{,}5T_2 - T_3 + 2{,}020T_4 - 0{,}5T_6 = 0{,}302$$

De forma similar para os outros nós:

$$-0{,}5T_4 - T_5 + 2{,}020T_6 - 0{,}5T_8 = 0{,}302$$
$$-0{,}5T_6 - T_7 + 2{,}020T_8 - 0{,}5T_{10} = 0{,}302$$
$$-0{,}5T_8 - T_9 + 2{,}020T_{10} - 0{,}5T_{12} = 0{,}302$$
$$-0{,}5T_{10} - T_{11} + 2{,}020T_{12} - 0{,}5T_{14} = 0{,}302$$
$$-0{,}5T_{12} - T_{13} + 2{,}020T_{14} - 0{,}5T_{16} = 0{,}302$$
$$-0{,}5T_{14} - T_{15} + 2{,}020T_{16} - 0{,}5T_{18} = 0{,}302$$
$$-0{,}5T_{16} - T_{17} + 2{,}020T_{18} - 0{,}5T_{20} = 0{,}302$$

- Nó com parede lateral isolada: 19.

$$2T_{17} + T_{20} + T_{20} - 4T_{19} = 0$$

- Para o nó com vértice isolado e convectivo: 20. Esse tipo de nó ainda não foi analisado, assim, é preciso desenvolver uma equação que o caracterize.

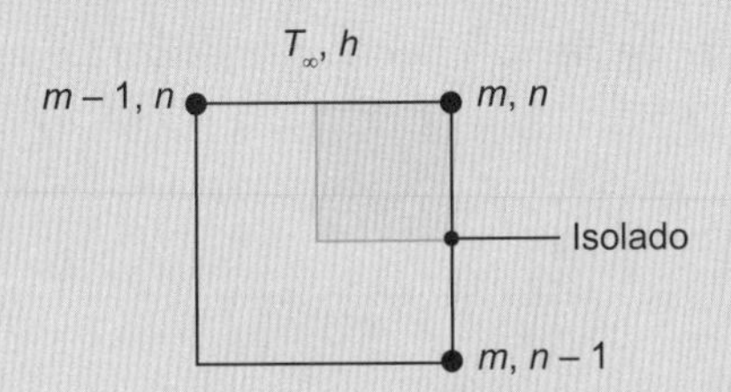

$$k\frac{\Delta y}{2}\frac{(T_{m-1,n} - T_{m,n})}{\Delta x} + k\frac{\Delta x}{2}\frac{(T_{m,n-1} - T_{m,n})}{\Delta y} + h\frac{\Delta x}{2}(T_\infty - T_{m,n}) = 0$$

Se considerado $\Delta x = \Delta y$, obtém-se:

$$T_{m-1,n} + T_{m,n-1} - T_{m,n}\left(2 + h\frac{\Delta x}{k}\right) + h\frac{\Delta x}{2}T_\infty = 0$$

Substituindo os valores do exemplo:

$$T_{18} + T_{19} - T_{20}(2 + 150 \times 0{,}002/14{,}5) + (150 \times 0{,}002/14{,}5) \times 15 = 0$$
$$T_{18} + T_{19} - 2{,}020T_{20} = -0{,}302$$

Juntando todas as equações de forma matricial:

$$\begin{pmatrix}
-4 & 2 & 1 & 0 & 0 & 0 & 0 & 0 & 0 & 0 & 0 & 0 & 0 & 0 & 0 & 0 & 0 & 0 & 0 & 0 \\
1 & 0 & -4 & 2 & 1 & 0 & 0 & 0 & 0 & 0 & 0 & 0 & 0 & 0 & 0 & 0 & 0 & 0 & 0 & 0 \\
0 & 0 & 1 & 0 & -4 & 2 & 1 & 0 & 0 & 0 & 0 & 0 & 0 & 0 & 0 & 0 & 0 & 0 & 0 & 0 \\
0 & 0 & 0 & 0 & 1 & 0 & -4 & 2 & 1 & 0 & 0 & 0 & 0 & 0 & 0 & 0 & 0 & 0 & 0 & 0 \\
0 & 0 & 0 & 0 & 0 & 0 & 1 & 0 & -4 & 2 & 1 & 0 & 0 & 0 & 0 & 0 & 0 & 0 & 0 & 0 \\
0 & 0 & 0 & 0 & 0 & 0 & 0 & 0 & 1 & 0 & -4 & 2 & 1 & 0 & 0 & 0 & 0 & 0 & 0 & 0 \\
0 & 0 & 0 & 0 & 0 & 0 & 0 & 0 & 0 & 0 & 1 & 0 & -4 & 2 & 1 & 0 & 0 & 0 & 0 & 0 \\
0 & 0 & 0 & 0 & 0 & 0 & 0 & 0 & 0 & 0 & 0 & 0 & 1 & 0 & -4 & 2 & 1 & 0 & 0 & 0 \\
0 & 0 & 0 & 0 & 0 & 0 & 0 & 0 & 0 & 0 & 0 & 0 & 0 & 0 & 1 & 0 & -4 & 2 & 1 & 0 \\
-1 & 2{,}02 & 0 & -0{,}5 & 0 & 0 & 0 & 0 & 0 & 0 & 0 & 0 & 0 & 0 & 0 & 0 & 0 & 0 & 0 & 0 \\
0 & -0{,}5 & -1 & 2{,}02 & 0 & -0{,}5 & 0 & 0 & 0 & 0 & 0 & 0 & 0 & 0 & 0 & 0 & 0 & 0 & 0 & 0 \\
0 & 0 & 0 & -0{,}5 & -1 & 2{,}02 & 0 & -0{,}5 & 0 & 0 & 0 & 0 & 0 & 0 & 0 & 0 & 0 & 0 & 0 & 0 \\
0 & 0 & 0 & 0 & 0 & -0{,}5 & -1 & 2{,}02 & 0 & -0{,}5 & 0 & 0 & 0 & 0 & 0 & 0 & 0 & 0 & 0 & 0 \\
0 & 0 & 0 & 0 & 0 & 0 & 0 & -0{,}5 & -1 & 2{,}02 & 0 & -0{,}5 & 0 & 0 & 0 & 0 & 0 & 0 & 0 & 0 \\
0 & 0 & 0 & 0 & 0 & 0 & 0 & 0 & 0 & -0{,}5 & -1 & 2{,}02 & 0 & -0{,}5 & 0 & 0 & 0 & 0 & 0 & 0 \\
0 & 0 & 0 & 0 & 0 & 0 & 0 & 0 & 0 & 0 & 0 & -0{,}5 & -1 & 2{,}02 & 0 & -0{,}5 & 0 & 0 & 0 & 0 \\
0 & 0 & 0 & 0 & 0 & 0 & 0 & 0 & 0 & 0 & 0 & 0 & 0 & -0{,}5 & -1 & 2{,}02 & 0 & -0{,}5 & 0 & 0 \\
0 & 0 & 0 & 0 & 0 & 0 & 0 & 0 & 0 & 0 & 0 & 0 & 0 & 0 & 0 & -0{,}5 & -1 & 2{,}02 & 0 & -0{,}5 \\
0 & 0 & 0 & 0 & 0 & 0 & 0 & 0 & 0 & 0 & 0 & 0 & 0 & 0 & 0 & 0 & 2 & 0 & -4 & 2 \\
0 & 0 & 0 & 0 & 0 & 0 & 0 & 0 & 0 & 0 & 0 & 0 & 0 & 0 & 0 & 0 & 0 & 1 & 1 & -2{,}02
\end{pmatrix}
\begin{pmatrix} T_1 \\ T_2 \\ T_3 \\ T_4 \\ T_5 \\ T_6 \\ T_7 \\ T_8 \\ T_9 \\ T_{10} \\ T_{11} \\ T_{12} \\ T_{13} \\ T_{14} \\ T_{15} \\ T_{16} \\ T_{17} \\ T_{18} \\ T_{19} \\ T_{20} \end{pmatrix}
=
\begin{pmatrix} -100 \\ 0 \\ 0 \\ 0 \\ 0 \\ 0 \\ 0 \\ 0 \\ 0 \\ 50{,}302 \\ 0{,}302 \\ 0{,}302 \\ 0{,}302 \\ 0{,}302 \\ 0{,}302 \\ 0{,}302 \\ 0{,}302 \\ 0{,}302 \\ 0 \\ -0{,}302 \end{pmatrix}$$

A solução desse sistema de equações lineares resulta na distribuição de temperaturas (em °C) a seguir, com suas posições na aleta indicadas entre parênteses.

100 (b)	89,8 (2)	81.5 (4)	74,5 (6)	68,7 (8)	64,0 (10)	60,3 (12)	57,4 (14)	55,4 (16)	54,3 (18)	53,9 (20)
100 (b)	90,5 (1)	82,1 (3)	75,1 (5)	69,2 (7)	64,5 (9)	60,7 (11)	57,9 (13)	55,9 (15)	54,7 (17)	54,3 (19)

Referência

Carslaw, H. S.; Jaeger, J. C. *Conduction of heat in solids*. 2. ed. UK: Oxford University Press, 1959.

Problemas propostos

3.1 Determine a temperatura no centro da placa da figura, quando $b = L = 1$ m e as temperaturas são $T_1 = 100$ °C e $T_2 = 200$ °C.

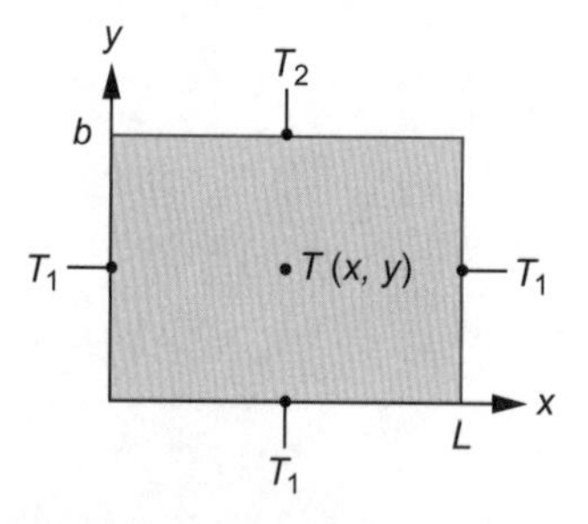

3.2 Determine a temperatura no centro da placa da figura, quando $b = L = 1$ m e as temperaturas são $T_1 = 100$ °C, $T_2 = 200$ °C e $T_3 = 300$ °C.

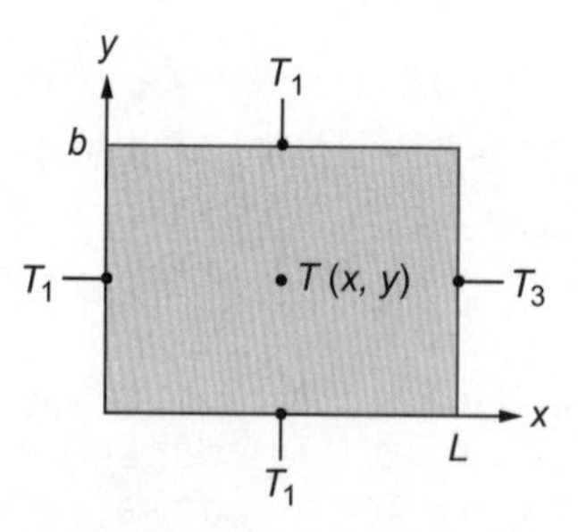

3.3 Determine a temperatura no centro da placa da figura quando $b = L = 1$ m e as temperaturas são $T_1 = 100$ °C, $T_2 = 200$ °C e $T_3 = 300$ °C. (*Dica*: use o princípio da superposição de soluções com os resultados dos problemas anteriores – Seção 3.3.)

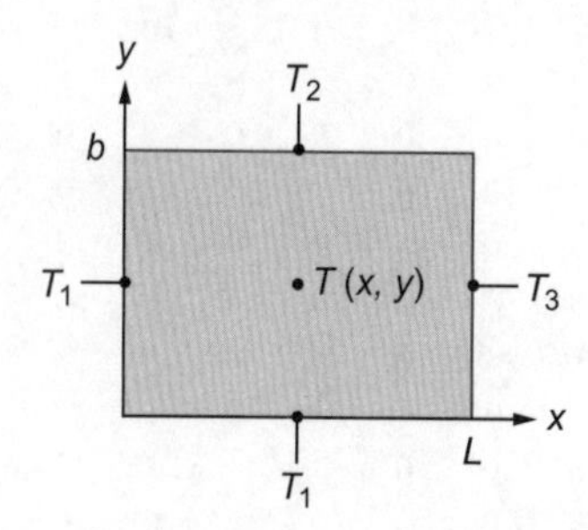

3.4 Refaça o Problema proposto 3.3 por solução numérica pelo método das diferenças finitas usando uma malha de 25 × 25 cm. Compare os resultados.

3.5 Desenvolva a equação nodal para um ponto interior no caso de problema unidimensional, tal qual uma barra ou aleta. Considere os casos: (a) superfície isolada; (b) superfície exposta à convecção de calor com um ambiente a T_∞, coeficiente h de transferência de calor e área exposta A.

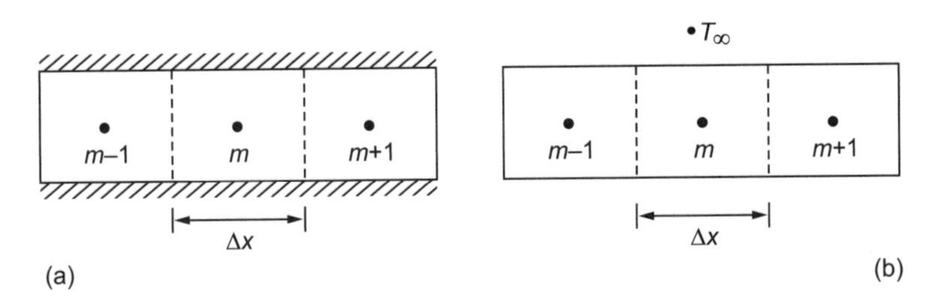

3.6 Refaça o Problema proposto 2.20 da barrinha circular usando solução numérica unidimensional, conforme a discretização do Problema proposto 3.5, item (b).

3.7 Determine a equação nodal para um nó (m, n) localizado na superfície inclinada de 45° exposta à convecção com um fluido que está a T_∞ com um coeficiente h de transferência de calor.

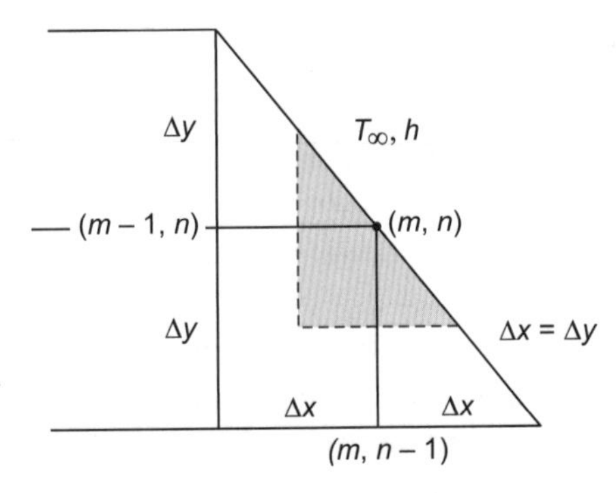

3.8 Determine a equação nodal para um nó (m, n) localizado no canto superior direito isolado no topo e com troca de calor convectiva à direita.

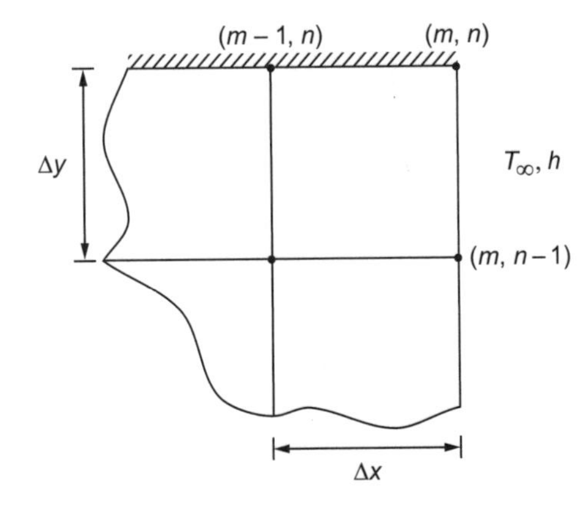

Condução em Regime Transitório

Um corpo, ao ser resfriado ou aquecido, sofre um processo de transferência de calor em que o tempo passa a ser uma variável importante ou determinante da taxa de transferência de calor instantânea. Nos capítulos anteriores, foram estudados os casos chamados *regime permanente* ou *estacionário*, em que a distribuição espacial de temperatura no interior do corpo não variava com o tempo. Nos casos em que a variável tempo passa a ser importante, têm-se os processos de transferência de calor em *regime transitório* ou *transiente*, os quais são objetos de análise neste capítulo. A Figura 4.1a mostra uma placa ou parede plana que recebe uma taxa de calor $\dot{Q}$ de uma resistência elétrica instalada na superfície à esquerda por onde circula uma corrente elétrica. Em regime permanente, as temperaturas das faces são T_1 e T_2 ($T_\infty < T_2 < T_1$) e a temperatura do ambiente ao redor da placa é T_∞. Quando a resistência elétrica é retirada, a placa transfere calor ao ambiente do entorno, já que possui temperatura maior que a do ambiente, como indicado na Figura 4.1b. Com o passar do tempo, a temperatura da placa diminuirá até entrar em equilíbrio térmico com o ambiente, quando atingirá a temperatura T_∞ em todo o seu interior. Até que esse equilíbrio seja atingido, a distribuição de temperatura no interior da placa dependerá do tempo e, assim, o processo de transferência de calor ocorrerá em regime transitório, como ilustrado pelas curvas de diminuição de temperatura para vários instantes de tempo t_1, t_2, ...t_n da Figura 4.1b.

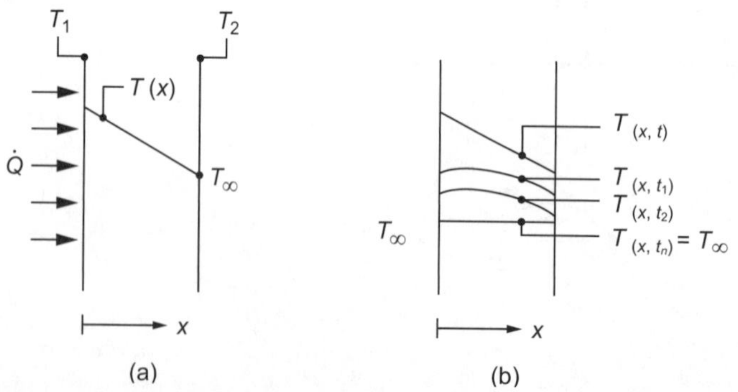

Figura 4.1 Processo de transferência de calor unidimensional sem geração de energia interna (calor) (a) em regime permanente e (b) em regime transitório.

No caso do exemplo da Figura 4.1b, a distribuição da temperatura durante o processo de resfriamento varia tanto na posição x no interior da placa quanto no tempo t, isto é, $T(x, t)$ Entretanto, há situações em que a dependência do tempo é mais relevante, sendo a variação espacial da temperatura no interior do corpo uniforme a cada instante, de tal forma que apenas a análise temporal da temperatura é relevante. Tais sistemas são chamados de *sistemas concentrados*.

4.1 Sistemas concentrados

Quando um corpo ou sistema a uma dada temperatura é submetido a uma súbita mudança de temperatura, por exemplo, pela sua exposição a um novo ambiente de temperatura diferente, certo tempo será necessário até que seja restabelecido o equilíbrio térmico entre aquele corpo e o ambiente. Exemplos práticos são aquecimento/resfriamento de processos industriais, tratamento térmico, produtos colocados ou retirados da geladeira, materiais inseridos em fornos, entre muitos outros. Considere que o corpo do esquema da Figura 4.2 esteja, inicialmente, a uma temperatura uniforme T_0 em equilíbrio com o meio a $T_{\infty 1}$. Subitamente, o corpo é exposto a um segundo ambiente, que está a uma temperatura maior $T_{\infty 2}$ ($T_{\infty 2} > T_{\infty 1} = T_0$). Uma tentativa de ilustrar o processo de aquecimento do corpo está indicada no gráfico temporal do aumento da temperatura do corpo na ilustração da figura. Portanto, haverá um processo de aquecimento e a curva de aquecimento esperada naquela figura é, de certa forma, até intuitiva para a maioria das pessoas, com base na própria experiência pessoal.

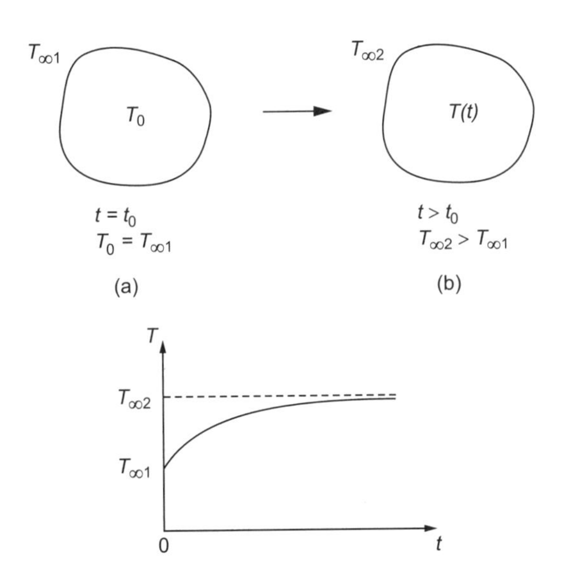

Figura 4.2 Corpo se aquecendo na hipótese de sistema concentrado.

Uma análise mais detalhada e precisa do problema do aquecimento do exemplo ilustrativo da Figura 4.2 vai, entretanto, indicar que o aquecimento do corpo pode não ocorrer de forma uniforme no seu interior, sendo que as porções do corpo mais próximas de sua superfície sofrerão taxas de variação temporal mais *acentuadas* de temperatura; já na parte mais central do corpo, a taxa de variação temporal da temperatura será menos acentuada. Na Figura 4.3, indica-se de forma ilustrativa a temperatura no centro T_c, e em uma posição qualquer próxima à superfície, T_s. Portanto, as curvas de aquecimento não são iguais. Isso indica que, em geral, a variação da temperatura instantânea no corpo não é uniforme em seu interior. A análise mais precisa envolve o problema da condução interna do calor e se torna um pouco trabalhosa do ponto de vista matemático, mas pode ser resolvida para alguns casos de geometrias e condições de contorno simples, como será visto na Seção 4.2. Casos mais complexos devem ser resolvidos de forma numérica.

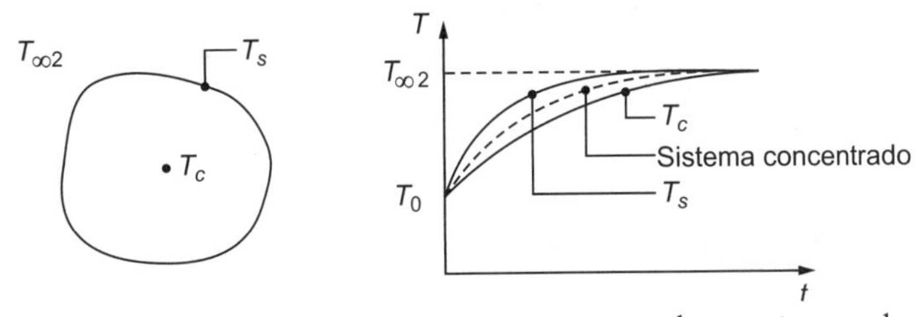

Figura 4.3 Temperatura na superfície e no centro de um corpo em processo de aquecimento do corpo e sua aproximação a sistema concentrado (curva tracejada).

Nesta seção, o interesse é resolver o problema transitório assumindo uma hipótese simplificadora que funciona para um grande número de casos práticos. Essa hipótese consiste em assumir que todo o corpo tenha uma única temperatura instantânea uniforme, sendo dependente apenas do tempo, como ilustrado pela linha tracejada na Figura 4.3. Essa hipótese é chamada de *sistema concentrado*.

A hipótese mais importante é que a cada instante t todo o corpo tenha uma única temperatura uniforme, $T(t)$. Isto ocorre em situações nas quais os sistemas (corpos) tenham sua resistência interna à condução desprezível em face da resistência externa de troca de calor que, geralmente, se dá por convecção; essa condição é caracterizada por um agrupamento adimensional chamado "número de Biot" (Eq. 4.6). Para conduzir essa análise, lança-se mão do esquema indicado na Figura 4.4, em que um corpo está a uma temperatura inicial T_0 e é, subitamente, exposto a um ambiente de menor temperatura T_∞, de forma que ocorra transferência de calor convectiva, $\dot{Q}_{conv}$, na sua superfície.

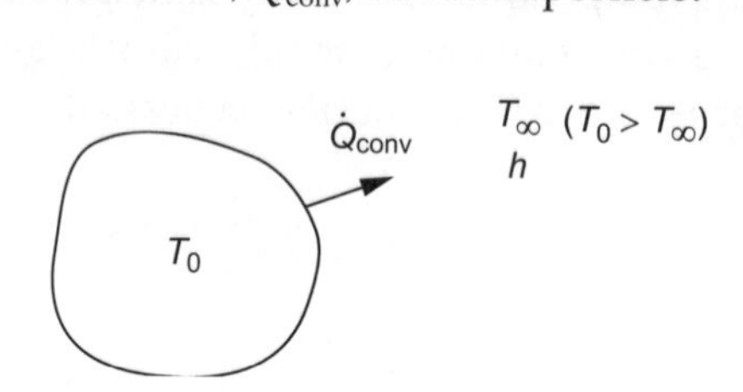

Figura 4.4 Troca de calor em regime transitório de sistema concentrado.

A análise a seguir considera que não há geração de energia térmica (calor) no corpo, desprezando qualquer manifestação de energia cinética e potencial, bem como considerando as propriedades de transporte constantes. Um esquema de balanço de energia do corpo da Figura 4.4 é o seguinte:

$$\begin{bmatrix} \text{Taxa temporal de} \\ \text{variação de energia} \\ \text{interna do corpo} \\ \text{I} \end{bmatrix} = \begin{bmatrix} \text{Taxa de calor} \\ \text{trocado por} \\ \text{convecção} \\ \text{II} \end{bmatrix}$$

Termo (I): $\dfrac{dU}{dt} = m\dfrac{du}{dt} = \rho\forall\dfrac{du}{dt} = \rho C\forall\dfrac{dT}{dt}$

sendo m a massa do corpo, U a energia interna do corpo, u a energia interna específica do corpo, ρ a densidade do corpo, $\forall$ o volume do corpo e C o calor específico do corpo.

Termo (II): $\dot{Q}_{conv} = -hA(T - T_\infty)$

sendo h o coeficiente de transferência de calor por convecção entre o corpo e o fluido circunvizinho, A é a área da superfície do corpo em contato com o fluido, T a temperatura instantânea do corpo $T = T(t)$ e T_∞ a temperatura do fluido ao longe. Assim, pelo esquema do balanço de energia, vem:

$$\rho C\forall\frac{dT}{dt} = -hA(T - T_\infty) \tag{4.1}$$

Essa é uma equação diferencial ordinária de primeira ordem de coeficientes constantes. Separando as variáveis temperatura e tempo para que se realize uma integração por partes, vem:

$$\frac{dT}{T - T_\infty} = -\frac{hA}{\rho C\forall}dt$$

Por simplicidade, considere $\theta = T - T_\infty$ e, portanto, $d\theta = dT$, então:

$$\frac{d\theta}{\theta} = -\frac{hA}{\rho C\forall}dt$$

Realizando a integração desde sua condição inicial em que para o tempo $t = 0$, quando a temperatura do corpo é T_0 (ou $\theta_0 = T_0 - T_\infty$), até um tempo de interesse qualquer t, quando o corpo terá uma temperatura $T(t)$ ou $\theta(t) = T(t) - T_\infty$:

$$\int_{\theta_0}^{\theta} \frac{d\theta}{\theta} = -\frac{hA}{\rho C \forall} \int_0^t dt$$

Do que resulta em:

$$\ln\left(\frac{\theta}{\theta_0}\right) = -\frac{hA}{\rho C \forall} t \text{ ou } \frac{\theta}{\theta_0} = e^{-\frac{hA}{\rho C \forall} t}$$

Finalmente,

$$\frac{T(t) - T_\infty}{T_0 - T_\infty} = e^{-\frac{hA}{\rho C \forall} t} \tag{4.2}$$

Trata-se, portanto, de um decaimento exponencial de temperatura. O tipo da Equação (4.2) ocorre na descrição de diversos sistemas físicos, inclusive na área de eletricidade. Existe uma analogia perfeita entre o problema térmico transitório em análise e o caso da carga e descarga de um capacitor, como ilustrado na Figura 4.5.

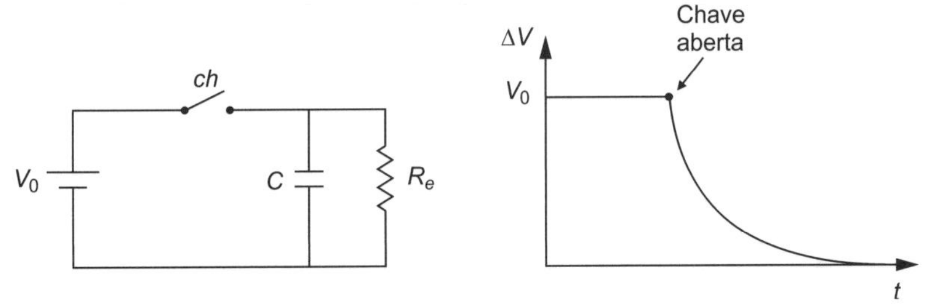

Figura 4.5 Analogia com a descarga de um capacitor.

Com referência à Figura 4.5, inicialmente, o capacitor de capacitância C é carregado até uma tensão elétrica V_0 (chave *ch* fechada). Depois, a chave *ch* é aberta e o capacitor começa a descarregar sua carga elétrica por meio da resistência R_e. A solução desse circuito RC é:

$$\frac{V}{V_0} = e^{-\frac{t}{R_e C}} \tag{4.3}$$

Note a analogia entre o problema térmico transitório e o elétrico na Tabela 4.1.

Tabela 4.1 Variáveis análogas no caso térmico e elétrico

Elétrica	Térmica
Tensão, V	$T - T_\infty$
Capacitância, C	$\rho C \forall$
Resistência ôhmica, R_e	$1/hA$

O circuito térmico equivalente é indicado na Figura 4.6.

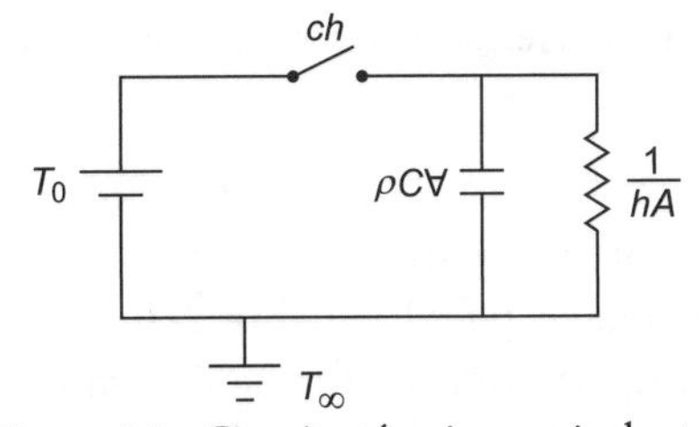

Figura 4.6 Circuito térmico equivalente.

Na eletricidade, é costume que se defina a *constante de tempo*, τ, do circuito que, para esse circuito, é dada por $\tau = RC$. A constante de tempo é uma grandeza muito prática para indicar o quão rapidamente o capacitor se carrega ou se descarrega. O valor do tempo em que $t = \tau$ representa o instante em que a tensão do capacitor atingiu o valor de $e^{-1} \sim 0{,}368$, conforme mostrado a seguir:

$$\frac{V}{V_0} = e^{-\frac{\tau}{\tau}} = e^{-1} = \frac{1}{e} = 0{,}368$$

Com isso, pode-se fazer uma análise muito interessante, como ilustrado no gráfico da Figura 4.7, que indica a descarga do capacitor para diferentes constantes de tempo. Quanto maior for a constante de tempo ($\tau_3 > \tau_2 > \tau_1$), mais a tensão sobre o capacitor demorará para atingir o valor de $0{,}368V_0$.

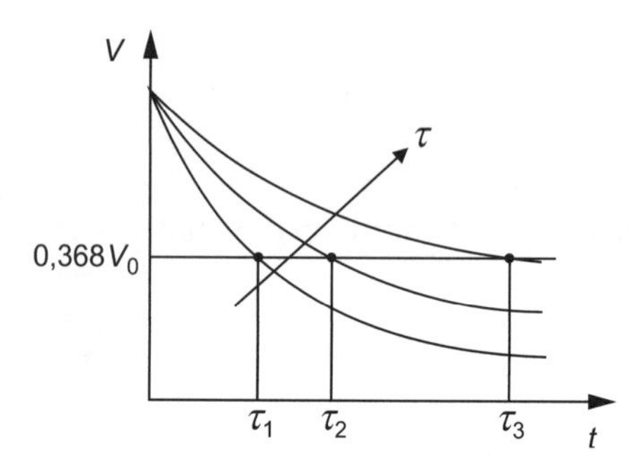

Figura 4.7 Descarga do capacitor elétrico.

Por analogia, a *constante de tempo térmica* τ_t será:

$$\frac{T - T_\infty}{T_0 - T_\infty} = e^{-\frac{hA}{\rho C \forall}t} = e^{-\frac{t}{\tau_t}}$$

De onde se obtém a constante de tempo térmica

$$\tau_t = \frac{\rho C \forall}{hA} \tag{4.4}$$

No gráfico da Figura 4.8, pode-se ver a influência da constante de tempo térmica.

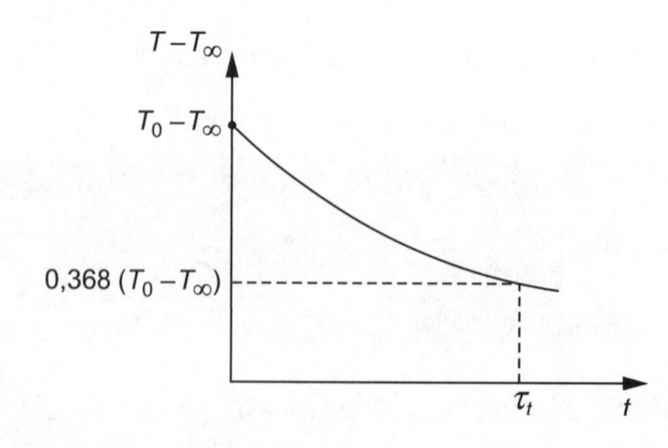

Figura 4.8 Influência da constante de tempo térmica no resfriamento de um sistema térmico de primeira ordem.

Um exemplo relevante da aplicação dos conceitos de transitório térmico é o caso da medida de temperaturas com sensores do tipo termopar e outros. Os termopares consistem em dois fios unidos, soldados ou fundidos, pelas suas extremidades para formar uma junção. Essa junção é exposta ao ambiente em que se deseja medir a temperatura. Suponha, de forma ilustrativa, um ambiente em que, idealmente, sua temperatura tenha o comportamento ilustrado pela linha cheia no esquema da Figura 4.9, isto é, sua temperatura oscila entre $T_{\infty 1}$ e $T_{\infty 2}$, de período em período (onda quadrada). Agora, deseja-se selecionar um sensor que acompanhe o mais próximo possível o comportamento das variações da temperatura. Os gráficos das respostas de três sensores de constantes térmicas diferentes são ilustrados. Note que o sensor de maior constante térmica, τ_3, praticamente não "sente" as variações de temperatura, enquanto o sensor de menor constante térmica, τ_1, acompanha melhor as variações de temperatura. Esse exemplo poderia ser o caso de um motor de combustão interna, em que as temperaturas da câmara variam com a admissão do ar e combustível e combustão dos gases. Com esse simples exemplo, mostra-se a importância da constante térmica para a medição de temperaturas: quanto menor for a constante térmica de elemento sensor, mais realisticamente ele reproduzirá a variação de temperaturas do meio.

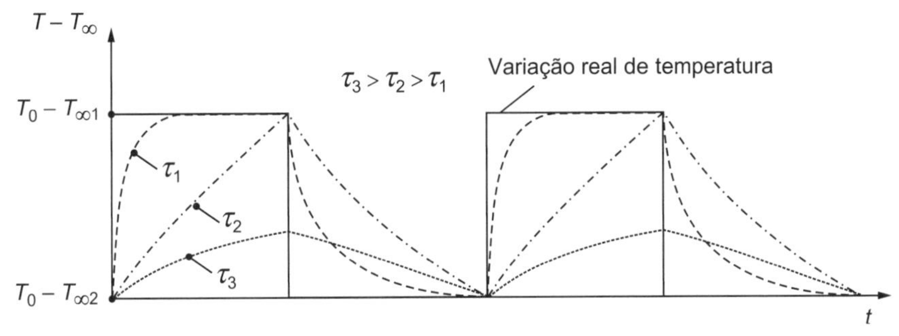

Figura 4.9 Variação da temperatura do termopar em função da constante do tempo térmica.

A equação que rege o regime transitório concentrado (Eq. 4.2) pode ainda ser reescrita para se obter a seguinte forma em variáveis adimensionais:

$$\frac{\theta}{\theta_0} = \frac{T - T_\infty}{T_0 - T_\infty} = e^{-Bi\,Fo} \quad (4.5)$$

em que *Bi* é o *número de Biot*, definido por

$$Bi = \frac{L/k}{1/h} = \frac{hL}{k} \quad (4.6)$$

e *Fo* é o *número de Fourier*, definido por

$$Fo = \frac{\alpha t}{L^2} \quad (4.7)$$

Fo pode ser visto como um "tempo" adimensional, *h* é o coeficiente de transferência de calor por convecção, α é a difusividade térmica do corpo($k/\rho C$), *k* é a condutividade térmica do corpo e *L* é o comprimento característico do corpo. O número de Biot representa a razão entre a resistência interna à condução de calor (L/k) e a resistência externa à convecção ($1/h$), sendo que o comprimento característico, *L*, é definido como a razão entre o volume do corpo ($\forall$) e sua área exposta (*A*) à troca de calor.

$$L = \frac{\forall}{A} \quad (4.8)$$

Números de Biot baixos indicam que a resistência à condução interna é menor que a resistência à transferência de calor do lado externo e, nesse caso, a hipótese de sistema concentrado é válida. Aceita-se que o limite da aplicabilidade da hipótese de validade de sistema concentrado ocorra para $Bi < 0{,}1$. O gráfico da Figura 4.10 indica o comportamento da temperatura adimensional θ/θ_0 como função do número de Fourier, *Fo*, para diversos valores de Biot, *Bi*.

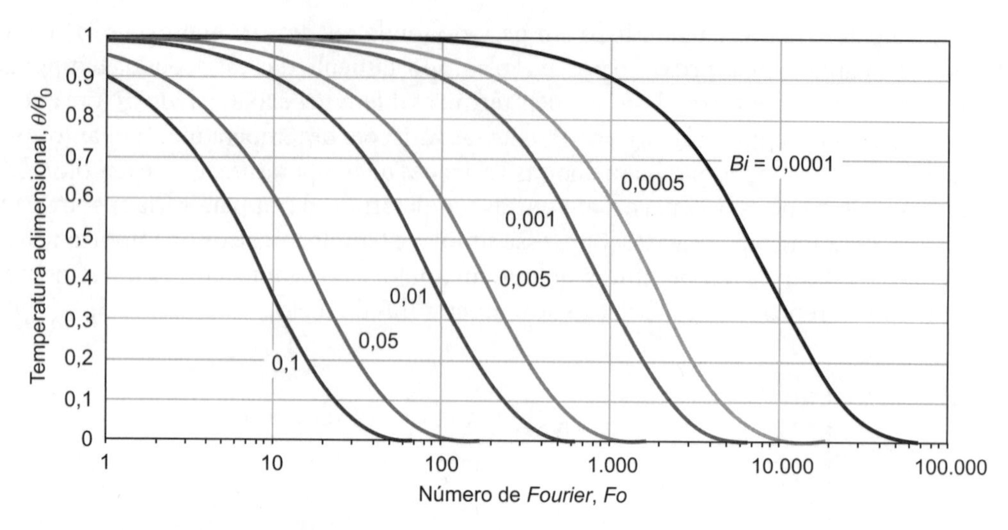

Figura 4.10 Variação da temperatura adimensional θ/θ_0 como função do número de Fourier, *Fo*, para diversos valores de Biot, *Bi*, segundo a Equação (4.5).

EXEMPLO 4.1 Sistema concentrado

Melancias são frutas muito suculentas e refrescantes no calor. Considere o caso de uma melancia a 25 °C que é colocada na geladeira, cujo compartimento interno está a 5 °C. Você acredita que o resfriamento da melancia vai ocorrer de forma aproximadamente uniforme, ou que, depois de alguns minutos, uma fatia da fruta terá temperaturas diferentes? Para efeito de estimativas, considere a melancia como uma esfera de 30 cm de diâmetro com condutividade térmica igual à da água, k = 0,59 W/mK e difusividade térmica, $\alpha = 1,4 \times 10^{-7}$ m²/s. Considere, também, que o coeficiente de transferência de calor do compartimento interno da geladeira vale h = 5 W/m²K.

GOLFX | iStockphoto

Suponha, agora, que se trate de uma uva de 3 cm de diâmetro. Em quanto tempo ela atingiria 10 °C?

ValentynVolkov | iStockphoto

Solução:

Melancia

$$L = \frac{D}{6} = \frac{0,3}{6} = 0,05\,\text{m}$$

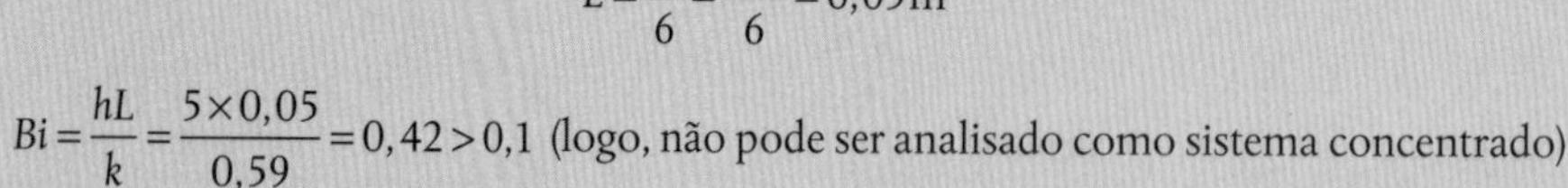

$$Bi = \frac{hL}{k} = \frac{5 \times 0,05}{0,59} = 0,42 > 0,1$$ (logo, não pode ser analisado como sistema concentrado)

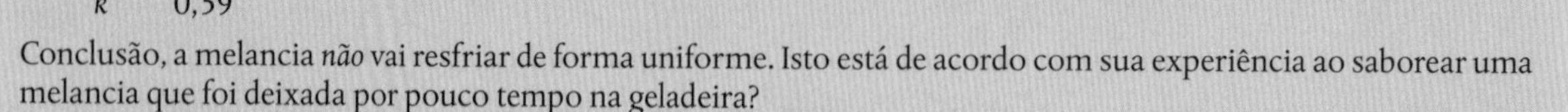

Conclusão, a melancia *não* vai resfriar de forma uniforme. Isto está de acordo com sua experiência ao saborear uma melancia que foi deixada por pouco tempo na geladeira?

Uva

Nesse caso, tem-se $L = \frac{D}{6} = \frac{0,03}{6} = 0,005\,\text{m}$

$Bi = \frac{hL}{k} = \frac{5 \times 0,005}{0,59} = 0,042 < 0,1$ (logo, é válida a hipótese de sistema concentrado e a uva vai se resfriar de forma uniforme)

Assim, $\theta = 10 - 5 = 5$ e $\theta_0 = 25 - 5 = 20 \Rightarrow \frac{\theta}{\theta_0} = 0,25$

Com Bi = 0,042 e θ/θ_0 = 0,25, consultando o gráfico da Figura 4.10 ou usando a Equação (4.5), tem-se Fo = 33. Então,

$$t = \frac{FoL^2}{\alpha} = \frac{33 \times 0,005^2}{1,4 \times 10^{-7}} = 4853\text{ s} \approx 81\,\text{min}.$$

No caso de aquecimento do corpo por um meio a uma temperatura maior, T_∞, as mesmas expressões são válidas, como abordado no Exemplo 4.1.

A análise concentrada se resumiu apenas à situação em que o corpo está sujeito a uma brusca variação de temperatura em virtude de uma condição de contorno convectiva com um novo meio em outra temperatura. No entanto, a mesma análise se aplica, caso a condição de contorno seja outra, por exemplo, exposição a uma fonte de radiação térmica intensa. Nesse caso, é preciso trabalhar as equações a partir do balanço energético (Eq. 4.1) com a nova condição de contorno imposta.

EXEMPLO 4.2 Sistema concentrado – medição de temperatura

Um termopar é usado para medir a temperatura de gases quentes à temperatura de 300 °C de um sistema de exaustão. Considere que a extremidade do termopar tenha o formato de uma pequena esfera de diâmetro 1 mm e o coeficiente de transferência de calor por convecção entre os gases e a extremidade do termopar é de 300 W/m²K. Assumindo que a extremidade do termopar possua as propriedades semelhantes às do aço A316 e que, inicialmente, esteja a 15 °C, avalie: (a) o tempo para que o termopar atinja uma temperatura de 299,9 °C; (b) refaça o item anterior considerando que a extremidade do termopar tenha os diâmetros de 0,5 e 2 mm; (c) faça diagramas esquemáticos sem escala da variação da temperatura para as três dimensões de diâmetro de junção de 0,5, 1 e 2 mm.

Solução:

(a) Para d = 1 mm

Comprimento característico: $L=\dfrac{\forall}{A}=\dfrac{\pi d^3/6}{\pi d^2}=\dfrac{d}{6}=\dfrac{1\times10^{-3}}{6}=1{,}667\times10^{-4}\text{ m}$

Propriedades do aço A316 (Tab. A.2): ρ = 8238 kg/m³, C = 468 J/kgK, k = 13,4 W/mK. Logo, α = 3.476 × 10⁻⁶ m²/s.

Número de Biot: $Bi=\dfrac{hL}{k}=\dfrac{300\times1{,}667\times10^{-4}}{13{,}4}=0{,}004\ll0{,}1$, logo, a junção do termopar pode ser analisada como sistema concentrado.

Constante de tempo: $\tau_1=\dfrac{\rho CL}{h}=\dfrac{8238\times468\times1{,}667\times10^{-4}}{300}=2{,}14\text{ s}$

Da expressão da temperatura, Equação (4.2), vem,

$$\frac{\theta(t)}{\theta_0}=\frac{T(t)-T_\infty}{T_0-T_\infty}=e^{-\frac{t}{\tau_1}}\Rightarrow t=-\tau_1\times\ln\left(\frac{299{,}9-300}{15-300}\right)\Rightarrow t=17\text{ s.}$$

(b) Para d = 0,5 mm

$$L=8{,}333\times10^{-5}\text{ m}\Rightarrow Bi=0{,}002\ll0{,}1\Rightarrow t=8{,}5\text{ s}$$

Para d = 2 mm,

$$L=3{,}3333\times10^{-4}\text{ m}\Rightarrow Bi=0{,}007\ll0{,}1\Rightarrow t=34{,}1\text{ s.}$$

(c) A partir da Equação (4.2), pode-se estabelecer o comportamento da variação da temperatura no tempo. Além disso, pode-se notar a influência da constante de tempo térmica $\tau_t=\dfrac{\rho C\forall}{hA}=\dfrac{\rho Cd}{6h}=\dfrac{8238\times468\times d}{6\times300}=2141{,}88d$

Para d = 0,5 mm, $\tau_{0,5}$ = 1,07 s

Para d = 1,0 mm, τ_1 = 2,14 s

Para d = 2,0 mm, τ_2 = 4,28 s

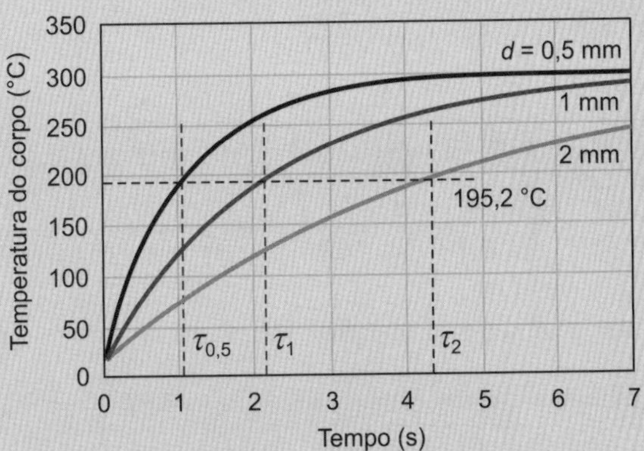

4.2 Condução de calor em regime transitório

4.2.1 Sólido semi-infinito

Na seção anterior, foi estudado o caso da condução de calor transitória para sistemas concentrados. Aquela formulação simplificada falha quando o corpo possui dimensões maiores e propriedades de transporte tais que a resistência interna à condução não pode ser desprezada em face da resistência externa à convecção ($Bi > 0,1$). Existem soluções analíticas para casos em que uma das dimensões é dominante perante as demais, o que, em termos matemáticos, se diz ser infinita. Considere o esquema da Figura 4.11, em que um sólido possui uma superfície (à esquerda) exposta à troca de calor e sua dimensão principal se estende à direita para o infinito (daí o nome de sólido semi-infinito, embora não pareça apropriado), o que lhe confere um Bi infinito. A face exposta à esquerda sofre bruscas mudanças de condição de contorno, representadas por (a), (b) e (c), descritas mais adiante. Em todos os casos, deseja-se conhecer a variação temporal t e espacial x da temperatura $T = T(x, t)$ e, também, o fluxo de calor $q = q(x, t)$.

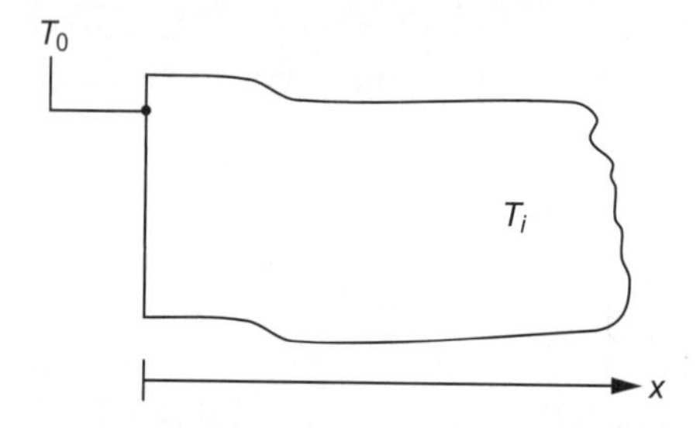

Figura 4.11 Sólido semi-infinito com temperatura constante na face exposta.

A análise começa com estabelecer a equação geral da condução de calor em uma nova coordenada de similaridade. A equação geral da condução de calor é (Eq. 2.7): $\nabla^2 T + \frac{q'''}{k} = \frac{1}{\alpha}\frac{\partial T}{\partial t}$

Por não haver geração de energia térmica (calor) e a variação de temperatura ser unidimensional, vem que:

$$\frac{\partial^2 T}{\partial x^2} = \frac{1}{\alpha}\frac{\partial T}{\partial t} \tag{4.9}$$

A estratégia para resolver a Equação (4.9) é combinar as duas variáveis independentes x e t em uma única variável, conhecida como *variável de similaridade* η; assim, $T(x, t) = T(\eta)$. A variável de similaridade, neste caso, é definida como:

$$\eta = \frac{x}{\sqrt{4\alpha t}} \tag{4.10}$$

As derivadas parciais nas variáveis independentes em função dessa nova variável ficam como:

$$\frac{\partial T}{\partial x} = \frac{\partial T}{\partial \eta}\frac{\partial \eta}{\partial x} = \frac{\partial T}{\partial \eta}\frac{1}{\sqrt{4\alpha t}}$$

$$\frac{\partial^2 T}{\partial x^2} = \frac{\partial}{\partial \eta}\left(\frac{\partial T}{\partial \eta}\frac{1}{\sqrt{4\alpha t}}\right)\frac{\partial \eta}{\partial x} = \frac{\partial^2 T}{\partial \eta^2}\frac{1}{4\alpha t} \text{ e}$$

$$\frac{\partial T}{\partial t} = \frac{\partial T}{\partial \eta}\frac{\partial \eta}{\partial t} = \frac{\partial T}{\partial \eta}\frac{x}{\sqrt{4\alpha}}\left(-\frac{1}{2t\sqrt{t}}\right) = -\frac{x}{2t\sqrt{4\alpha t}}\frac{\partial T}{\partial \eta}$$

Substituindo as derivadas parciais na Equação (4.9), vem:

$$\frac{\partial^2 T}{d\eta^2}\frac{1}{4\alpha t} = \frac{1}{\alpha}\left(-\frac{x}{2t\sqrt{4\alpha t}}\frac{\partial T}{\partial \eta}\right)$$

que, após simplificação, se resume a:

$$\frac{d^2T}{d\eta^2} = -2\eta\frac{dT}{d\eta} \tag{4.11}$$

A Equação (4.11) é expressada em termos de derivada total, já que T agora somente depende de η.

Mudando de variável: $\frac{dT}{d\eta} = \chi$ e resolvendo a equação:

$$\int\frac{d\chi}{\chi} = -2\int\eta d\eta \ \rightarrow \ \ln\chi = -\eta^2 + C_1 \ \rightarrow \ \chi = e^{-\eta^2 + c_1} = C_2 e^{-\eta^2}$$

substituindo a derivada:

$$\chi = \frac{dT}{d\eta} = C_2 e^{-\eta^2} \ \rightarrow \ dT = C_2 e^{-\eta^2} d\eta \ \rightarrow \ \int dT = \int C_2 e^{-\eta^2} d\eta \Rightarrow T = C_2 \int_0^\eta e^{-\eta^2} d\eta + C_3.$$

As constantes da equação anterior são encontradas com as condições de contorno estudadas a seguir. De acordo com a variável de similaridade, as condições são reduzidas a duas, C_2 e C_3, já que a terceira condição está implícita, porque seja com $x \rightarrow \infty$ ou com $t = 0$ resulta na mesma condição de $\eta \rightarrow \infty$.

Condições de contorno

(a) Temperatura constante (T_0) na face exposta

Nessa primeira condição de contorno, a temperatura da face à esquerda sofre uma repentina variação da temperatura inicial, T_i, para um valor fixo, T_0. Assim, as condições de contorno são:

CC_1: Condição de contorno na face à esquerda ($x = 0$): $T(0, t) = T_0 \Rightarrow \eta = 0$

Então, $T_0 = C_2 \int_0^0 e^{-\eta^2} d\eta + C_3 \ \rightarrow \ C_3 = T_0$

CC_2: Condição de contorno, longe da face da esquerda: $T(x \rightarrow \infty, t) = T_i \Rightarrow \eta \rightarrow \infty$

Então, $T_i = C_2 \int_0^\infty e^{-\eta^2} d\eta + T_0 \ \rightarrow \ C_2 = \frac{T_i - T_0}{\int_0^\infty e^{-\eta^2} d\eta} = \frac{T_i - T_0}{\frac{\sqrt{\pi}}{2} erf(\eta)}$

Define-se a *função erro de Gauss, erf(η)*, como:

$$erf(\eta) = \frac{2}{\sqrt{\pi}} \int_0^\eta e^{-\eta^2} d\eta \tag{4.12}$$

A função erro de Gauss, *erf*(η), deve ser integrada numericamente. Alguns valores dessa função são apresentados na Tabela 4.2. A Figura 4.12 mostra o comportamento geral dessa função que tem o comportamento semelhante ao de uma exponencial "disfarçada". Da Tabela 4.2, o valor de *erf*(η) para $\eta \rightarrow \infty$ vale 1, então, a distribuição de temperatura fica como:

$$T(\eta) = \frac{2(T_i - T_0)}{\sqrt{\pi}} \int_0^\eta e^{-\eta^2} d\eta + T_0$$

ou, substituindo as coordenadas originais:

$$\frac{T(x, t) - T_0}{T_i - T_0} = erf\left(\frac{x}{2\sqrt{\alpha t}}\right) \tag{4.13}$$

Uma vez determinada a distribuição de temperatura, pode-se determinar a taxa de transferência de calor em uma posição x e tempo t, $\dot{Q}=\dot{Q}(x, t)$. Para isso, basta aplicar a Lei de Fourier da condução na Equação (4.13), isto é:

$$\dot{Q}=-kA\frac{\partial T}{\partial x}=-kA\frac{\partial}{\partial x}\left[T_0+(T_i-T_0)erf\left(\frac{x}{2\sqrt{\alpha t}}\right)\right]$$

A derivada parcial da função do erro fica:

$$\frac{\partial[erf(\eta)]}{\partial x}=\frac{\partial}{\partial x}\left(\frac{2}{\sqrt{\pi}}\int_0^{\frac{x}{2\sqrt{\alpha t}}} e^{-\eta^2}d\eta\right) \rightarrow \frac{\partial[erf(\eta)]}{\partial x}=\frac{e^{-\frac{x^2}{4\alpha t}}}{\sqrt{\pi\alpha t}}$$

do que, finalmente, resulta em:

$$q=\frac{\dot{Q}}{A}=-\frac{k(T_i-T_0)}{\sqrt{\pi\alpha t}}e^{-\frac{x^2}{4\alpha t}} \tag{4.14}$$

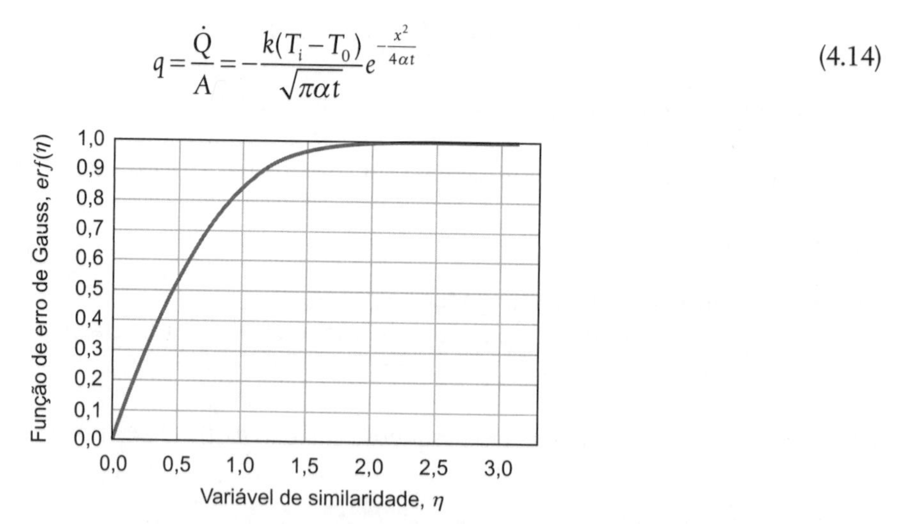

Figura 4.12 Função erro de Gauss.

Tabela 4.2 Função erro de Gauss $erf(\eta)=\frac{2}{\sqrt{\pi}}\int_0^{\eta} e^{-\eta^2}d\eta$

η	$erf\ \eta$	η	$erf\ \eta$	η	$erf\ \eta$	η	$erf\ \eta$	η	$erf\ \eta$	η	$erf\ \eta$
0,02	0,0226	0,40	0,4284	0,78	0,7300	1,16	0,8991	1,54	0,9706	1,92	0,9934
0,04	0,0451	0,42	0,4475	0,80	0,7421	1,18	0,9048	1,56	0,9726	1,94	0,9939
0,06	0,0676	0,44	0,4662	0,82	0,7538	1,20	0,9103	1,58	0,9745	1,96	0,9944
0,08	0,0901	0,46	0,4847	0,84	0,7651	1,22	0,9155	1,60	0,9763	1,98	0,9949
0,10	0,1125	0,48	0,5027	0,86	0,7761	1,24	0,9205	1,62	0,9780	2,00	0,9953
0,12	0,1348	0,50	0,5205	0,88	0,7867	1,26	0,9252	1,64	0,9796	2,10	0,9970
0,14	0,1569	0,52	0,5379	0,90	0,7969	1,28	0,9297	1,66	0,9811	2,20	0,9981
0,16	0,1790	0,54	0,5549	0,92	0,8068	1,30	0,9340	1,68	0,9825	2,30	0,9989
0,18	0,2009	0,56	0,5716	0,94	0,8163	1,32	0,9381	1,70	0,9838	2,40	0,9993
0,20	0,2227	0,58	0,5879	0,96	0,8254	1,34	0,9419	1,72	0,9850	2,50	0,9996
0,22	0,2443	0,60	0,6039	0,98	0,8342	1,36	0,9456	1,74	0,9861	2,60	0,9998
0,24	0,2657	0,62	0,6194	1,00	0,8427	1,38	0,9490	1,76	0,9872	2,70	0,9999
0,26	0,2869	0,64	0,6346	1,02	0,8508	1,40	0,9523	1,78	0,9882	2,80	0,9999
0,28	0,3079	0,66	0,6494	1,04	0,8586	1,42	0,9554	1,80	0,9891	2,90	1,0000
0,30	0,3286	0,68	0,6638	1,06	0,8661	1,44	0,9583	1,82	0,9899	3,00	1,0000
0,32	0,3491	0,70	0,6778	1,08	0,8733	1,46	0,9611	1,84	0,9907	3,10	1,0000
0,34	0,3694	0,72	0,6914	1,10	0,8802	1,48	0,9637	1,86	0,9915	3,20	1,0000
0,36	0,3893	0,74	0,7047	1,12	0,8868	1,50	0,9661	1,88	0,9922	3,30	1,0000

(b) Fluxo de calor constante na face exposta

Nesse segundo caso, estuda-se a situação em que a face exposta à esquerda ($x = 0$) está submetida a um fluxo de calor constante e prescrito no valor q_0, como ilustrado na Figura 4.13.

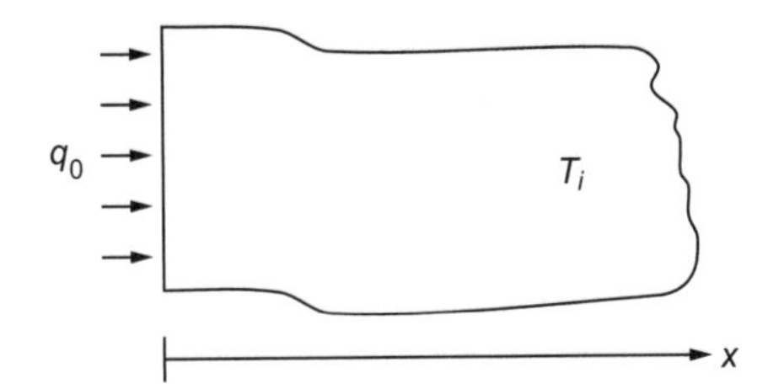

Figura 4.13 Sólido semi-infinito com taxa de calor constante na face exposta.

Partindo da equação da condução de calor: $\frac{\partial^2 T}{\partial x^2} = \frac{1}{\alpha}\frac{\partial T}{\partial t}$

Submetida às seguintes condições:

Condição inicial (temperatura uniforme): $T(x,0) = T_i$

CC_1: Condição de contorno na face à esquerda ($x = 0$): $-k\left.\frac{\partial T}{\partial x}\right|_{x=0} = q_0$

CC_2: Condição de contorno para o caso muito longo: $T(x \to \infty,\, t) = T_i$

A solução desse problema é:

$$T(x,\,t) = \frac{q_0}{k}\left\{e^{-\frac{x^2}{4\alpha t}}\sqrt{\frac{4\alpha t}{\pi}} - x\left[1 - erf\left(\frac{x}{2\sqrt{\alpha t}}\right)\right]\right\} + T_i \tag{4.15}$$

O fluxo de calor para qualquer posição (x) e tempo (t) é avaliado pela Lei de Fourier: $q = -k\frac{\partial T}{\partial x}$

$$q = -k\frac{q_0}{k}\frac{\partial}{\partial x}\left\{e^{-\frac{x^2}{4\alpha t}}\sqrt{\frac{4\alpha t}{\pi}} - x\left[1 - erf\left(\frac{x}{2\sqrt{\alpha t}}\right)\right] + T_i\right\} \Rightarrow$$

$$q = q_0\left[1 - erf\left(\frac{x}{2\sqrt{\alpha t}}\right)\right] \tag{4.16}$$

(c) Convecção de calor na face exposta

Nesse último caso, estuda-se a situação em que na face exposta à esquerda ($x = 0$) ocorre convecção de calor para um fluido de temperatura constante T_∞.

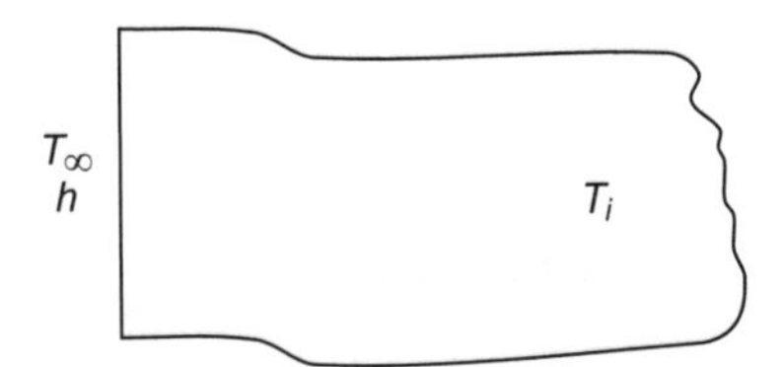

Figura 4.14 Sólido semi-infinito com convecção na face exposta.

Novamente, partindo da equação da condução de calor sem geração de energia térmica (calor), vem: $\frac{\partial^2 T}{\partial x^2} = \frac{1}{\alpha}\frac{\partial T}{\partial t}$.

Submetida às seguintes condições:

Condição inicial (temperatura uniforme): $T(x,\ 0) = T_i$

CC_1: Convecção na face à esquerda ($x = 0$): $-k\left.\dfrac{\partial T}{\partial x}\right|_{x=0} = h\left[T_\infty - T(0,\ t)\right]$

CC_2: Condição de contorno para o caso muito longo: $T(x \rightarrow \infty,\ t) = T_i$

A solução é dada por:

$$\frac{T(x,\ t) - T_i}{T_\infty - T_i} = 1 - erf\left(\frac{x}{2\sqrt{\alpha t}}\right) + e^{\left(\frac{hx}{k} + \frac{h^2 \alpha t}{k^2}\right)}\left[erf\left(\frac{x}{2\sqrt{\alpha t}} + \frac{h\sqrt{\alpha t}}{k}\right) - 1\right] \tag{4.17}$$

O fluxo de calor será:

$$q = h(T_\infty - T_i)e^{\left(\frac{hx}{k} + \frac{h^2 \alpha t}{k^2}\right)}\left[1 - erf\left(\frac{x}{2\sqrt{\alpha t}} + \frac{h\sqrt{\alpha t}}{k}\right)\right] \tag{4.18}$$

4.2.2 Outros casos de condução transitória de interesse

Placas, chapas, cilindros e esferas são geometrias muito comuns de peças mecânicas. Quando o número de Biot é pequeno, basta que se use a abordagem de sistema concentrado discutida na Seção 4.1. Entretanto, quando isso não ocorre, há de se resolver a equação geral da condução de calor, como as soluções dos sólidos semi-infinitos da seção anterior. No entanto, para as geometrias de placas, chapas, cilindros e esferas, Heisler (1947) desenvolveu soluções gráficas, as quais estão resumidas na Tabela 4.3.

Tabela 4.3 Convenção para uso dos diagramas de Heisler

Placas cuja espessura é pequena em relação às outras dimensões	Cilindros cujos diâmetros são pequenos quando comparados com o comprimento	Esferas
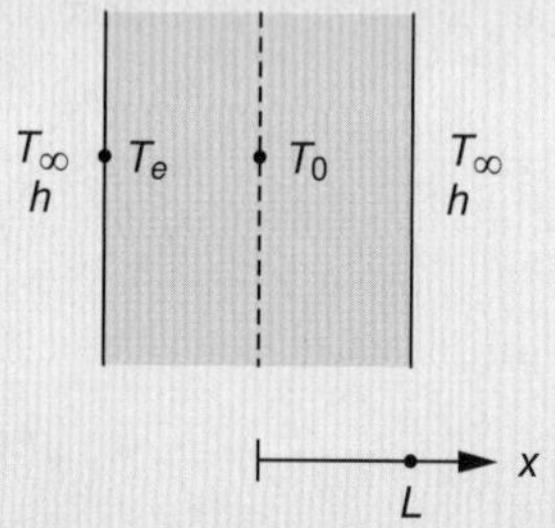 T_∞, h, T_e, T_0, T_∞, h, L, x	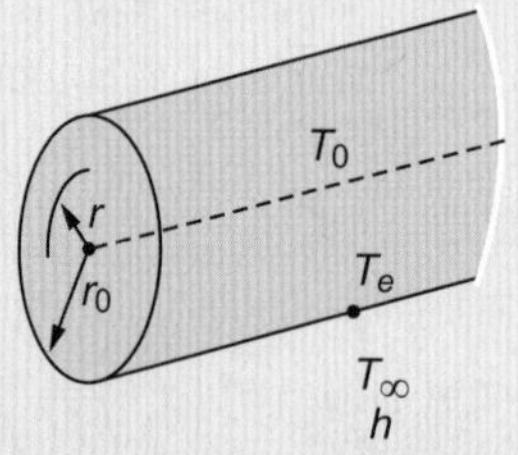 T_0, r, r_0, T_e, T_∞, h	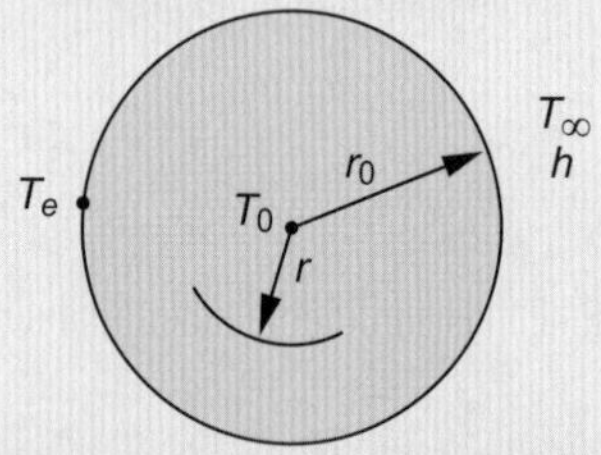 T_∞, h, T_e, r_0, T_0, r
Comprimento característico		
L	r_0	r_0

$$\theta = T(x,\ t) - T_\infty \text{ ou } \theta = T(r,\ t) - T_\infty,\ \theta_i = T_i - T_\infty,\ \theta_0 = T_0 - T_\infty,\ \theta_e = T_e - T_\infty$$

T_0 – temperatura na região central; T_i – temperatura inicial

Número de Biot: $Bi = \dfrac{hL}{k}$, $L = r_0$ no caso de cilíndrico ou esférico

Número de Fourier: $Fo = \dfrac{\alpha t}{L^2} = \dfrac{kt}{\rho C L^2}$ (tempo adimensional)

Calor total trocado pelo corpo: $Q_i = \rho C \forall (T_i - T_\infty) = \rho C \forall \theta_i$

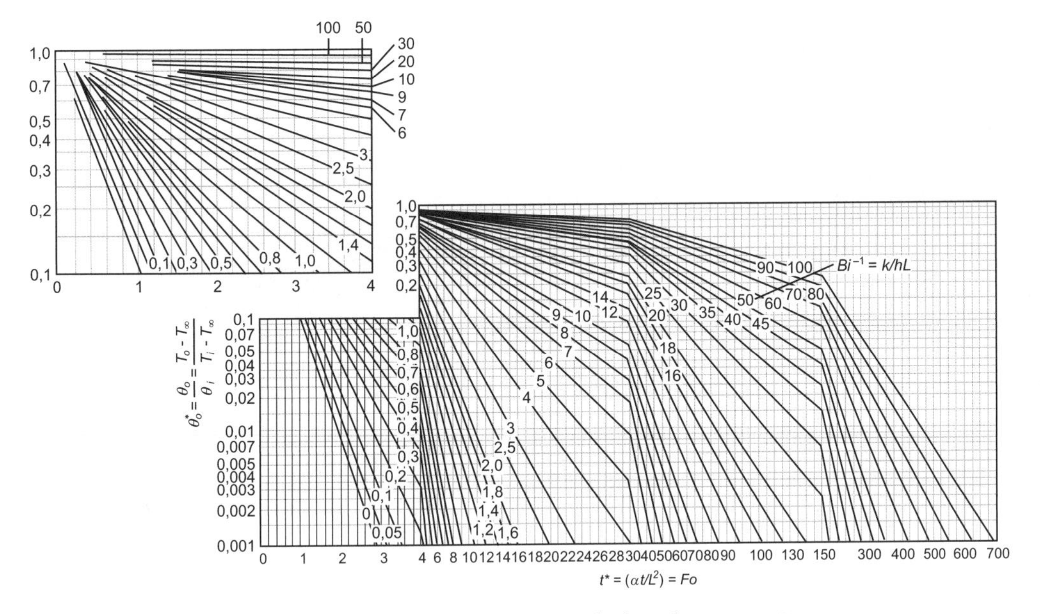

(a) Temperatura no plano central para parede plana de espessura 2L.

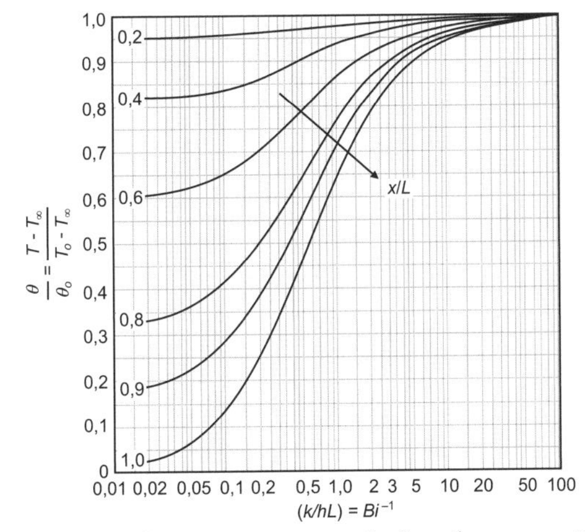

(b) Distribuição de temperatura na parede plana de espessura 2L.

Figura 4.15a Variações da temperatura na placa de espessura 2L (Heisler, 1947). Publicada com autorização.

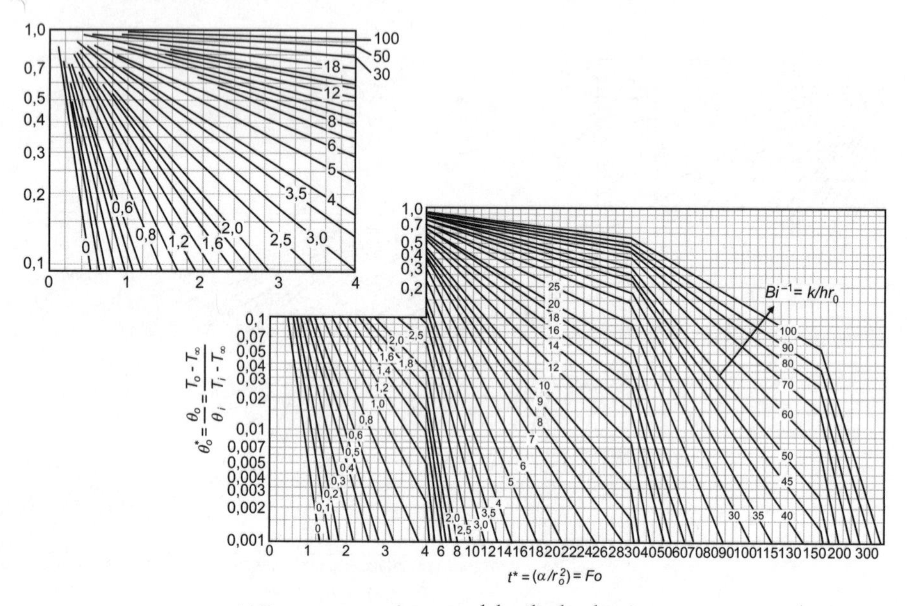

(a) Temperatura no eixo central do cilindro de raio r_0.

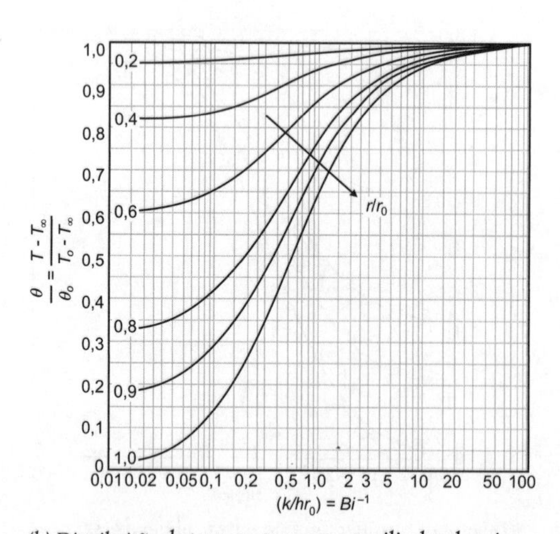

(b) Distribuição de temperatura em um cilindro de raio r_0.

Figura 4.15b Gráficos de Heisler para cilindro de raio r (Heisler, 1947). Publicada com autorização.

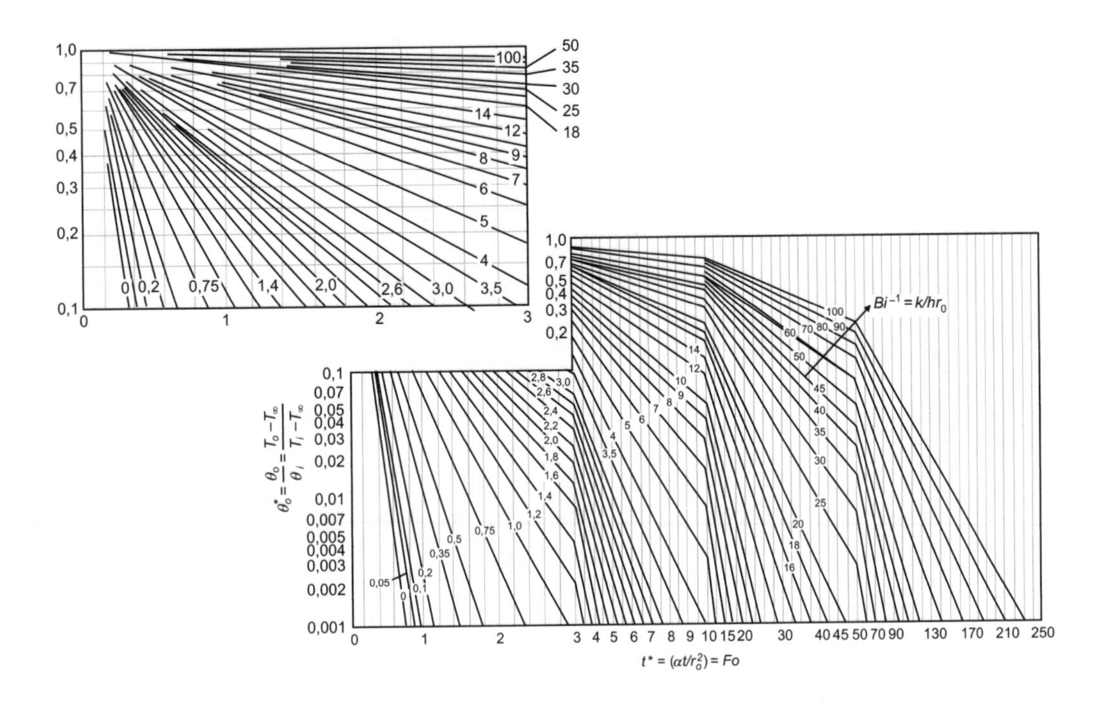

(a) Temperatura no centro da esfera de raio r_0.

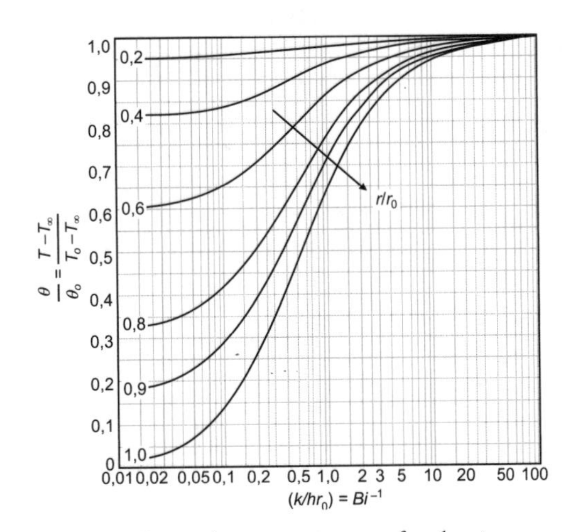

(b) Distribuição de temperatura na esfera de raio r_0.

Figura 4.15c Gráficos de Heisler para uma esfera de diâmetro raio r (Heisler, 1947). Publicada com autorização.

EXEMPLO 4.3 Uso dos diagramas de Heisler

Uma placa de aço 1010 de espessura de 5 cm está, inicialmente, a uma temperatura uniforme de 790 °C preparada para um processo de têmpera. Repentinamente, a placa é inserida em um banho de óleo de forma que ambos os lados da placa são expostos à temperatura de T_∞ = 65 °C com h = 500 W/m² °C. Determine (a) a temperatura no plano médio da placa e (b) a temperatura a 1,25 cm no interior dela, após 3 min.

Solução:

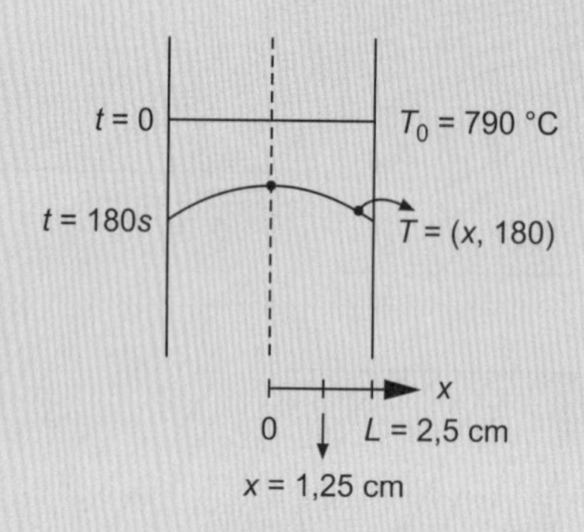

As definições dos números de Biot e Fourier devem seguir o padrão de convenção (Tab. 4.3) dos diagramas de Heisler.
(a) Dados do aço:

$$k = 63{,}9\,\text{W/mK (Tab. A.2)}$$
$$\alpha = 18{,}8 \times 10^{-6}\,\text{m}^2/\text{s}$$
$$2L = 0{,}05\,\text{m} \rightarrow L = 0{,}025\,\text{m}$$
$$Bi = \frac{hL}{k} = \frac{500 \times 0{,}025}{43{,}2} = 0{,}196$$

Como $Bi > 0{,}1$, não se aplica a solução de sistema concentrado. Portanto, deve-se usar a solução de Heisler. Para isso, calculam-se os parâmetros para os gráficos da Figura 4.15a, que são:

$$\frac{1}{Bi} = \frac{1}{0{,}196} = 5{,}1 \text{ e } F_0 = \frac{\alpha t}{L^2} = \frac{18{,}8 \times 10^{-6} \times 180}{0{,}025^2} = 5{,}414.$$

Do diagrama de Heisler, Figura 4.15a-a, vem: $\frac{\theta_0}{\theta_i} = \frac{T_0 - T_\infty}{T_i - T_\infty} = 0{,}4$ (aproximadamente), logo,

$T_0 = 65 + (790 - 65)0{,}4 = 355$ °C, na linha de centro após 3 min.

(b)

Do diagrama de Heisler, Figura 4.15a-b, para a posição x = 0,0125 m:

Com $\frac{1}{Bi} = 5{,}1$ e $\frac{x}{L} = \frac{0{,}0125}{0{,}025} = 0{,}5$, tem-se que: $\frac{\theta}{\theta_0} \cong 0{,}96$

$$\frac{T - T_\infty}{T_0 - T_\infty} \approx 0{,}96 \rightarrow T = 65 + 0{,}96(355 - 65)$$

T = 343,4 °C para a posição $\frac{x}{L} = 0{,}5$ após t = 3 min.

4.3 Condução de calor em regime transitório – solução numérica de diferenças finitas

A solução da equação da condução de calor para o caso transitório multidimensional e geometria qualquer torna-se muito complexa e, na maioria dos casos, não possui solução analítica. No capítulo anterior, na Seção 3.4, foi desenvolvido um método de solução numérica para problemas bidimensionais (e que pode ser estendidos para três dimensões) em regime permanente. Nesta seção, o método é estendido para o caso transitório com a discretização do termo de dependência do tempo. Considere o nó (m, n) de interesse de um problema bidimensional, então pode-se escrever o termo transitório daquele nó como:

$$\left.\frac{\partial T}{\partial t}\right|_{m,n} \approx \frac{(T^{i+1}_{m,n} - T^{i}_{m,n})}{\Delta t} \tag{4.19}$$

o sobrescrito i em T é o índice que representa a temperatura do nó (m, n) no tempo presente e $i + 1$, a temperatura do nó no tempo futuro após Δt, sendo que o tempo passado é dado por $t = i\Delta t$. Substituindo essa discretização temporal e a discretização espacial (Eq. 3.27) na Equação (2.6) sem geração de energia térmica (calor), com $\Delta x = \Delta y$, vem após algum rearranjo:

$$T^{i+1}_{m,n} = Fo'\left(T^{i}_{m+1,n} + T^{i}_{m-1,n} + T^{i}_{m,n+1} + T^{i}_{m,n-1}\right) + (1 - 4Fo')T^{i}_{m,n} \tag{4.20}$$

Nessa equação, foi introduzido o *número de Fourier numérico*, F_0', definido por:

$$Fo' = \frac{\alpha \Delta t}{(\Delta x)^2} \tag{4.21}$$

A forma da equação de obtenção da evolução da temperatura nodal com o tempo dada pela Equação (4.20) é explícita no tempo. Ou seja, a temperatura do ponto nodal (m, n) no tempo posterior $i + 1$ é determinada completamente a partir da distribuição de temperaturas no tempo presente i. Evidentemente que, para um tempo longo o suficiente, a solução de regime permanente será alcançada. Entretanto, esse método possui certo grau de instabilidade numérica associada. O coeficiente que multiplica a temperatura do ponto nodal (m, n) no tempo presente deve ser positivo, isto é, $1 - 4F_0' > 0 \Rightarrow F_0' < 1/4$. Esse critério é válido para nós interiores. Portanto, esse condicionante afetará a seleção do intervalo de tempo Δt para que se marche no tempo, o qual *não* poderá ser dissociado do tamanho $\Delta x = \Delta y$ das células nodais. Isto é:

$$Fo' = \frac{\alpha \Delta t}{(\Delta x)^2} < \frac{1}{4} \quad \Rightarrow \quad \Delta t < \frac{(\Delta x)^2}{4\alpha} \tag{4.22}$$

Um critério semelhante ocorre para geometrias unidimensionais e resulta em $F_0' < 1/2$. Já no caso de um sistema tridimensional, o critério é $F_0' < 1/6$. O critério desenvolvido vale para um ponto nodal interior, já o caso de um ponto nodal na superfície pode ser mais exigente, como indicado a seguir.

Considere um ponto nodal localizado em uma superfície superior com transferência de calor convectiva, como indicado na Figura 4.16.

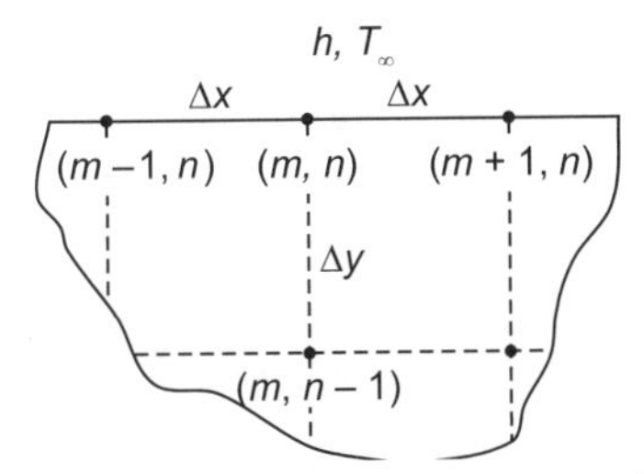

Figura 4.16 Ponto nodal convectivo na superfície superior.

A equação nodal transitória para esse caso é:

$$T^{i+1}_{m,n} = Fo'\left(2T^{i}_{m,n-1} + T^{i}_{m-1,n} + T^{i}_{m+1,n} + 2Bi'\,T_{\infty}\right) + (1 - 4Fo' - 2Bi'\,Fo')T^{i}_{m,n} \tag{4.23}$$

em que o número de Biot numérico é dado por:

$$Bi' = \frac{h\Delta x}{k} \tag{4.24}$$

O critério de estabilidade do coeficiente da temperatura do ponto nodal (*m*, *n*) de interesse deve ser positivo. Portanto, nesse caso, deve se ter $1 - 4Fo' - 2Bi'\,Fo' > 0 \Rightarrow Fo'(2 + Bi') < 1/2$.

Outras condições de contorno são indicadas na Tabela 4.4, na qual são mostradas as equações em método explícito.

Tabela 4.4 Equações diferenciais finitas em regime transitório para pontos nodais em que $\Delta x = \Delta y$

Esquema	Equação	Critério de estabilidade
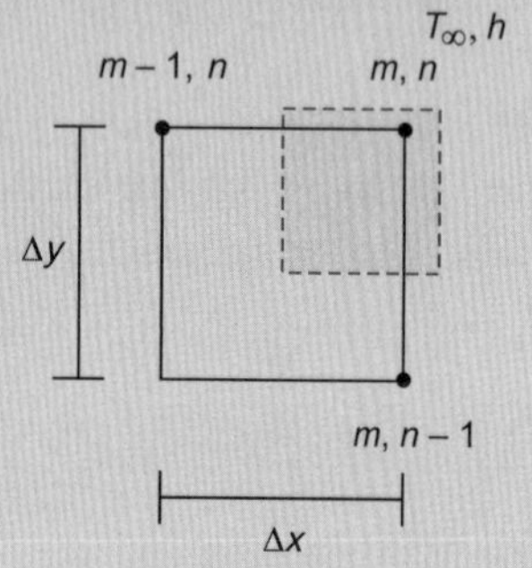 $m-1, n$; m, n; T_∞, h; $m, n-1$; Δx; Δy	Canto externo com convecção externa $T^{i+1}_{m,n} = 2Fo'\left(T^i_{m-1,n} + T^i_{m,n-1} + 2Bi'T_\infty\right) + \left(1 - 4Fo' - 4Bi'Fo'\right)T^i_{m,n}$	$Fo'(1 + Bi') \leq 0{,}25$
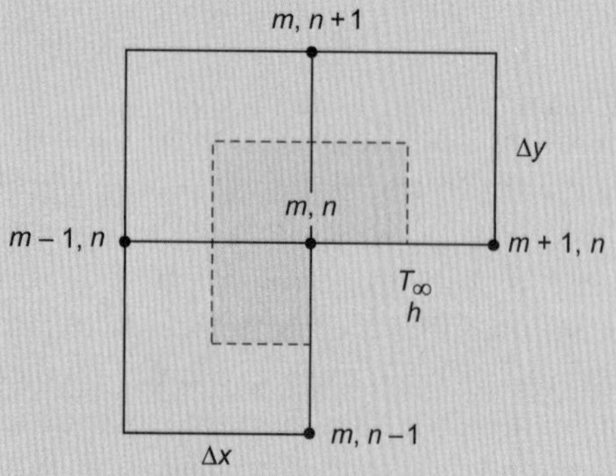 $m, n+1$; $m-1, n$; m, n; $m+1, n$; $m, n-1$; T_∞, h; Δx; Δy	Canto interno com convecção externa $T^{i+1}_{m,n} = (2Fo'/3)\left(T^i_{m+1,n} + 2T^i_{m-1,n} + 2T^i_{m,n+1} + T^i_{m,n-1} + 2Bi'T_\infty\right) + \left(1 - 4Fo' - 0{,}75Bi'Fo'\right)T^i_{m,n}$	$Fo'(3 + Bi') \leq 0{,}75$
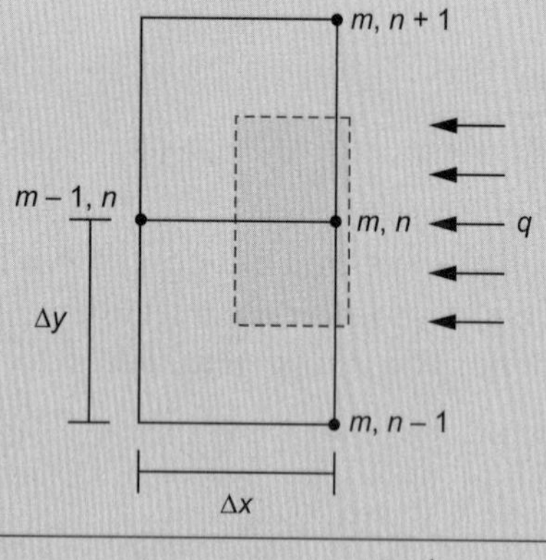 $m, n+1$; $m-1, n$; m, n; q; $m, n-1$; Δx; Δy	Parte plana com fluxo de calor constante $T^{i+1}_{m,n} = Fo'\left(2T^i_{m-1,n} + T^i_{m,n+1} + T^i_{m,n-1}\right) + 2q\frac{Fo'\Delta x}{k} + (1 - 4Fo')T^i_{m,n}$	$Fo' \leq 0{,}25$
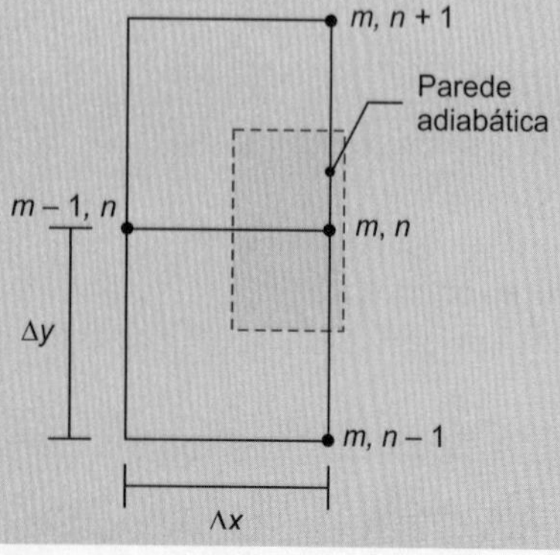 $m, n+1$; Parede adiabática; $m-1, n$; m, n; $m, n-1$; Δx; Δy	Parte plana adiabática ou simétrica $T^{i+1}_{m,n} = Fo'\left(2T^i_{m-1,n} + T^i_{m,n+1} + T^i_{m,n-1}\right) + (1 - 4Fo')T^i_{m,n}$	$Fo' \leq 0{,}25$

EXEMPLO 4.4 Transitório bidimensional em placa plana

Vamos analisar a solução transitória para o Exemplo 3.2. Uma placa retangular com condutividade térmica k = 10 W/mK e $\alpha = 3 \times 10^{-6}$ m²/s está, inicialmente, a 100 °C e, repentinamente, é exposta à convecção na face superior com um fluido a 20 °C, sendo o coeficiente de transferência de calor por convecção entre o fluido e a placa de 200 W/m²K, enquanto as faces laterais e inferior estão à temperatura constante de 100 °C, como ilustrado na figura. Pede-se para calcular a evolução no tempo da distribuição de temperatura nos pontos nodais indicados. Considere $\Delta x = \Delta y = 0{,}1$ m.

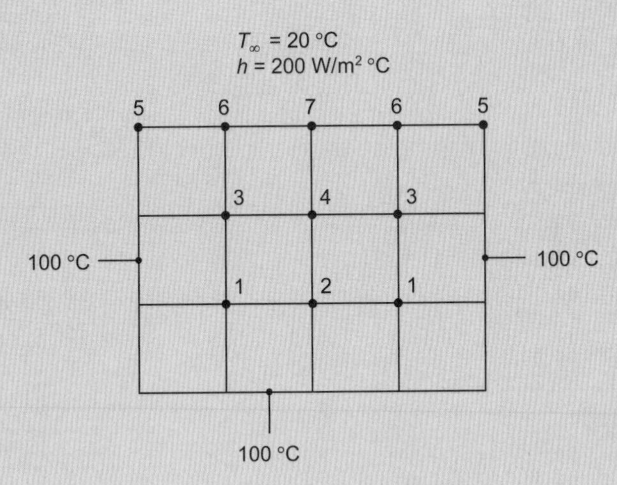

Solução:

Cálculo do número Biot numérico:

$$Bi' = \frac{200 \times 0{,}1}{10} = 2$$

Aplicando o critério de estabilidade (mais restritivo) do nó superior, vem:

$$Fo' < \frac{1}{2(2+Bi')} \Rightarrow \frac{1}{2(2+2)} = \frac{1}{8} \Rightarrow \Delta t < \frac{(\Delta x)^2}{8\alpha} = \frac{(0{,}1)^2}{8 \times 3 \times 10^{-6}} = 416{,}7\ s$$

Assumindo $\Delta t = 60$ s (1 min) $\Rightarrow Fo' = \dfrac{\alpha \Delta t}{(\Delta x)^2} = \dfrac{3 \times 10^{-6} \times 60}{(0{,}1)^2} = 0{,}018$

Para os pontos nodais internos (1 a 4) é válida a Equação (4.20):

$T^{i+1}_{m,n} = Fo'\left(T^i_{m+1,n} + T^i_{m-1,n} + T^i_{m,n+1} + T^i_{m,n-1}\right) + (1 - 4Fo')T^i_{m,n}$. Portanto,

nó 1: $T_1^{i+1} = 0{,}018 \times \left(T_2^i + T_3^i + 200\right) + 0{,}928 \times T_1^i$

nó 2: $T_2^{i+1} = 0{,}018 \times \left(2T_1^i + T_4^i + 100\right) + 0{,}928 \times T_2^i$

nó 3: $T_3^{i+1} = 0{,}018 \times \left(T_1^i + T_4^i + T_6^i + 100\right) + 0{,}928 \times T_3^i$

nó 4: $T_4^{i+1} = 0{,}018 \times \left(T_2^i + 2T_3^i + T_7^i\right) + 0{,}928 \times T_4^i$

nó 5: $T_5 = 100$ °C (temperatura prescrita)

Nos pontos nodais com convecção na face superior (6 e 7), vale a Equação (4.23):

$T^{i+1}_{m,n} = Fo'\left(2T^i_{m,n-1} + T^i_{m-1,n} + T^i_{m+1,n} + 2Bi'\,T_\infty\right) + (1 - 4Fo' - 2Bi'\,Fo')T^i_{m,n}$. Portanto,

nó 6: $T_6^{i+1} = 0{,}018 \times \left(2T_3^i + T_7^i + 180\right) + 0{,}856T_6^i$

nó 7: $T_7^{i+1} = 0{,}018 \times \left(2T_4^i + 2T_6^i + 80\right) + 0{,}856T_7^i$

A solução tem início assumindo que a placa possui uma temperatura uniforme T_0 = 100 °C no tempo inicial t = 0 s. Um extrato da evolução temporal da temperatura dos pontos nodais a cada minuto está indicado na tabela que se segue. Como se vê na tabela, o regime permanente é alcançado após cerca de 7 h (420 min) com convergência de duas casas decimais, ou módulo do erro absoluto menor que 0,005. No caso de convergência com apenas uma casa decimal, ou módulo de erro absoluto menor que 0,05, o regime permanente é alcançado em cerca de 4 h (240 min). Compare com os resultados de regime permanente do problema do Capítulo 3 (Exemplo 3.2).

t (s)	t (min)	T_1 (°C)	T_2 (°C)	T_3 (°C)	T_4 (°C)	T_5 (°C)	T_6 (°C)	T_7 (°C)
60	1	100,00	100,00	100,00	100,00	100,00	94,24	94,24
120	2	100,00	100,00	99,90	99,90	100,00	89,21	89,10
180	3	100,00	100,00	99,71	99,70	100,00	84,80	84,52
240	4	99,99	99,99	99,45	99,44	100,00	80,94	80,43
....								
1020	17	99,42	99,33	93,80	92,93	100,00	57,71	53,91
1080	18	99,34	99,23	93,34	92,37	100,00	56,98	53,01
1140	19	99,25	99,12	92,90	91,82	100,00	56,33	52,19
1200	20	99,16	99,01	92,46	91,28	100,00	55,74	51,45
1260	21	99,07	98,90	92,04	90,75	100,00	55,21	50,77
....								
4980	83	93,53	91,36	79,89	74,36	100,00	47,76	40,80
5040	84	93,47	91,29	79,82	74,26	100,00	47,74	40,76
5100	85	93,42	91,22	79,75	74,16	100,00	47,71	40,72
5160	86	93,38	91,15	79,68	74,07	100,00	47,68	40,69
5220	87	93,33	91,08	79,62	73,97	100,00	47,66	40,65
....								
14160	236	91,40	88,36	77,18	70,54	100,00	46,71	39,32
14220	237	91,40	88,36	77,18	70,54	100,00	46,71	39,32
14280	238	91,40	88,36	77,18	70,54	100,00	46,71	39,32
14340	239	91,40	88,36	77,18	70,53	100,00	46,71	39,32
14400	240	91,40	88,35	77,18	70,53	100,00	46,71	39,32
....								
18000	300	91,36	88,31	77,14	70,47	100,00	46,70	39,29
19800	330	91,36	88,30	77,13	70,47	100,00	46,69	39,29
21600	360	91,36	88,29	77,13	70,46	100,00	46,69	39,29
23400	390	91,36	88,29	77,13	70,46	100,00	46,69	39,29
25200	420	91,35	88,29	77,13	70,46	100,00	46,69	39,29

Referência

Heisler, B. M. P. Temperature charts for induction and constant temperature heating. *Transactions of ASME*, 1947.

Problemas propostos

4.1 Determine se a hipótese de sistema concentrado é válida para uma esfera de aço 1010 de 10 mm de diâmetro a 100 °C submetida em: (a) ar em convecção natural (h = 10 W/m² °C); (b) ar em convecção forçada (h = 50 W/m²°C); (c) água em convecção forçada (h = 6000 W/m²°C).

4.2 Determine a constante de tempo de um termopar do tipo J (ferro-constantan), cuja junção é assumida esférica de diâmetro 0,25 mm. O termopar é colocado em um banho de gelo e água líquida a 0 °C, cujo h vale 500 W/m² °C. O que você sugere fazer para diminuir essa constante de tempo à metade? (*Dica*: use as propriedades da junta como a média aritmética das propriedades do ferro – Tab. A.2 – e do constantan – calor específico $C = 390$ J/kg °C e $\rho = 8860$ kg/m³.)

4.3 Quanto tempo seria necessário para que o termopar do Problema proposto 4.2 indicasse 9,9 °C e 0,1 °C, se quando for inserido na água estiver a 10 °C, com a mesma constante de tempo?

4.4 O fusível utilizado na proteção de um circuito elétrico é constituído por um fio de estanho que apresenta diâmetro igual a $d = 0{,}8$ mm e comprimento de 10 mm. Normalmente, o circuito elétrico opera em 220 V e com uma corrente igual a 2,5 A (nominal). O fusível está localizado em um ambiente onde a temperatura é $T_\infty = 20$ °C e que proporciona um coeficiente de transferência de calor médio e combinado (radiação + convecção) igual a $h = 18$ W/m² °C – despreze a condução de calor nas suas extremidades. (a) Calcule a temperatura de regime permanente (corrente de 2,5 A). (b) Para uma corrente de 20 A, estime o tempo necessário para que ocorra a ruptura do fusível (proteção elétrica) quando ocorre a fusão. Sabe-se que sua resistividade elétrica do estanho vale $1{,}5 \times 10^{-7}$ Ω·m.

4.5 Uma caixa de suco, completamente cheia, de dimensões 17,5 × 9,5 × 6,4 cm se encontra na geladeira a 5 °C. Zezinho vai à geladeira, retira a caixa e a deixa sobre a pia no ambiente que está a 20 °C. Obtenha a curva de aquecimento da caixa de suco, isto é, $T(t)$. Utilize as seguintes hipóteses principais: (a) admita que as propriedades do suco sejam as mesmas que as da água; (b) admita que a caixa seja de papelão de espessura de 1,7 mm, $k_p = 0{,}05$ W/mK, e não acumule energia interna; (c) assuma que a área interna seja aproximadamente igual à externa; (d) o coeficiente de convecção de calor vale 10 W/m²°C; (e) a base da caixa sofre condução para a pia, porém admita que, para efeito de cálculo, sofre convecção como ocorre com as demais faces da caixa; (f) o suco se aquece uniformemente (confirme essa hipótese posteriormente).

4.6 Uma esfera de cobre, inicialmente, a uma temperatura uniforme T_0 é imersa em um fluido. Aquecedores elétricos permitem o controle de temperatura de tal maneira que a temperatura do fluido $T_\infty(t)$ apresente uma variação periódica da forma:

$$T_\infty(t) - T_m = \alpha \operatorname{sen}(\omega t)$$

em que:

T_m temperatura média do fluido em relação ao tempo;
α amplitude da "onda" de temperatura;
ω frequência angular.

Obtenha uma expressão para a temperatura da esfera em função do tempo e do coeficiente de transferência de calor entre o fluido e a esfera. Considere que as temperaturas da esfera e do fluido sejam uniformes em qualquer instante, possibilitando, assim, a utilização do método de análise concentrada.

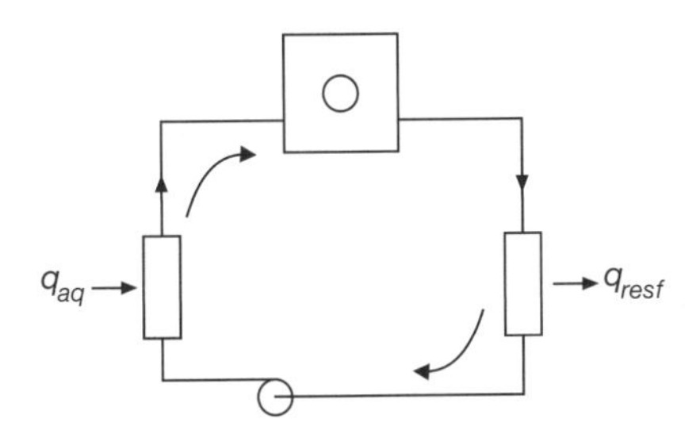

4.7 Um cubo de 10 cm de lado a T_1 é colocado em contato com um segundo cubo também de 10 cm de lado a T_2, com $T_1 > T_2$. Admitindo que só exista transferência de calor por condução entre a face de contato dos dois blocos e que a resistência de contato entre eles seja desprezível, determine a temperatura de equilíbrio dos dois blocos e a expressão da diferença de temperaturas $\theta(t) = T_1(t) - T_2(t)$ em função do tempo. Determine a temperatura de equilíbrio e o tempo necessário para que essa diferença seja de 10 % da diferença inicial se os blocos forem de alumínio (inicialmente, a 100 °C) e cobre (inicialmente, a 300 °C).

4.8 Uma grande parede sólida de tijolo com 20 cm de espessura atinge uma temperatura uniforme de 5 °C durante uma noite de inverno. A partir das 9 h da manhã, o ar adjacente à parede passa a ter a temperatura de 18 °C e assim se mantém até o início da tarde. Estimar as temperaturas do tijolo na linha de centro e na superfície ao meio-dia. O coeficiente de transferência de calor por convecção pode ser considerado constante e igual a 40 W/m² °C, sendo que as duas faces da parede estão expostas ao ar.

4.9 Uma placa de aço 1010 de 4 cm de espessura está, inicialmente, a 40 °C. Subitamente, ela é mergulhada em um banho de óleo quente a 100 °C e a temperatura das faces é mantida nesse valor. Determinar a temperatura no centro da placa 30 s após a operação.

4.10 Em tratamento térmico para têmpera de esferas de aço de rolamentos (C = 470J/kgK, ρ = 7850 kg/m³, k = 48 W/mK), é desejável elevar a temperatura da superfície por um pequeno tempo sem aquecimento significativo do interior da esfera em um banho de sal liquefeito com T_0 = 1000 °C e h = 5000 W/m²K. Admitir que qualquer local dentro da esfera cuja temperatura exceda 727 °C será temperado. Estime o tempo necessário para alcançar a profundidade de têmpera de um milímetro em uma esfera com 20 mm de diâmetro, se a sua temperatura inicial for 30 °C.

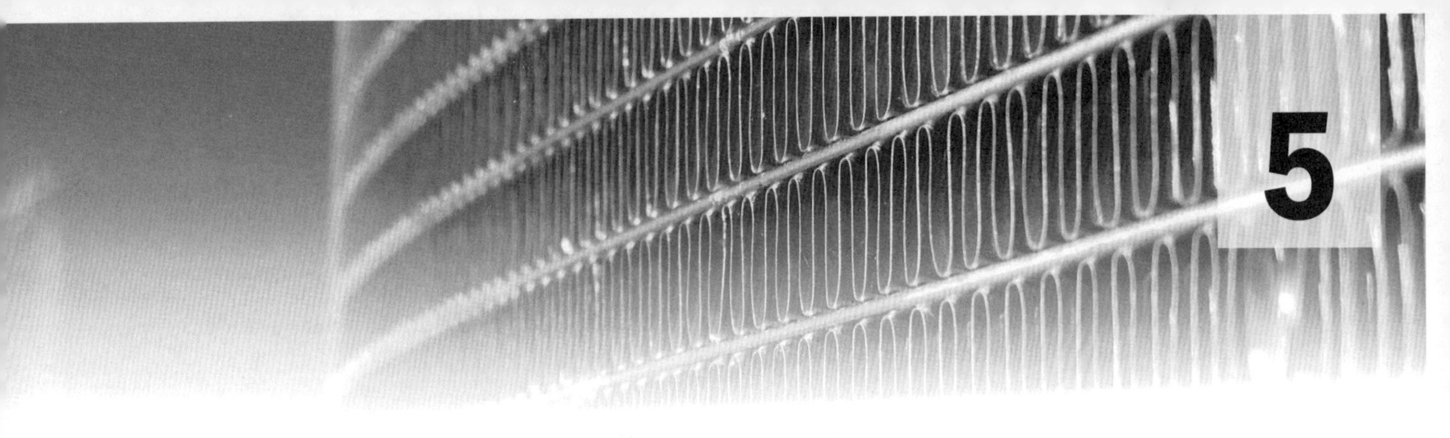

Convecção Forçada Externa

5.1 Introdução à convecção de calor – Lei de resfriamento de Newton

A taxa de transferência de calor por convecção de um fluido em contato com uma superfície aquecida (ou resfriada) é regida pela *Lei de resfriamento de Newton* de 1701, dada por:

$$\dot{Q} = Ah(T_p - T_\infty) \tag{5.1}$$

em que $\dot{Q}$ é a taxa de transferência de calor, T_p e T_∞ são as temperaturas da superfície e do fluido ao longe, respectivamente, A é a área de troca de calor, isto é, a área de contato do fluido com a superfície, e h é o coeficiente de transferência de calor por convecção. A unidade do coeficiente de transferência de calor por convecção é dada por:

$$[h] = \frac{[\dot{Q}]}{[A]\times[T]} = \frac{W}{m^{2\,\circ}C} \text{ ou } \frac{W}{m^2K}$$

Para uma perspectiva histórica da lei de resfriamento, recomenda-se o artigo de Besson (2012). Como se vê, a expressão para o cálculo da transferência de calor é consideravelmente mais simples do que a da condução de calor baseada na equação diferencial de Fourier (Eq. 2.1), pois envolve somente uma diferença de temperaturas e uma grandeza de proporcionalidade, h. Porém, a aparente simplicidade oculta a complexidade do problema, pois, em geral, o coeficiente de transferência de calor por convecção h é função de um grande número de variáveis, tais como as propriedades de transporte do fluido (viscosidade, densidade, condutividade térmica), velocidade relativa do fluido, geometria e rugosidade da superfície de contato, entre outras. Assim, pode-se afirmar de uma forma ampla que o problema fundamental da transferência de calor por convecção é a determinação do valor de h válido para o caso em análise. O valor teórico do coeficiente de transferência de calor por convecção pode ser obtido no regime laminar para algumas configurações e condições de contorno. De forma que a determinação da taxa de transferência de calor convectiva é geralmente baseada em correlações experimentais obtidas em laboratório que envolvem os chamados *números adimensionais*, os quais agrupam as grandezas físicas que controlam o fenômeno de troca térmica convectiva.

A análise dimensional é um método de reduzir o número de variáveis de um problema, como o da transferência de calor convectiva, para um conjunto menor de variáveis adimensionais que agrupam as grandezas físicas dominantes do fenômeno. Números adimensionais familiares são o número de Reynolds na Mecânica dos Fluidos e os números de Biot e de Fourier introduzidos no Capítulo 4 no contexto da condução transitória de calor. A maior limitação da análise dimensional é que ela não fornece nenhuma informação sobre a natureza do fenômeno. De fato, todas as grandezas físicas que influenciam o fenômeno *devem ser conhecidas* de antemão. Por isso, deve se ter uma compreensão física preliminar correta e completa do problema em análise.

O primeiro passo da aplicação do método consiste na determinação das dimensões primárias. Todas as grandezas físicas que influenciam o problema devem ser escritas em função dessas grandezas primárias. Esse é o assunto da próxima subseção.

5.1.1 Adimensionais da transferência de calor por convecção forçada

Geralmente, a transferência de calor convectiva forçada é dominada por várias grandezas físicas formadas pelas propriedades do fluido, além da velocidade do fluido, da geometria e dados dimensionais e de acabamento da superfície. Em razão da grande quantidade de tipos de fluidos (cada um com seus próprios valores de propriedades de transporte), velocidades e geometrias, costuma-se trabalhar com grupos ou números adimensionais, permitindo que, independentemente do tipo de fluido e demais variáveis, se possa encontrar correlações gerais de transferência de calor aplicáveis em muitos casos. Existem formulações analíticas originárias de análises diferenciais das equações de conservação e correlações empíricas que provêm da experimentação. Esses dois conjuntos de relações são complementares. Nesta subseção é explicada a forma de obtenção de números adimensionais e de sua inter-relação. Assim, considere o escoamento de um fluido de velocidade u_∞ e temperatura T_∞ que é aquecido por uma placa plana com temperatura de superfície constante, T_p, cujo valor é maior do que a temperatura do fluido, como ilustrado na Figura 5.1. Na Tabela 5.1, encontram-se listadas todas as sete grandezas que interferem na transferência de calor desse caso, incluindo as propriedades de transporte do fluido, sua velocidade e comprimento da placa plana.

O método de reduzir o número de grandezas que dominam o fenômeno para grupos adimensionais pressupõe que *todas* as grandezas que interferem na transferência de calor sejam conhecidas. Na Tabela 5.1,

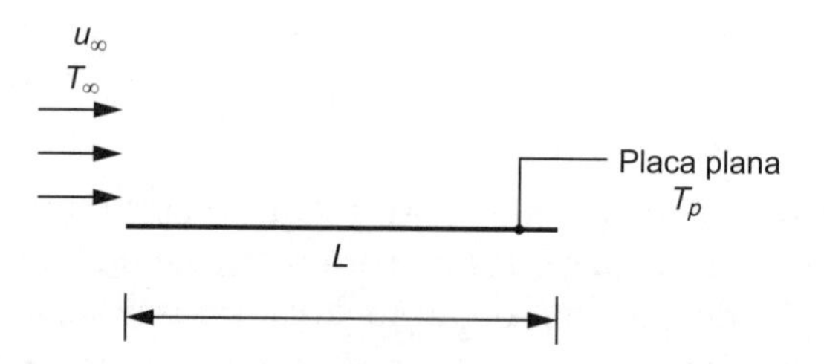

Figura 5.1 Escoamento paralelo de um fluido sobre uma placa plana.

Tabela 5.1 Grandezas que interferem na transferência de calor convectiva de um fluido sobre uma placa plana – sistema MLTt de grandezas primárias

Grandeza		
Símbolo	**Descrição**	**Dimensão**
ρ	Densidade ou massa específica do fluido	M/L^3
μ	Viscosidade dinâmica do fluido	M/Lt
k	Condutividade térmica do fluido	ML/t^3T
C_p	Calor específico à pressão constante do fluido	L^2/t^2T
u_∞	Velocidade do fluido	L/t
L	Comprimento da placa	L
h	Coeficiente de transferência de calor por convecção	M/t^3T

M, L, T e t representam as grandezas massa, comprimento, temperatura e tempo, respectivamente, as quais perfazem o *sistema primário de grandezas*. O número N de grandezas que interferem no fenômeno da transferência de calor convectiva em uma placa plana está indicado na Tabela 5.1, de onde se conclui que há N = 7 grandezas que controlam a transferência de calor para essa configuração. Por outro lado, como há P = 4 *grandezas primárias* (*MLTt*), do que resultam, pelo *teorema dos* π ou de *Buckingham*, três grupos adimensionais *I* independentes que regem o fenômeno, os quais combinam as sete variáveis do problema, isto é:

$$I = N - P = 7 - 4 = 3 \text{ (3 grupos adimensionais)}$$

Para se obter os referidos grupos adimensionais, primeiramente define-se um grupo adimensional qualquer π envolvendo as sete variáveis do problema: $\pi = \rho^a \mu^b k^c c_P{}^d u_\infty^e L^f h^g$, sendo a sequência *a* ... *g* expoentes que tornam π um número adimensional.

Agora, substituem-se as grandezas primárias (*MLTt*) de cada grandeza, obtidas da Tabela 5.1:

$$\pi = \left(\frac{M}{L^3}\right)^a \left(\frac{M}{Lt}\right)^b \left(\frac{ML}{t^3T}\right)^c \left(\frac{L^2}{t^2T}\right)^d \left(\frac{L}{t}\right)^e L^f \left(\frac{M}{t^3T}\right)^g$$

Após agrupar as grandezas primárias, obtém-se:

$$\pi = M^{a+b+c+g}\, L^{-3a-b+c+2d+e+f}\, T^{-c-d-g}\, t^{-b-3c-2d-e-3g}$$

Por se tratar de um adimensional π, todos os expoentes das grandezas primárias devem ser nulos, isto é:

$$\begin{cases} a+b+c+g=0 \\ -3a-b+c+2d+e+f=0 \\ -c-d-g=0 \\ -b-3c-2d-e-3g=0 \end{cases}$$

Há, portanto, um sistema de sete incógnitas (*a* ... *g*) e apenas quatro equações. Logo, o sistema de equações é indeterminado. Na sequência, o método pressupõe que se assumam alguns valores para três dos expoentes a fim de que o sistema possa ter uma solução. Este é um ponto crítico do método, pois há de se fornecer valores de forma criteriosa e, de certa maneira, com algum conhecimento prévio do problema. A seguir, são estabelecidos os valores dos expoentes e a motivação da seleção.

(a) Como *h* é uma grandeza de interesse e se quer obter uma relação explícita dessa grandeza, então adota-se *g* = 1. Agora falta assumir mais dois valores, por exemplo, assumindo *a* e *e* iguais a zero. Logo:

$$\begin{cases} g=1 \\ a=e=0 \end{cases}$$

Assim, pode-se resolver o sistema de equações para obter os expoentes faltantes, ou seja: *b* = 0; *c* = – 1; *d* = 0; *f* = 1. Dessa forma, o adimensional correspondente é:

$$\pi = \rho^0 \mu^0 k^{-1} C_P{}^0 u_\infty^0 L^1 h^1$$

Esse primeiro grupo adimensional recebe o nome de *número de Nusselt*, definido por:

$$\pi_1 = \frac{hL}{k} = Nu \qquad (5.2)$$

Em alguns textos, *Nu* também é chamado *coeficiente adimensional de transferência de calor*.

(b) Agora, h é eliminado fazendo $g = 0$. Com outros valores assumidos:

$$\begin{cases} g = 0 \\ d = 0 \\ f = 1 \end{cases}$$

A solução do sistema fornece $a = 1$; $b = -1$; $c = 0$; $e = 1$
Resultando em: $\pi = \rho^1 \mu^{-1} k^0 C_p{}^0 u_\infty^1 L^1 h^0$
De onde provém o segundo grupo adimensional relevante do problema, que é o *número de Reynolds*, dado por:

$$\pi_2 = \frac{\rho u_\infty L}{\mu} = Re \tag{5.3}$$

(c) Finalmente, sejam os seguintes valores para os expoentes:

$$b = 1;\ c = -1;\ d = 1$$

Daí resulta o terceiro e último número adimensional, que recebe o nome de *número de Prandtl*.

$$\pi_3 = \frac{C_p \mu}{k} = Pr \tag{5.4}$$

No problema original havia sete variáveis e, por meio do método do teorema dos π, elas foram reduzidas para apenas três variáveis na forma de grupos ou números adimensionais. Assim, esses três números adimensionais podem ser relacionados por meio de funções (analíticas ou experimentais) do tipo:

$$F(\pi_1, \pi_2, \pi_3) = 0 \ F(Nu, Re, Pr) = 0 \tag{5.5a}$$

De modo equivalente, pode-se isolar o número de Nusselt, Nu, para obter sua dependência explícita dos números de Reynolds, Re, e Prandtl, Pr, isto é:

$$Nu = f(Re, Pr) \tag{5.5b}$$

Dessa forma, dados experimentais medidos em laboratório podem fornecer a função $Nu = f(Re, Pr)$ procurada, ou é possível que se obtenha a própria função analítica em alguns casos, como analisado nas próximas seções.

5.2 Convecção laminar sobre placa plana

Na seção anterior, mostrou-se que a transferência de calor no escoamento externo sobre uma superfície resulta em três números adimensionais que controlam o fenômeno. Essas grandezas são o número de Nusselt, Nu, o número de Reynolds, Re, e o número de Prandtl, Pr, que se combinam para formar uma relação do tipo $Nu = f(Re, Pr)$. Nesta seção é apresentada essa relação funcional de forma analítica e exata para o caso do escoamento forçado sobre uma superfície plana em regime laminar. Para isso, são apresentadas as equações diferenciais que regem a transferência de calor. Depois, será indicada a solução dessas equações, bem como o método integral de solução.

Considere o escoamento de um fluido sobre uma superfície ou placa plana, como ilustrado na Figura 5.2. Admita que o fluido tenha um perfil uniforme de velocidades (retangular), u_∞, antes de atingir a placa. As partes frontal e posterior da placa são conhecidas como *borda de ataque* e *de fuga*, respectivamente. Após o fluido atingir a borda de ataque, o atrito viscoso vai desacelerar as porções de fluido adjacentes à placa, dando início a uma *camada-limite laminar hidrodinâmica* (CLLH), cuja espessura cresce à medida que o fluido escoa ao longo da superfície. O conceito de camada-limite foi introduzido por Prandtl, em 1904, quando ele concluiu que a velocidade do fluido adjacente à superfície tem velocidade nula, condição conhecida como de *não escorregamento*, e aumenta na direção perpendicular até atingir a velocidade do escoamento livre ao longe, u_∞. Na Figura 5.2, o perfil de velocidades laminar está esquematizado na distância x desde a borda de ataque. Note que a espessura δ_H da camada-limite laminar hidrodinâmica vai crescer continuamente com x até que instabilidades hidrodinâmicas forçarão a uma transição de regime para dar início ao *regime turbulento*, se a placa for longa o suficiente. Admite-se que a transição do regime de escoamento laminar para turbulento inicie para a seguinte condição $Re_{x,\text{trans}} = \dfrac{u_\infty x \rho}{\mu} > 5 \times 10^5$ (por vezes, também se usa 3×10^5), em que x é a distância a partir do início da placa (borda de ataque).

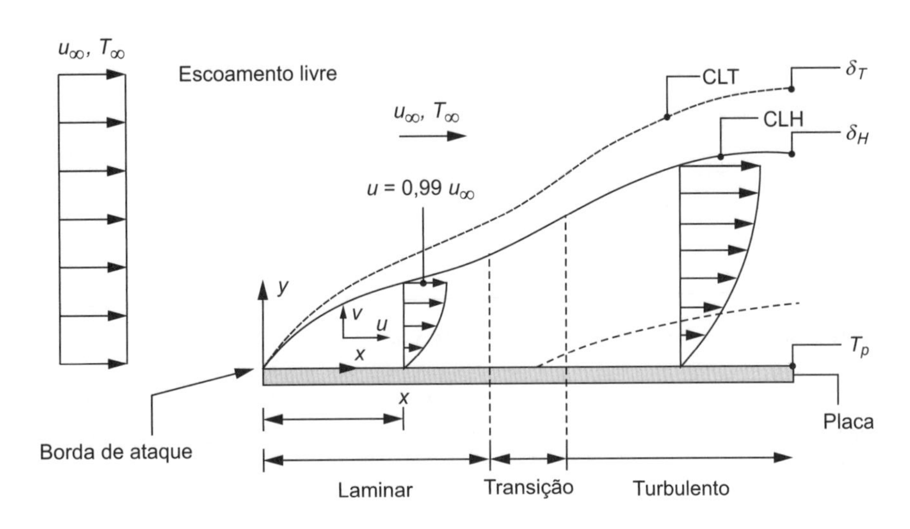

Figura 5.2 Formação das camadas-limite hidrodinâmica, δ_H, e térmica, δ_T, em uma placa plana.

No regime laminar, o fluido se movimenta aproximadamente de forma paralela à superfície como se fossem "lâminas" deslizantes, sendo que a tensão de cisalhamento, originária do atrito viscoso, é dada por $\tau(x,y) = \mu \dfrac{du}{dy}$ para um fluido newtoniano (como ar, água ou óleo). O atrito viscoso desacelera o fluido na direção perpendicular à placa dando origem à camada-limite hidrodinâmica, que, por sua vez, cresce continuamente a partir da distância da borda de ataque, isto é, $\delta_H = \delta_H(x)$. Define-se a espessura da camada-limite δ_H como a distância perpendicular a partir da superfície ($y = 0$), à posição em que a velocidade do fluido atinge 99 % da velocidade do escoamento livre, isto é:

$$u = 0{,}99 \times u_\infty \tag{5.6}$$

O escoamento antes da placa e fora da camada-limite hidrodinâmica é conhecido como escoamento livre. De forma similar à camada-limite hidrodinâmica, se o fluido e a parede da placa estiverem com diferentes temperaturas, surge a *camada-limite térmica* (CLT), como indicado na mesma Figura 5.2. Supondo que o escoamento livre esteja a uma temperatura inferior à da superfície, o fluido será aquecido gradativamente na direção perpendicular y por condução de calor. A espessura da CLT, δ_T, é definida como a distância vertical em que a temperatura do fluido $T = T_{\delta_T}$ (ver também Fig. 5.9) satisfaz à seguinte relação:

$$\frac{T_{\delta_T} - T_p}{T_\infty - T_p} = 0{,}99 \tag{5.7}$$

5.2.1 Solução exata de Blasius (1908)

Para resolver o problema da camada laminar é necessário que se estabeleçam as equações diferenciais da conservação de massa, da quantidade de movimento e da energia. Adicionalmente, para a maioria dos problemas, costuma-se assumir as seguintes hipóteses: fluido incompressível, regime permanente, escoamento bidimensional com profundidade unitária, sem geração de energia térmica (calor), pressão constante na direção perpendicular à placa, efeitos da gravidade desprezíveis, propriedades de transporte constantes e força e tensão de cisalhamento constantes na direção perpendicular. Os balanços são realizados no elemento de controle diferencial genérico (volume de controle – VC) dentro da camada-limite laminar (CLL), como indicado na Figura 5.3.

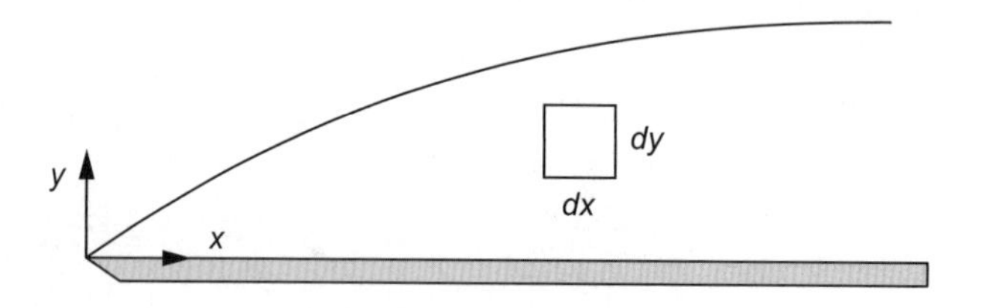

Figura 5.3 Elemento de fluido diferencial.

Equação da continuidade ou da conservação de massa

Em regime permanente, a equação de balanço de massa para um elemento bidimensional diferencial deve obedecer ao fato de que as vazões mássicas se conservam, isto é, $\dot{m}_{sai} = \dot{m}_{entra}$. Tendo a Figura 5.4 em mente, pode-se escrever:

$$\rho u dy + \rho v dx = \rho(u + \frac{\partial u}{\partial x}dx)dy + \rho(v + \frac{\partial v}{\partial y}dy)dx$$

Simplificando, tem-se:

$$\frac{\partial u}{\partial x} + \frac{\partial v}{\partial y} = 0 \tag{5.8}$$

ou, em notação simplificada,

$$\text{Div}\,\vec{V} = 0 \tag{5.9}$$

em que o operador matemático divergente Div bidimensional cartesiano é dado por $\text{Div} = \vec{i}\frac{\partial}{\partial x} + \vec{j}\frac{\partial}{\partial y}$ e o vetor velocidade é dado por $\vec{V} = u\vec{i} + v\vec{j}$.

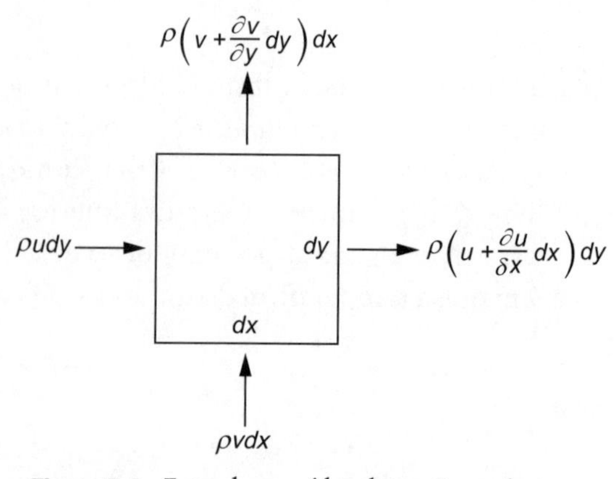

Figura 5.4 Entradas e saídas de vazões mássicas.

Equação da conservação da quantidade de movimento

Esse balanço corresponde à Segunda Lei de Newton, ou seja, a soma de todas as forças externas atuantes na superfície do elemento fluido é igual à taxa de variação da quantidade de movimento:

$$\sum \vec{F}_{ext} = \text{taxa de variação da quantidade de movimento}$$

Note que essa lei é uma equação vetorial, isto é, o balanço deve ser feito nas direções x e y. Assumindo que o fluido seja newtoniano e que não haja gradientes de pressão na direção y, se analisará o balanço de forças e de quantidade de movimento na direção paralela à placa, ou seja, a direção x. Considera-se apenas as forças resultantes da pressão e da tensão de cisalhamento.

Da Figura 5.5, tem-se que:

$$\sum F_x = pdy + (\tau + \frac{\partial \tau}{\partial y}dy)dx - \tau dx - (p + \frac{\partial p}{\partial x}dx)dy$$

ou, simplificando,

$$\sum F_x = \frac{\partial \tau}{\partial y}dxdy - \frac{\partial p}{\partial x}dxdy$$

Com a hipótese de fluido newtoniano, tem-se que a tensão de cisalhamento é dada por $\tau = \mu \frac{\partial u}{\partial y}$ que, substituindo na equação anterior, vem:

$$\sum F_x = \mu \frac{\partial^2 u}{\partial y^2}dxdy - \frac{\partial p}{\partial x}dxdy \qquad \text{(A)}$$

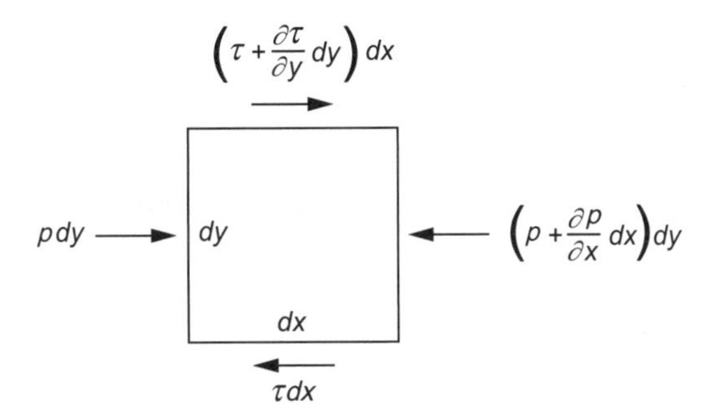

Figura 5.5 Forças resultantes da pressão e da tensão de cisalhamento (atrito) na direção x paralela à superfície.

Agora, a taxa de variação da quantidade de movimento na direção x é calculada. A taxa de variação da quantidade de movimento é definida como o produto da vazão mássica pela velocidade. Assim, nesse caso, a vazão mássica na direção x na face esquerda é ρudy e a velocidade é aquela que está atuando na face correspondente. E assim, de forma similar para as outras faces. Essas considerações estão indicadas na Figura 5.6.

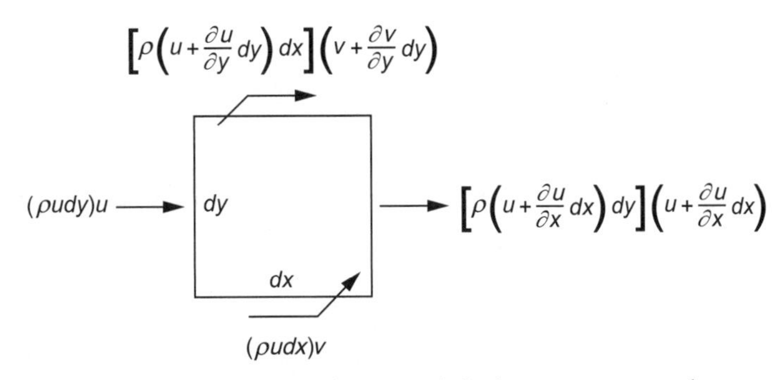

Figura 5.6 Taxa de variação da quantidade de movimento na direção x.

Analisando os fluxos das grandezas indicadas na Figura 5.6, pode-se escrever que a taxa líquida da quantidade de movimento na direção x é:

$$\rho(u+\frac{\partial u}{\partial x}dx)^2 dy - \rho u^2 dy + \rho(v+\frac{\partial v}{\partial y}dy)(u+\frac{\partial u}{\partial y}dy)dx - \rho uvdx =$$

$$\cancel{\rho u^2 dy} + 2\rho u\frac{\partial u}{\partial x}dxdy + \rho(\frac{\partial u}{\partial x}dx)^2 dy - \cancel{\rho u^2 dy} + \cancel{\rho vudx} +$$

$$\rho v\frac{\partial u}{\partial y}dxdy + \rho u\frac{\partial v}{\partial y}dxdy + \rho\frac{\partial v}{\partial y}\frac{\partial u}{\partial y}(dy)^2 dx - \cancel{\rho uvdx} =$$

$$2\rho u\frac{\partial u}{\partial x}dxdy + \rho v\frac{\partial u}{\partial y}dxdy + \rho u\frac{\partial v}{\partial y}dxdy + \cancel{\text{diferenciais de 3ª}}\text{ ordem}$$

Ainda, após alguma manipulação, é possível simplificar essa equação para obter:

$$\rho(u\frac{\partial u}{\partial x}+v\frac{\partial u}{\partial y})dxdy + \rho u\underbrace{(\frac{\partial u}{\partial x}+\frac{\partial v}{\partial y})}_{=0}dxdy = \rho(u\frac{\partial u}{\partial x}+v\frac{\partial u}{\partial x})dxdy \qquad \text{(B)}$$

(Eq. 5.8)

em que a equação da conservação de massa (Eq. 5.8) foi empregada. Portanto, agora, é possível igualar os termos da resultante das forças externas (Eq. A) com a taxa de variação da quantidade de movimento (Eq. B) em regime permanente, resultando na Equação (5.10).

$$\rho\left(u\frac{\partial u}{\partial x}+v\frac{\partial u}{\partial y}\right)=\mu\frac{\partial^2 u}{\partial y^2}-\frac{\partial p}{\partial x} \qquad (5.10)$$

Equação da conservação de energia ou Primeira Lei da Termodinâmica

No balanço de energia são considerados três tipos de transferência ou fluxo de energia térmica na superfície do elemento diferencial: a primeira deve-se ao fluxo entálpico que entra ou deixa o elemento; a segunda é a condução de calor na direção perpendicular; e a terceira se dá por causa da ação das forças viscosas (atrito). Considera-se aqui que esta última é desprezível em face dos demais termos, bem como as variações de energia cinética e potencial são desprezíveis diante das variações de fluxos entálpicos. A Figura 5.7 indica todas essas formas de transferência de energia mencionadas.

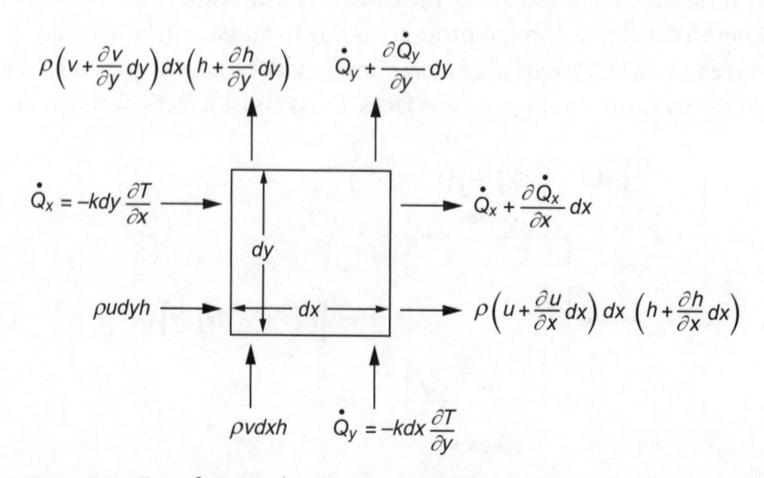

Figura 5.7 Transferência de energia na superfície do elemento diferencial.

O balanço de energia em regime permanente sem geração de energia térmica (calor) e trabalho desprezível é expresso pela seguinte relação:

$$\underbrace{\dot{m}_e h_e + \dot{Q}_e}_{(I)} = \underbrace{\dot{m}_s h_s + \dot{Q}_s}_{(II)}$$

Agora, cada termo é analisado:

(I) *Taxa de energia que entra no VC elementar:* $\dot{m}_e h_e + \dot{Q}_e$

Essa taxa é composta pelo fluxo entálpico ($\dot{m}_e h_e$) + a taxa de calor transferida por condução de calor ($\dot{Q}_e$), ou seja:

$$\rho vhdx + \rho uhdy - kdx\frac{\partial T}{\partial y} - kdy\frac{\partial T}{\partial x}$$

(II) *Taxa total de energia que deixa o VC elementar*

$$\rho(v + \frac{\partial v}{\partial y}dy)(h + \frac{\partial h}{\partial y}dy)dx + \rho(u + \frac{\partial u}{\partial x}dx)(h + \frac{\partial h}{\partial x}dx)dy$$
$$-kdx(\frac{\partial T}{\partial y} + \frac{\partial^2 T}{\partial y^2}dy) - kdy(\frac{\partial T}{\partial x} + \frac{\partial^2 T}{\partial x^2}dx)$$

Juntando (I) e (II) na equação de balanço e desprezando os termos de ordem superior

$$\rho u\frac{\partial h}{\partial x}dxdy + \rho h\frac{\partial u}{\partial x}dxdy + \rho v\frac{\partial h}{\partial y}dxdy + \rho h\frac{\partial v}{\partial y}dxdy - k\frac{\partial^2 T}{\partial x^2}dxdy - k\frac{\partial^2 T}{\partial y^2}dxdy = 0 \quad \text{ou}$$

$$\rho\left(u\frac{\partial h}{\partial x} + v\frac{\partial h}{\partial x}\right) + \rho h\underbrace{\left(\frac{\partial u}{\partial x} + \frac{\partial v}{\partial y}\right)}_{=0} = k\left(\frac{\partial^2 T}{\partial x^2} + \frac{\partial^2 T}{\partial y^2}\right)$$

(Eq. 5.8)

Assumindo que *não há mudança de fase* no fluido, pode-se substituir $\partial h = C_p \partial T$; assim, tem-se a equação da energia na forma diferencial para a camada-limite laminar, dada na Equação (5.11):

$$\rho C_p\left(u\frac{\partial T}{\partial x} + v\frac{\partial T}{\partial y}\right) = k\left(\frac{\partial^2 T}{\partial x^2} + \frac{\partial^2 T}{\partial y^2}\right) \quad (5.11)$$

O trabalho produzido pelas forças viscosas geralmente é desprezível comparado ao termo da condução de calor e de transporte convectivo de energia (fluxo entálpico). Isso ocorre em baixas velocidades. Caso o escoamento possua alta velocidade ou sua viscosidade seja elevada (caso de óleos de alta viscosidade), ao lado direito da Equação (5.11) deve-se somar o termo de dissipação viscosa, $\mu\Phi$, em que Φ é a função de dissipação viscosa definida por Schlichting (1979):

$$\Phi = 2\left[\left(\frac{\partial u}{\partial x}\right)^2 + \left(\frac{\partial v}{\partial y}\right)^2\right] + \left(\frac{\partial u}{\partial y} + \frac{\partial v}{\partial x}\right)^2 \quad (5.12)$$

Assim, as três equações de conservação, massa, quantidade de movimento e energia, se resumem a:

Conservação de massa: $$\frac{\partial u}{\partial x} + \frac{\partial v}{\partial y} = 0$$

Conservação da quant. de mov. x: $$\rho\left(u\frac{\partial u}{\partial x}+v\frac{\partial u}{\partial y}\right)=\mu\frac{\partial^2 u}{\partial y^2}-\frac{\partial p}{\partial x}$$

Conservação de energia: $$\rho C_P\left(u\frac{\partial T}{\partial x}+v\frac{\partial T}{\partial y}\right)=k\left(\frac{\partial^2 T}{\partial x^2}+\frac{\partial^2 T}{\partial y^2}\right)$$

As seguintes aproximações são válidas para as camadas-limite em que $Re_x=\frac{u_\infty x}{\upsilon}\gg 1$, sendo que, nesse caso, sua espessura deve ser muito fina:

$$u\gg v,\ \frac{\partial u}{\partial y}\gg\frac{\partial u}{\partial x},\ \frac{\partial v}{\partial y}\approx 0,\ \frac{\partial v}{\partial x}\approx 0$$

Foi assumido que não há gradiente de pressão em y, assim, $p_1 = p_2 = p_3$ na Figura 5.8. Logo, a pressão dentro da camada-limite somente pode depender de x: $p = p(x)$. Por outro lado, *fora da camada-limite* também pode ser usada a Equação (5.10) e, como a velocidade é constante, conclui-se que $\partial p/\partial x=0$ ($p_3 = p_4$). Uma análise da conservação da quantidade de movimento em y fora da camada-limite indica que $\partial p/\partial y = 0$, devido a que $v = 0$, logo $p_4 = p_5$; assim, conclui-se que dentro da camada-limite $\partial p/\partial x=0$, logo a pressão é constante dentro e fora da camada-limite.

A Equação (5.10) pode ser reescrita na forma da Equação (5.13), em que $\upsilon=\frac{\mu}{\rho}$ é a viscosidade cinemática,

$$u\frac{\partial u}{\partial x}+v\frac{\partial u}{\partial y}=\upsilon\frac{\partial^2 u}{\partial y^2} \tag{5.13}$$

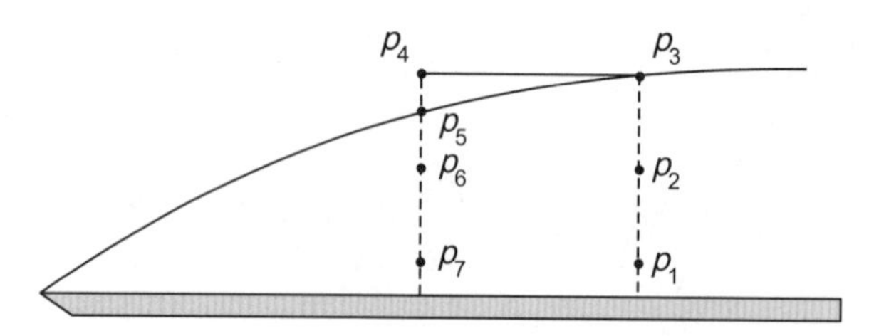

Figura 5.8 Pressões na camada-limite em placa plana.

Além disso, na camada-limite, é aceito que a condução na direção x é considerada desprezível, isto é: $\frac{\partial T}{\partial y}\gg\frac{\partial T}{\partial x}$ (a condução na direção x poderá ser relevante para metais líquidos e escoamento de muito baixa velocidade). Assim, a equação da energia fica como:

$$u\frac{\partial T}{\partial x}+v\frac{\partial T}{\partial y}=\alpha\frac{\partial^2 T}{\partial y^2} \tag{5.14}$$

Em resumo, as três equações diferenciais que regem a transferência de calor na camada-limite laminar são dadas na Tabela 5.2.

Tabela 5.2 Equações diferenciais da conservação de massa, quantidade de movimento e de energia para uma placa plana

Tipo de balanço	Equação
Conservação de massa	$\frac{\partial u}{\partial x}+\frac{\partial v}{\partial y}=0$
Conservação da quantidade de movimento na direção x	$u\frac{\partial u}{\partial x}+v\frac{\partial u}{\partial y}=\upsilon\frac{\partial^2 u}{\partial y^2}$
Conservação de energia	$u\frac{\partial T}{\partial x}+v\frac{\partial T}{\partial y}=\alpha\frac{\partial^2 T}{\partial y^2}$

Comparando as equações da conservação da quantidade de movimento e de energia, nota-se que, quando $\upsilon = \alpha$, ou seja, quando $Pr = \frac{\upsilon}{\alpha} = 1$, corresponde ao caso em que a distribuição da temperatura é semelhante à distribuição de velocidades, pois trata-se de equações diferenciais equivalentes submetidas às condições de contorno semelhantes. A maioria dos gases tem $0{,}65 < Pr < 1$.

As três equações mostradas na Tabela 5.2 devem ser resolvidas junto com as seguintes condições de contorno:

$u(x, 0) = 0$ $\quad$ $T(x, 0) = T_p$

$v(x, 0) = 0$

$u(x, \infty) = u_\infty$ $\quad$ $T(x, \infty) = T_\infty$

No Apêndice B encontra-se a solução clássica de Blasius para a camada-limite laminar e as equações e condições de contorno indicadas. As soluções de Blasius implicam a introdução de vários parâmetros da camada-limite laminar. Para isso, definem-se:

O número de *Nusselt local*, Nu_x, para placa plana:

$$Nu_x = \frac{h_x x}{k} \tag{5.15}$$

O número de *Reynolds*, Re_x, para placa plana:

$$Re_x = \frac{\rho u_\infty x}{\mu} \tag{5.16}$$

O *coeficiente de atrito local*, $C_{f,x}$:

$$C_{f,x} = \frac{\tau_{p,x}}{\rho u_\infty^2 / 2} \tag{5.17}$$

em que $\tau_{p,x}$ é a tensão de *cisalhamento local na parede*.

Os principais resultados da solução (Apêndice B) dessas equações diferenciais são os seguintes:

Espessura da camada-limite laminar hidrodinâmica (CLLH), δ_H:

$$\delta_H = \frac{4{,}92\, x}{\sqrt{Re_x}} \tag{5.18}$$

Razão entre as espessuras das camadas-limite laminar hidrodinâmica, δ_H, e térmica (CLLT) δ_T:

$$\frac{\delta_H}{\delta_T} = Pr^{1/3} \tag{5.19}$$

Coeficiente de atrito local:

$$C_{f,x} = 0{,}664 Re_x^{-1/2} \tag{5.20}$$

Coeficiente de atrito médio desde a borda de ataque: $\overline{C}_{f,L} = \frac{1}{L}\int_0^L C_{f,x}\,dx$

$$\overline{C}_{f,L} = 1{,}328 Re_L^{-1/2} = 2 \times C_{f,x=L} \tag{5.21}$$

Força de arrasto imposta pelo fluido à toda a placa:

$$F_A = \overline{C}_{f,L} A_p \frac{\rho u_\infty^2}{2} \tag{5.22}$$

Coeficiente de transferência de calor por convecção *local*:

$$h_x = 0{,}332 \frac{k}{x} Pr^{1/3} Re_x^{\ 1/2} \tag{5.23}$$

Coeficiente de transferência de calor por convecção médio: $\overline{h}_L = \frac{1}{L}\int_0^L h_x dx$

$$\overline{h}_L = 0{,}664 \frac{k}{L} Pr^{1/3} Re_L^{1/2} = 2 \times h_{x=L} \tag{5.24}$$

Número de Nusselt local:

$$Nu_x = 0{,}332 Re_x^{\ 1/2} Pr^{1/3} \qquad 0{,}6 \leq Pr \leq 50 \tag{5.25}$$

Número de Nusselt médio: $\overline{Nu}_L = \frac{\overline{h}_L L}{k}$

$$\overline{Nu}_L = 0{,}664 Re_L^{\ 1/2} Pr^{1/3} = 2 \times Nu_{x=L} \tag{5.26}$$

Os gráficos da Figura 5.9 indicam o comportamento relativo das camadas-limite hidrodinâmica e térmica. Note que o número de Prandtl desempenha um papel importante no crescimento relativo das espessuras das CLLT e CLLH. Para $Pr < 1$ (metais líquidos), a camada-limite térmica cresce de forma menos acentuada, isto é, $\delta_T < \delta_H$; quando $Pr \sim 1$ (gases), ambas as camadas-limite crescem simultaneamente; finalmente, quando $Pr > 1$ (líquidos comuns e água), a camada-limite térmica cresce de forma mais acentuada, isto é, $\delta_T > \delta_H$.

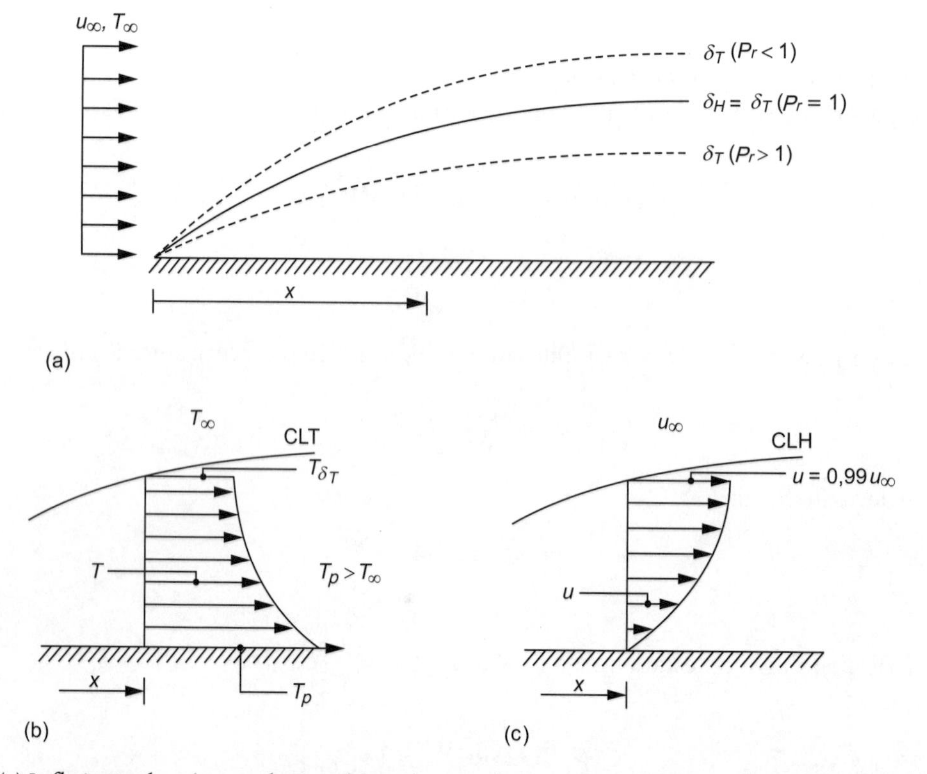

Figura 5.9 (a) Influência do número de Prandtl no desenvolvimento relativo das espessuras das camadas-limite, (b) perfil de temperaturas ($T_p > T_\infty$), (c) perfil de velocidades.

Ao analisar as equações locais de coeficiente de atrito (Eq. 5.20) e de transferência de calor por convecção (Eq. 5.23), pode-se depreender que tanto $C_{f,x}$ como h_x são funções do inverso da raiz quadrada da distância desde a borda de ataque, isto é, $C_{f,x} \propto \frac{1}{\sqrt{x}}$, $h_{f,x} \propto \frac{1}{\sqrt{x}}$, cujo comportamento é indicado nos gráficos da Figura 5.10. Pode-se verificar também, a partir das Equações (5.21) e (5.24), que seus respectivos coeficientes médios até a distância $x = L$ são o dobro dos valores locais na posição $x = L$. Conclui-se que os maiores coeficientes de transferência de calor (e de atrito) ocorrem próximos à borda de ataque quando as camadas-limite têm início.

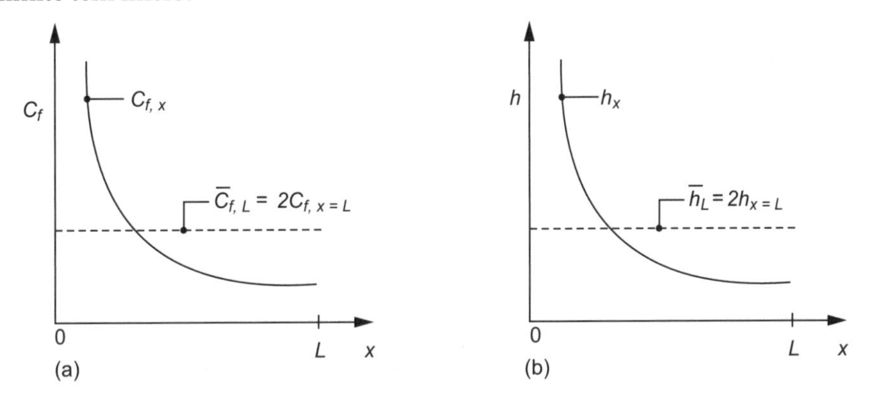

Figura 5.10 Variação dos coeficientes de atrito (a) e de transferência de calor (b) por convecção com a posição x a partir do início da placa.

No projeto de superfícies para trocas térmicas, a adoção de várias ranhuras espaçadas na direção transversal ao escoamento pode ser uma boa prática, pois os melhores coeficientes de troca térmica ocorrem no início do escoamento sobre a superfície e cada ranhura pode ser vista como o início de uma nova superfície. Ocorre, no entanto, uma penalização no que tange ao aumento do atrito superficial.

5.2.2 Solução integral ou aproximada de von Kármán

Na subseção 5.2.1, foram apresentadas as equações diferenciais da camada-limite laminar e os resultados da solução clássica de Blasius. Entretanto, há um segundo método de solução (aproximada) das duas camadas-limite que é analisado nesta subseção. Trata-se da solução aproximada baseada no método integral, também conhecida como *solução integral de von Kármán.*

Neste caso, define-se um volume de comprimento diferencial apenas na direção x paralela ao escoamento, cuja altura H se estenda para além da espessura da camada-limite, isto é, $H > \delta_H$, conforme ilustrado na Figura 5.11. Novamente, a profundidade da placa perpendicular ao plano da página é considerada unitária.

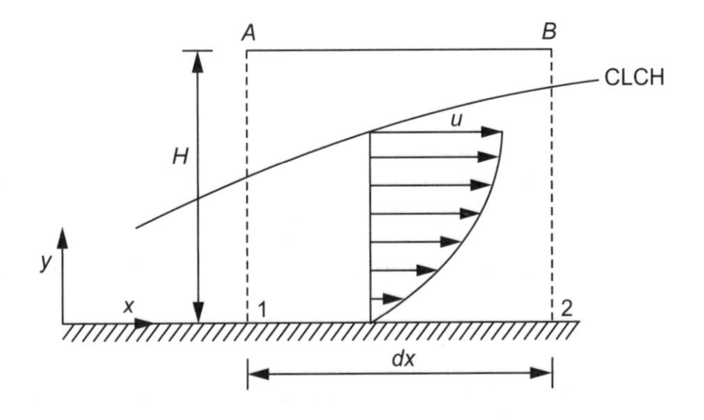

Figura 5.11 Volume de controle diferencial unidimensional considerado para solução integral ou de von Kármán.

São apresentadas, inicialmente, as leis da conservação de massa e da quantidade de movimento no elemento diferencial 1-2-B-A-1 em regime permanente:

Balanço de massa

Vazão mássica na face 1 – A (entrando): $\int_0^H \rho u dy$

Vazão mássica na face 2 – B (saindo): $\int_0^H \rho u dy + \frac{d}{dx}\left(\int_0^H \rho u dy\right)dx$

Logo, a vazão mássica na face A – B será (saindo): $-\frac{d}{dx}\left(\int_0^H \rho u dy\right)dx$, que é a diferença entre a vazão mássica que entra em 1-A e a que sai em 2-B.

Balanço de fluxo da quantidade de movimento (Q.M.) na direção x

Taxa de Q.M. na Face 1 – A: $\int_0^H \rho u^2 dy$

Taxa de Q.M. na Face 2 – B: $\int_0^H \rho u^2 dy + \frac{d}{dx}\left(\int_0^H \rho u^2 dy\right)dx$

Taxa de Q.M. na Face A – B: $u_\infty \frac{d}{dx}\left(\int_0^H \rho u dy\right)dx$

A taxa líquida de Q.M. para fora do volume de controle:

$$\text{(face 2-B) - (face A-B) - (face 1-A)} = \frac{d}{dx}\left(\int_0^H \rho u^2 dy\right)dx - u_\infty \frac{d}{dx}\left(\int_0^H \rho u dy\right)dx$$

Lembrando da regra do produto de diferenciação, vem que:

$$d(\alpha\beta) = \alpha d(\beta) + \beta d(\alpha) \text{ ou } \alpha d(\beta) = d(\alpha\beta) - \beta d(\alpha)$$

Fazendo $\alpha = u_\infty$ e $\beta = \int_0^H \rho u dy$, tem-se:

$$u_\infty \frac{d}{dx}\left(\int_0^H \rho u dy\right)dx = \frac{d}{dx}\left(u_\infty \int_0^H \rho u dy\right)dx - \left(\int_0^H \rho u dy\right)\frac{du_\infty}{dx}dx$$

$$= \frac{d}{dx}\left(\int_0^H \rho u_\infty u dy\right)dx - \frac{du_\infty}{dx}\left(\int_0^H \rho u dy\right)dx$$

Agora, substituindo na expressão do fluxo líquido de Q.M., vem:

$$\text{fluxo Q.M.} = \frac{d}{dx}\left(\int_0^H \rho u^2 dy\right)dx - \frac{d}{dx}\left(\int_0^H \rho u_\infty u dy\right)dx + \frac{du_\infty}{dx}\left(\int_0^H \rho u dy\right)dx$$

Os dois primeiros termos da expressão anterior podem ser reunidos para se obter a seguinte forma mais compacta:

$$\text{fluxo Q.M.} = \frac{d}{dx}\left(\int_0^H \rho(u - u_\infty) u dy\right)dx + \frac{du_\infty}{dx}\left(\int_0^H \rho u dy\right)dx$$

Agora, será obtida a resultante das forças externas. No presente caso, só serão consideradas as forças de pressão e de atrito indicadas esquematicamente na Figura 5.12.

- força resultante da pressão: $-H\frac{dp}{dx}dx$
- força de cisalhamento na parede: $-dx\mu\left.\frac{\partial u}{\partial y}\right|_{y=0}$

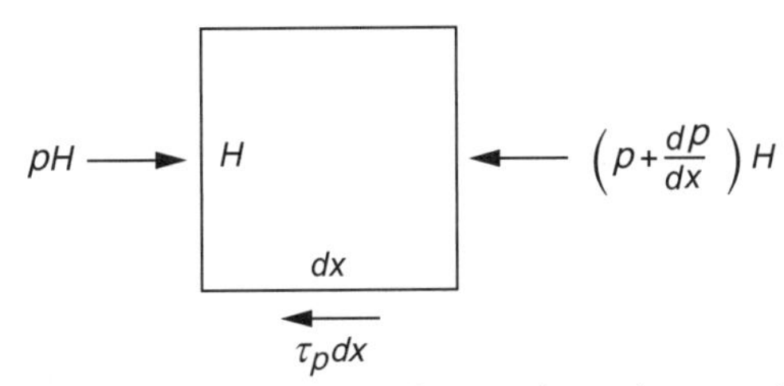

Figura 5.12 Forças atuando no volume de controle.

Finalmente, a equação integral da camada-limite laminar hidrodinâmica pode ser escrita (Segunda Lei de Newton) igualando a resultante das forças atuantes com o fluxo líquido de Q. M., isto é:

$$-\mu dx\left.\frac{\partial u}{\partial y}\right|_{y=0} - H\frac{dp}{dx}dx = \left(\int_0^H \rho(u-u_\infty)udy\right)dx + \frac{du_\infty}{dx}\left(\int_0^H \rho udy\right)dx \tag{5.27}$$

Se a pressão for constante ao longo do escoamento, como ocorre com o escoamento sobre uma superfície plana (no caso do escoamento dentro de um canal ou tubo, essa hipótese não é válida): $\frac{dp}{dx}=0$

A hipótese de p = cte também implica que a velocidade ao longe também seja constante, já que, fora da camada-limite, é válida a equação de Bernoulli,

$$\frac{p}{\rho}+\frac{u_\infty}{2}=\text{cte} \tag{5.28}$$

De forma que, na forma diferencial: $\frac{dp}{\rho}+\frac{2u_\infty du_\infty}{2}=0 \Rightarrow du_\infty=0$

Assim, a equação da conservação da Q.M. para o escoamento livre sobre uma superfície plana se resume a:

$$-\mu\left.\frac{\partial u}{\partial y}\right|_{y=0}=\frac{d}{dx}\left(\int_0^H \rho(u-u_\infty)udy\right)$$

Porém, como a altura do VC é maior que a espessura da camada-limite hidrodinâmica, isto é, $H > \delta_H$ e, acima da CLLH, a velocidade é constante $u = u_\infty$, então:

$$\rho\frac{d}{dx}\left(\int_0^{\delta_H}(u_\infty-u)udy\right)=\mu\left.\frac{\partial u}{\partial y}\right|_{y=0} \tag{5.29}$$

A Equação (5.29) representa a forma final da *equação da conservação da* Q.M. válida para o escoamento laminar livre sobre uma superfície ou placa plana e se trata de uma formulação exata na forma integral. Entretanto, sua solução depende do conhecimento do perfil de velocidades $u(y)$ para poder ser resolvida e obter todas as grandezas de interesse da camada-limite. A solução aproximada se dá por fornecer um perfil aproximado ou ajustado de velocidades na direção perpendicular ao escoamento, isto é, $u(y)$. Para isso, costuma-se ajustar o perfil de velocidades por uma aproximação polinomial, cujo grau depende de satisfazer às condições de contorno do problema. Dessa forma, primeiramente, considere as condições de contorno da camada-limite laminar hidrodinâmica, em que existem quatro condições de contorno, as quais são:

CC_1: $u = 0$ em $y = 0$: condição de não escorregamento junto à parede;

CC_2: $u = u_\infty$ em $y = \delta_H$: fora da CLLH o fluido tem velocidade $u = u_\infty$;

CC_3: $\dfrac{\partial u}{\partial y} = 0$ em $y = \delta_H$: a transição da CLLH para o escoamento livre é suave;

CC_4: $\dfrac{\partial^2 u}{\partial y^2} = 0$ em $y = 0$: essa condição decorre da Equação (5.10) junto à parede.

As três primeiras condições de contorno são simples e imediatas. A primeira informa que a velocidade na superfície da placa é nula (princípio de não escorregamento); a segunda diz que fora da CLLH a velocidade é a do escoamento livre; e a terceira afirma que a transição entre a CLLH e o escoamento livre é "suave", daí a derivada ser nula. A última condição de contorno decorre da equação diferencial da conservação da quantidade de movimento, Equação (5.10), que requer que essa condição seja nula sobre a superfície da plana ($y = 0$), em que u e v são nulas, bem como o gradiente de pressão. Uma vez estabelecidas essas quatro condições de contorno, a distribuição polinomial que satisfaz ou ajusta o polinômio é de 3º grau, dada por:

$$u(y) = C_1 + C_2 y + C_3 y^2 + C_4 y^3 \tag{5.30}$$

Daí, após aplicar as quatro condições de contorno, tem-se o perfil aproximado de velocidades dado pela Equação (5.31):

$$\frac{u(y)}{u_\infty} = \frac{3}{2}\frac{y}{\delta_H} - \frac{1}{2}\left(\frac{y}{\delta_H}\right)^3 \tag{5.31}$$

Introduzindo esse perfil aproximado de velocidades na Equação (5.29), vem:

$$\rho u_\infty^{\;2} \frac{d}{dx}\left[\int_0^{\delta_H}\left(1 - \frac{3}{2}\frac{y}{\delta_H} + \frac{1}{2}\left(\frac{y}{\delta_H}\right)^3\right)\left(\frac{3}{2}\frac{y}{\delta_H} - \frac{1}{2}\left(\frac{y}{\delta_H}\right)^3\right)dy\right] = \mu \left.\frac{\partial u}{\partial y}\right|_{y=0} \tag{5.32}$$

cuja integração resulta em:

$$\frac{d}{dx}\left(\frac{39}{280}\rho u_\infty^{\;2}\delta_H\right) = \frac{3}{2}\frac{\mu u_\infty}{\delta_H} \tag{5.33}$$

A Equação (5.33) pode ser integrada por separação de variáveis, lembrando que, para $x = 0 \rightarrow \delta_H = 0$ (a CLLH começa na borda de ataque), ou seja:

$$\frac{78}{840}\frac{\rho u_\infty}{\mu}\int_0^{\delta_H}\delta_H d\delta_H = \int_0^x dx \Rightarrow$$

$$\delta_H(x) = \frac{4{,}64x}{\sqrt{\mathrm{Re}_x}} \tag{5.34}$$

Considerando as hipóteses e simplificações realizadas, o resultado aproximado é bastante razoável quando comparado à solução exata, sendo que a única diferença é a constante 4,64, que vale 4,92 na solução exata (Eq. 5.18), indicando uma diferença de 6 %.

Camada-limite térmica laminar

Uma vez resolvida a camada-limite hidrodinâmica, pode-se resolver a camada-limite laminar térmica aproximada. A transferência de calor junto à superfície ocorre da superfície para o fluido por meio da condução de calor, de forma que a definição exata do coeficiente de transferência de calor por convecção se dá pela seguinte relação:

$$h_x(T_p - T_\infty) = -k\left.\frac{\partial T}{\partial y}\right|_{y=0} \qquad (5.35)$$

De onde se pode obter a definição exata do coeficiente local de transferência de calor (local) h_x, ou:

$$h_x = \frac{-k\left.\dfrac{\partial T}{\partial y}\right|_{y=0}}{T_p - T_\infty} \qquad (5.36)$$

Assim, para encontrar o valor de h_x é preciso primeiro conhecer a distribuição de temperaturas $T = T(y)$. De forma semelhante ao que foi feito para o caso hidrodinâmico, pode-se aplicar as seguintes condições de contorno para a distribuição de temperaturas:

CC_1: $T = T_p$ em $y = 0$ mesma temperatura de superfície;

CC_2: $\dfrac{\partial T}{\partial y} = 0$ em $y = \delta_T$ não há mais gradiente fora da CLLT;

CC_3: $T = T_\infty$ em $y = \delta_T$ mesma temperatura do fluido no fim da CLLT;

CC_4: $\dfrac{\partial^2 T}{\partial y^2} = 0$ em $y = 0$ essa condição é a equação da conservação de energia aplicada na parede com $u = 0$ e $v = 0$ (ver Eq. 5.14).

Considere a Figura 5.13, em que o aquecimento da superfície começa a partir de distância x_0 da borda de ataque, com a temperatura constante T_p. Admite-se uma distribuição polinomial de grau 3 para a distribuição de temperaturas, isto é:

$$T(y) = C_1 + C_2 y + C_3 y^2 + C_4 y^3 \qquad (5.37)$$

Com a introdução das quatro condições de contorno, obtém-se a Equação (5.38) da distribuição aproximada de temperaturas no interior da CLLT:

$$\frac{\theta(y)}{\theta_\infty} = \frac{T(y) - T_p}{T_\infty - T_p} = \frac{3}{2}\frac{y}{\delta_T} - \frac{1}{2}\left(\frac{y}{\delta_T}\right)^3 \qquad (5.38)$$

De forma análoga ao caso hidrodinâmico, pode-se desenvolver um balanço de energia em um volume de controle de espessura maior que δ_T, conforme esquema ilustrado na Figura 5.14.

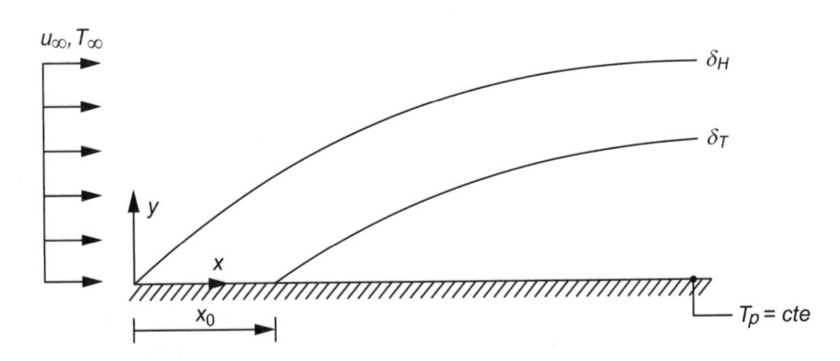

Figura 5.13 Crescimento das camadas-limite térmica e hidrodinâmica.

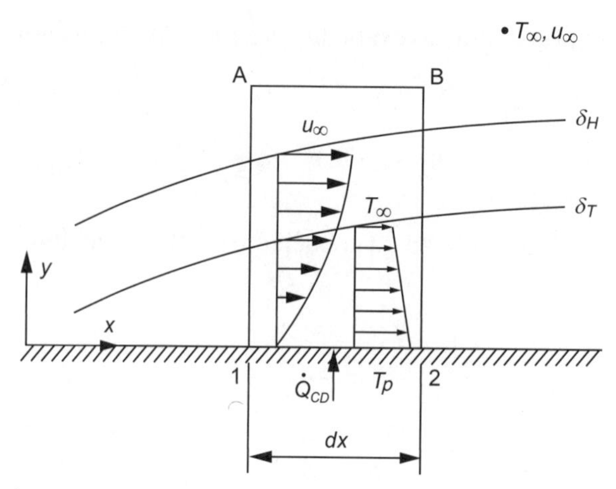

Figura 5.14 Volume de controle diferencial unidimensional considerado para solução de von Kármán.

Balanço de energia no volume de controle 12AB

Fluxo entálpico na face 1 – A: $\int_0^H \rho u C_p T dy$

Fluxo entálpico na face 2 – B: $\int_0^H \rho u C_p T dy + \frac{d}{dx}\left(\int_0^H \rho u C_p T dy\right) dx$

Fluxo entálpico na face A – B: $C_p T_\infty \frac{d}{dx}\left(\int_0^H \rho u dy\right) dx$

Fluxo de calor por condução na superfície face 1-2: $\dot{Q}_{12} = -k dx \left.\frac{\partial T}{\partial y}\right|_{y=0}$

Potência das forças viscosas no interior do elemento: $\dot{W}_a = \left[\int_0^H \mu \left(\frac{du}{dy}\right)^2 dy\right] dx$

Inserindo estas grandezas no balanço energético, vem:

$$-\int_0^H \rho u C_p T dy - \frac{d}{dx}\left(\int_0^H \rho u C_p T dy\right) dx + \int_0^H \rho u C_p T dy + T_\infty \frac{d}{dx}\left(\int_0^H \rho u C_p dy\right) dx$$
$$+\left[\int_0^H \mu \left(\frac{du}{dy}\right)^2 dy\right] dx - k dx \left.\frac{\partial T}{\partial y}\right|_{y=0} = 0$$

Rearranjando os termos e com a hipótese de propriedades constantes, obtém-se:

$$\frac{d}{dx}\left[\int_0^H (T_\infty - T) u dy\right] + \frac{\mu}{\rho C_p}\left[\int_0^H \left(\frac{du}{dy}\right)^2 dy\right] = \alpha \left.\frac{\partial T}{\partial y}\right|_{y=0} \tag{5.39}$$

Compare esse resultado com a Equação (5.29). Geralmente, na maior parte das aplicações, a potência térmica gerada pelos termos viscosos é desprezível em comparação com o fluxo entálpico e a condução de calor. Portanto, o segundo termo é desprezado. Substituindo os perfis aproximados de velocidade

(Eq. 5.31) e de temperatura (Eq. 5.38), obtém-se a seguinte relação da razão de espessuras de camadas-limite laminares térmica e hidrodinâmica:

$$\frac{\delta_T}{\delta_H} = \frac{1}{1,026} Pr^{-1/3} \left[1 - \left(\frac{x_0}{x} \right)^{3/4} \right]^{1/3} \tag{5.40}$$

Se a placa for aquecida ou resfriada desde a borda de ataque, $x_0 = 0$, tem-se:

$$\frac{\delta_T}{\delta_H} = \frac{Pr^{-1/3}}{1,026} \tag{5.41}$$

Comparando com a solução exata (Eq. 5.19), existe uma diferença de 2,6 %. Nesse desenvolvimento, admitiu-se $\delta_T < \delta_H$, o que engloba a maior parte de líquidos e muitos gases, cujos números de Prandtl estão na ordem da unidade e maiores.

Finalmente, agora, é possível calcular o coeficiente local de transferência de calor, h_x, com o perfil de temperaturas aproximado (Eq. 5.38), isto é:

$$h_x = \frac{-k \left. \frac{\partial T}{\partial y} \right|_{y=0}}{T_p - T_\infty} = -\frac{3}{2} \frac{k(T_\infty - T_p)}{(T_p - T_\infty)\delta_T} = \frac{3}{2} \frac{k}{\delta_T} = \frac{3}{2} \frac{k}{\delta_H} \left(\frac{\delta_H}{\delta_T} \right), \text{ ou}$$

substituindo a razão entre as espessuras das camadas-limite (Eq. 5.41), vem:

$$h_x = \frac{3k}{2} \frac{1,026 Pr^{1/3}}{\delta_H} \left[1 - \left(\frac{x_0}{x} \right)^{3/4} \right]^{-1/3}, \text{ ou}$$

substituindo a espessura da CLLH (Eq. 5.34), vem:

$$h_x = 0,332 \frac{k}{x} Re_x^{1/2} Pr^{1/3} \left[1 - \left(\frac{x_0}{x} \right)^{3/4} \right]^{-1/3} \tag{5.42}$$

Introduzindo a definição de Nu_x, tem-se:

$$Nu_x = 0,332 Re_x^{1/2} Pr^{1/3} \left[1 - \left(\frac{x_0}{x} \right)^{3/4} \right]^{-1/3} \tag{5.43}$$

cujo valor é igual à solução exata (Eq. 5.23) com $x_0 = 0$. Em muitos cálculos de engenharia geralmente se deseja determinar o coeficiente médio de transferência de calor, $\bar{h}_L$, em vez de seu valor local, h_x. Dessa forma, considere o cálculo do coeficiente médio de transferência de calor para uma placa aquecida desde sua borda de ataque, isto é, $x_0 = 0$, até uma localização L distante da borda. Pela definição de média, tem-se: $\bar{h}_L = \frac{\int_0^L h_x dx}{L}$. Substituindo a Equação (5.42), vem:

$$\bar{h}_L = 2 \times \left[0,332 \frac{k}{L} Re_L^{1/2} Pr^{1/3} \right] = 2 \times h_{x=L} \tag{5.44}$$

Isso implica dizer que o valor médio de $\bar{h}_L$ no comprimento L aquecido é o dobro do valor local, $h_{x=L}$.

De forma semelhante, mostra-se que: $\bar{N}u_L = \frac{\bar{h}L}{k} = 2Nu_{x=L}$ e, portanto,

$$\bar{N}u_L = 0,664 Re_L^{1/2} Pr^{1/3} = 2 \times Nu_{x=L} \tag{5.45}$$

Note que os resultados aproximados dos números de Nusselt local (Eq. 5.43) e médio (Eq. 5.45) são os mesmos das soluções exatas, Equações (5.25) e (5.26), respectivamente. Evidentemente, isto também ocorre com os coeficientes local e médio de transferência de calor.

As propriedades de transporte do fluido devem ser avaliadas à temperatura de película ou de filme, T_f, salvo informado o contrário.

$$T_f = \frac{T_p + T_\infty}{2} \tag{5.46}$$

EXEMPLO 5.1 Camada-limite laminar sobre placa plana isotérmica

Ar quente a 70 °C e 3 m/s é usado para aquecer uma superfície plana de 1 m de comprimento e 0,5 m de largura, sendo que o ar escoa paralelamente à placa no sentido do comprimento, como ilustrado na figura. Quando atingido o regime permanente, a placa permanece a uma temperatura média de 30 °C. Nessas condições, determine:

(a) a espessura da camada-limite hidrodinâmica e térmica ao final da placa;
(b) o coeficiente de transferência de calor por convecção local e médio ao final da placa;
(c) a taxa de calor transferida à superfície.

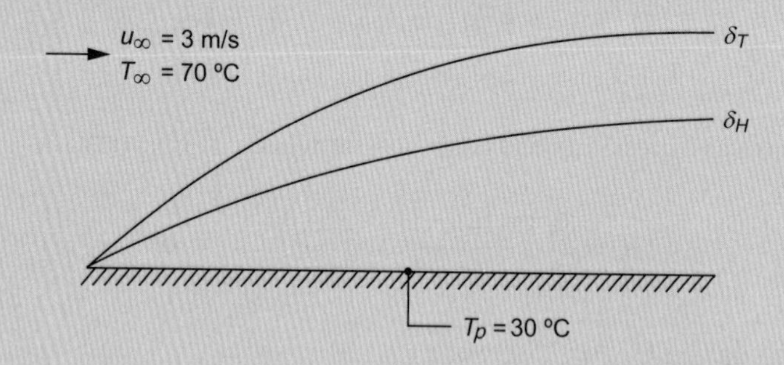

Solução:

Propriedades calculadas a $T_f = \frac{30+70}{2} = 50$ °C

Do Apêndice A, Tabela A.5

$$\upsilon = 1{,}80 \times 10^{-5}\ \text{m}^2/\text{s};\ k = 0{,}02809\ \text{W/m°C};\ Pr = 0{,}7044;\ \text{e}\ \rho = 1{,}092\ \text{kg/m}^3$$

Na abordagem dessa família de problemas, primeiramente verifica-se se o escoamento é laminar ao final da placa, o que é feito calculando o número de Reynolds.

$Re_L = \frac{u_\infty L}{\upsilon} = \frac{3 \times 1}{1{,}80 \times 10^{-5}} = 1{,}67 \times 10^5 < 5 \times 10^5$. Portanto, é laminar.

Serão usadas as expressões do método exato, embora para o cálculo do coeficiente de transferência de calor por convecção seja indiferente.

(a) Equação (5.18) Hidrodinâmica

$$\delta_H = \frac{4{,}92x}{\sqrt{Re_x}} = \frac{4{,}92 \times 1}{\sqrt{1{,}67 \times 10^5}} \rightarrow \delta_H = 0{,}012\ \text{m ou}\ \delta_H = 12{,}0\ \text{mm}$$

Equação (5.19) Térmica

$$\delta_T = \frac{\delta_H}{Pr^{1/3}} = \frac{0{,}012}{0{,}7044^{1/3}} \rightarrow \delta_T = 0{,}013\ \text{m ou}\ \delta_T = 13{,}4\ \text{mm}$$

(b) Equação (5.25) Local

$$Nu_x = 0,332 Re_x^{1/2} Pr^{1/3} = 0,332(1,67\times10^5)^{1/2}(0,7044)^{1/3} = 120,7$$

$$h_x = \frac{Nu_x k}{L} = \frac{120,7(0,02809)}{1} \rightarrow h_x = 3,39 \text{ W/m}^2\text{K}$$

Equação (5.26) Médio

$$\overline{Nu_L} = 0,664 Re_L^{1/2} Pr^{1/3} = 0,664(167000)^{1/2}(0,7044)^{1/3} = 241,5$$

$$\overline{h}_L = \frac{\overline{Nu_L} k}{L} = \frac{241,5\times0,02809}{1} \rightarrow \overline{h}_L = 6,78 \text{ W/m}^2\text{K}$$

(c) $\dot{Q} = A\overline{h}_L(T_\infty - T_p) = 1\times0,5\times6,78\times(70-30)$

$\dot{Q} = 135,6$ W.

No caso de a placa ser exposta a um *fluxo de calor uniforme* ao longo do seu comprimento, q_p[W/m²], tal como ocorre com aquecimento elétrico ou incidência de radiações térmica e solar, a correlação para o número de Nusselt local é dada por (Kays *et al.*, 2005):

$$Nu_x = 0,453 Re_x^{1/2} Pr^{1/3} \tag{5.47}$$

Válido para $Pr > 0,6$ e $Re_x < 5\times10^5$. O coeficiente local de transferência de calor local para fluxo de calor uniforme é:

$$h_x = 0,453 k Pr^{1/3}\left(\frac{u_\infty}{\upsilon x}\right)^{1/2} \tag{5.48}$$

Note que as dependências de *Re* e *Pr* são as mesmas do que as do caso de placa isotérmica, variando somente a constante de multiplicação (0,453 no lugar de 0,332), sendo que a placa com fluxo de calor constante permite transferir 36 % mais calor do que a temperatura constante. Uma grandeza importante no caso da placa com fluxo de calor constante é a obtenção da temperatura superficial ou de parede já que agora ela é uma grandeza que varia ao longo da placa, ou seja, $T_{p,x} = T_p(x)$. Para isso, tem-se:

$$q_p = h_x\left(T_{p,x} - T_\infty\right) \rightarrow T_{p,x} = \frac{q_p}{h_x} + T_\infty$$

Substituindo o coeficiente local da Equação (5.48), vem:

$$T_{p,x} = \frac{2,208\, q_p}{k Pr^{1/3}}\left(\frac{\upsilon x}{u_\infty}\right)^{1/2} + T_\infty \tag{5.49}$$

Finalmente, a temperatura média na placa ao longo do comprimento L é dada por $\overline{T}_p = \frac{1}{L}\int_0^L T_p dx$, o que resulta em:

$$\overline{T}_p = \frac{1,472\, q_p}{k Pr^{1/3}}\left(\frac{\upsilon L}{u_\infty}\right)^{1/2} + T_\infty \tag{5.50}$$

As propriedades de transporte devem ser avaliadas na temperatura $T_f = \frac{\overline{T}_p + T_\infty}{2}$.

EXEMPLO 5.2 Camada-limite laminar sobre placa plana – fluxo de calor uniforme

Uma fina placa é aquecida por irradiação solar, que é absorvida integralmente com fluxo de 500 W/m^2, enquanto o outro lado da placa está completamente isolado termicamente. Ar a 25 °C e 3 m/s circula paralelamente ao longo do comprimento de 1 m de comprimento e 0,5 m de largura, sendo que o ar escoa paralelamente à placa no sentido do comprimento, como ilustrado na figura do exemplo anterior. Nessas condições, determine:

(a) taxa de calor trocado com o ar;
(b) temperatura média da placa;
(c) temperatura da placa na borda de fuga;
(d) compare a temperatura média com a média aritmética. São iguais?
(e) faça um gráfico ilustrando a variação da temperatura ao longo da placa, bem como do coeficiente de transferência de calor por convecção.

Solução:

$$q_p = 500\ \text{W/m}^2; \quad u_\infty = 3\ \text{m/s}; \quad T_\infty = 25\ °\text{C}; \quad L = 1\ \text{m}; \quad b = 0{,}5\ \text{m}$$

(a) Em regime permanente, a radiação absorvida deve ser transferida ao ar por convecção, assim a taxa de calor trocado com o ar é: $\dot{Q} = q_p A = 500 \times 1 \times 0{,}5 = 250\ \text{W}$

(b) A temperatura média da superfície é avaliada pela Equação (5.50). As propriedades de transporte devem ser avaliadas à temperatura de película $T_f = \dfrac{\overline{T}_p + T_\infty}{2}$, a qual é desconhecida, porque não se conhece a temperatura média da superfície. Assim, assume-se inicialmente uma temperatura $\overline{T}_p = 129$ °C, então $T_f = 77$ °C. Da Tabela A.5:

$$\upsilon = 2{,}071 \times 10^{-5}\ \text{m}^2/\text{s}; \quad k = 0{,}30\ \text{W/mK}; \quad Pr = 0{,}7$$

$$\overline{T}_p = \frac{1{,}472 \times 500}{0{,}03 \times 0{,}7^{1/3}} \left(\frac{2{,}071 \times 10^{-5} \times 1}{3} \right)^{1/2} + 25 \Rightarrow \overline{T}_p = 98\ °\text{C}$$

Como $\overline{T}_p = 98$ °C é menor que aquela assumida inicialmente (129 °C), os cálculos devem ser refeitos com essa nova temperatura, o que resulta em $T_f = 61$ °C. Da Tabela A.5, obtêm-se as novas propriedades:

$$\upsilon = 1{,}907 \times 10^{-6}\ \text{m}^2/\text{s}; \quad k = 0{,}02881\ \text{W/mK}; \quad Pr = 0{,}703$$

$$\overline{T}_p = \frac{1{,}472 \times 500}{0{,}02881 \times 0{,}703^{1/3}} \left(\frac{1{,}907 \times 10^{-5} \times 1}{3} \right)^{1/2} + 25 \rightarrow \overline{T}_p = 97{,}4\ °\text{C}$$, um valor aceitável com o que foi assumido (98 °C).

(c) A temperatura ao final da placa é de:

$$T_{p,L} = \frac{2{,}208\,(500)}{0{,}02881 \times 0{,}703^{1/3}} \left(\frac{1{,}907 \times 10^{-5} \times 1}{3} \right)^{1/2} + 25 \rightarrow T_{p,L} = 133{,}6\ °\text{C}$$

(d) Na borda de ataque, a temperatura da placa é de 25 °C, pois $L = 0$ na Equação (5.50). Dessa forma, a média aritmética é de: (25 + 133,6) / 2 = 79,3 °C, já a temperatura média é de 97,4 °C. Assim, essas temperaturas não são iguais, pois a temperatura média NÃO é a média aritmética simples.

(e) A distribuição de temperatura da placa é de:

$$T_{p,x} = \frac{2{,}208 \times 500}{0{,}02881 \times 0{,}703^{1/3}} \left(\frac{1{,}907 \times 10^{-5}\, x}{3} \right)^{1/2} + 25 \rightarrow T_{p,x} = 108{,}6\sqrt{x} + 25$$

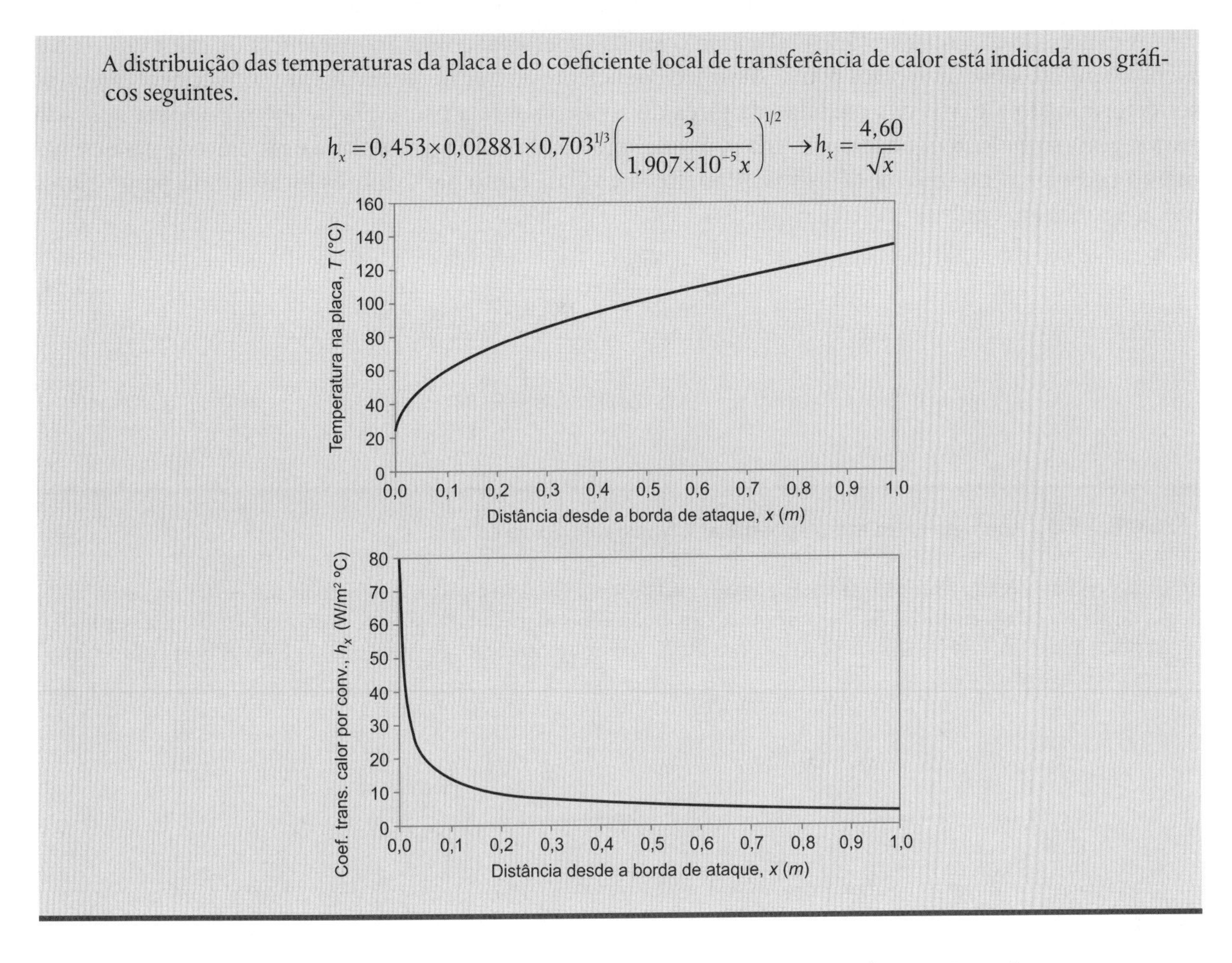

5.2.3 Analogia de Reynolds-Colburn ou analogia entre transferência de calor e atrito superficial

As transferências de calor e de quantidade de movimento são regidas por equações diferenciais análogas, indicadas na Tabela 5.2. A analogia entre os dois fenômenos é explorada nesta subseção por meio da assim chamada *analogia de Reynolds-Colburn*, que relaciona o atrito superficial com a transferência de calor do escoamento sobre uma placa plana. Qual a sua utilidade? A grande vantagem é que os dados de medição laboratorial de atrito superficial, que historicamente foram mais abundantes, podem ser empregados para estimativas do coeficiente de transferência de calor por convecção por meio dessa analogia.

O coeficiente de atrito local foi definido pela Equação (5.20), e o número de Nusselt local pela Equação (5.25). Dividindo ambas as equações, obtém-se a Equação (5.51).

$$\frac{Nu_x}{Re_x Pr} Pr^{2/3} = \frac{C_{f,x}}{2} \tag{5.51}$$

A combinação dos três adimensionais resulta na definição do *número de Stanton local*, St_x dado por:

$$St_x = \frac{Nu_x}{Re_x Pr} = \frac{h_x}{\rho C_p u_\infty} \tag{5.52}$$

De modo que a analogia entre os adimensionais pode ser escrita de forma compacta por meio da Equação (5.53), do que resulta a analogia:

$$St_x Pr^{2/3} = \frac{C_{f,x}}{2} \tag{5.53}$$

A expressão da Equação (5.53) relaciona o atrito superficial com a transferência de calor em escoamento laminar sobre uma placa plana. Assim, o coeficiente de transferência de calor por convecção pode ser determinado a partir das medidas da força de arrasto sobre a placa. Ela também pode ser aplicada para regime turbulento (que será visto na próxima seção) sobre uma placa plana e modificada para escoamento turbulento no interior de tubos. A analogia é válida tanto para valores locais como para valores médios sobre um comprimento *L*.

$$\overline{St}_L = \frac{\overline{Nu}_L}{Re_L Pr} = \frac{\overline{h}_L}{\rho C_p u_\infty} \tag{5.54}$$

$$\overline{St}_L Pr^{2/3} = \frac{\overline{C}_{f,L}}{2} \tag{5.55}$$

EXEMPLO 5.3 Analogia entre atrito superficial e transferência de calor

Uma fina placa plana é submetida a um escoamento de água paralelo à placa, com velocidade de 1,5 m/s e 80 °C. As dimensões da placa são indicadas na figura. Um dinamômetro mede a força viscosa do fluido sobre a superfície da placa e registra 1,74 N. A placa se encontra a 20 °C. Avalie o coeficiente de transferência de calor por convecção médio entre a placa e a água.

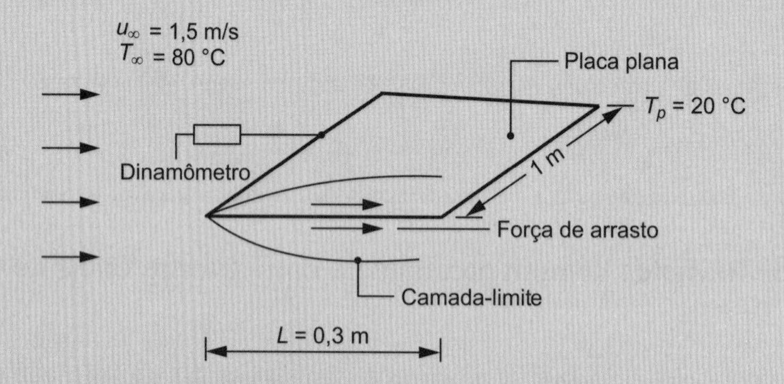

Solução:

A força de arrasto na placa atua nas duas faces da placa, assim, em uma face vale a metade, ou seja, 0,87 N.

As propriedades são avaliadas na temperatura de filme 50 °C. Da Tabela A.7:

$$\rho = 989{,}1\ \text{kg/m}^3; \quad \mu = 577 \times 10^{-6}\ \text{kg/ms}; \quad Pr = 3{,}77$$

O coeficiente de arrasto será (Eq. 5.20):

$$\overline{C}_{f,L} = \frac{F}{A_s \rho u_\infty / 2} = \frac{0{,}87}{0{,}3 \times 1 \times 989{,}1 \times 1{,}5/2}$$

$$\overline{C}_{f,L} = 0{,}0026$$

Das Equações (5.54) e (5.55) da analogia de R-C, vem:

$$\overline{h}_L = \frac{\overline{C}_{f,L}}{2}\frac{\rho C_p u_\infty}{Pr^{2/3}} = \frac{0{,}0026}{2}\frac{989{,}1 \times 4180 \times 1{,}5}{3{,}77^{2/3}} \Rightarrow \overline{h}_L = 3328{,}3\ \text{W/m}^2\text{K}$$

Note que o número de Reynolds de 771.395 > 500.000 indica que se trata de escoamento turbulento e, portanto, não seria possível usar a Equação (5.24). Porém, a analogia se aplica também ao regime turbulento.

5.2.4 Semelhança entre processos de transferência de calor

Analisemos a equação da quantidade de movimento (Eq. 5.13) na sua forma adimensional. Para isso, são introduzidas as seguintes variáveis adimensionais: $x^* = x/L$, $y^* = y/L$, $u^* = u/u_\infty$ naquela equação, do que resulta:

$$u^*\frac{\partial u^*}{\partial x^*} + v^*\frac{\partial u^*}{\partial y^*} = \frac{1}{Re_L}\frac{\partial^2 u^*}{\partial y^{*2}} \tag{5.56}$$

Note que, quando duas geometrias são semelhantes, porém em escala diferente (Fig. 5.15), a equação adimensional da quantidade de movimento válida para os dois casos é a Equação (5.56). Assim, pode-se afirmar que se os dois casos possuem os mesmos números adimensionais $Re_1 = Re_2$, eles terão a mesma solução e também os coeficientes de atrito serão iguais, isto é, $C_{f1} = C_{f2}$.

De forma parecida, substituindo a temperatura adimensional, $T^* = (T - T_p)/(T_\infty - T_p)$, na equação da energia (Eq. 5.14), obtém-se:

$$u^*\frac{\partial T^*}{\partial x^*} + v^*\frac{\partial T^*}{\partial y^*} = \frac{1}{Re_L Pr}\frac{\partial^2 T^*}{\partial y^{*2}} \tag{5.57}$$

Assim, pode-se afirmar que se $Re_1 = Re_2$ e $Pr_1 = Pr_2$, logo se terá que $Nu_1 = Nu_2$.

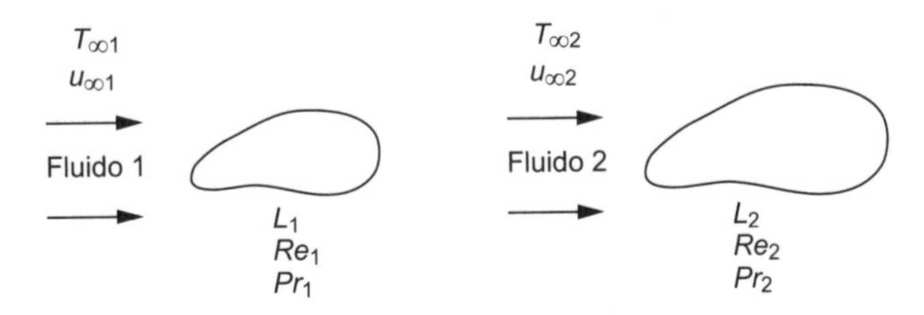

Figura 5.15 Semelhança entre dois processos com geometrias em escala.

5.3 Convecção turbulenta sobre superfícies externas

5.3.1 Camada-limite turbulenta (CLT) e a superfície plana

A transferência de calor convectiva e da quantidade de movimento na camada-limite turbulenta é, fenomenologicamente, diferente das que ocorrem nas respectivas camadas-limite laminares. Para entender o mecanismo da transferência de calor e da quantidade de movimento na camada-limite turbulenta, deve-se considerar que a camada-limite hidrodinâmica é formada por três subcamadas, como ilustrado no esquema da Figura 5.16.

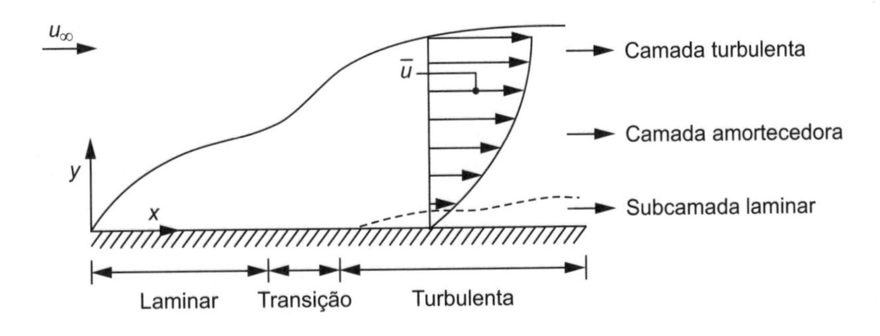

Figura 5.16 Camada-limite turbulenta hidrodinâmica.

Essas três subcamadas são:

- subcamada laminar – semelhante ao escoamento laminar – ação molecular;
- camada amortecedora – efeitos moleculares ainda são sentidos;
- camada turbulenta – misturas macroscópicas de fluido.

Para entender o efeito da turbulência, considere o exercício de observar o comportamento da oscilação da velocidade local (isto é, em um ponto fixo no interior do escoamento), como ilustrado no gráfico temporal da Figura 5.17. Nota-se que a velocidade instantânea, u, flutua consideravelmente em torno de um valor médio, $\overline{u}$.

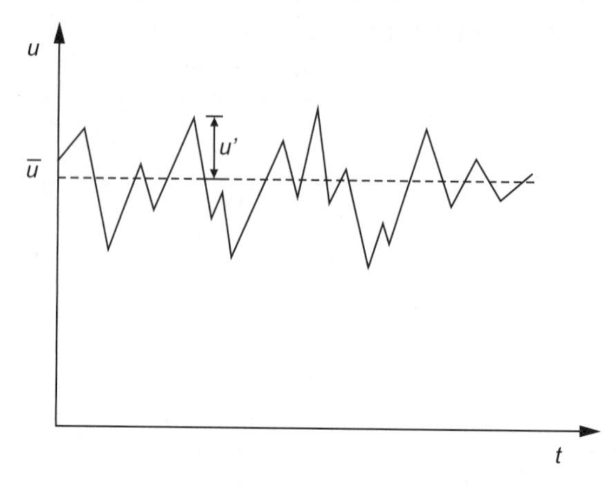

Figura 5.17 Velocidades local (u), média ($\overline{u}$) e flutuação instantânea (u') do fluido em um ponto no interior do escoamento turbulento.

A flutuação da velocidade local (u') em conjunto com a flutuação de outras grandezas, embora possa parecer irrelevante em uma análise preliminar, é o que introduz as maiores dificuldades no equacionamento e no que se chama "problema da turbulência". Para analisar o problema, costuma-se dividir a velocidade instantânea em dois componentes: um valor médio e outro de flutuação, como indicado:

- velocidade na direção paralela, u: $u = \overline{u} + u'$
- velocidade na direção transversal, v: $v = \overline{v} + v'$

O mesmo se faz com o termo de oscilação da pressão local:

- pressão: $p = \overline{p} + p'$

Em todos os casos, uma barra sobre a grandeza indica um valor médio temporal e uma apóstrofe, valor de flutuação instantânea. Os termos de flutuação são responsáveis pelo surgimento de forças aparentes, chamadas *tensões aparentes de Reynolds*, as quais devem ser consideradas na análise.

Para se ter uma visão fenomenológica das tensões aparentes, considere a ilustração da camada-limite turbulenta da Figura 5.18. Diferentemente do caso laminar, em que o fluido "desliza" sobre a superfície como se fossem lâminas finas, no caso turbulento há misturas macroscópicas de "porções" de fluido. No exemplo ilustrado na Figura 5.18, uma "porção" de fluido (1) está se movimentando para cima, levando consigo sua velocidade (quantidade de movimento) e energia (transferência de calor). Evidentemente, uma "porção" correspondente (2) desce para ocupar o seu lugar. A movimentação macroscópica de porções de fluido produz as flutuações de velocidade e propriedades observadas. Do ponto de vista matemático, essas movimentações do fluido dentro da camada-limite dão origem às maiores dificuldades de modelagem do problema da turbulência.

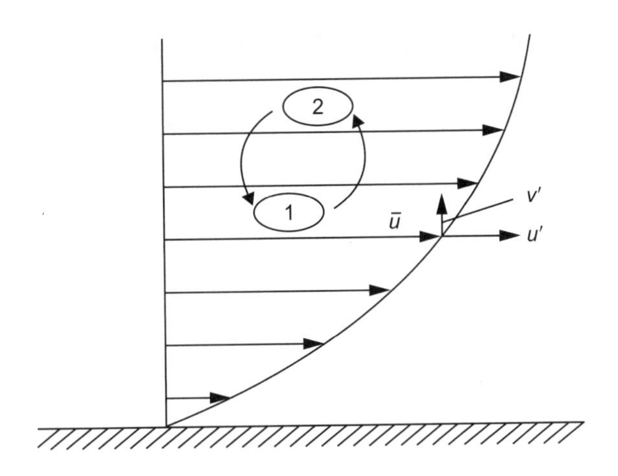

Figura 5.18 Movimentos turbulentos do fluido no interior da camada-limite.

Uma análise mais detalhada do problema da camada-limite turbulenta é tratada em literatura específica mais avançada, como Kays *et al.* (2005) ou Bejan (2013). No entanto, na sequência, são indicados os passos principais da modelagem.

O primeiro passo consiste em escrever as equações diferenciais de conservação. Em seguida, substituem-se os valores instantâneos pelos termos correspondentes de média e flutuação, isto é, $u = \overline{u} + u'$, $v = \overline{v} + v'$ e $p = \overline{p} + p'$. Esse procedimento é chamado *médias temporais de Reynolds*. Começando pela equação da conservação da quantidade de movimento instantânea (Eq. 5.10), tem-se:

$$u\frac{\partial u}{\partial x} + v\frac{\partial u}{\partial y} = \upsilon\frac{\partial^2 u}{\partial y^2} - \frac{1}{\rho}\frac{\partial p}{\partial x} \qquad (5.10)$$

Agora, substituindo a decomposição das grandezas $u = \overline{u} + u'$, $v = \overline{v} + v'$ e $p = \overline{p} + p'$ nessa equação, vem:

$$(\overline{u} + u')\frac{\partial}{\partial x}(\overline{u} + u') + (\overline{v} + v')\frac{\partial}{\partial y}(\overline{u} + u') = \upsilon\frac{\partial^2}{\partial y^2}(\overline{u} + u') - \frac{1}{\rho}\frac{\partial}{\partial x}(\overline{p} + p')$$

Efetuando as multiplicações, obtém-se a seguinte forma dessa equação:

$$\overline{u}\frac{\partial \overline{u}}{\partial x} + \overline{u}\frac{\partial u'}{\partial x} + u'\frac{\partial \overline{u}}{\partial x} + u'\frac{\partial u'}{\partial x} + \overline{v}\frac{\partial \overline{u}}{\partial y} + \overline{v}\frac{\partial u'}{\partial y} + v'\frac{\partial \overline{u}}{\partial y} + v'\frac{\partial u'}{\partial y} = \upsilon\frac{\partial^2 \overline{u}}{\partial y^2} + \upsilon\frac{\partial^2 u'}{\partial y^2} - \frac{1}{\rho}\frac{\partial \overline{p}}{\partial x} - \frac{1}{\rho}\frac{\partial p'}{\partial x}$$

Nesse ponto, é conveniente realizar uma média temporal sobre um intervalo de tempo entre dois instantes significativos, $\Delta t = t_2 - t_1$. O intervalo de tempo Δt é longo o suficiente para capturar as informações relevantes de flutuação do escoamento. Para isso, define-se a seguinte média temporal sobre uma grandeza instantânea f qualquer:

$$\overline{f} = \frac{1}{\Delta t}\int_{t_1}^{t_2} f(t)\, dt \qquad (5.58)$$

As seguintes propriedades se aplicam às médias:

$$\overline{f_1 + f_2} = \overline{f_1} + \overline{f_2}, \qquad \overline{Cf_1} = C\overline{f_1}, \qquad \overline{\overline{f_1}} = \overline{f_1}, \qquad \overline{\frac{\partial f_1}{\partial s}} = \frac{\partial \overline{f_1}}{\partial s} \quad \text{e} \quad \overline{f'} = 0$$

sendo C uma constante no intervalo de tempo e s uma coordenada espacial (x, y, ou z). Assim, aplicando a média temporal na equação anterior, vem:

$$\overline{\overline{u}\frac{\partial \overline{u}}{\partial x}} + \overline{\overline{u}\frac{\partial u'}{\partial x}} + \overline{u'\frac{\partial \overline{u}}{\partial x}} + \overline{u'\frac{\partial u'}{\partial x}} + \overline{\overline{v}\frac{\partial \overline{u}}{\partial y}} + \overline{\overline{v}\frac{\partial u'}{\partial y}} + \overline{v'\frac{\partial \overline{u}}{\partial y}} + \overline{v'\frac{\partial u'}{\partial y}} = \overline{\upsilon\frac{\partial^2 \overline{u}}{\partial y^2}} + \overline{\upsilon\frac{\partial^2 u'}{\partial y^2}} - \overline{\frac{1}{\rho}\frac{\partial \overline{p}}{\partial x}} - \overline{\frac{1}{\rho}\frac{\partial p'}{\partial x}}$$

Usando as propriedades da média temporal, tem-se:

$$\overline{u}\frac{\partial \overline{u}}{\partial x} + \overline{u}\underbrace{\overline{\frac{\partial u'}{\partial x}}}_{0} + \underbrace{\overline{u'}}_{0}\frac{\partial \overline{u}}{\partial x} + \overline{u'\frac{\partial u'}{\partial x}} + \overline{v}\frac{\partial \overline{u}}{\partial y} + \overline{v}\,\overline{\frac{\partial u'}{\partial y}} + \underbrace{\overline{v'}}_{0}\frac{\partial \overline{u}}{\partial y} + \overline{v'\frac{\partial u'}{\partial y}} = \upsilon\frac{\partial^2 \overline{u}}{\partial y^2} + \upsilon\underbrace{\overline{\frac{\partial^2 u'}{\partial y^2}}}_{0} - \frac{1}{\rho}\frac{\partial \overline{p}}{\partial x} - \frac{1}{\rho}\underbrace{\overline{\frac{\partial p'}{\partial x}}}_{0}$$

Reescrevendo, tem-se a Equação (5.59a) após as simplificações:

$$\overline{u}\frac{\partial \overline{u}}{\partial x} + \overline{v}\frac{\partial \overline{u}}{\partial y} = \upsilon\frac{\partial^2 \overline{u}}{\partial y^2} - \frac{1}{\rho}\frac{\partial \overline{p}}{\partial x} - \left(\overline{u'\frac{\partial u'}{\partial x}} + \overline{v'\frac{\partial u'}{\partial y}}\right) \tag{5.59a}$$

Ainda, é necessário tratar em separado as médias temporais que envolvem as flutuações (termos entre parênteses). O seguinte artifício matemático pode ser escrito:

$$\overline{u'\frac{\partial u'}{\partial x}} = \overline{\frac{\partial u'u'}{\partial x}} - \overline{u'\frac{\partial u'}{\partial x}} \quad \text{e} \quad \overline{v'\frac{\partial u'}{\partial x}} = \overline{\frac{\partial u'v'}{\partial x}} - \overline{u'\frac{\partial v'}{\partial x}}$$

De forma que os termos à direita da Equação (5.59a) podem ser escritos como:

$$\overline{u'\frac{\partial u'}{\partial x}} + \overline{v'\frac{\partial u'}{\partial x}} = \frac{\partial \overline{u'u'}}{\partial x} + \frac{\partial \overline{u'v'}}{\partial x} - \overline{u'\underbrace{\left(\frac{\partial u'}{\partial x} + \frac{\partial v'}{\partial x}\right)}_{0}}$$

O termo entre parênteses do lado direito é nulo pela lei da conservação de massa (Eq. 5.8). Substituindo a igualdade anterior, obtém-se a forma da equação diferencial turbulenta da conservação da quantidade de movimento:

$$\overline{u}\frac{\partial \overline{u}}{\partial x} + \overline{v}\frac{\partial \overline{u}}{\partial y} = \upsilon\frac{\partial^2 \overline{u}}{\partial y^2} - \frac{1}{\rho}\frac{\partial \overline{p}}{\partial x} - \left(\frac{\partial \overline{u'u'}}{\partial x} + \frac{\partial \overline{u'v'}}{\partial x}\right) \tag{5.59b}$$

No processo de obtenção da Equação (5.59a), admitiu-se que a média temporal das flutuações e suas derivadas são nulas, o que é verdade considerando que se trata de flutuações tidas como aleatórias em torno de um valor médio e, portanto, suas médias temporais devem ser nulas. Entretanto, esse procedimento introduz novos termos que envolvem a média temporal da derivada do produto das flutuações, que são os termos entre parênteses na Equação (5.59b), os quais não são nulos. Por fim, ainda existe uma última simplificação que envolve a camada-limite turbulenta. Para o caso do escoamento bidimensional, verifica-se que o gradiente do produto das flutuações na direção principal x da Equação (5.59b) (primeiro termo dos parênteses) é desprezível em relação ao segundo termo, de forma que a equação final da conservação da quantidade de movimento turbulenta é:

$$\overline{u}\frac{\partial \overline{u}}{\partial x} + \overline{v}\frac{\partial \overline{u}}{\partial y} = \upsilon\frac{\partial^2 \overline{u}}{\partial y^2} - \frac{1}{\rho}\frac{\partial \overline{p}}{\partial x} - \frac{\partial \overline{u'v'}}{\partial x} \tag{5.60}$$

Aqui, reside grande parte do problema da turbulência, que é justamente estabelecer modelos para estimar o gradiente da média temporal do produto das flutuações das duas componentes de velocidade (último termo da Eq. 5.60). Esse termo dá origem às chamadas *tensões aparentes de Reynolds*, que merecem um tratamento à parte.

De forma análoga, pode-se estabelecer a equação da energia para a camada-limite turbulenta, o que resulta em:

$$\rho C_p\left(\bar{u}\frac{\partial \bar{T}}{\partial x}+\bar{v}\frac{\partial \bar{T}}{\partial y}\right)=\frac{\partial}{\partial y}\left(k\frac{\partial \bar{T}}{\partial y}-\rho C_p\overline{v'T'}\right) \tag{5.61}$$

Por semelhança ao caso laminar, definem-se duas grandezas turbilhonares:

- Viscosidade turbilhonar:

$$\varepsilon_M\frac{\partial \bar{u}}{\partial y}=-\overline{v'u'} \tag{5.62a}$$

- Difusividade turbilhonar:

$$\varepsilon_H\frac{\partial \bar{T}}{\partial y}=-\overline{v'T'} \tag{5.62b}$$

Assim, definem-se a *tensão de cisalhamento total turbulenta* por:

$$\tau_t=\rho(\upsilon+\varepsilon_M)\frac{\partial \bar{u}}{\partial y} \tag{5.63}$$

e a *transferência de calor total turbulenta:*

$$\dot{Q}_t=-\rho C_p(\alpha+\varepsilon_H)\frac{\partial \bar{T}}{\partial y} \tag{5.64}$$

Distante da parede, o domínio da viscosidade e da difusividade turbilhonares é superior em relação às grandezas moleculares, isto é, $\varepsilon_M >> \upsilon$ e $\varepsilon_H >> \alpha$, de forma que se pode definir um *número de Prandtl turbulento*, dado por:

$$Pr_t=\varepsilon_M/\varepsilon_H \tag{5.65}$$

em que Pr_t é aproximadamente unitário, pois os transportes de energia e da quantidade de movimento nessa região ocorrem na mesma proporção graças às misturas macroscópicas de fluido, o que também caracteriza o fato de os perfis de temperatura e de velocidade médios serem mais uniformes nessa região.

O estudo das grandezas turbilhonares dá origem aos perfis de velocidade e temperatura universais. Importante frisar que as muitas análises indicam que a analogia de Reynolds-Colburn entre atrito superficial e transferência de calor tratada na subseção 5.2.3 pode ser estendida para a região turbulenta. São objeto dos estudos de turbulência modelar adequadamente os efeitos das variações instantâneas das grandezas, o que foge ao escopo deste texto.

É relevante saber que existem dois regimes de transferência de calor: laminar e turbulento. Também existe uma região de transição entre os dois regimes. Note que o início da turbulência pode ser atingido de duas formas: a primeira, quando um gerador de turbulência é colocado na borda de ataque, como pela instalação de um arame fino (*tripping wire*), e a segunda, quando o escoamento inicia laminar e a placa é suficientemente longa para acontecer a turbulência quando $Re_x > 5 \times 10^5$ (outros autores usam $Re_x > 3 \times 10^5$) (Fig. 5.19).

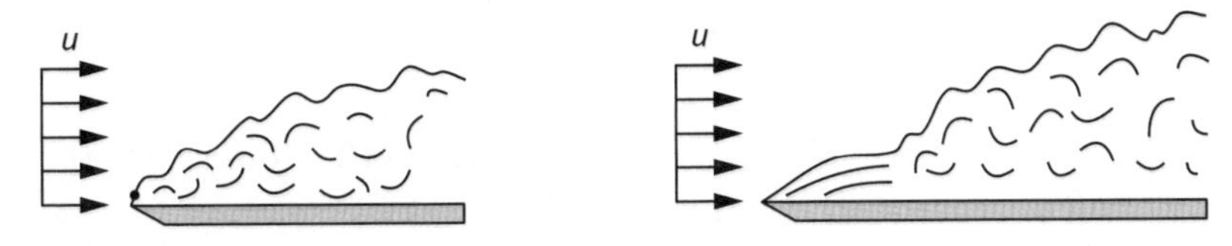

Figura 5.19 Camada-limite turbulenta: puramente turbulenta (à esquerda) e laminar + turbulenta (à direita).

Principais resultados para a camada puramente turbulenta

Isto é, com início turbulento a partir da borda de ataque:

Local:

$$\delta_T \approx \delta_H = \frac{0,37x}{Re_x^{0,2}} \qquad Re_x \leq 10^7 \tag{5.66}$$

$$C_{f,\,x} = \frac{0,059}{Re_x^{1/5}} \qquad Re_x \leq 10^7 \tag{5.67}$$

$$Nu_x = 0,0296 Re_x^{0,8} Pr^{1/3} \qquad Re_x \leq 10^7 \qquad 0,6 \leq Pr \leq 60 \tag{5.68}$$

Médio:

$$\overline{C}_{f,\,L} = \frac{0,074}{Re_L^{1/5}} \qquad Re_x \leq 10^7 \tag{5.69}$$

$$\overline{Nu}_L = 0,037 Re_L^{0,8} Pr^{1/3} \qquad Re_L \leq 10^7 \qquad 0,6 \leq Pr \leq 60 \tag{5.70}$$

Principais resultados para a camada turbulenta com início laminar

Considera-se que a transição de laminar para turbulento acontece de forma abrupta em $Re_{cr} = 5 \times 10^5$.

Local:

$$C_{f,\,x} = 0,059 Re_x^{-1/5} \qquad 5\times10^5 \leq Re_x \leq 10^7 \tag{5.71}$$

$$Nu_x = 0,0296 Re_x^{0,8} Pr^{1/3} \qquad 5\times10^5 \leq Re_x \leq 10^7 \qquad 0,6 \leq Pr \leq 60 \tag{5.72}$$

Médio:

Os valores médios são avaliados considerando a distância desde a borda de ataque, passando pela distância (crítica) na qual inicia a turbulência, definida por $x_{cr} = Re_{cr}\upsilon / u_\infty$, até o comprimento total. No primeiro trecho (laminar), são considerados os valores dos coeficientes de atrito e transferência de calor por convecção, indicados nas Equações (5.20) e (5.23), respectivamente. Já para o trecho turbulento, são consideradas as Equações (5.71) e (5.72). Os coeficientes médios de atrito e transferência de calor por convecção são definidos por:

$$\overline{C}_{f,\,L} = \frac{1}{L}\left(\int_0^{x_{cr}} C_{f,\,x,\,lam}\,dx + \int_{x_{cr}}^{L} C_{f,\,x,\,turb}\,dx\right)$$

e

$$\overline{h}_{f,\,L} = \frac{1}{L}\left(\int_0^{x_{cr}} h_{x,\,lam}\,dx + \int_{x_{cr}}^{L} h_{x,\,turb}\,dx\right)$$

Com o número de Reynolds crítico considerado $Re_{cr} = 5 \times 10^5$, têm-se:

$$\overline{C}_{f,\,L} = \frac{0,074}{\mathrm{Re}_L^{1/5}} - \frac{1742}{\mathrm{Re}_L} \qquad 5\times10^5 \leq \mathrm{Re}_L \leq 10^8 \tag{5.73}$$

$$\overline{Nu}_L = \left(0,037\mathrm{Re}_L^{0,8} - 871\right)\mathrm{Pr}^{1/3} \qquad 5\times10^5 \leq \mathrm{Re}_L \leq 10^8 \qquad 0,6 \leq \mathrm{Pr} \leq 60 \tag{5.74}$$

As propriedades de transporte devem ser avaliadas à temperatura de filme: $T_f = \dfrac{T_p + T_\infty}{2}$.

Quando o início do aquecimento da placa ocorre a uma distância de x_0 da borda de ataque, foi encontrado o número de Nusselt local para escoamento laminar na Equação (5.43). Se o escoamento for turbulento, o número de Nusselt local será (Kays *et al.*, 2005):

$$Nu_x = 0{,}0296 Re_x^{0,8} Pr^{1/3} \left[1 - \left(\frac{x_0}{x}\right)^{9/10}\right]^{-1/9} \quad (5.75)$$

O número de Nusselt médio ($\overline{Nu}_L = \bar{h}_L L/k$) para a seção aquecida da placa ($A = b \times (L - x_0)$), em escoamento laminar e puramente turbulento é expressado pelas Equações (5.76) e (5.77), respectivamente (Thomas, 1977).

$$\overline{Nu}_L = \frac{0{,}664 Re_L^{0,5} Pr^{1/3}}{1 - x_0/L} \left[1 - \left(\frac{x_0}{L}\right)^{3/4}\right]^{2/3} \quad (5.76)$$

$$\overline{Nu}_L = \frac{0{,}037 Re_L^{0,8} Pr^{1/3}}{1 - x_0/L} \left[1 - \left(\frac{x_0}{L}\right)^{9/10}\right]^{8/9} \quad (5.77)$$

EXEMPLO 5.4 Transferência de calor turbulenta sobre uma placa aquecida

Água a 20 °C é aquecida em uma placa que se encontra a 80 °C. Esse fluido escoa a 3 km/h sobre a placa no sentido do comprimento de 1 m. Calcule a taxa de calor transferido da placa se ela possui uma largura de 80 cm.

Solução:

$$u_\infty = 3\,\frac{\text{km}}{\text{h}} = \frac{3 \times 1000\ \text{m}}{3600\ \text{s}} = 0{,}83\ \text{m/s}$$

Propriedades avaliadas a $T_f = \frac{20+80}{2} = 50\,°\text{C}$ (Tab. A.7)

$$\upsilon = 5{,}5359 \times 10^{-7}\ \text{m}^2/\text{s} \qquad k = 0{,}644\ \frac{\text{W}}{\text{mK}} \qquad Pr = 3{,}55$$

$$Re_L = \frac{u_\infty L}{\upsilon} = \frac{0{,}83 \times 1}{5{,}5359 \times 10^{-7}} = 1{,}50 \times 10^6\ (\text{turbulento})$$

$$\overline{Nu}_L = (0{,}037 Re_L^{0,8} - 871) Pr^{1/3} = \left[0{,}037 (1{,}50 \times 10^6)^{0,8} - 871\right] 3{,}55^{1/3} = 3597{,}2$$

$$\bar{h} = \frac{\overline{Nu}_L\, k}{L} = \frac{3597{,}2 (0{,}644)}{1} = 2316{,}6\ \text{W/m}^2\text{K}$$

$$\dot{Q} = \bar{h} A (T_p - T_\infty) = 2316{,}6 \times 1 \times 0{,}8 \times (80 - 20) = 111{,}2\ \text{kW}.$$

5.3.2 Escoamento cruzado sobre cilindros e tubos

No caso do escoamento externo cruzado ou perpendicular sobre cilindros e tubos, a análise da transferência de calor local se torna mais complexa em razão dos vários efeitos hidrodinâmicos que podem ocorrer no escoamento do fluido no entorno do tubo. Nesse caso, o número de Nusselt local é dado em função do ângulo de incidência θ, isto é, $Nu(\theta)$, o qual é fortemente influenciado não só pela formação das camadas-limite como também pelo efeito do descolamento da camada-limite. A Figura 5.20 ilustra a variação do número de Nusselt local para vários números de Reynolds. Pode-se depreender da figura que, para $Re_D < 10^5$ o número de Nusselt decresce como consequência do crescimento da

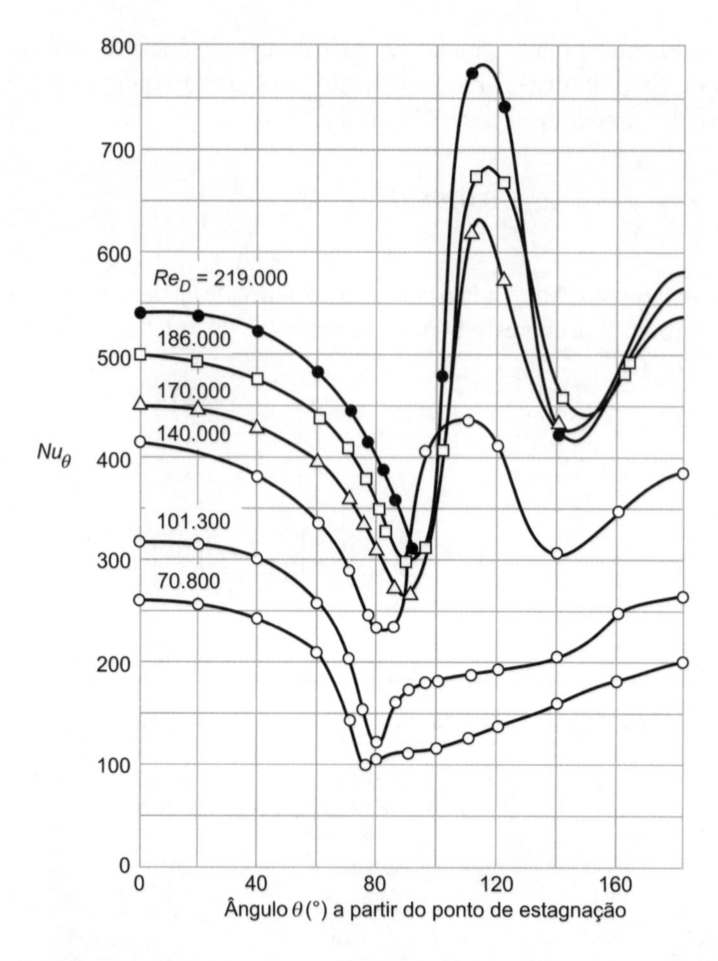

Figura 5.20 Variação do número de Nusselt local ao redor de um cilindro (Giedt, 1949). Publicada com autorização.

camada-limite laminar (CLL) até cerca de 80°. Após esse ponto, o escoamento se descola da superfície do tubo destruindo (descolamento) a CLL, o que acarreta a geração de um sistema de vórtices que provoca uma melhor mistura do fluido e, consequentemente, um incremento no coeficiente da transferência de calor (aumento de Nu_θ). Para $Re_D > 10^5$, ocorre a transição da camada-limite laminar para a turbulenta (CLT) antes do descolamento da camada-limite. Na fase de transição de camadas-limite (80° a 100°), ocorre a melhora da transferência de calor. Uma vez iniciada a CLT, novamente se verifica a diminuição do coeficiente local de transferência de calor em face do crescimento da CLT, em torno de 140°, de modo a descolar o escoamento da superfície e a destruição da CLT para, então, gerar os sistemas de vórtices e de mistura que voltam a melhorar a transferência de calor. No caso turbulento, há, portanto, dois mínimos.

Embora do ponto de vista de incremento da transferência de calor possa ser importante analisar o efeito local do número de Nusselt, sob a ótica de aplicação e cálculo, deve-se estabelecer uma expressão para o coeficiente de transferência de calor por convecção médio sobre a circunferência do tubo. Assim, uma expressão antiga tem ainda sido usada – a correlação empírica de Hilpert (1933):

$$\overline{Nu_D} = \frac{\bar{h}D}{k} = CRe_D^m Pr^{1/3} \tag{5.78}$$

em que D é o diâmetro do tubo. As constantes C e m são dadas na Tabela 5.3 como função do número de Reynolds. As propriedades de transporte devem ser avaliadas à temperatura de filme.

Tabela 5.3 Constantes da correlação de Hilpert para escoamento externo de um cilindro circular (adaptada de Hilpert, 1933; Knudsen e Katz, 1958)

Geometria	Re_D	C	m
 Cilindro circular, diâmetro D	0,4 - 4	0,989	0,330
	4 - 40	0,911	0,385
	40 - 4000	0,683	0,466
	4000 - 40.000	0,193	0,618
	40.000 - 400.000	0,027	0,805

No caso de escoamento cruzado de ar sobre outras seções transversais, Sparrow *et al.* (2004) reuniram vários trabalhos, e algumas geometrias são indicadas na Tabela 5.4. Embora as expressões desta tabela tenham sido desenvolvidas para o ar, é comum multiplicar o número de Nusselt por $Pr^{1/3}$ e usá-las para outros gases. As propriedades de transporte devem ser avaliadas à temperatura de filme.

Tabela 5.4 Números de Nusselt para diferentes geometrias de escoamento cruzado de ar sobre várias seções transversais (adaptada de Sparrow *et al.*, 2004). Para escoamento de outros gases multiplique o lado direito por $Pr^{1/3}$

Geometria	Re_D	Correlação
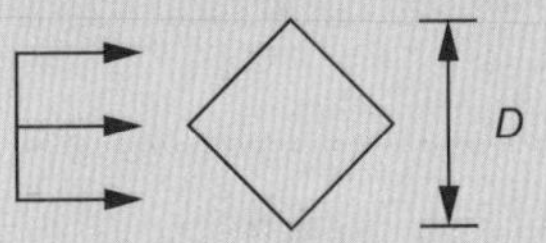 Quadrado inclinado (losango), D	6000-60.000	$\overline{Nu}_D = 0,27Re^{0,59}$
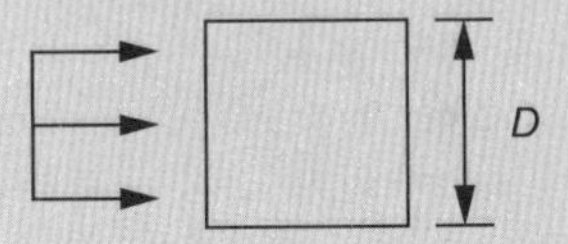 Quadrado, D	5000-60.000	$\overline{Nu}_D = 0,14Re^{0,66}$
Placa vertical (faces 1 e 2), D	1: 10.000-50.000	$\overline{Nu}_D = 0,592Re^{0,5}$
	2: 7000-80.000	$\overline{Nu}_D = 0,17Re^{0,667}$
	1 e 2: 10.000-50.000	$\overline{Nu}_D = 0,25Re^{0,61}$
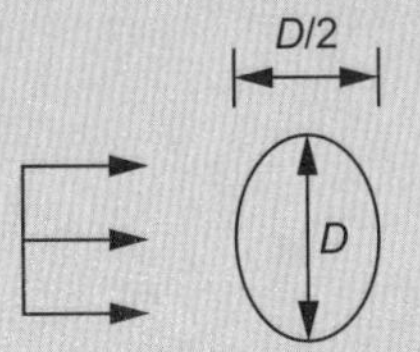 Elipse, $D/2$ × D	5000-90.000	$\overline{Nu}_D = 0,566Re^{0,545}$
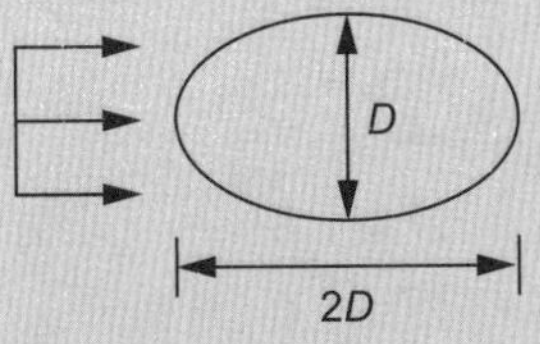 Elipse, $2D$ × D	2500-45.000	$\overline{Nu}_D = 0,256Re^{0,573}$
Hexágono (vértice à frente), D	5200-20.400	$\overline{Nu}_D = 0,146Re^{0,638}$
	20.400-105.000	$\overline{Nu}_D = 0,035Re^{0,782}$
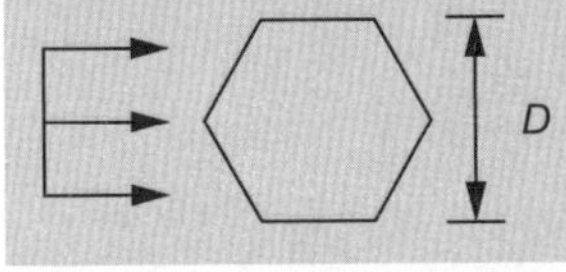 Hexágono (face à frente), D	4500-90.700	$\overline{Nu}_D = 0,133Re^{0,638}$

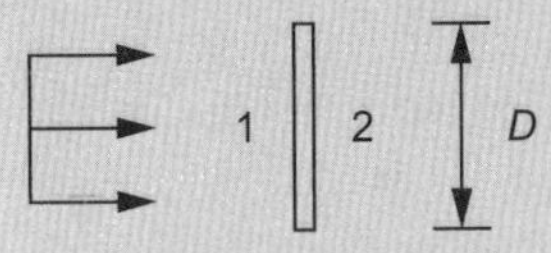

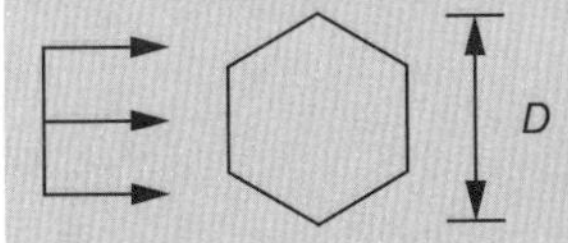

Para o escoamento cruzado de outros fluidos sobre cilindros circulares, uma expressão mais atual se deve a Zukauskas (1972), dada por:

$$\overline{Nu_D} = CRe_D^m Pr^n \left(\frac{Pr}{Pr_p}\right)^{1/4} \qquad 1 < Re_D < 10^6 \qquad 0,7 < Pr < 500 \tag{5.79}$$

As constantes C e m são obtidas da Tabela 5.5. Todas as propriedades são avaliadas à T_∞, exceto Pr_p, que é avaliado na temperatura de superfície (parede). Se $Pr \leq 10$, use $n = 0,37$ e, se $Pr > 10$, use $n = 0,36$.

Tabela 5.5 Constantes a serem usadas na Equação (5.79) (adaptada de Zukauskas, 1972)

Geometria	Re_D	C	m
(cilindro de diâmetro D em escoamento cruzado)	1 - 40	0,75	0,4
	40 - 1000	0,51	0,5
	1000 - 200.000	0,26	0,6
	200.000 - 1.000.000	0,076	0,7

EXEMPLO 5.5 Comparação de transferência de calor entre superfícies planas e tubos

Verifica-se um escoamento de ar a uma velocidade de 4 m/s e temperatura de 30 °C. Nesse escoamento é colocada uma fina placa plana, paralela a ele, de 25 cm de comprimento e 1 m de largura. A temperatura da placa é de 60 °C. Posteriormente, a placa é enrolada (no sentido do comprimento) formando um cilindro sobre o qual o escoamento de ar vai se dar de forma cruzada. Todas as demais condições são mantidas. Pede-se:

(a) Em qual caso a troca de calor é maior?

(b) Qual é a taxa de calor trocado em ambos os casos?

(c) Analisar se sempre há maior troca de calor em uma dada configuração do que na outra, independentemente do comprimento e velocidade do ar.

Solução:

(a) Propriedades do ar: $T_f = \frac{T_\infty + T_p}{2} = 45$ °C. Do Apêndice A, Tabela A.5: $\upsilon = 1,68 \times 10^{-5}$ m²/s; $k = 2,69 \times 10^{-2}$ W/mK; $Pr = 0,706$

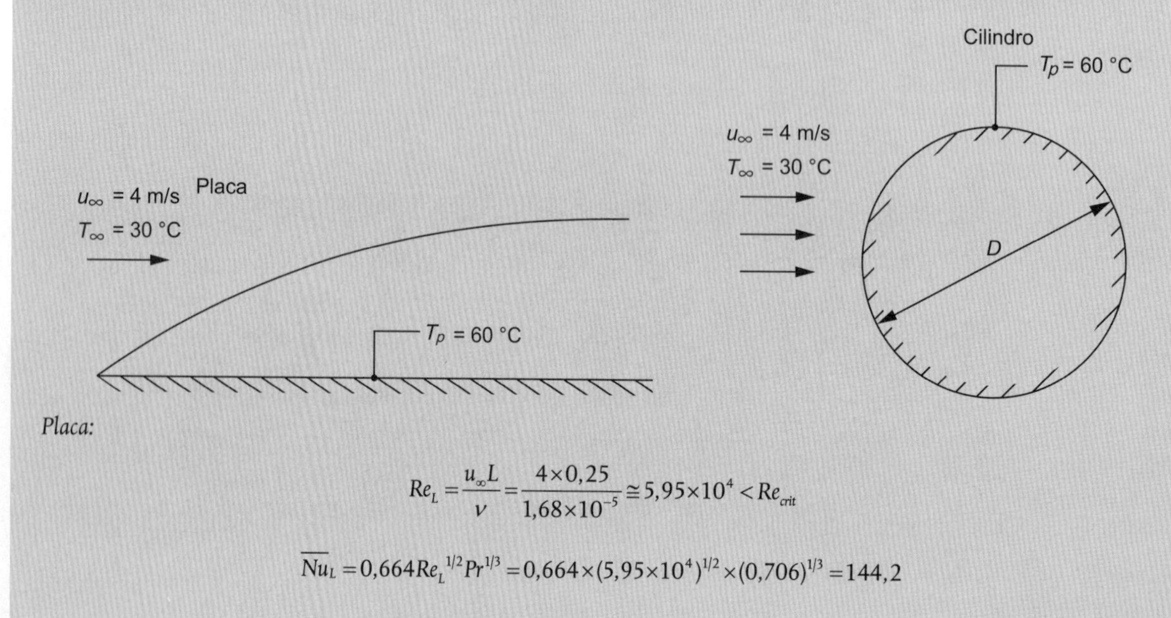

Placa:

$$Re_L = \frac{u_\infty L}{\nu} = \frac{4 \times 0,25}{1,68 \times 10^{-5}} \cong 5,95 \times 10^4 < Re_{crit}$$

$$\overline{Nu_L} = 0,664 Re_L^{1/2} Pr^{1/3} = 0,664 \times (5,95 \times 10^4)^{1/2} \times (0,706)^{1/3} = 144,2$$

$$\overline{h}_L = \frac{\overline{Nu}k}{L} = \frac{144,2\times 0,02697}{0,25} = 15,56\,\mathrm{W/m^2\,°C}$$

Cilindro:
Diâmetro do cilindro: $\pi D = L \rightarrow D = 0,25/\pi = 0,0796\,\mathrm{m}$

$$Re_D = \frac{4\times 0,0796}{1,68\times 10^{-5}} = 1,895\times 10^4$$

Usando a expressão de Hilpert (Eq. 5.78): $\overline{Nu}_D = CRe_D^m Pr^{1/3}$

Para $Re = 1,895\times 10^4 \rightarrow C = 0,193 \quad m = 0,618$

$$\overline{Nu}_D = 0,193\times(1,895\times 10^4)^{0,618}\times(0,706)^{1/3} = 75,63$$

$$\overline{h}_D = \frac{\overline{Nu}_D k}{D} = \frac{75,63\times 0,02697}{0,0796} = 25,63\,\mathrm{W/m^2K}$$

A transferência de calor é maior no caso do cilindro, pois $\overline{h}_D > \overline{h}_L$, já que a área de troca de calor é a mesma.

(b)

Placa: $\dot{Q}_{placa} = \overline{h}_L A_p(T_p - T_\infty) = 15,56\times 0,25\times 30 = 116,7\,\mathrm{W}$

Cilindro: $\dot{Q}_{cil} = \overline{h}_D A_c(T_p - T_\infty) = 25,63\times 0,25\times 30 = 192,2\,\mathrm{W}$

(c)

Porção laminar $Re_{crit,L} = 5\times 10^5$

Note que: $Re_D = Re_L/\pi \Rightarrow Re_D = 1,59\times 10^5$

$$\overline{h}_L = \frac{0,664\times k}{L} Re_L^{1/2} Pr^{1/3} \qquad \text{(A)}$$

$$\overline{h}_D = \frac{k}{D} Pr^{1/3} CRe_D{}^m = \pi \frac{kPr^{1/3}}{L} CRe_D^m \qquad \text{(B)}$$

Portanto, de (A), $\frac{kPr^{1/3}}{L} = \frac{\overline{h}_L}{0,664 Re_L^{1/2}}$, que pode ser substituída em (B) para obter:

$$\overline{h}_D = \frac{\pi CRe_D^m \overline{h}_L}{0,664\pi^{1/2} Re_D} = 2,669 CRe_D^{m-0,5}\overline{h}_L$$

ou $\frac{\overline{h}_D}{\overline{h}_L} = 2,669 CRe_D^{m-0,5}$ para o caso do escoamento laminar na placa.

Porção laminar-turbulenta $Re_L > Re_{crit} = 5\times 10^5$

$\overline{Nu}_L = (0,037\times Re_L^{0,8} - 871)Pr^{1/3}$ (camada-limite mista)

De onde

$$\frac{\overline{h}_L L}{k} = (0,037 Re_L^{0,8} - 871)Pr^{1/3} \quad \text{e} \quad \frac{kPr^{1/3}}{L} = \frac{\overline{h}_L}{0,037 Re_L^{0,8} - 871} \qquad \text{(C)}$$

substituindo em (B), vem $\overline{h}_D = \frac{\pi CRe_D^m \overline{h}_L}{0,037 Re_L^{0,8} - 871}$

substituindo $Re_L = \pi Re_D$, vem: $\frac{\overline{h}_D}{\overline{h}_L} = \frac{\pi CRe_D^m}{0,037 Re_L^{0,8} - 871}$.

Os diversos valores de C e m da expressão de Hilpert (Eq. 5.78) foram substituídos nas expressões das razões entre os coeficientes de transferência de calor e aparecem na tabela a seguir e em forma gráfica na figura. Verifica-se que a transferência de calor será sempre maior no caso do cilindro (na faixa de validade das expressões), como indicado no gráfico a seguir.

Re_D	C	m	$\bar{h}_D/\bar{h}_L$	Regime
4	0,989	0,33	2,09	laminar
40	0,911	0,385	1,59	"
4000	0,683	0,466	1,38	"
40.000	0,193	0,618	1,80	"
159.000	0,027	0,805	2,78	"
200.000	0,027	0,805	2,15	lam-turb
400.000	0,027	0,805	1,43	"

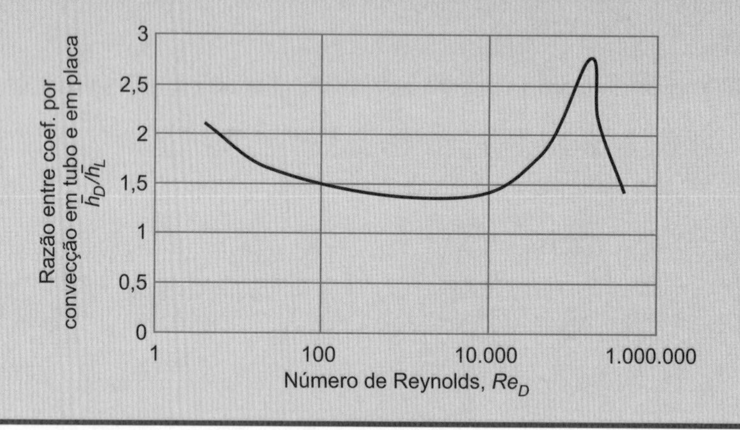

5.4 Escoamento cruzado sobre banco de tubos

Escoamento cruzado de um fluido sobre um banco de tubos é muito comum em trocadores de calor. Um dos fluidos escoa perpendicular e externamente aos tubos, enquanto o outro circula internamente, como representado no esquema da Figura 5.21. Nesta seção, o interesse reside na análise do escoamento externo aos tubos, os quais não possuem aletas. O próximo capítulo tratará da transferência de calor do fluido no escoamento no interior dos tubos.

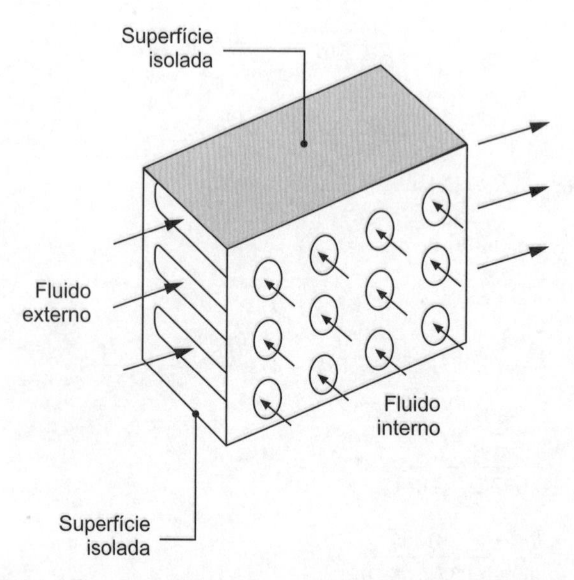

Figura 5.21 Escoamentos externo e interno em escoamento cruzado.

Na Figura 5.22, apresentam-se dois arranjos típicos. O primeiro é chamado de "arranjo em linha" e o outro, de "arranjo alternado". As grandezas da figura são: N_L e N_T – número de tubos no sentido longitudinal e transversal; D – diâmetro externo dos tubos; S_L, S_T e S_D – passo longitudinal, transversal e diametral (este último somente em configuração alternada); V – velocidade *média do fluido externo* a montante do banco de tubos; e T_e e T_s – temperatura de entrada e de saída de fluido externo.

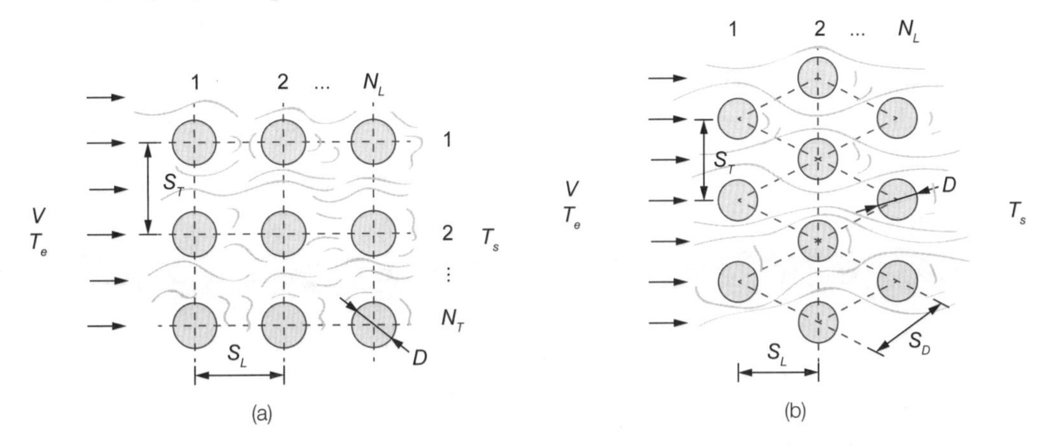

Figura 5.22 Arranjos de banco de tubos em (a) linha e (b) alternado.

Quando o escoamento se dá ao redor de tubos, os que estão instalados a jusante serão submetidos a uma esteira de vórtices produzida nos tubos anteriores, de forma que o fluido a montante do tubo será perturbado (ver ilustração das esteiras de vórtices na Fig. 5.22). Esse comportamento é repetido e intensificado no decorrer do escoamento até a seção de saída do trocador de calor. Por isso, o coeficiente de transferência de calor por convecção é diferente em banco de tubos com relação a um tubo individual.

Existem várias correlações empíricas para a obtenção de transferência de calor sobre banco de tubos. Pode-se usar a expressão de Grimison (1937), que analisou vários trabalhos e concluiu que o coeficiente de transferência de calor por convecção para um banco de, no mínimo, 10 tubos na direção do fluido pode ser encontrado seguindo a forma da equação de Hilpert (Eq. 5.78), que pode ser usada para o ar e para outros fluidos. Por outro lado, Zukauskas (1972) propôs uma correlação, a qual é baseada no número de Reynolds máximo, que é função da velocidade máxima do fluido entre os tubos:

$$Re_{D,\,\text{máx}} = \frac{V_{\text{máx}} D}{\upsilon} \tag{5.80}$$

No *arranjo em linha*, a velocidade máxima ocorre no espaço entre os tubos e, portanto, será:

$$V_{\text{máx}} = \frac{S_T}{S_T - D} V \tag{5.81}$$

No *arranjo alternado*, a velocidade máxima pode ocorrer em duas seções, conforme ilustrado na Figura 5.22. $V_{\text{máx}}$ ocorrerá na seção entre dois tubos separados pela distância $S_D - D$ se for satisfeito que $2(S_D - D) < (S_T - D)$; após uma análise trigonométrica simples, se obtém a seguinte condição equivalente:

$$S_D = \sqrt{S_L^2 + \left(\frac{S_T}{2}\right)^2} < \frac{S_T + D}{2} \tag{5.82}$$

Se a desigualdade da Equação (5.82) ocorrer, então:

$$V_{\text{máx}} = \frac{S_T}{2(S_D - D)} V \tag{5.83}$$

Caso a condição da Equação (5.82) não seja satisfeita, então, a velocidade máxima ocorre na seção entre dois tubos alinhados verticalmente e, portanto, usa-se novamente a Equação (5.81).

Uma vez obtido $Re_{D,\,máx}$, então o número de Nusselt é avaliado por meio da Equação (5.84), para $N_L \geq 20$.

$$\overline{Nu_D} = CRe^m_{D,\,máx}Pr^{0,36}\left(\frac{Pr}{Pr_p}\right)^{0,25}, \text{ válida para } \begin{bmatrix} N_L \geq 20 \\ 0,7 < Pr < 500 \\ Re_{D,\,máx} < 2\times10^6 \end{bmatrix} \tag{5.84}$$

Todas as propriedades, exceto Pr_p (que é avaliada à temperatura da parede dos tubos), são avaliadas à temperatura média entre a entrada e a saída do fluido, $\overline{T} = \left(T_e + T_s\right)/2$, e as constantes C e m estão resumidas na Tabela 5.6.

Tabela 5.6 Constantes C e m da Equação (5.84) (Zukauskas, 1987)

Configuração	$Re_{D,\,máx}$		C	m
Alinhada	16-100		0,90	0,40
	100-1000		0,52	0,50
	1000-200.000[a]		0,27	0,63
	200.000-2.000.000		0,033	0,80
Alternada	1,6-40		1,04	0,40
	40-1000		0,71	0,50
	1000-200.000	$S_T/S_L<2$	$0,35(S_T/S_L)^{0,2}$	0,60
		$S_T/S_L>2$	0,40	0,60
	200.000-2.000.000		$0,031(S_T/S_L)^{0,2}$	0,80

[a] Para $S_T/S_L < 0,7$, a transferência de calor é ineficiente e deve ser evitada.

Se o número de colunas de tubos for inferior a 20, isto é, $N_L < 20$, então deve-se corrigir a Equação (5.84), multiplicando o resultado obtido por uma constante C_2, conforme expressão da Equação (5.85) e valores dados na Tabela 5.7.

$$\overline{Nu_D}\Big|_{N_L<20} = C_2\,\overline{Nu_D}\Big|_{N_L\geq 20} \tag{5.85}$$

Tabela 5.7 Fator de correção C_2 na Equação (5.85) para $N_L < 20$

Re_D	N_L	1	2	3	4	5	7	10	13	16	20
100-1000	Alinhada	1,00	1,00	1,00	1,00	1,00	1,00	1,00	1,00	1,00	1,00
	Alternada	0,83	0,88	0,92	0,94	0,96	0,97	0,98	0,98	0,99	1,00
> 1000	Alinhada	0,70	0,80	0,86	0,90	0,92	0,95	0,97	0,98	0,99	1,00
	Alternada	0,64	0,76	0,84	0,89	0,92	0,95	0,97	0,98	0,99	1,00

A taxa de transferência de calor entre o banco de tubos e o escoamento externo pode ser avaliada segundo a Lei de resfriamento de Newton $\dot{Q} = hA\Delta T$, em que A é a área superficial externa de todos os tubos e ΔT é uma diferença de temperaturas. Nesta seção, a temperatura da parede dos tubos é constante, porém o fluido muda de temperatura no seu percurso desde T_e até T_s. Assim, deve-se usar o conceito de *diferença média logarítmica de temperaturas* (*DMLT*), o qual será abordado em detalhes na subseção 6.1.5 e Seção 6.3. Como será visto, a taxa de calor transferido fica definido por:

$$\dot{Q} = hA\,DMLT \tag{5.86}$$

em que:

$$DMLT = \frac{\Delta T_1 - \Delta T_2}{\ln(\Delta T_1/\Delta T_2)} \tag{5.87}$$

ΔT_1 é a diferença de temperatura entre a parede do tubo e o fluido na entrada e ΔT_2 entre a parede e o fluido na saída. Ver uma representação esquemática das possibilidades de temperatura de fluido e parede dos tubos na Figura 5.23.

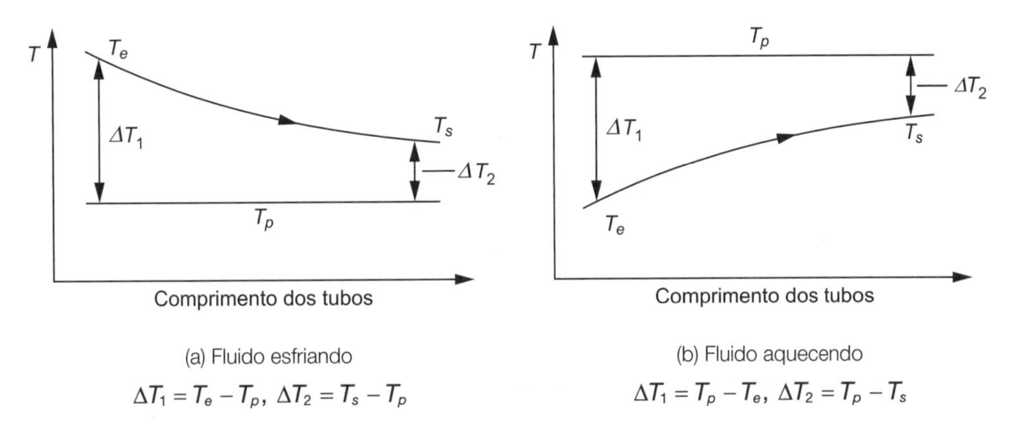

Figura 5.23 Configuração do fluido esfriando ou aquecendo no banco de tubos.

A taxa de transferência de calor definida pela Primeira Lei da Termodinâmica envolvendo o fluido no volume de controle é:

$$\dot{Q} = \dot{m}C_p(T_e - T_s) \tag{5.88}$$

Igualando as Equações (5.86) e (5.88):

$$\dot{m}C_p(T_e - T_s) = hA\frac{(T_e - T_p) - (T_s - T_p)}{\ln\left[(T_e - T_p)/(T_s - T_p)\right]}$$

$\ln\left(\frac{T_s - T_p}{T_e - T_p}\right) = -\frac{hA}{\dot{m}C_p}$. De onde se obtém a temperatura de saída do fluido depois da troca térmica:

$$T_S = T_P + (T_E - T_P)e^{-hA/\dot{m}C_p} \tag{5.89}$$

Observe que a vazão mássica pode ser avaliada nas condições de entrada ou de saída do escoamento no banco de tubos, já que se trata da mesma grandeza.

EXEMPLO 5.6 Escoamento sobre banco de tubos

Água a T_e = 17 °C escoa de forma cruzada sobre um feixe de tubos alternados no interior de uma estrutura retangular de 30 cm × 30 cm. No interior dos tubos escoam gases de combustão mantendo as paredes dos tubos na temperatura média de 280 °C. A água circula no interior do tubo ϕ = 12 cm de diâmetro, escoando a uma velocidade de V = 2,3 m/s. Estime a temperatura da água depois de passar pelo feixe de tubos.

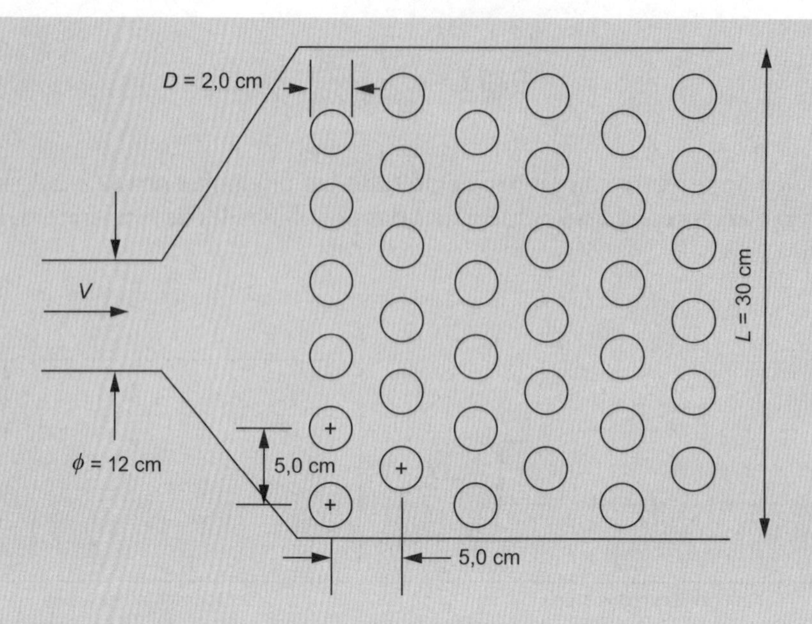

Solução

A T_e = 17 °C, ρ = 998,7 kg/s (Tab. A.7). A vazão mássica da água será de $\dot{m} = \rho V \pi \phi^2/4 = 998{,}7 \times 2{,}3\pi 0{,}12^2/4 =$ 25,96 kg/s.

Por conservação de massa e assumindo que não há variação da temperatura do fluido até a entrada no banco de tubos: $\rho V_e LW = 25{,}96$, logo, a velocidade de entrada do fluido ao banco de tubos será: $998{,}7 V_e 0{,}3 \times 0{,}3 = 25{,}976 \rightarrow V_e = 0{,}289$ m/s.

Achando a velocidade máxima:

$$\sqrt{S_L^2 + \left(\frac{S_T}{2}\right)^2} < \frac{S_T + D}{2} \quad \rightarrow \quad \sqrt{0{,}05^2 + 0{,}025^2} < \frac{0{,}05 + 0{,}02}{2}$$

$0{,}056 < 0{,}035$, que não é verdade; assim, a velocidade máxima ocorre em $S_T - D$:

$$V_{máx} = \frac{S_T}{S_T - D} V = \frac{0{,}05}{0{,}05 - 0{,}02} 0{,}289 = 0{,}482 \text{ m/s.}$$

As propriedades de transporte dependem da temperatura média entre a entrada e a saída do fluido, que, por sua vez, depende da temperatura de saída, que é desconhecida. Assim, inicialmente, é suposta uma temperatura de saída e, posteriormente, será corrigida. Veja que essa temperatura deve estar entre a temperatura de entrada e a temperatura de superfície dos tubos. Assume-se, inicialmente, que T_s = 103 °C.

$$\overline{T} = (103 + 17)/2 = 60\ °\text{C}.$$

Da Tabela A.7: C_P = 4185 J/kgK; K = 0,6542 W/mK; $\upsilon = 4{,}744 \times 10^{-7}$ m²/s, Pr = 2,983 e Pr_p = 0,8346

$$Re_{D,\,máx} = \frac{0{,}482 \times 0{,}02}{4{,}744 \times 10^{-7}} = 20298$$

$$\overline{Nu_D} = C Re^m_{D,\,máx} Pr^{0{,}36} \left(\frac{Pr}{Pr_p}\right)^{0{,}25}$$

$$\overline{Nu_D} = 0{,}35 \left(\frac{0{,}05}{0{,}05}\right)^{0{,}2} 20298^{0{,}6} 2{,}983^{0{,}36} \left(\frac{2{,}983}{0{,}8346}\right)^{0{,}25} = 274$$

Como N_L = 6, da Tabela 5.7, C_2 = 0,935

$$\overline{Nu_D} = 0{,}935 \times 274 = 256{,}2$$

$$\bar{h} = \frac{\overline{Nu}_D k}{D} = \frac{256{,}2 \times 0{,}6542}{0{,}02} = 8380{,}3 \text{ W/m}^2\text{K}$$

O número de total de tubos é N = 36, logo, a área total de troca de calor será: $A = N\pi DL = 36\pi 0{,}02 \times 0{,}3 = 0{,}678 \text{ m}^2$
A temperatura de saída:

$$T_s = T_p + (T_e - T_p)e^{-\bar{h}A/\dot{m}C_p} = 280 + (17 - 280)e^{-8380{,}3 \times 0{,}678/25{,}96 \times 4185}$$

$$T_s = 30{,}4 \text{ °C}$$

Verifica-se que essa temperatura é diferente daquela assumida inicialmente de 103 °C e, portanto, é preciso corrigir. Para isso, se usa a temperatura encontrada e a nova temperatura média é $\bar{T} = (17 + 30{,}4)/2 = 23{,}7$ °C. Seguindo o procedimento já realizado, encontra-se $\bar{h} = 8523{,}3 \text{ W/m}^2\text{K}$ e $T_s = 30{,}63$ °C, que está próxima do valor anterior de 30,4 °C; assim, é aceito o valor de 30,63 °C. Geralmente, são necessárias duas a três iterações para o cálculo convergir.

Referências

Bejan, A. *Convection heat transfer*. 4. ed. New Jersey: John Wiley & Sons, 2013.

Besson, U. The history of the cooling law: when the search of simplicity can be an obstacle. *Science and Education*, v. 21, p. 1085-1110, 2012.

Giedt, W. H. Investigation of variation of point unit heat-transfer coefficient around a cylinder normal to an Air Stream, *ASME Journal of Heat Transfer*, v. 71, p. 375-381, 1949.

Grimison, E. D. Correlation and utilization of new data on flow resistance and heat transfer cross-flow of gases over tube banks. *Trans. ASME*, v. 59, p. 583-594, 1937.

Hilpert, R. Wärmeabgabe von geheizen Drähten und Rohren im Luftstrom. *Forch. Geb. Ingenieurwes*, v. 4, p. 220, 1933.

Kays, W. M.; Crawford, M. E.; Weigand, B. *Convective heat and mass transfer*. 4. ed. Boston: McGraw-Hill Higher Education, 2005.

Knudsen, J. D.; Katz, D. L. *Fluid Dynamics and Heat Transfer*. New York: McGraw-Hill, 1958.

Schlichting, H. *Boundary layer theory*. 7. ed. New York: McGraw-Hill, 1979.

Sparrow, E. M.; Abraham, J. P.; Tong, J. C. K. Archival correlations for average heat transfer coefficients for non-circular and circular cylinders and for spheres in cross-flow. *International Journal of Heat and Mass Transfer*. v. 47, p. 5285-5296, 2004.

Thomas, W.C. Note on the heat transfer equation for forced-convection flow over a flat plate with an unheated starting length, *Mechanical Engineering News*. v. 9, n. 1, p. 361–368, 1977.

Zukauskas, A. Heat transfer from tubes in cross flow. *In*: Hartnett, J. P.; Irvine, T. F. Jr. (eds.). *Advances in Heat Transfer*. New York: Academic Press, 1972.

Zukauskas, A. Heat transfer from tubes in crossflow. *In*: Hartnett, J. P.; Irvine, T. F. Jr. (eds.). *Advances in Heat Transfer*, v. 18, p. 87-159, 1987.

Problemas propostos

5.1 Um fluido escoa paralelamente sobre uma placa plana de 2 m de comprimento. Se sua velocidade (livre) antes de alcançar a placa é de 2 m/s, avalie os seguintes números adimensionais: $Re_L = \rho u_\infty L/\mu$, $Nu_L = hL/k$ e $Pr = C_p\mu/k$, bem como a difusividade térmica, α, para água líquida, ar, amônia líquida, R134a líquido e Therminol 59. Considere para todos os casos a temperatura de filme de 25 °C e o coeficiente de transferência de calor por convecção de 100 W/m²K.

5.2 A partir de ensaios experimentais encontre uma correlação para o número de Nusselt em função dos números de Reynolds e Prandtl para uma peça cujo comprimento característico é L = 10 cm. Essa peça troca calor na sua superfície externa quando ela se encontra a 80 °C. Para o primeiro experimento, usa-se ar a 25 °C e 2,5 m/s, o que fornece uma perda de fluxo de calor de 630 W/m². Em um segundo experimento, o ar encontra-se na mesma temperatura, porém sua velocidade é de 20 m/s e o fluxo de calor, de 3400 W/m². Um último experimento é conduzido com água a 16 °C e 0,55 m/s, cujo fluxo de calor é de 120.000 W/m². Assumindo uma correlação geral para ajustar os dados levantados do tipo $Nu_L = CRe_L^a Pr^b$, encontre os valores numéricos das constantes *a*, *b* e *c*.

5.3 Uma fina lâmina a 80 °C com 1 m de comprimento e 0,5 m de largura está imersa em um escoamento de ar, que se movimenta paralelamente no sentido do comprimento. Se a velocidade do ar é de 1,5 m/s e sua temperatura de 10 °C, avalie a espessura das camadas-limite térmica e laminar na borda de fuga e os coeficientes local e médio de transferência de calor, bem como a taxa de calor total transferido.

5.4 Uma expressão analítica para a variação da temperatura do ar na direção perpendicular sobre uma placa plana foi desenvolvida, e para certa distância da borda de ataque é $T = 25 + 150e^{-1500y}$ (T em °C e y em m). Avalie (a) a temperatura de parede; (b) a temperatura do escoamento livre ($y \to \infty$); e (c) o coeficiente de transferência de calor por convecção local. O fluido está se aquecendo ou resfriando?

5.5 Água a 0,5 m/s e 10 °C escoa sobre uma placa plana de 20 cm × 10 cm e 70 °C. Avalie a taxa de calor transferido se a placa é posicionada com o escoamento na direção do comprimento de 10 cm e de 20 cm. Qual direção da placa em relação ao movimento da água você escolheria para transferir mais calor?

5.6 Um fluido a uma velocidade de 3 m/s e temperatura de 80 °C escoa sobre uma placa plana longa que está a 25 °C e tem uma largura de 0,5 m. Para os fluidos glicerina, Therminol VP1 e etilenoglicol, determine (a) a distância desde a borda de ataque até o ponto de início da transição de laminar para turbulento; para essa distância avalie (b) a taxa de calor transferida à placa e (c) a razão entre a espessura da camada-limite hidrodinâmica e térmica na borda de fuga.

5.7 Ar a 15 °C e 1 m/s flui entre duas placas planas longas que estão a 60 °C e 5 cm de distância. Avalie a distância L desde a borda de ataque até onde as camadas-limite laminar térmica superior e inferior se encontram.

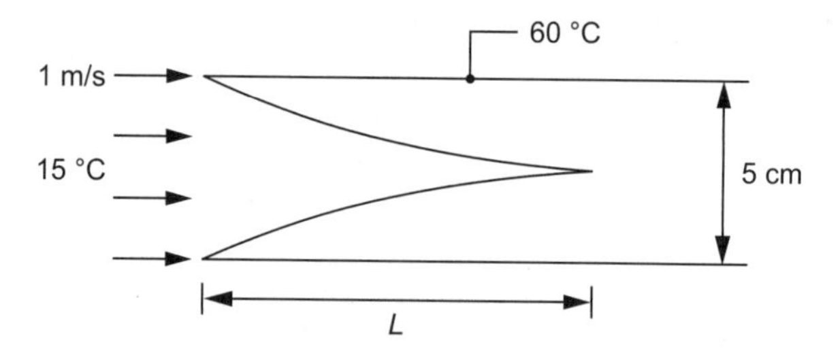

5.8 Refrigerante líquido R32 (HFO-32) a 50 °C escoa a 0,2 m/s sobre uma placa plana de 30 cm de comprimento cuja temperatura é 10 °C. Avalie as velocidades $u = u(x, y)$ e $v = v(x, y)$, em que x = 15 cm é a distância da borda de ataque e $y = \delta_T/2$ (para x = 15 cm).

5.9 Um novo telhado solar térmico está sob teste. O telhado é composto por várias telhas, as quais possuem as laterais de cerâmica com encaixes, porém, para simplificar os cálculos, podem ser consideradas planas. No centro, a telha possui uma placa solar usada para aquecimento de água. Veja detalhes dimensionais da telha na figura que se segue. Desprezando a troca térmica na parte cerâmica, avalie a perda de calor da placa solar térmica.

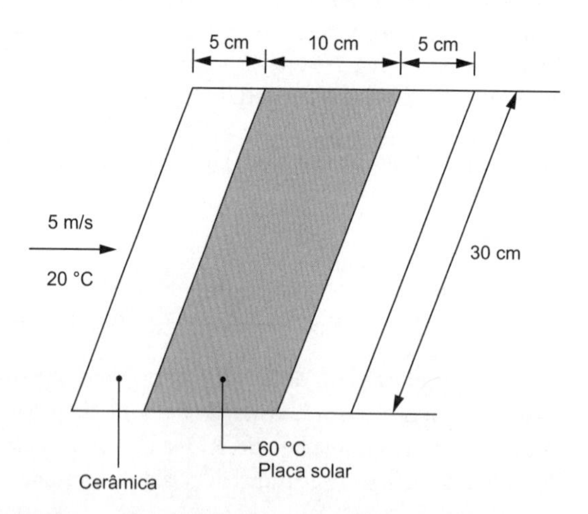

5.10 Paralelamente a um ferro de passar roupa de 1000 W circula ar a 20 °C e 2 m/s. Assumindo que a base do ferro é retangular de 10 cm × 20 cm, que o ar escoa no sentido da largura de 10 cm e que a parcela de calor transferido por convecção (outras formas são radiação e condução à roupa) é de 70 W, (a) encontre a distribuição numérica de temperaturas na face do ferro no sentido dos 10 cm; (b) avalie a temperatura no meio do ferro; e (c) encontre a temperatura média na face do ferro.

5.11 Em face da pequena distância, δ, ocupada pelo óleo em um mancal de deslizamento (quando comparação com o raio do eixo), a análise de troca térmica no óleo de lubrificação se aproxima como se estivesse entre duas placas planas (com temperaturas T_1 e T_2), onde uma placa seria o eixo fixo e a outra a carcaça do mancal. O óleo possui viscosidade dinâmica μ, condutividade térmica k e o eixo gira com velocidade angular ω. A partir das equações de conservação de massa, da quantidade de movimento e de energia, avalie: (a) a distribuição de temperaturas no óleo; (b) a posição y de temperatura máxima do óleo; e (c) o fluxo de calor para o eixo e para o mancal.

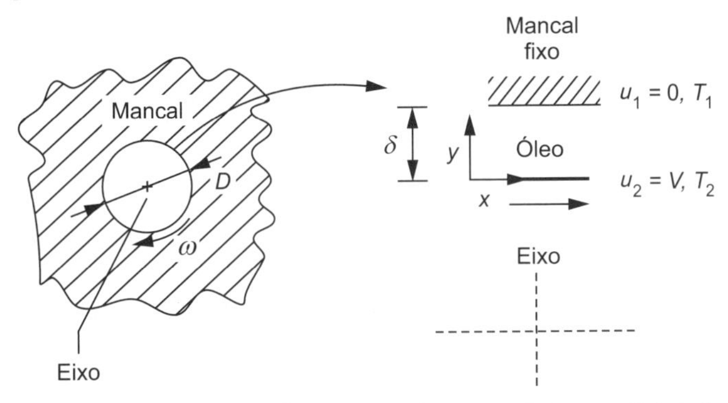

5.12 A figura mostra duas superfícies planas separadas por uma distância W. A superfície inferior está parada e a superior se movimenta com velocidade constante V. O perfil de velocidades se comporta de forma linear $u = yV/W$ em todo seu percurso. A partir de certa distância a placa parada fornece um fluxo de calor constante q, começando em $x = 0$. Considerando que o perfil de temperaturas na camada-limite térmica até δ_T é linear e usando a formulação integral da camada-limite térmica $\dfrac{d}{dx}\displaystyle\int_0^{\delta_T} u(T - T_0)dy = \dfrac{q}{\rho C_p}$ e $q = h_x(T_{p,x} - T_0) = -k\left.\dfrac{\partial T}{\partial y}\right|_{y=0}$, avalie as expressões (a) da temperatura média da parede ($\overline{T}_p$) desde 0 até L em função de T_0, q, k, W, L, C_p, ρ e V; e (b) do número de Nusselt médio ($\overline{Nu}$) em função de k, W, L, C_p, ρ e V.

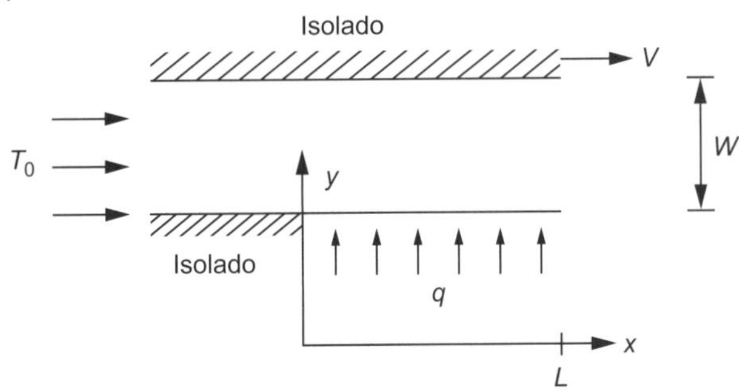

5.13 Uma asa de avião é testada em um túnel de vento em que foi encontrado um coeficiente de arrasto médio de $C_f = 0{,}002$ para determinado número de Reynolds. Em uma situação real em que a temperatura da asa (em escala maior que a testada no túnel de vento) é de 7 °C e a do ar é de −20 °C, qual será o fluxo de calor transferido para um comprimento característico da asa de 2,2 m e uma velocidade do avião de 500 km/h, o que dá aproximadamente o mesmo número de Reynolds testado no túnel de vento?

5.14 Uma placa plana de 50 cm de comprimento e 20 cm de largura a 70 °C está posicionada de forma paralela à água que escoa a 1 m/s e 20 °C no sentido do comprimento. Avalie (a) as espessuras térmicas e hidrodinâmicas da camada-limite, bem como os coeficientes locais de transferência de calor por convecção na metade e ao final da placa; e (b) a taxa de calor total transferido à água.

5.15 Avalie a taxa de calor trocado do problema proposto 5.14, porém assumindo uma placa de 20 °C nos primeiros 5 cm e, depois disso, 70 °C. Um gerador de turbulência foi instalado na borda de ataque.

5.16 Um carro viaja a 90 km/h em uma região onde a temperatura do ar é de 25 °C. O teto do carro possui uma geometria aproximadamente quadrada e plana de 1,5 m de lado e absorve 300 W/m² de radiação solar. Além disso, o teto possui uma emissividade de 0,85. Assumindo que a temperatura do céu para a troca térmica por radiação seja de 0 °C e que 10 % da radiação absorvida é transferida para o interior do carro, avalie a temperatura externa do teto do carro.

Dica: toda a radiação absorvida deve ser transferida por convecção para o ar, por radiação para o céu e para o interior do carro: $q_a = q_{rad} + q_{conv} + q_{int}$.

5.17 Ar a 10 °C e 7 m/s escoa perpendicularmente a um fio de resistência elétrica de aço inox AISI 304 de 3 m de comprimento, 2,4 mm de diâmetro e 1200 W de potência. Avalie a temperatura externa do fio, assumindo-a constante.

5.18 Escolha a seção transversal, dentro das possibilidades exibidas na Tabela 5.4 (menos a placa), de um cilindro que forneça a maior perda de calor do cilindro para o ar. Todos os cilindros possuem o mesmo diâmetro característico D = 20 mm e o ar escoa a 15 °C e 8,5 m/s. A temperatura da parede do cilindro é de 65 °C. Sua escolha deve ser baseada na avaliação do fluxo de calor.

5.19 O anemômetro de fio quente mostrado no esquema a seguir possui diâmetro de 10 μm, comprimento de 5,5 mm e mede a velocidade do ar que o atravessa, o qual se encontra a T_∞ = 20 °C. A resistência elétrica (R_e) desse fio quente varia com a temperatura segundo a relação $R_e = 42[1 + 0{,}0037(T_p - 20)]$, com unidades R_e (Ω) e T_p (°C). Em um ensaio a corrente I que o atravessa é de 0,028 A e a tensão de 1,80 V, nessas condições avalie a velocidade do ar e a temperatura da superfície do fio quente.

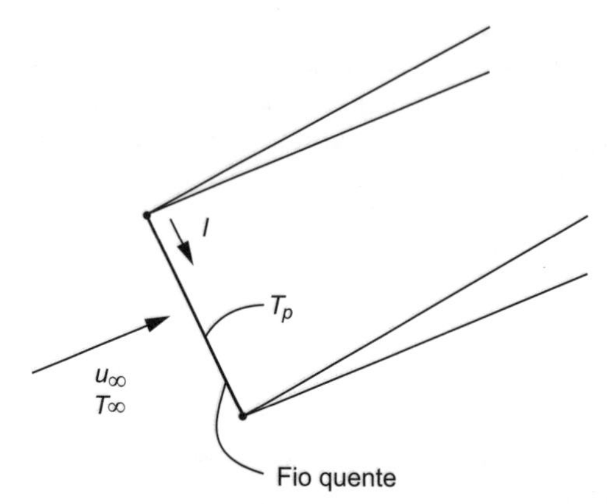

5.20 Um *chip* de computador é montado perpendicularmente ao ar como indicado na figura. Avalie o calor total dissipado pelo *chip* quando ele está a 90 °C e o ar está a 50 °C com velocidade de 11 m/s. Se ele fosse montado paralelamente com o ar na direção dos 25 mm, qual seria a taxa de calor dissipado? Com base nesses resultados, qual posição escolheria para a montagem do *chip*?

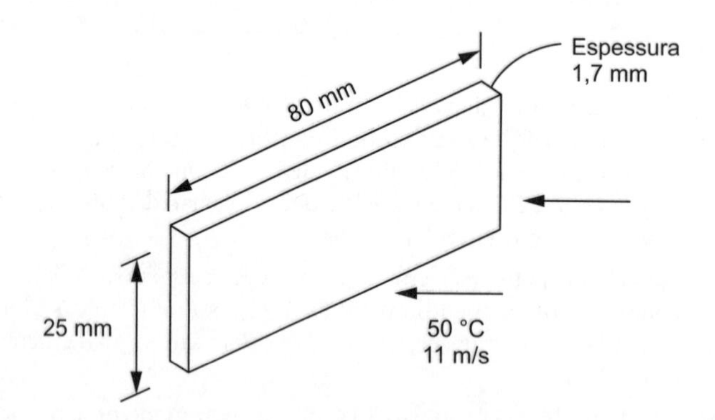

5.21 Vapor de água em condensação a 190 °C é usado para aquecer dióxido de carbono a 25 °C e 1 atm até 70 °C. Para isso, um banco de tubos em linha é usado onde o vapor passa no interior dos tubos e o CO_2 passa no exterior deles de forma transversal. O comprimento de cada tubo é 0,5 m, diâmetro de 20 mm, $S_T = S_L$ = 30 mm, N_L = 10 e N_T = 15. Avalie a velocidade de entrada do CO_2 e sua vazão mássica.

5.22 Um processo de combustão é mais eficiente se o ar usado nesse processo for previamente aquecido. Assim, em uma indústria planeja-se aquecer ar com água em condensação disponível a 110 °C em um banco de tubos com arranjo em linha. Um ventilador promove o movimento do ar ambiente e ingressa perpendicularmente ao banco de tubos a 18 °C, 1 atm e 6 m/s. Os tubos por onde passa a água têm diâmetro externo de 25 mm, com passos longitudinal e transversal de 5,7 cm. Nesse banco de tubos há 8 tubos transversais e 9 tubos longitudinais. Para um comprimento dos tubos de 1 m, avalie a temperatura de saída do ar e taxa de calor trocado com a água.

5.23 Em uma aplicação de ar-condicionado comercial, dispõe-se de temperatura da parede no evaporador de −20 °C. Sabe-se que o evaporador é um banco de tubos com configuração alternada com passos longitudinal e transversal de 16 mm e tubos de 9 mm de diâmetro. Ar a 25 °C e 1 atm é insuflado ao evaporador que, na seção transversal na entrada, tem uma velocidade de 5,5 m/s. Avalie o número de tubos no sentido longitudinal para obter uma temperatura de saída do ar de 5 °C.

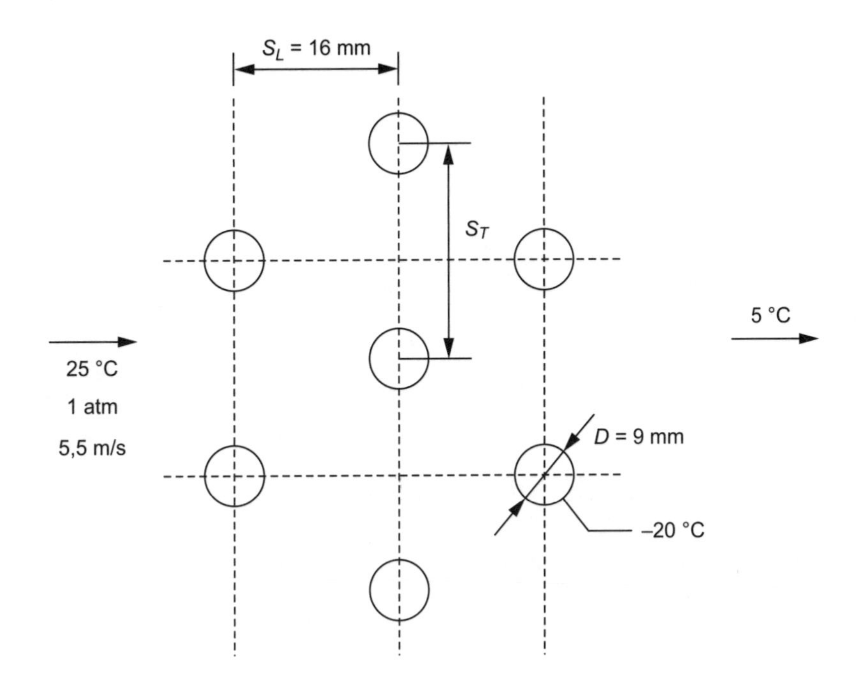

Convecção Forçada Interna

6.1 Convecção laminar no interior de tubos e dutos

6.1.1 Considerações hidrodinâmicas do escoamento

A Figura 6.1 esquematiza o desenvolvimento do perfil de velocidades do escoamento de um fluido no interior de uma tubulação com ênfase na região de entrada em que o fluido adentra na tubulação com velocidade uniforme u. Diferentemente do escoamento externo sobre superfícies, estudado no Capítulo 5, a camada-limite hidrodinâmica (CLH) que se forma no interior da tubulação cresce desde a borda e, dependendo do comprimento do tubo, ela vai se coalescer na linha central, como ilustrado na Figura 6.1. O comprimento até que isso ocorra é chamado *comprimento de entrada hidrodinâmica* (L_e), também indicado na mesma figura. A partir desse comprimento de entrada, diz-se que o escoamento é *desenvolvido hidrodinamicamente* ($x > L_e$).

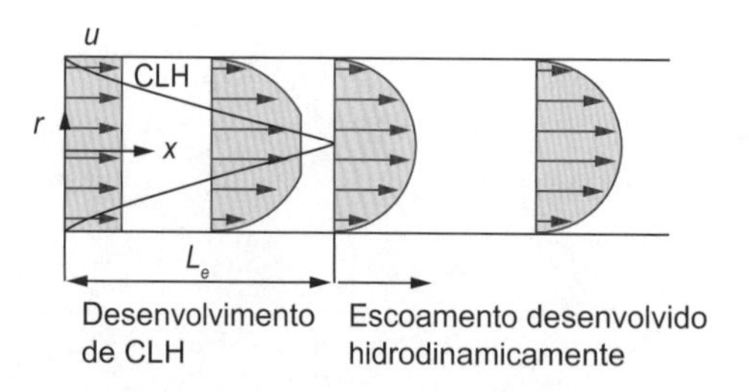

Figura 6.1 Formação da camada-limite hidrodinâmica no interior de uma tubulação.

De forma similar à camada-limite hidrodinâmica, CLH, quando existe diferença de temperatura entre o fluido de entrada e a parede do tubo, aparece a camada-limite térmica, CLT, sendo que nessa região de entrada o fluido está em desenvolvimento térmico até o *comprimento de entrada térmico*, L_t, e depois disso o perfil de temperaturas adimensional (discutido adiante) permanece inalterado. No trecho do comprimento L_t o escoamento está em desenvolvimento térmico. Quando o escoamento está hidrodinâmica e termicamente desenvolvido diz-se que ele está *plenamente desenvolvido*.

No caso do escoamento externo, o número de Reynolds foi definido com base no comprimento L da região de interesse a partir da borda de ataque. No caso do escoamento confinado no interior de tubos, o número de Reynolds agora deve ser baseado no diâmetro do tubo (D), definido pela Equação (6.1).

$$Re_D = \frac{\rho \bar{u} D}{\mu} \tag{6.1}$$

sendo $\bar{u}$ a velocidade média do escoamento no tubo.

O escoamento permanece no regime laminar para valores de $Re_D < 2300$. Alguns autores também sugerem que o regime laminar vale para $Re_D < 2100$. Em experimentos controlados de laboratório, valores mais elevados de Re_D também podem ser alcançados. O comprimento de entrada hidrodinâmico no caso laminar obedece à seguinte relação:

$$\frac{L_e}{D} = 0{,}05 Re_D \tag{6.2}$$

Dessa forma, para o maior Re_D em que o escoamento permanece laminar (2300), depreende-se que o maior comprimento de entrada possível será $L_e = 115D$. Assim, no escoamento laminar o comprimento de entrada pode se estender para dezenas de diâmetros, chegando até 115 diâmetros, o que pode ocorrer com fluidos muito viscosos, como os óleos, circulando em tubos de pequeno diâmetro.

O comprimento de entrada térmico (L_t) é definido por:

$$\frac{L_t}{D} = 0{,}05 Re_D Pr \tag{6.3}$$

Note que se o número de Prandtl for unitário, os comprimentos de entrada, térmico e hidrodinâmico serão iguais.

6.1.2 Temperatura média de mistura ou de copo

Existe uma dificuldade em se referenciar a temperatura representativa do fluido na seção transversal do tubo para que se determine a taxa de transferência de calor conforme a Lei de resfriamento de Newton. Para exemplificar essa dificuldade, considere os escoamentos externo e interno ilustrados na Figura 6.2.

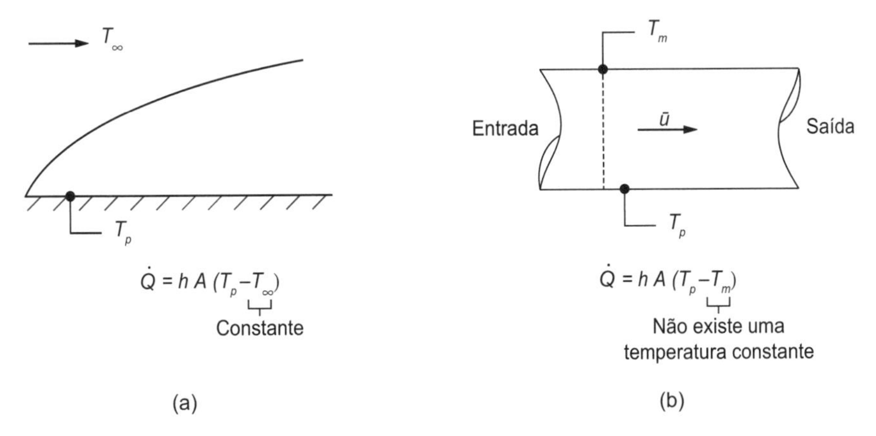

Figura 6.2 Diferentes formas de avaliar a taxa de transferência de calor: (a) placa plana – escoamento externo; (b) tubulação – escoamento interno.

No primeiro caso (Fig. 6.2a), pela Lei de resfriamento de Newton, o cálculo da transferência de calor se dá pela diferença da temperatura da superfície, T_p, e do fluido ao longe, T_∞, que é constante. A constância da temperatura do fluido ao longe, T_∞, já não ocorre no caso do escoamento confinado no interior de tubos e dutos (Fig. 6.2b). Dessa forma, para que seja efetuado o cálculo da taxa de transferência de calor deve-se utilizar uma temperatura representativa do fluido na seção de interesse, a qual é chamada de *temperatura média de mistura* ou *temperatura de copo*, T_m. Para definir de forma precisa a temperatura média de mistura, considere os seguintes perfis de temperatura e velocidade em um fluido no interior de um tubo aquecido, como ilustrado na Figura 6.3.

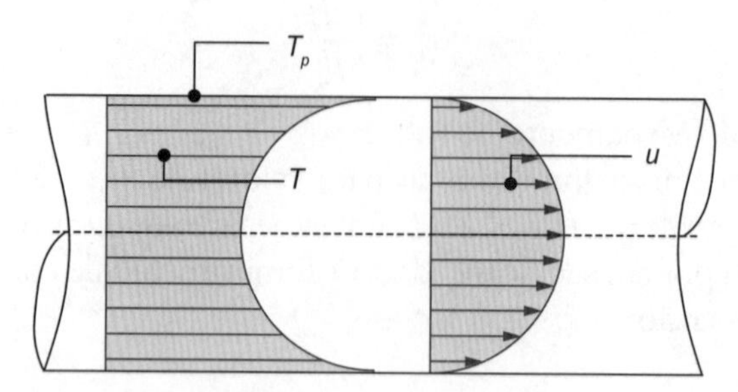

Figura 6.3 Perfis de temperatura e de velocidade em um tubo. O fluido sofre aquecimento.

Percebe-se, pelos perfis de velocidade e temperatura da Figura 6.3, que as maiores temperaturas ocorrem junto à parede aquecida, justamente a região onde o fluido tem as menores velocidades, alcançando a velocidade nula junto à parede pelo princípio de não escorregamento. Dessa forma, a média aritmética simples do perfil de temperatura não representa a temperatura efetiva da seção. Com efeito, para que se obtenha a temperatura média de mistura (efetiva) da seção, considere o exercício mental em que uma minúscula "fatia" Δx (matematicamente, seria uma fatia elementar) da seção transversal do tubo com fluido é colocada instantaneamente dentro de um copo (Fig. 6.4). Há de se concordar que a temperatura efetiva que representa a seção é a decorrente do equilíbrio térmico daquela porção de fluido. Certo? Sim, isso está correto e daí o nome alternativo de *temperatura de copo* (*cup temperature*, que significa literalmente *temperatura de caneca* no vernáculo original).

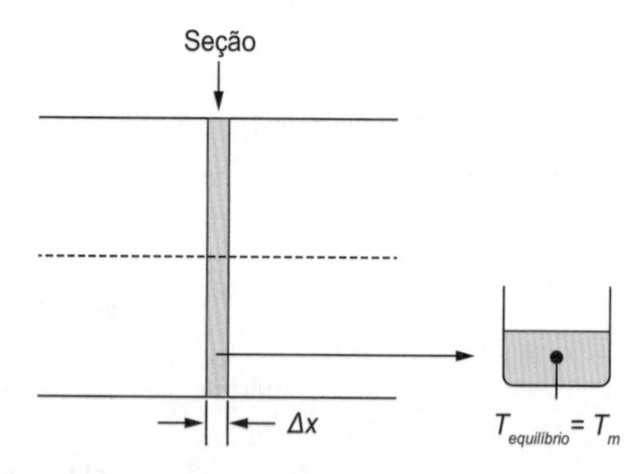

Figura 6.4 Temperatura média de mistura de uma seção de escoamento.

Para se determinar a temperatura de equilíbrio, considere o fluxo entálpico, $\dot{E}_h$, na seção transversal dado por:

$$\dot{E}_h = \int h d\dot{m} = \int_0^A \rho u h dA \tag{6.4}$$

h, nesse contexto, é a entalpia específica [J/kg] na seção dA.

Assim, pode-se definir a entalpia específica média, h_m, na seção transversal por meio da definição de média:

$$h_m = \frac{1}{\dot{m}} \int_0^A \rho u h dA = \frac{\int_0^A \rho u h dA}{\int_0^A \rho u dA} \tag{6.5}$$

Não havendo mudança de fase do fluido, pode-se escrever $h_m = C_p T_m$ e, considerando C_p e ρ constantes na seção, vem:

$$T_m = \frac{\int_0^A uTdA}{\int_0^A udA} \qquad (6.6)$$

Para o caso do duto circular, a área da seção transversal é dada por $A = \pi r^2 \Rightarrow dA = 2\pi r dr$, que, substituindo na expressão anterior, resulta em:

$$T_m = \frac{\int_0^r uTrdr}{\int_0^r urdr} \qquad (6.7)$$

Dessa forma, conclui-se que a temperatura média de mistura é a *média ponderada* das distribuições de temperatura e velocidade na seção transversal do tubo.

6.1.3 Transferência de calor no escoamento laminar no interior de tubos

Uma vez conhecida a temperatura média de mistura (Eq. 6.6 ou 6.7) é possível calcular a taxa de transferência de calor por meio da expressão da Lei de resfriamento de Newton, isto é:

$$\dot{Q} = hA(T_p - T_m) \qquad (6.8)$$

Para o cálculo da temperatura média de mistura é preciso conhecer a distribuição radial de velocidade, $u(r)$, e da temperatura, $T(r)$, como definido pela Equação (6.7). A fim de se obter T_m, considere o perfil laminar de velocidades ilustrado na Figura 6.5 do escoamento no interior de um tubo. No diagrama à direita, tem-se um balanço de forças atuantes no elemento de fluido.

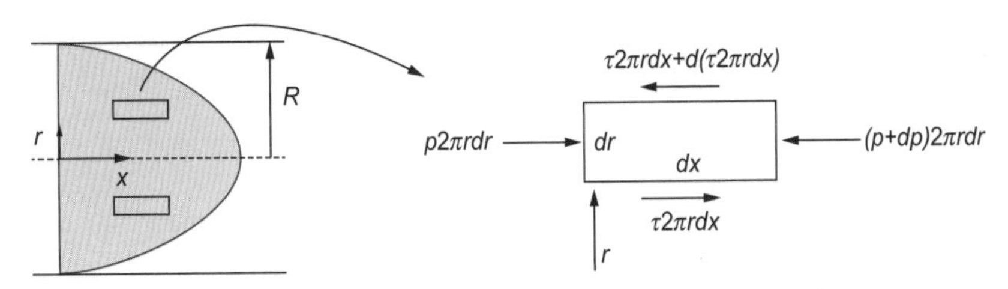

Figura 6.5 Análise de forças no elemento diferencial.

As condições de contorno para o problema indicam que:

$$CC_1 : r = 0 \;\rightarrow\; \frac{du}{dr} = 0$$

$$CC_2 : r = R \;\rightarrow\; u = 0$$

Um balanço de forças no elemento diferencial de fluido (Fig. 6.5) resulta em:

$$2\pi r dr dp + 2\pi dx d(r\tau) = 0$$

Por ser um fluido newtoniano, tem-se que $\tau = -\mu \dfrac{du}{dr}$. Substituindo na expressão anterior, vem:

$$d\left(r\mu \frac{du}{dr}\right) = r\frac{dp}{dx}dr$$

integrando na direção radial. Note que a pressão estática é a mesma em toda a seção transversal:

$$r\mu\frac{du}{dr}=\frac{r^2}{2}\frac{dp}{dx}+C_1$$

Usando a CC_1: $0=\frac{0^2}{2}\frac{dp}{dx}+C_1$, de onde se obtém $C_1 = 0$. Integrando novamente na seção radial (a partir da linha de centro):

$$u(r)=\frac{r^2}{4\mu}\frac{dp}{dx}+C_2$$

A constante C_2 é determinada com a CC_2: $0=\frac{R^2}{4\mu}\frac{dp}{dx}+C_2$, logo, $C_2=-\frac{R^2}{4\mu}\frac{dp}{dx}$.

Assim, a distribuição de velocidades é dada pela Equação (6.9):

$$u(r)=-\frac{1}{4\mu}\frac{dp}{dx}(R^2-r^2) \tag{6.9}$$

Dessa forma, a velocidade na linha de centro do tubo, u_0, é determinada substituindo $r = 0$,

$$u_0=-\frac{R^2}{4\mu}\frac{dp}{dx} \tag{6.10}$$

Finalmente, dividindo a Equação (6.9) pela Equação (6.10), tem-se:

$$\frac{u(r)}{u_0}=1-\frac{r^2}{R^2} \tag{6.11}$$

Portanto, o perfil de velocidades no escoamento laminar é parabólico de 2º grau.

Para se obter a distribuição de temperaturas, faz-se necessário um balanço de energia em um elemento diferencial, como aquele ilustrado na Figura 6.6. Aqui, considera-se condução na direção radial e fluxo entálpico na direção axial.

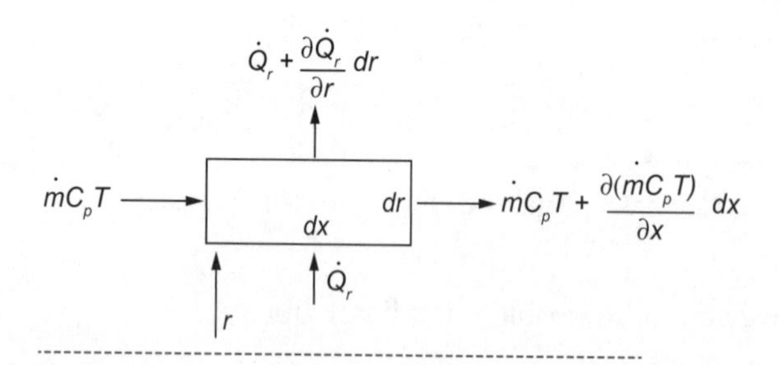

Figura 6.6 Balanço de energia no elemento de fluido diferencial.

$\frac{\partial \dot{Q}_r}{\partial r}dr+\frac{\partial}{\partial x}\left(\dot{m}C_pT\right)dx=0$, por outro lado:

$\dot{Q}_r=-k2\pi r dx\frac{\partial T}{\partial r}$ e $\dot{m}=\rho u 2\pi r dr$, logo, substituindo essas grandezas,

$$\frac{1}{\mu r}\frac{\partial}{\partial r}\left(r\frac{\partial T}{\partial r}\right)=\frac{\rho C_p}{k}\frac{\partial T}{\partial x}, \text{ ou}$$

$$\frac{1}{\mu r}\frac{\partial}{\partial r}\left(r\frac{\partial T}{\partial r}\right)=\frac{1}{\alpha}\frac{\partial T}{\partial x} \tag{6.12}$$

Admitindo-se fluxo de calor constante na parede do tubo: $\frac{dq_p}{dx} = 0$, logo, as condições de contorno para solucionar a Equação (6.12) são:

CC_1: como o fluxo de calor é constante ao longo do tubo, então:

$d\dot{Q} = q_p P\partial x = \dot{m}C_p\partial T$, e assim: $\frac{\partial T}{\partial x} = \text{cte}$;

CC_2: por simetria no centro do tubo: $\left.\frac{\partial T}{\partial r}\right|_{r=0} = 0$;

CC_3: na parede do tubo $k\left.\frac{\partial T}{\partial r}\right|_{r=r_0} = q_p = \text{cte}$.

Introduzindo essas condições de contorno e integrando, resulta no seguinte perfil laminar de temperaturas:

$$T(r) = T_0 + \frac{1}{\alpha}\frac{\partial T}{\partial x}\frac{u_0 R^2}{4}\left[\left(\frac{r}{R}\right)^2 - \frac{1}{4}\left(\frac{r}{R}\right)^4\right] \tag{6.13}$$

em que T_0 é a temperatura na linha de centro.

Finalmente, pode-se introduzir os perfis de velocidade, $u(r)$, da Equação (6.11) e de temperatura, $T(r)$, da Equação (6.13) na equação da definição da temperatura média de mistura (Eq. 6.7). Após alguma manipulação, obtém-se a temperatura média da parede para fluxo de calor constante na parede:

$$T_m = T_0 + \frac{7}{96}\frac{u_0 R^2}{\alpha}\frac{\partial T}{\partial x} \tag{6.14}$$

Para calcular a transferência de calor, ainda é preciso obter a temperatura de parede (r = R). Da Equação (6.13), vem:

$$T_p = T_0 + \frac{1}{\alpha}\frac{3}{16}u_0 R^2\frac{\partial T}{\partial x} \tag{6.15}$$

Agora, finalmente, o coeficiente de transferência de calor laminar em tubo circular com propriedades constantes, fluxo de calor constante na parede e escoamento plenamente desenvolvido pode ser calculado, a partir de sua própria definição dada pela Equação (6.7), igualando-o com a condução no interior do fluido junto à parede ($r = R$) – note que o aumento em r é na direção contrária ao da condução de calor e, por isso, o sinal de (–) foi abolido:

$$\dot{Q} = hA(T_p - T_m) = kA\left.\frac{\partial T}{\partial r}\right|_{r=R} \tag{6.16}$$

Dessa relação pode ser obtido o coeficiente de transferência de calor por convecção:

$$h = \frac{k\left.\frac{\partial T}{\partial r}\right|_{r=R}}{\left(T_p - T_m\right)} \tag{6.17}$$

Substituindo a derivada da distribuição de temperaturas (Eq. 6.13) na Equação (6.17), tem-se:

$$h = \frac{k\frac{\partial}{\partial r}\left\{T_0 + \frac{1}{\alpha}\frac{\partial T}{\partial x}\frac{u_0 R^2}{4}\left[\left(\frac{r}{R}\right)^2 - \frac{1}{4}\left(\frac{r}{R}\right)^4\right]\right\}_{r=R}}{\left(\underbrace{T_0 + \frac{1}{\alpha}\frac{3}{16}u_0 R^2\frac{\partial T}{\partial x}}_{T_p} - \underbrace{T_0 - \frac{7}{96}\frac{u_0 R^2}{\alpha}\frac{\partial T}{\partial x}}_{T_m}\right)} \tag{6.18}$$

Após se efetuarem os cálculos, chega-se a:

$$h = 4{,}36\frac{k}{D} \quad \text{ou} \quad Nu_D = 4{,}36 \tag{6.19}$$

Este é um resultado notável, pois o número de Nusselt para escoamento laminar plenamente desenvolvido, propriedades constantes, submetido a um fluxo de calor constante na parede *não depende* do número de Reynolds ou de qualquer outro parâmetro.

Se os mesmos cálculos forem realizados para a condição de *temperatura de parede constante*, obtém-se (Kays *et al.*, 2005):

$$Nu_D = 3{,}66 \tag{6.20}$$

Em escoamento laminar, os efeitos da rugosidade da superfície são desprezíveis. No desenvolvimento das equações anteriores sempre foram admitidas que as propriedades de transporte são constantes. Assim, as propriedades de transporte devem ser obtidas na média entre as temperaturas médias de mistura de saída e entrada do escoamento, isto é: $\overline{T} = \frac{T_e - T_s}{2}$. Entretanto, algumas propriedades dependem fortemente da temperatura. A título de exemplo, a viscosidade dinâmica da água a 25 °C vale $\mu_{(25\,°C)} = 8{,}90 \times 10^{-4}$ kg/ms e a 30 °C, $\mu_{(30\,°C)} = 7{,}98 \times 10^{-4}$ kg/ms. Ou seja, em 5 °C ocorre uma variação em torno de 10 % no valor da viscosidade dinâmica.

Assim, segue-se que a seguinte correção seja utilizada para levar esse efeito em consideração (Kays *et al.*, 2005).

Para líquidos:
$$\overline{Nu}_{cor} = \overline{Nu}\left(\frac{\mu}{\mu_p}\right)^n \tag{6.21}$$

em que μ é a viscosidade dinâmica à temperatura média da mistura, T, e μ_p a viscosidade dinâmica à temperatura da parede, T_p. O valor $n = 0$ (sem correção) vale para gases e $n = 0{,}14$ para líquidos.

Quando os tubos são curtos (Eqs. 6.2 e 6.3), deve-se considerar que uma parte, ou todo o escoamento, ainda não está plenamente desenvolvida, seja hidrodinâmica ou termicamente, e assim é dito que o escoamento se encontra na *região de entrada.* Em caso de o escoamento estar desenvolvido hidrodinamicamente, porém em desenvolvimento termicamente, a *entrada é térmica*, e quando o escoamento está hidrodinâmica e termicamente em desenvolvimento, a *entrada é combinada.* A Figura 6.7 indica a variação do número de Nusselt local em caso de entrada térmica, começando da entrada até que o escoamento se torne plenamente desenvolvido. Comportamentos semelhantes foram observados em caso da temperatura da parede do tubo constante ou quando o fluxo de calor na parede é constante. Em comprimentos elevados, o número de Nusselt se aproxima de 3,66 para temperatura da parede constante e 4,36 para fluxo na parede constante.

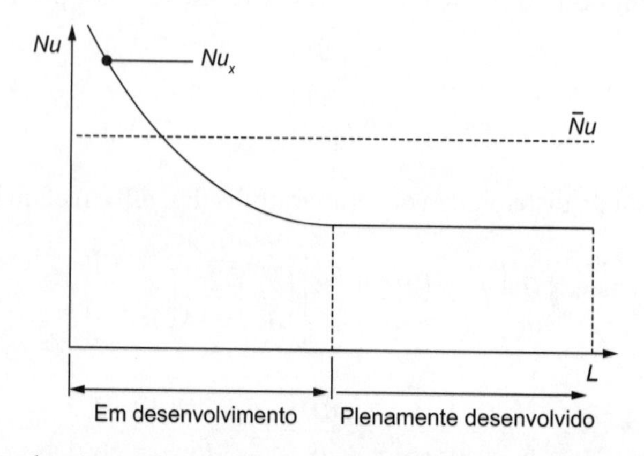

Figura 6.7 Variação do número de Nusselt local na entrada térmica (adaptada de Kays *et al.*, 2005).

Já o número de Nusselt médio para o tubo de comprimento L, temperatura de parede constante e entrada térmica é dado pela Equação (6.22) (Hausen, 1943).

$$\overline{Nu}_D = 3{,}66 + \frac{0{,}0668(D/L)Re_D Pr}{1+0{,}04\left[(D/L)Re_D Pr\right]^{2/3}} \tag{6.22}$$

Quando o fluxo de calor é constante na parede e o escoamento está plenamente desenvolvido ou com entrada térmica, a seguinte correlação pode ser usada (Shah e London, 1978).

$$\overline{Nu}_D = 1{,}953\left(\frac{L}{DRe_D Pr}\right)^{-1/3}, \qquad \frac{L}{DRe_D Pr} \le 0{,}03$$

$$\overline{Nu}_D = 4{,}364 + 0{,}0722\left(\frac{L}{DRe_D Pr}\right)^{-1}, \qquad \frac{L}{DRe_D Pr} > 0{,}03 \tag{6.23}$$

EXEMPLO 6.1 Transferência de calor no interior de tubos em regime laminar

Um aquecedor de água tubular de diâmetro interno de 25 mm e 2 m de comprimento é usado para aquecer água cuja velocidade média é 0,025 m/s. O fluxo de calor na parede é constante. Em regime permanente, as temperaturas (médias) da água na entrada e na saída do aquecedor são de 15 °C e 78,6 °C, respectivamente. Avalie: (a) os comprimentos de entrada hidrodinâmico e térmico; e (b) os coeficientes de transferência de calor médios supondo escoamento plenamente desenvolvido (análise teórica) e entrada térmica.

Solução:

A temperatura média do fluido é: 46,8 °C (320 K), da Tabela A.7:

$$\rho = 1/1{,}011\times10^{-3} = 989{,}1\ \text{kg/m}^3 \qquad \mu = 577\times10^{-6}\ \text{kg/ms}$$
$$k = 0{,}640\ \text{W/mK} \qquad Pr = 3{,}77$$

Inicialmente, deve ser avaliado se o escoamento é laminar:

$$Re_D = \frac{\rho\bar{u}D}{\mu} = \frac{989{,}1\times0{,}025\times0{,}025}{577\times10^{-6}} = 1071{,}4\ (< 2300,\ \text{logo é laminar})$$

(a)

$$L_e = 0{,}05Re_D D = 0{,}05\times1071{,}4\times0{,}025 = 1{,}34\ \text{m}$$
$$L_t = 0{,}05Re_D Pr D = 0{,}05\times1071{,}4\times3{,}77\times0{,}025 = 5\ \text{m}$$

(b)

Assumindo escoamento plenamente desenvolvido (análise teórica):

$$\text{Nu} = 4{,}36$$
$$h = \text{Nu}\frac{k}{D} = 4{,}36\frac{0{,}640}{0{,}025} = 111{,}6\ \text{W/m}^2\text{K}$$

Considerando a correlação de Shah e London (1978), Equação (6.23)

$$\frac{L}{DRe_D Pr} = \frac{2}{0{,}025\times1071{,}4\times3{,}77} = 0{,}02$$

$$\overline{Nu}_D = 1{,}953\left(\frac{L}{DRe_D Pr}\right)^{-1/3} = 1{,}953(0{,}02)^{-1/3} = 7{,}19$$

$$h = \overline{Nu}_D\frac{k}{D} = 7{,}19\frac{0{,}640}{0{,}025} = 184{,}1\ \text{W/m}^2\text{K}$$

Pode-se notar que o escoamento ainda está em desenvolvimento termicamente. A correlação de Shah e London (1978) proporciona um coeficiente 65 % maior do que o caso de escoamento plenamente desenvolvido.

6.1.4 Transferência de calor no escoamento laminar no interior de dutos de várias geometrias

Trabalhos teóricos foram realizados para transferência de calor em outras geometrias de seção transversal, e seus valores são apresentados na Tabela 6.1. O *fator de atrito* f (conhecido como *fator de atrito de Darcy*) também é apresentado, cuja definição é dada por:

$$f = \frac{8\tau_p}{\rho \bar{u}^2 / 2} \tag{6.24}$$

Em caso de seções transversais não circulares, define-se o *diâmetro hidráulico*, D_h, de acordo com:

$$D_h = \frac{4A}{P} \tag{6.25}$$

em que A é a área da seção transversal do duto e P é o chamado *perímetro molhado* (o perímetro que abarca o fluido que está em contato com a parede da tubulação).

Tabela 6.1 Números de Nusselt e fatores de atrito teóricos para escoamento laminar plenamente desenvolvido (adaptada de Rohsenow *et al.*, 1998)

Geometria		D_h	Número de Nusselt T_p = const.	Número de Nusselt q_p = const.	fRe_D
Círculo		D	3,66	4,36	64,00
Retângulo	a/b				b
	1	$\frac{2ab}{a+b}$	2,97	3,61	56,92
	2		3,38	4,12	62,23
	3		3,94[a]	4,78[a]	68,38
	4		4,39[a]	5,29[a]	72,94
	5		4,80	5,74	76,29
	6		5,01[a]	5,95[a]	78,82
	10		5,86	6,79	84,70
	∞		7,54	8,24	96,00
Triângulo isósceles[b]	2ϕ				
	10	$\frac{2a\,\text{sen}\phi}{\text{sen}\phi+1}$	1,61	2,45	49,90
	20		2,00	2,72	51,29
	30		2,26	2,91	52,26
	50		2,45	3,09	53,23
	90		2,34	2,98	52,61
	120		2,00	2,68	50,98
	150		1,50	2,33	48,90

[a] Interpolação; [b] Shah e London (1978).

Na ausência de expressões específicas para uma dada seção transversal (como ocorre com seções de dutos de ventilação e de ar-condicionado, p. ex.), sugere-se conduzir os cálculos substituindo o diâmetro, D, das expressões de trabalho pelo diâmetro hidráulico, D_h (Eq. 6.25).

EXEMPLO 6.2 Transferência de calor no interior de dutos em regime laminar

Ar a uma vazão mássica de 0,0004 kg/s entra em um duto retangular com 1 m de comprimento. A seção transversal pode ser de 4 × 16 mm ou de 6 × 14 mm. Sabe-se que o duto é aquecido uniformemente, por componentes de circuitos eletrônicos, com 600 W/m². Pede-se, para cada seção:

(a) as temperaturas de saída do ar;

(b) os diâmetros hidráulicos das passagens e os números de Reynolds desses escoamentos;

(c) as temperaturas de superfície média dos dutos;

(d) as quedas de pressão $\Delta p = f\rho \frac{L}{D}\frac{\overline{u}^2}{2}$;

(e) as razões entre taxa de troca de calor e queda de pressão (W/Pa), e então escolha o melhor sistema para resfriar o circuito proposto.

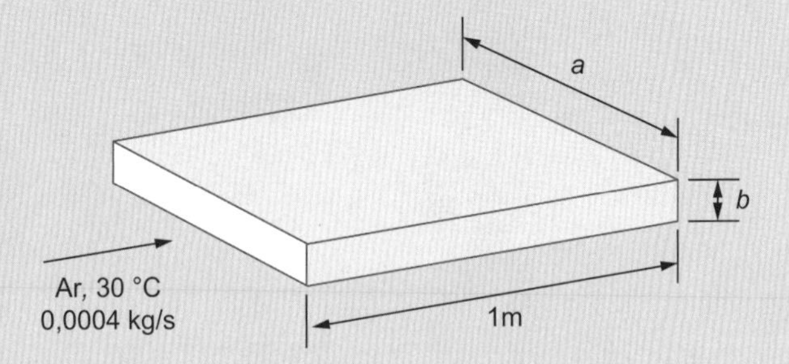

Solução:

Inicialmente, vamos resolver para a seção de 4 mm × 16 mm.

A área lateral de troca térmica é de: $A_L = 2 \times (a + b)L$

$A_L = 2 \times (0{,}004 + 0{,}016) \times 1 = 0{,}04\ \text{m}^2$

(a)

Incialmente, supõe-se uma temperatura de saída de 350 K, assim:

$$C_p = 1009\ \text{J/kgK.}$$
$$qA_L = \dot{m}C_s\left(T_s - T_e\right) \rightarrow 600 \times 0{,}04 = 0{,}0004 \times 1009 \times \left(T_s - 30\right)$$
$$T_s = 89{,}5\ °\text{C}$$

A nova temperatura média será de: (30 + 89,5)/2 = 59,8 °C (333 K), logo C_p = 1008,3 J/kgK.

$$\rightarrow 600 \times 0{,}04 = 0{,}0004 \times 1008{,}3\left(T_s - 30\right) \rightarrow T_s = 89{,}5\ °\text{C.}$$

(b)

$$\rho = 1{,}052\ \text{kg/m}^3 \quad \mu = 200{,}2 \times 10^{-7}\ \text{kg/ms} \quad k = 0{,}029\ \text{W/mK}$$
$$Pr = 0{,}702$$
$$D_h = \frac{2ab}{a+b} = \frac{2 \times 0{,}004 \times 0{,}016}{0{,}004 + 0{,}016} = 6{,}4 \times 10^{-3}\ \text{m}$$
$$\dot{m} = \rho\overline{u}(ab) \quad \overline{u} = \frac{0{,}0004}{1{,}05 \times 2 \times 0{,}004 \times 0{,}016} = 5{,}94\ \text{m/s}$$
$$Re_D = \frac{\rho\overline{u}D_h}{\mu} = \frac{1{,}052 \times 5{,}94 \times 6{,}4 \times 10^{-3}}{200{,}2 \times 10^{-7}} = 1997{,}6\ (< 2300, \text{laminar})$$

(c)

$$\frac{a}{b} = \frac{16}{4} = 4, \text{ logo, da Tabela 6.1, } Nu = 5{,}29$$
$$h = Nu\frac{k}{D_h} = 5{,}29\frac{0{,}029}{6{,}4 \times 10^{-3}} = 24{,}0\ \text{W/m}^2\text{K}$$

$$q = h\left(\bar{T}_p - \bar{T}\right) \rightarrow \bar{T}_p = \frac{q}{h} + \bar{T} = \frac{600}{24} + 59,8$$

$$\bar{T}_p = 84,8\ °C$$

(d)

Da Tabela 6.1, $fRe_D = 72,94$, logo,

$$f = \frac{72,94}{1997,6} = 0,0365$$

$$\Delta p = f\frac{L}{D}\frac{\rho \bar{u}^2}{2} = 0,0365\frac{1}{6,4\times 10^{-3}}\frac{1,052(5,96^2)}{2}$$

$$\Delta p = 106,6\ \text{Pa}$$

(e)

$$\frac{\dot{Q}}{\Delta p} = \frac{qA_L}{\Delta p} = \frac{600\times 0,04}{106,6}$$

$$\frac{\dot{Q}}{\Delta p} = 0,225\ \text{W/Pa}$$

Os valores para a outra geometria são resumidos na seguinte tabela.

Variável	4 mm × 16 mm	6 mm × 14 mm
T_p (°C)	89,5	89,5
D_h (m)	0,0064	0,0084
Re_D (-)	1997,6	1995,1
$\bar{T}_p$ (°C)	84,8	90,3
Δ_p (Pa)	106,6	41,2
$\dot{Q}/\Delta p$(W/Pa)	0,225	0,583

Comparando o calor trocado por queda de pressão, é selecionado o duto com seção de 6 mm × 14 mm, já que promove maior troca térmica com menor demanda potência de ventilação de ar (associada à queda de pressão).

6.1.5 Variação da temperatura média de mistura do escoamento ao longo do comprimento do tubo

Nesta seção será determinada a variação da temperatura média de mistura ao longo da tubulação. Para tanto, considere o balanço de energia em um volume de comprimento diferencial entre duas seções do tubo, como ilustrado na Figura 6.8. Dois casos podem ser analisados para se determinar T_m, os quais dependem de condições de contorno impostas na parede do tubo: (I) fluxo de calor constante e (II) temperatura de parede constante.

(I) *Fluxo de calor constante na parede* (q_p = cte).

Com base no esquema da Figura 6.8 e considerando que, nessa análise, h_x refere-se à entalpia específica, e não ao coeficiente convectivo de calor, pode-se escrever o seguinte balanço energético.

$$\dot{m}\left(h_x + \frac{dh_x}{dx}dx\right) = \dot{m}h_x + q_p dA_p,\ \text{ou simplesmente,}$$

$$\dot{m}\frac{dh_x}{dx}dx = q_p dA_p \qquad (6.26)$$

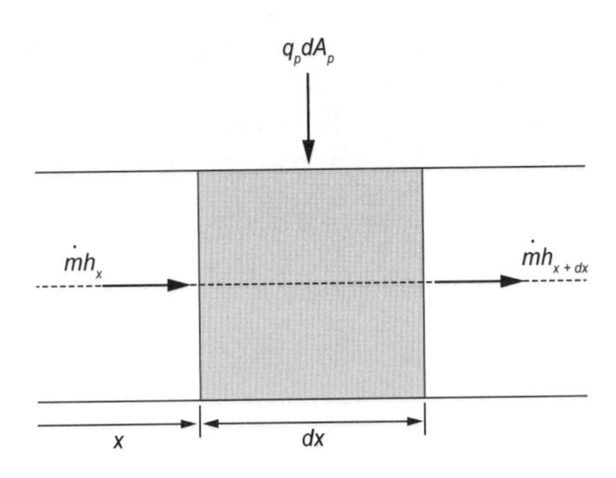

Figura 6.8 Balanço de energia entre duas seções do tubo separadas de *dx*.

sendo A_p a área interna da parede do tubo em contato com o fluido. No entanto, por outro lado, $dA_p = Pdx$, em que *P* é o perímetro molhado. De forma que:

$$\dot{m}\frac{dh_x}{dx}dx = q_p P dx$$

ou, ainda, $\dot{m}\frac{dh_x}{dx} = q_p P$. Assumindo que a entalpia específica seja $h_x = C_p T_m$ ou $dh_x = C_p dT_m$, para C_p = cte, em que $T_m = T_m(x)$, e a vazão mássica sendo igual a $\dot{m} = \rho \bar{u} A$, tem-se:

$$q_p P = \rho C_p \bar{u} A \frac{dT_m}{dx}$$

Integrando a equação anterior, vem: $T_m(x) = \frac{q_p P}{\rho C_p \bar{u} A} x + \text{cte}$.

Para $x = 0$, $T_m = T_e$, de forma que:

$$T_m(x) = \frac{q_p P}{\rho C_p \bar{u} A} x + T_e \qquad (6.27)$$

Por outro lado, o fluxo de calor pode ser expresso como: $q_p = h(T_p - T_m)$, logo, a temperatura da parede interna do tubo será igual a:

$$T_p(x) = \frac{q_p P}{\rho C_p \bar{u} A} x + \frac{q_p}{h} + T_e \qquad (6.28)$$

(II) *Temperatura de parede constante* (T_P = cte).

Nesse caso, aplicando a conservação da energia,

$$\dot{Q}_x = Pdxh(T_p - T_m) = \dot{m}C_p \frac{dT_m}{dx} \quad \text{ou} \quad \frac{dT_m}{T_p - T_m} = \frac{hP}{\dot{m}C_p}dx$$

em que *h* é o coeficiente de transferência de calor por convecção do escoamento interno e é considerado constante. A integração resulta em:

$$\ln(T_p - T_m) = \frac{hP}{\dot{m}C_p} x + \text{cte}$$

Para a condição de contorno em $x = 0$, tem-se $T_m = T_e$. Então,

$$\frac{T_p - T_m(x)}{T_p - T_e} = \exp\left[-\frac{hPx}{\dot{m}C_P}\right] \quad \text{ou} \quad T_m(x) = T_p - (T_p - T_e)\exp\left[-\frac{hPx}{\dot{m}C_P}\right] \qquad (6.29)$$

O gráfico da Figura 6.9a ilustra a variação das temperaturas de superfície, T_p, e média de mistura, T_m, além do valor de coeficiente local de transferência de calor, h, ao longo do comprimento do tubo para o caso de fluxo de calor constante na parede. O gráfico da Figura 6.9b mostra o aumento da temperatura média de mistura, T_m, para o caso de temperatura de parede constante, T_p = cte.

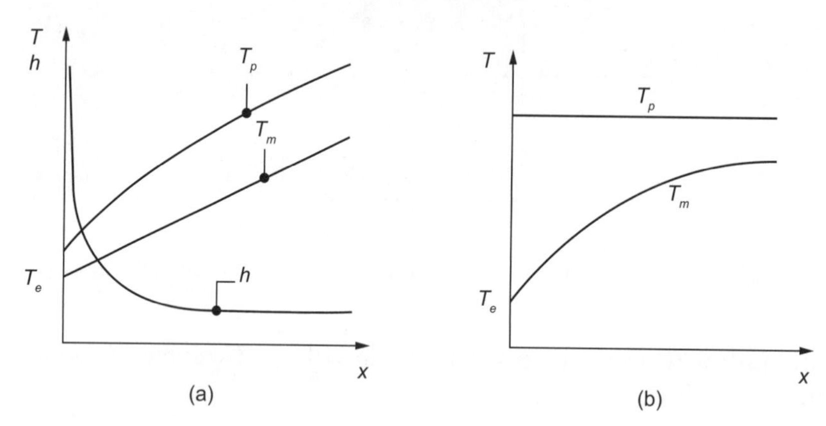

Figura 6.9 (a) Variação das temperaturas e h com fluxo de calor constante na parede, (b) variação da temperatura média do fluido à temperatura da parede constante.

6.2 Convecção turbulenta no interior de tubos

6.2.1 Desenvolvimento da camada-limite turbulenta

No caso do escoamento turbulento no interior de tubos, a camada-limite começa no regime laminar, porém, sofre uma transição para camada-limite turbulenta, como ilustrado na Figura 6.10.

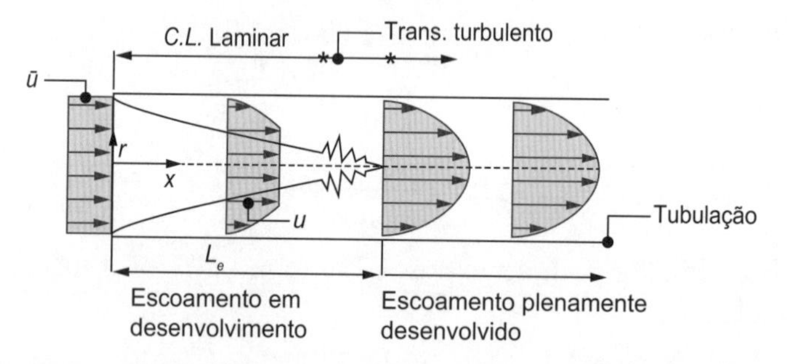

Figura 6.10 Desenvolvimento da camada-limite em escoamento turbulento.

O comprimento de entrada de desenvolvimento da camada-limite hidrodinâmica e térmica turbulenta é $L_e \approx 10D$. O número de Reynolds é o indicador do regime; para $Re_D < 2300$ tem-se o regime laminar, e para $Re_D > 4000$, o regime turbulento. Entre 2300 e 4000 ocorre transição laminar-turbulento, sendo considerado plenamente turbulento em $Re_D > 10.000$.

6.2.2 Analogia de Reynolds-Colburn para escoamento turbulento

A analogia de Reynolds-Colburn para escoamento laminar em placa plana foi discutida na subseção 5.2.3. Na seguinte análise para fluido interno supõe-se que o escoamento esteja plenamente desenvolvido. No caso laminar, a transferência de calor da parede para o fluido adjacente (ou vice-versa) se dá por condução, segundo a Lei de Fourier, isto é,

$$\frac{\dot{Q}}{A} = -k\frac{dT}{dr}, \text{ ou } \frac{\dot{Q}}{A\rho C_p} = -\alpha\frac{dT}{dr}.$$

No caso de escoamento turbulento, define-se uma expressão análoga com a seguinte forma:

$$\frac{\dot{Q}}{A\rho C_p} = -(\alpha + \varepsilon_H)\frac{dT}{dr} \tag{6.30}$$

em que se introduz a *difusividade térmica turbilhonar*, ε_H, já definida no capítulo anterior (Eq. 5.59b). Analogamente à tensão de cisalhamento, tem-se:

$$\tau = \mu \frac{du}{dr} \Rightarrow \frac{\tau}{\rho} = (\upsilon + \varepsilon_m)\frac{du}{dr} \tag{6.31}$$

em que ε_m é a *viscosidade turbilhonar*, também já definida no capítulo anterior (Eq. 5.59a).

Como hipótese, admite-se que o calor e a quantidade de movimento sejam transportados a uma mesma taxa, ou seja, $\varepsilon_H = \varepsilon_m$ e $\upsilon = \alpha$, então tem-se que $Pr_t = 1$. Esta boa hipótese é válida porque os mecanismos turbilhonares de mistura do fluido são os mesmos para quantidade de movimento e energia térmica. De forma que, dividindo as equações anteriores, vem:

$$\frac{q}{AC_p\tau} = -\frac{dT}{du}, \text{ ou } \frac{q}{AC_p\tau}du = -dT$$

Outra hipótese a ser adotada é que a razão entre a taxa de transferência de calor por unidade de área e o cisalhamento seja constante na seção transversal, o que permite escrever que o que ocorre na parede também ocorre no interior do escoamento, isto é:

$$\frac{\dot{Q}}{C_p A\tau} = \frac{\dot{Q}_p}{C_p A_p \tau_p}, \text{ ou } \frac{\dot{Q}_p}{C_p A_p \tau_p}du = -dT \tag{6.32}$$

As condições de contorno da Equação (6.32) são:

CC_1: em $r = R \rightarrow u = 0,\ T = T_p$

CC_2: em condições médias $\rightarrow u = \bar{u},\ T = T_m$

Essas condições vistas de forma gráfica estão ilustradas na Figura 6.11.

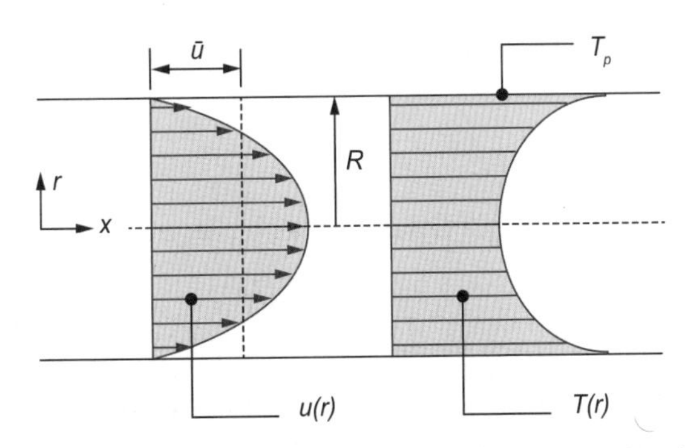

Figura 6.11 Condições de contorno da Equação (6.31).

De forma que é possível integrar a Equação (6.32) com as condições de contorno estabelecidas:

$$\frac{\dot{Q}_p}{C_p A_p \tau_p}\int_0^{\bar{u}} du = -\int_{T_p}^{T_m} dT \tag{6.33}$$

Do que resulta em: $\dfrac{\dot{Q}_p}{C_p A_p \tau_p}\bar{u} = T_p - T_m$

No entanto, por outro lado, a taxa de calor convectivo transferida é dada pela Equação (6.8), que, substituindo na expressão anterior, resulta em:

$$\frac{hA_p(T_p - T_m)}{C_p A_p \tau_p}\bar{u} = T_p - T_m$$

e, simplificando, tem-se:

$$\frac{h\bar{u}}{C_p} = \tau_p \tag{6.34}$$

Por outro lado, o equilíbrio de forças no elemento de fluido ilustrado na Figura 6.12 resulta em $\Delta p \pi R^2 = \tau_p 2\pi RL$, ou:

$$\tau_p = \frac{R}{2L}\Delta p \tag{6.35}$$

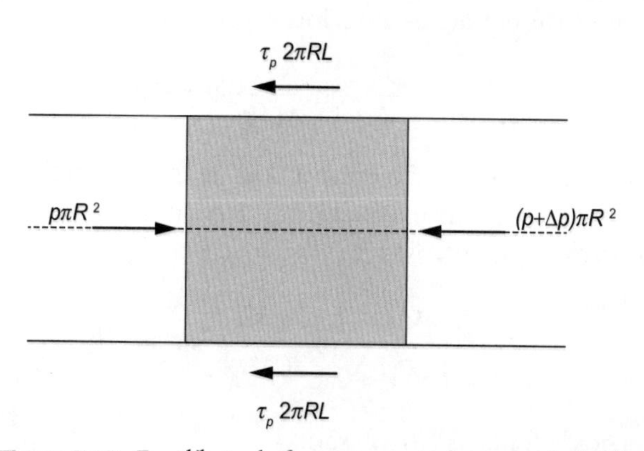

Figura 6.12 Equilíbrio de forças em um elemento de fluido.

Porém, da Mecânica dos Fluidos, sabe-se que a perda de pressão distribuída é dada pela Equação (6.36):

$$\Delta p = f\frac{L}{D}\frac{\rho\bar{u}^2}{2} \tag{6.36}$$

sendo *f* o fator de atrito de Darcy. Assim, comparando as duas Equações (6.35) e (6.36), vem que:

$$\tau_p = \frac{f}{8}\rho\bar{u}^2 \tag{6.37}$$

Finalmente, pode-se concluir a analogia igualando as Equações (6.34) e (6.37). Assim:

$$\frac{h\bar{u}}{C_p} = \frac{f}{8}\rho\bar{u}^2 \tag{6.38}$$

A fim de que os adimensionais que governam o fenômeno possam aparecer explicitamente, são necessárias manipulações adicionais, começando por rearranjar a Equação (6.38), para obter:

$$\frac{h}{\rho C_p \bar{u}} = \frac{f}{8}$$

Agora, convenientemente, essa expressão é multiplicada e dividida por algumas grandezas, conforme indicado a seguir:

$$\underbrace{\frac{hD}{k}}_{Nu_D} \times \underbrace{\frac{1}{\nu/\alpha}}_{Pr^{-1}} \times \underbrace{\frac{1}{D\,\bar{u}/\nu}}_{Re_D^{-1}} = \frac{f}{8}$$

Finalmente, os grupos adimensionais, Nu_D, Pr e Re_D, são substituídos:

$$\frac{Nu_D}{PrRe_D} = \frac{f}{8} \quad \text{ou} \quad St = \frac{f}{8} \tag{6.39}$$

Na Equação (6.39), o primeiro grupo de adimensionais é o chamado *número de Stanton*, *St*, já definido no capítulo anterior. Esta é a analogia de Reynolds para escoamento turbulento no interior de tubos. Ela está de acordo com dados experimentais para gases ($Pr \sim 1$). Com base em dados experimentais, Colburn recomenda que a relação anterior seja multiplicada por $Pr^{2/3}$ para estender a aplicação para outros fluidos na faixa de $0{,}5 < Pr < 100$, para incluir a maioria dos gases e líquidos comuns. Lembre-se de que essa analogia já havia sido desenvolvida para escoamento laminar na subseção 5.2.3.

$$\frac{Nu_D}{Pr^{1/3}Re_D} = \frac{f}{8} \quad \text{ou} \quad StPr^{2/3} = \frac{f}{8} \tag{6.40}$$

Cabe ressaltar que, no contexto do escoamento externo, Equação (5.52), a analogia foi feita com o coeficiente de atrito (ou fator de atrito de Fanning), $\bar{C}_{f,L}$. Já no escoamento interno, Equação (6.40), a analogia se dá com o fator de atrito, f (ou fator de atrito de Darcy). De forma que comparando essas equações, conclui-se que $f = 4\bar{C}_{f,L}$.

Na faixa de Reynolds entre $1 \times 10^4 - 2 \times 10^5$, para *tubos lisos*, o fator de atrito f pode ser aproximado pela seguinte equação de ajuste (Colburn, 1933):

$$f = 0{,}184Re_D^{-0{,}2} \tag{6.41}$$

Então, substituindo o fator de atrito de tubo liso na analogia (Eq. 6.40), obtém-se o número de Nusselt:

$$Nu_D = 0{,}023Re_D^{0{,}8}Pr^{1/3} \tag{6.42}$$

Contudo, Dittus e Boelter (1930) sugerem que o expoente do número de Prandtl seja $n = 0{,}3$ se o fluido estiver sendo resfriado, ou $n = 0{,}4$ se o fluido estiver sendo aquecido. Desse modo, a equação conhecida como de Dittus-Boelter[1] é dada pela Equação (6.43).

$$Nu_D = 0{,}023Re_D^{0{,}8}Pr^n \qquad Re_D \geq 10.000 \quad 0{,}6 \leq Pr \leq 160 \tag{6.43}$$

Para tubos rugosos, deve ser usado o diagrama de Moody para se obter f ou uma expressão como a de Churchill (1977) ou de Colebrook (1939) apresentadas a seguir. O diagrama de Moody se encontra na Figura 6.13. No diagrama, ε é a rugosidade absoluta da superfície.

O fator de atrito de tubos rugosos também pode ser obtido por meio de uma correlação ou equação de ajuste, por exemplo, a expressão de Churchill (1977) dada pela Equação (6.44). Esta última expressão tem a vantagem de ser explícita e de ajustar de forma suave a transição laminar-turbulento (2300-4000).

$$f = 8\left[\left(\frac{8}{Re_D}\right)^{12} + \frac{1}{(A+B)^{1{,}5}}\right]^{1/12}$$
$$A = \left\{2{,}457\ln\left[\frac{1}{(7/Re_D)^{0{,}9} + (0{,}27\varepsilon/D)}\right]\right\}^{16}, \quad B = \left(\frac{37.530}{Re_D}\right)^{16} \tag{6.44}$$

Outra expressão mais antiga que se costuma usar é a de Colebrook (1939), dada pela Equação (6.45). Essa equação foi empregada por Moody para fazer o diagrama da Figura 6.13. Ela tem o inconveniente de ter o fator de atrito definido de forma implícita, o que requer uma solução numérica iterativa.

[1] Originalmente, em Ditttus e Boelter (1930), a equação é dada para aquecimento: $Nu_D = 0{,}0243Re_D^{0{,}8}Pr^{0{,}4}$; e para resfriamento: $Nu_D = 0{,}0265Re_D^{0{,}8}Pr^{0{,}3}$, sendo que foi McAdams (1942) quem sugeriu a expressão como indicada na Equação (6.43).

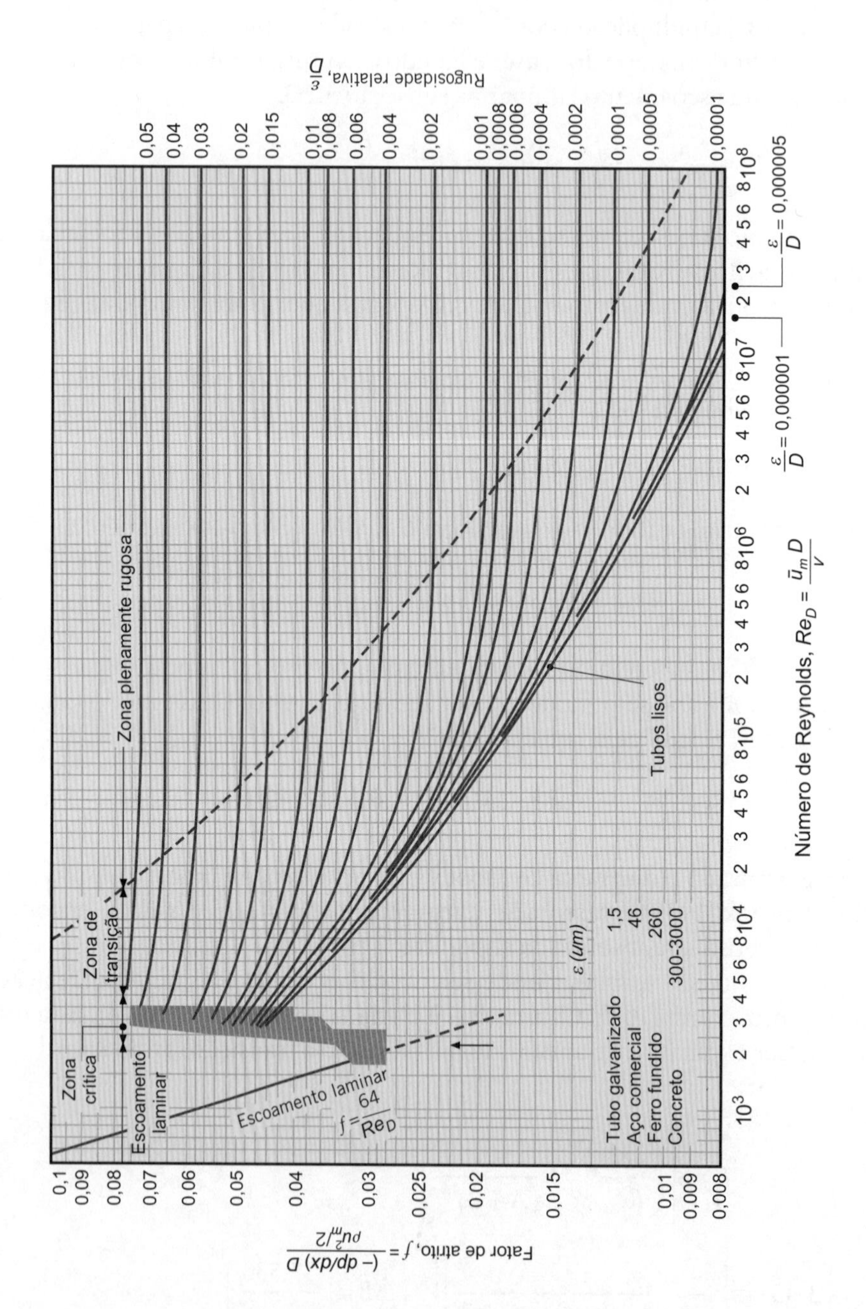

Figura 6.13 Diagrama de Moody para o fator de atrito (Moody, 1944). Publicada com permissão.

$$\frac{1}{f^{1/2}} = -2{,}0\log\left(\frac{\varepsilon/D}{3{,}7} + \frac{2{,}51}{Re_D f^{1/2}}\right) \tag{6.45}$$

No caso em que as propriedades de transporte variem de forma significativa com a temperatura, o número de Nusselt deve ser corrigido pela razão das temperaturas absolutas, como indica a Equação (6.46) no caso de gases.

$$Nu_{corr} = Nu\left(\frac{\bar{T}}{T_p}\right)^n \tag{6.46}$$

em que $\bar{T}$ é a temperatura absoluta média entre a entrada e a saída e T_p é a temperatura absoluta da superfície, $n = 0$ para resfriamento de gases, $n = 0{,}45$ para aquecimento ($n = 0{,}15$ para CO_2) se $0{,}5 < \bar{T}/T_p < 2{,}0$.

No caso de líquidos, sugere-se a seguinte expressão para corrigir o número de Nusselt:

$$Nu_{corr} = Nu\left(\frac{Pr}{Pr_p}\right)^{0,11} \tag{6.47}$$

em que Pr é o número de Prandtl à temperatura média ($\bar{T}$) e Pr_p o número de Prandtl à temperatura da parede. Correções semelhantes foram propostas para o caso laminar (Eq. 6.21).

A expressão de Gnielinski (1976) é recomendada por muitos autores e deve ser empregada em conjunção com o fator atrito da Equação (6.50), a qual foi recomendada em Gnielinski (2013) baseada no trabalho de Konakov (1946).

$$Nu_D = \frac{(f/8)(Re_D - 1000)Pr}{1 + 12{,}7(f/8)^{1/2}(Pr^{2/3} - 1)}\left[1 + \left(\frac{D}{L}\right)^{2/3}\right]K$$

$$4000 < Re_D < 5\times10^6 \qquad 0{,}5 < Pr < 2000 \tag{6.48}$$

$$K = \left(\frac{Pr}{Pr_p}\right)^{0,11} \quad \text{Líquidos}$$

$$K = \left(\frac{T}{T_p}\right)^n \quad \text{Gases, } n = 0{,}45 \text{ (ar)} \tag{6.49}$$

$$f = (0{,}782 \ln Re_D - 1{,}5)^{-2} \tag{6.50}$$

Na região de transição $2300 < Re_D < 4000$, Gnielinski (2013) propõe uma interpolação linear no número de Reynolds entre o Nusselt laminar avaliado em $Re = 2300$ e o turbulento avaliado em $Re = 4000$.

EXEMPLO 6.3 Transferência de calor no interior de dutos em regime turbulento

Ar escoa pelo interior de um tubo liso de 5 cm de diâmetro. A velocidade do ar é 30 m/s e sua temperatura, 15 °C. O comprimento aquecido do tubo é 0,6 m com temperatura de parede, $T_p = 38$ °C. Suponha que o escoamento seja plenamente desenvolvido. Obtenha a taxa de transferência de calor e a temperatura de saída do ar.

Solução:

Calcule as propriedades à temperatura média: $\bar{T} = \dfrac{T_e + T_s}{2}$

Dittus-Boelter modificada (Eq. 6.43): $Nu_D = 0{,}023 Re_D^{0,8} Pr^{0,4}$ (A)

Balanço de energia: $hA(T_p - \bar{T}) = \dot{m}C_p(T_s - T_e)$ (B)

Note que há duas equações (A e B) e duas incógnitas (T_s e h).
Esses tipos de problema devem normalmente ser resolvidos de forma iterativa, conforme esquema a seguir. Primeiro, admite-se uma temperatura de saída, calculam-se todas as grandezas envolvidas e, depois, faz-se a verificação se corresponde ao resultado da segunda equação. Caso contrário, admite-se uma nova temperatura de saída.

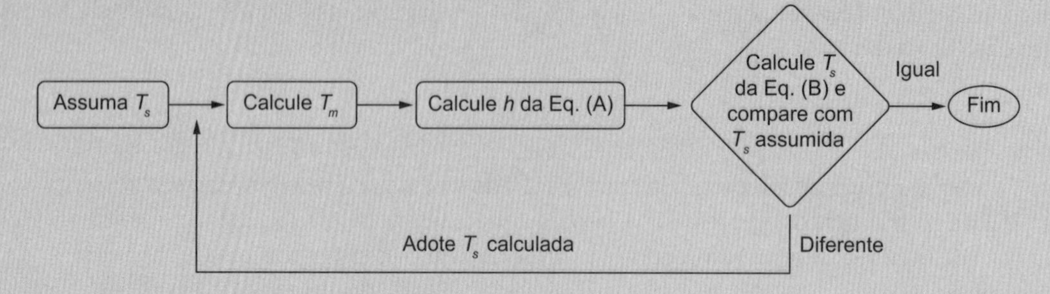

Admitindo, $T_s = 21$ °C $\rightarrow$ $\overline{T} = \dfrac{15+21}{2} = 18$ °C. As propriedades de transporte do ar (Tab. A.5) são:

$\rho = 1,2025$ kg/m³ $\quad \upsilon = 15,11 \times 10^{-6}$ m²/s $\quad Pr = 0,709$
$C_p = 1,0068$ kJ/kg °C $\quad k = 0,02560$ W/m °C

Assim, obtém-se:

$$Re_D = \frac{\overline{u}D}{\nu} = \frac{30 \times 0,05}{14,11 \times 10^{-6}} = 1,063 \times 10^5 > 4000 \text{ (turbulento)}$$

$$Nu_D = 0,023 Re_D^{0,8} Pr^{0,4} = 0,023 \times (1,063 \times 10^5)^{0,8}\ 0,709^{0,4} = 210,49$$

$$h = \frac{Nu_D k}{D} = \frac{210,49 \times 0,02560}{0,05} = 107,8\ \frac{\text{W}}{\text{m}^2\ °\text{C}}$$

De (B):

$$A_p = \pi DL = \pi \times 0,05 \times 0,6 = 0,094 \text{ m}^2$$

$$\dot{m} = \rho \overline{u} \left(\pi \frac{D^2}{4} \right) = 1,2025 \times 30 \times \left(\pi \frac{0,05^2}{4} \right) = 0,071 \text{ kg/s}$$

$$T_s = T_e + \frac{hA_p}{\dot{m}c_p}\left(T_p - \overline{T}\right) = 15 + \frac{107,8 \times 0,094}{0,071 \times 1006,8}(38 - 18) = 17,8 \text{ °C}$$

Não confere, pois foi admitida a temperatura de saída de 21 °C. Portanto, uma nova iteração é necessária.
Assumindo agora $T_s = 17,8$ °C $\rightarrow$ $T_m = 16,4$ °C. Novas propriedades:

$\rho = 1,21$ kg/m³ $\quad \upsilon = 14,96 \times 10^{-6}$ m²/s $\quad Pr = 0,71$
$c_p = 1,0068$ kJ/kg °C $\quad k = 0,02547$ W/m °C
$Re_D = 1,0 \times 10^5$ $\quad \dot{m} = 0,071$ kg/s
$h = 102,3$ W/m² °C
$T_s = 17,7$ °C, agora confere!

Realizando os próximos cálculos. Pela Lei de resfriamento de Newton,

$\dot{Q} = hA_p(T_p - \overline{T}) = 102,3 \times 0,094 \times (38 - 16,4) = 207,7$ W.

Ou, pela Primeira Lei da Termodinâmica,

$\dot{Q} = \dot{m}c_p(T_s - T_e) = 0,071 \times 1006,8 \times (17,8 - 15) = 200,2$ W.

As diferenças se justificam em função das aproximações usadas e no cálculo das propriedades. Uma nova iteração forneceria o resultado mais preciso.

EXEMPLO 6.4 Transferência de calor no interior de dutos em regime turbulento - outro exemplo

Água passa em um tubo de 19 mm de diâmetro interno com uma vazão de 0,3 kg/s. A água entra no tubo a 20 °C e o deixa a 60 °C. A superfície interna do tubo é mantida a 90 °C. Determine o coeficiente médio de convecção de calor, sabendo que o tubo é longo. Calcule, também, a taxa de calor transferido por unidade de superfície interna do tubo.

Solução:

As propriedades de transporte da água são obtidas considerando a média das temperaturas de misturas da entrada e saída, isto é, a 40 °C. Da Tabela A.7,

$$\rho = 991{,}8\,\text{kg/m}^3 \qquad k = 0{,}6318\,\text{W/m °C} \qquad c_p = 4{,}179\,\text{kJ/kg °C}$$

$$\mu = 6{,}54\times10^{-4}\,\text{kg/ms} \qquad Pr = 4{,}33 \qquad Pr_s = 1{,}95\ (90\ °\text{C})$$

Outra forma de avaliar o número de Reynolds em tubos circulares é por meio da vazão mássica: $\dot{m} = \rho\bar{u}\frac{\pi D^2}{4}$; substituindo no número de Reynolds $Re_D = \frac{\bar{u}D\rho}{\mu}$, obtém-se:

$$Re_D = \frac{4\dot{m}}{\pi D\mu}$$

Logo, o número de Reynolds do escoamento é:

$$Re_D = \frac{4\times0{,}3}{\pi\times0{,}019\times6{,}54\times10^{-4}} = 3{,}076\times10^4 > 4000\ (\text{turbulento})$$

O número de Nusselt médio é obtido usando a equação de Gnielinski. Antes, avalia-se o fator de atrito:

$$f = \left[0{,}782\ln(3{,}076\times10^4) - 1{,}5\right]^{-2} = 0{,}0231$$

$$Nu_D = \frac{(f/8)(Re_D - 1000)Pr}{1+12{,}7(f/8)^{1/2}(Pr^{2/3}-1)}\left[1+\left(\frac{D}{L}\right)^{2/3}\right]\left(\frac{Pr}{Pr_p}\right)^{0{,}11}$$, como o tubo é longo desprezamos a relação D/L.

$$Nu_D = \frac{(0{,}0231/8)(3{,}076\times10^4 - 1000)4{,}33}{1+12{,}7(0{,}0231/8)^{1/2}(4{,}33^{2/3}-1)}\left(\frac{4{,}33}{1{,}95}\right)^{0{,}11} = 190{,}7$$

O coeficiente médio de transferência de calor é:

$$h = \text{Nu}\frac{k}{\text{D}} = 190{,}7\frac{0{,}6318}{0{,}019} = 6340\ \frac{\text{W}}{\text{m}^2\,°\text{C}}$$

$$q = h(T_p - \bar{T}) = 6340(90-40) = 317\ \text{kW/m}^2.$$

6.2.3 Resumo das correlações

A Tabela 6.2 apresenta um resumo das correlações do fator de atrito de Darcy, f, para os regimes laminar e turbulento em tubos circulares. Outros valores de f também são fornecidos na Tabela 6.1. A Tabela 6.3 resume as expressões do número de Nusselt para tubos circulares. Na ausência de expressões específicas para outras seções transversais, recomenda-se o uso do conceito de diâmetro hidráulico, D_h, tanto para o cálculo de f como de Nu_D.

Tabela 6.2 Resumo de equações de fatores de atrito (Darcy) em tubos circulares

Fonte	Condição	Fator de atrito
	Laminar, tubo liso ou rugoso	$f = \dfrac{64}{Re_D}$
Colburn (1933)	Turbulento, tubo liso, $1\times10^4 < Re_D < 2\times10^5$	$f = 0{,}184 Re_D^{-0{,}2}$
Churchill (1977)	Turbulento, tubo rugoso	$f = 8\left[\left(\dfrac{8}{Re_D}\right)^{12} + \dfrac{1}{(A+B)^{1{,}5}}\right]^{1/12}$ $A = \left\{2{,}457\ln\left[\dfrac{1}{(7/Re_D)^{0{,}9} + (0{,}27\varepsilon/D)}\right]\right\}^{16}$ $B = \left(\dfrac{37.530}{Re_D}\right)^{16}$
Colebrook (1939)	Turbulento, tubo rugoso	$\dfrac{1}{f^{1/2}} = -2{,}0\log\left(\dfrac{\varepsilon/D}{3{,}7} + \dfrac{2{,}51}{Re_D f^{1/2}}\right)$
Konakov (1946)	Turbulento, tubo liso, $4000 < Re_D < 5\times10^6$	$f = (0{,}782\ln Re_D - 1{,}5)^{-2}$

Tabela 6.3 Resumo de equações de número de Nusselt em tubos circulares

Fonte	Condição	Número de Nusselt
	Laminar, teórico, plenamente desenvolvido, q = cte	$Nu_D = 4{,}36$
Kays *et al.* (2005)	Laminar, teórico, plenamente desenvolvido, T_p = cte	$Nu_D = 3{,}36$
Hausen (1943)	Laminar, entrada térmica, T_p = cte	$\overline{Nu}_D = 3{,}66 + \dfrac{0{,}0668(D/L)Re_D Pr}{1 + 0{,}04[(D/L)Re_D Pr]^{2/3}}$
Shah e London (1978)	Laminar, plenamente desenvolvido ou entrada térmica, q = cte	$\overline{Nu}_D = 1{,}953\left(\dfrac{L}{DRe_D Pr}\right)^{-1/3}, \quad \dfrac{L}{DRe_D Pr} \le 0{,}03$ $\overline{Nu}_D = 4{,}364 + 0{,}0722\left(\dfrac{L}{DRe_D Pr}\right)^{-1}, \quad \dfrac{L}{DRe_D Pr} > 0{,}03$
Colburn (1933)	Turbulento, plenamente desenvolvido, $0{,}7 \le Pr \le 160$, $Re_D \ge 10.000$	$Nu_D = 0{,}023 Re_D^{0{,}8} Pr^{1/3}$
Dittus, Boelter (1930), McAdams (1942)	Turbulento, plenamente desenvolvido, $0{,}6 \le Pr \le 160$, $Re_D \ge 10.000$	$Nu_D = 0{,}023 Re_D^{0{,}8} Pr^n$ $n = 0{,}3$ fluido resfriando $n = 0{,}4$ fluido aquecendo
Gnielinski (1976, 2013)	Turbulento, tubo liso, $0{,}5 \le Pr \le 2000$, $4000 < Re_D < 5\times10^6$	$Nu_D = \dfrac{(f/8)(Re_D - 1000)Pr}{1 + 12{,}7(f/8)^{1/2}(Pr^{2/3} - 1)}\left[1 + \left(\dfrac{D}{L}\right)^{2/3}\right]K$ $K = \left(\dfrac{Pr}{Pr_p}\right)^{0{,}11}$ Líquidos $K = \left(\dfrac{T}{T_p}\right)^{n}$ Gases, $n = 0{,}45$ (ar)

6.3 Diferença média logarítmica de temperaturas (*DMLT*)

No Exemplo 6.4, a temperatura de parede de tubo é constante e, à medida que o fluido escoa pelo interior da tubulação, o processo de aquecimento não é linear. Porém, os cálculos de transferência de calor convectiva realizados na solução do problema são aproximados, pois usamos a temperatura média das temperaturas de mistura da entrada e saída. No entanto, foi demonstrado que a variação da temperatura média de mistura varia de forma exponencial entre a entrada e a saída, cuja expressão é dada pela Equação (6.29), a partir da qual se obtém,

$$\dot{m}C_p = \frac{hA}{\ln\left(\dfrac{T_p - T_e}{T_p - T_s}\right)} \tag{6.51}$$

Por outro lado, da Primeira Lei da Termodinâmica, sabe-se que $\dot{Q} = \dot{m}C_p(T_s - T_e)$. Substituindo o produto $\dot{m}C_p$ na Equação (6.51), obtém-se:

$$\dot{Q} = hA\frac{(T_s - T_e)}{\ln\left(\dfrac{T_p - T_e}{T_p - T_s}\right)} \tag{6.52}$$

Portanto, a taxa de transferência de calor deve ser escrita como:

$$\dot{Q} = hA\,DMLT \tag{6.53}$$

em que a diferença média logarítmica de temperatura (*DMLT*) é definida por:

$$DMLT = \frac{\Delta T_e - \Delta T_s}{\ln(\Delta T_e / \Delta T_s)} \tag{6.54}$$

com $\Delta T_e = T_p - T_e$ e $\Delta T_s = T_p - T_s$.

EXEMPLO 6.5 Uso da *DMLT*

Refaça o cálculo do fluxo de calor do Exemplo 6.4.

Solução:

$$\text{DMLT} = \frac{70 - 30}{\ln(70/30)} = 47{,}2\ ^\circ\text{C}$$

Assim, $q = h(DMLT) = 6340 \times 47{,}2 = 299{,}3\ \text{kW/m}^2$.

Como última informação, perceba que se as diferenças de temperatura entre a entrada e a saída não forem muito grandes, a *DMLT* vai tender à diferença entre a temperatura de parede e a média entre as temperaturas de mistura de entrada e saída.

EXEMPLO 6.6 Aquecimento de tubo

Um tubo de diâmetro 51 mm é um aquecedor solar exposto à radiação térmica solar e consegue absorver um fluxo térmico uniforme e constante de 2500 W/m^2 por meio de um concentrador. A água entra no tubo a $\dot{m} = 0{,}015$ kg/s e $T_e = 23{,}6\ ^\circ$C. (a) Qual deve ser o comprimento do tubo para que a temperatura de saída alcance $T_s = 90\ ^\circ$C?
(b) Qual a temperatura superficial do tubo na saída?

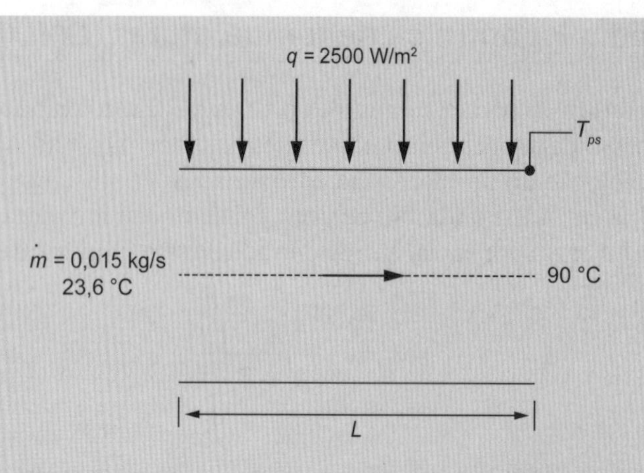

Solução:

Propriedades da água são avaliadas a 56,8 °C (Tab. A.7):

$\rho = 997\,\text{kg/m}^3$ $\quad k = 0{,}650\,\text{W/m °C}$ $\quad C_p = 4{,}184\,\text{kJ/kg °C}$

$\mu = 4{,}89\times10^{-4}\,\text{kg/ms}$

(a) Da Primeira Lei da Termodinâmica: $\dot{Q} = \dot{m}C_p(T_s - T_e)$; por outro lado, $\dot{Q} = q\pi DL$, e portanto, $q\pi DL = \dot{m}C_p(T_s - T_e)$, de forma que:

$$L = \frac{\dot{m}C_p\Delta T}{q\pi D} = \frac{0{,}015\times4184\times(90-23{,}6)}{2500\pi\times0{,}051} = 10{,}4\,\text{m}$$

(b) $q = h(T_{ps} - T_s)$ ou $T_{ps} = \dfrac{q}{h} + T_s$

É preciso, agora, fazer uma estimativa de h

$$Re_D = \frac{4\dot{m}}{\pi D\mu} = \frac{4\times0{,}015}{\pi\times0{,}051\times4{,}89\times10^{-4}} = 766{,}2 < 2300 \text{ (Laminar!)}$$

Como se trata de fluxo de calor constante na parede, tem-se $Nu_D = 4{,}36$

Assim, $h = Nu_D\dfrac{k}{D} = 4{,}36\dfrac{0{,}650}{0{,}051} = 55{,}6\,\text{W/m}^2\text{K}$

Finalmente, $T_{ps} = \dfrac{2500}{55{,}6} + 90 = 135\,°\text{C}$.

Referências

Churchill, S. W. Friction-factor equation spans all fluid-flow regimes. *Chemical Engineering*, v. 84, n. 24, p. 91-92, 1977.

Colburn, A. P. A method of correlating forced convection heat transfer data and a comparison with fluid friction. *International Journal of Heat and Mass Transfer*, v. 7, p. 1359-1384, 1933.

Colebrook, C. F. Turbulent flow in pipes with particular reference to the transition region between the smooth and rough pipe laws. *Journal of the Institution of Civil Engineers* (London), v. 11, p. 133-156, 1939.

Dittus, F. W.; Boelter, M. K. Heat transfer in automobile radiators of the tubular type. *International Communications in Heat and Mass Transfer*, v. 12, p. 3-22, 1985.

Hausen, H. Darstellung des Wärmeuberganges in Rohren durch verallgemeinerte Potenzbeziehungen. VDIZ, n. 4, p. 91, 1943.

Gnielinski, V. New equations for heat and mass transfer in turbulent pipe and channel flow. *International Chemical Engineer*, v. 16, n. 2, p. 359-368, 1976.

Gnielinski, V. On heat transfer in tubes. *International Journal of Heat and Mass Transfer*, v. 63, p. 134-140, 2013.

Kays, W. M; Crawford, M. E.; Weigand, B. *Convective heat and mass transfer*. 4. ed. Boston: McGraw-Hill Higher Education, 2005.

Konakov, PK. A new equation for the friction coefficient for smooth tubes. *Report of the Academic Society for Science of the URSS*, v. 7, p. 503-506, 1946.
McAdams, W. H. *Heat transmission*. 2. ed. New York: McGraw-Hill, 1942.
Moody, L. F. Friction factors for pipe flow. *ASME Trans*, v. 66, p. 671-684, 1944.
Rohsenow, W. M.; Hartnett, J. P.; Cho, Y. I. *Handbook of Heat Transfer*. 3. ed. New York: McGraw-Hill, 1998.
Shah, R. K.; London, A. L. *Laminar flow forced convection in ducts*. New York: Academic Press, 1978.

Problemas propostos

6.1 Para um fluido que escoa no interior de um tubo, deseja-se encontrar o coeficiente de transferência de calor. Para isso, inicialmente, são avaliadas as entradas hidrodinâmica e térmica. Avalie para os casos indicados na tabela, considerando uma temperatura média do fluido de 30 °C: (a) a velocidade média do escoamento, (b) os comprimentos das entradas hidrodinâmica e térmica e (c) e as porcentagens desses comprimentos com relação ao comprimento dos tubos.

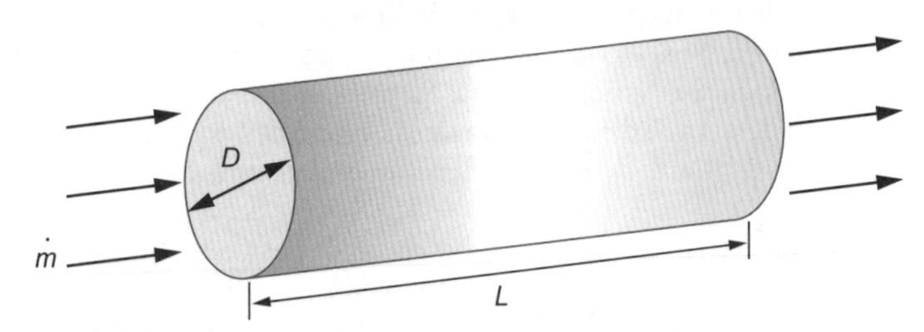

Fluido	$\dot{m}$(kg/s)	D (mm)	L (m)
Água	0,025	20	10
	0,025	20	100
	0,2	20	10
	0,2	20	100

6.2 Medidas da velocidade e temperatura do fluido em função do raio foram feitas dentro de um tubo circular de 25 mm de diâmetro, quais sejam: $u = 0{,}08 - 0{,}08\left(\frac{r}{R}\right)^2$ e $T = 350 + 70\left(\frac{r}{R}\right)^2 - 25\left(\frac{r}{R}\right)^3$, em que R é o raio interno do tubo, a velocidade está em m/s e a temperatura em K. (a) O fluido está sendo aquecido ou resfriado? Determine (b) a velocidade média do escoamento, (c) a temperatura média do escoamento, (d) a vazão mássica do fluido e (e) o coeficiente local de transferência de calor.

6.3 Ar na vazão de 0,28 g/s em condições plenamente desenvolvidas escoa dentro de um tubo de aço de 10 mm de diâmetro, com temperatura de parede constante. Considerando uma temperatura média do ar de 25 °C, avalie: (a) a velocidade média do ar, (b) a velocidade do ar no centro do tubo ($r = 0$), (c) o número de Nusselt, (d) o coeficiente de transferência de calor por convecção e (e) a queda de pressão por metro de tubo. Se o tubo fosse de PVC, haveria diferença nos cálculos?

6.4 Um fluido entra em uma tubulação de 25,4 mm de diâmetro e 1 m de comprimento a uma velocidade média de 0,8 m/s. Considerando uma temperatura média do fluido de 50 °C, escoamento plenamente desenvolvido e fluxo de calor constante na parede, avalie o coeficiente de transferência de calor para (a) dióxido de carbono e (b) glicerina. Avalie o coeficiente de transferência de calor para os mesmos fluidos considerando entrada térmica. É justificado um cálculo simplificado no caso de escoamento plenamente desenvolvido?

6.5 Um tubo redondo de aço inoxidável de 30 mm de diâmetro é usado para aquecimento de óleo Therminol VP1 mediante uma resistência elétrica instalada na sua parede, o que provoca fluxo de calor constante de 4725 W/m^2 nela. Óleo ingressa com velocidade de 0,08 m/s e 50 °C e sai a 110 °C. Considerando escoamento plenamente desenvolvido, avalie: (a) o comprimento necessário do aquecedor, (b) a temperatura da parede na entrada e saída do tubo e (c) a queda de pressão do fluido no tubo.

6.6 Um duto triangular é usado para transportar 0,5 kg/s de etilenoglicol a 40 °C. O ambiente externo faz com que a temperatura da parede do duto seja aproximadamente uniforme de 100 °C. Verifique se a variação de temperatura é significativa em 6 m de comprimento do duto, bem como o ganho de calor nesse comprimento, assumindo escoamento plenamente desenvolvido.

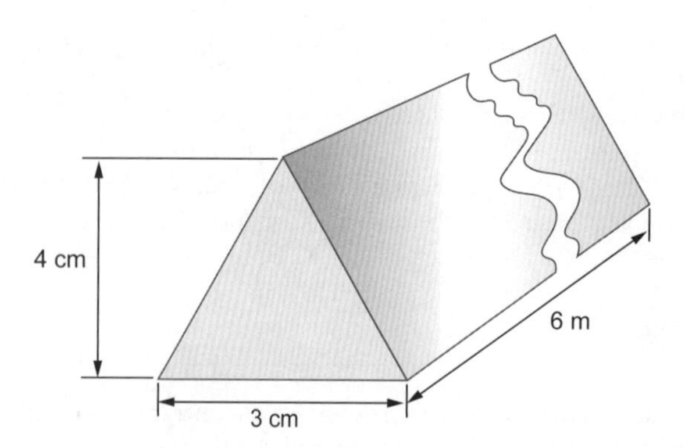

6.7 Em uma região fria, 80 kg/s de óleo a 17 °C saem de uma estação de bombeamento, sendo transportados em um oleoduto de aço-carbono de 50 cm de diâmetro. A certa distância da estação, o oleoduto deve atravessar 100 m em um lago que promove uma temperatura da parede do tubo aproximadamente constante e igual a 0 °C. Assumindo que a temperatura média do óleo ao ingressar no lago é de 13 °C, avalie: (a) a temperatura do óleo na saída do lago e (b) a taxa de calor perdida no lago. Nos seus cálculos assuma as propriedades do óleo de motor sem uso (novo).

6.8 Uma caldeira aquatubular é usada para vaporizar água. Na parte da fornalha os tubos são dispostos verticalmente. Admitindo que em cada tubo de 3 cm de diâmetro a vazão da água é de 1,5 kg/s, avalie o coeficiente de transferência de calor no interior do tubo e o fator de atrito considerando uma temperatura média de 80 °C e uma rugosidade relativa de 0,001.

6.9 Vapor saturado a 110 °C escoa externamente a um tubo por onde passa um fluido a 0,75 kg/s e 30 °C. O tubo tem 24 mm de diâmetro interno. Para os comprimentos de tubo de 1 m e 10 m e para os fluidos água e Therminol 59, avalie (a) a temperatura de saída do fluido e (b) a *DMLT* e a média entre as temperaturas de entrada e saída do fluido, comparando essas diferenças. A condensação do vapor garante a temperatura de 110 °C na parede do tubo.

6.10 Um coletor solar Fresnel consiste em vários espelhos dispostos em um plano horizontal, os quais possuem um sistema de rastreamento que os faz girar para refletir os raios solares e concentrar a radiação em um tubo receptor de aço inoxidável AISI 304 (rugosidade de 0,002 mm) e 30 mm de diâmetro interno. Em uma aplicação industrial é necessário o preaquecimento de água quente a 90 °C, usando para isso a água que ingressa no receptor a 50 °C e 0,12 kg/s. Após a radiação ser absorvida pelo receptor, considere um fluxo térmico constante e uniforme transferido pela parede do tubo do receptor de 4000 W/m². Nessas condições avalie: (a) o comprimento necessário do coletor, (b) a temperatura média do tubo do receptor, comparando-a com a média aritmética da temperatura do receptor na entrada e saída. (c) Qual a queda de pressão e a potência que a bomba deverá fornecer referente a essa parcela de tubo do sistema de aquecimento?

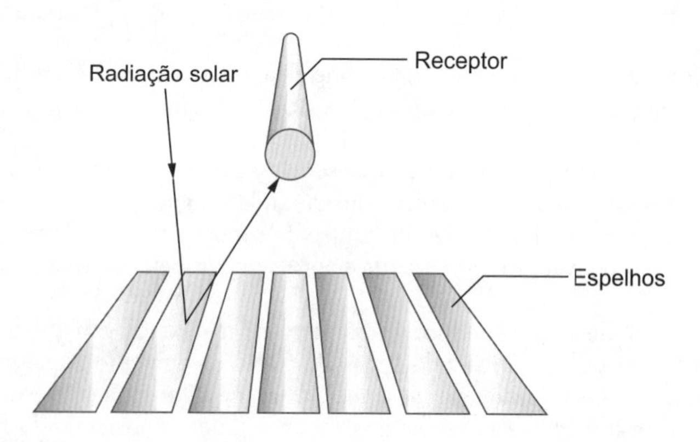

6.11 Um fluido com vazão mássica $\dot{m}$ e temperatura T_e ingressa em uma tubulação de diâmetro D sendo aquecido na sua parede com fluxo térmico de variação linear $q = Cx$, com C em W/m³. Se o calor específico médio do fluido é C_p, encontre expressões para (a) a variação da temperatura do fluido em função de x, (b) o comprimento L necessário para aquecer 50 % a temperatura do fluido e (c) o calor total transferido nesse comprimento.

6.12 Óleo Therminol VP1 deve ser aquecido em um tubo de 1,5 cm de diâmetro, cuja vazão é de 0,025 kg/s e a temperatura, 60 °C, e deseja-se uma temperatura de saída do óleo de 140 °C. A temperatura do tubo é uniforme e igual a 200 °C. Avalie o comprimento necessário (a) sem correção do número de Nusselt pela viscosidade e (b) com correção do número de Nusselt pela viscosidade. Compare os resultados e comente as diferenças.

6.13 Um fluido com temperatura T_∞ escoa externamente a um tubo, enquanto outro fluido com vazão mássica $\dot{m}$ e calor específico médio C_p escoa internamente. A partir do volume de controle indicado, encontre uma expressão para a temperatura de saída do fluido interno, sendo sua temperatura de entrada T_e e o coeficiente global de transferência de calor com base na área interna do tubo igual a $U_i = \left[\frac{1}{h_i} + \frac{D_i \ln(D_e/D_i)}{2k} + \frac{D_i}{h_e D_e}\right]^{-1}$.

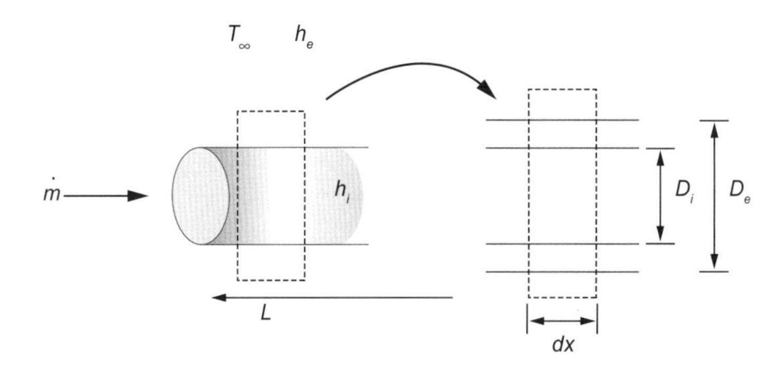

6.14 Em uma pequena caldeira de laboratório, os gases de exaustão são expelidos ao ambiente por uma chaminé de aço-carbono de 60 cm de diâmetro, 2 mm de espessura e 5 m de altura. Os gases ingressam na chaminé na parte inferior com temperatura de 500 °C e 0,4 kg/s. Determine a temperatura de saída dos gases, se a temperatura ambiente externa à chaminé é de 20 °C e o coeficiente de transferência de calor externo, de 25 W/m²K. Nos seus cálculos, aproxime as propriedades dos gases de combustão como as do ar.

6.15 Um banho de água e gelo a 0 °C é usado para resfriamento de 0,45 kg/s de etilenoglicol 50 % e água 50 % que escoa por um tubo de aço inoxidável A304 de 25 mm de diâmetro e 0,0021 mm de rugosidade. A temperatura de entrada do fluido no tubo é de 60 °C e de saída, de 15 °C. Considerando condições plenamente desenvolvidas, avalie: (a) a taxa de transferência de calor perdida pelo fluido e (b) o comprimento do tubo. (c) Se o diâmetro do tubo fosse de 120 mm, qual seria a taxa de transferência de calor e o comprimento necessário? (d) Qual seria a potência da bomba necessária para os dois diâmetros?

6.16 Em uma aplicação de aquecimento, $5{,}8 \times 10^{-4}$ kg/s de ar deve ser aquecido de 20 °C até 35 °C, pela passagem no interior de um tubo de 20 mm e 1,8 m de comprimento. Avalie a temperatura da parede necessária nesse aquecimento, assumindo que a temperatura da parede seja uniforme e constante.

6.17 Em um processo de reaproveitamento térmico, gases de combustão (com propriedades similares às do ar a 700 °C e 1,2 kg/s) são redirecionados a um processo dentro de uma indústria. A tubulação de transporte possui 1,5 m de diâmetro, 50 m de comprimento e espessura desprezível. Externamente, tem-se ar a uma temperatura de 25 °C e 6 m/s. Avalie a espessura de uma camada de isolamento de manta cerâmica de 128 kg/m³ que deverá ser instalada para que os gases não diminuam menos de 100 °C em seu trajeto. Somente para propósito de avaliação das propriedades do ar externo, considere que a temperatura da parede externa do isolamento é de 70 °C.

6.18 Na fornalha de uma caldeira é instalada uma tubulação de 3 cm de diâmetro para aquecimento de água. A água ingressa a 30 °C e 0,5 kg/s. Externamente ao tubo tem-se produtos de combustão a 380 °C e o coeficiente de transferência de calor é de 405 W/m²K, a emissividade da superfície externa do tubo é de 0,85 e as paredes da fornalha estão a 410 °C. Se o comprimento do tubo é de 11,5 m e assumindo que a parede do tubo é fina e sua temperatura constante, avalie: (a) a temperatura de saída da água e (b) a temperatura na parede do tubo.

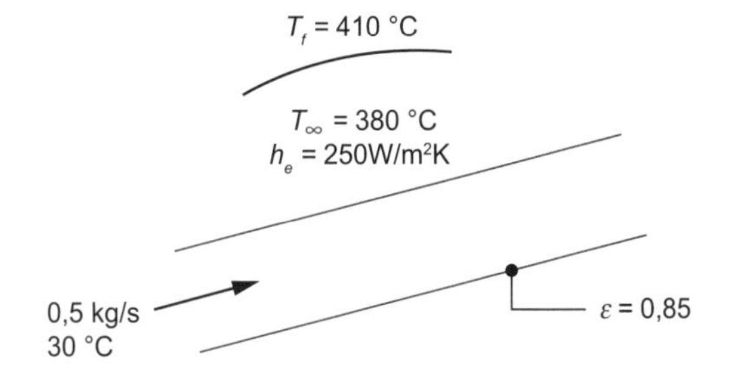

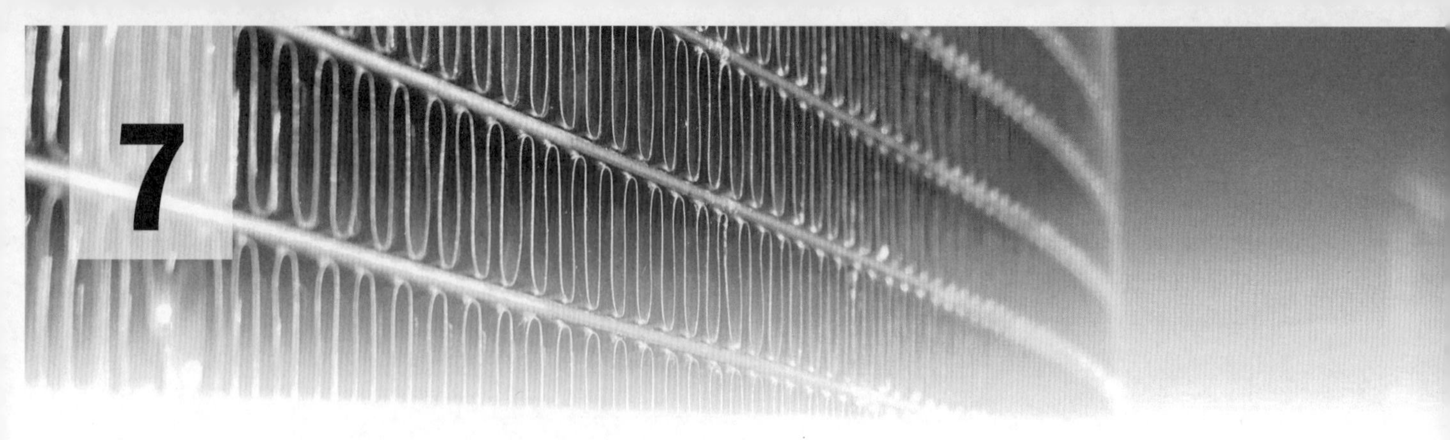

7 Convecção Natural

7.1 Convecção natural externa

7.1.1 Equações do caso laminar

A convecção forçada sobre superfícies e no interior de tubos e dutos foi estudada nos dois capítulos antecedentes. O que caracteriza aquele tipo de convecção é o movimento forçado do fluido em relação à superfície de troca térmica. O movimento forçado do fluido é causado por um agente externo, como uma bomba, um ventilador, ou outra máquina de fluxo, sendo que o empuxo gravitacional desempenha pouco ou nenhum efeito sobre a transferência de calor nesses casos. No entanto, quando o fluido se encontra em repouso e em contato com uma superfície aquecida (ou resfriada) a transferência de calor entre a superfície e o fluido ocorre por outro mecanismo que não o da convecção forçada. Nessa situação, a velocidade do fluido ao longe é nula e, portanto, o número de Reynolds também é nulo e, naturalmente, as correlações desenvolvidas para a convecção forçada do tipo geral $Nu = f(Re, Pr)$ não se aplicam. Assim, a movimentação localizada no fluido junto à superfície ocorrerá como resultado de outro fenômeno, que é originário da diferença de empuxo gravitacional sobre o fluido causada pela variação de sua densidade em razão dos gradientes de temperatura. Para entender melhor esse aspecto, considere uma superfície vertical aquecida, como a indicada na Figura 7.1, em contato com um fluido em repouso. A região do fluido em contato com a superfície aquecida naturalmente se aquecerá e, como consequência, sua densidade ρ diminuirá em relação à densidade das porções ainda não aquecidas do fluido, ρ_∞. A força de empuxo (para cima) por unidade volumétrica é dada por $f_E = \rho_\infty g$. Junto à superfície aquecida, porém, a força de empuxo atuante sobre o fluido aquecido será menor, pois $\rho < \rho_\infty$. Logo, a força líquida de empuxo por unidade de volume de fluido será $(\rho_\infty - \rho)g$, dando origem ao movimento convectivo ascendente em que as porções mais aquecidas tendem a subir, enquanto as menos aquecidas tomam seu lugar dando origem às correntes de *convecção natural*.

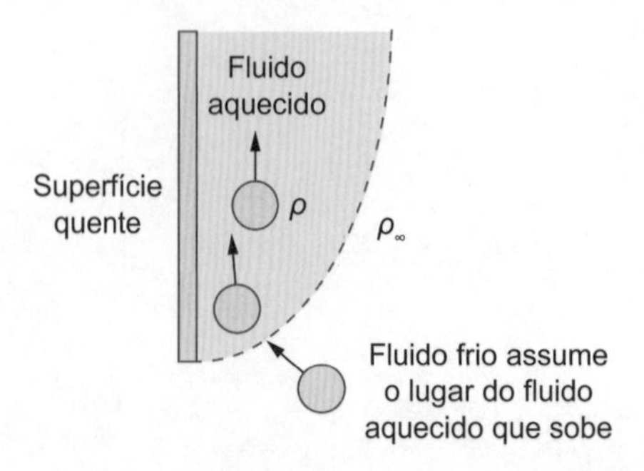

Figura 7.1 Diferença de empuxo gravitacional provoca o movimento convectivo.

A Figura 7.2 ilustra as correntes de convecção em água sendo aquecida em uma panela. As porções aquecidas de fluido junto ao fundo da panela ascendem, enquanto as porções de fluido menos aquecidas descendem para o lugar das porções de fluido que ascenderam, o que gera as correntes de convecção.

Figura 7.2 Convecção natural em água sendo aquecida em uma panela. Adaptada de: corbac40 | iStockPhoto.

Ao originar movimentos no interior do fluido, as camadas-limite hidrodinâmica e térmica se estabelecem, como ilustrado na Figura 7.3, para o caso de uma placa vertical aquecida. Uma condição de contorno diferente da CLH (camada-limite hidrodinâmica) em convecção natural, quando comparada com a forçada, é que a velocidade do fluido seja nula tanto junto à superfície como na extremidade da camada-limite, $u_\infty = 0$.

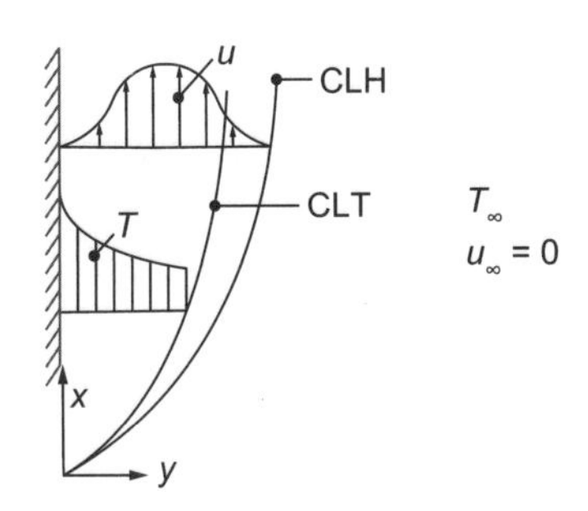

Figura 7.3 Camadas-limite térmica (CLT) e hidrodinâmica (CLH) em convecção natural, aquecimento.

De forma análoga ao desenvolvimento da camada-limite laminar da Seção 5.2, que resultou na Equação (5.10) para o balanço da quantidade de movimento, pode-se conduzir uma análise para a camada-limite hidrodinâmica em convecção natural, o que resulta na Equação (7.1). A diferença marcante entre essas duas equações é o termo de empuxo gravitacional por unidade de volume, ρg, no balanço da quantidade de movimento em x (vertical):

$$\rho\left(u\frac{\partial u}{\partial x}+v\frac{\partial u}{\partial y}\right)=-\frac{\partial p}{\partial x}-\rho g+\mu\frac{\partial^2 u}{\partial y^2} \tag{7.1}$$

Já o balanço da quantidade de movimento em y (horizontal) não possui o termo gravitacional:

$$\rho\left(u\frac{\partial v}{\partial x}+v\frac{\partial v}{\partial y}\right)=-\frac{\partial p}{\partial y}+\mu\frac{\partial^2 v}{\partial x^2} \tag{7.2}$$

Aplicando o balanço da Q.M. em y fora da CLH ($u_\infty = 0$), obtém-se: $\frac{\partial p_\infty}{\partial y}=0$.

Aplicando o balanço da Q.M. em y dentro da CLH, considerando que $u \gg v$ e $\partial v / \partial x \approx \partial v / \partial y \approx 0$, chega-se a: $\dfrac{\partial p}{\partial y} = 0$.

Logo, para determinada posição x, a pressão não varia no sentido y, dentro e fora da CLH.

Agora, aplicando o balanço da Q.M. em x fora da CLH ($u_\infty = 0$): $\dfrac{\partial p_\infty}{\partial x} = -\rho_\infty g$.

Porém, como as pressões são iguais em qualquer posição x, logo: $p(x) = p_\infty(x)$, e $\dfrac{\partial p}{\partial x} = \dfrac{\partial p_\infty}{\partial x}$, assim: $\dfrac{\partial p}{\partial x} = -\rho_\infty g$.

Substituindo esse resultado e rearranjando, tem-se o balanço da quantidade de movimento em x,

$$\rho\left(u\frac{\partial u}{\partial x} + v\frac{\partial u}{\partial y}\right) = g(\rho_\infty - \rho) + \mu\frac{\partial^2 u}{\partial y^2} \tag{7.3}$$

Define-se o *coeficiente de expansão volumétrica, β,* como:

$$\beta = -\frac{1}{\rho}\left(\frac{\partial \rho}{\partial T}\right)_p \tag{7.4}$$

O coeficiente de expansão volumétrica pode ainda ser linearizado por meio da seguinte relação:

$$\beta = -\frac{1}{\rho}\left(\frac{\partial \rho}{\partial T}\right)_p \cong \frac{1}{\rho}\left(\frac{\rho_\infty - \rho}{T - T_\infty}\right) \tag{7.5}$$

o que origina a Equação (7.6), conhecida como *aproximação de Boussinesq*.

$$\rho_\infty - \rho \cong \beta\rho(T - T_\infty) \tag{7.6}$$

Logo, substituindo a aproximação de Boussinesq na Equação (7.3), tem-se:

$$u\frac{\partial u}{\partial x} + v\frac{\partial u}{\partial y} = g\beta(T - T_\infty) + \upsilon\frac{\partial^2 u}{\partial y^2} \tag{7.7}$$

No caso de o fluido ser um *gás ideal*, ainda é possível mostrar que β é o inverso da temperatura absoluta, T, isto é:

$$\beta = -\frac{1}{\rho}\left(\frac{\partial \rho}{\partial T}\right)_p = -\frac{RT}{P}\frac{\partial}{\partial T}\left(\frac{P}{RT}\right)_p = \frac{1}{T} \tag{7.8}$$

A equação de balanço de energia no volume de controle diferencial dentro da camada-limite térmica é dada pela Equação (5.14):

$$u\frac{\partial T}{\partial x} + v\frac{\partial T}{\partial y} = \alpha\frac{\partial^2 T}{\partial y^2} \tag{5.14}$$

As condições de contorno para solucionar as equações diferenciais são:

CC_1: $y = 0$: $u(x, 0) = 0$, $v(x, 0) = 0$, $T(x, 0) = T_p$

CC_2: $y \to \infty$: $u(x, \infty) \to 0$, $v(x, \infty) \to 0$, $T(x, \infty) = T_\infty$

Contrariamente à solução das camadas-limite laminares hidrodinâmica e térmica da convecção forçada em placa plana (Apêndice B.1), as equações da conservação da quantidade de movimento e de energia em convecção natural não podem ser resolvidas separadamente, pois o termo de empuxo gravitacional acopla essas duas equações. O Apêndice B.2 detalha os pontos principais da solução para o leitor que tenha interesse em aprofundar na solução. De forma que, a partir desse ponto costuma-se lançar mão de correlações empíricas, obtidas em experimentos de laboratório, dada a complexidade ou inexistência da solução teórica ampla.

O primeiro passo para a análise empírica é a definição de um novo grupo adimensional chamado *número de Grashof*, *Gr*, por:

$$Gr_x = g\beta \frac{\left(T_p - T_\infty\right)x^3}{\upsilon^2} \tag{7.9}$$

em que *x* representa a distância vertical desde a borda inferior. O número de Grashof representa a razão entre as *forças de empuxo* e as *forças viscosas* na convecção natural. Esse número é sempre positivo; assim, em caso que $T_p < T_\infty$, o termo entre parênteses na Equação (7.9) deve mudar para $T_\infty - T_p$. O número de Grashof desempenha um papel semelhante ao do número de Reynolds na convecção forçada, o qual representa a razão entre as *forças de inércia* e as *forças viscosas*. Assim, a solução das equações da quantidade de movimento e de energia pode ser escrita de forma que o número de Nusselt (*Nu*) seja uma função de *Gr* e *Pr*, isto é:

$$Nu = f(Gr, Pr) \tag{7.10}$$

O Apêndice B.2 indica os principais passos da solução exata para o caso laminar. Dado que a solução exata só se aplica a um número limitado de geometrias e condições de contorno, lança-se mão de resultados empíricos, que são objeto da próxima subseção.

7.1.2 Relações empíricas

Diversas condições de transferência de calor por convecção natural podem ser relacionadas da seguinte forma:

$$\bar{N}u = C(Gr_L Pr)^m = CRa_L^m \tag{7.11}$$

O produto *GrPr* é chamado de *número de Rayleigh*, *Ra*:

$$Ra_L = Gr_L \times Pr = \frac{g\beta\left(T_p - T_\infty\right)L^3}{\upsilon\alpha} \tag{7.12}$$

sendo as propriedades calculadas à temperatura de película ou de filme, T_f, que é a média entre a temperatura da superfície, T_p, e do fluido ao longe, T_∞, como já definida, isto é,

$$T_f = \frac{T_p + T_\infty}{2} \tag{7.13}$$

Churchill e Chu (1975a) sugerem usar o número de Rayleigh para caracterizar se um fluido é laminar ou turbulento, como se verá a seguir.

a) Convecção natural em placas isotérmicas verticais, T_p = cte

A correlação de Churchill e Chu (1975a) é geralmente aceita para a placa vertical isotérmica de altura *L* e largura *b*, Figura 7.4, em convecção natural laminar cujo valor médio de número de Nusselt resulta em:

$$\overline{Nu_L} = 0{,}68 + \frac{0{,}67Ra_L^{1/4}}{\left[1 + \left(0{,}492/Pr\right)^{9/16}\right]^{4/9}} \qquad Ra_L < 10^9, \quad 0 < Pr < \infty \tag{7.14}$$

em que $Ra_L > 10^9$ representa a transição das camadas-limite laminar para turbulenta na placa vertical. Esses mesmos pesquisadores sugerem a Equação (7.15) para a placa vertical isotérmica, a qual é válida para ambos os regimes, laminar e turbulento. Embora, fisicamente, a transição possa ocorrer de forma descontínua, essa equação ajusta os dados para uma transição contínua e suave.

$$\overline{Nu_L} = \left\{ 0,825 + \frac{0,387 Ra_L^{1/6}}{\left[1 + (0,492/Pr)^{9/16}\right]^{8/27}} \right\}^2 \qquad 0 < Pr < \infty, \; 0 < Ra_L < \infty \tag{7.15}$$

Para o caso de placa vertical isotérmica, as propriedades de transporte devem ser avaliadas à temperatura de película ou filme, T_f, dada pela Equação (7.13).

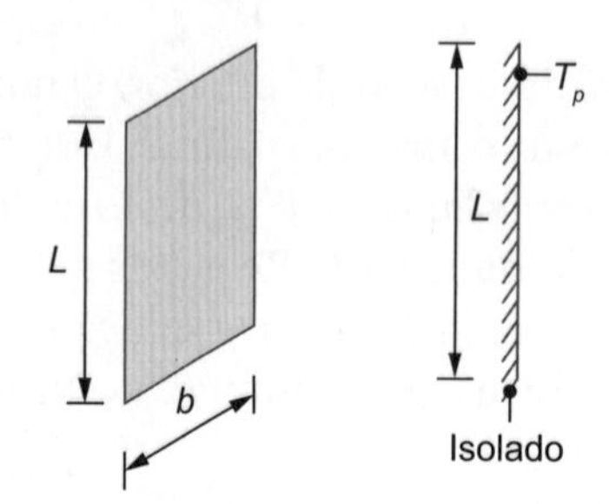

Figura 7.4 Convecção em placa vertical.

b) Convecção natural em placas horizontais, T_p = cte

Nessa configuração, o número de Rayleigh é função de um comprimento característico L, definido como a razão entre a área, A, e o perímetro, P:

$$L = \frac{A}{P} \tag{7.16}$$

Além disso, considera que uma face da placa é aquecida (ou resfriada) e a outra está isolada termicamente, como indicado na Figura 7.5. As correlações são agrupadas em duas situações: a primeira, quando a parte superior da placa é aquecida ou a parte inferior é resfriada (Fig. 7.5). Nesses casos, o número de Nusselt (Lloyd; Moran, 1974) é dado pelas Equações (7.17).

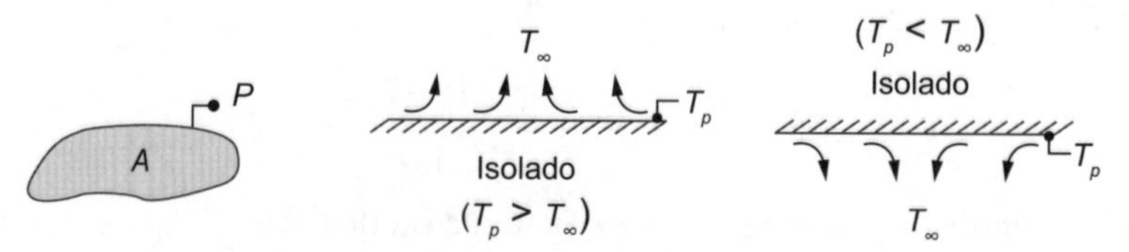

Figura 7.5 Convecção em placa plana horizontal.

$$\begin{aligned} \overline{Nu_L} &= 0,54 Ra_L^{1/4} \qquad 10^4 < Ra_L < 10^7 \\ \overline{Nu_L} &= 0,15 Ra_L^{1/3} \qquad 10^7 < Ra_L < 10^{11} \end{aligned} \tag{7.17}$$

A outra situação, Figura 7.6, é quando a parte superior da placa é resfriada ou a parte inferior é aquecida (Fishenden; Saunders, 1950).

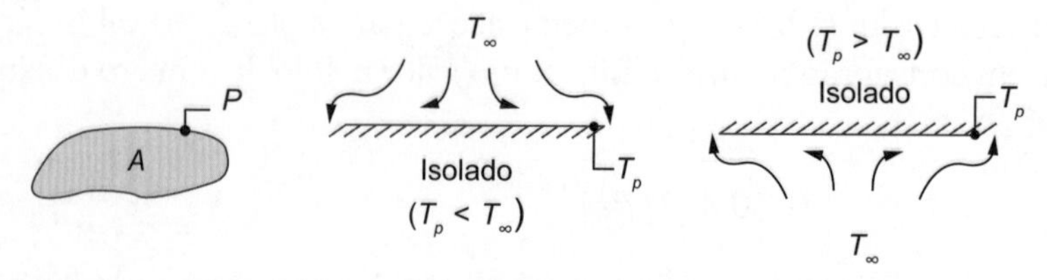

Figura 7.6 Convecção em placa plana horizontal.

$$\overline{Nu_L} = 0,27 Ra_L^{1/4} \qquad 3 \times 10^5 < Ra_L < 3 \times 10^{10} \tag{7.18}$$

c) Convecção natural em placas inclinadas, T_p = cte

Quando uma superfície inclinada está a uma temperatura diferente do ambiente em seu entorno, como ilustrado na Figura 7.7, forma-se, de um lado, uma camada-limite mais lenta por causa da diminuição da força da gravidade atuando paralelamente à superfície e, de outro, a camada-limite se rompe. Para o lado onde a camada-limite é formada (sem romper), Churchill e Chu (1975a) recomendam usar as mesmas equações que no caso vertical, porém, deve-se substituir g por $g \cos \theta$ na Equação (7.14); já na Equação (7.15) não é necessária nenhuma modificação.

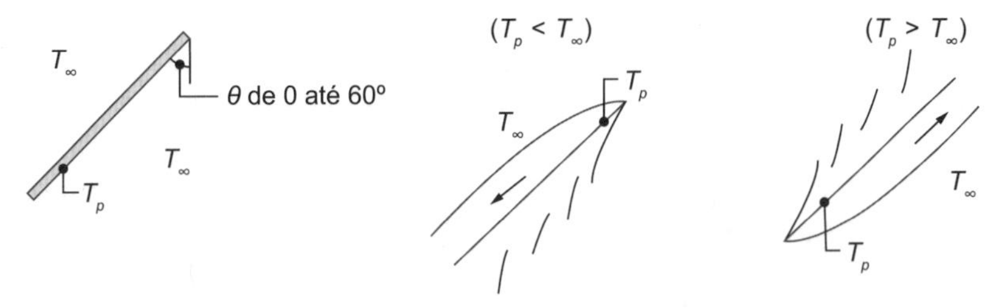

Figura 7.7 Convecção em placa plana inclinada.

d) Convecção natural em cilindro isotérmico horizontal, T_p = cte

O coeficiente de transferência de calor por convecção natural local varia ao longo da circunferência do cilindro. Churchill e Chu (1975b) avaliaram o coeficiente médio para um cilindro de parede isotérmica, como ilustrado na Figura 7.8.

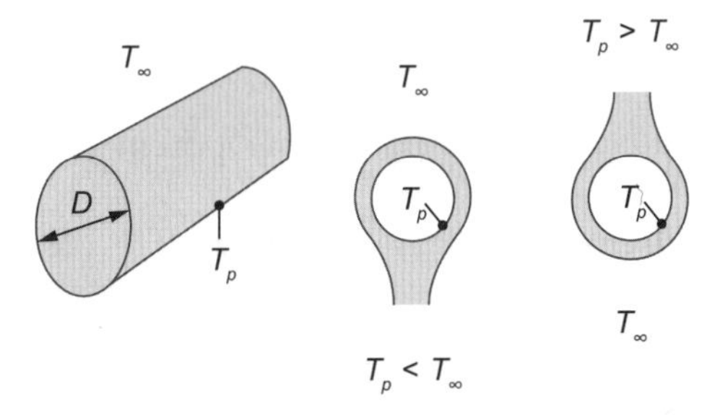

Figura 7.8 Convecção natural em cilindro horizontal.

$$\overline{Nu}_D = \left\{ 0{,}6 + 0{,}387 \left[\frac{Ra_D}{\left[1 + (0{,}559 / Pr)^{9/16} \right]^{16/9}} \right]^{1/6} \right\}^2 \qquad 10^{-7} < Ra_D < 10^{13} \tag{7.19}$$

em que o número de Rayleigh é baseado no diâmetro do cilindro D (comprimento característico).

e) Convecção natural em cilindro vertical, T_p = cte

Em face da razão entre o diâmetro e o comprimento do cilindro, o coeficiente de transferência de calor em cilindro diverge com a placa plana, sendo que é aplicada a correção dada por Popiel *et al.* (2007), válida para $0{,}01 \leq Pr \leq 100$ e $Gr_L \leq 4 \times 10^9$ (camada-limite laminar). Ver Figura 7.9.

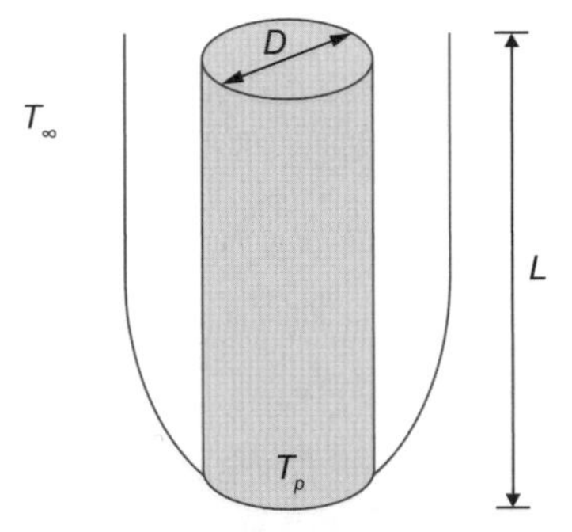

Figura 7.9 Convecção em cilindro vertical.

$$\overline{Nu}_L = \left\{0{,}68 + \frac{0{,}67 Ra_L^{1/4}}{\left[1+(0{,}492/Pr)^{9/16}\right]^{4/9}}\right\}\left\{1 + B\left[\frac{5{,}657}{Gr_L^{0{,}25}}\left(\frac{L}{D}\right)\right]^C\right\}$$

$$B = 0{,}0571 + 0{,}2031 Pr^{-0{,}43}$$

$$C = 0{,}9165 - 0{,}0043 Pr^{0{,}5} + 0{,}0133 \ln Pr + 0{,}00048/Pr \qquad (7.20)$$

f) Convecção natural em esferas isotérmicas, T_p = cte

Embora com uma aplicabilidade menor que no caso de cilindros ou placas, o caso de esferas pode ser usado para avaliar a transferência de calor de partículas suspensas, gotas, em bolhas e similares. Churchill (1983) sugere suas correlações para avaliar o número de Nusselt – a primeira para o caso laminar ($Gr_D < 10^9$) (Eq. 7.21) e a outra para o turbulento ($Gr_D > 10^9$) (Eq. 7.22), quais sejam:

$$\overline{Nu}_D = 2 + \frac{0{,}589 Ra_D^{1/4}}{\left[1+(0{,}43/Pr)^{9/16}\right]^{4/9}} \qquad Gr < 10^9, \quad 0 < Pr < \infty \qquad (7.21)$$

$$\overline{Nu}_D = 2 + \frac{0{,}589 Ra_D^{1/4}}{\left[1+(0{,}43/Pr)^{9/16}\right]^{4/9}}\left\{1 + \frac{7{,}44\times 10^{-8} Ra}{\left[1+(0{,}43/Pr)^{9/16}\right]^{16/9}}\right\}^{1/12}$$

$$Gr > 10^9, \quad 0 < Pr < \infty \qquad (7.22)$$

A Equação (7.22) pode ser usada também para laminar, porém quando $Pr < 0{,}7$.

g) Convecção natural em superfícies aletadas isotérmicas, T_p = cte

Dispositivos eletrônicos comumente dissipam seu calor por meio de superfícies aletadas por convecção natural. Um dissipador aletado típico é ilustrado na Figura 7.10, cujas dimensões indicadas se aplicam na Equação (7.23).

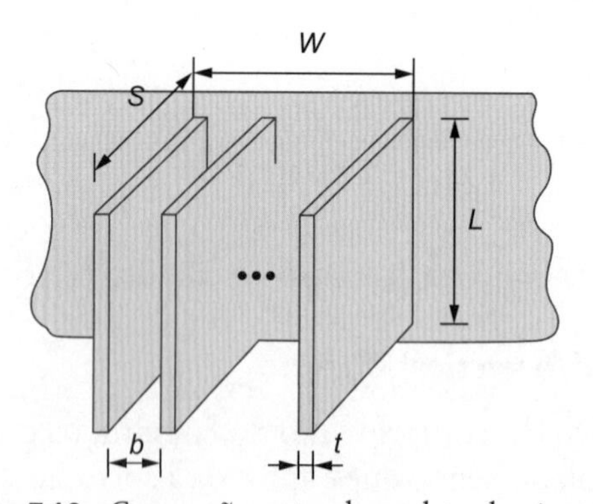

Figura 7.10 Convecção natural em aletas horizontais.

O número de Nusselt é baseado no comprimento característico b, que é o espaçamento entre aletas (Bar-Cohen; Rohsenow, 1984).

$$Nu_b = \left[\frac{576}{\left(\frac{Ra_b b}{L}\right)^2} + \frac{2{,}873}{\left(\frac{Ra_b b}{L}\right)^{1/2}}\right]^{-1/2} \qquad 0{,}1 < Ra_b < 10^5 \qquad (7.23)$$

A taxa de calor dissipada pelas aletas considera a área total de troca de calor de todas as aletas:

$$\dot{Q} = h \times (2NLS) \times (T_p - T_\infty) \qquad (7.24)$$

O número de aletas N aproximado é dado por:

$$N = \frac{W}{b+t} \qquad (7.25)$$

Quando é diminuído o espaço b, o número de aletas aumenta, porém, o fluxo convectivo entre as aletas diminui, acarretando uma diminuição no coeficiente convectivo. No mesmo trabalho de Bar-Cohen e Rohsenow, conclui-se que o espaçamento ótimo, b_{ot}, é função do número de Rayleigh baseado na altura L:

$$b_{ot} = 2{,}714 \frac{L}{Ra_L^{1/4}} \qquad (7.26)$$

Com o espaçamento ótimo, o número de Nusselt é:

$$Nu_{b,ot} = 1{,}31 \qquad (7.27)$$

A Tabela 7.1 resume correlações empíricas para diferentes geometrias e situações analisadas até aqui.

Tabela 7.1 Correlações de convecção natural em superfícies isotérmicas

Geometria	Comp. Caract.	Limites	Correlação	Equação
Placa vertical (T_p; L; Isolado)	L	$Ra_L < 10^9$; $0 < Pr < \infty$	$\overline{Nu}_L = 0{,}68 + \frac{0{,}67 Ra_L^{1/4}}{\left[1+(0{,}492/Pr)^{9/16}\right]^{4/9}}$	(7.14)
		$0 < Ra_L < \infty$; $0 < Pr < \infty$	$\overline{Nu}_L = \left\{0{,}825 + \frac{0{,}387 Ra_L^{1/6}}{\left[1+(0{,}492/Pr)^{9/16}\right]^{8/27}}\right\}^2$	(7.15)
Placa horizontal (T_∞; T_p; Isolado; $(T_p > T_\infty)$ — $(T_p < T_\infty)$; Isolado; T_p; T_∞)	$L = \frac{A}{P}$	$10^4 < Ra_L < 10^7$; $10^7 < Ra_L < 10^{11}$	$\overline{Nu}_L = 0{,}54 Ra_L^{1/4}$; $\overline{Nu}_L = 0{,}15 Ra_L^{1/3}$	(7.17)
Placa horizontal (T_∞; Isolado; T_p; $(T_p < T_\infty)$ — $(T_p > T_\infty)$; Isolado; T_p; T_∞)	$L = \frac{A}{P}$	$3 \times 10^5 < Ra_L < 3 \times 10^{10}$	$\overline{Nu}_L = 0{,}27 Ra_L^{1/4}$	(7.18)

(continua)

Tabela 7.1 Correlações de convecção natural em superfícies isotérmicas (*continuação*)

Geometria	Comp. Caract.	Limites	Correlação	Equação
Placa inclinada ($T_p < T_\infty$) ($T_p > T_\infty$)	L	$Ra_L < 10^9$; $0 < Pr < \infty$; $0 < \theta < 60$	$\overline{Nu}_L = 0,68 + \dfrac{0,67Ra_L^{1/4}}{\left[1+(0,492/Pr)^{9/16}\right]^{4/9}}$ Substituir g por $g\cos\theta$	(7.14)
		$0 < Ra_L < \infty$; $0 < Pr < \infty$; $0 < \theta < 60$	$\overline{Nu}_L = \left\{0,825 + \dfrac{0,387Ra_L^{1/6}}{\left[1+(0,492/Pr)^{9/16}\right]^{8/27}}\right\}^2$	(7.15)
Cilindro horizontal ($T_p > T_\infty$; $T_p < T_\infty$)	D	$10^{-7} < Ra_L < 10^{13}$	$\overline{Nu}_D = \left\{0,6 + 0,387\left(\dfrac{Ra_D}{\left[1+(0,559/Pr)^{9/16}\right]^{16/9}}\right)^{1/6}\right\}^2$	(7.19)
Cilindro vertical	L	$Gr_L \leq 4 \times 10^9$; $0,01 \leq Pr \leq 100$	$\overline{Nu}_L = \left\{0,68 + \dfrac{0,67Ra_L^{1/4}}{\left[1+(0,492/Pr)^{9/16}\right]^{4/9}}\right\}\left\{1 + B\left[\dfrac{5,657}{Gr_L^{0,25}}\left(\dfrac{L}{D}\right)\right]^C\right\}$; $B = 0,0571 + 0,2031Pr^{-0,43}$; $C = 0,9165 - 0,0043Pr^{0,5} + 0,0133\ln Pr + 0,00048/Pr$	(7.20)
Esfera ($T_p > T_\infty$; $T_p < T_\infty$)	D	$Gr_D < 10^9$; $0 < Pr < \infty$	$\overline{Nu}_D = 2 + \dfrac{0,589Ra_D^{1/4}}{\left[1+(0,43/Pr)^{9/16}\right]^{4/9}}$	(7.21)
		$Gr_D < 10^9$; $0 < Pr < \infty$	$\overline{Nu}_D = 2 + \dfrac{0,589Ra_D^{1/4}}{\left[1+(0,43/Pr)^{9/16}\right]^{4/9}}\left\{1 + \dfrac{7,44\times10^{-8}Ra_D}{\left[1+(0,43/Pr)^{9/16}\right]^{16/9}}\right\}^{1/12}$	(7.22)
Superfícies aletadas	b	$0,1 < Ra_b < 10^5$	$Nu_b = \left[\dfrac{576}{\left(\dfrac{Ra_b b}{L}\right)^2} + \dfrac{2,873}{\left(\dfrac{Ra_b b}{L}\right)^{1/2}}\right]^{-1/2}$	(7.23)

EXEMPLO 7.1 Convecção em um pequeno cilindro

Uma lata de refrigerante de comprimento 12,5 cm e diâmetro de 6 cm deve ser resfriada na geladeira, cujo ar interior está na temperatura de 4 °C. O refrigerante está a uma temperatura de 26 °C. Em qual posição, vertical ou horizontal, a lata será resfriada mais rapidamente? Ignore a troca térmica nas suas extremidades (tampas).

Solução:

Na posição vertical:

Temperatura de filme: $T_f = \dfrac{26+4}{2} = 15\ °C\ (288\ K)$

Propriedades de transporte da água (Tab. A.7)

$k = 0{,}02476\ W/mK \quad \upsilon = 1{,}470 \times 10^{-5}\ m^2/s \quad Pr = 0{,}7323$

$$\beta = \frac{1}{288{,}15} = 0{,}00347\ K^{-1}$$

$$Gr_L = \frac{g\beta(T_p - T_\infty)L^3}{\upsilon^2} = \frac{9{,}81 \times 0{,}00347 \times (26-4) \times 0{,}125^3}{(1{,}470 \times 10^{-5})^2} = 6{,}77 \times 10^6$$

$$Ra_L = Gr_L Pr = 6{,}77 \times 10^6 (0{,}7323) = 4{,}96 \times 10^6 (4 \times 10^9)$$

Usando a Equação (7.20),

$$B = 0{,}0571 + 0{,}2031 Pr^{-0{,}43} = 0{,}0571 + 0{,}2031(0{,}7323)^{-0{,}43} = 0{,}2893$$

$$C = 0{,}9165 - 0{,}0043(0{,}7323)^{0{,}5} + 0{,}0133 \ln(0{,}7323) + 0{,}00048/0{,}7323 = 0{,}9093$$

$$\overline{Nu}_L = \left\{0{,}68 + \frac{0{,}67(4{,}96 \times 10^6)^{0{,}25}}{\left[1 + (0{,}492/0{,}7323)^{9/16}\right]^{4/9}}\right\}\left\{1 + 0{,}2893\left[\frac{5{,}657}{(6{,}77 \times 10^6)^{0{,}25}}\left(\frac{12{,}5}{6}\right)\right]^{0{,}9093}\right\}$$

$$\overline{Nu}_L = 26{,}94$$

$$h = 26{,}94 \frac{0{,}02476}{0{,}125} = 5{,}34\ W/m^2K$$

De forma que a taxa de calor na lateral da lata é:

$$\dot{Q} = 5{,}34 \times \pi 0{,}06 \times 0{,}125 \times (26-4) = 2{,}8\ W.$$

Na posição horizontal:

$$Ra_D = \frac{g\beta(T_p - T_\infty)D^3}{\upsilon^2} Pr = \frac{9{,}81 \times 0{,}00347 \times (26-4) \times 0{,}06^3}{(1{,}470 \times 10^{-5})^2} 0{,}7323 = 5{,}5 \times 10^5$$

Da Equação (7.19):

$$\overline{Nu}_D = \left\{0{,}6 + 0{,}387\left(\frac{5{,}5 \times 10^5}{\left[1 + (0{,}559/0{,}7323)^{9/16}\right]^{16/9}}\right)^{1/6}\right\}^2 = 12{,}4$$

$$h = Nu\frac{k}{D} = 12{,}4 \frac{0{,}02476}{0{,}06} = 5{,}11\ W/m^2K$$

De forma que a taxa de calor pela lateral da lata horizontal é:

$$\dot{Q} = 5{,}11 \times \pi 0{,}06 \times 0{,}125 \times (26-4) = 2{,}6\ W.$$

Embora com pequena diferença, a posição vertical é ligeiramente melhor para resfriamento mais rápido. Uma análise considerando as extremidades deve ser realizada para se ter uma melhor avaliação. Também, essa taxa de transferência de calor seria a inicial, uma vez que se trata de um problema transitório em que as temperaturas da lata e do refrigerante em seu interior vão diminuir com o tempo.

h) Convecção natural com fluxo de calor constante na parede

No caso de *placa vertical* submetida a um fluxo de calor uniforme em sua superfície, q_p [W/m²], há a dificuldade da definição da temperatura de película (para se obter as propriedades de transporte), já que a temperatura da parede não é fixa. Além disso, nesses problemas pode ser de interesse conhecer as temperaturas na superfície da placa uma vez conhecido o fluxo de calor. Uma alternativa para solucionar esses problemas seria adotar a temperatura de superfície à meia altura da placa, isto é, $T_{p,\,L/2}$ (Fuji; Imura, 1972) e, nesse sentido, o número de Rayleigh e o fluxo de calor seriam função da diferença de temperaturas $T_{p,\,L/2}-T_\infty$.

Outra alternativa consiste em eliminar a dependência da temperatura (T_p-T_∞) do número de Ra_L. Para isso, define-se o número de Rayleigh modificado, Ra_L^*, dado por:

$$Ra_L^* = \frac{g\beta q_p L^4}{k\upsilon\alpha} \tag{7.28}$$

Com essa definição, o número de Rayleigh é dado pela Equação (7.29), que deve ser usada nas Equações (7.14) e (7.15) para o caso da placa vertical submetida a um fluxo de calor constante na sua superfície.

$$Ra_L = \frac{Ra_L^*}{Nu_L} \tag{7.29}$$

i) Número de Nusselt local em placa vertical, q_p = cte (Vliet; Ross, 1975)

Grashof modificado:

$$Gr_x^* = Gr_x Nu_x = \frac{g\beta q_p x^4}{k\nu^2} \tag{7.30}$$

Laminar:

$$Nu_x = 0{,}55\left(Gr_x^* Pr\right)^{1/5} \qquad 10^8 < Gr_x^* Pr < 10^{13} \tag{7.31}$$

Turbulento:

$$Nu_x = 0{,}17\left(Gr_x^* Pr\right)^{1/4} \qquad 10^{13} < Gr_x^* Pr < 10^{15} \tag{7.32}$$

O coeficiente de transferência de calor por convecção local é avaliado de: $h_x = q_p/(T_{p,x}-T_\infty)$ e o número de Nusselt local de: $Nu_x = h_x x/k$. As propriedades de transporte são calculadas com a temperatura de filme local: $T_{f,x} = (T_{p,x}+T_\infty)/2$. Segundo Rohsenow *et al.* (1998), o regime laminar termina em, aproximadamente, $Ra \sim 10^{13}$ e o regime turbulento inicia em, aproximadamente, $Ra \sim 10^{14}$, porém a Equação (7.32) de Vliet e Ross demonstrou que pode ser usada desde $Ra \sim 10^{13}$.

7.2 Convecção natural em espaços confinados

Placas paralelas verticais

Um caso comum de convecção natural é o de duas paredes verticais mantidas em temperaturas distintas T_1 e T_2 (como é o caso de janelas formadas por dois vidros, p. ex.) separadas por uma distância δ, conforme ilustrado na Figura 7.11. Nessa figura são mostrados os perfis de velocidade e temperatura que podem ocorrer, de acordo com MacGregor e Emery (1969).

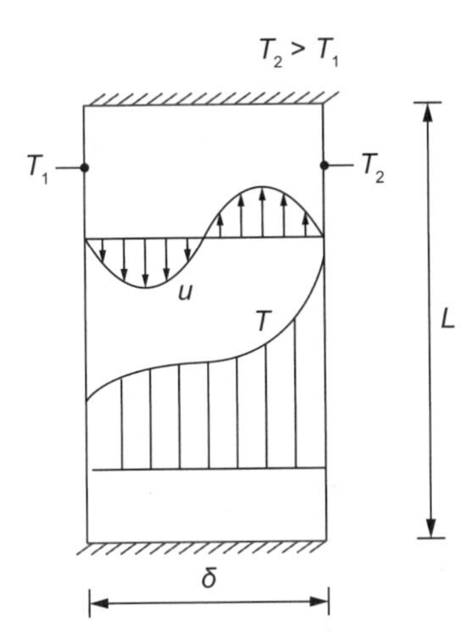

Figura 7.11 Convecção natural entre duas placas verticais.

Os perfis de temperatura e velocidade variam de acordo com o número de Grashof e, para números de Grashof muito baixos, calor é transferido por meio da condução através do fluido entre os vidros. Nesse caso, o número de Nusselt é expresso em função da distância das placas, δ, isto é:

$$Nu_\delta = \frac{h\delta}{k} \tag{7.33}$$

e o número de Grashof é baseado na distância δ entre as placas:

$$Gr_\delta = g\beta \frac{(T_1 - T_2)\delta^3}{\nu^2} \tag{7.34}$$

MacGregor e Emery (1969) expressam o número de Nusselt para esse caso nas Equações (7.35) e (7.36), sendo L a altura da placa.

$$\begin{gathered} Nu_\delta = 0{,}42 Ra_\delta^{0,25} Pr^{0,012} \left(\frac{L}{\delta}\right)^{-0,30} \\ 10^4 < Ra_\delta < 10^7 \\ 1 < Pr < 20.000 \\ 10 < L/\delta < 40 \end{gathered} \tag{7.35}$$

$$\begin{gathered} Nu_\delta = 0{,}046 Ra_\delta^{1/3} \\ 10^6 < Gr_\delta Pr < 10^9 \\ 1 < Pr < 20 \\ 1 < L/\delta < 40 \end{gathered} \tag{7.36}$$

O fluxo de calor transferido entre as paredes, sendo uma delas resfriada enquanto a outra é aquecida, é calculado como:

$$q = h(T_1 - T_2) \tag{7.37}$$

Placas paralelas horizontais

No caso de placas horizontais, há duas situações a serem consideradas. Não haverá convecção se a temperatura da placa superior for maior do que a da placa inferior e, nesse caso, a transferência de calor dar-se-á somente por condução de calor simples ($Nu_\delta = 1$). Já no caso recíproco, isto é, temperatura da placa inferior maior que a da placa superior, haverá somente condução para $Ra_\delta < 1708$; para números de Rayleigh maiores que 1708 haverá convecção com formação de células hexagonais de convecção conhecidas como *células de Bernard*, como ilustrado na Figura 7.12a. Esse padrão das células fica instável com o início da turbulência do fluido, o qual, segundo Krishnamurti (1970), varia com os números de Rayleigh e Prandtl, desde $Ra_\delta \sim 5500$ e $Pr = 0{,}7$ até $Ra_\delta \sim 55.000$ e $Pr = 8500$, sendo plenamente turbulenta para $Ra_\delta \sim 10^6$. A fotografia da Figura 7.12b ilustra o caso da convecção natural em contato com o ar atmosférico, sem a placa superior, mas que também forma as células de convecção de Bernard, conhecidas como Bernard-Marangoni.

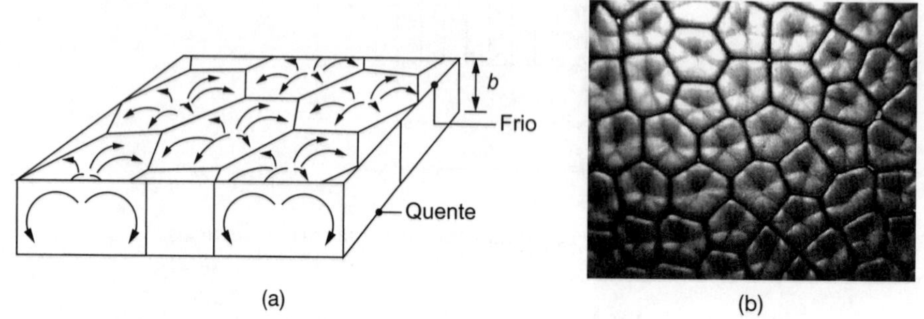

Figura 7.12 (a) Células hexagonais formadas em convecção confinada entre placas horizontais (Bernard, 1901); (b) convecção natural em superfície aquecida exposta ao ar (Maroto *et al.*, 2007, DOI-10.1088/0143-0807/28/2/016 reprodução autorizada @ European Physical Society. Reproduzida com permissão de IOPPublishing. Todos os direitos reservados).

Conforme Hollands *et al.* (1975), o número de Nusselt para placas horizontais é dado para ar e para água, segundo as Equações (7.38) e (7.39), respectivamente,

$$Nu_\delta = 1 + 1{,}44\left[1 - \frac{1708}{Ra_\delta}\right]^* + \left[\left(\frac{Ra_\delta}{5830}\right)^{1/3} - 1\right]^* \tag{7.38}$$

$$1708 < Ra_\delta < 10^8$$

$$Nu_\delta = 1 + 1{,}44\left[1 - \frac{1708}{Ra_\delta}\right]^* + \left[\left(\frac{Ra_\delta}{5830}\right)^{1/3} - 1\right] + 2\left(\frac{Ra_\delta^{1/3}}{140}\right)^{\left[1 - \ln\left(\frac{Ra_\delta^{1/3}}{140}\right)\right]} \tag{7.39}$$

$$1708 < Ra_\delta < 4 \times 10^9$$

O termo no interior do colchete marcado com asterisco, $[\ ]^*$, nas equações anteriores será nulo se o termo no interior for negativo.

Placas paralelas inclinadas

Nesse caso, têm-se duas placas paralelas isotérmicas com temperaturas T_1 e T_2, como esquematizado na Figura 7.13 A transferência de calor em placas inclinadas depende fortemente do ângulo de inclinação referente à horizontal, θ, como expressado na Equação (7.40) (Hollands *et al.*, 1976), a qual foi testada para ar. O número de Rayleigh é função da diferença de temperaturas $(T_1 - T_2)$. A transferência de calor se dá unicamente por condução ($Nu = 1$) para $Ra_\delta \cos\theta < 1708$. Essa expressão com ângulo de inclinação até 60° fornece erro de até 5 %; caso o ângulo seja de até 75°, o erro será de até 10 %.

$$Nu_\delta = 1 + 1{,}44\left[1 - \frac{1708}{Ra_\delta \cos\theta}\right]^* \left\{1 - \frac{1708[\mathrm{sen}(1{,}8\theta)]^{1{,}6}}{Ra_\delta \cos\theta}\right\} + \left[\frac{(Ra_\delta \cos\theta)^{1/3}}{18} - 1\right]^*$$

$$0 < Ra_\delta \le 10^5 \tag{7.40}$$

$$0 \le \theta \le 60°$$

$$L/\delta \ge 12$$

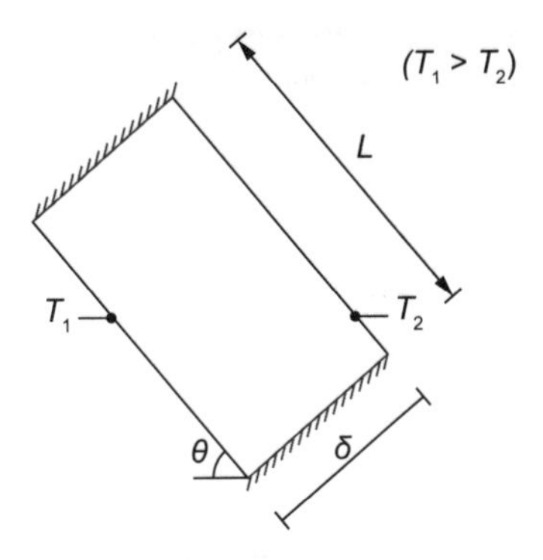

Figura 7.13 Espaço confinado entre placas inclinadas.

O termo [ ]* nas equações anteriores significa que, caso o termo avaliado entre os colchetes, [ ], seja negativo, deve-se adotar o termo [ ] igual a zero.

Uma aplicação desse tipo de transferência de calor se dá em coletores solares planos com ar no espaço confinado em que a placa absorvedora seria aquela com temperatura média T_1 e a cobertura de vidro, por exemplo, a superfície com T_2, sendo $T_1 > T_2$.

Cilindros concêntricos

Outro caso comum de aplicação solar é o de tubos concêntricos com diversas aplicações, como em concentradores solares cilindros-parabólicos ou Fresnel. Nesse caso, os movimentos convectivos são simétricos na seção anular, como ilustrado na Figura 7.14.

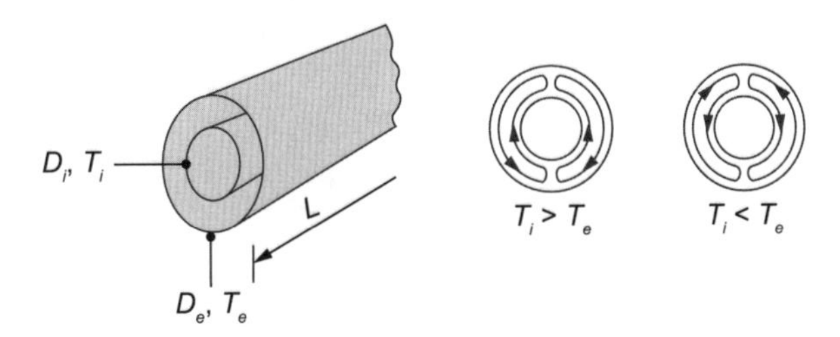

Figura 7.14 Convecção natural em seção anular concêntrica.

Uma forma de avaliar a transferência de calor entre as duas superfícies isotérmicas é pela relação de Raithby e Hollands (1975), a qual avalia uma condutividade efetiva k_e, e a transferência de calor entre uma superfície e o fluido e a outra superfície é avaliada pela Equação (7.41):

$$\begin{aligned} &\rightarrow k_e > k \rightarrow k_e = 0{,}386k\left(\frac{Pr}{0{,}861+Pr}\right)^{1/4} Ra_a^{1/4} \\ &10^2 < Ra_a < 10^7; \quad 0{,}7 < Pr < 6000 \\ &\rightarrow k_e < k \rightarrow k_e = k \end{aligned} \tag{7.41}$$

O comprimento característico para o número de Rayleigh é encontrado por:

$$L_a = \frac{\left[\ln(D_e / D_i)\right]^{4/3}}{\left(D_i^{-3/5} + D_e^{-3/5}\right)^{5/3}} \tag{7.42}$$

A taxa total de calor trocado é dada por:

$$\dot{Q} = 2\pi k_e L \frac{T_i - T_e}{\ln(D_e / D_i)} \tag{7.43}$$

EXEMPLO 7.2 Convecção entre duas placas paralelas

Estime o fluxo de troca de calor entre duas placas planas paralelas horizontais, a inferior estando a T_1 = 100 °C e a superior a T_2 = 40 °C, nas seguintes condições:

(**a**) posição horizontal, espaçamento entre placas de 20 mm;

(**b**) posição horizontal, espaçamento entre placas de 50 mm;

(**c**) posição inclinada a 45°, espaçamento entre placas de 20 mm.

Solução:

As propriedades de transporte do ar são avaliadas na temperatura média entre as placas isotérmicas:

$$\overline{T} = (T_1 + T_2)/2 = (100 + 40)/2 = 70\ ^\circ\text{C ou } 343{,}15 \text{ K}.$$

Propriedades de transporte da Tabela A.5 a $\overline{T} = 70\ ^\circ\text{C}$

$$\beta = 1/343{,}15 = 2{,}914 \times 10^{-3}\ 1/K; \qquad k = 0{,}02952 \text{ W/mK};$$

$$\upsilon = 1{,}999 \times 10^{-5} \text{ m}^2\text{/s}; \quad \alpha = 2{,}845 \times 10^{-5} \text{ m}^2\text{/s}; \quad Pr = 0{,}7025$$

(**a**) Horizontal e δ = 0,02 m

$$Ra_\delta = \frac{g\beta(T_1 - T_2)\delta^3}{\nu\alpha} = \frac{9{,}81 \times 2{,}914 \times 10^{-3}(100 - 40) \times 0{,}02^3}{1{,}999 \times 10^{-5} \times 2{,}845 \times 10^{-5}} = 24.127$$

Usando a Equação (7.38):

$$Nu_\delta = 1 + 1{,}44\left[1 - \frac{1708}{Ra_\delta}\right]^* + \left[\left(\frac{Ra_\delta}{5830}\right)^{1/3} - 1\right]^*$$

$$Nu_\delta = 1 + 1{,}44\left[1 - \frac{1708}{24.127}\right]^* + \left[\left(\frac{24.127}{5830}\right)^{1/3} - 1\right]^* = 2{,}943$$

$$h = Nu\frac{k}{\delta} = 2{,}943\frac{0{,}02952}{0{,}02} = 4{,}344 \text{ W/m}^2\text{K}$$

$$q = h(T_1 - T_2) = 4{,}344(100 - 40) = 260{,}6 \text{ W/m}^2$$

(**b**) Horizontal e δ = 0,05 m. Seguindo o mesmo procedimento que o item anterior,

$$Ra_\delta = 376.986; \quad Nu_\delta = 5{,}447; \quad h = 3{,}216 \text{ W/m}^2\text{K}$$

$$q = 193{,}0 \text{ W/m}^2$$

(**c**) Inclinada 45° e δ = 0,02 m, do item (a) Ra_δ = 24.127
Da Equação (7.40) para placa inclinada:

$$Nu = 1 + 1{,}44\left[1 - \frac{1708}{Ra_\delta \cos\theta}\right]^* \left\{1 - \frac{1708[\text{sen}(1{,}8\theta)]^{1{,}6}}{Ra_\delta \cos\theta}\right\} + \left[\frac{(Ra_\delta \cos\theta)^{1/3}}{18} - 1\right]^*$$

$$Nu = 1 + 1{,}44\left[1 - \frac{1708}{24.127 \times \cos 45^\circ}\right]^* \left\{1 - \frac{1708[\text{sen}(1{,}8 \times 45^\circ)]^{1{,}6}}{24.127 \times \cos 45^\circ}\right\} + \left[\frac{(24.127 \times \cos 45^\circ)^{1/3}}{18} - 1\right]^*$$

$$Nu = 2{,}599$$

$$h = Nu\frac{k}{\delta} = 2{,}599\frac{0{,}02952}{0{,}02} = 3{,}835 \text{ W/m}^2\text{K}$$

$$q = h(T_1 - T_2) = 3{,}835(100 - 40) = 230{,}1 \text{ W/m}^2$$

Pode-se concluir que aumentar o espaçamento entre placas e incliná-las faz com que o calor trocado diminua.

EXEMPLO 7.3 Convecção entre dois cilindros concêntricos

Um coletor solar cilindro parabólico foi projetado para aquecer fluido térmico para uso industrial. O receptor do coletor consiste em um tubo metálico coberto por um tubo de vidro para diminuir as perdas térmicas por convecção forçada. Entre os dois tubos concêntricos, encontra-se ar em convecção natural. Avalie o calor perdido por convecção pelo receptor, se ele está a 200 °C e o tubo de vidro se encontra a 60 °C. A geometria do receptor é indicada na figura.

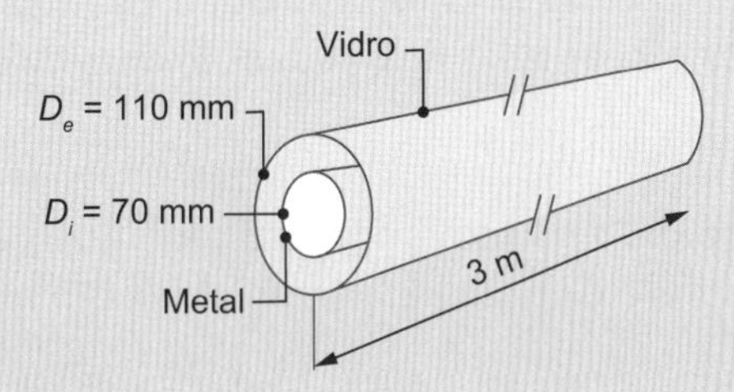

Solução:

As propriedades de transporte do ar devem ser avaliadas na temperatura média dos cilindros: T = (180 + 60)/2 = 120 °C ou 393,15 K.

Propriedades de transporte da Tabela A.5 a $\overline{T} = 120\ ^\circ C$.

$\beta = 1/393{,}15 = 2{,}543\times10^{-3}$ 1/K; $k = 0{,}03299$ W/mK;

$\upsilon = 2{,}536\times10^{-5}$ m²/s; $\alpha = 3{,}627\times10^{-5}$ m²/s; $Pr = 0{,}6992$

Da Equação (7.42), obtém-se o comprimento característico do número de Rayleigh:

$$L_a = \frac{\left[\ln(D_e/D_i)\right]^{4/3}}{\left(D_i^{-3/5} + D_e^{-3/5}\right)^{5/3}} = \frac{\left[\ln(0{,}110/0{,}070)\right]^{4/3}}{\left(0{,}070^{-3/5} + 0{,}110^{-3/5}\right)^{5/3}} = 9{,}45\times10^{-3}\,\text{m}$$

$$Ra_a = \frac{g\beta(T_p - T_\infty)L_a^3}{\upsilon\alpha} = \frac{9{,}81\times2{,}543\times10^{-3}\times(180-60)\times(9{,}45\times10^{-3})^3}{2{,}536\times10^{-5}\times3{,}627\times10^{-5}} = 2747$$

Da Equação (7.41):

$$k_e = 0{,}386k\left(\frac{Pr}{0{,}861+Pr}\right)^{1/4} Ra_a^{1/4}$$

$$k_e = 0{,}386\times0{,}03299\left(\frac{0{,}6992}{0{,}861+0{,}6992}\right)^{1/4} 2747^{1/4} = 0{,}07543\ \text{W/mK}$$

que resulta maior que k, e assim é usado o valor de k_e = 0,07543 W/mK na Equação (7.43) para avaliar a taxa de calor perdido por convecção:

$$\dot{Q} = 2\pi k_e L\frac{T_i - T_e}{\ln(D_e/D_i)} = 2\pi\times0{,}07543\times3\times\frac{180-60}{\ln(0{,}110/0{,}070)}$$

$$\dot{Q} = 377\ \text{W}$$

Geralmente se adota vácuo entre o receptor e a cobertura de vidro, em face das grandes perdas de calor por convecção. São os chamados coletores solares de tubos evacuados.

7.3 Convecção mista

Até aqui, os casos de convecção natural e forçada foram tratados separadamente. Claro que a natureza não segue nossas classificações e os fenômenos vão ocorrer mediante o domínio das forças que o controlam (forças de empuxo, atrito e inercial). De forma que existem determinadas situações em que os dois efeitos convectivos (natural e forçado) são significativos, para as quais se dá o nome de *convecção mista*. Considera-se que a convecção mista ocorra quando $Gr_L/Re_L^2 \approx 1$; no caso de $Gr_L/Re_L^2 \ll 1$ a convecção forçada dominará o processo de transferência de calor; e quando $Gr_L/Re_L^2 \gg 1$, o processo será controlado pela convecção natural. As formas combinadas dessas duas formas de convecção podem ser agrupadas em três categorias gerais:

(a) escoamento paralelo se dá quando os movimentos induzidos pelas duas formas de convecção estão na mesma direção (exemplo de uma placa aquecida com movimento forçado ascendente, Fig. 7.15a);

(b) escoamento oposto se dá quando os movimentos induzidos pelas duas formas de convecção estão em direções opostas (exemplo de uma placa aquecida com movimento forçado descendente, Fig. 7.15b);

(c) escoamento transversal é exemplificado pelo movimento forçado cruzado sobre um cilindro aquecido, como mostrado na Figura 7.15c.

É padrão considerar, em uma primeira avaliação, que o número de Nusselt misto (Nu) seja resultante da combinação (Eq. 7.44) dos números de Nusselt calculados como se houvesse apenas convecção forçada (Nu_F) e apenas convecção natural (Nu_N), de acordo com a Equação (7.44).

$$Nu^n = Nu_F^n \pm Nu_N^n \tag{7.44}$$

em que o expoente n é adotado como 3, embora 3,5 e 4 também sejam adotados para escoamentos transversais sobre placas horizontais e cilindros (e esferas), respectivamente. O sinal de (+) se aplica a escoamentos paralelos de mesma direção e transversais, enquanto o sinal de (–), para escoamentos de direções opostas. Em caso de o número de Nusselt da convecção forçada ser menor que o da convecção natural, suas posições devem ser invertidas na Equação (7.44).

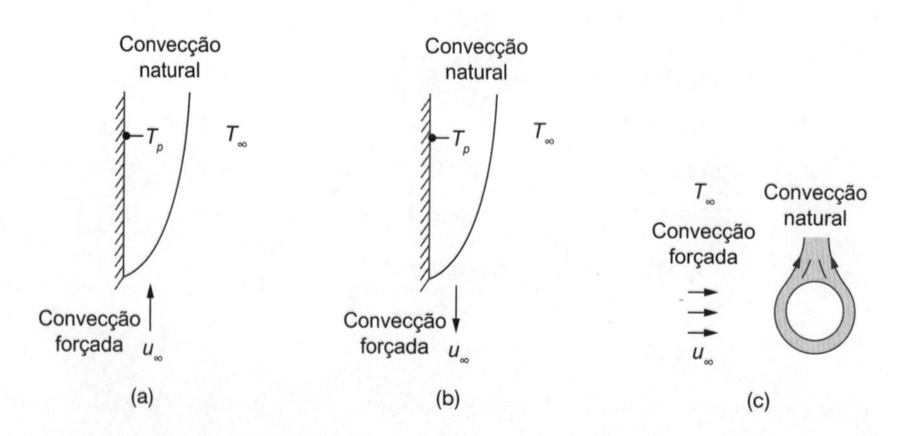

Figura 7.15 Escoamento (a) paralelo, (b) oposto e paralelo, (c) cruzado.

Em *placas planas*, considera-se convecção pura ou mista quando (Lloyd; Sparrow, 1970):

- Convecção forçada: $\dfrac{Gr_L}{Re_L^2} < 0{,}1$
- Convecção mista: $0{,}1 < \dfrac{Gr_L}{Re_L^2} < 10$
- Convecção natural: $\dfrac{Gr_L}{Re_L^2} > 10$

EXEMPLO 7.4 Convecção natural em esfera

Em determinado experimento de laboratório, uma pequena esfera de alumínio de 2 cm de diâmetro é mantida aquecida atingindo uma temperatura de superfície constante de T_p = 50 °C e é circundada por água a T_∞ = 50 °C. Determine a taxa de calor transferido da esfera quando:

(**a**) a água está em repouso;
(**b**) a água se movimenta com uma velocidade horizontal forçada de 0,05 m/s;
(**c**) a partir de que velocidade forçada da água a convecção natural poderia ser desprezada?

Observação: para o item (b), caso necessário, use a expressão $Nu^3 = Nu_F^3 + Nu_N^3$. Para uma esfera, o número de Nusselt em convecção forçada pode ser avaliado por:

$$\text{Nu}_F = 2 + \left(0{,}4Re_D^{0,5} + 0{,}06Re_D^{2/3}\right)Pr^{0,4}\left(\frac{\mu}{\mu_s}\right)^{0,25}$$

Solução:

Como a temperatura da esfera é superior à do ambiente, haverá fluxo convectivo natural ascendente, como esquematizado na figura à esquerda. A figura à direita indica também a influência da convecção forçada.

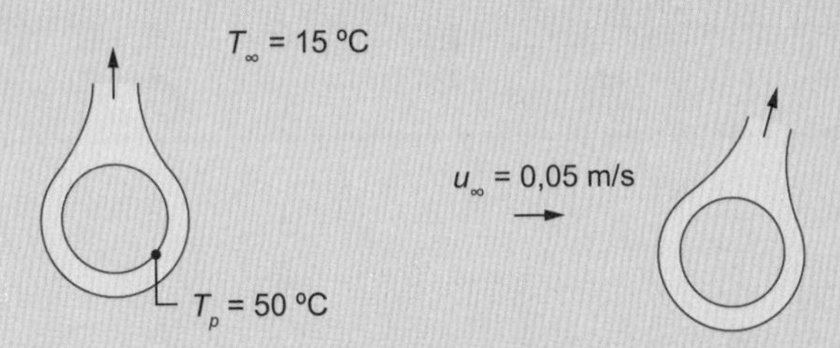

(**a**) Propriedades da água a (Tab. A.7): $\bar{T} = \dfrac{50+15}{2} = 32{,}5$ °C ou 305,7 K.

$\beta = 0{,}000326\,\text{K}^{-1}$ $\quad \mu = 7{,}58\times10^{-4}$ kgm/s $\quad k = 0{,}621$ W/mK

$C_p = 4178$ J/kgK $\quad Pr = 5{,}12$ $\quad \rho = 995$ kg/m³

$v = \mu/\rho = 7{,}62\times10^{-7}$ m²/s $\quad \alpha = v/Pr = 1{,}49\times10^{-7}$ m²/s

$$Gr_D = \frac{g\beta\left(T_p - T_\infty\right)D^3}{v^2} = \frac{9{,}81\times0{,}000326\times(50-15)\times0{,}02^3}{7{,}62\times10^{-7}} = 1{,}54\times10^6 < 10^9 \text{ laminar}$$

$$Ra_D = Gr_D Pr = 7{,}9\times10^6$$

$$\text{Nu} = 2 + \frac{0{,}589Ra^{1/4}}{\left[1+\left(\frac{0{,}43}{Pr}\right)^{9/16}\right]^{4/9}} = 2 + \frac{0{,}589(7{,}9\times10^6)^{1/4}}{\left[1+\left(\frac{0{,}43}{5{,}12}\right)^{9/16}\right]^{4/9}} = 30{,}3 \ (\text{Nu}_N = 30{,}3)$$

$$h = Nu\frac{k}{D} = 30,3\frac{0,621}{0,02} = 940,8\,\text{W/m}^2\text{K}$$

$$A_p = \pi D^2 = \pi \times 0,02^2 = 0,00126\,\text{m}^2$$

$$\dot{Q} = hA_p\left(T_p - T_\infty\right) = 940,8 \times 0,00126 \times (50 - 15) = 41,5\ \text{W}$$

(b) $Re_D = \dfrac{u_\infty D}{\nu} = \dfrac{0,05(0,02)}{7,62\times10^{-7}} = 1312,3$

$$\frac{Gr_D}{Re_D^2} = \frac{1,54\times10^6}{1312,3^2} = 0,9 \approx 1\ (\text{misto})$$

A 50 °C, tem-se $\mu_p = 546\times10^{-6}$ kg/ms

$$Nu_F = 2 + \left(0,4Re_D^{0,5} + 0,06Re_D^{2/3}\right)Pr^{0,4}\left(\frac{\mu}{\mu_p}\right)^{0,25}$$

$$Nu_F = 2 + \left[0,4(1312,3)^{0,5} + 0,06(1312,6)^{2/3}\right]5,12^{0,4}\left(\frac{758}{546}\right)^{0,25} = 47,2$$

$$Nu^3 = Nu_F^3 + Nu_N^3 \qquad \Rightarrow Nu = 51$$

$$h = Nu\frac{k}{D} = 51\frac{0,621}{0,02} = 1584,2\,\text{W/m}^2\text{K}$$

$$\dot{Q} = hA_p\left(T_p - T_\infty\right) = 1584,2 \times 0,00126 \times (50 - 15) = 69,9\,\text{W}$$

(c) A convecção natural é desprezível quando $\dfrac{Gr_D}{Re_D^2} << 1$ portanto, assumindo $\dfrac{Gr_D}{Re_D^2} < 0,01$

$$u_\infty > \frac{\nu}{D}\sqrt{\frac{Gr_D}{0,01}} = \frac{7,62\times10^{-7}}{0,02}\sqrt{\frac{1,54\times10^6}{0,01}} = 0,47$$

Logo, com uma velocidade de circulação da água $u_\infty > 0,47$ m/s, a convecção natural pode ser desprezada.

Referências

Bar-Cohen, A.; Rohsenow, W. M. Thermally optimum spacing of vertical, natural convection cooled, parallel plates. *Transactions of the ASME*, v. 106, p. 116-123, 1984.

Bénard, H. Les Tourbillons cellulaires dans une nappe liquide transportant de la chaleur par convection en régime permanent. *Ann. Chim. Phys.*, vol. 23, p. 62-144, 1901.

Churchill, S. W.; Chu, H. H. S. Correlating equations for laminar and turbulent free convection from a vertical plate. *Int. J. of Heat and Mass Transfer*, v. 18, p. 1323-29, 1975a.

Churchill, S. W.; Chu, H. H. S. Correlating equations for laminar and turbulent free convection from a horizontal cylinder. *Int. J. of Heat and Mass Transfer*, v. 18, p. 1049-1053, 1975b.

Churchill, S. W. Comprehensive, theoretically based, correlating equations for free convection from isothermal spheres. *Chem. Eng. Commun.*, v. 24, p. 339-352, 1983.

Fishenden, M.; Saunders, O. A. *An introduction to heat transfer*. New York: Oxford, 1950.

Fuji, T.; Imura, H. Natural-convection heat transfer from a plate with arbitrary inclination. *Int. J. Heat Mass* Transfer, v. 15, p. 755-767, 1972.

Hollands, K. G. T.; Raithby, G. D.; Konicek, L. Correlation equations for free convection heat transfer in horizontal layers of air and water. *Int. J. Heat Mass Transfer*, v. 18, p. 879-884, 1975.

Hollands, K. G. T.; Unny, T. E.; Raithby, G. D.; Konicek, L. Free convection heat transfer across inclined air layers. *Journal of Heat Transfer*, v. 98, p. 189-193, 1976.

Krishnamurti, R. On the transition to turbulent convection, Part 2, The transition to time-dependent flow. *Journal of Fluid Mechanics*, v. 42, n. 2, p. 309-320, 1970.
Lloyd, J. R.; Sparrow, E. M. Combined forced and free convection flow on vertical surfaces. *Int. J. Heat Mass Transfer*, v. 13, p. 434-438, 1970.
Lloyd, J. R.; Moran, W. R. Natural Convection Adjacent to Horizontal Surface of Various Planforms. *J. Heat Transfer*, v. 96, p. 443-447, 1974.
MacGregor, R. K.; Emery, A. P. Free convection through vertical plane layers: moderate and high Prandtl number fluids. *Journal of Heat Transfer*, v. 91, p. 391- 411, 1969.
Popiel, C. O.; Wojtkowiak, J.; Bober, K. Laminar free convective heat transfer from isothermal vertical slender cylinder. *Experimental Thermal and Fluid Science*, v. 32, p. 607-613, 2007.
Raithby, G. D.; Hollands, K. G. T. A general method of obtaining approximate solutions to laminar and turbulent free convection problems. In: Irvine, T. F.; Hartnett, J. P. *Advances in Heat Transfer*. New York: Academic Press, 1975. v. 11. p. 265-315.
Rohsenow, W. M.; Hartnett, J. P.; Cho, Y. I. *Handbook of Heat Transfer*. 3. ed. McGraw-Hill, 1998.
Vliet, G. C.; Ross, D. C. Turbulent natural convection on upward and downward facing inclined constant heat flux surfaces. *Journal of Heat Transfer*, v. 97, n. 4, p. 549-554, 1975.

Problemas propostos

7.1 Avalie os números de Grashof e Rayleigh para uma placa plana de 20 cm × 10 cm nas posições vertical e horizontal com temperatura de parede constante de 100 °C imersa em um fluido estagnado a 20 °C, quando o fluido é (a) ar a 1 atm, (b) óleo de motor não usado e (c) água (líquida). Considere apenas um dos lados da placa.

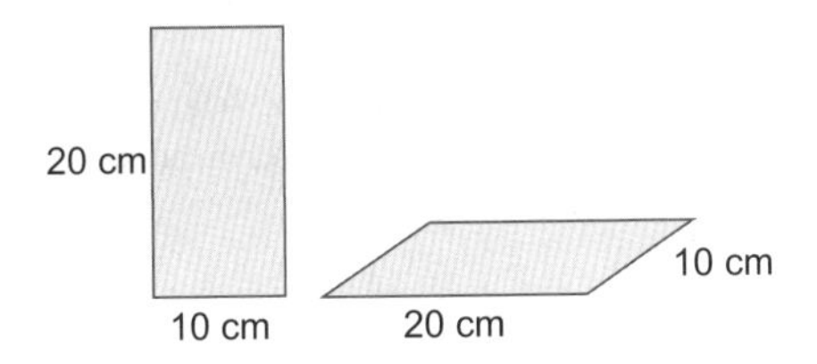

7.2 Para a placa vertical do Problema proposto 7.1 e o fluido sendo água, avalie os números de Grashof e Rayleigh nos seguintes casos: (a) temperatura da água de 5 °C e da placa de 85 °C, (b) temperatura da água de 50 °C e da placa de 70 °C. Compare esses resultados juntamente com os do Problema proposto 7.1 e explique a influência da temperatura nesses números.

7.3 Uma placa vertical com 1 m de altura e temperatura de 120 °C uniforme encontra-se em um ambiente de ar estagnado a 20 °C a 1 atm. A partir da Figura B.2 do Apêndice B, avalie a x = 20 cm desde a parte inferior da placa, (a) a espessura da camada-limite hidrodinâmica, (b) a posição e onde a velocidade u é máxima e (c) o valor da velocidade máxima.

7.4 Uma placa plana com temperatura de superfície de 80 °C e dimensões de 20 cm × 10 cm se encontra dentro de água estagnada a 15 °C. Deseja-se saber se a posição vertical de 10 cm ou a de 20 cm transfere mais calor.

7.5 Deseja-se aquecer uma placa quadrada de titânio de 15 cm de lado e 10 °C que se encontra em um ambiente de ar estagnado a 50 °C. Avalie o coeficiente de transferência de calor por convecção e a taxa de calor transferido.

7.6 Um tubo horizontal de 25 mm de diâmetro é usado para transportar vapor de água saturado. Uma má colocação do isolamento faz com que ele se desprenda do tubo em 1 metro. O vapor se encontra a 150 °C. Desprezando a resistência térmica do tubo, avalie a taxa de perda de calor nessa parcela do tubo se ele se encontra em um ambiente de ar estagnado a 10 °C.

7.7 No Problema proposto 7.6, qual seria a taxa de calor perdido se o tubo estivesse na posição vertical?

7.8 Uma placa horizontal de 20 cm × 25 cm a 40 °C encontra-se suspensa em ar estagnado a 15 °C. A placa possui uma emissividade de 0,85 e as paredes do ambiente estão a 20 °C. Assumindo regime permanente e que a face inferior está isolada termicamente, avalie a taxa de perda de calor da placa.

7.9 Uma resistência elétrica dissipa 80 W de potência térmica no ar estagnado a 15 °C. A resistência possui um comprimento de 3,5 m, um diâmetro de 4,5 mm e está na posição horizontal. Avalie a temperatura da parede da resistência, assumindo que seja uniforme em toda sua superfície.

7.10 Algumas cidades na Região Sul do Brasil experimentam invernos rigorosos, em que o ambiente externo pode atingir temperaturas abaixo de 0 °C. A janela de vidro de uma casa possui uma temperatura interna 0 °C e emissividade de 0,9, enquanto o ar interno de uma casa está estagnado a uma temperatura de 20 °C. As paredes internas da casa estão a uma temperatura média de 18 °C. Avalie a perda de calor na janela de vidro quadrada de 1 m de lado.

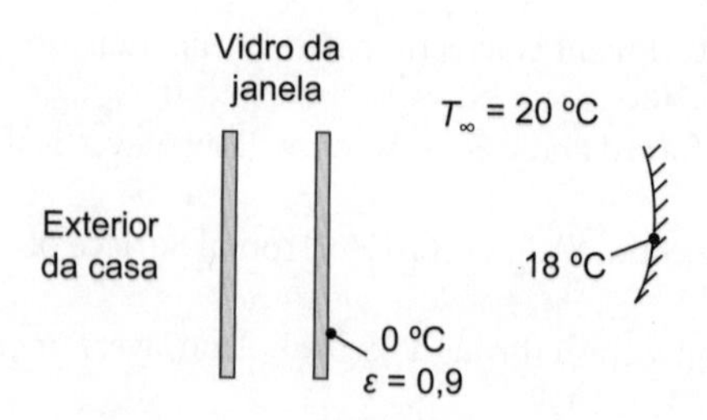

7.11 Uma placa solar térmica plana quadrada de 1 m de lado é testada na parede vertical de uma casa. O teste consiste em avaliar a temperatura da placa colocando um isolamento térmico na sua parte posterior. Avalie a temperatura no centro da placa, se ela possui emissividade de 0,15, absorve 300 W/m² e o ar está calmo ao redor dela, a 20 °C. Considere que a temperatura do ambiente de troca térmica por radiação (temperatura efetiva do céu) está a 2 °C.

7.12 Uma placa vertical de 0,5 m de altura recebe um fluxo de calor constante de 500 W/m² que deve ser transferido ao ar quiescente a 15 °C. Avalie a temperatura máxima da placa.

7.13 Um disco circular horizontal é suspenso em ar estagnado a 20 °C. O diâmetro do disco é de 6 cm. Assumindo uma temperatura uniforme do disco de 85 °C, avalie a taxa de calor perdido pelo disco (considere ambas as faces).

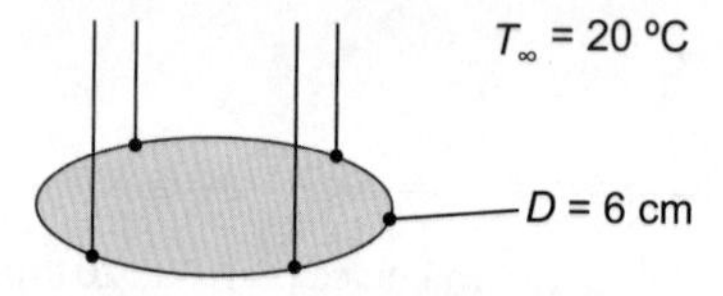

7.14 Depois de um tratamento térmico até 180 °C, um tarugo de aço de 12 cm de diâmetro e 60 cm de comprimento deve ser esfriado lentamente em um banho de óleo em repouso a 120 °C. Com o objetivo de retardar o processo de esfriamento da barra, qual posição (horizontal ou vertical) seria a mais adequada e qual a taxa de calor perdido da barra inicial?

7.15 Foi instalado um dissipador de calor de aletas verticais para resfriar uma superfície aquecida em ar parado a 15 °C. Considerando a temperatura das aletas constante a 80 °C, determine: (a) o espaçamento ótimo das aletas, (b) o número de aletas ótimo e (c) o calor dissipado nessas condições.

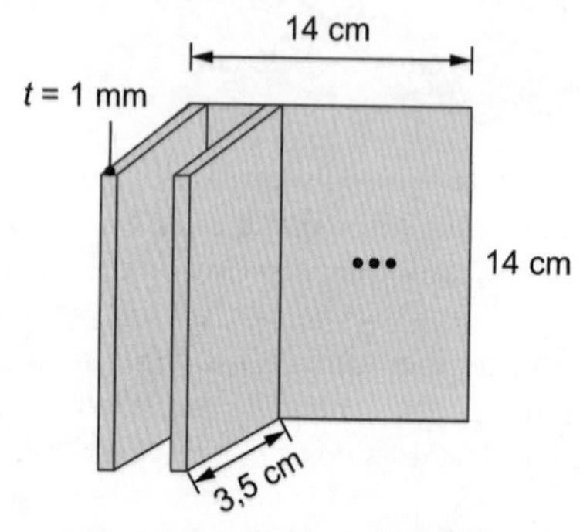

7.16 Um secador solar misto é composto de duas partes: a primeira é um coletor solar plano de aquecimento de ar e a segunda é, basicamente, uma caixa na qual o produto a secar é colocado. O coletor solar é composto por uma cobertura de vidro e uma placa absorvedora isolada termicamente. O ar ingressa na parte inferior e é aquecido pela placa. Considere um coletor com inclinação de 21° de 1 m × 2 m, com o vidro e absorvedor espaçados de 2 cm e temperaturas médias do vidro e absorvedor de 42 °C e 70 °C, respectivamente. Avalie a perda de calor por convecção natural entre a placa absorvedora e a cobertura de vidro.

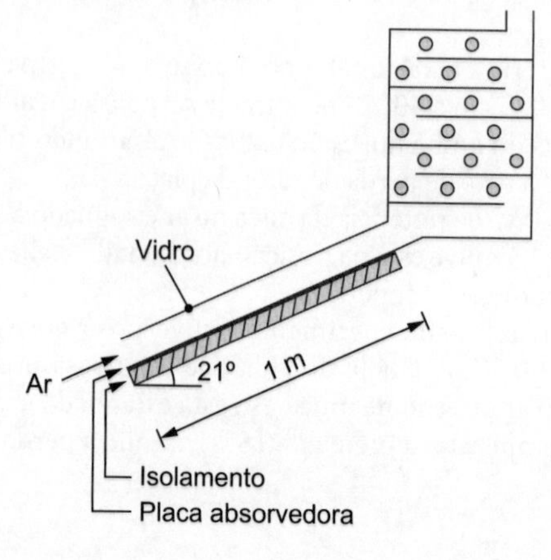

7.17 Um grande e longo reservatório de água tem dois tubos de 3 cm no seu interior, um deles a 35 °C e o outro a 20 °C. Avalie os fluxos de calor com a água de cada tubo, assumindo as propriedades avaliadas à temperatura média da água, dada pela média entre as temperaturas dos tubos.

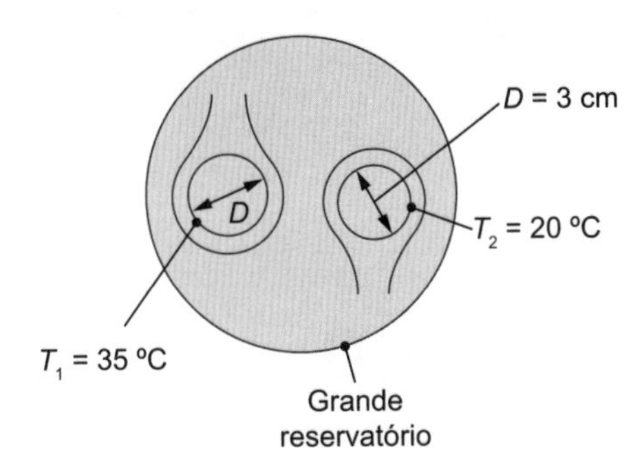

7.18 Um experimento de laboratório para ajuste de curva do número de Nusselt em convecção natural foi realizado. Neste, foi usado um tubo horizontal de 9 cm de diâmetro e 0,5 m de comprimento circundado por ar quiescente a 18 °C. Quando o tubo estava com temperatura uniforme de 110 °C, a taxa de calor perdida foi de 160 W. Para uma correlação do tipo $Nu_D = CRa_D^m$, em que o expoente m depende da faixa do número de Rayleigh, segundo a tabela a seguir, pede-se: (a) avalie o coeficiente C e (b) determine qual seria a taxa de calor perdido se o ar estivesse a 35 °C.

Ra_D	m
10^{-10} - 0,01	0,058
0,01 - 100	0,148
100 - 10.000	0,188
10.000 - 10^7	0,250
10^7 - 10^{12}	0,333

7.19 Uma folha fina está pendurada, como indicado na figura. Um *extensômetro elétrico* foi colocado para medir seu peso de forma precisa. A folha possui dimensões de 40 cm × 30 cm com uma massa de 5 g, em um ambiente de ar parado a 25 °C. Quando a radiação solar atinge a placa, ela é aquecida até uma temperatura aproximadamente constante de 95 °C. Sabendo que a variação da tensão de cisalhamento local na placa varia segundo a relação $\tau_P = 1{,}31 Gr_x^{3/4} \dfrac{\rho \upsilon^2}{x^2} \dfrac{Pr^{1/4}}{\left(Pr + \dfrac{20}{11}\right)^{3/4}}$, avalie a massa registrada pelo sensor nessas condições.

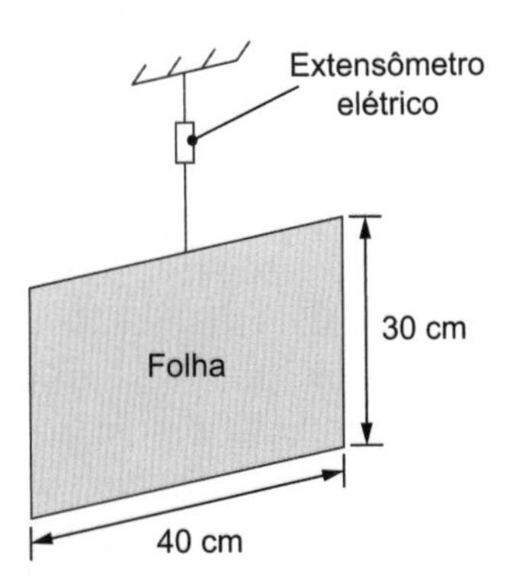

7.20 Vapor saturado de etanol a 120 °C é transportado em um tubo horizontal de 24,5 mm de diâmetro. O tubo se encontra em um ambiente de ar quiescente a 15 °C. Avalie o fluxo de calor perdido em condições de (a) convecção natural pura, (b) quando ar escoa transversalmente ao tubo a uma velocidade de 0,15 m/s.

7.21 Uma placa eletrônica vertical de 14 cm × 16 cm (14 cm na vertical) dissipa, aproximadamente, 250 W/m² de um lado, enquanto o outro lado pode ser considerado isolado. A placa está em um ambiente de ar a 20 °C. Avalie a temperatura da placa "isotérmica" em que (a) o ar está estagnado, (b) o ar tem movimento ascendente de 0,4 m/s e (c) o ar tem movimento descendente de 0,4 m/s. Dessas três situações, qual você escolheria para não ter problemas de superaquecimento na placa?

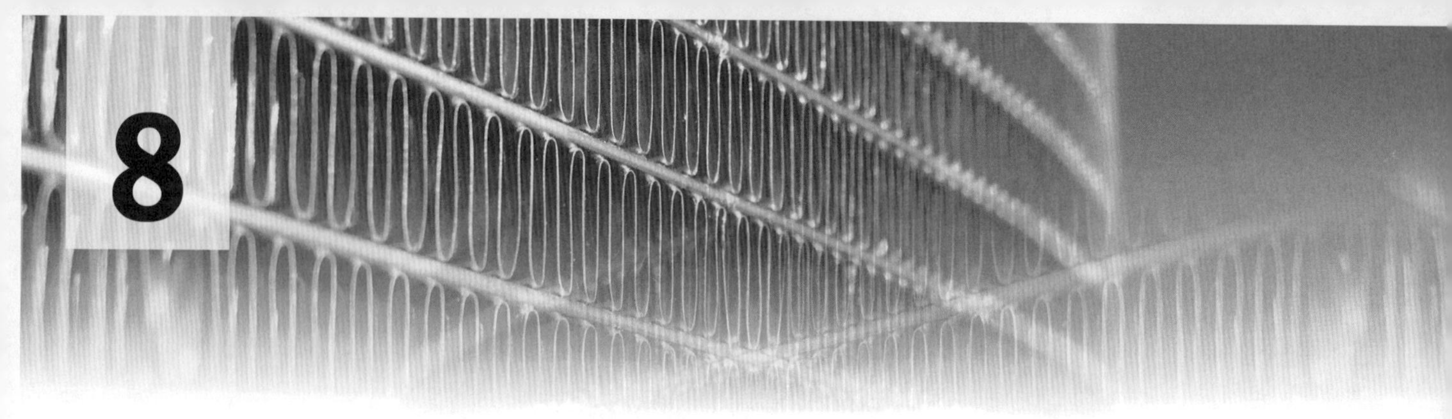

Condensação e Ebulição

8.1 Introdução

Condensação e ebulição são fenômenos de mudança de fase. No primeiro caso, a fase vapor de um dado fluido ou mistura de fluidos sofre o processo de resfriamento até que se alcance a temperatura de condensação, ou a temperatura de orvalho, no caso de mistura de fluidos, o que dá curso ao processo de condensação, isto é, o vapor se torna líquido na sua totalidade ou em parte. No caso da ebulição, um dado líquido ou mistura de líquidos sofre o processo de aquecimento até que se alcance a temperatura de vaporização ou temperatura de bolhas, no caso de mistura de fluidos, para dar início ao processo de vaporização ou ebulição. A natureza e nossa experiência são ricas em exemplos de mudança de fase, como a fervura (ebulição) da água em uma chaleira e o processo de secagem da água líquida de superfícies pelo processo de vaporização para o ar atmosférico. Também se tem o processo de condensação do vapor de água contido na atmosfera nas superfícies frias no período noturno, ao que se chama orvalho. Em lugares muito frios, é possível que a superfície se congele. Lembre-se de que o termo *vaporização* se refere à mudança de fase que acontece na interface líquido-vapor e se dá em razão da diferença de pressões parciais do vapor saturado junto à interface e o gás ao longe. Já a *ebulição* é um fenômeno que acontece na interface sólido-líquido com a formação de bolhas sobre uma superfície aquecida. Neste capítulo será tratada a condensação e a ebulição. Análises dos processos evaporativo e de condensação da água no ar podem ser encontradas em Simões-Moreira e Hernandez-Neto (2019).

Na engenharia, há muitos exemplos de processos e equipamentos de condensação, tais como: unidades condensadoras de sistemas de ar-condicionado e de refrigeração e condensadores de ciclos térmicos de potência. A Figura 8.1a mostra o esquema de um condensador industrial formado por dois passes de feixes de tubos em que vapor de água é condensado sobre as superfícies frias dos tubos, sendo que água de resfriamento circula no interior dos tubos. O vapor se condensa sobre as superfícies frias dos tubos estabelecendo um filme de líquido (condensado), como ilustrado na figura (b), o qual escorre por gravidade e é coletado na base do condensador. A Figura 8.1c mostra a fotografia desse tipo de trocador de calor.

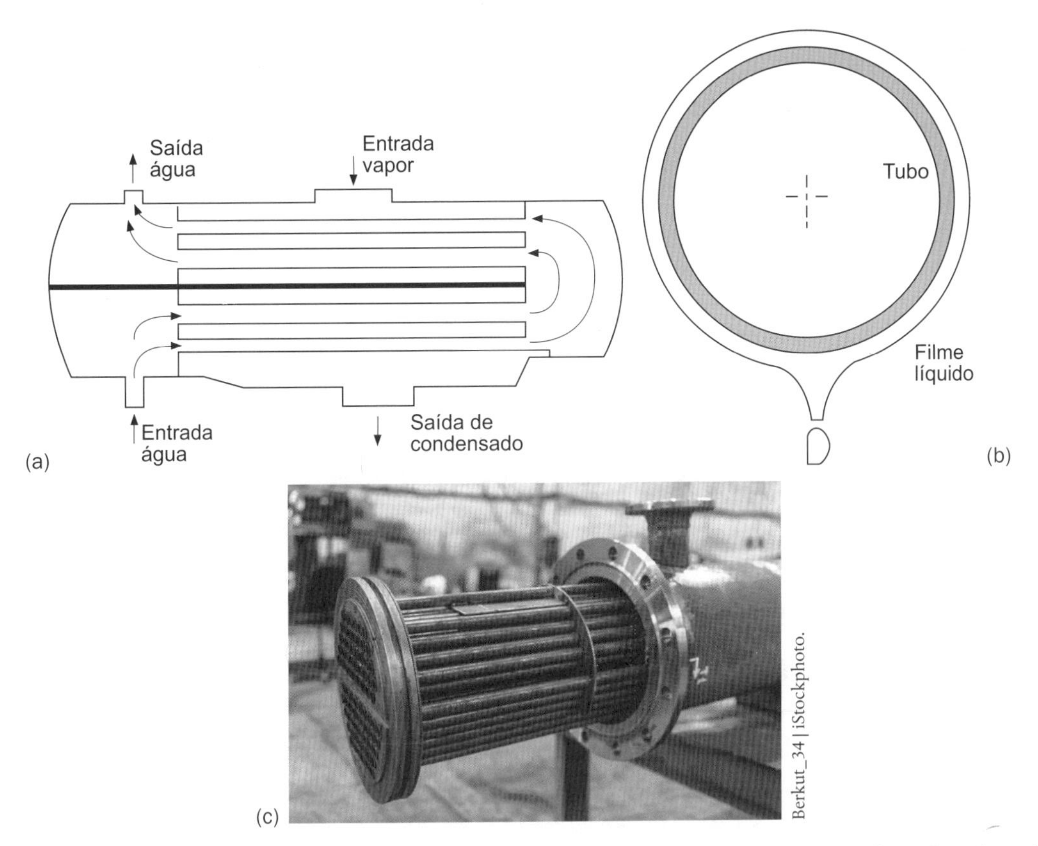

Figura 8.1 (a) Esquema de um condensador industrial. Vapor de água é resfriado sobre as superfícies frias dos tubos. Por dentro dos tubos circula água de resfriamento; (b) filme líquido condensado que se estabelece sobre a parede fria de um tubo do trocador de calor ao lado; (c) fotografia de um condensador industrial de casco e tubos mostrando o feixe de tubos.

A ebulição ocorre em muitos equipamentos de interesse na área de engenharia. Unidades evaporadoras de sistemas de ar-condicionado são um bom exemplo em que a ebulição do fluido refrigerante ocorre mediante a retirada de calor do recinto a ser condicionado. Outro exemplo de larga aplicação são os geradores de vapor ou caldeiras (Fig. 8.2). Nesse equipamento, a água líquida recebe calor na fornalha em virtude da queima de um combustível e sofre o processo de ebulição produzindo a fase vapor. A temperatura em que se dá a ebulição depende da pressão do líquido, que é controlada pelo sistema de bombeamento.

Figura 8.2 Caldeira industrial a gás natural.

Um exemplo de vaporização ocorre em torres de resfriamento em que, por meio de resfriamento evaporativo, água quente de processo é resfriada em contato com o ar atmosférico mediante vaporização. Nas seções seguintes são abordados os fenômenos de condensação e de ebulição que dominam a transferência de calor nos equipamentos em que ocorre a mudança de fase.

8.2 Condensação

No caso da condensação, o vapor entra em contato com uma superfície fria, cuja temperatura está abaixo da temperatura de saturação, dando curso ao processo de condensação sobre a superfície. Dependendo das características da superfície e seu acabamento superficial são possíveis duas formas de condensação: por formação de um filme líquido sobre a superfície ou por formação de gotículas na superfície. A condensação na forma de filme, tratada nas seções seguintes, é a mais comum e ocorre com diferenças maiores de temperatura do vapor saturado e da superfície fria, ao que se nomeia *grau de sub-resfriamento*. Entretanto, em menores graus de sub-resfriamento e superfícies de baixa molhabilidade (tensão superficial alta) existe a tendência de formar gotículas de condensado, o que incrementa em uma ou mais ordens de grandeza a taxa de transferência de calor sendo, portanto, mais efetiva.

8.2.1 Condensação em filme descendente sobre superfícies planas

Caso laminar

Considere uma superfície vertical, cuja temperatura, T_p, esteja abaixo da temperatura de saturação, T_{sat}, do vapor do meio circundante, como ilustrado na Figura 8.3. Um filme líquido formado pela condensação de vapor será formado a partir da borda superior, $x = 0$, cuja espessura δ crescerá na direção do filme descendente. Na ilustração à direita da figura, pode-se ver os perfis de velocidade e de temperatura. A transferência de calor no interior do filme laminar ocorre apenas por condução. A solução clássica seguinte foi obtida primeiramente por Nusselt (1916).

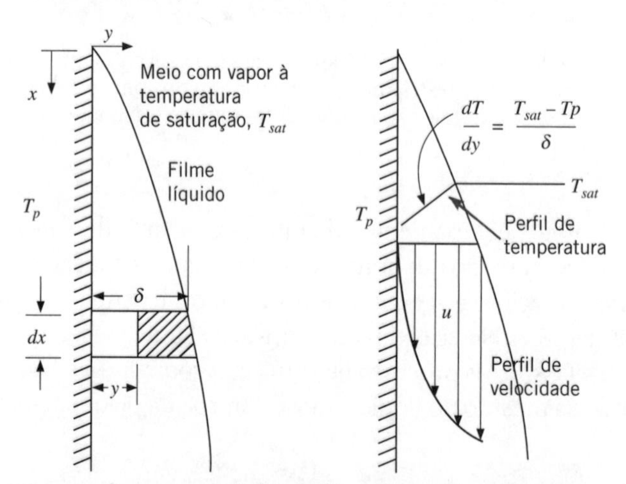

Figura 8.3 Ilustração do crescimento da espessura δ de um filme descendente laminar e os perfis de velocidade e de temperatura.

O perfil de velocidades $u(y)$ pode ser obtido por meio de um balanço de forças no elemento diferencial da Figura 8.3. As hipóteses normalmente adotadas são: a velocidade descendente do filme é baixa, a transferência de calor no interior do filme é apenas por condução, a tensão de cisalhamento na interface líquido-vapor é desprezível e, finalmente, o vapor está à temperatura de saturação. Com essas hipóteses, pode-se escrever:

$$\mu_L \frac{du}{dy} dx = g(\rho_L - \rho_V)(\delta - y)dx \tag{8.1}$$

Realizando a integração da equação com a condição de contorno de $u(0) = 0$ (condição de não escorregamento), vem:

$$u = \frac{g(\rho_L - \rho_V)}{\mu_L}\left(\delta y - \frac{y^2}{2}\right) \tag{8.2}$$

Trata-se, portanto, de um perfil parabólico de 2º grau. A vazão mássica, Γ_x, de filme líquido descendente por unidade de largura da placa vertical, L_p, é, $\Gamma_x = \dot{m}/L_p$:

$$\Gamma_x = \int_0^\delta \rho_L u dy = \int_0^\delta \rho_L \frac{g(\rho_L - \rho_V)}{\mu_L}\left(\delta y - \frac{y^2}{2}\right)dy = \rho_L \frac{g(\rho_L - \rho_V)}{3\mu_L}\delta^3 \quad (8.3)$$

Portanto, a taxa de crescimento da vazão de líquido em função da espessura do filme é:

$$\frac{d\Gamma_x}{d\delta} = \rho_L \frac{g(\rho_L - \rho_V)}{\mu_L}\delta^2 \quad (8.4)$$

Por outro lado, a taxa de crescimento da vazão de líquido se dá pela condensação de vapor. Então, por um balanço de energia, é possível escrever:

$$dq' = h_{LV} d\Gamma_x \quad (8.5)$$

em que h_{LV} é a entalpia específica de vaporização do vapor. A taxa de calor elementar por unidade de largura da placa liberada na interface em decorrência da condensação, dq', é transferida por condução (perfil linear de temperatura) para o interior do filme até a parede. De forma que:

$$dq' = k_L \frac{T_{sat} - T_p}{\delta}dx \quad (8.6)$$

Finalmente, substituindo primeiro a Equação (8.6) na Equação (8.5) e, posteriormente, na Equação (8.4), vem:

$$\frac{k_L(T_{sat} - T_p)}{\delta h_{LV}}\frac{dx}{d\delta} = \rho_L \frac{g(\rho_L - \rho_V)}{\mu_L}\delta^2 \Rightarrow$$

$$\frac{d\delta}{dx} = \frac{k_L \mu_L (T_{sat} - T_p)}{\delta^3 g \rho_L(\rho_L - \rho_V)h_{LV}}$$

De onde se obtém, mediante integração, o crescimento da espessura do filme, δ, a partir da distância, x, da borda inicial.

$$\delta(x) = \left[\frac{4k_L\mu_L(T_{sat} - T_p)x}{g\rho_L(\rho_L - \rho_V)h_{LV}}\right]^{1/4} \quad (8.7)$$

O coeficiente de transferência de calor local, h_x, pode ser obtido a partir do fato de que o fluxo de calor por convecção de calor deve ser igual ao da condução no filme, isto é:

$$h_x(T_{sat} - T_P) = \frac{k_L(T_{sat} - T_P)}{\delta} \Rightarrow h_x = \frac{k_L}{\delta}$$

$$h_x = \left[\frac{g\rho_L(\rho_L - \rho_V)h_{LV}k_L^3}{4\mu_L(T_{sat} - T_p)x}\right]^{1/4} \quad (8.8)$$

É importante analisar o comportamento das Equações (8.7) e (8.8) ao longo da placa. A espessura do filme líquido aumenta a partir do início da placa e cresce na proporção $\delta \propto x^{1/4}$. Já o coeficiente local diminui de acordo com a proporção $h_x \propto x^{-1/4}$, do que se conclui que $h_x \propto 1/\delta$.

O número de Nusselt local, Nu_x, baseado na distância do início da placa pode ser obtido a partir de sua própria definição:

$$Nu_x = \frac{h_x x}{k_L} = \left[\frac{g\rho_L(\rho_L - \rho_V)h_{LV}x^3}{4k_L\mu_L(T_{sat} - T_p)}\right]^{1/4} \quad (8.9)$$

O coeficiente de transferência de calor médio, $\bar{h}_L$, é:

$$\bar{h}_L = \frac{1}{L}\int_0^L h_x dx = \frac{1}{L}\int_0^L \left[\frac{g\rho_L(\rho_L-\rho_V)h_{LV}k_L^3}{4\mu_L(T_{sat}-T_p)x}\right]^{1/4} dx = \frac{4}{3}h_{x=L} \Rightarrow$$

$$\bar{h}_L = 0{,}9428\left[\frac{g\rho_L(\rho_L-\rho_V)h_{LV}k_L^3}{\mu_L(T_{sat}-T_p)L}\right]^{1/4} \quad (8.10)$$

O número de Nusselt médio é obtido de $\overline{Nu}_L = \bar{h}_L L/k_L$,

$$\overline{Nu}_L = 0{,}9428\left[\frac{g\rho_L(\rho_L-\rho_V)h_{LV}L^3}{k_L\mu_L(T_{sat}-T_p)}\right]^{1} \quad (8.11)$$

A vazão de condensação total por unidade de largura da placa, Γ_x, na posição de interesse pode ser obtida a partir da integração da Equação (8.5), considerando propriedades constantes.

$$\Gamma_x = \frac{q'}{h_{LV}} \quad (8.12)$$

E a taxa de transferência de calor total, $\dot{Q}$, sobre a área total A da placa vem da lei de convecção de calor:

$$\dot{Q} = \bar{h}_L A(T_{sat}-T_P) \quad (8.13)$$

Na ausência de expressões mais específicas é possível mostrar que, para *placas inclinadas* de ângulo θ em relação à vertical, a seguinte expressão do coeficiente médio de transferência de calor pode ser obtida, em que g é substituído por $g\cos\theta$. Porém, não é válida para θ = 90° (placa horizontal), ou valores muito próximos da posição horizontal.

$$\bar{h}_L = 0{,}9428\left[\frac{g\rho_L(\rho_L-\rho_V)h_{LV}k_L^3\cos\theta}{\mu_L(T_{sat}-T_p)L}\right]^{1/4} \quad (8.14)$$

O diâmetro hidráulico, neste caso, é $D_h = 4A/P = 4L_p\delta/L_p = 4\delta$, assim, o número de Reynolds, Re_δ, será:

$$Re_\delta = \frac{\rho\bar{V}4\delta}{\mu_L} = \frac{4\dot{m}}{\mu_L L_p} = \frac{4\Gamma_x}{\mu_L} \quad (8.15)$$

Substituindo a Equação (8.3) na expressão anterior, vem:

$$Re_\delta = \frac{4g\rho_L(\rho_L-\rho_V)\delta^3}{3\mu_L^2} \approx \frac{4}{3}\frac{g\delta^3}{\nu_L^2} \quad (8.16)$$

já que $\rho_L \gg \rho_V$, exceto próximo das condições críticas, e a viscosidade cinemática é $\nu_L = \mu_L/\rho_L$.

Finalmente, substituindo a definição de Re_δ nas equações dos coeficientes local (Eq. 8.8) e médio (Eq. 8.10), tem-se:

$$\frac{h_x}{k_L}\left(\frac{\nu_L^2}{g}\right)^{1/3} \approx 1{,}1Re_\delta^{-1/3} \quad (8.17)$$

e

$$\frac{\bar{h}_L}{k_L}\left(\frac{\nu_L^2}{g}\right)^{1/3} \approx 1{,}467Re_\delta^{-1/3} \quad (8.18)$$

As duas expressões anteriores são válidas para o caso laminar que cobre a faixa até $Re_\delta < 30$.

As propriedades de transporte variam com a temperatura. Dessa forma, recomenda-se que as propriedades do filme líquido condensado sejam obtidas a $T_f = (T_{sat} + T_p)/2$ e a entalpia específica de vaporização, h_{LV}, seja obtida a T_{sat}.

Expressões melhoradas do coeficiente de transferência de calor e do número de Nusselt anteriores foram obtidas por Rohsenow (1956) para $Pr > 0,5$. Ele propõe a substituição da entalpia específica de vaporização, h_{LV}, nas expressões anteriores pelo valor modificado, h^+_{LV}, incluindo efeitos relacionados com o sub-resfriamento do filme, de acordo com:

$$h^+_{LV} = h_{LV} + 0,68C_{pL}\left(T_{sat} - T_p\right) \tag{8.19}$$

sendo C_{pL} o calor específico à pressão constante do líquido.

Casos laminar com ondulações e turbulento

À medida que a espessura do filme líquido aumenta, se torna instável e ondulações começam a crescer rapidamente para $Re_\delta > 30$ e se estendem até cerca de $Re_\delta \approx 1600$, quando se torna turbulento. Para essa região de transição, existem várias correlações, sendo a de Kutadeladze (1963) uma entre as recomendadas que aplica para a região laminar, ondulado e transição $0 < Re_\delta < 1600$, dada por:

$$\frac{\bar{h}_L}{k_L}\left(\frac{\mu_L^2}{\rho_L(\rho_L - \rho_V)g}\right)^{1/3} = \frac{Re_\delta}{1,08Re_\delta^{1,22} - 5,2} \tag{8.20}$$

Baseado no trabalho de Labuntsov (1957), Butterworth (1983) recomenda a seguinte expressão para o regime turbulento, mas com início laminar, ondulado e transição:

$$\frac{\bar{h}_L}{k_L}\left(\frac{\mu_L^2}{\rho_L(\rho_L - \rho_V)g}\right)^{1/3} = \frac{Re_\delta}{8750 + 58Pr_L^{-1/2}\left(Re_\delta^{3/4} - 253\right)} \tag{8.21}$$

Chun e Kim (1991) ajustaram os dados para toda a região laminar, laminar com ondas e turbulenta por meio de uma expressão semiempírica (com $\rho_L \gg \rho_V$) dada por:

$$\frac{\bar{h}_L}{k_L}\left(\frac{\nu_L^2}{g}\right)^{1/3} = 1,33Re_\delta^{-1/3} + 9,56\times10^{-6}Re_\delta^{0,89}Pr_L^{0,94} + 8,22\times10^{-2} \tag{8.22}$$

A validade se encontra na faixa $10 < Re_\delta < 3,1 \times 10^4$ e $1,75 < Pr_L < 5$. A Figura 8.4 mostra a Equação (8.22) ao longo de toda a faixa de validade do número de Reynolds e para diversos números de Prandtl.

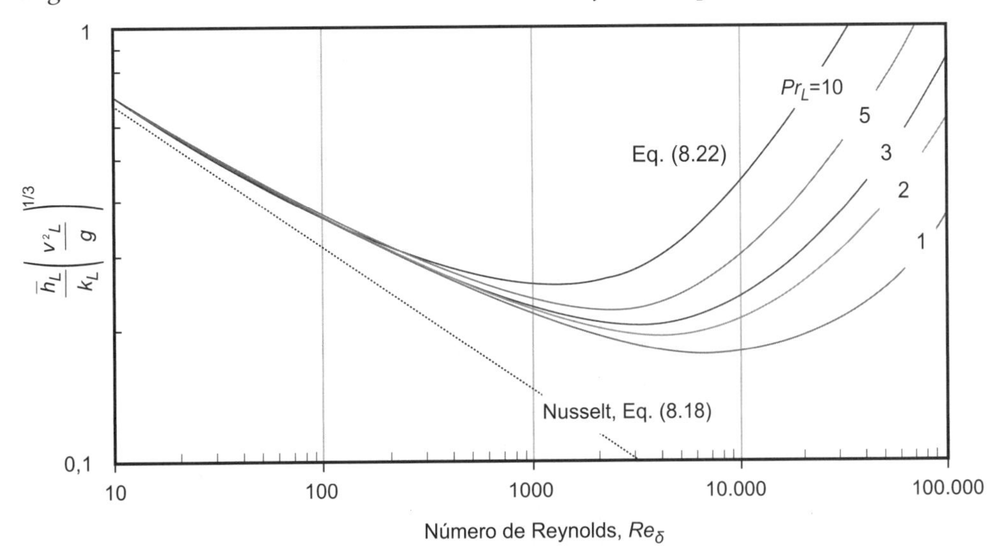

Figura 8.4 Coeficiente de transferência de calor ao longo de uma placa vertical para ampla faixa de Re_δ de acordo com a Equação (8.22).

O cálculo da transferência de calor na condensação sobre tubos verticais pode ser realizado usando as expressões para placas verticais, desde que a espessura do filme seja muito pequena em relação ao diâmetro do tubo, isto é, $\delta << D$.

8.2.2 Condensação em filme descendente sobre tubos horizontais

Muitos equipamentos condensadores são formados por bancos de tubos horizontais sobre os quais a fase vapor se condensa. A Figura 8.5 ilustra uma típica situação em que o vapor se condensa, forma um filme líquido no entorno do tubo e escorre para o tubo inferior.

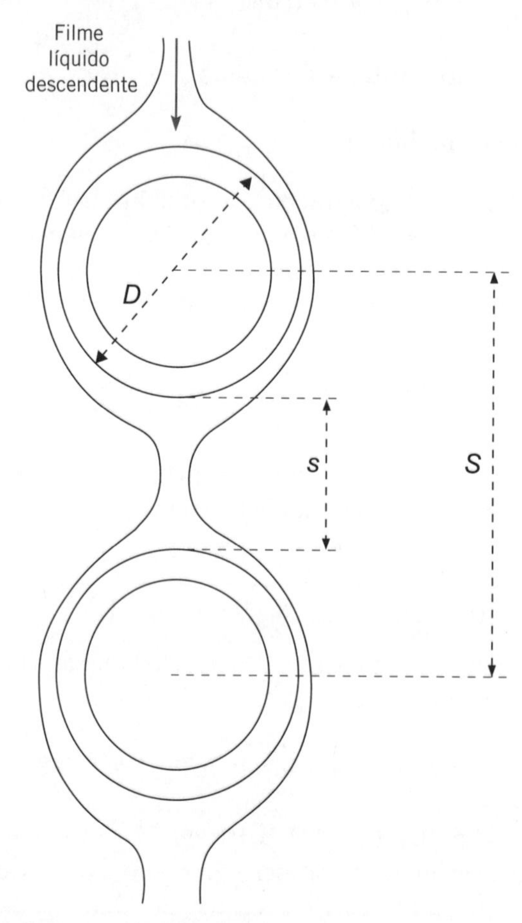

Figura 8.5 Condensação sobre tubos (S é o passo e s é a distância entre os tubos).

A expressão recomendada para o coeficiente médio de transferência de calor para um único tubo horizontal é semelhante à da Equação (8.10), isto é,

$$\bar{h}_D = C\left[\frac{g\rho_L(\rho_L-\rho_V)h_{LV}^{+}k_L^3}{\mu_L(T_{sat}-T_p)D}\right]^{1/4} \tag{8.23}$$

sendo o valor da constante $C = 0{,}725$ para tubos de diâmetro externo D (Dhir; Lienhard, 1971) e $C = 0{,}815$ no caso de esferas de diâmetro D (Popiel; Boguslawski, 1975).

No caso de um banco de tubos alinhados na vertical (como ilustrado na Fig. 8.5), tem sido recomendado multiplicar o diâmetro D pelo número N de tubos na mesma fila.

$$\bar{h}_D = C\left[\frac{g\rho_L(\rho_L-\rho_V)h_{LV}^{+}k_L^3}{\mu_L(T_{sat}-T_p)ND}\right]^{1/4} \tag{8.24}$$

EXEMPLO 8.1 Condensação sobre um tubo

Um tubo horizontal de 50 mm de diâmetro e temperatura de 30 °C é circundado por vapor saturado na pressão de 12,35 kPa. Para essa condição, determine o coeficiente de transferência de calor.

Solução:

Dados do problema: $D = 0{,}05$ m; $T_p = 30$ °C

Da Tabela A.7, para $P_{sat} = 12{,}35$ kPa, tem-se: $T_{sat} = 50$ °C e $h_{LV} = 2382$ kJ/kg. As demais propriedades devem ser avaliadas a $T_f = (30+50)/2 = 40$ °C:

$$k_L = 0{,}6307 \text{ W/mK};\ \rho_L = 992{,}2 \text{ kg/m}^3;\ \rho_v = 0{,}05124 \text{ kg/m}^3;$$

$$\mu_L = 6{,}530 \times 10^{-4} \text{ kg/m·s; e } C_{pL} = 4{,}180 \text{ kJ/kgK}$$

Da Equação (8.19), tem-se:

$$h_{LV}^{+} = 2382 + 0{,}68 \times 4{,}180 \times (50-30) = 2438{,}8 \text{ kJ/kg} = 2{,}4388 \times 10^6 \text{ J/kg}$$

Finalmente, da Equação (8.23), vem:

$$\bar{h}_D = 0{,}725 \times \left[\frac{9{,}81 \times 992{,}2 \times (992{,}2 - 0{,}05124) \times 2{,}4388 \times 10^6 \times 0{,}6307^3}{6{,}53 \times 10^{-4} \times (50-30) \times 0{,}05}\right]^{1/4} = 7071{,}0 \text{ W/m}^2\text{K}$$

8.2.3 Condensação em gotas

A condensação na forma de gotas apresenta um coeficiente de transferência de calor muito superior ao da geometria de filme descendente, podendo alcançar uma ou mais ordens de grandeza. A Figura 8.6 ilustra o caso da condensação sobre uma superfície fria. Há muito empirismo no estabelecimento da transferência de calor. Rose (2002) revisou a teoria e os resultados de diversos experimentos, tendo proposto uma relação empírica para o fluxo de calor válida para condensação de vapor saturado com uma pressão entre 1 kPa e até aproximadamente 1 atm sobre pequenas superfícies verticais.

$$q = T_p^{0,8}\left[5\left(T_{\text{vapor}} - T_p\right) + 0{,}3\left(T_{\text{vapor}} - T_p\right)^2\right] \qquad \left(\text{kW/m}^2\right) \tag{8.25}$$

sendo T_p em °C.

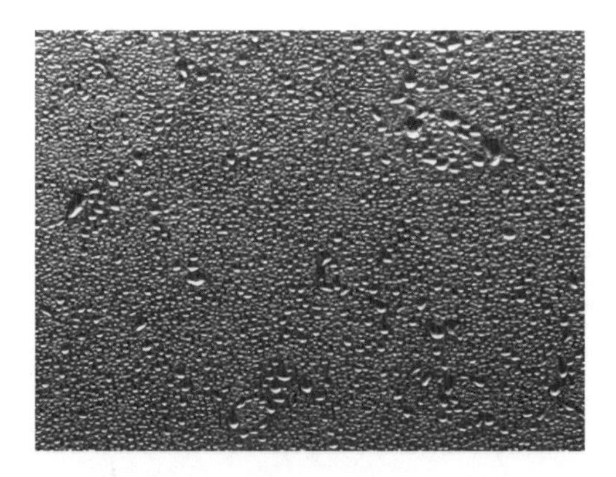

Figura 8.6 Condensação em gotas sobre superfícies verticais (vidro).

Assim como ocorre com a condensação em filme, a condensação em gotas é afetada pela presença de gases não condensáveis, tais como ar em vapor de água. Nesse caso, os respectivos coeficientes de transferência de calor são reduzidos.

O tratamento da superfície de condensação no sentido de diminuir a molhabilidade da superfície, tal como um tratamento químico ou mecânico, ou mesmo o recobrimento da superfície, pode aumentar o coeficiente de transferência de calor. Em casos especiais, a superfície pode ser tratada ou revestida de materiais hidrofóbicos, como PTFE.

De acordo com alguns autores, o coeficiente de transferência de calor em gotas pode chegar a ser 10 a 20 vezes superior ao coeficiente de filme líquido em superfícies de cobre em condensação de vapor de água (Rohsenow *et al.*, 1998). Outros autores informam que valores ainda mais elevados podem ser obtidos.

No projeto de condensadores industriais, recomenda-se utilizar as expressões válidas para filme descendente no projeto térmico, pois apresentam valores mais conservadores de projeto. Consequentemente, áreas superiores de transferência de calor serão obtidas, o que assegura a operação adequada do equipamento.

8.3 Ebulição

O fenômeno oposto ao da condensação é o da ebulição. A ebulição vai ocorrer no contato de um meio líquido com uma superfície suficientemente aquecida. Se a temperatura da superfície, T_p, exceder a temperatura de saturação do líquido, T_{sat}, correspondente à pressão do sistema, ocorrerá a ebulição do líquido junto à superfície. No caso da convecção sem mudança de fase, os parâmetros que controlam o fenômeno de transferência de calor são bem conhecidos e podem ser agrupados em um sentido amplo nos adimensionais *Nu*, *Re* e *Pr*, para a convecção forçada, e *Nu*, *Gr* e *Pr*, para a convecção natural. Já no caso da ebulição, há mais parâmetros envolvidos no fenômeno que devem ser considerados. A entalpia específica de vaporização, h_{LV}, desempenha um papel importante na mudança de fase, bem como outros parâmetros termodinâmicos da substância (propriedades de saturação) e acabamento superficial da superfície. Essa dependência também já foi percebida nas seções anteriores na análise do fenômeno de condensação. A introdução desses novos parâmetros torna o problema mais complexo. Dessa forma, a abordagem costuma se dar, principalmente, na forma empírica com ajuste de curvas e parâmetros experimentais.

A ebulição pode ser classificada em duas grandes classes: *ebulição em piscina* e *ebulição convectiva*. No primeiro caso, estudado a seguir, o líquido forma um meio contínuo em repouso que envolve uma superfície aquecida. Claramente, os efeitos de empuxo gravitacional em função das diferenças de densidade das fases líquido e vapor desempenham um papel importante em conjunção com as demais propriedades termodinâmicas e de transporte. Já no caso da ebulição convectiva, o movimento do líquido sobre a superfície transporta a fase vapor formada na superfície aquecida em sobreposição à diferença de empuxo gravitacional das fases.

8.3.1 Ebulição em piscina

Ebulição em piscina (*pool boiling*) ocorre quando uma superfície está envolvida por um meio líquido quiescente. Essa superfície pode ser a de um tubo que transfere calor para um evaporador inundado, por exemplo. Pode ser também o fundo de uma panela cheia de água em aquecimento no fogão. Uma grandeza relevante para analisar e caracterizar a ebulição é o *excesso de temperatura*, ΔT_e, definido pela diferença da temperatura da parede (ou superfície) e a do fluido saturado, isto é,

$$\Delta T_e = T_p - T_{sat} \tag{8.26}$$

Experimentos de laboratório, como o do pioneiro Nukiyama (1934), indicam que a curva de aquecimento do líquido, incluindo a região de mudança de fase, se comporta como ilustrado na Figura 8.7 para a água e é caracterizada por vários fenômenos aliados ao excesso de temperatura, ΔT_e. Para baixos valores de excesso de temperatura, ocorre apenas convecção natural. No caso da água, esse valor é em torno de 5 °C e as Equações (7.17) podem ser aplicadas para o cálculo da transferência de calor por convecção natural nessa primeira região. A partir desse valor, também chamado "início da ebulição nucleada" (ONB, do inglês *onset of nucleated boiling*), bolhas individuais começam a ser produzidas na superfície aquecida, do que resulta o nome *ebulição nucleada* para esse regime. Em sequência ao aumento do fluxo de calor, a população de bolhas aumenta, como indicado pela fotografia da Figura 8.8, situação que induz as bolhas a se aglomerarem formando *colunas de bolhas*, que se coalescem e formam bolhas maiores ascendentes até atingirem a superfície do líquido. O aquecimento continua até que o *fluxo de calor crítico* (CHF, do inglês *critical heat flux*) é alcançado, sendo o valor de $q_{CHF} \approx 10^3\,\text{kW/m}^2$ válido para a água correspondente a $\Delta T_e \approx 30-35$ °C. No momento em que o CHF é alcançado, a população de bolhas é tão intensa que se forma um filme de vapor acima e adjacente à superfície (ou no entorno da superfície no caso de tubos e fios), de modo que um salto ($A \rightarrow B$) ocorre no excesso de temperatura (conforme indicado pelas setas) pela rápida queda da transferência de calor por meio do filme e depois continua o aquecimento em regime de *ebulição em filme de vapor*. A partir desse ponto, a troca de calor por radiação por meio do filme de vapor também passa a ser relevante. O salto de excesso de temperatura pode ser da ordem de 1000 °C (para a água), o que, certamente, levará a danos térmicos e, consequentemente, estruturais da superfície, como o rompimento da tubulação, ao que se chama DNB (do inglês, *departure from nucleate boiling*), enquanto outros denominam *boiling crisis*, *dryout* ou mesmo *burnout*. Seja qual for o termo empregado, pode ocorrer uma *fusão* ou *queima* localizada da superfície em razão da brusca elevação da temperatura local, acima do ponto de fusão do material. Portanto, trata-se de um assunto muito relevante no projeto térmico de caldeiras e outros equipamentos de ebulição não só da água, como de outros líquidos e fluidos refrigerantes. Recentemente, o emprego da técnica de ebulição para a dissipação de calor em *chips* eletrônicos também tem despertado o interesse do estudo desse fenômeno, como o da fotografia da Figura 8.8.

O fenômeno de aquecimento para além do fluxo de calor crítico e posterior resfriamento possui o comportamento de histerese, isto é, o resfriamento a partir da ebulição em filme segue outro caminho de resfriamento, como indicado pelas setas de sentido oposto na Figura 8.7. O resfriamento em filme prossegue até que o ponto de *fluxo de calor mínimo*, $q_{mín}$, seja alcançado, também chamado *ponto de Leidenfrost*, quando ocorre o salto no excesso de temperatura ($C \rightarrow D$) e o resfriamento prossegue no sentido oposto ao de aquecimento.

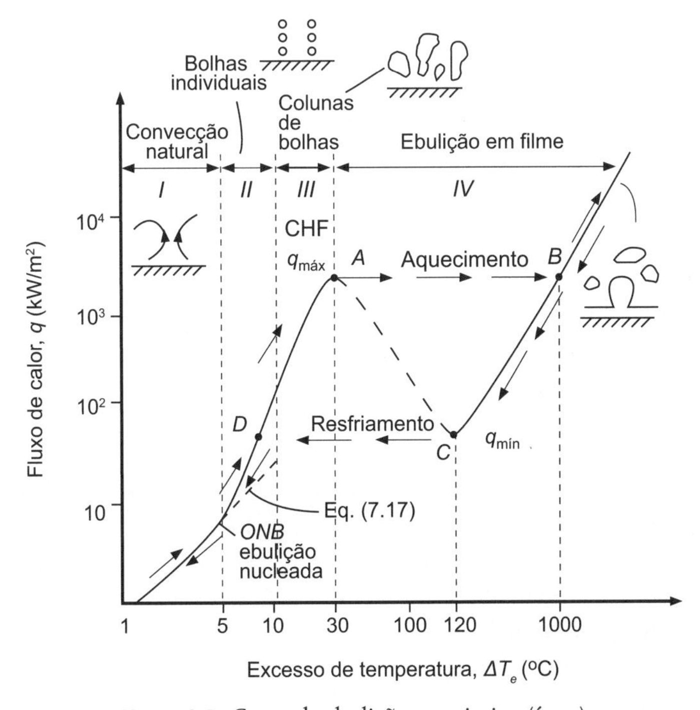

Figura 8.7 Curva de ebulição em piscina (água).

Figura 8.8 Ebulição em piscina em regime de colunas de bolhas do fluido HFE-7100 (T_{sat} = 60,3 °C a P_{sat} = 98 kPa) sobre uma superfície plana de cobre, para fluxo de calor de 250 kW/m², resultando em um excesso de temperatura, ΔT_e = 31,7 °C, cujo estudo foi realizado no laboratório de transferência de calor com mudança de fase – BOILING – da UFSC, coordenado pelo prof. Julio C. Passos. (Cortesia da profa. Elaine M. Cardoso, UNESP.)

Correlações práticas para cálculos de engenharia

I – Convecção natural

Nesse regime, podem ser usadas as equações válidas para convecção natural. Caso seja uma placa aquecida horizontal, são válidas as Equações (7.17). Em outras geometrias ou condições, consulte a Tabela 7.1.

II e III – Ebulição nucleada – bolhas individuais e em colunas

Rohsenow (1952) propôs uma correlação baseada em observações experimentais, cuja forma final modificada por Vachon *et al.* (1968) é dada por:

$$\frac{C_{pL}\left(T_p - T_{sat}\right)}{h_{LV}} = C_{sf}\left[\frac{q}{\mu_L h_{LV}}\sqrt{\frac{\sigma}{g(\rho_L - \rho_V)}}\right]^{0,33} Pr_L^n \tag{8.27}$$

Todas as propriedades termodinâmicas e de transporte já foram definidas e devem ser obtidas na condição de saturação. O expoente do número de Prandtl do líquido, Pr_L, vale n = 1 para água e 1,7 para outros fluidos, mas pode variar dependendo das condições da superfície. A Tabela 8.1 resume os valores do coeficiente C_{sf} para diversos pares de fluido-superfície. A tensão superficial da superfície-líquido, σ, é função da rugosidade superficial e pode ser ajustada para a água na faixa de $0 \leq T \leq 250$ °C por meio da seguinte equação de ajuste polinomial:

$$\sigma = \left(75{,}755 - 0{,}1491\,T - 0{,}0002\,T^2\right) \times 10^{-3} \tag{8.28}$$

sendo σ em N/m² e T em °C.

Saiz Jabardo *et al.* (2004) apresentam uma tabela concisa com valores obtidos por diversos pesquisadores para condições e geometrias diversas para os coeficientes C_{sf} e expoentes do número de Prandtl n. Também apresentam resultados experimentais próprios e valores ajustados desses coeficientes para fluidos refrigerantes em superfícies cilíndricas considerando diversos valores de rugosidade superficial. Ressalte-se que a Equação (8.27) é válida para superfícies limpas.

Tabela 8.1 Valores de C_{sf} e n para a Equação (8.27)

Par fluido-superfície	C_{sf}
água - latão	0,0060
água - cobre riscado	0,0068
água - cobre	0,0130
água - aço inoxidável recoberto com teflon	0,0058
água - aço inoxidável retificado	0,0080
água - níquel	0,0060
água - platina	0,0130
álcool isopropílico - cobre	0,0022
álcool n-butílico - cobre	0,0030
benzeno - cromo	0,0100
CCl_4 - cobre	0,0130
n-pentano - cobre polido	0,0049
R12 - cobre	0,0016
R113 - cobre	0,0022

A previsão do fluxo de calor crítico (CHF) é baseada em um dos modelos mais antigos, que é o de Kutateladze (1950), válido para água:

$$q_{\text{CHF}} = kh_{\text{LV}}\left[\sigma g \rho_{\text{V}}^{2}\left(\rho_{\text{L}} - \rho_{\text{V}}\right)\right]^{1/4} \tag{8.29}$$

cujas propriedades já foram definidas. Originalmente, ele validou a expressão para pequenos discos e fios aquecidos em água saturada para diversas pressões. O valor $k = \pi/24$ foi proposto por Zuber (1959) para superfícies planas aquecidas na face superior em água saturada à pressão atmosférica. O valor $k = 0{,}149$ também tem sido proposto e mais bem-aceito. Muitos outros modelos aperfeiçoados estão disponíveis na literatura. De uma forma geral, o fluxo de calor crítico corrigido $q_{\text{CHF-corr}}$ para diversas geometrias e condições assume a seguinte forma a partir da Equação (8.29), sendo que a função indicada correlaciona a razão entre o comprimento característico da geometria, L, e o comprimento característico da bolha, L_b:

$$\frac{q_{\text{CHF-corr}}}{q_{\text{CHF}}} = f\left(\frac{L}{L_b}\right) \tag{8.30}$$

L_b é definido por:

$$L_b = \sqrt{\sigma / g\left(\rho_{\text{L}} - \rho_{\text{V}}\right)} \tag{8.31}$$

A Equação (8.29) é empregada no cálculo de q_{CHF} com a constante $k = 0{,}149$. No caso de uma superfície plana aquecida infinita, tem-se $q_{\text{CHF-corr}}/q_{\text{CHF}} = 1{,}14$. Para um cilindro horizontal grande, a razão vale $q_{\text{CHF-corr}}/q_{\text{CHF}} = 0{,}90$, para uma grande esfera $q_{\text{CHF-corr}}/q_{\text{CHF}} = 0{,}84$, e, para um corpo de grandes dimensões de geometria não especificada, pode-se adotar $q_{\text{CHF-corr}}/q_{\text{CHF}} = 0{,}90$. Portanto, o fluxo crítico calculado pela Equação (8.29) superestima o valor de CHF para grandes cilindros e esferas. No caso de pequenos cilindros (fios elétricos), adota-se $q_{\text{CHF-corr}}/q_{\text{CHF}} = 0{,}94 \times (R/L)^{-1/4}$, para $0{,}15 < R/L_b < 1{,}2$ (Lienhard; Dhir, 1973) e $q_{\text{CHF-corr}}/q_{\text{CHF}} = 0{,}90$ se $R/L_b > 1{,}2$. Valores para outras geometrias podem ser encontrados em Kreith e Bohn (2001).

Groeneveld *et al.* (2007) apresentam o CHF para a água em ebulição em piscina (vazão mássica nula) e em ebulição convectiva (assunto da seção seguinte) para 24 níveis de pressão e 20 valores de vazão mássica extraídos de um banco de 30.000 pontos experimentais para tubos de 8 mm de diâmetro cobrindo a área nuclear como a de interesse principal. Valores de até 1,3 MW/m^2 têm sido reportados na literatura para a água.

IV – Ebulição em filme

Ebulição em filme é geralmente evitada, pois ocorre a combinação de elevada temperatura de superfície com um baixo coeficiente de transferência de calor. Do ponto de vista fenomenológico, a superfície aquecida é envolvida por um filme de vapor que diminui, consideravelmente, a transferência de calor, sendo que a condução pelo filme é o efeito dominante, exceto para elevadas temperaturas de superfície, quando a radiação térmica também passa a ser relevante. A transferência de calor por meio do filme chega na interface vapor-líquido para formar bolhas. Bromley (1950) propõe a seguinte equação para determinar o coeficiente convectivo médio de calor:

$$\bar{h}_c = C\left[\frac{g\rho_V(\rho_L-\rho_V)h_{LV}^{\#}k_V^3}{\mu_V(T_p-T_{sat})D}\right]^{1/4} \tag{8.32}$$

em que as propriedades do vapor são calculadas na condição da temperatura de filme $T_f = (T_{sat}+T_P)/2$. A constante C vale 0,62 para cilindros e 0,67 para esferas. A densidade do líquido, ρ_L, e a entalpia específica de vaporização modificada, $h_{LV}^{\#}$, são calculadas à temperatura de saturação. A entalpia específica modificada é dada por:

$$h_{LV}^{\#} = h_{LV} + 0{,}68C_{pV}(T_p - T_{sat}) \tag{8.33}$$

Note a semelhança da abordagem com a condensação estudada nas seções anteriores.

Para tubos horizontais de grande diâmetro, Westwater e Breen (1962) recomendam a seguinte expressão:

$$\bar{h}_c = \left(0{,}59 + 0{,}69\frac{\lambda_c}{D}\right)\left[\frac{g\rho_V(\rho_L-\rho_V)h_{LV}^{\#}k_V^3}{\lambda_c\mu_V(T_p-T_{sat})}\right]^{1/4} \tag{8.34}$$

em que:

$$\lambda_c = 2\pi\left[\frac{\sigma}{g(\rho_L-\rho_V)}\right]^{1/2} \tag{8.35}$$

No caso de uma superfície plana aquecida, Berenson (1960) propõe:

$$\bar{h}_c = 0{,}425\left[\frac{g\rho_V(\rho_L-\rho_V)h_{LV}^{\#}k_V^3}{\lambda_c\mu_V(T_p-T_{sat})}\right]^{1/4} \tag{8.36}$$

Se a diferença entre a temperatura da superfície e a do líquido for apreciada, o efeito da radiação térmica da superfície para a interface líquido-vapor também deve ser considerado. Bromley (1950) sugeriu a seguinte expressão para o coeficiente combinado de transferência de calor, $\bar{h}_{comb}$, considerando os coeficientes convectivos e de radiação. A expressão é válida se $\bar{h}_r < \bar{h}_c$:

$$\bar{h}_{comb} = \bar{h}_c + 0{,}75\bar{h}_r \tag{8.37}$$

sendo $\bar{h}_r$ o coeficiente linearizado de radiação térmica, definido por:

$$\bar{h}_r = \sigma\varepsilon\left(\frac{T_p^4 - T_{sat}^4}{T_p - T_{sat}}\right) \tag{8.38}$$

No contexto dessa equação, as temperaturas devem ser em kelvin, σ é a constante de Stefan-Boltzmann e ε é a emissividade da superfície, grandezas definidas no Capítulo 10.

Fluxo de calor mínimo, $q_{mín}$

Quando o regime de ebulição em filme é alcançado e um filme de vapor estável é formado no entorno da superfície, um processo de resfriamento, isto é, a diminuição do fluxo de calor vai seguir outra curva, como ilustra a Figura 8.7, o que caracteriza um efeito de histerese. A Equação (8.39) mostra o valor do fluxo de calor mínimo obtido por Zuber (1958) e, posteriormente, confirmado experimentalmente por Berenson (1961):

$$q_{mín} = 0{,}09\rho_v h_{LV}\left[\frac{\sigma g(\rho_L-\rho_V)}{(\rho_L+\rho_V)^2}\right]^{1/4} \tag{8.39}$$

EXEMPLO 8.2 Ebulição

Em um reator nuclear tipo PWR (*pressurized water reactor*), o fluxo de calor na superfície de uma vareta de combustível nuclear é de $0{,}5 \times 10^6$ W/m². A vareta possui diâmetro de 1 cm (0,01 m) e 1,8 m de comprimento e é resfriada por água que está em uma pressão de 15 MPa. No caso de um acidente de perda de refrigerante, a pressão do sistema termo-hidráulico do reator pode diminuir rapidamente até atingir a pressão atmosférica. Pede-se:

(a) a taxa de transferência de calor na superfície da vareta;
(b) a taxa de vaporização da água à pressão operacional e à pressão atmosférica, após um acidente;
(c) a razão R entre as taxas de vaporização antes e após o acidente.

Solução:

(a) A taxa de transferência de calor da superfície na superfície da vareta é dada por:
(b) $\dot{Q} = qA = q\pi DL = 0{,}5\times10^6\times\pi\times0{,}01\times1{,}8 = 28{,}26$ kW. A taxa de vaporização da água à pressão de 15 MPa é dada por:

$$\dot{m}_{evap} = \frac{\dot{Q}}{h_{LV}}$$

Para a água à pressão de 15 MPa (Tab. A.7), cuja entalpia específica de vaporização vale $h_{LV} = 1 \times 10^6$ J/kg, então temos:

$\dot{m}_{evap} = \dfrac{28{,}26\times10^3}{1\times10^6} = 0{,}02826$ kg/s. Após a ocorrência do acidente, a taxa de vaporização da água à pressão atmosférica deve ser calculada com a nova entalpia específica de evaporação (Tab. A.7), isto é, $h_{LV} = 2{,}257 \times 10^6$ J/kg ($P_{sat} = 101{,}325$ kPa). Assim, a nova taxa da água evaporada é:

$$\dot{m}_{evap} = \frac{28{,}26\times10^3}{2{,}257\times10^6} = 0{,}01252 \text{ kg/s}$$

(c) A razão R entre as taxas de vaporização antes e após o acidente é de:

$$R = \frac{0{,}02826}{0{,}01252} = 2{,}25$$

EXEMPLO 8.3 Excesso de temperatura

Determine a temperatura da parede, T_p, e de excesso de temperatura, ΔT_e, para um fio de níquel-cromo (nicromo) imerso em um banho de água à pressão atmosférica. O fio tem 1,5 m de comprimento e 1 mm de diâmetro e a potência elétrica dissipada total de 4 kW.

Solução:

Da Tabela A.7, para $P_{sat} = 101{,}325$ kPa, tem-se: $T_{sat} = 100$ °C. Propriedades avaliadas à temperatura de saturação.

$C_{pL} = 4{,}216$ kJ/kgK; $\mu_L = 2{,}817 \times 10^{-4}$ kg/m·s; $\rho_L = 958{,}4$ kg/m³; $\rho_v = 0{,}5981$ kg/m³; $h_{LV} = 2256$ kJ/kg; $Pr_L = 1{,}74$

Da Equação (8.28), tem-se:

$$\sigma = (75{,}755 - 0{,}1491\times100 - 0{,}0002\times100^2)\times10^{-3} = 0{,}0588 \text{ N/m}$$

Área exposta do fio: $A = \pi \times 0{,}001 \times 1{,}5 = 4{,}712 \times 10^{-3}\,m^2$

Fluxo de calor: $q = \dfrac{P_{el}}{A} = \dfrac{4}{4{,}712 \times 10^{-3}} = 848{,}8\ kW/m^2$

Da Tabela 8.1, C_{sf} = 0,006 (assumindo apenas cromo)

Finalmente, da Equação (8.27) para n = 1 (água), vem:

$$\Delta T_e = T_p - T_{sat} = C_{sf} \frac{h_{LV}}{C_{pL}} \left[\frac{q}{\mu_L h_{LV}} \sqrt{\frac{\sigma}{g(\rho_L - \rho_V)}} \right]^{0,33} Pr_L^n \Rightarrow$$

$$\Delta T_e = 0{,}006 \frac{2256}{4{,}216} \left[\frac{848{,}8}{2{,}817 \times 10^{-4} \times 2256} \sqrt{\frac{0{,}0588}{9{,}81 \times (958{,}4 - 0{,}5981)}} \right]^{0,33} \times 1{,}74 = 8{,}3\ ^\circ C$$

A temperatura de superfície é T_p = 100 + 8,3 = 108,3 °C.

EXEMPLO 8.4 Fluxo de calor crítico

Determine o fluxo de calor crítico para o Exemplo 8.2 e a potência elétrica máxima que pode ser aplicada sem que ocorra o dano ao fio.

Solução:

Dados já obtidos ou calculados no exemplo anterior.

h_{LV} = 2256 kJ/kg; ρ_L = 958,4 kg/m³; ρ_v = 0,5981 kg/m³; σ = 0,0588 N/m

Fluxo de calor crítico (Eq. 8.29) (usando k = 0,149):

$$q_{CHF} = 0{,}149 \times 2256 \times \left[0{,}0588 \times 9{,}81 \times 0{,}5981^2 \times (958{,}4 - 0{,}5981)\right]^{1/4} = 1260{,}4\ kW$$

É recomendável corrigir esse valor para pequenos cilindros de acordo com:

$$q_{CHF\text{-}corr} / q_{CHF} = 0{,}94 \times (R/L_b)^{-1/4}$$

Primeiro, o cálculo do comprimento característico da bolha, L_b (Eq. 8.31):

$$L_b = \sqrt{0{,}0588/9{,}81(958{,}4 - 0{,}5981)} = 0{,}0025\ m$$

Logo, o fluxo de calor crítico corrigido é:

$$q_{CHF\text{-}corr} = q_{CHF} \times 0{,}94 \times (R/L_b)^{-1/4} = 1260{,}4 \times 0{,}94 \times (0{,}5/2{,}5)^{-0,25} = 1771{,}6\ kW/m^2$$

Potência elétrica máxima:

$$P_{el\text{-}máx} = q_{CHF\text{-}corr} \times A = 1771{,}6 \times 4{,}712 \times 10^{-3} = 8{,}35\ kW.$$

8.3.2 Ebulição convectiva

O caso da *ebulição convectiva* difere da ebulição em piscina, pois o movimento do líquido se dá de forma forçada, diferentemente do caso de ebulição em piscina, em que o empuxo gravitacional em razão das diferenças de densidade das fases líquido e vapor desempenha um papel central. Evidentemente, a ebulição convectiva vai ocorrer quando um líquido escoa sobre uma superfície, cuja temperatura é maior que a de saturação do líquido. Ainda, o escoamento pode se dar no exterior da superfície ou no interior de tubos e canais.

Ebulição nucleada convectiva

O caso da ebulição nucleada convectiva é semelhante ao caso da ebulição nucleada em piscina. Estudos clássicos identificaram que o início da ebulição vai ocorrer na interseção da convecção forçada com a ebulição plenamente desenvolvida, como ilustrado na Figura 8.9. Vários investigadores analisaram o problema da ebulição nucleada convectiva, sendo que a expressão proposta por Bergles e Rohsenow (1964), que considera a contribuição da convecção forçada com a ebulição em piscina, é geralmente bem-aceita, dada por:

$$q = q_{\text{conv}} \sqrt{1 + \left[\frac{q_B}{q_{\text{conv}}} \left(1 - \frac{q_{Bi}}{q_B} \right) \right]^2} \tag{8.40}$$

em que: q é o fluxo de calor na ebulição nucleada convectiva; q_{conv}, o fluxo de calor em virtude da convecção forçada calculada de acordo com a geometria pela correspondente expressão dada nos Capítulos 5 ou 6; q_B, o fluxo de calor calculado na ebulição em piscina, dado pela Equação (8.27) – note que aqui foi acrescentado o índice "B" ao fluxo de calor para clareza; q_{Bi}, o fluxo de calor calculado pela interseção da curva de ebulição em piscina no ponto em que a ebulição tem início em $\Delta T_e = T_p - T_{\text{sat}}$.

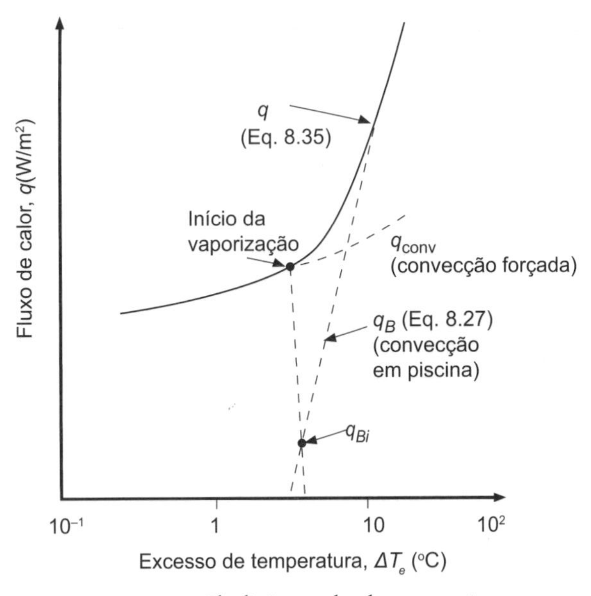

Figura 8.9 Ebulição nucleada convectiva.

Ebulição nucleada convectiva externa desenvolvida

No caso da ebulição plenamente desenvolvida externa, o fluxo de calor é dominado pela ebulição, sendo a convecção forçada menos significativa. Uma antiga abordagem proposta por Rohsenow (1952) ainda tem sido geralmente aceita por muitos pesquisadores. Trata-se de sobrepor os efeitos de ebulição em piscina com convecção forçada para obter a seguinte expressão de transferência de calor convectiva plenamente desenvolvida:

$$q = q_{\text{conv}} + q_{\text{ebul}} \tag{8.41}$$

sendo os termos dados $q_{\text{conv}} = \bar{h}\left(T_p - T_m\right)$, em que T_m é a temperatura média de mistura (ou de copo) como definido na subseção 6.1.2 e o coeficiente médio de transferência de calor por convecção $\bar{h}$ é calculado de acordo com a correlação de Dittus-Boelter modificada (Eq. 6.43) usando as propriedades da fase líquida. Já o termo q_{ebul} deve ser calculado pela expressão da Equação (8.27).

Fluxo de calor máximo

O fluxo de calor máximo, $q_{máx}$, será em muito aumentado em relação ao CHF de ebulição em piscina. Medições em laboratório indicam que o valor pode alcançar até 35 MW/m², muito superior ao valor de 1,3 MW/m² para ebulição em piscina para a água. A seguir, são apresentadas duas correlações desenvolvidas por Lienhard e Eichhorn (1976) em baixa e alta velocidade para escoamento cruzado sobre cilindros em função do *número de Weber*, We_D, definido por:

$$We_D = \frac{\rho_V V^2 D}{\sigma} \tag{8.42}$$

O número de Weber representa a razão entre as forças de inércia e as de tensão superficial. As propriedades que aparecem no número de We_D e nas equações seguintes devem ser avaliadas no estado de saturação.

Baixa velocidade:

$$\frac{\pi q_{máx}}{\rho_V h_{LV} V} = 1 + \left(\frac{4}{We_D}\right)^{1/3} \tag{8.43}$$

Alta velocidade:

$$\frac{\pi q_{máx}}{\rho_V h_{LV} V} = \frac{(\rho_L/\rho_V)^{0,75}}{169} + \frac{(\rho_L/\rho_V)^{0,5}}{19,2\, We_D^{1/3}} \tag{8.44}$$

Considera-se baixa velocidade se $\frac{\pi q_{máx}}{\rho_V h_{LV} V} > \left[1 + 0,275\left(\frac{\rho_L}{\rho_V}\right)^{0,5}\right]$. Caso contrário, trata-se de alta velocidade.

EXEMPLO 8.5 Ebulição nucleada convectiva

Considere o caso do fio do problema do Exemplo 8.3 com a água (100 °C) escoando perpendicularmente ao fio na velocidade de 3 m/s. Qual será a taxa de calor total transferida?

Solução:

Usando a Equação (8.41), é preciso calcular a transferência de calor convectiva. Para isso, deve-se calcular as propriedades à temperatura de filme $T_f = (T_p + T_\infty)/2 = (108,3+100)/2 \sim 104$ °C.

Propriedades interpoladas da Tabela A.7.

$C_{pL} = 4,22$ kJ/kgK; $\mu_L = 2,709 \times 10^{-4}$ kg/m·s; $\rho_L = 955,4$ kg/m³; $Pr_L = 1,67$; $k = 0,6843$ W/mK

Cálculo do Re_D:

$$Re_D = \frac{955,4 \times 3 \times 0,001}{2,709 \times 10^{-4}} = 10.580$$

Da Equação (5.78), tem-se:

$$\overline{Nu}_D = \frac{\bar{h}D}{k} = CRe_D^m Pr^{1/3}$$

em que C = 0,193 e m = 0,618 (Tab. 5.3). Então:

$$\overline{Nu}_D = \frac{\bar{h}D}{k} = 0,193 \times 10.580^{0,618} \times 1,67^{1/3} = 70,3 \Rightarrow \bar{h} = \frac{70,3 \times 0,6843}{0,001} = 48.106$$

Assim,

$$q_{conv} = \bar{h}(T_p - T_\infty) = 48.106 \times (108,3 - 100) = 399.280 \text{ W/m}^2$$

Finalmente, da Equação (8.41), vem:

$$q = 399,28 + 848,8 = 1248 \text{ kW/m}^2.$$

O caso de escoamento no interior de tubos é muito relevante, pois é a forma que ocorre em tubos das caldeiras e geradores de vapor do tipo aquatubular, entre outros dispositivos de vaporização. No caso de escoamento ascendente no interior de um tubo vertical, os padrões do escoamento assumem formas características distintas dependendo, principalmente, do título x da mistura. Os padrões de escoamento estão indicados na Figura 8.10a e são comumente conhecidos como regime bifásico. A Figura 8.10b mostra o comportamento qualitativo do coeficiente de transferência de calor como função dos regimes, os quais dependem também do título x do escoamento. Assim, são caracterizados os padrões:

- Regime bolhas – nesse regime ocorrem bolhas que se formam na parede aquecida. Inicialmente, são bolhas dispersas, cuja população é aumentada continuamente, forçando que se aglomerem.
- Regime pistonado – as estruturas de bolhas aglomeradas crescem e se coalescem formando grandes bolhas, chamadas "bolhas de Taylor", as quais são circundadas por um filme líquido junto à parede. As bolhas de Taylor são alternadas por *pistões* de líquido (daí o nome do regime).

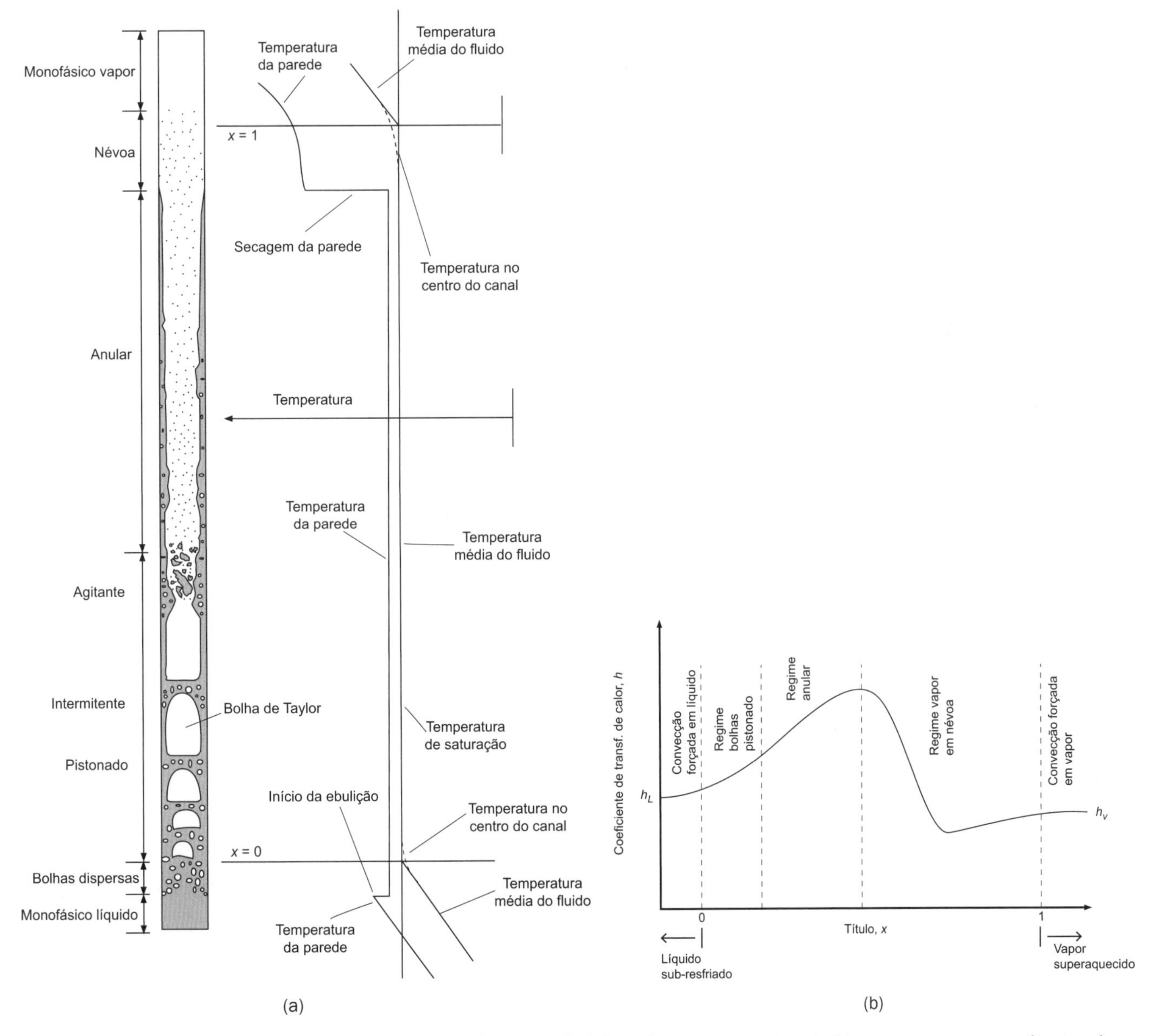

Figura 8.10 (a) Regimes de escoamento bifásico em tubo vertical (elaborada por Moreira, 2021); (b) comportamento qualitativo do coeficiente de transferência de calor.

- Regime agitante – as bolhas de Taylor coalescem e o escoamento fica de certa forma meio caótico em termos de identificação de estruturas. Daí o nome regime agitante.
- Regime anular e névoa – continuando o fluxo de calor na parede, mais líquido vaporiza de modo que o vapor passa a escoar pela região central da tubulação, enquanto a fase líquida escoa junto à parede aquecida do tubo. Esse regime tem, inicialmente, gotículas dispersas em seu meio formando uma estrutura do tipo *névoa*, isto é, gotículas escoando com a fase vapor. Posteriormente, a parede *seca*, para, então, o escoamento se transformar somente em vapor ($x = 1$). Continuando o aquecimento, o fluido se torna vapor monofásico superaquecido.

Kandlikar (1990, 1991 e 1999) propõe que a razão entre o coeficiente médio de transferência de calor $\bar{h}_c$ bifásico e o coeficiente de transferência de calor monofásico para apenas líquido $\bar{h}_{c-Lo}$ seja dada segundo o seguinte teste:

$$\bar{h}_c = \text{maior valor de} \begin{cases} \bar{h}_c \text{ calculado pela Equação (8.45)} \\ \bar{h}_c \text{ calculado pela Equação (8.46)} \end{cases}$$

com:

$$\frac{\bar{h}_c}{\bar{h}_{c-Lo}} = \frac{0,6683}{Co^{0,2}}(1-x)^{0,8} f(Fr_{L0}) + 1058,0(Bo)^{0,7}(1-x)^{0,8} F_{FL} \tag{8.45}$$

$$\frac{\bar{h}_c}{\bar{h}_{c-Lo}} = \frac{1,136}{Co^{0,9}}(1-x)^{0,8} f(Fr_{L0}) + 667,2(Bo)^{0,7}(1-x)^{0,8} F_{FL} \tag{8.46}$$

em que:

$$\text{Número de convecção: } Co = \left(\frac{\rho_V}{\rho_L}\right)^{0,5}\left(\frac{1-x}{x}\right)^{0,8} \tag{8.47}$$

$$\text{Número de ebulição (\textit{boiling}): } Bo = \frac{q\,A_T}{\dot{m}\,h_{LV}} \tag{8.48}$$

A_T é a área interna lateral do tubo.
Número de Froude (*Fr*) da fase líquida de mesma vazão total:

$$Fr_{L0} = \frac{\dot{m}^2}{g\rho_L D} \tag{8.49}$$

A função $f(Fr_{L0})$ vale 1 para tubos verticais e tubos horizontais com $Fr_{L0} > 0,4$. Para $Fr_{L0} \le 0,4$, é dada pela seguinte correlação:

$$f(Fr_{L0}) = \begin{cases} (25Fr_{L0})^{0,3} \text{ para } Fr_{L0} < 0,04 \text{ (tubos horizontais)} \\ 1 \text{ (tubos verticais) e para } Fr_{L0} \ge 0,04 \text{ (tubos horizontais)} \end{cases} \tag{8.50}$$

Equação de Dittus-Bolter somente para a fase líquida,

$$\bar{h}_{c-Lo} = 0,023\, Re_D^{0,8} Pr_L^{0,4}\left(\frac{k_L}{D}\right) \tag{8.51}$$

Kandlikar (1999) recomenda que o coeficiente de transferência de calor monofásico apenas para líquido $\bar{h}_{c-Lo}$ seja obtido da correlação de Gnielinski (1976), dado pela Equação (6.45), uma forma atualizada pelo próprio Gnielinski (2013). Use o número de Reynolds para a fase líquida fluindo saturada com a vazão mássica total da mistura bifásica.

O parâmetro F_{FL} representa as características da superfície e do fluido em contato. A Tabela 8.2 (Kandlikar, 1999) indica valores recomendados de diversos fluidos no interior de tubos de cobre. Para tubos de aço inoxidável é sugerido o valor unitário para essa grandeza.

Tabela 8.2 Valores de F_{FL} para as Equações (8.45) e (8.46) em tubos de cobre (adaptada de Kandlikar, 1999)

Fluido	F_{FL}
Água	1,00
Butano	1,50
Querosene	0,488
Propano	2,15
R-11	1,30
R-12	1,50
R-13B1	1,31
R-22	2,20
R-113	1,30
R-114	1,24
R-134a	1,63
R-152a	1,10
R-32(60 %) - R-132(40 %)	3,30

Existem outros métodos alternativos ao de Kandlikar para a obtenção do coeficiente médio de transferência de calor bifásico, como a correlação de Liu e Winterton (1991), adotada por alguns pesquisadores.

Referências

Berenson, P. Film boiling heat transfer from a horizontal surface. *Journal of Heat Transfer*, v. 83, p. 351-358, 1961.

Berenson, P. Transition boiling heat transfer from a horizontal surface. AIChE paper n. 18, *ASME-AIChE Heat Transfer Conference*, Buffalo, NY, 1960.

Bergles, A. E.; Rohsenow, W. M. The determination of forced-convection surface-boiling heat transfer. *Journal of Heat Transfer*, v. 86, p. 365-372, 1964.

Bromley, L. A. Heat transfer in stable film boiling. *Chemical Eng. Progress*, v. 46, p. 221-227, 1950.

Butterworth, D. Film condensation of a pure vapour. *In:* Schlünder, E. U. (ed.). *Heat Exchanger Design Handbook*. New York: Hemisphere, 1983.

Chun, M. H.; Kim, K. T. A. Natural convection heat transfer correlation for laminar and turbulent film condensation on a vertical surface. *Proc. ASME/JSME Thermal Eng. Conf.*, Reno, v. 2, p. 459-464, 1991.

Dhir, V. K.; Lienhard, J. H. Laminar film condensation on plane and axisymmetric bodies in nonuniform gravity. *Journal of Heat Transfer*, v. 93, n. 1, p. 97-100, 1971.

Gnielinski, V. New equations for heat and mass transfer in turbulent pipe and channel flow. *International Chemical Engineer*, v. 16, p. 359-368, 1976.

Gnielinski, V. On heat transfer in tubes. *International Journal of Heat and Mass Transfer*, v. 63, p. 134-140, 2013.

Groeneveld, D. C.; Shan, J. Q.; Vasić, A. Z. et al. The 2006 CHF look-up table. *Nuclear Engineering and Design*, v. 237, p. 1909-1922, 2007.

Kandlikar, S. G. A general correlation for two-phase flow boiling heat transfer coefficient inside horizontal and vertical tubes. *Journal of Heat Transfer*, v. 112, p. 219-228, 1990.

Kandlikar, S. G. *A Handbook of Phase Change*: boiling and condensation. CRC Press, Taylor & Francis, 1999.

Kandlikar, S. G. Development of a flow boiling map for subcooled and saturated flow boiling of different fluids in circular tubes. *Transactions of ASME – Journal of Heat Transfer*, v. 113, p. 190-200, 1991.

Kreith, F.; Bohn, M. S. *Principles of heat transfer*. 6. ed. New York: Brooks/Cole, 2001.

Kutateladze, S. S. *Fundamentals of heat transfer*. New York: Academic Press, 1963.

Kutateladze, S. S. Hydromechanical model of the crisis of boiling under conditions of free convection. *Journal of Technical Physics*, USSR, v. 20, n. 11, p. 1389-1392, 1950.

Labuntsov, D. A. Heat transfer in film condensation of pure steam on vertical surfaces and horizontal tubes. *Teploenergetika*, v. 4, n. 7, p. 72-80, 1957.

Lienhard, J. H.; Dhir, V. K. Hydrodynamic predictions of peak pool-boiling heat fluxes from finite bodies. *ASME Journal of Heat Transfer*, v. 95, p. 152-158, 1973.

Lienhard, J. H.; Eichhorn, R. Peak boiling heat flux on cylinders in a cross flow. *Int. Journal of Heat and Mass Transfer*, v. 19, p. 1135, 1976.

Liu, Z.; Winterton, R. H. S. A general correlation for saturated and subcooled flow boiling in tubes and annuli, based on a nucleate pool boiling equation. *Int. J. of Heat and Mass Transfer*, v. 34, n. 11, p. 2759-2766, 1991.

Moreira, T. A. Doctoral student, EESC-USP. *Comunicação pessoal*, 2021.

Nukiyama, S. The maximum and minimum values of the heat transmitted from metal to boiling water under atmospheric pressure. *Journal Japan Society Mechl. Eng.*, v. 37, p. 367, 1934.

Nusselt, W. The Condensation of steam on cooled surfaces. *VDIZ*, v. 60, p. 541-546, 569-575, 1916.

Popiel, C. O.; Boguslawski, L. Local heat-transfer coefficients on the rotating disk in still air. *Int. Journal od Heat and Mass Transfer*, v. 18, n. 1, 1975.

Rohsenow, W. M. A method of correlating heat transfer data for surface boiling liquids. *Transaction of ASME*, v. 74, p. 969-975, 1952.

Rohsenow, W. M. Heat transfer and temperature distribution in laminar-flow condensation. *Transaction of ASME*, v. 78, p. 1645-1648, 1956.

Rohsenow, W. M.; Hartnet, J.; Cho, Y. *Handbook of Heat Transfer*. 3. ed. New York: McGraw-Hill, 1998.

Rose, J. W. Dropwise condensation theory and experiment: a review. *Proceedings of the Institution of Mechanical Engineers, Part A: Journal of Power and Energy*, v. 216, p. 115, 2002.

Saiz Jabardo, J. M.; Silva, E. F.; Ribatski, G.; Barros, S. F. Evaluation of the Rohsenow correlation through experimental pool boiling of halocarbon refrigerants on cylindrical surfaces. *Journal of the Braz. Soc. of Mech. Sci. & Eng.*, v. 26, n. 2, p. 218-230, 2004.

Simões-Moreira, J. R.; Hernandez Neto, A. *Fundamentos e Aplicações da Psicrometria*. 2. ed. São Paulo: Blucher, 2019.

Vachon, R. I.; Nix, G. H.; Tanger, G. E. Evaluation of constants for the Rohsenow pool-boiling correlation. *Transaction of ASME, serie C, J. of Heat Transfer*, v. 90, p. 239-247, 1968.

Westwater, J. W.; Breen, B. P. Effect of diameter of horizontal tubes on film boiling heat transfer. *Chemical Eng. Progress*, v. 58, p. 67-72, 1962.

Zuber, N. *Hydrodynamic aspects of boiling heat transfer* (Ph.D. Thesis). University of California, Los Angeles, 1959.

Zuber, N. On the stability of boiling heat transfer. *Journal of Heat Transfer – Transactions of ASME*, v. 80, 1958.

Problemas propostos

8.1 Uma placa vertical de 1 m de altura por 1 m de largura é mantida a 50 °C no interior de um ambiente de vapor saturado à pressão atmosférica. Determine a taxa de calor transferida e a taxa de líquido condensado obtida em cada face.

8.2 Recalcule o caso do Problema proposto 8.1 para uma placa de 2 m de altura por 1 m de largura, mantidas as demais condições.

8.3 Com relação à curva de ebulição a seguir, pode-se afirmar:

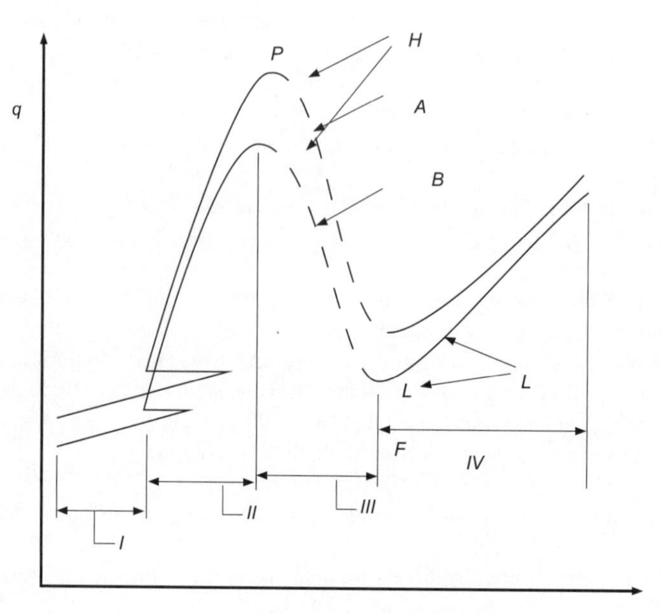

1. A curva "A" representa o processo de ebulição em piscina e a curva "B" o processo de ebulição convectiva.
2. A curva "B" representa o processo de ebulição em piscina e a curva "A" o processo de ebulição convectiva.
3. Os trechos I, II, III e IV da curva correspondem, respectivamente à: convecção monofásica; ebulição nucleada; transição de ebulição nucleada para ebulição em filme; ebulição em filme.
4. Os trechos I, II, III e IV da curva correspondem, respectivamente à: transição de ebulição nucleada para ebulição em filme; ebulição em filme; convecção monofásica; ebulição nucleada.
5. O ponto "P" das curvas representa a crise de ebulição (DNB) e o ponto "L" o fluxo de calor máximo.
6. O ponto "P" das curvas representa o início da ebulição nucleada (ONB) e o ponto "L" o fluxo de calor médio.
7. O ponto "P" das curvas representa o fluxo de calor crítico (CHF) e o ponto "L" o fluxo de calor mínimo.

8.4 Considere o caso de um tubo vertical de grande diâmetro (portanto, é possível usar as correlações de placa vertical) projetado para operar com condensação de vapor de água do seu lado externo por circulação de água em seu interior. Porém, na instalação, ele foi montado na horizontal. Supondo que todas as condições operacionais sejam mantidas, qual a razão de calor transferida entre as duas configurações em função do seu comprimento e diâmetro? Considere a condensação em filme laminar.

8.5 A superfície de uma resistência é encapsulada por um tubo de aço inoxidável e usada para aquecer água (pressão atmosférica) em um tanque de armazenamento de um sistema de aquecimento solar. Ao ser aquecida, a temperatura da superfície da resistência atinge 106 °C para uma resistência de potência elétrica de 3 kW. Usando o modelo de Rohsenow modificado (Eq. 8.27), determine o fluxo de calor em W/m^2 e, também, o comprimento da resistência, se seu diâmetro for de 8 mm.

8.6 Determine o fluxo de calor crítico para o Problema 8.5. (*Dica*: use o fator de correção.)

Trocadores de Calor

9.1 Introdução aos tipos de trocadores de calor

Uma das aplicações mais imediatas da teoria da transferência de calor é o projeto térmico de trocadores de calor. Um exemplo familiar desses equipamentos são os radiadores automotivos, onde o fluido de arrefecimento é bombeado para circular em canais existentes no interior do bloco do motor a fim de resfriá-lo. Nesse processo, o fluido de arrefecimento é aquecido ao retirar calor do motor e direcionado para o radiador, o qual tem por finalidade transferir a energia térmica do fluido aquecido para o ar atmosférico. O radiador é, portanto, um trocador de calor do tipo líquido-ar. Os principais objetivos do projeto térmico de trocadores de calor são a determinação da área de troca térmica e da configuração necessária para transferir a taxa total de calor, também chamada *carga térmica* ou *capacidade térmica*, de um fluido aquecido (ou resfriado) para um outro fluido, em vazões e temperaturas estabelecidas por condições operacionais.

Existe uma grande variedade de trocadores de calor, os quais têm configurações específicas que dependem da carga térmica, área de instalação, vazões, temperaturas e fluidos envolvidos. A Figura 9.1 apresenta uma sequência de fotografias de vários tipos de trocadores de calor selecionados para exemplificar as muitas aplicações. As Figuras 9.1a-c mostram equipamentos adequados para a transferência de um líquido para o ar atmosférico, classificados, genericamente, como líquido-gás, notadamente aletados do lado do ar; as Figuras 9.1d-g exemplificam trocadores de calor industriais; finalmente, a Figura 9.1h mostra um exemplo extraído da natureza, em que as grandes orelhas do elefante irrigadas pelo sangue aquecido pelo metabolismo do animal proporcionam uma ampla área de transferência de calor. Além disso, o belo animal, ao abanar as suas orelhas, permite um movimento relativo ao ar circundante, o que proporciona maiores coeficientes de transferência de calor.

Em capítulos anteriores, foram apresentadas correlações e técnicas de obtenção do coeficiente de transferência de calor para diversas configurações e regimes de trabalho. Na Seção 2.7 foi definido o coeficiente global de transferência de calor, U. Essa grandeza permite obter a carga térmica do trocador de calor por meio da Equação (9.1), já definida no Capítulo 2.

$$\dot{Q} = UA\overline{\Delta T} \tag{9.1}$$

em que $\overline{\Delta T}$ é uma diferença média efetiva da temperatura entre os dois fluidos de trabalho válida ao longo de todo o trocador de calor; U é o já definido coeficiente global de transferência de calor (Seção 2.7); e A, a área de troca de calor total do equipamento.

A Tabela 9.1 fornece valores aproximados de U para alguns fluidos comumente utilizados em trocadores de calor. As faixas relativamente amplas de U resultam das propriedades dos fluidos de trabalho e das condições do escoamento, bem como da configuração construtiva do trocador de calor.

Figura 9.1 Exemplos de tipos de trocadores de calor: (a) trocador de calor compacto; (b) radiador automotivo; (c) vaporizador para líquidos criogênicos ou GLP; (d) trocador de calor helicoidal; (e) trocador de calor de placas; (f) trocador de calor do tipo tubo e carcaça; (g) trocador de calor de óleo e gás da indústria petrolífera; (h) a orelha do elefante funciona como um trocador de calor para resfriar o sangue do belo animal.

Tabela 9.1 Valores representativos do coeficiente global de transferência de calor. Publicada com permissão de *The Engineering Toolbox*

Tipo	Aplicação	Coef. global de transf. de calor - U (W/m²K)
Tubular, aquecimento e resfriamento	Gases à pressão atmosférica dentro e fora dos tubos	5 - 35
	Gases à alta pressão dentro e fora dos tubos	150 - 500
	Líquido por fora (dentro) e gás, à pressão atmosférica, dentro (fora) dos tubos	15 - 70
	Gás à alta pressão dentro e líquido fora dos tubos	200 - 400
	Líquidos dentro e fora dos tubos	150 - 1200
	Vapor fora e líquido dentro dos tubos	300 - 1200
Tubular, condensação	Vapor fora e água de resfriamento dentro dos tubos	1500 - 4000
	Vapores orgânicos ou de amônia fora e água de resfriamento dentro dos tubos	300 - 1200
Tubular, vaporização	Vapor fora e líquido altamente viscoso dentro do tubo, convecção natural	300 - 900
	Vapor fora e líquido pouco viscoso dentro do tubo, convecção natural	600 - 1700
	Vapor fora e líquido dentro do tubo, convecção forçada	900 - 3000
Escoamento cruzado resfriando a ar	Resfriamento de água	600 - 750
	Resfriamento de líquidos de hidrocarbonetos leves	400 - 550
	Resfriamento de alcatrão	30 - 60
	Resfriamento de ar ou gases de combustão	60 - 180
	Resfriamento de hidrocarbonetos gasosos	200 - 450
	Condensação de vapor à baixa pressão	700 - 850
	Condensação de vapores orgânicos	350 - 500
Placas	Líquido - líquido	1000 - 4000
Espiral	Líquido - líquido	700 - 2500
	Vapor condensando - líquido	900 - 3500

9.2 Trocadores de calor de tubo duplo

Um dos tipos mais elementares de trocadores de calor é o trocador de calor de *tubo duplo*. Uma fotografia de um pequeno equipamento desse tipo pode ser vista na Figura 9.2. Como se vê na imagem, esse tipo de trocador de calor consiste em um tubo inserido no interior de outro de maior diâmetro. No espaço anular circula um dos fluidos de troca térmica, enquanto dentro do tubo interior circula o outro fluido. Dependendo das conexões dos tubos e dos detalhes do projeto térmico, os dois fluidos circulam na mesma direção, o que configura *corrente paralela*, ou circulam em direções opostas, configurando a *contracorrente*.

Figura 9.2 Fotografia de um trocador de calor de tubo duplo.

9.2.1 Trocadores de calor de tubo duplo de corrente paralela

É necessário definir de forma precisa a diferença efetiva de temperatura $\overline{\Delta T}$ da Equação (9.1) para que se prossigam com os cálculos de transferência de calor em trocadores de calor. Para isso, considere o esquema de um trocador de calor de tubo duplo de corrente paralela, como mostrado na Figura 9.3. A seguinte terminologia será empregada para denotar a temperatura do *fluido quente*, T_q, e *fluido frio*, T_f. Portanto, na entrada do fluido quente, tem-se, T_{qe}, e na saída, T_{qs}. Na entrada do fluido frio, tem-se T_{fe}, e na saída, T_{fs}. A parte superior da figura mostra de forma ilustrativa as distribuições de temperatura dos fluidos quente e frio.

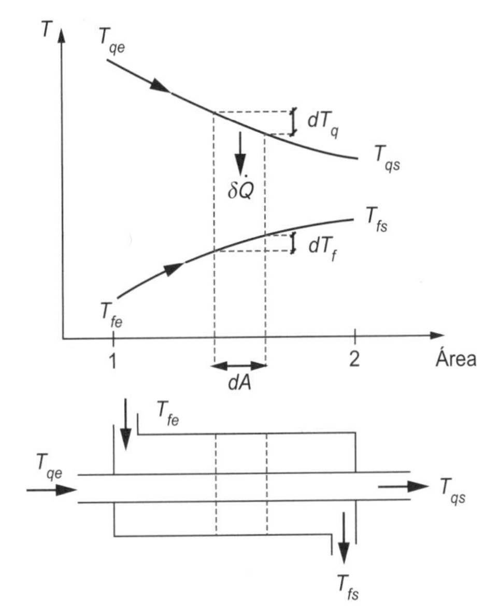

Figura 9.3 Distribuição de temperaturas em um trocador de calor de tubo duplo em corrente paralela.

A fim de resolver o problema térmico do trocador de calor, considere as seguintes hipóteses:

(a) O coeficiente global de transferência de calor, U, é constante ao longo de todo o trocador.
(b) O trocador é isolado termicamente de modo que a troca de calor ocorre somente entre os dois fluidos.
(c) A temperatura de cada fluido na seção transversal é a temperatura média de mistura.
(d) As propriedades de transporte de cada fluido são constantes e avaliadas nas temperaturas médias de cada fluido.
(e) Todo o processo ocorre em regime permanente.

Com base nessas hipóteses, a taxa de troca de calor elementar entre os fluidos quente e frio em uma área infinitesimal de troca de calor, dA, ilustrada na Figura 9.3 é:

$$d\dot{Q} = U(T_q - T_f)dA \tag{9.2}$$

Entretanto, a taxa de calor recebida pelo fluido frio é, necessariamente, igual em módulo à fornecida pelo fluido quente, o que, pela lei da conservação de energia (Primeira Lei da Termodinâmica), desprezando as variações de energia cinética e potencial nos fluidos, resulta em:

$$d\dot{Q} = \dot{m}_f C_{pf} dT_f = -\dot{m}_q C_{pq} dT_q \tag{9.3}$$

em que $\dot{m}$ é a vazão mássica e C_p é o calor específico à pressão constante. Por meio de um rearranjo da Equação (9.3), pode-se obter:

$$d(T_q - T_f) = -\left(\frac{1}{\dot{m}_q C_{pq}} + \frac{1}{\dot{m}_f C_{qf}}\right) d\dot{Q} \tag{9.4}$$

Substituindo $d\dot{Q}$ da Equação (9.2) na Equação (9.4), obtém-se:

$$\frac{d(T_q - T_f)}{(T_q - T_f)} = -U\left(\frac{1}{\dot{m}_q C_{pq}} + \frac{1}{\dot{m}_f C_{pf}}\right) dA \tag{9.5}$$

cuja integração equivale a:

$$\ln\frac{\Delta T_2}{\Delta T_1} = -UA\left(\frac{1}{\dot{m}_q C_{pq}} + \frac{1}{\dot{m}_f C_{pf}}\right) \tag{9.6}$$

com $\Delta T_1 = T_{qe} - T_{fe}$ e $\Delta T_2 = T_{qs} - T_{fs}$, como indicado no gráfico de distribuição de temperaturas da Figura 9.3. Por meio de um balanço de energia global em cada fluido, tem-se:

$$\dot{m}_q C_{pq} = \frac{\dot{Q}}{(T_{qe} - T_{qs})} \tag{9.7}$$

e

$$\dot{m}_f C_{pf} = \frac{\dot{Q}}{(T_{fs} - T_{fe})} \tag{9.8}$$

Substituindo-se essas duas expressões na Equação (9.6), vem:

$$\ln\frac{\Delta T_2}{\Delta T_1} = -UA\frac{(T_{qe} - T_{qs}) + (T_{fs} - T_{fe})}{\dot{Q}} \tag{9.9}$$

ou:

$$\dot{Q} = UA\frac{\Delta T_2 - \Delta T_1}{\ln(\Delta T_2 / \Delta T_1)} \tag{9.10}$$

Comparando-se esse resultado com a Equação (9.1), conclui-se que a "diferença média efetiva ou representativa das temperaturas", $\overline{\Delta T}$, procurada é dada por:

$$\overline{\Delta T} = \frac{\Delta T_2 - \Delta T_1}{\ln(\Delta T_2 / \Delta T_1)} \equiv DMLT \tag{9.11}$$

DMLT é conhecida como a *diferença média logarítmica de temperaturas*, já definida na Seção 6.3.

Assim, a expressão final para a taxa total de transferência de calor, ou carga térmica do trocador de calor, é:

$$\dot{Q} = UA\ DMLT \tag{9.12}$$

9.2.2 Trocadores de calor de tubo duplo de contracorrente

No caso do trocador de calor de tubo duplo de contracorrente, os dois fluidos circulam em direções opostas, como indicado na Figura 9.4. As distribuições de temperaturas nos fluidos quente e frio ao longo do comprimento dos tubos estão também ilustradas. Uma peculiaridade dessa configuração é que a temperatura de saída de fluido frio (T_{fs}) pode ser maior que a temperatura de saída de fluido quente (T_{qs}).

Com base nas mesmas hipóteses do caso anterior, a taxa de troca de calor elementar entre os fluidos quente e frio para a área infinitesimal de troca de calor, dA, ilustrada na Figura 9.4, é:

$$d\dot{Q} = U(T_q - T_f)dA \tag{9.13}$$

Pela lei da conservação de energia, a taxa de calor recebida pelo fluido frio é, necessariamente, igual à fornecida pelo fluido quente e, desprezando também as variações de energia cinética e potencial nos fluidos como no caso anterior, obtém-se:

$$d\dot{Q} = \dot{m}_f C_{pf} dT_f = -\dot{m}_q C_{pq} dT_q \tag{9.14}$$

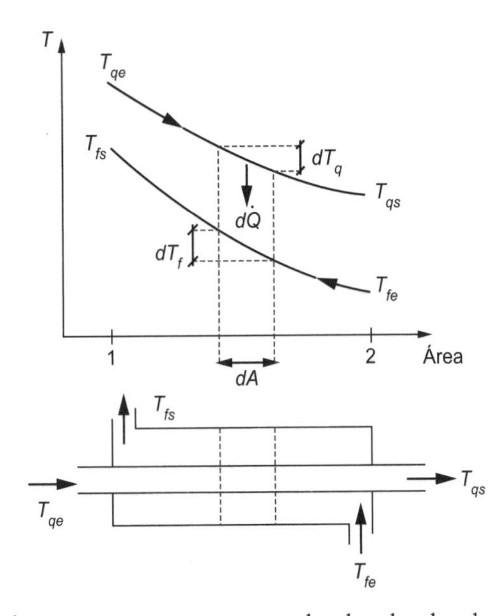

Figura 9.4 Distribuição de temperaturas em um trocador de calor de tubo duplo em contracorrente.

Por meio de um rearranjo da Equação (9.3), pode-se obter:

$$d(T_q - T_f) = -\left(\frac{1}{\dot{m}_q C_{pq}} + \frac{1}{\dot{m}_f C_{qf}}\right) d\dot{Q} \tag{9.15}$$

Ao substituir $d\dot{Q}$ da Equação (9.2) na Equação (9.15), resulta:

$$\frac{d(T_q - T_f)}{(T_q - T_f)} = -U\left(\frac{1}{\dot{m}_q C_{pq}} + \frac{1}{\dot{m}_f C_{pf}}\right) dA \tag{9.16}$$

cuja integração equivale a:

$$\ln \frac{\Delta T_2}{\Delta T_1} = -UA\left(\frac{1}{\dot{m}_q C_{pq}} + \frac{1}{\dot{m}_f C_{pf}}\right) \tag{9.17}$$

Compare a semelhança dessa equação com a Equação (9.6). No caso da Equação (9.17), as definições das diferenças de temperatura divergem do caso anterior (em paralelo), já que $\Delta T_1 = T_{qe} - T_{fs}$ e $\Delta T_2 = T_{qs} - T_{fe}$. A fim de evitar dificuldades e confusões com as definições dessas diferenças de temperatura, note que, independentemente de a configuração ser de corrente paralela ou de contracorrente, ΔT_1 pode ser interpretado como a diferença de temperaturas dos fluidos nas suas conexões posicionadas à esquerda do trocador de calor, e ΔT_2 como a diferença de temperaturas dos fluidos nas suas conexões posicionadas à direita do trocador de calor, conforme ilustrado na Figura 9.5.

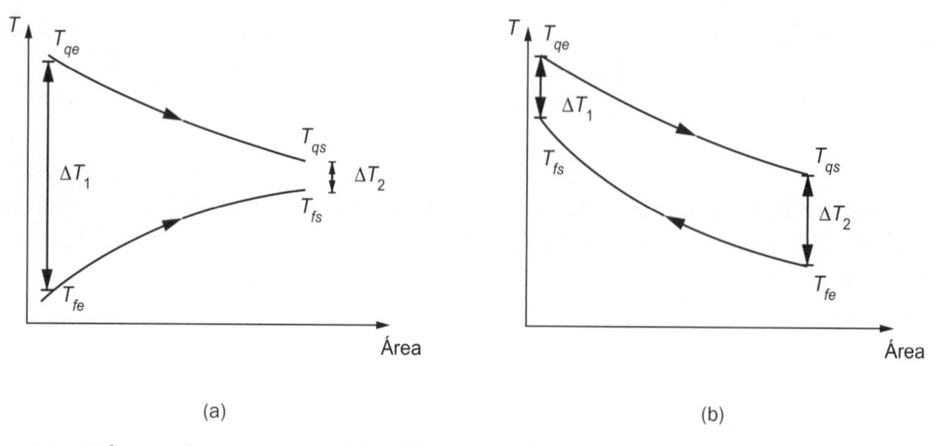

Figura 9.5 Diferença de temperaturas ΔT_1 e ΔT_2 em trocador de calor (a) paralelo e (b) contracorrente.

A taxa total de transferência de calor é obtida da aplicação da Primeira Lei da Termodinâmica nas correntes quente e fria de todo o trocador de calor, do que resultam:

$$\dot{Q} = \dot{m}_q C_{pq}(T_{qe} - T_{qs}) \tag{9.18}$$

e

$$\dot{Q} = \dot{m}_f C_{pf}(T_{fs} - T_{fe}) \tag{9.19}$$

Substituindo-se essas duas expressões na Equação (9.17), vem:

$$\ln\frac{\Delta T_2}{\Delta T_1} = -UA\frac{(T_{qe} - T_{qs}) + (T_{fs} - T_{fe})}{\dot{Q}} \tag{9.20}$$

ou:

$$\dot{Q} = UA\frac{\Delta T_2 - \Delta T_1}{\ln(\Delta T_2/\Delta T_1)} \tag{9.21}$$

De onde se obtém a mesma expressão do caso de corrente paralela (Eq. 9.12).

$$\dot{Q} = UA\ DMLT \tag{9.22}$$

Como demonstrado, a expressão para o cálculo da taxa de troca de calor (carga térmica) do trocador de calor é exatamente a mesma (confira com a Eq. 9.12), independentemente da configuração, com a ressalva de que utilizar as definições corretas da *DMLT* diverge das definições ΔT_1 e ΔT_2 (Fig. 9.5).

Para as mesmas temperaturas de entrada e saída dos dois fluidos, a *DMLT* em contracorrente é maior que para corrente paralela. Portanto, para o mesmo coeficiente global de transferência de calor, *U*, a área necessária para determinada taxa de transferência de calor é menor para um trocador em contracorrente.

EXEMPLO 9.1 Trocador de calor de tubo duplo em contracorrente

Depois de passar em um processo de condensação, água líquida (pressurizada) a 120 °C a uma vazão de 2,3 kg/s é aproveitada para aquecer outra corrente de água a 15 °C e 1,0 kg/s até 40 °C, a qual será armazenada para uso posterior em banho. Se for usado um trocador de calor de tubo duplo em contracorrente com tubo interno de cobre e diâmetros d_i = 24 mm e d_o = 25 mm avalie o comprimento necessário do trocador considerando um coeficiente de transferência de calor na seção anular de 550 W/m²K, onde passa a água quente.

Solução:

A configuração do trocador de calor e o esquema da distribuição de temperaturas estão indicados nas figuras.

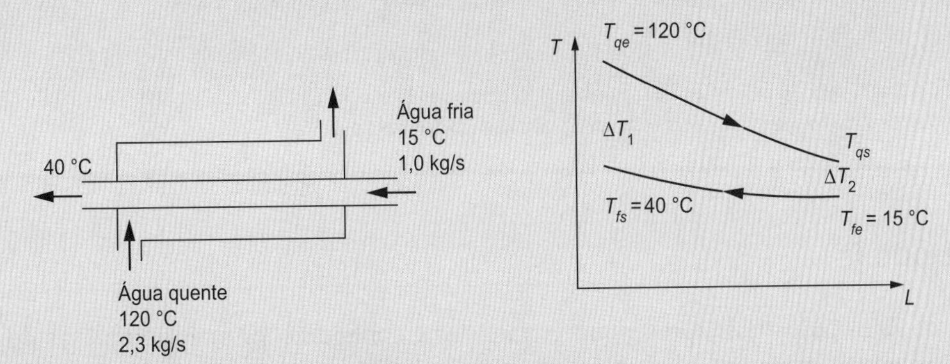

No balanço de energia global (Primeira Lei da Termodinâmica) de todo o trocador, o calor fornecido pelo fluido quente deve ser igual ao calor recebido pelo fluido frio. Perceba que C_{pq} não pode ser avaliado com exatidão porque T_{qs} (e com isso $\bar{T}_q$) não é conhecida. Para tanto, é assumido um valor inicial T_{qs} = 95 °C: $\bar{T}_q = 107{,}5$ °C e C_{pq} = 4227 kJ/kgK.

$$1 \times 4179 \times (40-15) = 2{,}3 \times 4227 \times (120 - T_{qs}) \rightarrow \; T_{qs} = 109{,}3\ °\text{C}$$

Com essa nova temperatura, avalia-se uma nova temperatura média: $\bar{T}_q$ = 114,7 °C e C_{pq} = 4236 kJ/kgK $\rightarrow T_{qs}$ = 109,3 °C, que é a temperatura correta.

A diferença média logarítmica de temperaturas pode ser avaliada com $\Delta T_1 = 80$ °C e $\Delta T_2 = 94{,}3$ °C.

$$DMLT = \frac{80 - 94{,}3}{\ln(80/94{,}3)} = 86{,}9\ °\text{C}$$

A taxa de calor transferido é: $\dot{Q} = 1 \times 4179 \times (40-15) = 104.475$ W

Cálculos de transferência de calor – escoamento no interior dos tubos

Escoamento interno: $\bar{T}_f = 27{,}5$ °C (das propriedades da água, Tab. A.7)

$$\rho = 996{,}7\ \text{kg/m}^3;\ k = 0{,}614\ \text{W/mK};\ Pr = 5{,}74;\ \mu = 843 \times 10^{-6}\ \text{kg/ms};\ C_{pf} = 4179\ \text{kJ/kgK};$$

$$\nu = 843 \times 10^{-6} / 996{,}7 = 8{,}46 \times 10^{-7}\ \text{m}^2/\text{s}$$

$$Re = \frac{4\dot{m}}{\pi d_i \mu} = \frac{4 \times 1}{\pi\, 0{,}024 \times 843 \times 10^{-6}} = 62.964 \text{ (turbulento)}$$

Usando a expressão de Dittus-Boelter:

$$Nu = 0{,}023 Re^{0{,}8} Pr^{0{,}4} = 0{,}023 \times 62.964^{0{,}8} \times 5{,}74^{0{,}4} = 319{,}6$$

$$h_i = Nu \frac{k}{d_i} = 319{,}6 \frac{0{,}614}{0{,}024} = 8175{,}7\ \text{W/m}^2\text{K}$$

Escoamento externo: h_o = 550 W/m²K

Condutividade da parede do tubo interno de cobre: k = 396,5 W/mK (Tab. A.2)

Coeficiente global de transferência de calor em função da área externa do tubo interno:

$$\frac{1}{U_o A_o} = \frac{1}{h_i A_i} + \frac{\ln(d_o/d_i)}{2\pi k L} + \frac{1}{h_o A_o}$$

$$\frac{1}{U_o \pi \times 0{,}025 \times L} = \frac{1}{8175{,}7 \times \pi \times 0{,}024 \times L} + \frac{\ln(0{,}025/0{,}024)}{2\pi \times 396{,}5 \times L} + \frac{1}{550 \times \pi \times 0{,}025 \times L}$$

$$U_o = 513{,}6\ \text{W/m}^2\text{K}$$

Logo, o comprimento é avaliado de:

$$\dot{Q} = U_0 A_0 DMLT \quad \rightarrow \quad 513{,}6 \times \pi \times 0{,}025 \times L \times 86{,}9 = 104.475$$
$$L = 29{,}8 \text{ m}$$

Nota: perceba que a taxa de calor transferido no fluido quente é: $\dot{Q} = 2{,}3 \times 4236 \times (120 - 109{,}3) = 104.247$ W. Uma aproximação com mais casas decimais forneceria um resultado mais preciso.

9.3 Método F

Trocadores de calor industriais apresentam geometrias e configurações mais complexas do que as de configuração elementar de um tubo duplo, tais como os multitubulares, que podem ter diversos passes de fluido na carcaça, ou os de correntes cruzadas. Nesses casos, a determinação da diferença média de temperatura é dificultada e, dessa forma, o procedimento usual de cálculo se baseia na modificação das equações básicas a partir da introdução de um *fator de correção F*. Assim, a equação do cálculo da carga térmica total da taxa de calor passa a ter a seguinte formulação:

$$\dot{Q} = UAF \; DMLT_{cc} \tag{9.23}$$

em que $DMLT_{cc}$ é aquela para um trocador de calor de *tubo duplo em contracorrente* com as mesmas temperaturas de entrada e saída da configuração mais complexa. A sequência de Figuras 9.6 a 9.9 fornece os fatores de correção F para diversas configurações. A notação (T, t) representa as temperaturas das duas correntes de fluido, não importando se o fluido quente escoa nos tubos ou na carcaça. Nessa nova convenção, o índice 1 indica entrada e o 2, saída. Deve-se ter cuidado na Figura 9.9 em que T indica o fluido misturado e t o fluido não misturado. Os gráficos correspondem às equações indicadas nas mesmas figuras, nos quais os parâmetros P e R são definidos como:

$$P = \frac{t_2 - t_1}{T_1 - t_1} \tag{9.24}$$

$$R = \frac{T_1 - T_2}{t_2 - t_1} \tag{9.25}$$

em que P varia de 0 a 1 e R, de 0 a infinito.

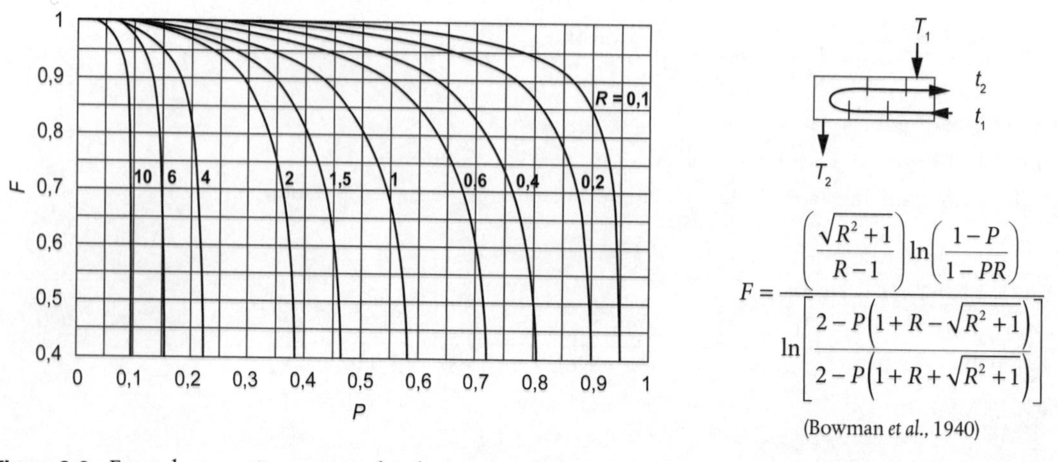

Figura 9.6 Fator de correção em trocador de casco e tubo com um passe no casco e múltiplo de 2 nos tubos.

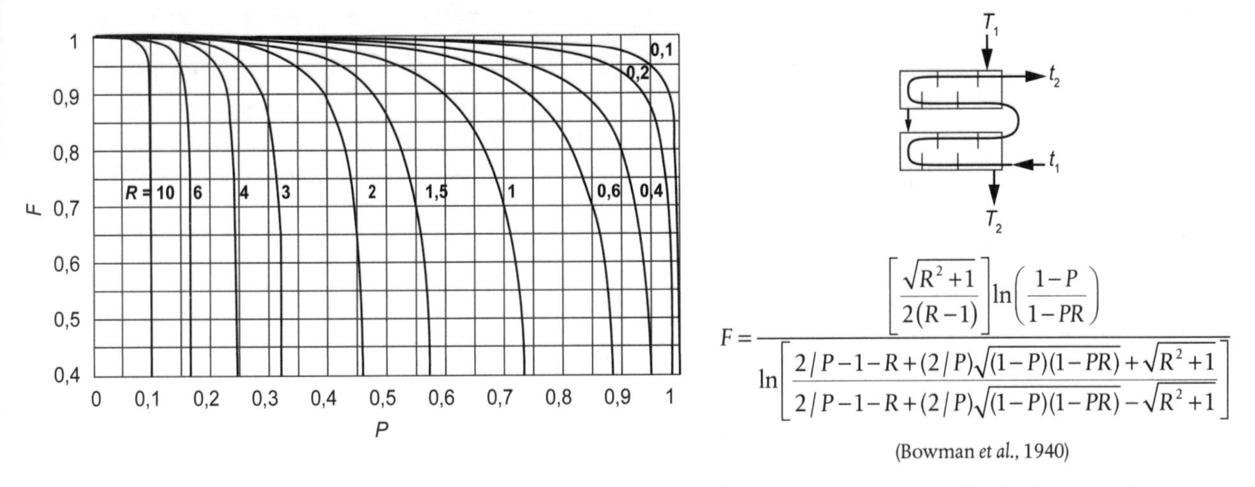

Figura 9.7 Fator de correção em trocador de casco e tubo com dois passes no casco e múltiplo de 4 nos tubos.

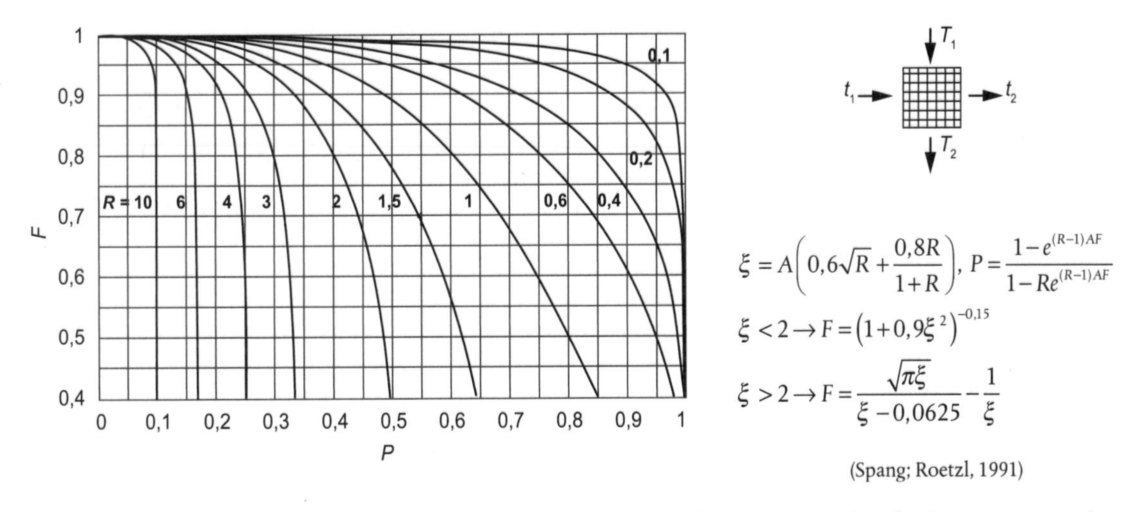

Figura 9.8 Fator de correção em trocador de escoamento cruzado, único passe, os dois fluidos não misturados.

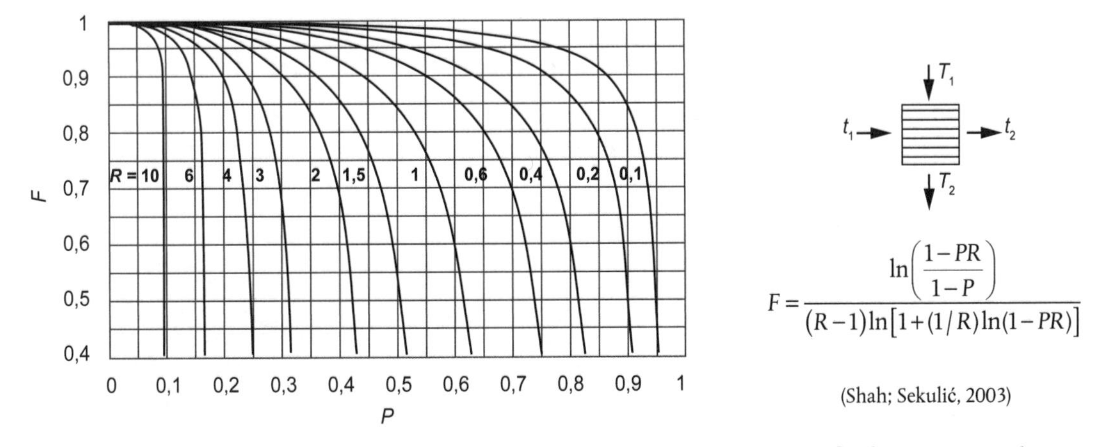

Figura 9.9 Fator de correção em trocador de escoamento cruzado, único passe, um fluido não misturado (t) e o outro misturado (T).

Outras configurações podem ser encontradas em obras específicas de trocadores de calor, como em Shah e Sekulić (2003). Em caso de mudança de fase (evaporação ou condensação), pode acontecer que $R = 0$ ou $R \rightarrow \infty$ e $P = 0$; em ambas as situações, tem-se $F = 1$, independentemente do lado em que o fluido se encontre mudando de fase.

EXEMPLO 9.2 Trocador de calor de casco e tubos

Um trocador de calor de casco e tubo de 2 passes no casco e 4 passes nos tubos (2 passes por cada casco) deve ser projetado para resfriar óleo. O óleo apresenta uma temperatura de 120 °C e 2 kg/s e deve ser resfriado até 50 °C, enquanto a água está disponível a 15 °C e 1,3 kg/s. Sabendo que o óleo passa no casco e a água nos tubos e que o coeficiente global de transferência de calor é de 500 W/m²K, quando o diâmetro de cada tubo é de 2 cm e o comprimento de 8 m, avalie o número de tubos necessários para essa troca térmica.

Solução:

A configuração do trocador de calor e o esquema da distribuição de temperaturas estão indicados nas figuras.

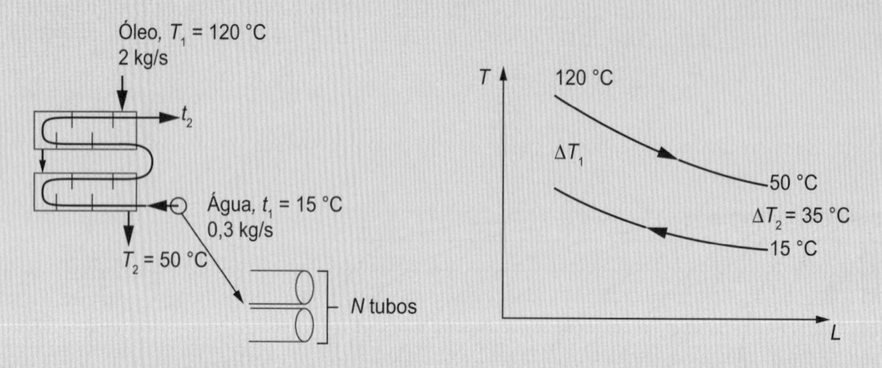

Aparentemente, esse problema não pode ser solucionado, pois falta a temperatura de saída da água, t_2. Porém, essa grandeza pode ser avaliada usando o balanço de energia.

Óleo a $\overline{T}_q = (120+50)/2 = 85$ °C, $C_{pq} = 2152$ J/kgK (Tab. A.8)

Para a água, assume-se um valor inicial de $C_{pf} = 4179$ J/kgK (Tab. A.7)

$$\dot{m}_q C_{pq}(T_{qe} - T_{qs}) = \dot{m}_f C_{pf}(T_{fs} - T_{fe})$$

$$2\times 2152\times(120-50) = 1{,}3\times 4179\times(T_{fs}-15) \rightarrow T_{fs} = 70{,}5 \text{ °C } (\overline{T}_f = 42{,}7 \text{ °C}, C_{pf} = 4179 \text{ J/kgK} - \text{confere!})$$

$$\Delta T_1 = 49{,}5 \text{ °C}, \Delta T_2 = 35 \text{ °C}$$

$$DMLT_{cc} = (49{,}5-35)/\ln(49{,}5/35) = 41{,}8 \text{ °C}$$

Perceba também que as T correspondem ao fluido que passa no casco (óleo) e as t, ao fluido que passa nos tubos (água).

$$P = \frac{t_2 - t_1}{T_1 - t_1} = \frac{70{,}5-15}{120-15} = 0{,}53$$

$$R = \frac{T_1 - T_2}{t_2 - t_1} = \frac{120-50}{70{,}5-15} = 1{,}26$$

Da Figura 9.7, $F \approx 0{,}91$

$$\dot{Q} = \dot{m}_q C_{pq}(T_{qe} - T_{qs}) = 2\times 2152\times(120-50) = 301.280 \text{ W}$$

$$\dot{Q} = UAF\,DMLT_{cc} \rightarrow 301.280 = 500\times A\times 0{,}91\times 41{,}8 \Rightarrow A = 15{,}84 \text{ m}^2$$

$$A = N\pi dL \rightarrow 15{,}84 = N\times\pi\times 0{,}020\times 8$$

N = 31,5, podendo arredondar para 32 tubos.

EXEMPLO 9.3 Trocador de calor de escoamento cruzado

Um radiador sem aletas é testado para resfriar água com ar forçado. A água ingressa a 90 °C e sai a 70 °C, enquanto ar escoa ao redor dos tubos ingressando a 20 °C e saindo a 30 °C. Sendo o coeficiente global de transferência de calor de 450 W/m²K e a área de troca de calor de 0,5 m², avalie a taxa de calor transferido e as vazões mássicas dos fluidos de trabalho.

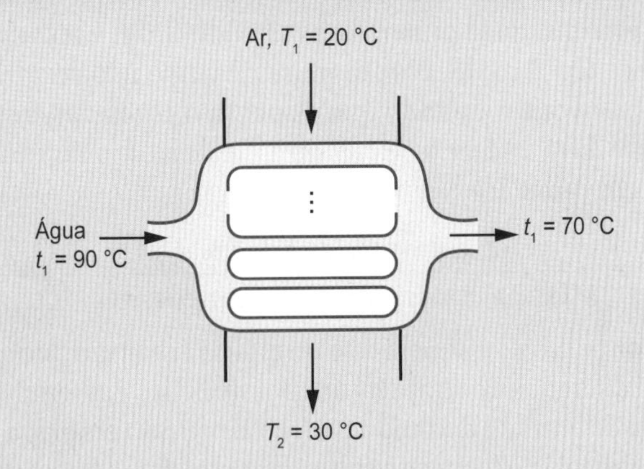

Solução:

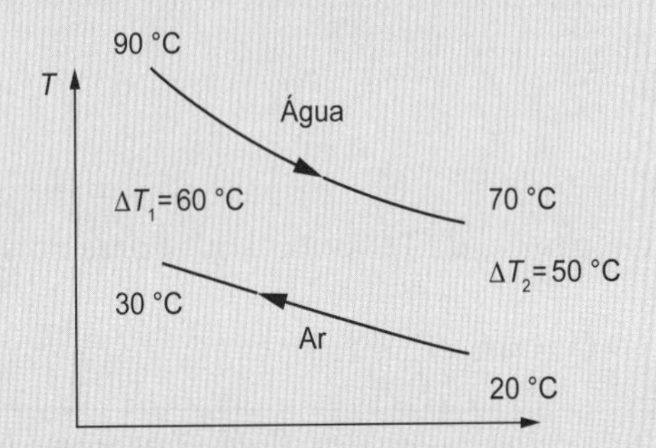

Da figura esquemática, tem-se:

$$P = \frac{t_2 - t_1}{T_1 - t_1} = \frac{70-90}{20-90} = 0,29$$

$$R = \frac{T_1 - T_2}{t_2 - t_1} = \frac{20-30}{70-90} = 0,5$$

$$F \approx 0,98 \text{ (Fig. 9.9)}$$

$$\Delta T_1 = 60\ °C, \Delta T_2 = 50\ °C$$

$$DMLT_{cc} = (60-50)/\ln(60/50) = 54,8\ °C$$

$$\dot{Q} = UAF\, DMLT_{cc} = 450 \times 0,5 \times 0,98 \times 54,8 = 12.083\ W$$

As vazões mássicas podem ser obtidas da Primeira Lei da Termodinâmica:

$$\text{Água a } \overline{T}_q = 80\ °C \text{ (Tab. A.7)}: C_{pq} = 4193\ J/kgK$$

$$\text{Ar a } \overline{T}_f = 25\ °C \text{ (Tab. A.5)}: C_{pf} = 1007\ J/kgK$$

$$\dot{Q} = \dot{m}_q C_{pq}(T_{qe} - T_{qs}) \rightarrow 12.083 = \dot{m}_q 4193 \times (90-70) \rightarrow \dot{m}_q = 0,14\ kg/s$$

$$\dot{Q} = \dot{m}_f C_{pf}(T_{fe} - T_{fs}) \rightarrow 12.083 = \dot{m}_f 1007 \times (30-20) \rightarrow \dot{m}_f = 0,2\ kg/s$$

9.4 Método da efetividade ε e NUT

O método F analisado na seção anterior é útil quando todas as temperaturas de entrada e saída dos fluidos frio e quente são conhecidas, ou podem ser avaliadas de forma imediata mediante um balanço da energia. Em projetos térmicos, porém, é comum que uma ou mais temperaturas de entrada ou de saída do trocador de calor sejam desconhecidas. Nesse caso, o método F se torna trabalhoso e requer um método iterativo do tipo tentativa e erro em que temperaturas são admitidas e testadas até que ocorra a convergência. Com muitos *softwares* e técnicas de solução numérica, isso não se apresenta como um problema incontornável. Entretanto, existe outro método que dispensa o conhecimento de todas as temperaturas envolvidas. Trata-se do *método da efetividade* (ε) e *número de unidades de transferência* (*NUT*). Para isso, considere a seguinte definição de efetividade, ε:

$$\varepsilon \equiv \frac{\text{Taxa de troca de calor real}}{\text{Máxima taxa de troca de calor possível}} \quad \frac{\dot{Q}_{\text{real}}}{\dot{Q}_{\text{máx}}} \tag{9.26}$$

A máxima troca de calor possível é aquela que resultaria se *um dos fluidos* sofresse uma variação de temperatura igual à máxima diferença de temperatura possível, isto é, a temperatura de entrada do fluido quente menos a temperatura de entrada do fluido frio. Esse método emprega a efetividade para eliminar a temperatura de saída desconhecida e fornece a solução para a efetividade em termos de outros parâmetros operacionais conhecidos ($\dot{m}$, C_p, A e U).

Seja a *capacidade térmica*, C, definida pelo produto da vazão mássica pelo calor específico à pressão constante, isto é:

$$C = \dot{m}C_p \tag{9.27}$$

Então, por meio do uso da Primeira Lei da Termodinâmica para dois fluidos, tem-se:

$$\dot{Q}_{real} = C_q(T_{qe} - T_{qs}) = C_f(T_{fs} - T_{fe}) \tag{9.28}$$

o que indica que o módulo da taxa de calor cedida pelo fluido quente é a mesma recebida pelo fluido frio. Portanto, a máxima troca de calor teórica possível, $\dot{Q}_{\text{máx}}$, ocorre quando o fluido de menor capacidade térmica, C, sofre a maior variação de temperatura possível, que é exatamente a diferença entre as temperaturas quente de entrada, T_{qe}, e fria de entrada, T_{fe}, isto é,

$$\dot{Q}_{\text{máx}} = C_{\text{mín}}(T_{qe} - T_{fe}) \tag{9.29}$$

com:

$$C_{\text{mín}} = \text{mín}\begin{cases} C_f = C_{pf}\dot{m}_f \\ \quad\text{e} \\ C_q = C_{pq}\dot{m}_q \end{cases}$$

Essa máxima taxa de troca de calor ocorreria em teoria em um trocador de calor de contracorrente de área infinita. Combinando as Equações (9.26) e (9.29), obtém-se:

$$\dot{Q}_{\text{real}} = \varepsilon C_{\text{mín}}(T_{qe} - T_{fe}) \tag{9.30}$$

Para encontrar uma relação entre ε e C, considere um *trocador de calor de correntes paralelas*, como aquele da Figura 9.3, tendo as mesmas hipóteses simplificadoras indicadas na Seção 9.2.1.

Combinando as Equações (9.28) e (9.29), são obtidas as duas expressões para a efetividade para os balanços térmicos dos lados quente e frio.

$$\varepsilon = \frac{C_q(T_{qe}-T_{qs})}{C_{mín}(T_{qe}-T_{fe})} = \frac{C_f(T_{fs}-T_{fe})}{C_{mín}(T_{qe}-T_{fe})} \tag{9.31}$$

Como o valor mínimo de C, isto é, $C_{mín}$, pode ocorrer tanto para o fluido quente quanto para o fluido frio, existem dois valores possíveis para a efetividade:

$$\text{Se } C_q < C_f: \quad \varepsilon_q = \frac{T_{qe}-T_{qs}}{T_{qe}-T_{fe}} \tag{9.32}$$

$$\text{Se } C_q > C_f: \quad \varepsilon_f = \frac{T_{fs}-T_{fe}}{T_{qe}-T_{fe}} \tag{9.33}$$

Os índices da efetividade ε_f e ε_q indicam qual fluido tem o valor mínimo de C. Retomando a Equação (9.6), pode ser escrita em função de C da seguinte maneira:

$$\ln\frac{T_{qs}-T_{fs}}{T_{qe}-T_{fe}} = -UA\left(\frac{1}{C_q}+\frac{1}{C_f}\right) \tag{9.34}$$

ou

$$\frac{T_{qs}-T_{fs}}{T_{qe}-T_{fe}} = e^{-\frac{UA}{C_q}\left(1+\frac{C_q}{C_f}\right)} \tag{9.35}$$

Supondo que o fluido quente tenha o $C_{mín}$: $C_{mín} = C_q$

Então, a partir da equação da efetividade (9.31), pode-se construir a seguinte relação:

$$\varepsilon_q = \frac{T_{qe}-T_{qs}}{T_{qe}-T_{es}} = \frac{T_{qe}-T_{fe}+T_{fe}+T_{fs}-T_{fs}-T_{qs}}{T_{qe}-T_{fe}} = \frac{T_{qe}-T_{fe}}{T_{qe}-T_{fe}} - \frac{T_{qs}-T_{fs}}{T_{qe}-T_{fe}} - \frac{T_{fs}-T_{fe}}{T_{qe}-T_{fe}}, \text{ ou}$$

$$\varepsilon_q = 1 - \frac{T_{qs}-T_{fs}}{T_{qe}-T_{fe}} - \frac{T_{fs}-T_{fe}}{T_{qe}-T_{fe}} = 1 - \frac{T_{qs}-T_{fs}}{T_{qe}-T_{fe}} - \frac{\dfrac{\dot{Q}_{real}}{C_f}}{\dfrac{\dot{Q}_{real}}{\varepsilon_q C_q}}$$

Rearranjando,

$$\varepsilon_q\left(1+\frac{C_q}{C_f}\right) = 1 - \frac{T_{qs}-T_{fs}}{T_{qe}-T_{fe}}, \text{ ou}$$

$$\varepsilon_q = \frac{1-e^{-\frac{UA}{C_q}\left(1+\frac{C_q}{C_f}\right)}}{1+C_q/C_f} \qquad \text{se } C_{mín} = C_q \tag{9.36a}$$

Supondo que o fluido quente tenha o $C_{mín}$: $C_{mín} = C_f$

Uma análise semelhante fornecerá a seguinte expressão:

$$\varepsilon_f = \frac{1 - e^{-\frac{UA}{C_f}\left(1+\frac{C_f}{C_q}\right)}}{1 + C_f / C_q} \qquad \text{se } C_{mín} = C_f \tag{9.36b}$$

Comparando as Equações (9.36a) e (9.36b), é possível fazer uma generalização para englobar as duas situações, ou seja:

$$\varepsilon = \frac{1 - e^{-\frac{UA}{C_{mín}}\left(1+\frac{C_{mín}}{C_{máx}}\right)}}{1 + C_{mín} / C_{máx}} \tag{9.37}$$

Além disso, denomina-se *número de unidades de transferência* (*NUT*) o seguinte agrupamento de grandezas:

$$NUT = \frac{UA}{C_{mín}} \tag{9.38}$$

Então, temos que, para um trocador de calor de tubo duplo de corrente paralela, a expressão final é dada por:

$$\varepsilon = \frac{1 - e^{-NUT\left(1+\frac{C_{mín}}{C_{máx}}\right)}}{1 + C_{mín} / C_{máx}} \tag{9.39}$$

Note que para trocadores de calor em que um dos fluidos muda de fase, como ocorre em evaporadores ou condensadores, tem-se que $C_{mín}/C_{máx} = 0$, porque um dos fluidos permanece em uma temperatura constante, tornando seu calor específico (aparente) infinito.

Conduzindo uma análise semelhante para o trocador de calor tubo duplo de contracorrente, obtém-se:

$$\varepsilon = \frac{1 - e^{-NUT\left(1-\frac{C_{mín}}{C_{máx}}\right)}}{1 - \frac{C_{mín}}{C_{máx}} e^{-NUT\left(1-\frac{C_{mín}}{C_{máx}}\right)}} \tag{9.40}$$

Outras configurações

Expressões para a efetividade de outras configurações estão na Tabela 9.2, em que $C = C_{mín}/C_{máx}$. Na Figura 9.10 estão representadas de forma gráfica as expressões que constam na tabela.

Tabela 9.2 Efetividade e *NUT* para trocadores de calor (Kays; London, 1984)

Tipo	Efetividade	NUT	Equação
Tubo duplo corrente paralela	$\varepsilon = \dfrac{1-e^{-NUT(1+C)}}{1+C}$	$NUT = -\dfrac{\ln[1-\varepsilon(1+C)]}{1+C}$	(9.39)
Tubo duplo contracorrente	$C<1,\ \varepsilon = \dfrac{1-e^{-NUT(1-C)}}{1-Ce^{-NUT(1-C)}}$ $C=1,\ \varepsilon = \dfrac{NUT}{1+NUT}$	$NUT = \dfrac{1}{C-1}\ln\left(\dfrac{\varepsilon-1}{\varepsilon C-1}\right)$ $NUT = \dfrac{\varepsilon}{1-\varepsilon}$	(9.40)
Casco e tubo com 1 passe no casco e 2, 4, 6, ... passes nos tubos	$\varepsilon = 2\left\{1+C+\sqrt{1+C^2}\,\dfrac{1+e^{-NUT\sqrt{1+C^2}}}{1-e^{-NUT\sqrt{1+C^2}}}\right\}^{-1}$	$NUT = -\dfrac{1}{\sqrt{1+C^2}}\ln\left(\dfrac{\dfrac{2/\varepsilon-1-C}{\sqrt{1+C^2}}-1}{\dfrac{2/\varepsilon-1-C}{\sqrt{1+C^2}}+1}\right)$	(9.41)
Casco e tubo com n passes no casco e $2n$, $4n$, $6n$... passes nos tubos	$\varepsilon = \dfrac{\left(\dfrac{1-\varepsilon_1 C}{1-\varepsilon_1}\right)^n-1}{\left(\dfrac{1-\varepsilon_1 C}{1-\varepsilon_1}\right)^n-C}$ ε_1 avaliado como 1 passe no casco e 2, 4, 6, ... nos tubos	$NUT = -\dfrac{n}{\sqrt{1+C^2}}\ln\left(\dfrac{\dfrac{2/A-1-C}{\sqrt{1+C^2}}-1}{\dfrac{2/A-1-C}{\sqrt{1+C^2}}+1}\right)$ $A = \left(\left(\sqrt[n]{\dfrac{\varepsilon C-1}{\varepsilon-1}}-1\right)\left(\sqrt[n]{\dfrac{\varepsilon C-1}{\varepsilon-1}}-C\right)\right)^{-1}$	(9.42)
Escoamento cruzado, passe único, os dois fluidos sem mistura	$\varepsilon = 1-e^{\frac{NUT^{0,22}}{C}e^{-CNUT^{0,78}}-1}$		(9.43)
Escoamento cruzado, passe único: $C_{mín}$ sem mist. $C_{máx}$ com mist.	$\varepsilon = \dfrac{1-e^{C(e^{-NUT}-1)}}{C}$	$NUT = -\ln\left[1+\dfrac{\ln(1-\varepsilon C)}{C}\right]$	(9.44)
Escoamento cruzado, passe único: $C_{mín}$ com mist. $C_{máx}$ sem mist.	$\varepsilon = 1-e^{\frac{e^{-CNUT}-1}{C}}$	$NUT = -\dfrac{\ln[C\ln(1-\varepsilon C)+1]}{C}$	(9.45)
Qualquer trocador com: $C = 0$	$\varepsilon = 1-e^{-NUT}$	$NUT = -\ln(1-\varepsilon C)$	(9.46)

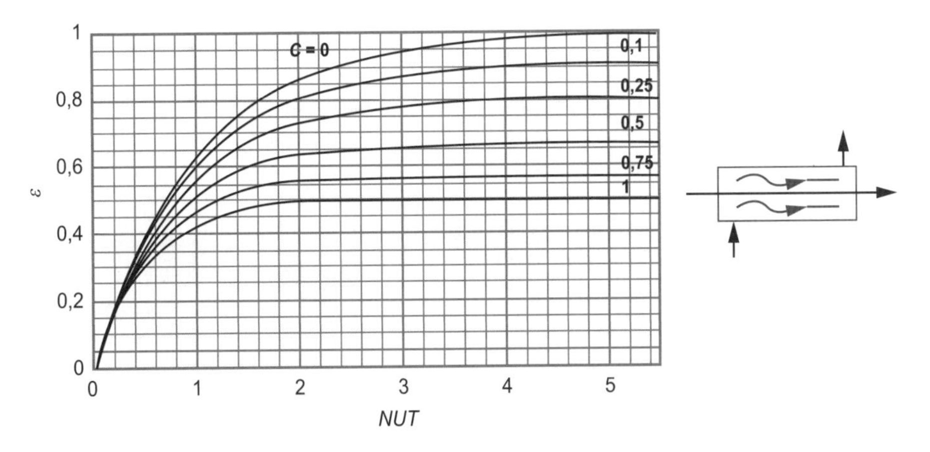

Figura 9.10a Efetividade de um trocador de calor de tubo duplo em corrente paralela.

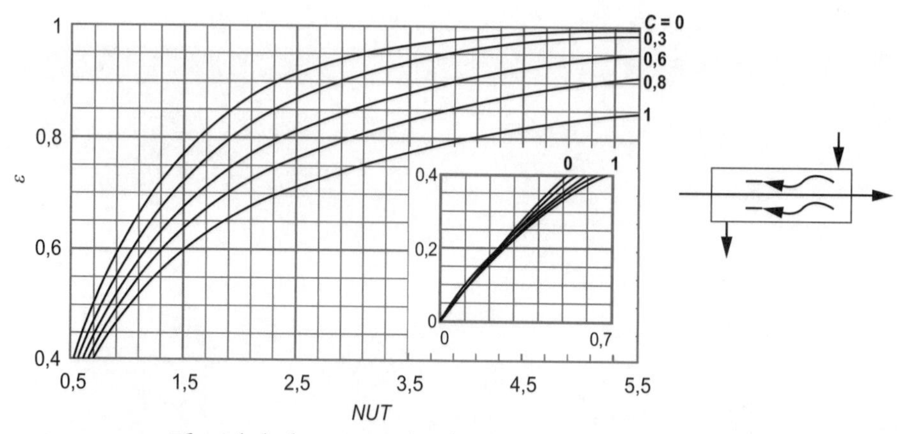

Figura 9.10b Efetividade de um trocador de calor de tubo duplo em contracorrente.

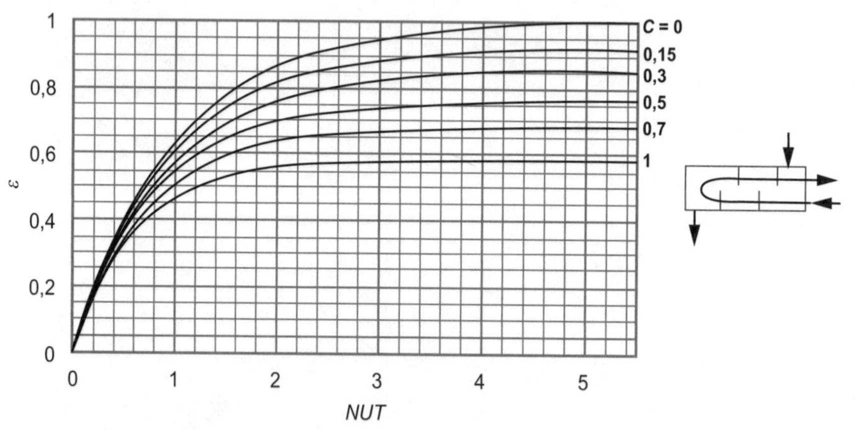

Figura 9.10c Efetividade de um trocador de calor de casco e tubos com um passe no casco e múltiplos de 2 nos tubos.

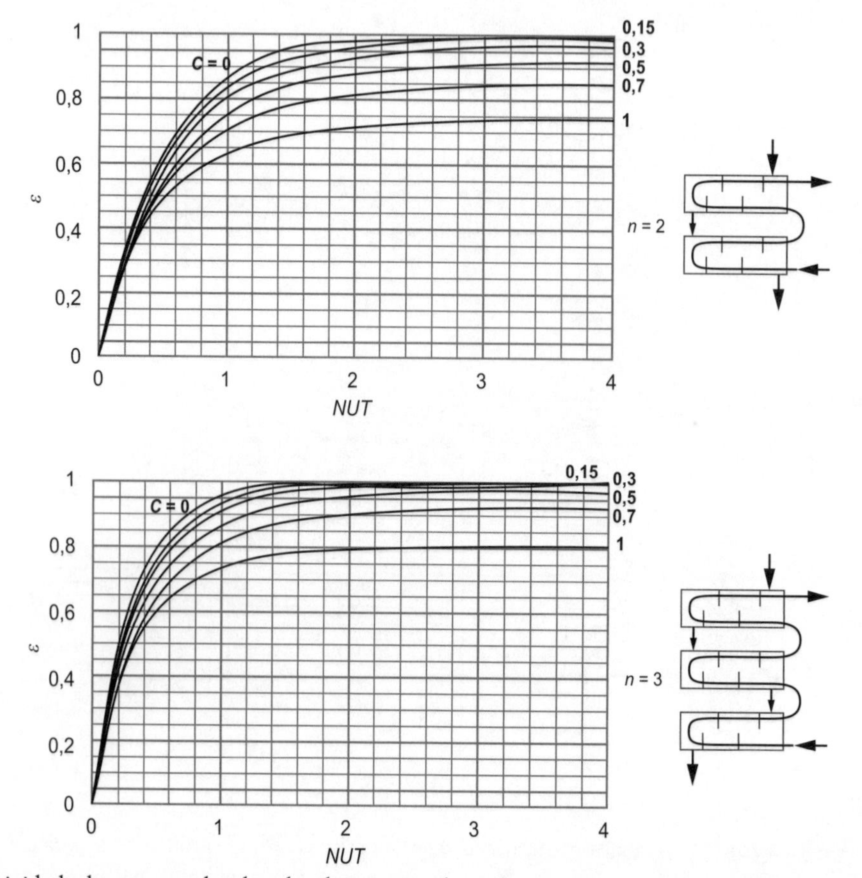

Figura 9.10d Efetividade de um trocador de calor de casco e tubos com n passes no casco e $2n$, $4n$, $6n$, ... passes nos tubos ($n = 2$ e $n = 3$).

A efetividade de trocadores de calor para determinado *NUT* em casco e tubo com 2 passes nos cascos e 4 (6, 8, ...) nos tubos é maior que um passe no casco e múltiplos de 2 nos tubos. Além disso, nota-se que a efetividade é maior para 3 passes nos cascos e 6 (9, 12, ...) nos tubos que no caso de 2 passes nos cascos e 4 (6, 8, ...) nos tubos.

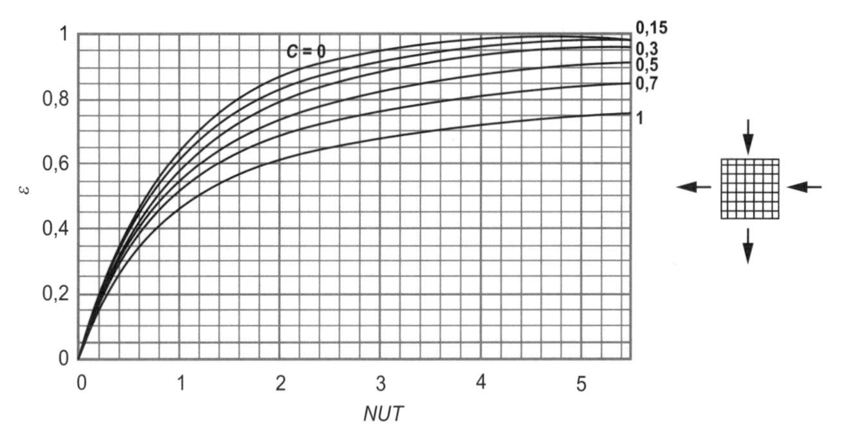

Figura 9.10e Efetividade de um trocador de calor de escoamento cruzado de um passe com os dois fluidos não misturados.

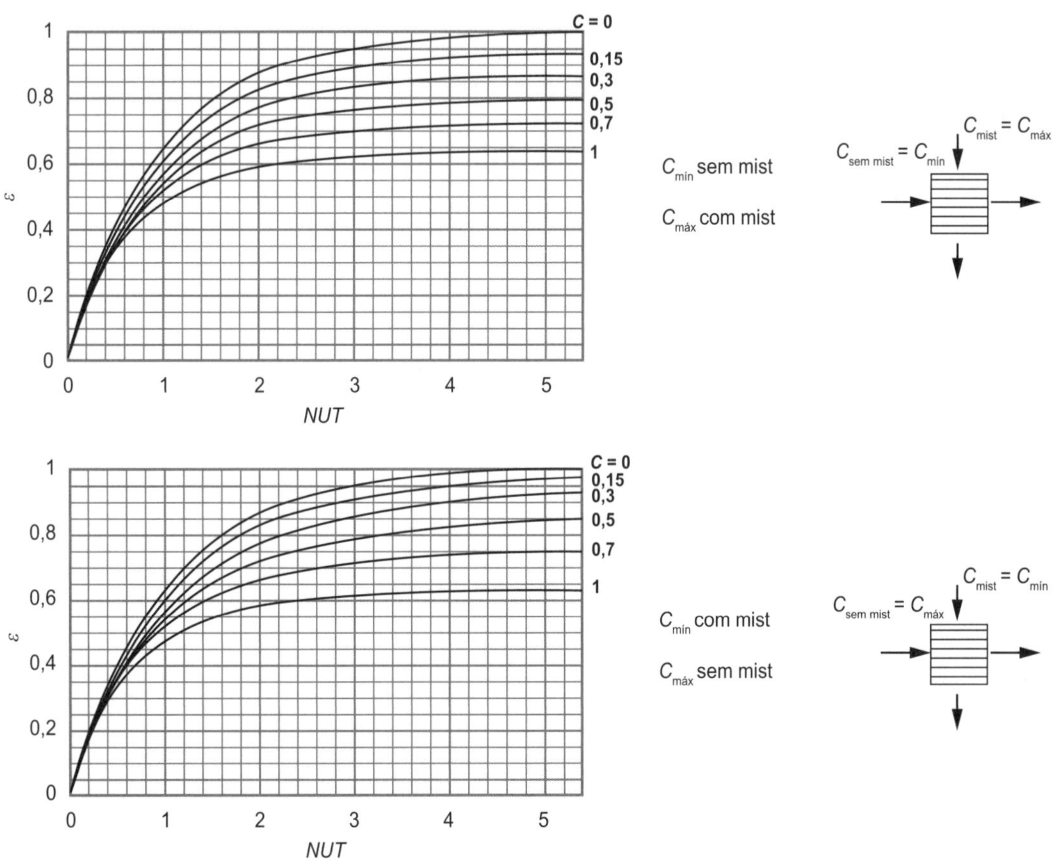

Figura 9.10f Efetividade de um trocador de calor de escoamento cruzado de um passe com um fluido não misturado e outro misturado.

A Figura 9.10f mostra que, para um *NUT* específico, a efetividade de um trocador de escoamento cruzado quando $C_{mín}$ é sem mistura e $C_{máx}$ é com mistura é menor que no caso em que $C_{mín}$ é com mistura e $C_{máx}$ é sem mistura, exceto quando $C = 0$ ou $C = 1$, em que as efetividades são iguais.

EXEMPLO 9.4 Efetividade em trocador de calor contracorrente e paralelo

Etilenoglicol a 90 °C e 1 kg/s deve ser resfriado em um trocador de calor de tubo duplo, e para isso é usada água a 15 °C e 1 kg/s. Assumindo que o coeficiente de transferência de calor global seja de 900 W/m²K e a área de troca térmica de 9 m², avalie as efetividades, o calor transferido e as temperaturas de saída do etilenoglicol para um trocador de tubo duplo em corrente paralela e em contracorrente. Assuma que o coeficiente global permanece constante em ambos os casos.

Solução:

Neste problema, são conhecidas somente as duas temperaturas de entrada dos fluidos, as outras duas, de saída, são desconhecidas e não podem ser avaliadas de forma direta, logo, deve ser usado o método da efetividade. Os calores específicos serão assumidos de acordo com as temperaturas médias supostas iniciais, as quais, se necessário, serão corrigidas.

$\overline{T}_q = 77\ °C$

$C_{pq} = 2637\ J/kgK\ (\text{Tab. A.8})\ e\ C_q = \dot{m}_q C_{pq} = 1 \times 2637 = 2637\ W/K = C_{mín}$

$\overline{T}_f = 37\ °C$

$C_{pq} = 4178\ J/kgK\ (\text{Tab. A7})\ e\ C_f = \dot{m}_f C_{pf} = 1 \times 4178 = 4178\ W/K = C_{máx}$

Logo, $C = C_{mín} / C_{máx} = 2637 / 4178 = 0{,}63$ e

$NUT = UA / C_{mín} = 900 \times 9 / 2637 = 3{,}07$

Correntes paralelas:

$\dot{Q}_{máx} = C_{mín} \Delta T_{máx} = 2637 \times (90 - 15) = 197.775\ W$

$C = 0{,}63,\ NUT = 3{,}07$ da Figura 9.10a $\Rightarrow \varepsilon = 0{,}61$

$\dot{Q} = \varepsilon \dot{Q}_{máx} = 0{,}61 \times 197.775 = 120.643\ W$

$120.643 = 2637 \times (90 - T_{qs}) \rightarrow T_{qs} = 44{,}3\ °C$

$120.643 = 4178 \times (T_{fs} - 15) \rightarrow T_{fs} = 43{,}9\ °C$

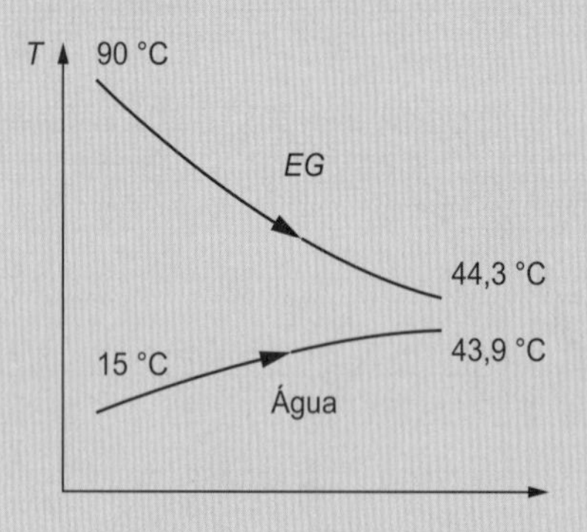

Contracorrente:

$\dot{Q}_{máx} = C_{mín} \Delta T_{máx} = 2637 \times (90 - 15) = 197.775\ W$

$C = 0{,}63,\ NUT = 3{,}07$ da Figura 9.10*b* $\Rightarrow \varepsilon = 0{,}85$

$\dot{Q} = \varepsilon \dot{Q}_{máx} = 0{,}85 \times 197.775 = 168.109\ W$

$168.109 = 2637 \times (90 - T_{qs}) \rightarrow T_{qs} = 26{,}3\ °C$

$168.109 = 4178 \times (T_{fs} - 15) \rightarrow T_{fs} = 55{,}2\ °C$

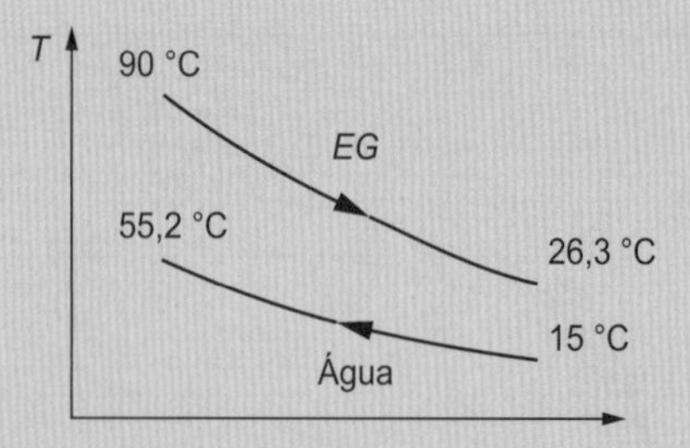

Nota 1: perceba que a efetividade e a taxa de calor trocado no trocador de calor em contracorrente são maiores que o paralelo, com isso a temperatura de saída do fluido quente é menor.

Nota 2: as temperaturas médias para ambos os trocadores de calor (paralelo: $\overline{T}_q = 67{,}2\ °C$, $\overline{T}_f = 29{,}5\ °C$, contracorrente: $\overline{T}_q = 58{,}2\ °C$, $\overline{T}_f = 35{,}1\ °C$) são diferentes daquela suposição inicial (paralelo e contracorrente: $\overline{T}_q = 77\ °C$, $\overline{T}_f = 37\ °C$); caso se queira valores mais precisos, devem ser realizados cálculos iterativos com as temperaturas médias encontradas para cada trocador de calor. Realizando esses cálculos, se encontra que as temperaturas de saída são: paralelo: $T_{qs} = 45{,}3\ °C$, $T_{fs} = 43{,}9\ °C$; e contracorrente: $T_{qs} = 26{,}6\ °C$, $T_{fs} = 55\ °C$, as quais estão perto dos cálculos anteriores e, portanto, aceitas.

9.5 O problema das incrustações

Durante a operação de trocadores de calor, frequentemente ocorre o depósito de incrustações presentes no fluido ou produzidas por reações químicas do fluido com o material do equipamento. Esses depósitos de incrustações podem ser óxidos, lodo, fuligem, sais minerais, entre outros. As incrustações vão degradar a transferência de calor, pois se apresentam como uma resistência térmica adicional. Assim, agora, o coeficiente global de transferência de calor original, U, deve considerar essa resistência térmica adicional R_d que ocorre do lado do fluido "sujo". Assim, o novo coeficiente global, U_d, se torna:

$$\frac{1}{U_d} = R_d + \frac{1}{U} \tag{9.47}$$

A associação norte-americana Tubular Exchanger Manufacturers Association (TEMA, 1999) publicou diversos valores de resistências térmicas de incrustação associadas a várias aplicações industriais, conforme se vê na Tabela 9.3.

Tabela 9.3 Resistências térmicas de incrustação (adaptada de TEMA, 1999)

Fluido	R_d (m² °C/W)
Água de alimentação de caldeiras tratada	0,0002
Água do mar - abaixo de 50 °C	0,00009
Água do mar - acima de 50 °C	0,0002
Água de rio	0,0004
Óleo combustível	0,0009
Óleos (hidráulico, lubrificante e de transformador)	0,0002
Etilenoglicol	0,00035
Vapor de água	0,0001
Ar	0,0004
Gases de exaustão de motores	0,0018
Refrigerantes - líquido	0,0002
Refrigerantes - vapor	0,0004

Referências

Bowman, R. A.; Mueller, A. C.; Nagle, W. M. Mean temperature difference in design, *Trans. ASME*, v. 62, p. 283-294, 1940.

Kays, W. M.; London, A. L. *Compact heat exchangers*. 3. ed. New York: McGraw-Hill, 1984.

Shah, R. K.; Sekulić, D. P. *Fundamentals of heat exchanger design*. New Jersey: Wiley, 2003.

Spang, B.; Roetzl, W. Approximate equations for the design of cross-flow heat exchangers. *Proceedings of the Eurotherm Seminar No. 18, Design and Operation of Heat Exchangers*, Hamburg, Springer-Verlag, Berlin, p. 125-134, 1991.

Tubular Exchanger Manufacturers Association. *Standard of the tubular exchanger manufacturers association*. 8. ed. New York: TEMA, 1999.

Problemas propostos

9.1 Uma solução de etilenoglicol a –10 °C troca calor com água em um trocador de calor de tubo duplo e sai a 0 °C. A água entra no trocador de calor a 25 °C e o deixa a 15 °C a uma vazão volumétrica de 0,54 m³/h. O coeficiente de transferência de calor vale 900 W/m² °C. Determine a área necessária de troca de calor para as configurações de corrente paralela e contracorrente.

9.2 Um trocador de calor de tubo duplo em contracorrente é usado para resfriar um óleo industrial (C_p = 1,5 kJ/kg °C) de 90 °C para 60 °C. O resfriamento se dá com água a 20 °C a uma vazão de 0,5 kg/s, que é aquecida a 35 °C no processo. O coeficiente global de transferência de calor foi estimado em 300 W/m² °C. Pede-se a vazão de óleo que pode ser resfriada e a área de transferência de calor.

9.3 Utilizando os mesmos dados do Problema proposto 9.2, qual seria a nova área se fosse utilizado um trocador de calor do tipo tubo e carcaça com água em um passe na carcaça e dois passes nos tubos de óleo?

9.4 Utilizando os mesmos dados do Problema proposto 9.2, qual seria a nova área se fosse utilizado um trocador de calor do tipo tubo e carcaça com água em dois passes na carcaça e quatro passes nos tubos de óleo?

9.5 Um trocador de calor de escoamento cruzado de único passe é usado para aquecer ar com água quente. Água entra nos tubos do trocador de calor a uma vazão mássica de 0,02 kg/s e temperatura de 70 °C. Ar atmosférico a 20 °C e vazão volumétrica de 0,07 m^3/s circula na direção cruzada dos tubos. O produto *UA* vale 56 W/K. Determine as temperaturas de saída da água e do ar. Ambos os fluxos são não misturados.

9.6 O trocador de calor do Problema proposto 9.5 é formado por 12 tubos paralelos de 1 cm de diâmetro. Por meio da instalação de aletas conseguiu-se fazer um balanceamento dos coeficientes de transferência de calor de modo que o coeficiente interno da água, h_1, fosse igual ao coeficiente externo no ar, h_2. Desprezando a espessura de parede e assumindo o escoamento da água plenamente desenvolvido no interior dos tubos, determine o comprimento dos tubos. Para efeito de cálculo, assuma que a temperatura da parede do tubo é constante e igual ao valor médio da água entre a entrada e a saída.

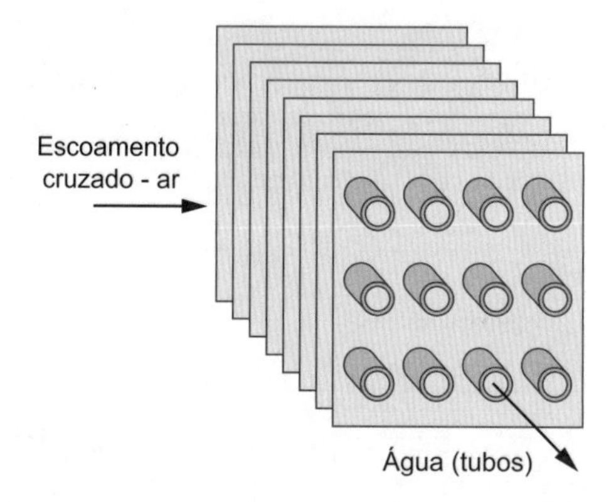

9.7 Em um processo emprega-se um condensador do tipo casco e tubos, onde vapor de água, inicialmente saturado, condensa completamente no casco a 95 °C. Nesse caso, o coeficiente de troca de calor por convecção é dado por h_{vapor} = 18.000 W/m²K, a taxa de troca de calor $\dot{Q}$ = 2250 kW e o coeficiente global de troca de calor U = 5000 W/m²K. Água a 27 °C entra pelos tubos em dois passes em um casco único, e sai a 42 °C (C_p = 4,180 kJ/kgK). Pede-se:

(a) as vazões dos fluidos quente e frio;

(b) traçar os gráficos de distribuição de temperatura $T - x$;

(c) a área necessária de tubos e efetividade desse trocador.

9.8 Um trocador de calor deve ser projetado para resfriar 2 kg/s de óleo de 120 °C para 40 °C. Depois de considerações iniciais, o tipo de um passe na carcaça e seis passes no tubo foi selecionado. Cada passe de tubo é composto de 25 tubos de parede fina, com um diâmetro de 2 cm conectados em paralelo. O óleo deve ser resfriado usando água que entra no trocador de calor a 15 °C e sai a 45 °C. Um esquema da unidade pode ser visto na figura a seguir. O coeficiente global de transferência de calor vale 300 W/m² °C. Determine:

(a) a vazão mássica de água;

(b) a área total de transferência de calor;

(c) o comprimento dos tubos.

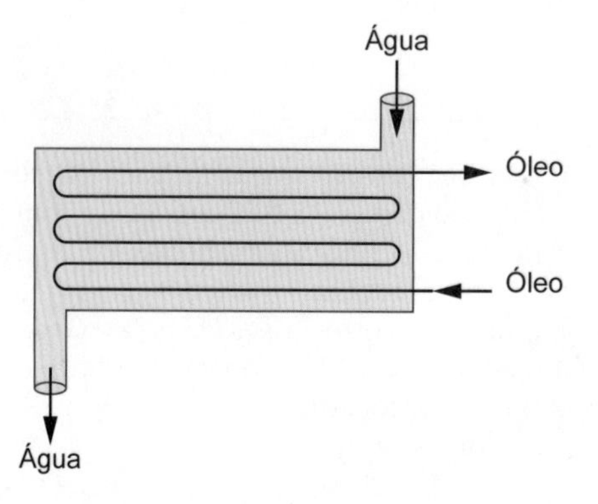

9.9 Água a uma vazão volumétrica de 2,7 m^3/h entra em um trocador de calor de tubo duplo em contracorrente a 35 °C e é aquecida por um óleo industrial (C_p = 1,5 kJ/kg °C) a uma vazão mássica de 1,5 kg/s e temperatura de 120 °C. A área de troca de calor é de 14 m^2 e o coeficiente global vale 350 Wm^2°C. Determine a taxa total de calor transferida e as temperaturas de saída da água e do óleo.

9.10 Se incrustações do trocador de calor do Problema proposto 9.9 deteriorarem a transferência de calor em 10 %, isto é, a taxa de calor transferida passa a ser 90 % do valor obtido, determine as novas temperaturas de saída da água e do óleo. Qual o novo coeficiente global de transferência de calor e quanto vale a resistência térmica de incrustação?

Fundamentos de Radiação Térmica

10.1 Introdução à radiação térmica

A radiação térmica é a terceira forma de transferência de calor existente. Das formas de transferência de calor, é a mais interessante e intrigante, pois todos os corpos emitem radiação térmica, uma vez que a emissão de radiação térmica depende da temperatura absoluta do corpo, mais precisamente da quarta potência de sua temperatura absoluta. Assim, tudo que nos circunda emite radiação térmica, incluindo nós mesmos. Diferentemente das formas de transferência de calor por condução e convecção, a radiação térmica não precisa de um meio material para ocorrer. Assim é que a radiação térmica e outras formas de radiação emitidas pelo Sol atravessam o espaço e chegam ao planeta Terra trazendo calor e luz para sustentar toda a vida, incluindo o processo de fotossíntese, base da cadeia alimentar.

O mecanismo físico do transporte de energia por radiação térmica, e por radiação eletromagnética de uma forma mais ampla, ainda está por ser elucidado definitivamente. Em determinadas experiências laboratoriais, a energia radiante é considerada como transportada por ondas eletromagnéticas e, em outros experimentos, como transportada por fótons. Esses dois comportamentos físicos ensejam o que se chama de *dualidade onda-partícula*. No entanto, sabe-se que a radiação viaja à velocidade da luz independentemente do modelo físico considerado. A energia associada a cada fóton é $h\nu$, em que h é a *constante de Planck*, que vale $h = 6{,}625 \times 10^{-34}$ Js. E a frequência, ν, está relacionada com o comprimento de onda, λ, por meio de:

$$c = \lambda \nu \tag{10.1}$$

em que c é a velocidade da luz, que vale $c = 3 \times 10^{8}$ m/s no vácuo. A unidade do comprimento de onda é o micrômetro, que vale 1 μm = 10^{-6} m. Também é usada a unidade angstrom, 1 Å = 10^{-10} m, que corresponde à ordem de grandeza do tamanho do átomo.

Os fenômenos de radiação são classificados pelo seu comprimento de onda (ou pela frequência), como indicado na Figura 10.1. O tipo de radiação caracterizado por seu comprimento de onda depende da fonte originária da radiação. Elétrons de alta frequência quando bombardeiam uma superfície metálica produzem raios X, enquanto certos cristais podem ser excitados para produzirem ondas de rádio em grandes comprimentos de onda. A luz visível compreende uma pequena fatia do espectro de radiação na faixa de 0,35 a 0,7 μm. Os mortais raios gama e cósmicos são radiação de baixíssimo comprimento de onda, ou de alta frequência e elevada energia. Raios gama e X e, mais genericamente, raios cósmicos provenientes do espaço como radiação proveniente do Sol são desviados ou interagem com o *cinturão de van Allen*, que forma um escudo eletromagnético protetor no entorno do planeta, resguardando a vida na Terra dessas formas de radiação destrutivas. O espaço fora desse escudo eletromagnético é mortal para a vida humana e a blindagem da radiação cósmica em espaçonaves é um dos grandes desafios para viagens interplanetárias ou mesmo para uma visita ao nosso satélite natural (Chancellor *et al.*, 2018). Ondas de rádio de FM e AM estão na faixa de frequência inferior a 10^8 Hz. Micro-ondas se situam entre 10^8 e 10^{11} Hz aproximadamente. A *radiação térmica* é aquela produzida por um corpo em virtude tão somente da quarta potência da temperatura absoluta e é contínua ao longo de todo o espectro de comprimentos de onda, porém, por sua própria natureza, é dominante nos comprimentos de onda entre o ultravioleta e o infravermelho, como ilustrado na Figura 10.1 e se verá mais adiante.

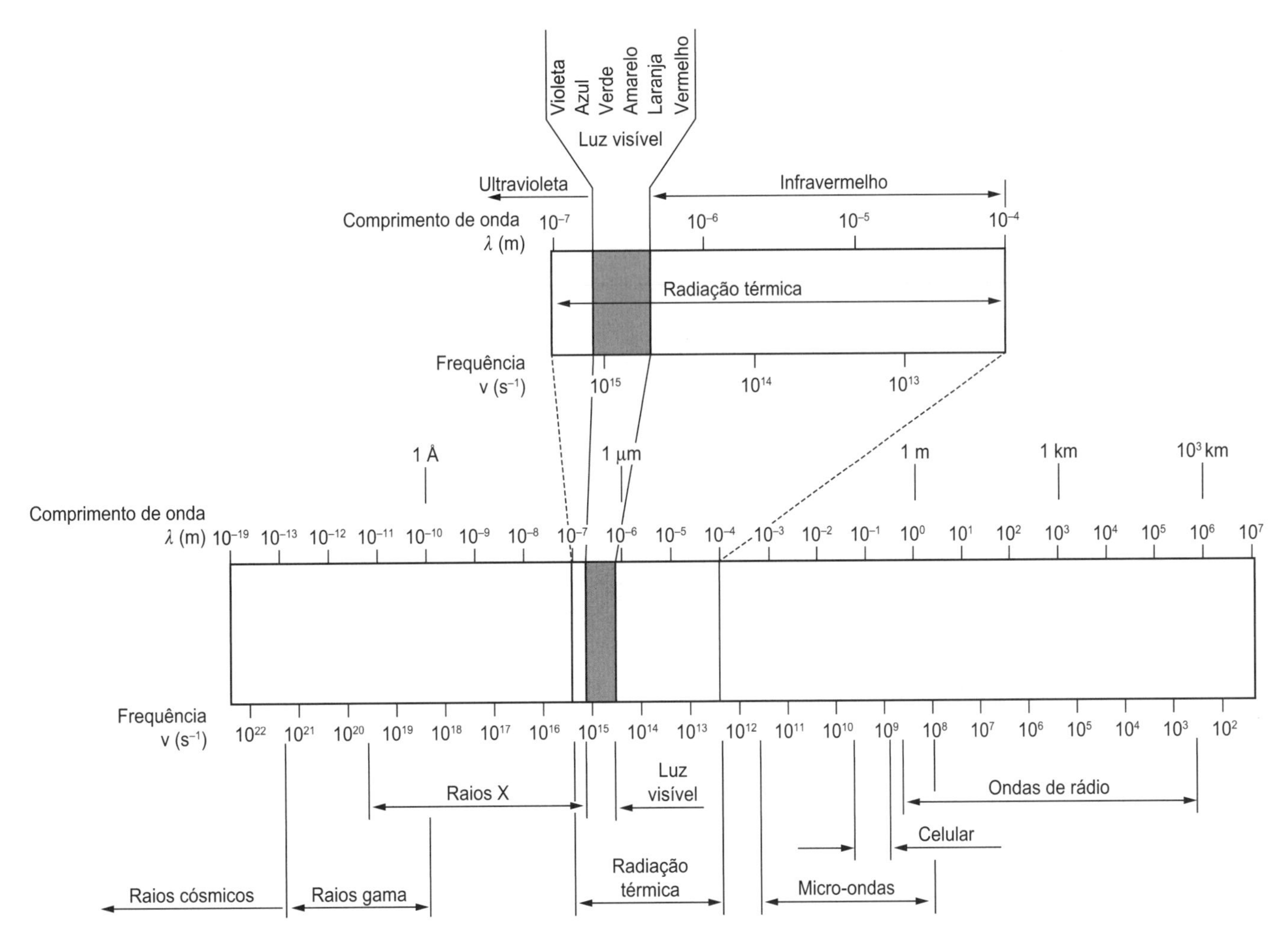

Figura 10.1 Espectro de radiação eletromagnética e as diversas denominações de acordo com sua faixa.

10.2 Leis da radiação térmica

10.2.1 Radiação térmica de corpo negro

A radiação térmica é a forma de radiação emitida por um corpo em virtude tão somente da quarta potência de sua temperatura absoluta. Entretanto, corpos distintos a uma mesma temperatura não emitem a mesma quantidade de radiação térmica, o que induz o leitor à seguinte pergunta natural: existe algum corpo que, em dada temperatura, emita a maior quantidade possível de radiação térmica? A resposta é: sim! Esse corpo idealizado é chamado de *corpo negro*. Convém ressaltar que o adjetivo *negro* não está associado à cor (ou ausência de cor) que percebemos. Exemplificando, o brilhante Sol é um corpo com características de emissão de radiação térmica que se assemelham às de um corpo negro. Um corpo negro, também chamado de *irradiador ideal*, é um corpo que emite e também absorve, a uma dada temperatura, a máxima quantidade possível de radiação térmica em qualquer comprimento de onda, o que torna o corpo negro uma idealização e um padrão de comparação para a radiação emitida e absorvida pelos corpos reais.

No final do século XIX, havia diversos estudos na área de radiação térmica quando Max Planck, em 1900, apresentou sua expressão, aperfeiçoada de outras análises que o procederam, tendo sido mais tarde confirmada experimental e teoricamente. Por meio da *Lei de Planck* é possível calcular o quanto um corpo negro emite de radiação térmica a uma dada temperatura e comprimento de onda por unidade de área de superfície do corpo. Essa "quantidade de radiação emitida" é definida como *poder emissivo espectral* ou *monocromático de corpo negro*, $E_{n\lambda}$, em que o índice n remete ao fato de ser um corpo negro e λ, ao fato de ser espectral, isto é, para um único comprimento de onda do espectro. As unidades de $E_{n\lambda}$ são W/m²μm. Planck mostrou que o poder emissivo espectral do corpo negro se distribui segundo a seguinte expressão:

$$E_{n\lambda} = \frac{C_1}{\lambda^5 (e^{C_2/\lambda T} - 1)} \tag{10.2}$$

em que:

$C_1 = 2\pi hc^2 = 3{,}7415 \times 10^8 \text{ W}\mu\text{m}^4/\text{m}^2 = 3{,}7415 \times 10^{-16} \text{ Wm}^2$;

$C_2 = \dfrac{hc}{k_B} = 1{,}4388 \times 10^4 \,\mu\text{mK} = 1{,}4388 \times 10^{-2} \text{ mK}$;

$k_B = 1{,}381 \times 10^{-23}$ J/K é a constante de Boltzmann;

h, c são a constante de Planck e a velocidade da luz já definidas.

O poder emissivo espectral do corpo negro, $E_{n\lambda}$, é, portanto, função do comprimento de onda, λ, e da temperatura absoluta, T, isto é, $E_{n\lambda} = f(\lambda, T)$. A fim de evidenciar a dependência dessas duas grandezas, diversas curvas isotérmicas estão indicadas no gráfico da Figura 10.2 como função do comprimento de onda. Emissões de corpos em determinadas temperaturas também estão exemplificadas.

Com base na lei de Planck, tendo sua representação gráfica nas curvas da Figura 10.2, podem-se extrair algumas informações relevantes sobre a radiação térmica de corpo negro, destacando-se as seguintes:

- A radiação térmica emitida por um corpo negro é contínua no comprimento de onda. Isto é, trata-se de uma grandeza que se distribui desde $\lambda = 0$ até o maior comprimento de onda possível ($\lambda = \infty$).
- A região espectral na qual a radiação se concentra depende da temperatura, sendo que, comparativamente, a radiação se concentra em menores comprimentos de onda.
- A um dado comprimento de onda, λ, $E_{n\lambda}$ aumenta com a temperatura.
- Uma fração significativa da radiação emitida pelo Sol, o qual pode ser aproximado por um corpo negro a 5800 K (ou mais precisamente 5778 K), se encontra na região visível (0,35 a 0,7 μm).
- A radiação térmica tem um ponto de máxima emissão como função do comprimento de onda para uma dada temperatura, sendo o ponto de máximo dado pela *Lei de deslocamento de Wien*, apresentada a seguir.

Existe um comprimento de onda em que o poder emissivo espectral é máximo para uma dada temperatura. A junção dos pontos de máximo de diversas curvas isotérmicas forma a linha tracejada na Figura 10.2, que recebe o nome de *Lei de deslocamento de Wien*. Essa lei é obtida no ponto em que a derivada parcial da Lei de Planck é nula, como dado pelo cálculo:

$$\left(\frac{\partial E_{n\lambda}}{\partial \lambda}\right)_T = \frac{\partial}{\partial \lambda}\left(\frac{C_1}{\lambda^5 (e^{C_2/\lambda T} - 1)}\right)_T = 0 \;\Rightarrow\; 1 - e^{C_2/\lambda_{\text{máx}} T} - \frac{C_2}{5\lambda_{\text{máx}} T} = 0,$$

cuja solução numérica resulta em $\lambda_{\text{máx}}$ [μm].

$$\lambda_{\text{máx}} = \frac{2897{,}8}{T} \tag{10.3}$$

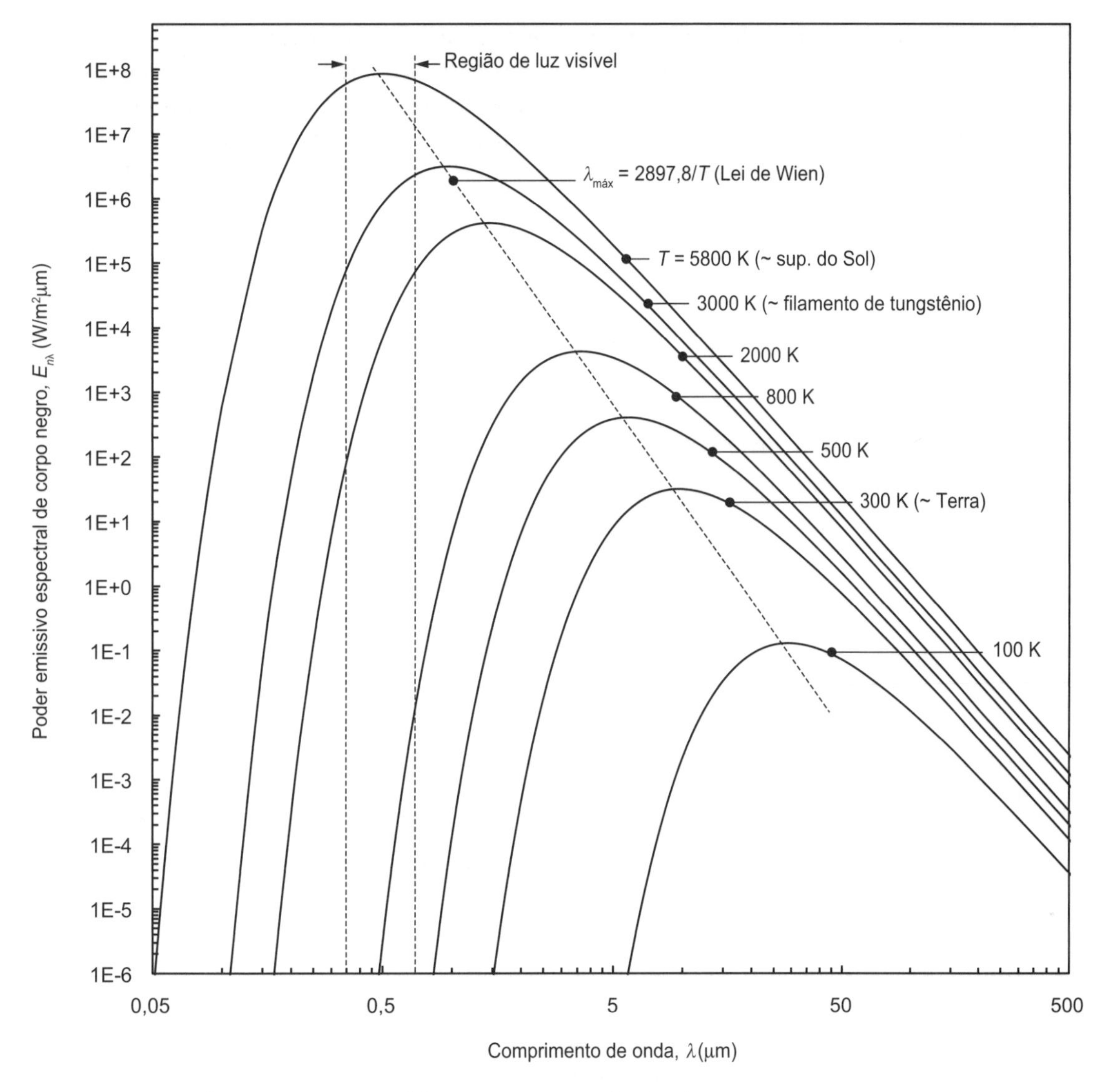

Figura 10.2 Poder emissivo espectral de corpo negro em função da temperatura e comprimento de onda.

EXEMPLO 10.1 Poder emissivo máximo do Sol

Considerando o Sol um corpo negro com temperatura de superfície de 5800 K, pede-se: (a) determinar o comprimento de onda em que o seu poder emissivo espectral é máximo e seu valor; (b) suponha uma estrela gigante vermelha, qual a temperatura aproximada de sua superfície?

Solução:

(a) De acordo com a Lei de Wien: $\lambda_{\text{máx}} = \dfrac{2897{,}8}{5800} = 0{,}5\ \mu\text{m}$

$$E_{n\lambda} = \frac{3{,}7415\times10^{8}}{0{,}5^{5}\left[e^{1{,}4388\times10^{4}/(0{,}5\times5800)}-1\right]} = 8\times10^{7}\ \text{W/m}^2\mu\text{m}$$

A cor real do nosso Sol é branca, porém, quando a sua radiação atravessa a atmosfera, a radiação de comprimentos de onda de cor azul ou violeta é espalhada, o que dá a cor azul do céu, enquanto as cores em tons laranja conseguem atravessar dando a impressão que é essa a cor do Sol.

(b) Analisando as Figuras 10.1 e 10.2, nota-se que corpos, como as estrelas gigantes vermelhas, com temperaturas em torno de 2000-3000 K, emitem máximos de radiação em comprimentos de onda no infravermelho, junto do visível vermelho.

O poder emissivo espectral de corpo negro revela a sua dependência com o comprimento de onda. Entretanto, na maioria das situações práticas, deseja-se determinar a taxa de radiação emitida em todos os comprimentos de onda a uma dada temperatura, ou seja, deseja-se obter o *poder emissivo total do corpo negro, E_n*. Essa grandeza pode ser obtida mediante a integração do poder emissivo espectral dado pela Lei de Planck, Equação (10.2), para todos os comprimentos de onda λ, os quais se estendem de 0 a ∞. Assim:

$$E_n = \int_0^\infty E_{n\lambda} d\lambda = \int_0^\infty \frac{C_1}{\lambda^5 (e^{C_2/\lambda T} - 1)} d\lambda,$$

$$\text{seja} \quad \xi = \frac{C_2}{\lambda T} \Rightarrow d\lambda = -\frac{C_2}{T\xi^2} d\xi,$$

substituindo a nova variável na integral vem:

$$E_n = -\int_\infty^0 \frac{C_1}{\left(\frac{C_2}{\xi T}\right)^5 (e^\xi - 1)} \frac{C_2}{T\xi^2} d\xi = \frac{C_1 T^4}{C_2^4} \underbrace{\int_0^\infty \frac{\xi^3}{(e^\xi - 1)} d\xi}_{\pi^4/15} = \underbrace{\frac{\pi^4 C_1}{15 C_2^4}}_{\sigma} T^4 \Rightarrow$$

$$E_n = \sigma T^4 \tag{10.4}$$

em que $\sigma = 5{,}669 \times 10^{-8}$ W/m^{2}K^4 é a *constante de Stefan-Boltzmann* (S-B).

Esta é a chamada *Lei de Stefan-Boltzmann* da radiação térmica de corpo negro. Note que σ está relacionada com as constantes C_1 e C_2 da equação de Planck. Stefan obteve essa expressão em 1879 a partir da análise dos dados experimentais de Tyndal. Posteriormente, Boltzmann, que fora seu aluno, a obteve de forma teórica. Portanto, a Lei de Stefan-Boltzmann antecede cronologicamente a Lei de Planck.

10.2.2 Fração de radiação térmica de corpo negro

Em determinados casos, deseja-se determinar a radiação térmica emitida em uma faixa ou banda do espectro total da radiação de corpo negro. Para isso, define-se a *fração de radiação térmica, $F_{[0-\lambda_1]}$*, emitida por um corpo negro no intervalo de comprimento de onda $[0 - \lambda_1]$ por meio da Equação (10.5),

$$F_{[0-\lambda_1]} = \frac{E_{n,0-\lambda_1}}{E_n} = \frac{\int_0^{\lambda_1} \frac{C_1}{\lambda^5 (e^{C_2/\lambda T} - 1)} d\lambda}{\sigma T^4} \tag{10.5}$$

A Figura 10.3a mostra um gráfico da fração de radiação térmica no intervalo 0-λ como função do produto λT. Já na Tabela 10.1 encontram-se os valores tabulados dessa grandeza. Na Figura 10.3b, ilustra-se o caso em que se deseja saber o poder emissivo total na banda espectral entre os comprimentos de onda λ_1 e λ_2. Para isso, pode-se realizar a integração da Lei de Planck, Equação (10.2), entre os dois referidos comprimentos de onda, como indicado na figura. Alternativamente, pode-se utilizar o conceito de fração de radiação térmica na banda de janela espectral $\lambda_1 - \lambda_2$, ou seja:

$$F_{[\lambda_1-\lambda_2]} = F_{[0-\lambda_2]} - F_{[0-\lambda_1]} \tag{10.6}$$

De forma que o poder emissivo de corpo negro no intervalo considerado é dado por:

$$E_{n,\lambda_1-\lambda_2} = F_{[\lambda_1-\lambda_2]} E_n \tag{10.7}$$

Tabela 10.1 Fração de radiação térmica e poder emissivo espectral em função de λT

λT (μmK)	$F_{[0\text{-}\lambda]}$	$\frac{E_{n\lambda}}{\sigma T^5}$ (μmK)$^{-1}$	λT (μmK)	$F_{[0\text{-}\lambda]}$	$\frac{E_{n\lambda}}{\sigma T^5}$ (μmK)$^{-1}$
200	0,0000	$1{,}18\times10^{-27}$	6200	0,7542	$7{,}85\times10^{-5}$
400	0,0000	$1{,}54\times10^{-13}$	6400	0,7692	$7{,}26\times10^{-5}$
600	0,0000	$3{,}27\times10^{-9}$	6600	0,7832	$6{,}72\times10^{-5}$
800	0,0000	$3{,}11\times10^{-7}$	6800	0,7962	$6{,}22\times10^{-5}$
1000	0,0003	$3{,}72\times10^{-6}$	7000	0,8082	$5{,}77\times10^{-5}$
1200	0,0021	$1{,}65\times10^{-5}$	7200	0,8193	$5{,}35\times10^{-5}$
1400	0,0078	$4{,}22\times10^{-5}$	7400	0,8296	4,97×10-5
1600	0,0197	$7{,}83\times10^{-5}$	7600	0,8392	$4{,}61\times10^{-5}$
1800	0,0393	$1{,}18\times10^{-4}$	7800	0,8481	$4{,}29\times10^{-5}$
2000	0,0667	$1{,}55\times10^{-4}$	8000	0,8563	$4{,}00\times10^{-5}$
2200	0,1009	$1{,}85\times10^{-4}$	8500	0,8747	$3{,}35\times10^{-5}$
2400	0,1402	$2{,}07\times10^{-4}$	9000	0,8901	$2{,}83\times10^{-5}$
2600	0,1831	$2{,}20\times10^{-4}$	9500	0,9031	$2{,}40\times10^{-5}$
2800	0,2279	$2{,}26\times10^{-4}$	10000	0,9143	$2{,}05\times10^{-5}$
3000	0,2732	$2{,}26\times10^{-4}$	10500	0,9238	$1{,}76\times10^{-5}$
3200	0,3181	$2{,}22\times10^{-4}$	11000	0,9320	$1{,}52\times10^{-5}$
3400	0,3617	$2{,}14\times10^{-4}$	11500	0,9390	$1{,}32\times10^{-5}$
3600	0,4036	$2{,}04\times10^{-4}$	12000	0,9452	$1{,}14\times10^{-5}$
3800	0,4434	$1{,}93\times10^{-4}$	13000	0,9552	$8{,}78\times10^{-6}$
4000	0,4809	$1{,}82\times10^{-4}$	14000	0,9630	$6{,}84\times10^{-6}$
4200	0,5160	$1{,}70\times10^{-4}$	15000	0,9691	$5{,}40\times10^{-6}$
4400	0,5488	$1{,}58\times10^{-4}$	16000	0,9739	$4{,}32\times10^{-6}$
4600	0,5793	$1{,}47\times10^{-4}$	18000	0,9809	$2{,}85\times10^{-6}$
4800	0,6076	$1{,}36\times10^{-4}$	20000	0,9857	$1{,}96\times10^{-6}$
5000	0,6338	$1{,}26\times10^{-4}$	25000	0,9923	$8{,}69\times10^{-7}$
5200	0,6580	$1{,}16\times10^{-4}$	30000	0,9954	$4{,}41\times10^{-7}$
5400	0,6804	$1{,}08\times10^{-4}$	40000	0,9981	$1{,}49\times10^{-7}$
5600	0,7011	$9{,}94\times10^{-5}$	50000	0,9990	$6{,}33\times10^{-8}$
5800	0,7202	$9{,}18\times10^{-5}$	75000	0,9998	$1{,}32\times10^{-8}$
6000	0,7379	$8{,}49\times10^{-5}$	100000	1,0000	$4{,}27\times10^{-9}$

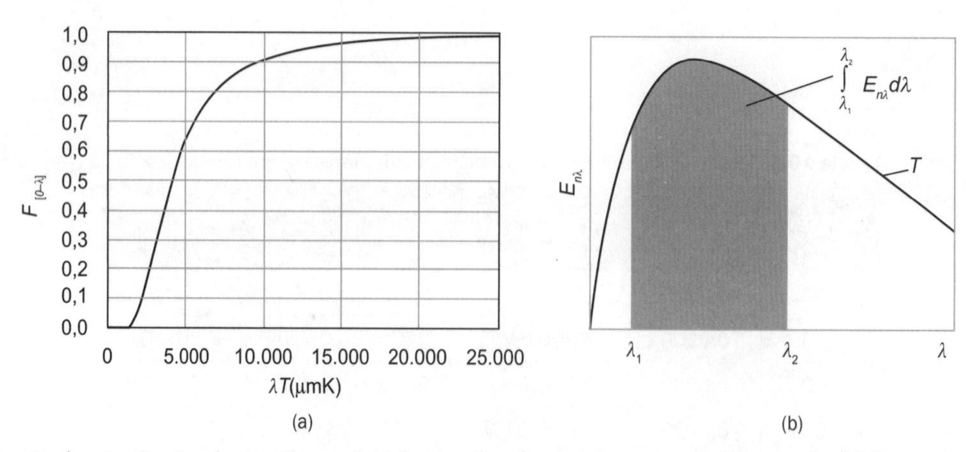

Figura 10.3 Radiação térmica de corpo negro: (a) fração de radiação térmica como função do produto λT; (b) banda de radiação térmica entre dois comprimentos de onda λ_1 e λ_2.

A Tabela 10.1 mostra também o *poder emissivo espectral normalizado* pelo poder emissivo total de corpo negro em função do produto λT, de acordo com a seguinte expressão a partir da Lei de Planck (Eq. 10.2):

$$\frac{E_{n\lambda}}{\sigma T^5} = \frac{C_1}{\sigma (\lambda T)^5 (e^{C_2/\lambda T} - 1)} \tag{10.8}$$

EXEMPLO 10.2 Radiação solar na faixa visível

A radiação solar tem, aproximadamente, a mesma distribuição espectral que a de um corpo negro irradiante ideal a uma temperatura de 5800 K. Determine a quantidade de radiação solar (W/m²) que é emitida na região visível (0,35 a 0,7 μm).

Solução:

Da Tabela 10.1 (por interpolação):

$$0 \le \lambda \le 0,35 \rightarrow \lambda_1 T = 0,35 \times 5800 = 2030 \text{ μmK} \Rightarrow F_{[0-0,35]} = 0,0718$$

$$0 \le \lambda \le 0,7 \rightarrow \lambda_2 T = 0,7 \times 5800 = 4060 \text{ μmK} \Rightarrow F_{[0-0,7]} = 0,4914$$

Portanto, a fração de radiação (Eq. 10.6) na faixa visível (0,35 a 0,7 μm) é:

$$F_{[0,35-0,7]} = F_{[0-0,7]} - F_{[0-0,35]}$$

$$F_{[0,35-0,7]} = 0,4914 - 0,0718 = 0,4196$$

De forma que, com o emprego da Equação (10.7), tem-se:

$$E_n = 0,4196 \times 5,669 \times 10^{-8} \times 5800^4 = 2,7 \times 10^7 \text{ W/m}^2$$

Comentário: cerca de 42 % da radiação térmica solar é emitida na faixa do visível. Uma análise superficial do gráfico di-log na figura à esquerda a seguir pode induzir à conclusão de que a quantia de radiação solar na faixa visível é pequena. Porém, um gráfico em escala linear nos daria o aspecto quantitativo de forma mais precisa, como aquele do lado direito da figura.

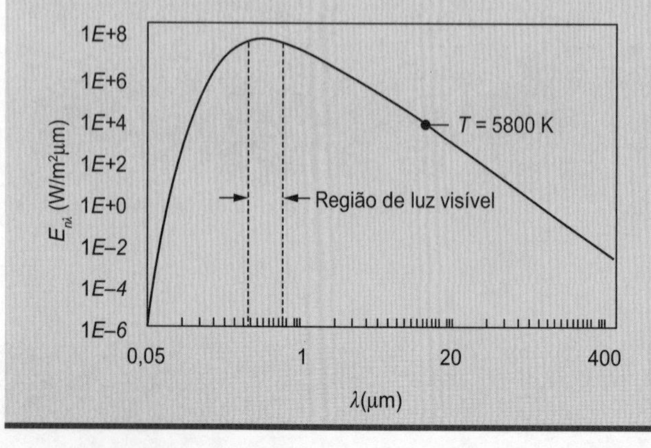

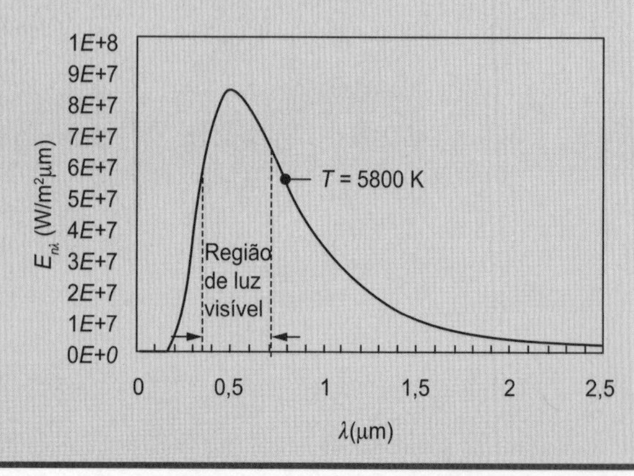

EXEMPLO 10.3 Lâmpada incandescente

Lâmpadas incandescentes foram usadas até recentemente para iluminação, tendo sido banidas pelo seu elevado consumo elétrico. Isso se deu porque a luminosidade da lâmpada provém da radiação térmica do filamento de tungstênio que geralmente atinge uma temperatura aproximada de 2850 K. Nessas condições, pede-se: (a) determine o comprimento de onda em que a emissão térmica é máxima. (b) Este comprimento de onda se encontra no espectro do visível? (c) Faça um gráfico de $E_{n\lambda}$ em função de λ para essa temperatura, utilizando escalas lineares. Estime a fração da emissão total da lâmpada que se encontra na região visível do espectro, isto é, entre 0,35 e 0,7 μm. (d) Se o bulbo consome 60 W de potência elétrica, qual é a quantidade máxima de luz visível que ele produz, em watts? Admita que a lâmpada emita radiação térmica como um corpo negro.

Solução:

(a) Da Lei de deslocamento de Wien, Eq. (10.3): $\lambda_{máx} \times 2850 = 2897{,}8$, assim, o comprimento de onda em que a radiação é máxima será de: $\lambda_{máx} = 1{,}02$ μm, dentro do infravermelho.
(b) A faixa visível reside na faixa 0,35 a 0,7 μm, logo o comprimento de onda em que ocorre o máximo poder emissivo espectral, $\lambda_{máx} = 1{,}02$ μm, está fora da faixa visível.
(c) Gráfico do poder emissivo em função do comprimento de onda:

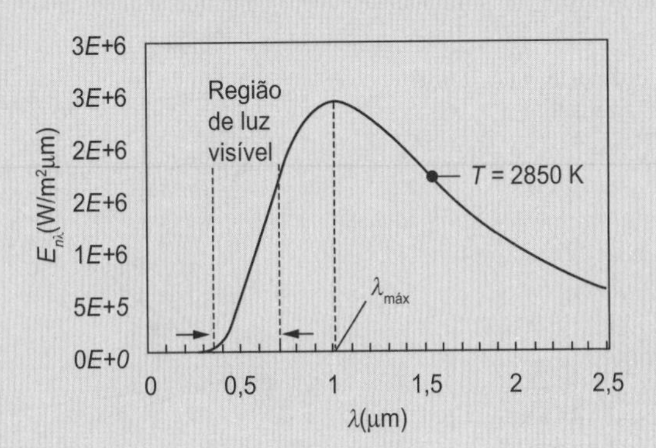

Da Tabela 10.1 (por interpolação):

$$0 \le \lambda \le 0{,}35 \rightarrow \lambda_1 T = 0{,}35 \times 2850 = 998 \text{ μmK} \Rightarrow F_{[0-0{,}35]} = 0{,}0003$$
$$0 \le \lambda \le 0{,}7 \rightarrow \lambda_2 T = 0{,}7 \times 2850 = 1995 \text{ μmK} \Rightarrow F_{[0-0{,}7]} = 0{,}0660$$
$$F_{[0{,}35-0{,}7]} = 0{,}0660 - 0{,}0003 = 0{,}0657$$

(d) Na temperatura de 2850 K, a lâmpada incandescente emite cerca de apenas 6,6 % da radiação térmica na faixa visível. Assim, no máximo, ela produz $0{,}0657 \times 60 = 4$ W de potência luminosa nessa faixa.

10.2.3 Intensidade da radiação térmica

A radiação térmica emitida por uma superfície, ou seu poder emissivo, se distribui em todas as direções. Uma questão relevante é determinar a quantia ou a taxa de radiação térmica em dada direção angular emitida a partir de um elemento da superfície e que vai atingir uma segunda superfície. Para isso, é preciso que se defina o *ângulo sólido*, ω, o qual representa o ângulo formado por um elemento de área na superfície de uma esfera de raio r. A fim de entender a definição e função dessa grandeza, costuma-se estabelecer uma analogia entre um ângulo diferencial plano $d\alpha$ e o ângulo diferencial sólido $d\omega$, como bem ilustrado na Figura 10.4.

O ângulo diferencial sólido é dado por:

$$d\omega = \frac{dA_n}{r^2} \tag{10.9}$$

sendo dA_n o elemento de área da esfera de raio r. A unidade do ângulo sólido é *esferorradiano*, cujo símbolo é sr e varia entre 0 sr e 4π sr em uma esfera de raio unitário. Portanto, a superfície semiesférica de raio unitário tem 2π sr.

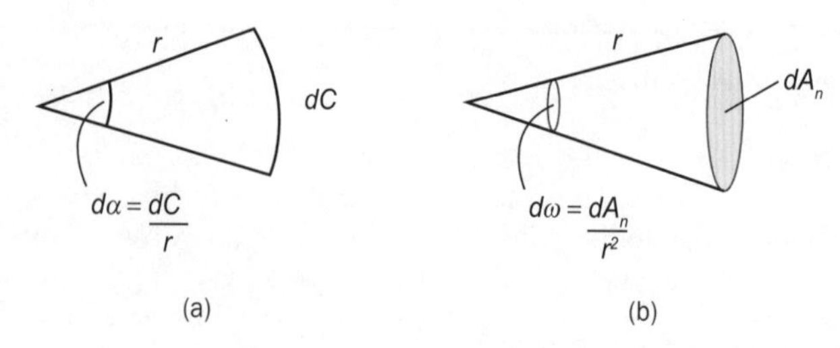

Figura 10.4 (a) Ângulo diferencial plano $d\alpha$; (b) ângulo diferencial sólido $d\omega$.

Considere um elemento de superfície dA_1 que emite radiação térmica em uma direção θ, contada a partir da reta normal à superfície (ângulo zenital), e direção azimutal ϕ, como ilustrado na Figura 10.5a. Define-se a *intensidade de radiação* $I(\theta, \phi)$ como a taxa de energia radiante emitida pelo elemento de área no ângulo sólido elementar $d\omega$. Suas unidades são W/m²sr. Essa taxa de energia radiante atravessa a área elementar dA_n localizada na superfície do hemisfério, como ilustrado na Figura 10.5a.

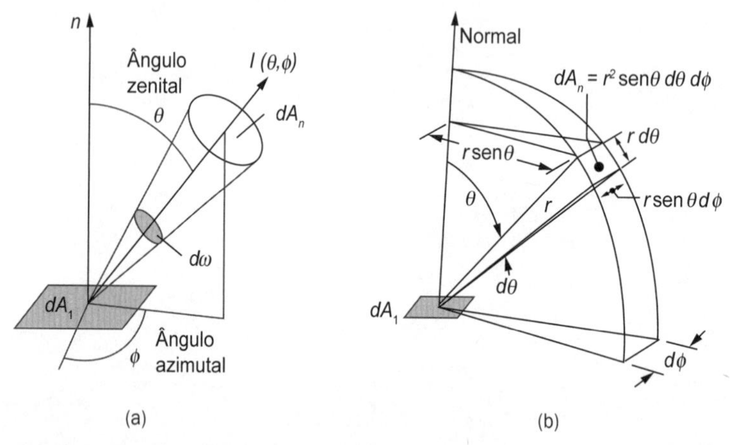

Figura 10.5 (a) Intensidade de radiação $I(\theta, \phi)$ emitida pela superfície elementar dA_1 na direção (θ, ϕ) e o ângulo sólido elementar naquela direção $d\omega$ que atravessa a área elementar da superfície hemisférica dA_n; (b) elemento de área dA_n na superfície e seu cálculo.

Na Figura 10.5b ilustra-se o cálculo do elemento de área elementar dA_n na superfície do hemisfério, dado por:

$$dA_n = r^2 \text{sen}\,\theta\, d\theta\, d\phi \tag{10.10}$$

Substituindo na expressão do ângulo sólido (Eq. 10.9), vem que:

$$d\omega = \text{sen}\theta\; d\theta\; d\phi \tag{10.11}$$

Seja $d\dot{Q}$ a taxa de energia radiante emitida pelo elemento de superfície dA_1 que cruza o elemento de área dA_n do hemisfério. A projeção do elemento de área é $dA_1 \cos\theta$ na direção θ. Então, pode-se mostrar que relação de $d\dot{Q}$ com a intensidade de radiação é dada por:

$$\frac{d\dot{Q}}{dA_1} = I(\theta,\phi)\cos\theta\; d\omega \tag{10.12}$$

Por outro, lado, o ângulo sólido elementar $d\omega$ é dado pela Equação (10.11). Assim, substituindo essa grandeza na equação anterior, vem:

$$\frac{\dot{Q}}{A_1} = \int_0^{2\pi}\int_0^{\pi/2} I(\theta,\phi)\cos\theta\; \text{sen}\theta\; d\theta\; d\phi \tag{10.13}$$

A radiação térmica emitida pelos corpos negros é considerada *difusa*, isto é, ela se distribui de forma uniforme em todas as direções, o que significa que a emissão obedece a *Lei dos cossenos de Lambert*. Nesse caso, a intensidade de radiação de corpo negro, I_n, independe das direções (θ, ϕ) e pode sair do sinal de integração da Equação (10.13). Por outro lado, a razão $\dot{Q}/A_1$ é o próprio poder emissivo de corpo negro E_n da superfície, o que resulta da integração dupla da Equação (10.13) no valor π. De forma que:

$$E_n = \pi I_n \tag{10.14}$$

O mesmo vale para o poder emissivo espectral de corpo negro, $E_{n\lambda}$ (cujo valor pode ser encontrado pela Lei de Planck, Eq. 10.2), isto é:

$$E_{n\lambda} = \pi I_{n\lambda} \tag{10.15}$$

10.3 Propriedades das superfícies para a radiação térmica

Quando energia radiante incide em uma superfície de um material, parte da radiação térmica é refletida, parte absorvida e parte é transmitida, conforme o diagrama da Figura 10.6.

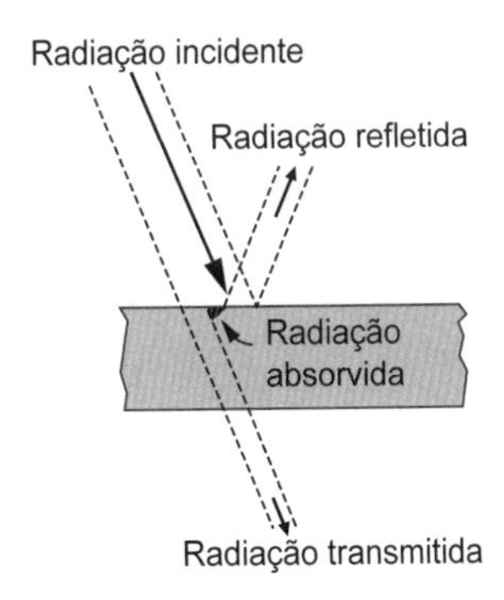

Figura 10.6 Radiação incidente, refletida, absorvida e transmitida.

Com base no esquema da Figura 10.6, definem-se as seguintes propriedades de radiação incidente em uma superfície:

α – *absortividade*, ou fração da radiação incidente absorvida pela superfície;
ρ – *refletividade*, ou fração da radiação incidente refletida da superfície; e
τ – *transmissividade*, ou fração da radiação incidente transmitida pela superfície.

Assim, pela conservação da energia, a somatória das três parcelas ou frações deve ser unitária, isto é:

$$\alpha + \rho + \tau = 1 \tag{10.16}$$

Muitos corpos sólidos não transmitem radiação térmica, ou seja, sua transmissividade é nula, $\tau = 0$. Para esses casos de *corpos opacos* à radiação térmica, tem-se:

$$\alpha + \rho = 1 \tag{10.17}$$

Essas propriedades também podem ser espectrais ou monocromáticas, ou seja:

$$\alpha_\lambda + \rho_\lambda + \tau_\lambda = 1 \tag{10.18}$$

em que α_λ é a *absortividade espectral* ou *monocromática*, ou fração da radiação incidente absorvida pela superfície no comprimento de onda λ; ρ_λ, a *refletividade espectral* ou *monocromática*, ou fração da radiação incidente refletida da superfície no comprimento de onda λ; e τ_λ, a *transmissividade espectral* ou *monocromática*, ou fração da radiação incidente transmitida pela superfície no comprimento de onda λ.

A título de exemplo, considere o comportamento da transmissividade espectral de um vidro comercial muito utilizado em utensílios domésticos, cuja curva de dependência do comprimento de onda é ilustrada na Figura 10.7. A transmissividade é nula em praticamente toda a região de ultravioleta e acima da região do infravermelho próximo, ou seja, ele é opaco nessas regiões. No entanto, no intervalo entre essas duas regiões, incluindo toda a região visível e infravermelho próximo, a transmissividade vale em torno de 92 %.

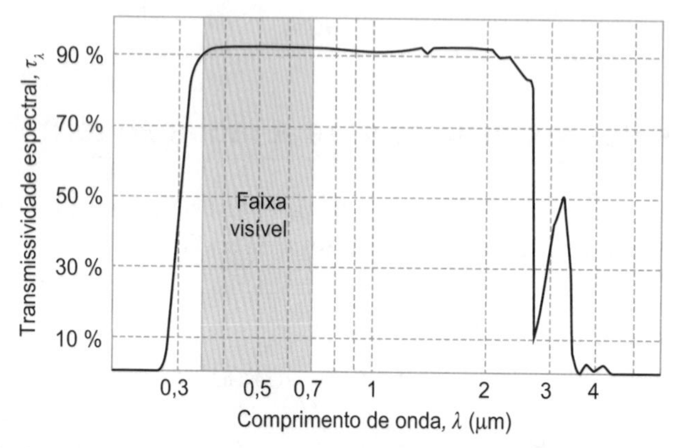

Figura 10.7 Transmissividade de um vidro comercial de borossilicato de 2 mm de espessura. (Cortesia de Praezisions Glas & Optik, Alemanha – www.pgo-online.com.)

A radiação térmica emitida por uma superfície varia em função da natureza e do acabamento da superfície e da direção, além da temperatura. A dependência dessas características da superfície resulta na definição da grandeza emissividade, discutida na sequência.

EXEMPLO 10.4 Transmissividade em vidro

Uma pessoa está em pé atrás de uma vidraça feita do vidro cuja curva de transmissividade é indicada na figura. Supondo que a radiação solar incida perpendicularmente ao vidro, determine o espectro da radiação térmica solar (T_{sol} = 5800 K) que atravessa o vidro, bem como o fluxo de radiação. Assuma que a radiação solar que chega ao vidro é de 1000 W/m².

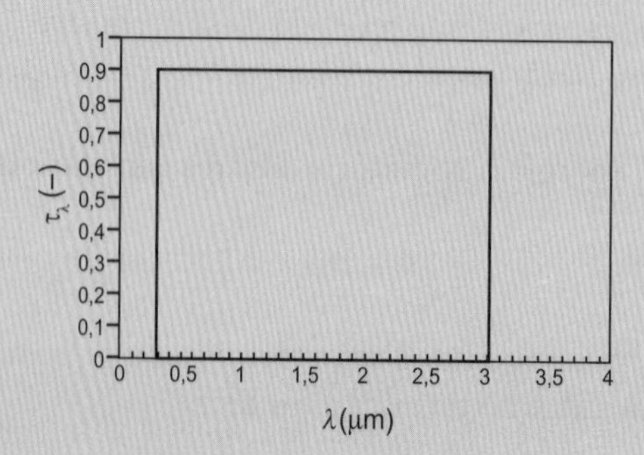

Solução:

As figuras a seguir mostram o poder emissivo espectral de corpo negro a 5800 K e a curva da transmissividade, cujo valor não nulo se situa aproximadamente entre 0,3 e3 μm.
Da irradiação de 1000 W/m² que atinge o vidro, 90 % são transmitidas na faixa de comprimentos de onda de 0,3 a 3 μm. Fora dessa faixa, o vidro é opaco.

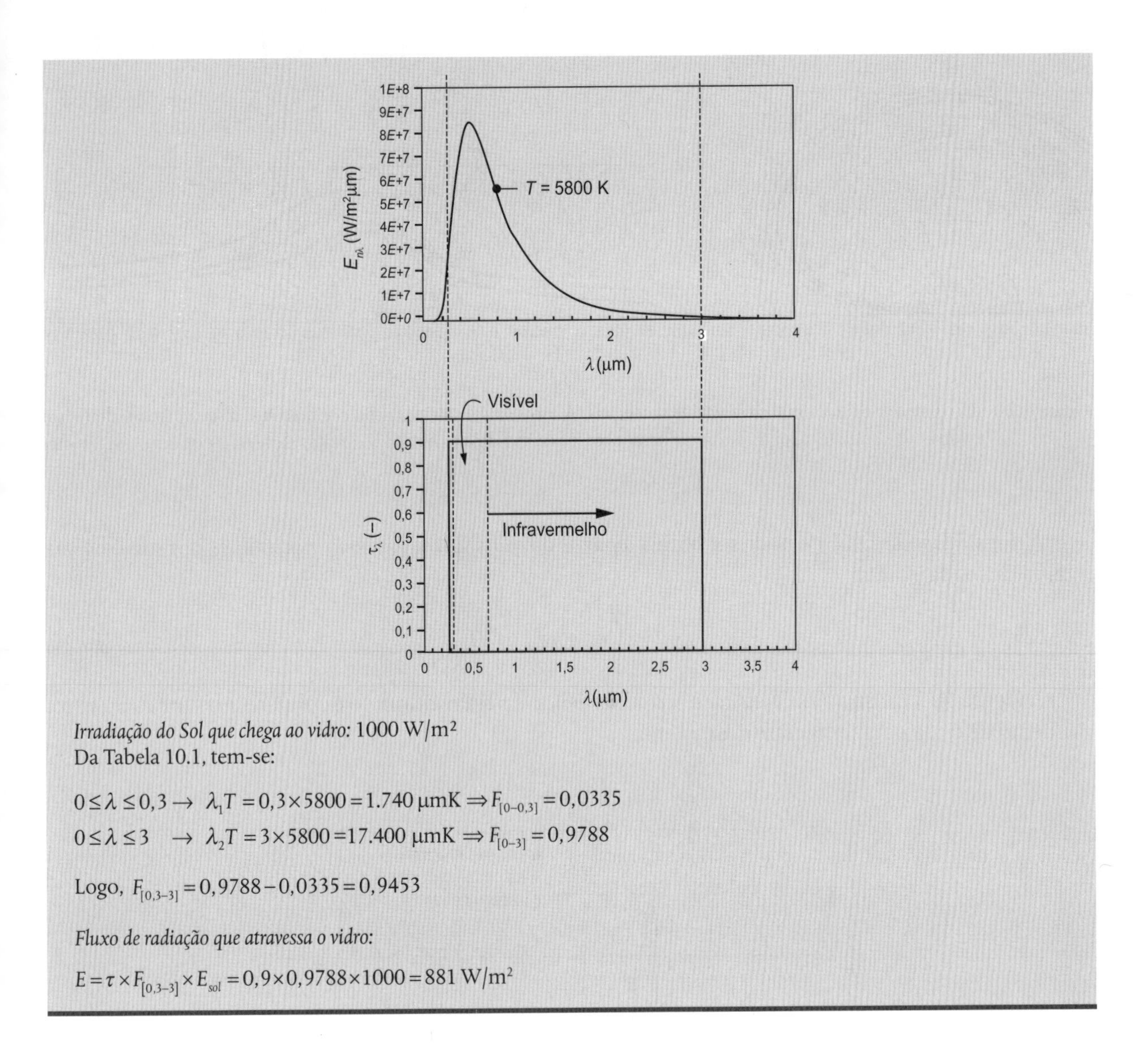

Irradiação do Sol que chega ao vidro: 1000 W/m²
Da Tabela 10.1, tem-se:

$$0 \le \lambda \le 0{,}3 \rightarrow \lambda_1 T = 0{,}3 \times 5800 = 1.740\ \mu\text{mK} \Rightarrow F_{[0-0,3]} = 0{,}0335$$

$$0 \le \lambda \le 3 \quad \rightarrow \lambda_2 T = 3 \times 5800 = 17.400\ \mu\text{mK} \Rightarrow F_{[0-3]} = 0{,}9788$$

Logo, $F_{[0,3-3]} = 0{,}9788 - 0{,}0335 = 0{,}9453$

Fluxo de radiação que atravessa o vidro:

$$E = \tau \times F_{[0,3-3]} \times E_{sol} = 0{,}9 \times 0{,}9788 \times 1000 = 881\ \text{W/m}^2$$

10.3.1 Emissividade, ε, e irradiação, G

O *poder emissivo real* da superfície de um corpo é a taxa de radiação emitida pelo corpo, podendo ser espectral, E_λ, ou total, E. A *emissividade espectral* ou *monocromática*, ε_λ, é definida como a razão entre o poder emissivo espectral real, E_λ, e o poder emissivo espectral de um corpo negro à mesma temperatura, $E_{n\lambda}$. Isto é:

$$\varepsilon_\lambda = \frac{E_\lambda}{E_{n\lambda}} \tag{10.19}$$

Cabe ressaltar que a emissividade dos corpos reais pode não ser emitida de forma homogênea em todas as direções, comprimentos de onda e temperatura. A título de exemplo, considere a Figura 10.8, em que são mostrados diagramas polares da emissividade direcional ε_θ de vários materiais. À esquerda, na Figura 10.8, constam os valores de ε_θ para vários materiais não metálicos, enquanto à direita da mesma figura são apresentados os valores para materiais metálicos. Ao comparar as duas classes de materiais, depreende-se que a emissividade direcional dos materiais não metálicos diminui com o aumento do ângulo zenital θ. Já no caso de materiais metálicos, observa-se o comportamento oposto.

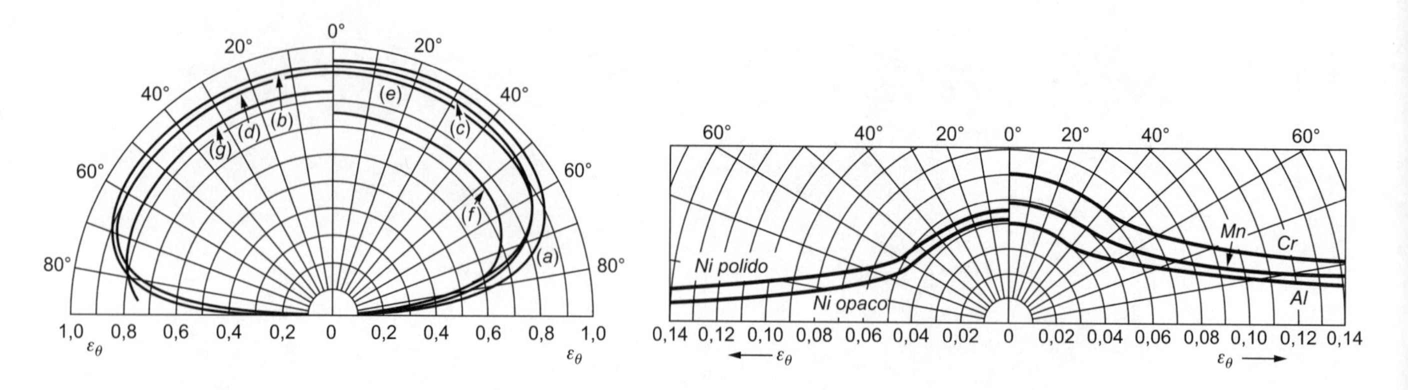

Figura 10.8 Emissividade direcional para vários materiais. À esquerda, materiais não condutores: (a) gelo; (b) madeira; (c) vidro; (d) papel; (e) argila; (f) óxido de cobre; (g) óxido de alumínio. À direita, materiais condutores. (Fonte: Schmidt; Eckert, 1935.)

A *emissividade espectral*, ε_λ, pode ser obtida a partir da *emissividade direcional espectral*, ε_θ, por meio de sua integração, dada por:

$$\varepsilon_\lambda = \int_0^{\pi/2} \varepsilon_\theta \operatorname{sen}(2\theta)\, d\theta \tag{10.20}$$

A Figura 10.9 mostra a *emissividade espectral normal*, ε_{λ_n}, para o alumínio e cobre como função do comprimento de onda para temperatura ambiente.

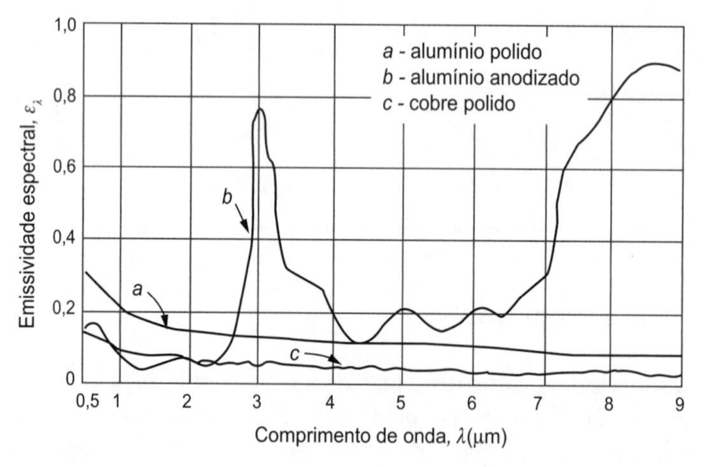

Figura 10.9 Emissividade espectral normal ($\varepsilon_{\lambda n}$) de alguns metais à temperatura ambiente. (Adaptada de Kreith e Bohn, 2001.)

Define-se a *emissividade hemisférica total* ou *média*, ε, como a razão entre o poder emissivo do corpo, E, e o poder emissivo de um corpo negro, E_n, à mesma temperatura, como dado pela Equação (10.21):

$$\varepsilon = \frac{E}{E_n} = \frac{\int_0^\infty \varepsilon_\lambda E_{n\lambda}\, d\lambda}{\int_0^\infty E_{n\lambda}\, d\lambda} = \frac{\int_0^\infty \varepsilon_\lambda E_{n\lambda}\, d\lambda}{\sigma T^4} \tag{10.21}$$

Se for possível aproximar a emissividade espectral em *n* intervalos de comprimentos de onda em que ela possa ser assumida constante, como ilustrado na Figura 10.10, a emissividade total correspondente seria:

$$\varepsilon = \varepsilon_{\lambda_1} \frac{\int_0^{\lambda_1} E_{n\lambda}\, d\lambda}{\sigma T^4} + \varepsilon_{\lambda_2} \frac{\int_{\lambda_1}^{\lambda_2} E_{n\lambda}\, d\lambda}{\sigma T^4} + \ldots\ \varepsilon_{\lambda_n} \frac{\int_{\lambda_n}^{\infty} E_{n\lambda}\, d\lambda}{\sigma T^4}$$

$$\varepsilon = \varepsilon_{\lambda_1} F_{[0-\lambda_1]} + \varepsilon_{\lambda_2} F_{[\lambda_1-\lambda_2]} + \ldots\ \varepsilon_{\lambda_n} F_{[\lambda_{n-1}-\infty]}$$

$$\varepsilon = \varepsilon_{\lambda_1} F_{[0-\lambda_1]} + \varepsilon_{\lambda_2} F_{[\lambda_1-\lambda_2]} + \ldots\ \varepsilon_{\lambda_n}\left(1 - F_{[0-\lambda_{n-1}]}\right) \tag{10.22}$$

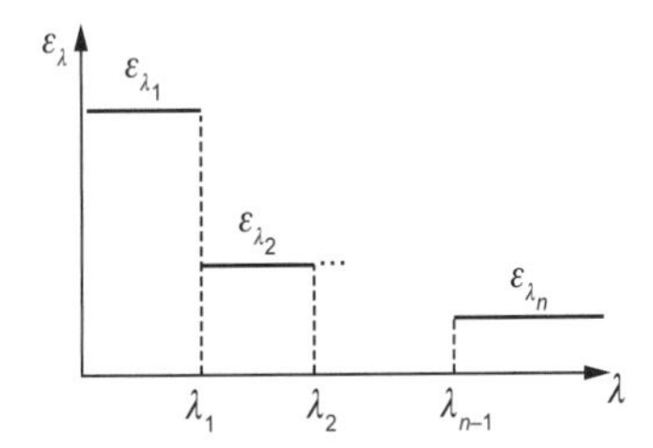

Figura 10.10 Aproximações da emissividade espectral em faixas constantes.

A emissividade hemisférica total é uma propriedade do material e de seu acabamento superficial, além da temperatura. A título de exemplo, a 300 K, a emissividade total para alumínio altamente polido vale 0,04, para folhas de alumínio vale 0,07 e para alumínio anodizado vale 0,82. Dados mais completos de emissividade encontram-se na Tabela 10.2. Na Figura 10.11 mostra-se a variação da emissividade em função da temperatura e do acabamento superficial para o cobre. Note que o acabamento ou tratamento superficial é fator determinante no estabelecimento da emissividade da superfície.

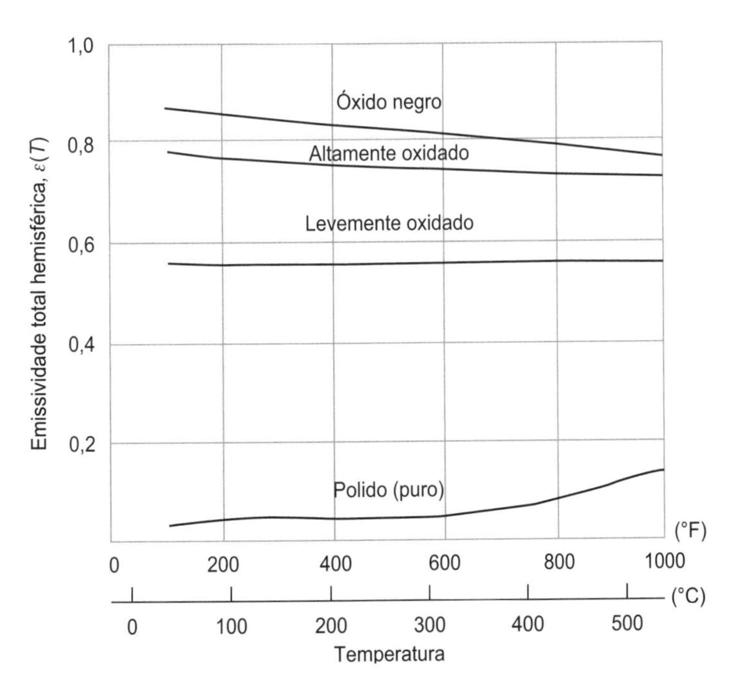

Figura 10.11 Influência da temperatura sobre a emissividade total hemisférica para o cobre considerando diversos tipos de acabamento superficial. (Adaptada de Kreith e Bohn, 2001.)

A Tabela 10.2 apresenta a emissividade normal, ε_n, de várias superfícies metálicas e não metálicas, bem como de materiais de construção.

Tabela 10.2 Emissividade normal, ε_n, de várias superfícies metálicas e não metálicas, bem como de materiais de construção (adaptada de McAdams, 1954 – tabela compilada por H. C. Hottel)

Superfície	T (°C)	ε_n
Metais e seus óxidos		
Aços inoxidáveis:		
Polidos	100	0,074
Tipo 310 (25 % de Cr, 20 % de Ni) marrons, manchados, oxidados em razão do serviço em fornos	216-527	0,90-0,97
Alumínio:		
Placa altamente polida, 98,3 % pura	277-577	0,039-0,057
Chapa comercial	100	0,09
Oxidada a 600 °C	199-599	0,11-0,19
Altamente oxidada	93-504	0,20-0,31
Chumbo:		
Puro (99,96 %), não oxidado	127-200	0,057-0,075
Oxidado cinza	24	0,28
Cobre:		
Polido	100	0,052
Placa aquecida a 600 °C	200-600	0,57
Óxido cuproso	800-1100	0,66-0,54
Cobre fundido	1077-1277	0,16-0,13
Cromo (ver as ligas de níquel para aços Ni-Cr):		
Polido	38-1093	0,08-0,36
Estanho:		
Ferro estanhado brilhante	24	0,043-0,064
Brilhante	50	0,06
Folha de ferro estanhado comercial	100	0,07-0,08
Ferro e aço (não incluindo inoxidável):		
Superfícies metálicas (ou camada muito fina de óxido)		
Ferro, polido	427-1027	0,14-0,38
Ferro fundido, polido	200	0,21
Ferro forjado, altamente polido	38-427	0,28
Superfícies oxidadas		
Placa de ferro, completamente oxidada	19	0,69
Placa de aço, rugosa	38-371	0,94-0,97
Superfícies fundidas		
Ferro fundido	1299-1399	0,29
Aço doce	1599-1799	0,28
Latão:		
Polido	38-316	0,1
Oxidado por aquecimento a 600 °C	200-600	0,61-0,59
Ligas de níquel:		
Níquel-cromo	52-1034	0,64-0,76
Níquel-cobre, polido	100	0,059

(continua)

Tabela 10.2 Emissividade normal, ε_n, de várias superfícies metálicas e não metálicas, bem como de materiais de construção (adaptada de McAdams, 1954 – tabela compilada por H. C. Hottel) (*continuação*)

Superfície	T (°C)	ε_n
Metais e seus óxidos		
Fio de níquel-cromo, brilhante	50-1000	0,65-0,79
Fio de níquel-cromo, oxidado	50-1000	0,95-0,98
Ouro:		
Puro, altamente polido	227-627	0,018-0,035
Platina:		
Pura, placa polida	227-627	0,054-0,104
Tira	927-1627	0,12-0,17
Filamento	27-1227	0,036-0,192
Fio	227-1377	0,073-0,182
Prata:		
Polida, pura	227-627	0,020-0,032
Polida	38-371	0,022-0,031
Tungstênio:		
Filamento, envelhecido	27-3300	0,032-0,35
Filamento	3300	0,39
Cobertura polida	100	0,066
Zinco:		
Comercial, 99,1 % puro, polido	227-327	0,045-0,053
Oxidado por aquecimento a 400 °C	339	0,11
Refratários, materiais de construção, tintas e miscelâneas		
Água	0-100	0,95-0,963
Argamassa, cal áspera	10-88	0,91
Asbestos:		
Placa	23	0,96
Papel	38-371	0,93-0,94
Borracha:		
Placa dura e lustrosa	23	0,94
Macia, cinza, rugosa (regenerada)	24	0,86
Carbono:		
Filamento	1040-1400	0,526
Revestimento de negro de fumo para vidro para água	100-230	0,96-0,95
Fina camada de carbono sobre uma placa de ferro	21	0,927
Carvalho, aplainado	21	0,9
Gesso, 0,02 pol. de espessura sobre uma placa lisa ou enegrecida	21	0,903
Mármore, cinza-claro, polido	22	0,93
Papel de cobertura	21	0,91
Tijolo:		
Vermelho, rugoso, mas nenhuma irregularidade grave	21	0,93

(*continua*)

Tabela 10.2 Emissividade normal, ε_n, de várias superfícies metálicas e não metálicas, bem como de materiais de construção (adaptada de McAdams, 1954 – tabela compilada por H. C. Hottel) (*continuação*)

Superfície	T (°C)	ε_n
Metais e seus óxidos		
Tijolo, esmaltado	1100	0,75
Tijolo de construção	1000	0,45
Tijolo refratário	1000	0,75
Tijolo refratário de magnesita	1000	0,38
Tintas, lacas, vernizes:		
Verniz de esmalte muito branco sobre placa de ferro forjado	23	0,906
Laca preta brilhante, aspergida sobre ferro	24	0,875
Goma-laca preta brilhante sobre laminado de ferro estanhado	21	0,821
Goma-laca preta fosca	77-146	0,91
Laca preta ou branca	38-93	0,80-0,95
Laca preta plana	38-93	0,96-0,98
Tintas à base de óleo, 16 diferentes, todas as cores	100	0,92-0,96
Tinta Al, depois de aquecimento a 325 °C	150-316	0,35
Vidro:		
Liso	22	0,94
Pirex, chumbo e carbonato de sódio	260-538	0,95-0,85

Em geral, observam-se as seguintes regras que se aplicam à emissividade total, ε, e à emissividade normal, ε_n, à superfície:

- emissividades de superfícies altamente polidas são baixas;
- emissividades de superfícies metálicas aumentam com a temperatura;
- superfícies oxidadas e rugosas têm maiores emissividades do que as do material base;
- como regra geral, a emissividade total de superfícies metálicas, ε, é cerca de 20 % maior que a emissividade total normal à superfície, ε_n, isto é, $\varepsilon \sim 1{,}2\ \varepsilon_n$. No caso de superfícies não metálicas, verifica-se o oposto, mas tende a ter uma variação menor, isto é, $\varepsilon \sim 0{,}96\ \varepsilon_n$;
- as emissividades de superfícies não metálicas são, em geral, maiores que as das superfícies metálicas. Além disso, elas tendem a diminuir com a temperatura, contrariamente ao caso das superfícies metálicas.

EXEMPLO 10.5 Emissividade de tinta

Suponha que a emissividade espectral de uma tinta experimental de alta temperatura possa ser aproximada pela curva indicada ao lado, que, idealmente, independe da temperatura. Determine a emissividade total a 27 °C e a 327 °C e o poder emissivo da superfície.

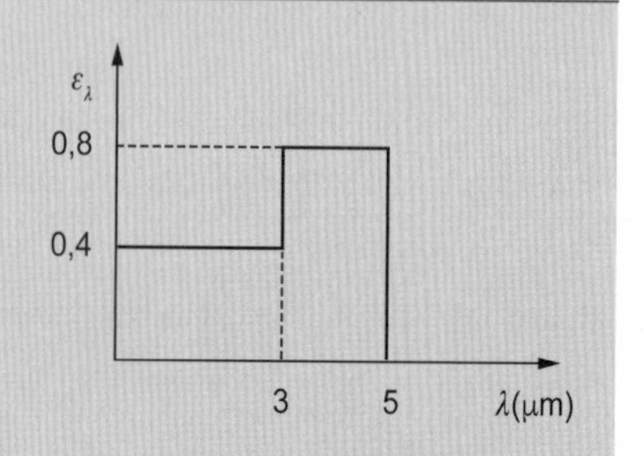

Solução:

A 27 °C (~300 K), $\varepsilon_{\lambda_1} = 0{,}4,\ \varepsilon_{\lambda_2} = 0{,}8,\ \varepsilon_{\lambda_3} = 0$

$\lambda_1 T = 3 \times 300 = 900 \rightarrow F_{[0-\lambda_1]} = 0{,}0002$ (Tab. 10.1)

$\lambda_2 T = 5 \times 300 = 1500 \rightarrow F_{[0-\lambda_2]} = 0{,}0138$ (Tab. 10.1)

$\varepsilon = 0{,}4 \times 0{,}0002 + 0{,}8 \times (0{,}0138 - 0{,}0002) + 0 \times (1 - 0{,}0138) = 0{,}0110$

$$E=\varepsilon E_n=\varepsilon\sigma T^4=0{,}011\times5{,}67\times10^{-8}\times300^4=5{,}1\ \text{W/m}^2$$

A 327 °C (~ 600 K), $\varepsilon_{\lambda_1}=0{,}4,\ \varepsilon_{\lambda_2}=0{,}8,\ \varepsilon_{\lambda_3}=0$

$$\lambda_1 T=3\times600=1800\rightarrow F_{[0-\lambda_1]}=0{,}0393\ \text{(Tab. 10.1)}$$

$$\lambda_2 T=5\times600=3000\rightarrow F_{[0-\lambda_2]}=0{,}2732\ \text{(Tab. 10.1)}$$

$$\varepsilon=0{,}4\times0{,}0393+0{,}8\times(0{,}2732-0{,}0393)+0\times(1-0{,}2732)=0{,}2028$$

$$E=\varepsilon E_n=\varepsilon\sigma T^4=0{,}2028\times5{,}67\times10^{-8}\times300^4=1490\ \text{W/m}^2.$$

Outra grandeza de interesse é a *irradiação espectral* ou *monocromática* G_λ. Essa grandeza pode ser entendida como a taxa de radiação térmica que atinge dada superfície em certo comprimento de onda λ e tem unidades de W/m²μm. Evidentemente, a radiação térmica incidente foi gerada por uma ou mais fontes externas à superfície. Assim como a emissividade, a irradiação tem características direcionais, conforme ilustrado na Figura 10.12 para a taxa de radiação incidente, $I_{\lambda i}(\lambda, \theta, \phi)$ no elemento de área dA_1, no ângulo zenital θ, ângulo azimutal ϕ e ângulo diferencial sólido $d\omega$.

$$G_\lambda=\int_0^{2\pi}\int_0^{\pi/2} I_{\lambda i}(\lambda,\theta,\phi)\cos\theta\,\text{sen}\,\theta\,d\theta\,d\phi \tag{10.23}$$

Evidentemente, a *irradiação total*, G, é a integral da grandeza espectral e possui unidades de W/m², ou seja:

$$G=\int_0^\infty G_\lambda d\lambda \tag{10.24}$$

Se a taxa de radiação incidente for difusa, a característica de direcional é eliminada, o que resulta em:

$$G_\lambda=\pi I_{\lambda i} \quad \text{e} \quad G=\pi I_i \tag{10.25}$$

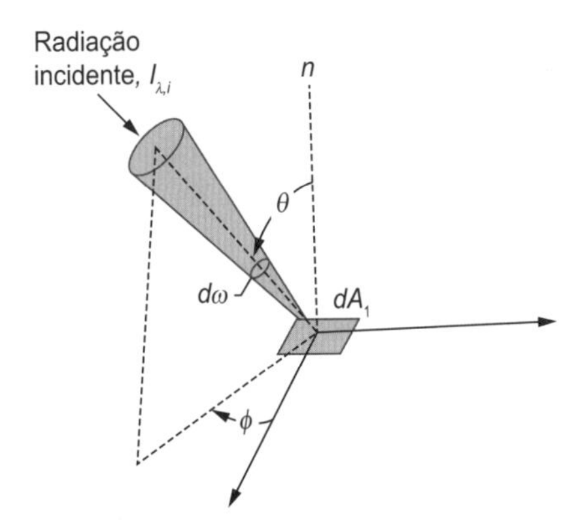

Figura 10.12 Irradiação que atinge um elemento de área.

10.3.2 Lei de Kirchhoff

Considere um grande recipiente com temperatura superficial T_s no seu interior. Independentemente das propriedades superficiais do material da cavidade, ela terá o comportamento de corpo negro, já que vai emitir e absorver toda a sua própria radiação. Portanto, o recipiente isotérmico se comporta como uma cavidade negra (subseção 10.3.3) com poder emissivo $E_n=\sigma T_s^4$. Agora, coloca-se um corpo em seu interior que está em equilíbrio térmico com a cavidade, isto é, possui a mesma temperatura. Esse corpo recebe irradiação, $G=E_n$, como ilustrado na Figura 10.13.

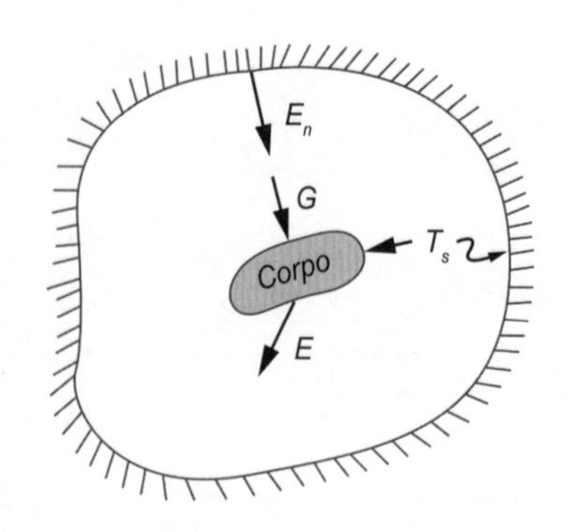

Figura 10.13 Equilíbrio térmico em uma cavidade e a Lei de Kirchhoff.

Por outro lado, o corpo colocado no interior da cavidade tem um poder emissivo, E. De forma que um balanço energético no corpo resulta em:

$$\alpha G = E = \varepsilon E_n \tag{10.26}$$

Como a irradiação G é igual ao poder emissivo de corpo negro da cavidade E_n, então, $\alpha E_n = \varepsilon E_n$, ou:

$$\alpha = \varepsilon \tag{10.27}$$

A igualdade entre as duas propriedades reproduz a chamada *Lei de Kirchhoff*. É importante ressaltar, porém, que as propriedades emissividade e absortividade totais são dependentes da temperatura, como discutido na seção anterior. Embora deduzida para o caso em que as temperaturas de cavidade e do corpo sejam iguais, essa lei ainda é válida se a diferença de temperaturas entre eles for de poucas centenas de kelvins.

A validade também se estende para as propriedades monocromáticas. Porém, nesse caso, a única condição é que ou a fonte de irradiação ou a superfície que a recebe seja difusa.

$$\alpha_\lambda = \varepsilon_\lambda \tag{10.28}$$

10.3.3 Corpo cinzento

Um corpo cuja emissividade e absortividade de superfície são independentes do comprimento de onda e direção é chamado de *corpo cinzento*. Na prática, costuma-se aproximar os corpos reais como cinzentos. A característica fundamental da aproximação de corpo cinzento é que a emissividade e absortividade são constantes e independentes do comprimento de onda. De forma que, para o corpo cinzento, é válida a seguinte relação:

$$\begin{aligned} \varepsilon &= \varepsilon_\lambda = \text{cte} \\ \alpha &= \alpha_\lambda = \text{cte} \end{aligned} \tag{10.29}$$

Os gráficos da Figura 10.14 ilustram o comportamento dos poderes emissivos de três corpos para uma dada temperatura. Como já estudado em seções anteriores, um corpo real tem uma emissividade espectral que depende de vários fatores, como material e natureza do acabamento superficial, exibindo um padrão geral que depende do comprimento de onda, como ilustrado na figura. O corpo negro é aquele que possui emissividade unitária (total e espectral) e seu poder emissivo espectral segue a Lei de Planck. Já o corpo cinzento é aquele que possui as emissividades espectral e total constantes para todos os comprimentos de onda (ilustrado pela linha tracejada).

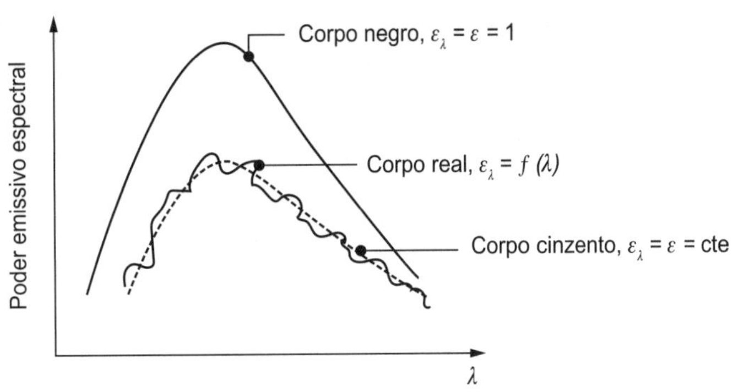

Figura 10.14 Poder emissivo espectral em função da emissividade espectral do corpo.

10.3.4 Fluxos de radiação na superfície

Quando a radiação térmica atinge uma *superfície*, três fenômenos podem acontecer: ela pode ser absorvida, refletida ou transmitida pela superfície. Na Figura 10.15 é mostrada a parcela refletida e a emitida pela própria superfície (poder emissivo). Essas grandezas podem ser espectrais ou totais.

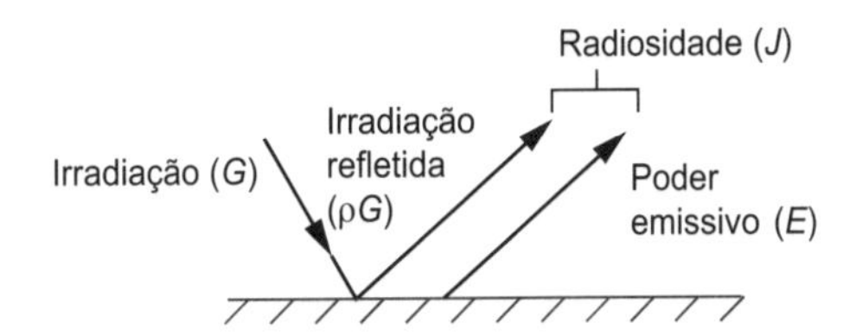

Figura 10.15 Fluxos de radiação superficiais.

A irradiação, G, já definida pela Equação (10.23), é o fluxo de radiação incidente em dada superfície. Ela pode ser espectral ou monocromática G_λ, ou total, G.

O *poder emissivo*, já definido na subseção 10.3.1, constitui o fluxo de radiação emitido a partir de uma superfície. Pode ser espectral ou monocromático, E_λ, ou total, E.

A *radiosidade*, J, é o *fluxo de radiação total* que deixa uma superfície. Ela é constituída de duas parcelas: a irradiação incidente refletida, ρG; e a emissão da própria superfície, $E = \varepsilon E_n$.

$$J = \rho G + \varepsilon E_n \tag{10.30}$$

Por outro lado, se uma superfície recebe a irradiação espectral G_λ, as propriedades totais dessa superfície, α, ρ e τ, podem ser avaliadas por meio das seguintes equações:

$$\alpha = \frac{\int_0^\infty \alpha_\lambda G_\lambda d\lambda}{\int_0^\infty G_\lambda d\lambda} \tag{10.31}$$

$$\rho = \frac{\int_0^\infty \rho_\lambda G_\lambda d\lambda}{\int_0^\infty G_\lambda d\lambda} \tag{10.32}$$

$$\tau = \frac{\int_0^\infty \tau_\lambda G_\lambda d\lambda}{\int_0^\infty G_\lambda d\lambda} \tag{10.33}$$

Se a fonte emissora for um corpo negro, então $G_\lambda = E_{n\lambda}$, e se as propriedades de radiação espectrais na superfície são constantes em determinadas faixas de comprimento de onda, como o caso, a título de exemplo, em que há três faixas em que ela é constante, logo:

$$\alpha = \alpha_{\lambda_1} F_{[0-\lambda_1]} + \alpha_{\lambda_2} F_{[\lambda_1-\lambda_2]} + \alpha_{\lambda_3} F_{[\lambda_3-\infty]} \tag{10.34}$$

$$\rho = \rho_{\lambda_1} F_{[0-\lambda_1]} + \rho_{\lambda_2} F_{[\lambda_1-\lambda_2]} + \rho_{\lambda_3} F_{[\lambda_3-\infty]} \tag{10.35}$$

$$\tau = \tau_{\lambda_1} F_{[0-\lambda_1]} + \tau_{\lambda_2} F_{[\lambda_1-\lambda_2]} + \tau_{\lambda_3} F_{[\lambda_3-\infty]} \tag{10.36}$$

Não necessariamente as faixas de comprimento de onda de propriedades consideradas constantes coincidem entre si.

EXEMPLO 10.6 Temperatura de equilíbrio

Em um dia quente de verão e sem nuvens, uma calçada recebe 700 W/m² de irradiação solar, G_{sol}. Pode-se atribuir a temperatura do céu de 290 K. O ar a 27 °C recebe calor por convecção natural da superfície com um h = 5 W/m² °C. Assuma que nenhuma taxa de calor seja transmitida para o solo, $q_{solo} = 0$. A absortividade da calçada para a radiação solar vale $\alpha_{sol} = 0{,}92$, enquanto a emissividade média da calçada vale $\varepsilon = 0{,}15$ para baixa temperatura. Determine a temperatura, T, da calçada.

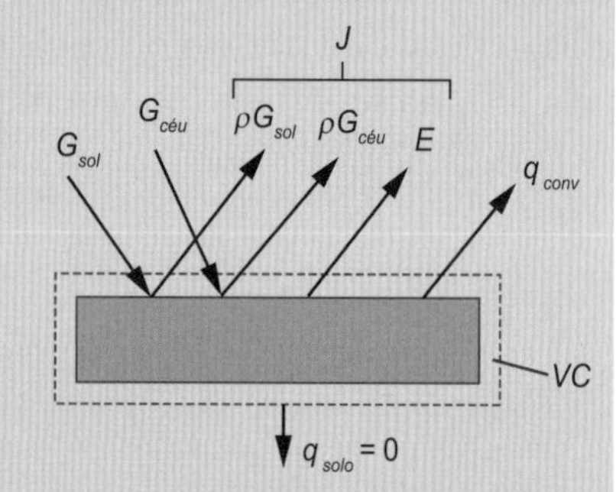

Solução:

Seja o volume de controle, *VC*, indicado na figura que engloba um pedaço da superfície da calçada. Pode-se realizar um balanço de energia, ou seja:

$$\text{Balanço de energia: } \begin{bmatrix}\text{Taxa de energia}\\ \text{que entra no } VC\end{bmatrix} = \begin{bmatrix}\text{Taxa de energia}\\ \text{que deixa o } VC\end{bmatrix}$$

Sabendo que a área é a mesma para todas as taxas, a equação anterior pode ser expressa em função dos fluxos de energia, nesse caso, somente de calor e radiação térmica.

$$G_{sol} + G_{céu} = J + q_{conv} + \underbrace{q_{solo}}_{=0} \Rightarrow$$

$$G_{sol} + G_{céu} = \underbrace{\rho_{sol} G_{sol} + \rho_{céu} G_{céu} + \varepsilon E_n}_{J} + q_{conv} \Rightarrow$$

$$\underbrace{(1-\rho_{sol})}_{\alpha_{sol}} G_{sol} + \underbrace{(1-\rho_{céu})}_{\alpha_{céu}} G_{céu} = q_{conv} + \varepsilon E_n \Rightarrow$$

$$\alpha_{sol} G_{sol} + \varepsilon\sigma T_{céu}^4 - h(T - T_\infty) - \varepsilon\sigma T^4 = 0$$

Foi admitido que a absortividade da superfície para a radiação do céu é igual à emissividade da superfície da calçada, $\alpha_{céu} = \varepsilon$, pois ambos são de baixa temperatura, os quais são muito distintos da absortividade de alta temperatura para a radiação solar, α_{sol}. Substituindo os valores, vem:

$$0{,}92 \times 700 + 0{,}15 \times 5{,}67 \times 10^{-8} \times 290^4 - 5 \times (T - 300{,}15) - 0{,}15 \times 5{,}67 \times 10^{-8} \times T^4 = 0$$

Após a solução dessa equação polinomial de quarto grau, obtém-se a temperatura da superfície igual a 392,2 K ou 119 °C. (Dá para queimar a sola do pé e fritar ovo.)

10.4 Radiação solar e ambiental

A radiação solar se comporta como a de um corpo negro a cerca de 5800 K (ou mais precisamente 5778 K). Evidentemente, a faixa de temperaturas no interior da nossa estrela é da ordem milhões de kelvins, graças às reações de fusão nuclear, sendo que o valor indicado representa a temperatura equivalente de sua superfície. O espectro de radiação solar que atinge nosso planeta fora da atmosfera, bem como o espectro no nível do mar, são mostrados na Figura 10.16. A figura ainda indica as bandas de absorção de vários gases presentes na atmosfera, como H_2O, CO_2, O_2 e O_3.

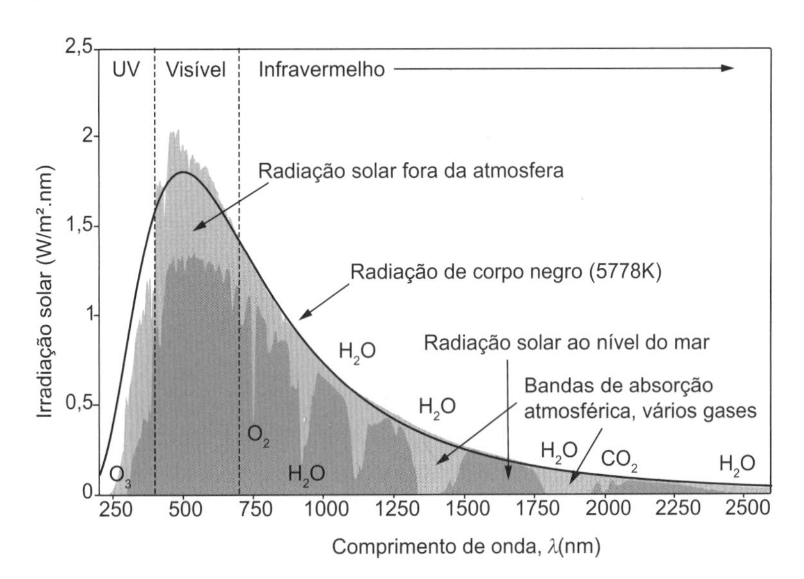

Figura 10.16 Espectro solar extraterrestre e no nível do mar, bem como as faixas de absorção dos gases presentes na atmosfera. (Fonte: adaptada e traduzida de Nick 84(*CC BY-SA 3.0*), via Wikemedia Commons. Disponível em: https://commons.wikimedia.org/wiki/File:Solar_spectrum_en.svg. Acesso em: 14 abr. 2022.)

Como se depreende do exame dos espectros de absorção da radiação solar na Figura 10.16, pode-se observar que gás ozônio, O_3, absorve boa parte da radiação de ultravioleta (UV) abaixo de 400 nm e atenua completamente abaixo de 300 nm. Boa parte da radiação visível é espalhada pelas nuvens e refletida de volta ao espaço, sendo que cerca de 70 % da radiação visível chega no nível do mar. O vapor de água presente na atmosfera, bem como o gás dióxido de carbono, possuem bandas largas de absorção na faixa do infravermelho. Os gases nitrogênio e argônio que perfazem, respectivamente, 78 e 1 % da composição seca do ar não absorvem radiação solar. A cor azul do céu se deve ao efeito do *espalhamento de Rayleigh*, em que moléculas menores do que um dado comprimento de onda da luz espalham a radiação em todas as direções. Esse fenômeno ocorre com nossa atmosfera dominada pelos gases nitrogênio e oxigênio, os quais possuem diâmetros moleculares menores do que o comprimento de onda da luz na faixa do azul. Dessa forma, o espalhamento do espectro azul da radiação solar pelos gases da atmosfera promove a espetacular visão do azul celeste.

EXEMPLO 10.7 Radiação solar e constante solar, G_{cs}

Supondo que o Sol seja um corpo negro a 5800 K, seu poder emissivo total é: $E_{sol} = \sigma T^4 = 5{,}669 \times 10^{-8} \times 5800^4 = 64\,\mathrm{MW/m^2}$. Portanto, o Sol lança ao espaço a inimaginável quantia de 64 MW por unidade de área de sua superfície. Pergunta-se: quanto dessa radiação térmica solar atinge o planeta Terra?

Solução:

Nesse caso, a emissão total do Sol para o espaço é $\dot{Q}_{sol} = E_{sol}A_{sol}$, sendo A_{sol} a área da superfície solar. Essa quantia é irradiada para todo o espaço e em todas as direções radiais. Dessa forma, o total de radiação emitido deverá atingir uma superfície imaginária, aproximadamente esférica, que contenha a órbita média da Terra de área A_{Terra}. *Nota:* não se trata da área da superfície da Terra, mas da superfície esférica imaginária (aproximada) que engloba a órbita do movimento de translação da Terra ao redor do Sol. Assim,

$$\dot{Q}_{sol} = \text{const} = E_{sol}A_{sol} = q_{Terra}A_{Terra} \Rightarrow q_{Terra} = E_{sol} \times \left(\frac{R_{sol}}{R_{Terra}}\right)^2$$

em que R_{sol} é o raio do Sol ($6{,}96 \times 10^5$ km); R_{Terra} é o raio da esfera imaginária aproximada que contém a órbita média da Terra (~ $149{,}6 \times 10^6$ km) e q_{Terra} é o fluxo de calor na forma de radiação térmica solar que chega por unidade de área na esfera que contém a órbita média da Terra. Assim,

$$q_{Terra} = E_{sol} \times \left(\frac{R_{sol}}{R_{Terra}} \right)^2 = 64.000.000 \times \left(\frac{0{,}696}{149{,}6} \right)^2 \approx 1385 \text{ W/m}^2$$

Então, cerca de 1385 W/m² de irradiação solar atinge a Terra no espaço em um plano normal da incidência. Na verdade, os valores mais bem-aceitos dessa grandeza, chamada de constante solar G_{cs}, variam entre 1321 e 1411 W/m², em virtude da órbita elíptica do planeta.

A *constante solar*, G_{cs}, apresentada na solução do Exemplo 10.7 representa a irradiação solar média incidente em um plano perpendicular à radiação solar fora da atmosfera (extraterrestre). O valor de $G_{cs} = 1366{,}1$ W/m² foi proposto pela norma ASTM E-490, a qual foi elaborada a partir de dados de satélites, voos de alta altitude, bases solarimétricas, entre outros métodos. Para considerar a variação da radiação solar incidente ao longo do ano, a seguinte expressão (Duffie; Beckman, 2013) tem sido usada:

$$G_{0N} = G_{cs} \left[1 + 0{,}033 \cos\left(\frac{360N}{365} \right) \right] \tag{10.37}$$

em que G_{0N} é a radiação extraterrestre normal fora da atmosfera no N-ésimo dia desde o início do ano.

Ao atravessar a atmosfera terrestre, a radiação solar sofre uma atenuação pelos gases presentes na atmosfera e por material particulado e aerossóis em suspensão. Dessa forma, quanto maior for o caminho a ser percorrido pelos raios solares na atmosfera, maior também será a atenuação por todos os efeitos combinados. Esse caminho a ser percorrido é dado pela espessura da *massa de ar*, MA, como ilustrado na Figura 10.17. A massa de ar é dada pela Equação (10.37), sendo, essencialmente, uma relação trigonométrica, envolvendo o ângulo zenital, θ, e as distâncias a serem percorridas pelos raios solares (sem considerar a curvatura do planeta). No nível do mar, com o "sol a pino", o ângulo zenital $\theta = 0°$ estabelece a condição-padrão de MA = 1. Com $\theta = 60°$, MA = 2. Fora da atmosfera, MA = 0.

$$\text{MA} = \frac{BC}{AB} = \frac{1}{\cos\theta} \tag{10.38}$$

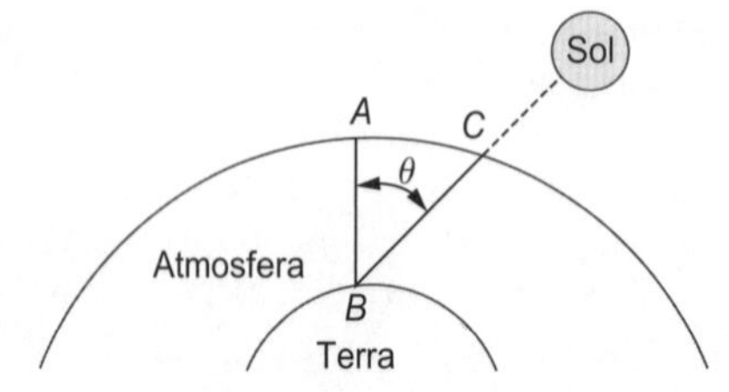

Figura 10.17 Efeito da massa de ar, MA, na absorção da radiação solar.

Na superfície do planeta, a radiação solar incidente é atenuada pela atmosfera e nuvens. De forma que é costume dividir a irradiação solar que atinge o solo nas parcelas de *radiação direta* e *radiação difusa*, como ilustrado na Figura 10.18. A radiação direta, como o nome sugere, é a irradiação proveniente diretamente dos raios solares incidentes, sendo que uma parcela pode ser refletida, dependendo das superfícies. A radiação difusa é aquela emitida pelas nuvens, solo e pelos objetos do entorno, além da própria atmosfera. Evidentemente, a radiação direta ao nível do solo é menor do que aquela extraterrestre que fornece a constante solar G_{cs}.

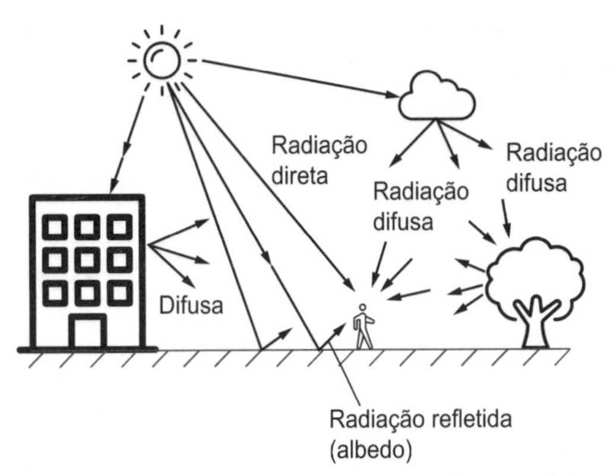

Figura 10.18 Radiação solar e sua incidência sobre os corpos, que podem ser diretas ou difusas. A difusa ocorre pelas nuvens e objetos do entorno.

Existem vários mapas da incidência da radiação solar no nível do mar e do solo. Muitos desses mapas são baseados em medidas de satélite e de estações solarimétricas. A Figura 10.19 mostra um desses mapas.

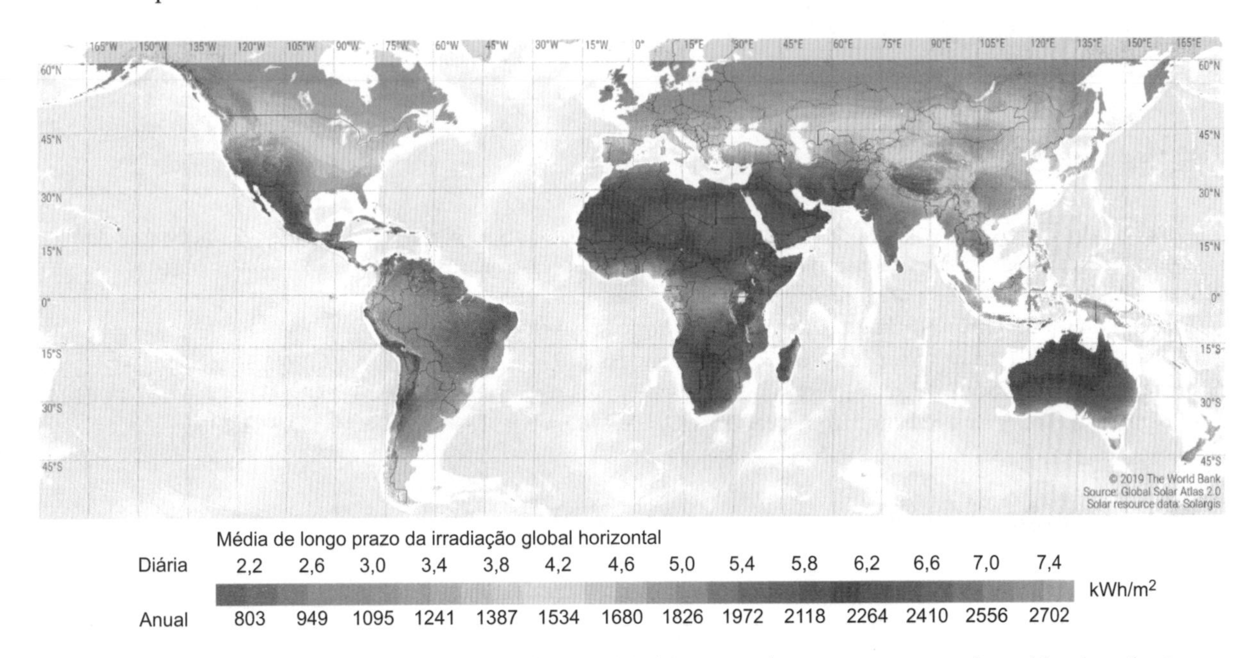

Figura 10.19 Mapa mundial de incidência de radiação global horizontal. (Fonte: esse mapa foi publicado pelo Grupo Banco Mundial, financiado pelo ESMAP e preparado pela Solargis. Com permissão de Creative Commons 4.0 Attribution International, CC BY 4.0. Adaptada de https://solargis.com/maps-and-gis-data/download/world. Acesso em: 7 jun. 2022.)

Nos cálculos de radiação térmica é preciso estabelecer uma temperatura equivalente do céu, chamada de *temperatura efetiva do céu*, $T_{céu}$. Evidentemente, não há um único valor fixo dessa grandeza. Porém, existem equações que ajustam o valor dessa grandeza para o céu limpo e sem nuvens, as quais dependem de algumas propriedades psicrométricas do ar e da hora do dia nas suas versões mais elaboradas. Entretanto, uma equação relativamente simples para uma estimativa inicial é a de Swinbank (1963), dada por:

$$T_{céu} = 0{,}0552 T_{ar}^{1,5} \tag{10.39}$$

em que T_{ar} é a temperatura do ar em K e $T_{céu}$ é a temperatura efetiva do céu em K. As nuvens tendem a aumentar a temperatura efetiva do céu. Por fim, a atmosfera é essencialmente transparente na banda de radiação entre 8 e 14 μm, que cobre a região do infravermelho, o que permite irradiar para o espaço.

EXEMPLO 10.8 Radiação extraterrestre

Avalie a radiação solar extraterrestre no solstício de verão (21 de dezembro) em uma superfície que se encontra normal à radiação, bem como em uma superfície horizontal, sabendo que possui um ângulo zênite de 45°.

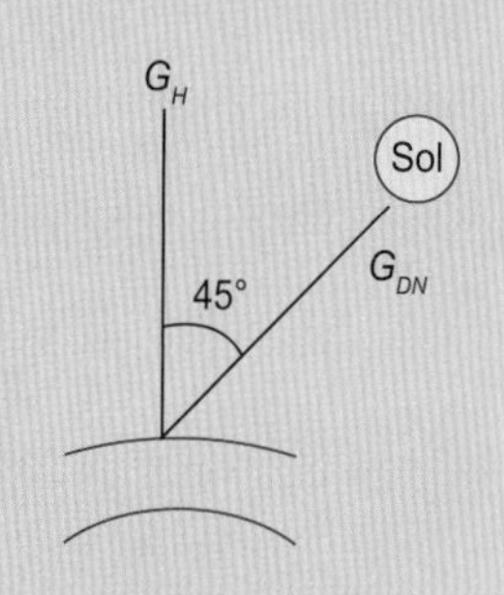

Solução:

Da Equação (10.37), obtém-se a radiação extraterrestre em uma superfície que é normal à radiação:

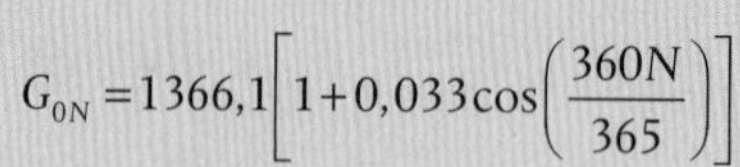

$$G_{0N} = 1366,1\left[1 + 0,033\cos\left(\frac{360N}{365}\right)\right]$$

21 de dezembro é o dia N = 355 do ano (desde o início), logo:

$$G_{0N} = 1366,1\left[1 + 0,033\cos\left(\frac{360 \times 355}{365}\right)\right] = 1410,5\ \text{W/m}^2$$

A radiação na superfície que possui um ângulo zênite de 45° será de:

$$G_H = G_{0N}\cos\theta \Rightarrow G_H = 1410,5 \times \cos 45° = 997,4\ \text{W/m}^2.$$

Referências

Chancellor, J. C.; Blue, R. S.; Cengel, K. A.; Auñón-Chancellor, S. M.; Rubins, K. H.; Katzgraber, H. G.; Kennedy, A. R. Limitations in predicting the space radiation health risk for exploration astronauts. *npj Microgravity*, v. 4, n. 8, 2018.

Duffie, J. A.; Beckman, W. A. *Solar engineering of thermal processes*. 4. ed. Wiley, 2013.

Kreith, F.; Bohn, M. S. *Principles of heat transfer*. 6. ed. New York: Brooks/Cole, 2001.

McAdams, W. H. *Heat transmission*. 3. ed. New York: McGraw-Hill, 1954.

Schmidt, E.; Eckert, E. Über die Richtungsverteilung der Wärmestrahlung von Oberflächen. *Forsch Ing-Wes*, v. 6, p. 175-183, 1935.

Swinbank, W. C. Long-wave radiation from clear skies, *Q. J. R. Meteorological Society*, v. 89, p. 339-348, 1963.

Problemas propostos

10.1 Avalie o comprimento da onda eletromagnética da eletricidade de uma rede elétrica que possui uma frequência de 60 Hz, considerando a velocidade da luz basicamente igual à do vácuo.

10.2 Em um observatório astronômico observou-se o espectro de uma estrela, cujo pico de emissão se deu em 0,25 μm. Qual a sua temperatura de superfície considerando que sua emissão é de corpo negro? Pesquise a qual classe de estrelas ela pertence.

10.3 Um corpo negro a 400 K emite radiação térmica. (a) Faça um gráfico de poder emissivo espectral como função do comprimento de onda, determine (b) o poder emissivo total, (c) o comprimento de onda de máximo poder emissivo espectral e (d) o poder emissivo espectral máximo.

10.4 A estrela mais brilhante da constelação Orion é a Rígel, com uma temperatura de, aproximadamente, 11.500 K e que se encontra a uma distância próxima de 800 anos-luz da Terra. Para essa estrela, avalie: (a) o comprimento de onda correspondente ao máximo poder emissivo espectral, (b) seu máximo poder emissivo espectral, comparando-o com o do Sol e (c) o fluxo de radiação na faixa visível, também comparando-o com o do Sol.

10.5 Um paralelepípedo de 10 cm × 10 cm × 5 cm registra uma temperatura de 500 °C. Avalie a máxima taxa de radiação térmica que a superfície pode emitir.

10.6 Supondo que o Sol seja um corpo negro a 5800 K, seu poder emissivo total é: $E_{sol} = \sigma T^4 = 5,669 \times 10^{-8} \times 5800^4 = 64\ \text{MW/m}^2$. Portanto, o Sol lança ao espaço a inimaginável quantia de 64 MW por unidade de área da sua superfície. Pergunta-se: quanto dessa radiação térmica solar por unidade de área atinge os planetas Mercúrio, Vênus, Terra e Marte? (*Dica*: veja o Exemplo 10.7.)

10.7 Um corpo aproximadamente negro se encontra a 1500 K. Determine (a) a intensidade emissiva espectral a $\lambda = 0,06$ μm e (b) a intensidade emissiva total da superfície.

10.8 Considere que uma superfície plana de 1,5 cm² se comporta como um corpo negro a 2000 K. Avalie a taxa de radiação emitida na faixa delimitada por (a) $\phi = 0 - 180°$ e $\theta = 0 - 45°$ (veja a figura a seguir) e (b) $\phi = 0 - 180°$ e $\theta = 45 - 90°$.

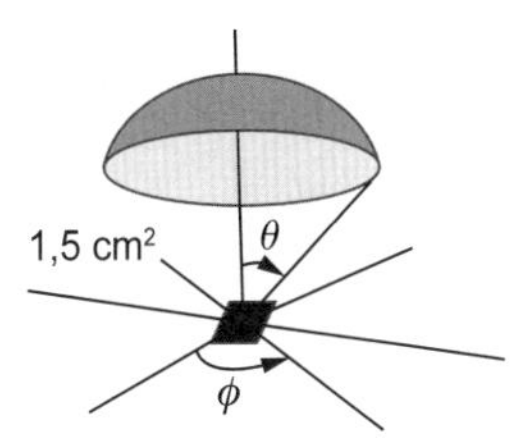

10.9 Uma placa plana de 1,5 cm² se comporta como um corpo negro a 1500 K. Avalie a taxa de radiação emitida pela placa e que sai por um furo de 1,5 cm de diâmetro posicionado acima da placa plana em uma esfera de diâmetro de (a) 1 m, (b) 2 m e (c) 4 m.

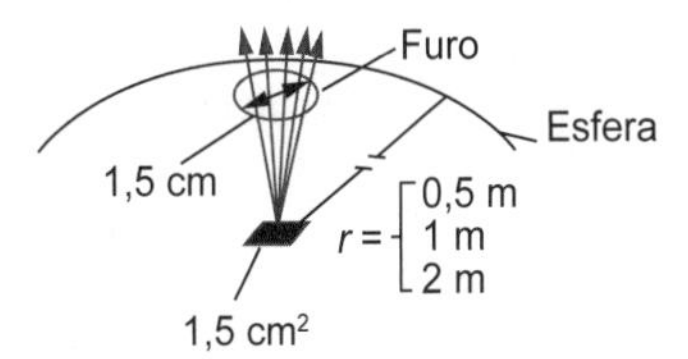

10.10 Um corpo plano de 2 cm² se comporta como um corpo negro e está a 500 °C. Ele é colocado a 25 cm em frente de um sensor de fluxo de radiação. Avalie o fluxo detectado pelo sensor, se o ângulo θ estiver a (a) 0° e (b) 20°.

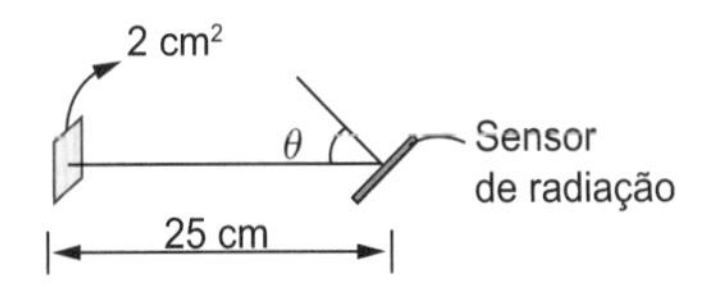

10.11 Para o ângulo θ de 0° do Problema 10.10, avalie o fluxo detectado pelo sensor se é colocado um filtro óptico entre o corpo plano e o sensor, com transmissividade espectral de 0 na faixa de comprimento de onda de 0-3 μm e de 0,6 para comprimentos maiores que 3 μm.

10.12 Um pequeno objeto opaco e com superfície difusa apresenta temperatura igual a 400 K. O objeto é então colocado em um forno cujas paredes estão a 2000 K. Essas paredes são difusas e cinzentas e apresentam emissividade igual a 0,20. Para a superfície do objeto, as emissividades espectrais são: $\varepsilon_\lambda = 0$ para $0 < \lambda < 1,5$ μm, $\varepsilon_\lambda = 0,6$ para $1,5 \leq \lambda < 3,0$ μm e $\varepsilon_\lambda = 0,4$ para $\lambda \geq 3,0$ μm. Calcule (a) a emissividade e a absortividade totais dessa superfície quando sua temperatura for de 400 K, (b) a radiosidade nessa superfície e o fluxo líquido de radiação para a superfície no instante em que a temperatura da superfície alcance 800 K, (c) o poder emissivo espectral para $\lambda = 2,5$ μm, (d) a taxa de transferência de calor inicial para o objeto.

10.13 Ao se testar um novo material transparente, um fluxo de radiação de 2000 W/m² incide sobre o material. Por meio de instrumentação determinou-se que 400 W/m² foram refletidos e 850 W/m² foram absorvidos. Pergunta-se: qual a transmissividade desse material?

10.14 Em cidades frias costuma-se colocar um forno à lenha para aquecer o ambiente interno de uma casa. Avalie a taxa de calor por radiação transmitido por um forno que possui uma janela de vidro de 50 cm × 40 cm. O forno pode ser aproximado como um corpo negro a 900 °C e o vidro da janela possui a uma transmissividade espectral como indicado na figura.

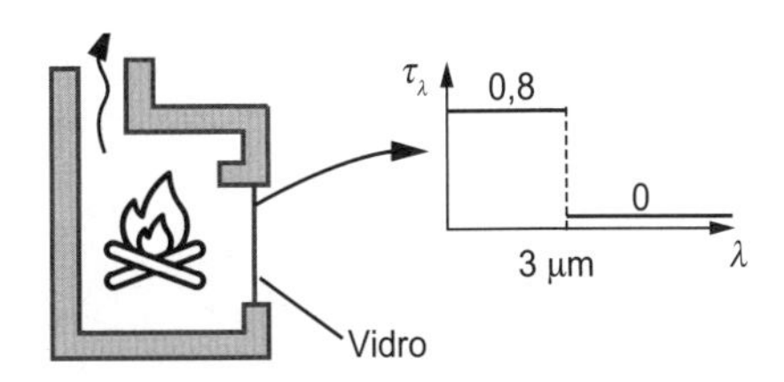

10.15 Uma superfície opaca apresenta absortividade espectral de 0,2 para $\lambda \leq 2,5$ μm e 0,7 para $\lambda > 2,5$, para uma fonte de corpo negro a 2000 K. Avalie (a) a absortividade e a refletividade da superfície nessa temperatura.

10.16 Uma irradiação incide sobre uma superfície cujo comportamento de refletividade espectral é o demonstrado na figura a seguir. Avalie (a) a irradiação total incidindo na superfície, (b) a radiação absorvida e (c) a absortividade média da superfície.

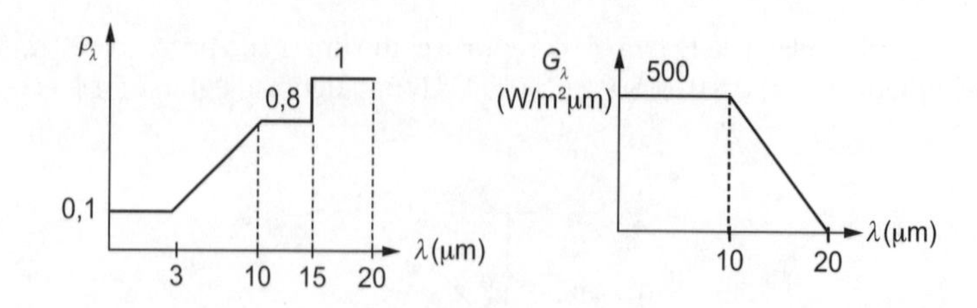

10.17 Determine a radiosidade de uma superfície que se encontra a 100 °C, sendo sua emissividade de 0,9, sobre a qual incide radiação solar (1000 W/m^2) e cuja refletividade vale 0,5.

10.18 Uma placa recebe uma radiação no lado superior, enquanto o lado inferior e as laterais estão perfeitamente isoladas termicamente. A placa é opaca e a irradiação incidente é de 2000 W/m^2, sendo absorvidos 1350 W/m^2; seu poder emissivo é de 1000 W/m^2 quando a placa apresenta uma temperatura de 200 °C. Se o ar circundante registra uma temperatura de 110 °C e o coeficiente de transferência de calor por convecção é de 5 W/m^2K, avalie na placa sua (a) absortividade, (b) sua refletividade, (c) sua transmissividade, (d) sua emissividade e (e) o fluxo líquido de calor transferido na placa por radiação térmica.

10.19 Uma placa recebe irradiação de 2200 W/m^2 na parte inferior, enquanto a superior e as laterais estão isoladas. A placa se encontra a 130 °C e o ar abaixo dela está a 25 °C com h = 50 W/m^2K. A placa possui uma área de 20 cm × 20 cm com espessura de 4 mm, $\alpha = 0{,}8$, $\varepsilon = 0{,}6$, densidade de 2300 kg/m^3 e calor específico c = 920 J/kgK. Avalie a variação da temperatura (K/s) da placa nesse instante.

10.20 Um grande invólucro fechado possui uma abertura circular de 5 cm de diâmetro por onde saem 6 W de radiação térmica. Avalie a temperatura da superfície do invólucro quando sua superfície é (a) um corpo negro e (b) quando feita de aço inoxidável, mas se tornou oxidado pelo uso em fornos.

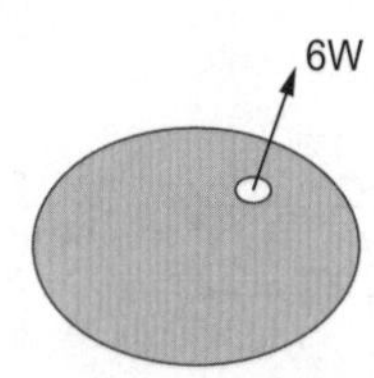

10.21 Um coletor solar plano de dimensões 1 m × 1 m para aquecimento de água recebe 650 W/m^2 de radiação solar. A placa absorvedora está a 65 °C, e sua absortividade para o Sol é de 0,90 e sua emissividade de 0,12. Considerando que o ar ambiente acima da placa está a 15 °C, com h = 8 W/m^2K, a uma temperatura do céu de 0 °C, avalie (a) o fluxo de energia transferido à água. (b) Quando a água deixa de recircular e assumindo que tudo abaixo da placa solar esteja isolado termicamente, avalie a temperatura que atingirá a placa.

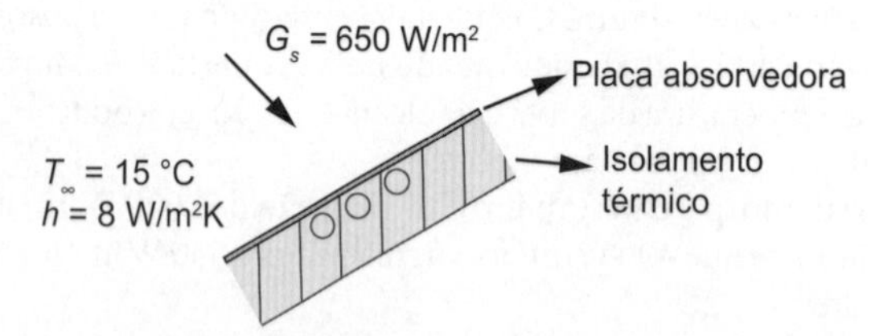

10.22 Uma placa possui um aquecedor elétrico (que está isolado na sua parte inferior) na parte inferior. Ela está exposta ao ar a 20 °C e h = 15 W/m^2K, à radiação solar de 550 W/m^2 e ao "céu" com temperatura efetiva de 0 °C. Se sua absortividade para a radiação solar é de 0,35, sua emissividade de 0,3 e sua temperatura de 70 °C, avalie qual será o fluxo de calor do aquecedor necessário para manter a condição de regime permanente.

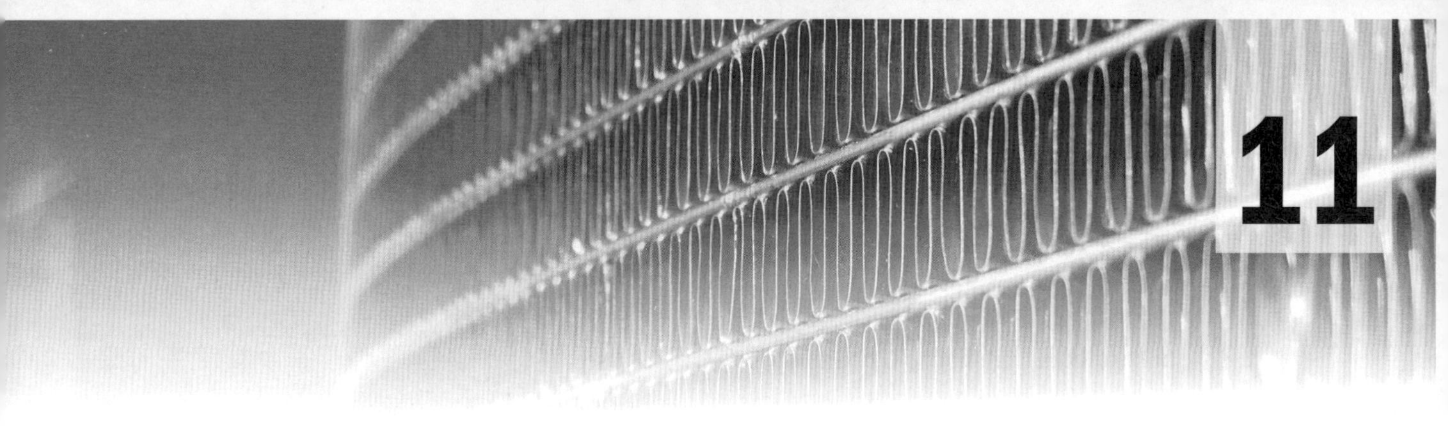

Radiação Térmica Aplicada

11.1 Troca de calor por radiação térmica de superfícies paralelas e infinitas

Considere a definição da radiosidade, J, de uma dada superfície definida no capítulo anterior como a taxa de radiação térmica total que deixa a superfície por unidade de área (subseção 10.3.4). Como indicado na Figura 11.1a, a radiosidade é composta das parcelas da irradiação refletida, ρG, e da emissão própria da superfície, E, como dado pela seguinte equação:

$$J = \rho G + E \tag{11.1}$$

Figura 11.1 (a) Radiosidade. (b) Taxa de radiação líquida que deixa uma superfície, $\dot{Q}$.

Um *corpo opaco* possui transmissividade nula, $\tau = 0$, e se ele for *cinzento* as propriedades emissividade, ε, refletividade, ρ, são independentes do comprimento λ (subseção 10.3.3). Portanto, a radiosidade pode ser escrita como:

$$J = \rho G + E = (1-\alpha)G + \varepsilon E_n \tag{11.2}$$

Em adição, considere que $\alpha = \varepsilon$, conforme a Lei de Kirchhoff (subseção 10.3.2). Assim, pode-se simplificar a Equação (11.2) de acordo com $\rho = 1 - \alpha = 1 - \varepsilon$, obtendo-se:

$$J = (1-\varepsilon)G + \varepsilon E_n \text{, ou } G = \frac{J - \varepsilon E_n}{1-\varepsilon} \tag{11.3}$$

Por outro lado, a taxa líquida de calor por radiação, $\dot{Q}$, transferida da superfície de área A (Fig. 11.1b) é a diferença entre a sua radiosidade, J, e irradiação, G, ou seja:

$$\dot{Q} = A(J - G) \tag{11.4}$$

Substituindo a irradiação G da Equação (11.3), tem-se:

$$\dot{Q} = A\left(J - \frac{J - \varepsilon E_n}{1-\varepsilon}\right) = A\left(\frac{J - \varepsilon J - J + \varepsilon E_n}{1-\varepsilon}\right), \text{ ou } \dot{Q} = \frac{E_n - J}{(1-\varepsilon)/\varepsilon A} \tag{11.5}$$

Comentários relevantes com relação à Equação (11.5):

1. Um corpo negro possui por definição $\varepsilon = 1$. Nesse caso, a radiosidade e o poder emissivo de corpo negro são iguais e $J = E_n = \sigma T^4$ (Eq. 11.3). Assim, a taxa líquida de calor transferido da superfície é avaliada por: $\dot{Q} = A(E_n - G)$.
2. Uma superfície *adiabática-reirradiante* é aquela em que não existe transferência líquida de calor da superfície, o que significa que $\dot{Q} = 0$. Nesse caso, também a radiosidade e o poder emissivo de corpo negro são iguais, isto é, $J = E_n = \sigma T^4$.

11.1.1 Taxa líquida de radiação térmica trocada entre duas superfícies paralelas e infinitas

Um dos casos mais elementares de troca de calor por radiação térmica a ser analisado é o de duas superfícies planas isotérmicas e paralelas no vácuo. Considere a situação de duas superfícies muito grandes e paralelas, que estão a temperaturas T_1 e T_2, como ilustrado na Figura 11.2. A ideia de ser uma superfície *muito grande* é para que os efeitos de borda das extremidades das superfícies não afetem a solução do problema.

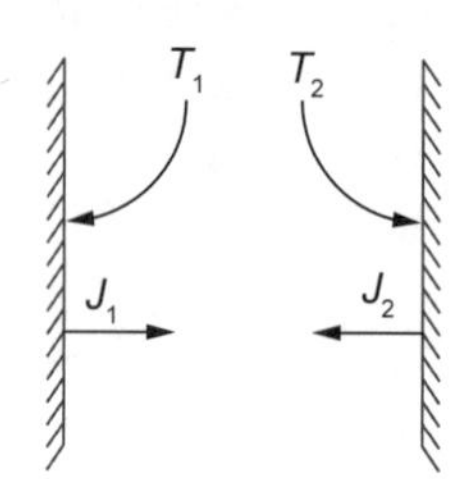

Figura 11.2 Radiosidades nas superfícies 1 e 2.

A taxa líquida de calor por radiação, $\dot{Q}_{1\text{-}2}$, trocada entre as superfícies 1 e 2 é a diferença de radiosidades entre elas, uma vez que a radiosidade da superfície 1 se torna a irradiação da superfície 2 e vice-versa. De forma que:

$$\dot{Q}_{1-2} = J_1 A_1 - J_2 A_2 = A(J_1 - J_2) \tag{11.6}$$

Note a ordem dos índices 1 e 2 de $\dot{Q}_{1\text{-}2}$. Eles representam e devem ser lidos como a taxa de radiação que deixa a superfície 1 e atinge a superfície 2 subtraída da taxa de radiação que deixa a superfície 2 e atinge a superfície 1.

No caso de as superfícies serem negras (corpo negro), tem-se que: $\varepsilon_1 = \varepsilon_2 = 1$ e $\rho_1 = \rho_2 = 0$. Assim, o poder emissivo de uma superfície, E, se transforma em seu poder emissivo de corpo negro E_n na Equação (11.1). De forma que, substituindo na Equação (11.6),

$$\dot{Q}_{1-2} = \sigma A(T_1^4 - T_2^4) \tag{11.7}$$

No caso de as duas superfícies serem cinzentas e opacas, a radiosidade de qualquer das duas superfícies (Eq. 11.1) é dada por:

$$J = \rho G + \varepsilon E_n = (1-\varepsilon)G + \varepsilon E_n \tag{11.8}$$

O próximo passo consiste em isolar o termo de irradiação G da Equação (11.8), ou seja,

$$G = \frac{J - \varepsilon E_n}{1 - \varepsilon} \tag{11.9}$$

A taxa de calor por radiação transferida de uma superfície é dada pela diferença entre o seu poder emissivo de corpo negro e sua radiosidade, como definido pela Equação (11.5). Por outro lado, no caso das duas superfícies infinitas paralelas, necessariamente a taxa de calor transferido de uma superfície atinge a outra, isto é, a radiosidade da superfície 1, J_1, se transforma na irradiação da superfície 2, G_2. Portanto, a taxa líquida de calor $\dot{Q}_{1-2}$ por radiação trocado entre as duas superfícies é:

$$\dot{Q}_{1-2} = \frac{E_{n1} - J_1}{(1-\varepsilon_1)/\varepsilon_1 A} = -\frac{E_{n2} - J_2}{(1-\varepsilon_2)/\varepsilon_2 A} \tag{11.10}$$

A Equação (11.6) e as duas Equações (11.10) possuem três incógnitas ($\dot{Q}_{1-2}$, J_1 e J_2), uma vez que as temperaturas das superfícies T_1 e T_2 e, portanto, seus poderes emissivos de corpo negro, E_{n1} e E_{n2}, juntamente com as respectivas emissividades e área total, são grandezas conhecidas. Portanto, as radiosidades e a taxa de calor podem ser obtidas por meio da solução simultânea daquelas três equações. Entretanto, antes de prosseguir nessa linha, é possível se estabelecer uma analogia elétrica com a Lei de Ohm, em que os poderes emissivos de corpo negro E_{n1} e E_{n2} representam os "potenciais elétricos" estabelecidos pelas temperaturas das superfícies. J_1 e J_2 são "potenciais elétricos" associados às superfícies 1 e 2, respectivamente. As grandezas envolvendo as emissividades e área são "resistências", como ilustrado no circuito térmico analógico da Figura 11.3.

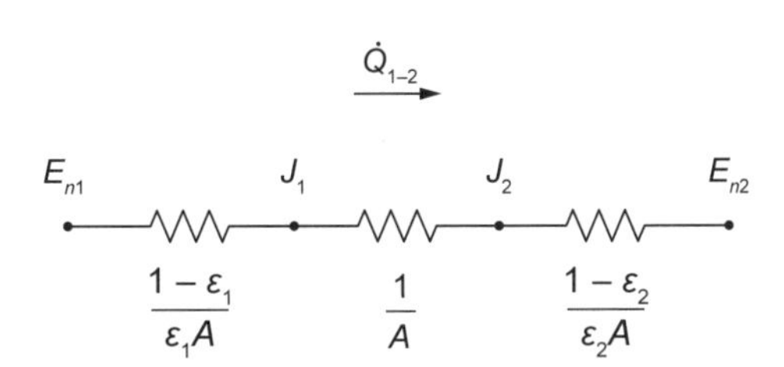

Figura 11.3 Circuito térmico entre as superfícies cinzentas 1 e 2.

De forma que a taxa de calor líquida, $\dot{Q}_{1-2}$, que "flui" de E_{n1} para E_{n2}, é dada por:

$$\dot{Q}_{1-2} = \frac{E_{n1} - E_{n2}}{\frac{1-\varepsilon_1}{\varepsilon_1 A} + \frac{1}{A} + \frac{1-\varepsilon_2}{\varepsilon_2 A}} = \frac{\sigma\left(T_1^4 - T_2^4\right)}{R_1 + R_{1-2} + R_2} \tag{11.11}$$

Note que existem duas *resistências* R_1 e R_2 entre os potenciais E_n e J de cada superfície, as quais dependem da sua emissividade (além da área) e, portanto, são resistências associadas tão somente à superfície, logo são chamadas de *resistências superficiais*, isto é:

$$R_i = \frac{1-\varepsilon_i}{\varepsilon_i A_i} \tag{11.12}$$

sendo $i = 1$ ou 2, dependendo da superfície.

A resistência entre os potenciais de radiosidades J_1 e J_2 forma uma resistência que depende da posição relativa e dos tamanhos das placas, ao que se refere como *resistência espacial* R_{1-2}. Mais será dito sobre esse tipo de resistência ao apresentar o conceito de fator de forma na próxima seção (ver Eq. 11.21). Para o caso de duas placas infinitas paralelas, a resistência espacial trata-se apenas do inverso da área das superfícies.

$$R_{1-2} = \frac{1}{A} \tag{11.13}$$

EXEMPLO 11.1 Troca líquida de calor por radiação entre duas superfícies

Determine as radiosidades e o fluxo de calor trocado entre duas superfícies paralelas, cinzentas e opacas mantidas a T_1 = 400 K e T_2 = 300 K, respectivamente. As emissividades valem 0,5 e há vácuo entre elas.

Solução:

Circuito térmico equivalente:

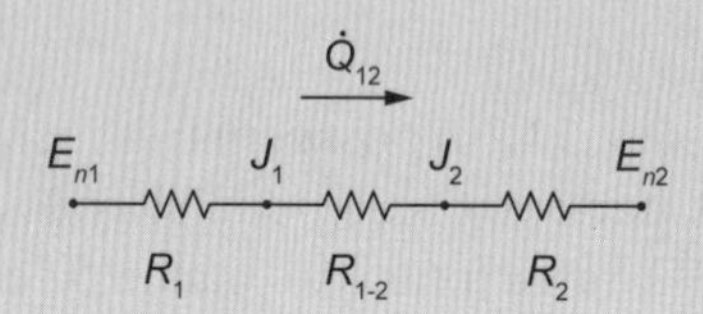

Cálculo das resistências superficiais R_1 e R_2 (Eq. 11.12), lembrando que nesse caso foi informado que $\varepsilon_1 = \varepsilon_2 = \varepsilon$, então,

$$R_1 = R_2 = \frac{1-\varepsilon}{A\varepsilon} = \frac{1}{A}\frac{0,5}{0,5} = \frac{1}{A}$$

Resistência espacial, $R_{1\text{-}2}$ (Eq. 11.13), $R_{1-2} = \frac{1}{A}$, logo, a resistência total, R_T, é dada por: $R_T = \frac{1}{A} + \frac{1}{A} + \frac{1}{A} = \frac{3}{A}$

Finalmente, a taxa líquida de calor trocado entre as duas superfícies é:

$\dot{Q}_{1-2} = \frac{E_{n1} - E_{n2}}{R_T} = \frac{\sigma(T_1^4 - T_2^4)}{3/A}$, e o fluxo de calor trocado é:

$$q_{1-2} = \frac{\dot{Q}_{1-2}}{A} = \frac{5,67 \times 10^{-8} \times (400^4 - 300^4)}{3}$$
$$q_{1-2} = 330,75 \text{ W/m}^2$$

Uma vez calculado o fluxo de calor líquido trocado, pode-se calcular as radiosidades, as quais são os "potenciais" intermediários do circuito térmico análogo:

$$q_{1-2} = \frac{E_{n1} - J_1}{AR_1} \quad \Rightarrow \quad J_1 = E_{n1} - A \times R_1 \times q_{1-2} = \sigma 400^2 - 330,75$$
$$J_1 = 1120,77 \text{ W/m}^2$$
$$J_2 = E_{n2} - A \times R_2 \times q_{1-2} = \sigma 300^2 + 330,75$$
$$J_2 = 790,62 \text{ W/m}^2$$

Comentário: note que o cálculo das radiosidades envolve primeiro a avaliação inicial do fluxo de calor que "circula" pelo circuito de resistências em série. É o mesmo problema elétrico, em que a obtenção dos potenciais intermediários, ou quedas de tensão nas resistências, depende primeiro do cálculo da corrente elétrica que circula pelo circuito para, então, calcular as quedas intermediárias de tensão sobre cada resistência.

11.2 Troca de radiação térmica de superfícies quaisquer

11.2.1 Fatores de forma - definição

Na seção anterior foi analisado o caso da troca líquida de calor entre duas superfícies paralelas e infinitas. Trata-se de uma situação particular, porém sua utilidade se deu na apresentação dos conceitos de resistências de radiação superficial e espacial. Entretanto, no caso mais geral, interessa determinar a troca líquida de calor por radiação entre duas superfícies de disposições relativas entre si e dimensões quaisquer. A fim de resolver esse problema, considere duas superfícies A_1 e A_2 de orientações espaciais quaisquer, como esquematizado na Figura 11.4. Os ângulos θ_1 e θ_2 são os que a reta que une as duas superfícies faz com as superfícies nos elementos de área dA_1 e dA_2, respectivamente, distantes de r entre si.

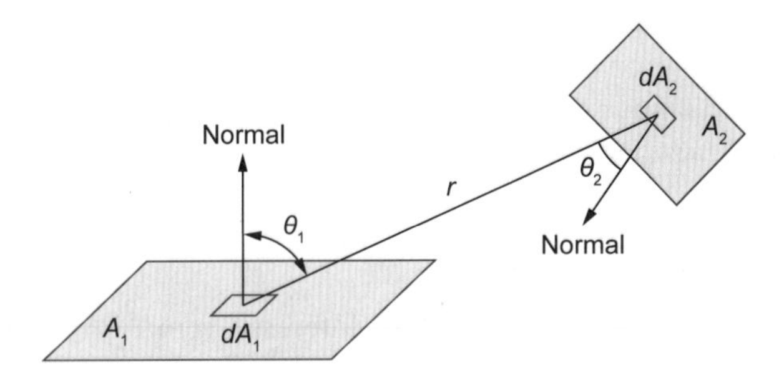

Figura 11.4 Disposição geral de duas superfícies para determinação do fator de forma.

Retomando o conceito de intensidade de radiação da subseção 10.2.3 e o ângulo sólido ω, pode-se determinar a taxa de calor por radiação que deixa a superfície elementar dA_1 e que atinge a superfície elementar dA_2 como $d\dot{Q}_{dA_1-dA_2} = I_1 dA_1 \cos\theta_1 d\omega_1$. Nesse caso, o diferencial de ângulo sólido é $d\omega_1 = dA_2 \cos\theta_2 / r^2$, logo:

$$d\dot{Q}_{dA_1-dA_2} = \frac{I_1 \cos\theta_1 \cos\theta_2}{r^2} dA_1 dA_2$$

A taxa de calor total que deixa a superfície A_1 até a superfície A_2 é obtida mediante a integração da equação anterior nas duas áreas, do que resulta a seguinte expressão:

$$\dot{Q}_{1-2} = \int_{A_2}\int_{A_1} \frac{I_1 \cos\theta_1 \cos\theta_2}{r^2} dA_1 dA_2$$

O *fator de forma* F_{1-2} é definido como a fração de radiação que deixa a superfície 1 e atinge a superfície 2, isto é:

$$F_{1-2} = \frac{\dot{Q}_{1-2}}{\dot{Q}_1} = \frac{\int_{A_2}\int_{A_1} \frac{I_1 \cos\theta_1 \cos\theta_2}{r^2} dA_1 dA_2}{A_1 J_1} = \frac{\int_{A_2}\int_{A_1} \frac{I_1 \cos\theta_1 \cos\theta_2}{r^2} dA_1 dA_2}{A_1 \pi I_1} \Rightarrow$$

$$F_{1-2} = \frac{1}{A_1 \pi} \int_{A_2}\int_{A_1} \frac{\cos\theta_1 \cos\theta_2}{r^2} dA_1 dA_2 \qquad (11.14a)$$

Ao se realizar uma análise totalmente análoga a partir da superfície 2 com relação à superfície 1, vai se obter o *fator de forma* F_{2-1} como a fração de radiação que deixa a superfície 2 e atinge a superfície 1, no que resulta na seguinte equação:

$$F_{2-1} = \frac{1}{A_2 \pi} \int_{A_1}\int_{A_2} \frac{\cos\theta_1 \cos\theta_2}{r^2} dA_2 dA_1 \qquad (11.14b)$$

Comparando as Equações (11.14a) e (11.14b), pode-se concluir que existe uma relação entre os dois fatores de forma, isto é:

$$A_1 F_{1-2} = A_2 F_{2-1} \tag{11.15}$$

Generalizando, para duas superfícies *i* e *j* quaisquer, pode-se estabelecer que:

$$A_i F_{i-j} = A_j F_{j-i} \tag{11.16}$$

A equação anterior é importante para o cálculo de fatores de forma de radiação e recebe o nome de *lei da reciprocidade*. Ela é útil, pois, em muitas situações práticas, um dos fatores de forma é conhecido ou facilmente calculável, enquanto a obtenção do outro pode ser mais complexa.

Considere o caso de um *invólucro fechado* formado por *n* superfícies, como bem ilustrado na Figura 11.5a. A superfície 1 troca calor por radiação com todas as demais superfícies do invólucro. De forma que a superfície 1 "enxerga" todas as demais *n* superfícies envolventes, o que permite escrever a seguinte relação dos fatores de forma da superfície 1 em relação às demais:

$$F_{1-1} + F_{1-2} + \ldots + F_{1-n} = 1 \Rightarrow \sum_{j=1}^{n} F_{1-j} = 1$$

Generalizando, para uma superfície *i* qualquer de interesse, vem:

$$\sum_{j=1}^{n} F_{i-j} = 1 \tag{11.17}$$

Essa é a chamada *lei de fechamento* dos fatores de forma. Essa lei, em conjunto com a lei da reciprocidade (Eq. 11.16), permite resolver muitos problemas de radiação térmica entre superfícies. Convém ressaltar que o fator de forma da superfície *i* para ela mesma, isto é, F_{i-i}, só é nulo se a superfície for plana ou convexa (Fig. 11.15b); já no caso de superfície côncava, $F_{i-i} \neq 0$, pois parte da radiação emitida pela superfície *i* atinge a si própria.

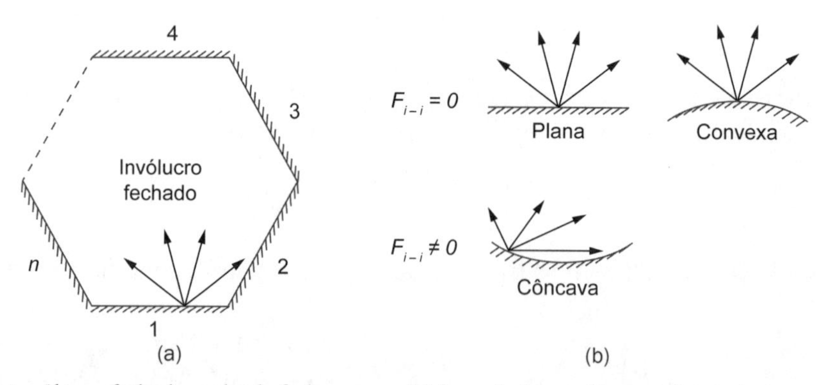

Figura 11.5 (a) Invólucro fechado e a lei de fechamento; (b) fator de forma de superfícies plana, convexa e côncava.

EXEMPLO 11.2 Fator de forma

Determine o fator de forma F_{2-2} da configuração indicada, sabendo que a superfície 2 envolve completamente a superfície 1.

1

2

Solução:

Pela lei de fechamento, Equação (11.17), tem-se que $F_{2-1} + F_{2-2} = 1$. Logo, $F_{2-2} = 1 - F_{2-1}$.
O problema agora reside na obtenção de F_{2-1}, o que não é imediato. No entanto, é possível usar a lei da reciprocidade, Equação (11.16), para escrever:

$$A_1F_{1-2} = A_2F_{2-1} \Rightarrow F_{2-1} = \frac{A_1}{A_2}\underbrace{F_{1-2}}_{1} \Rightarrow F_{2-1} = \frac{A_1}{A_2}$$

sabendo que $F_{1-2} = 1$, pois a superfície 1 é completamente envolvida pela superfície 2. Finalmente,

$$F_{2-2} = 1 - \frac{A_1}{A_2}$$

Comentário: note que o resultado obtido é sempre válido para o caso de uma superfície que envolve completamente a outra, não importando a forma geométrica das superfícies; tais seriam os casos de tubos duplos longos e esferas concêntricas, entre outros. Além disso, se a superfície interna for muito pequena com relação à superfície envolvente, isto é, $A_1 \ll A_2$, então $F_{2-2} \to 1$.

11.2.2 Fatores de forma – diversas situações

Como visto, o fator de forma expresso pelas Equações (11.14a) e (11.14b) refere-se tão somente a um problema trigonométrico espacial que considera a posição relativa entre as duas superfícies, bem como suas dimensões e formas. A obtenção analítica do fator de forma é limitada a algumas geometrias e configurações. No caso mais amplo, é preciso lançar mão de métodos numéricos para resolver a equação do fator de forma para um caso em particular. Howell (2010) compilou centenas de geometrias e configurações e disponibilizou o material para livre acesso na *internet*. A Tabela 11.1 indica uma coleção de expressões de fatores de forma de inúmeras geometrias e configurações de interesse obtidas do seu trabalho. A sequência de gráficos da Figura 11.6 mostra os fatores de forma de alguns casos em forma gráfica.

Tabela 11.1 Fatores de forma para diversas situações (adaptada de Howell, 2010)

Geometria	Equação
Placas paralelas infinitamente longas 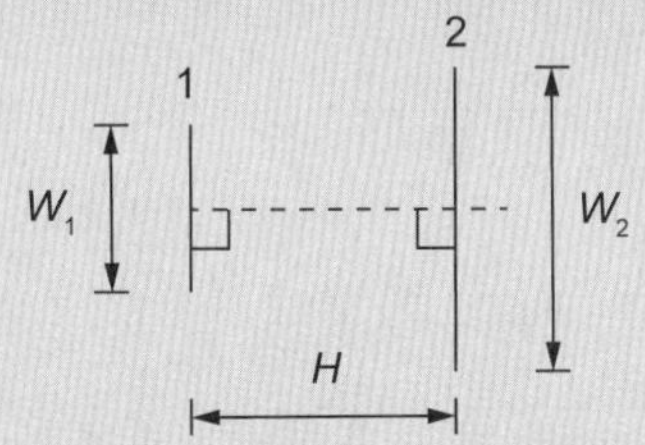	$B = W_1/H,\ C = W_2/H$ $F_{1-2} = \frac{1}{2B}\left[\sqrt{(B+C)^2+4} - \sqrt{(C-B)^2+4}\right]$
Placas inclinadas infinitamente longas 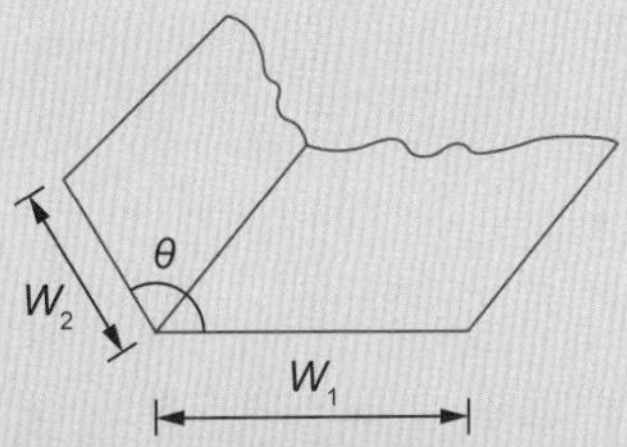	$A = W_2/W_1$ $F_{1-2} = \frac{A+1-\sqrt{A^2+1-2\cos\theta}}{2}$
Recinto de três lados infinitamente longos 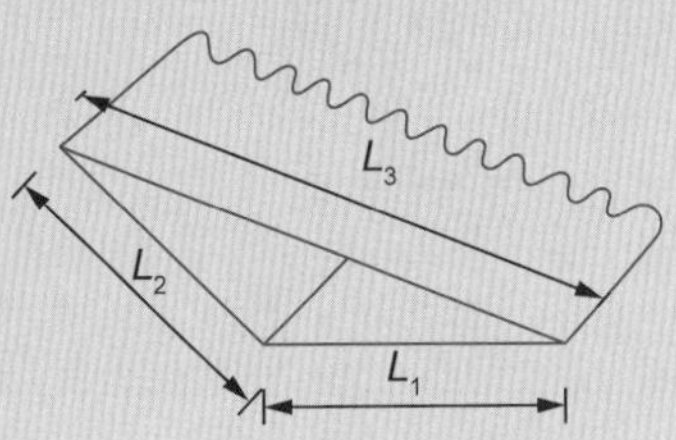	$F_{1-2} = \frac{L_1+L_2-L_3}{2L_1}$

(continua)

Tabela 11.1 Fatores de forma para diversas situações (adaptada de Howell, 2010) (*continuação*)

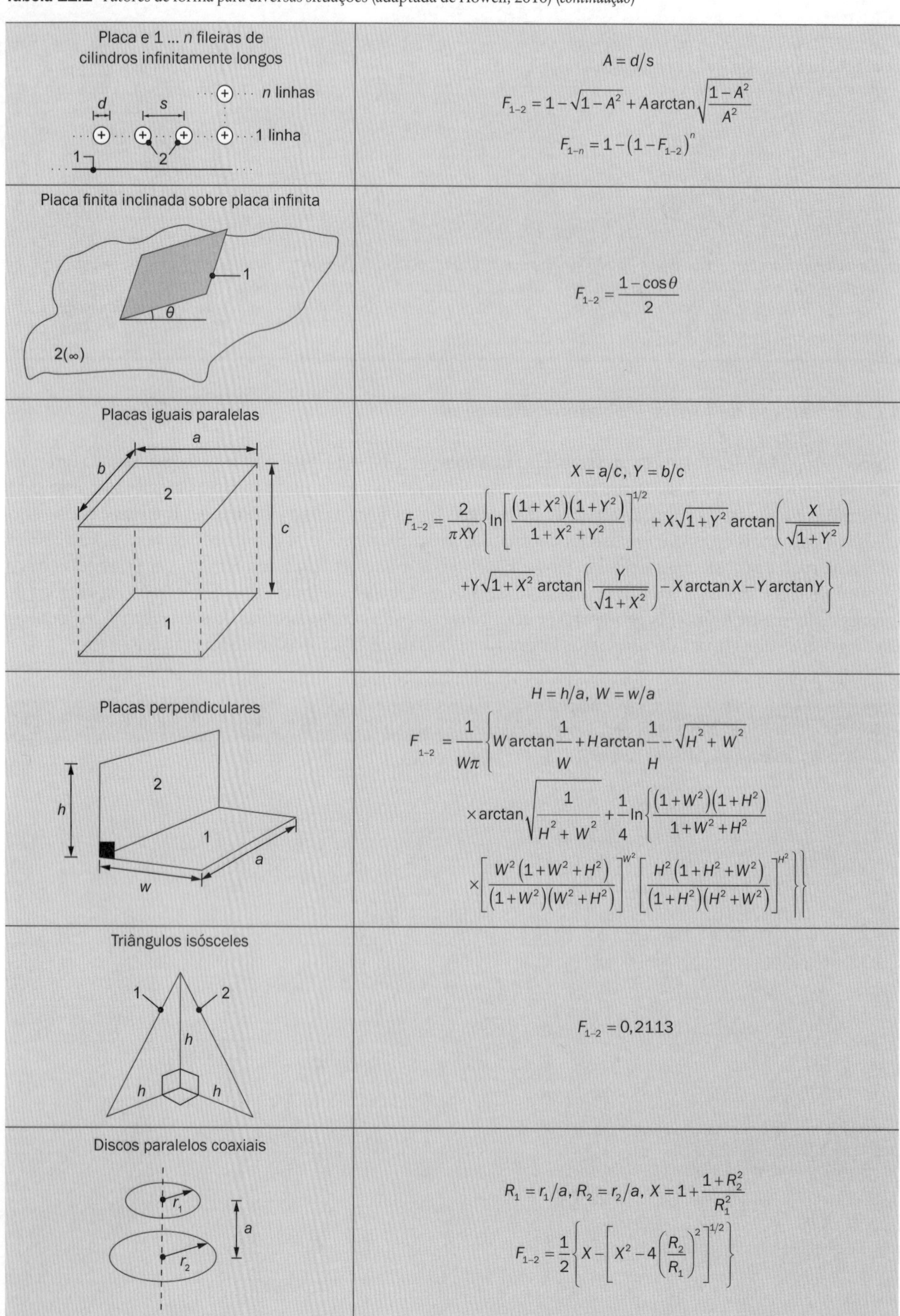

Situação	Fator de forma
Placa e 1 ... *n* fileiras de cilindros infinitamente longos	$A = d/s$ $F_{1-2} = 1 - \sqrt{1-A^2} + A\arctan\sqrt{\frac{1-A^2}{A^2}}$ $F_{1-n} = 1 - (1 - F_{1-2})^n$
Placa finita inclinada sobre placa infinita	$F_{1-2} = \frac{1-\cos\theta}{2}$
Placas iguais paralelas	$X = a/c,\ Y = b/c$ $F_{1-2} = \frac{2}{\pi XY}\left\{\ln\left[\frac{(1+X^2)(1+Y^2)}{1+X^2+Y^2}\right]^{1/2} + X\sqrt{1+Y^2}\arctan\left(\frac{X}{\sqrt{1+Y^2}}\right) + Y\sqrt{1+X^2}\arctan\left(\frac{Y}{\sqrt{1+X^2}}\right) - X\arctan X - Y\arctan Y\right\}$
Placas perpendiculares	$H = h/a,\ W = w/a$ $F_{1-2} = \frac{1}{W\pi}\left\{W\arctan\frac{1}{W} + H\arctan\frac{1}{H} - \sqrt{H^2+W^2} \times \arctan\sqrt{\frac{1}{H^2+W^2}} + \frac{1}{4}\ln\left\{\frac{(1+W^2)(1+H^2)}{1+W^2+H^2} \times \left[\frac{W^2(1+W^2+H^2)}{(1+W^2)(W^2+H^2)}\right]^{W^2}\left[\frac{H^2(1+H^2+W^2)}{(1+H^2)(H^2+W^2)}\right]^{H^2}\right\}\right\}$
Triângulos isósceles	$F_{1-2} = 0{,}2113$
Discos paralelos coaxiais	$R_1 = r_1/a,\ R_2 = r_2/a,\ X = 1 + \frac{1+R_2^2}{R_1^2}$ $F_{1-2} = \frac{1}{2}\left\{X - \left[X^2 - 4\left(\frac{R_2}{R_1}\right)^2\right]^{1/2}\right\}$

(*continua*)

Tabela 11.1 Fatores de forma para diversas situações (adaptada de Howell, 2010) *(continuação)*

Configuração	Fator de forma
Anéis paralelos coaxiais 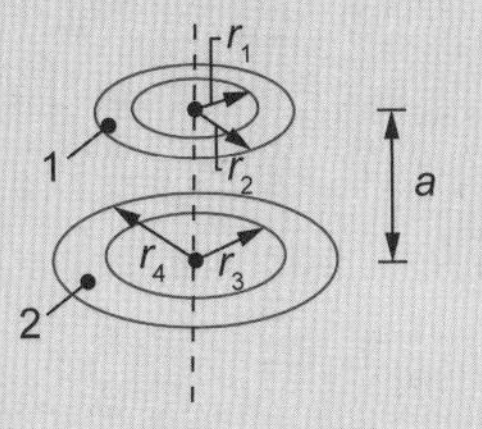 r_1, r_2, r_3, r_4, 1, 2, a	$H = a/r_1,\ R_2 = r_2/r_1,\ R_3 = r_3/r_1,\ R_4 = r_4/r_1$ $F_{1-2} = \frac{1}{2(R_2^2-1)}\left\{\left[\left(R_2^2+R_3^2+H^2\right)^2-\left(2R_3R_2\right)^2\right]^{1/2} - \left[\left(R_2^2+R_4^2+H^2\right)^2-\left(2R_2R_4\right)^2\right]^{1/2} + \left[\left(1+R_4^2+H^2\right)^2 - \left(2R_4\right)^2\right]^{1/2} - \left[\left(1+R_3^2+H^2\right)^2-\left(2R_3\right)^2\right]^{1/2}\right\}$
Cilindros coaxiais e anel r_2, r_1, 1, 2, 3, h 1 - cilindro interno 2 - cilindro externo 3 - anel inferior	$R = r_2/r_1,\ H = h/r_1$ $F_{1-2} = 1 - \frac{H^2+R^2-1}{4H} - \frac{1}{\pi}\left[\arccos\frac{H^2-R^2+1}{H^2+R^2-1} - \frac{\sqrt{(H^2+R^2+1)^2-4R^2}}{2H}\arccos\frac{H^2-R^2+1}{R(H^2+R^2-1)} - \frac{H^2-R^2+1}{2H}\text{arcsen}\frac{1}{R}\right]$ $h \to \infty\ :\ F_{1-2} = 1,\ F_{2-1} = d_1/d_2,\ F_{2-2} = 1 - d_1/d_2$ $R = r_1/r_2,\ H = h/r_2,\ X = \sqrt{1-R^2},\ Y = \frac{R(1-R^2-H^2)}{1-R^2+H^2}$ $F_{2-3} = \frac{1}{\pi}\left\{R\left(\arctan\frac{X}{H} - \arctan\frac{2X}{H}\right) + \frac{H}{4}\left[\text{arcsen}(2R^2-1) - \text{arcsen}R\right] + \frac{X^2}{4H}\left(\frac{\pi}{2}+\text{arcsen}R\right) - \frac{\sqrt{(1+H^2+R^2)^2-4R^2}}{4H} \times\left(\frac{\pi}{2}+\text{arcsen}Y\right) + \frac{\sqrt{4+H^2}}{4}\left[\frac{\pi}{2}+\text{arcsen}\left(1-\frac{2R^2H^2}{4X^2+H^2}\right)\right]\right\}$
Anel a semiesfera 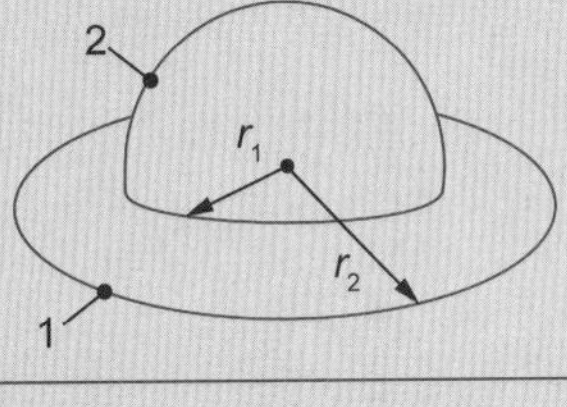 2, r_1, r_2, 1	$R = r_2/r_1,\ Z = \sqrt{R^2-1}$ $F_{1-2} = \frac{1}{\pi Z^2}\left(-\frac{\pi}{2} - Z + R^2\ \text{tg}^{-1}\frac{1}{Z} + 2\text{tg}^{-1}Z\right)$
Disco e lateral externa cilíndrica coaxial 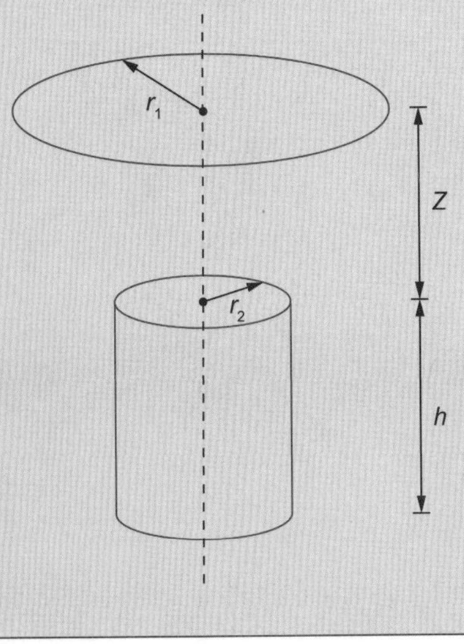 r_1, r_2, Z, h	$r_1 > r_2$ $R_1 = r_1/z,\ R_2 = r_2/z,\ H = h/z$ $F_{1-2} = \left(\frac{R_2H}{\pi R_1^2}\right)\left\{\arccos\left[\frac{(1+H)^2-R_1^2+R_2^2}{(1+H)^2+R_1^2-R_2^2}\right] - \arccos\left[\frac{1-R_1^2+R_2^2}{1+R_1^2-R_2^2}\right]\right\} - \left(\frac{H}{\pi R_1^2}\right)\left\{\frac{\left\{\left[(1+H)^2+R_1^2+R_2^2\right]^2-4R_1^2R_2^2\right\}^{1/2}}{2(1+H)} \times\arccos\left\{\left(\frac{R_2}{R_1}\right)\left[\frac{(1+H)^2-R_1^2+R_2^2}{1+R_1^2-R_2^2}\right]\right\}\right\} + \left(\frac{H}{\pi R_1^2}\right) \times\left\{\frac{\left[\left(1^2+R_1^2+R_2^2\right)^2-4R_1^2R_2^2\right]^{1/2}}{2}\arccos\left[\left(\frac{R_2}{R_1}\right)\left(\frac{1-R_1^2+R_2^2}{1+R_1^2-R_2^2}\right)\right]\right\} + \left(\frac{H^2}{2\pi R_1^2}\right)\left\{\arccos\left(\frac{R_2}{R_1}\right) - \left(\frac{(R_1^2-R_2^2)}{1+H}\right)\left[\frac{\pi}{2}+\text{arcsen}\left(\frac{R_2}{R_1}\right)\right]\right\}$

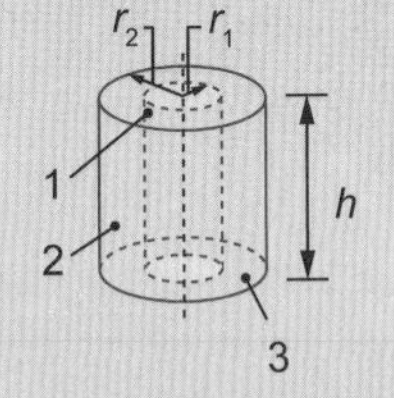

(continua)

Tabela 11.1 Fatores de forma para diversas situações (adaptada de Howell, 2010) *(continuação)*

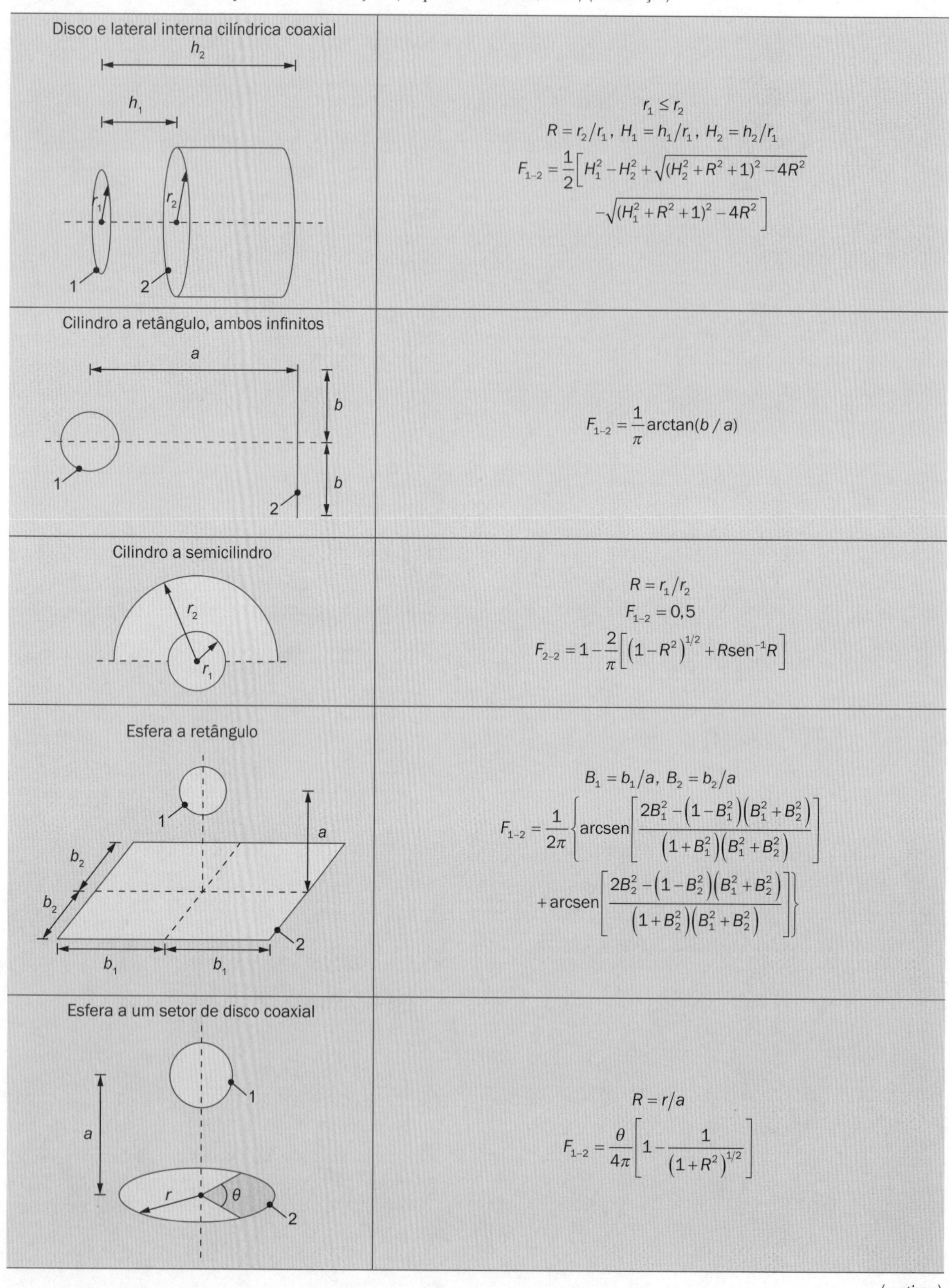

Disco e lateral interna cilíndrica coaxial	$r_1 \le r_2$ $R = r_2/r_1,\ H_1 = h_1/r_1,\ H_2 = h_2/r_1$ $F_{1-2} = \frac{1}{2}\left[H_1^2 - H_2^2 + \sqrt{(H_2^2 + R^2 + 1)^2 - 4R^2} - \sqrt{(H_1^2 + R^2 + 1)^2 - 4R^2}\right]$
Cilindro a retângulo, ambos infinitos	$F_{1-2} = \frac{1}{\pi}\arctan(b/a)$
Cilindro a semicilindro	$R = r_1/r_2$ $F_{1-2} = 0{,}5$ $F_{2-2} = 1 - \frac{2}{\pi}\left[\left(1 - R^2\right)^{1/2} + R\,\mathrm{sen}^{-1}R\right]$
Esfera a retângulo	$B_1 = b_1/a,\ B_2 = b_2/a$ $F_{1-2} = \frac{1}{2\pi}\left\{\mathrm{arcsen}\left[\frac{2B_1^2 - \left(1 - B_1^2\right)\left(B_1^2 + B_2^2\right)}{\left(1 + B_1^2\right)\left(B_1^2 + B_2^2\right)}\right] + \mathrm{arcsen}\left[\frac{2B_2^2 - \left(1 - B_2^2\right)\left(B_1^2 + B_2^2\right)}{\left(1 + B_2^2\right)\left(B_1^2 + B_2^2\right)}\right]\right\}$
Esfera a um setor de disco coaxial	$R = r/a$ $F_{1-2} = \frac{\theta}{4\pi}\left[1 - \frac{1}{\left(1 + R^2\right)^{1/2}}\right]$

(continua)

Tabela 11.1 Fatores de forma para diversas situações (adaptada de Howell, 2010) *(continuação)*

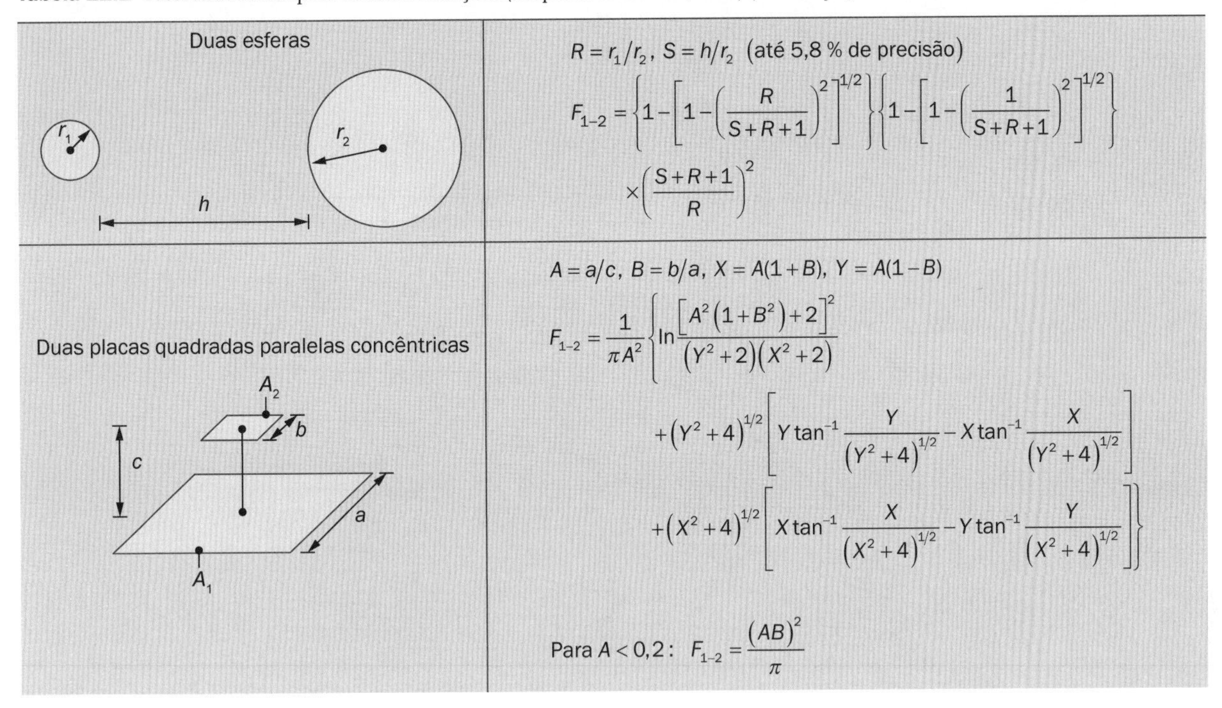

Duas esferas (r_1, r_2, h)	$R = r_1/r_2$, $S = h/r_2$ (até 5,8 % de precisão) $F_{1-2} = \left\{1-\left[1-\left(\frac{R}{S+R+1}\right)^2\right]^{1/2}\right\}\left\{1-\left[1-\left(\frac{1}{S+R+1}\right)^2\right]^{1/2}\right\} \times \left(\frac{S+R+1}{R}\right)^2$
Duas placas quadradas paralelas concêntricas (A_1, A_2, a, b, c)	$A = a/c$, $B = b/a$, $X = A(1+B)$, $Y = A(1-B)$ $F_{1-2} = \frac{1}{\pi A^2}\left\{\ln\frac{\left[A^2\left(1+B^2\right)+2\right]^2}{\left(Y^2+2\right)\left(X^2+2\right)} + \left(Y^2+4\right)^{1/2}\left[Y\tan^{-1}\frac{Y}{\left(Y^2+4\right)^{1/2}} - X\tan^{-1}\frac{X}{\left(Y^2+4\right)^{1/2}}\right] + \left(X^2+4\right)^{1/2}\left[X\tan^{-1}\frac{X}{\left(X^2+4\right)^{1/2}} - Y\tan^{-1}\frac{Y}{\left(X^2+4\right)^{1/2}}\right]\right\}$ Para $A < 0{,}2$: $F_{1-2} = \frac{(AB)^2}{\pi}$

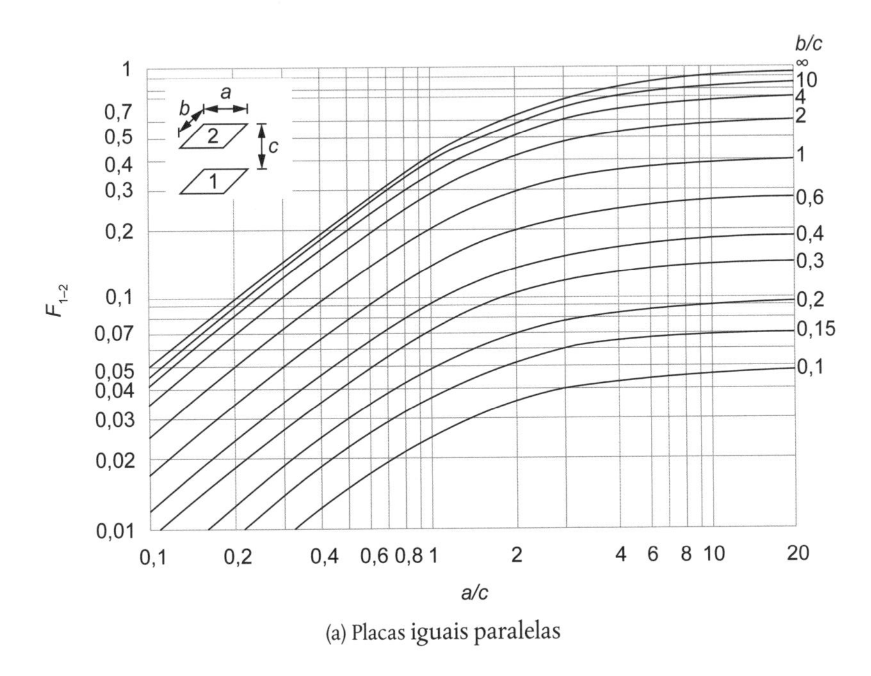

(a) Placas iguais paralelas

Figura 11.6 Gráficos de fatores de forma para diversas configurações (as expressões analíticas estão na Tab. 11.1). *(continua)*

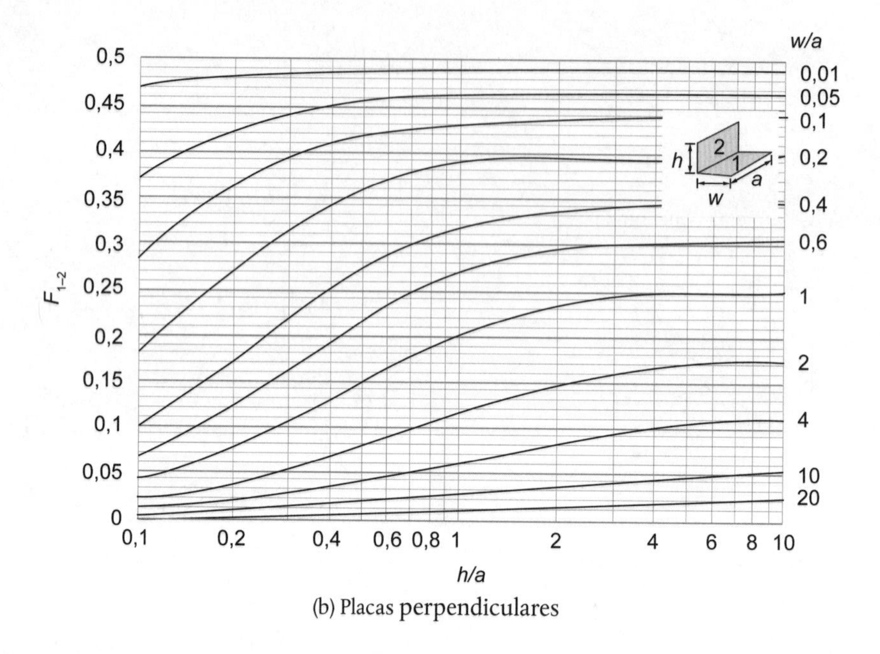

(b) Placas perpendiculares

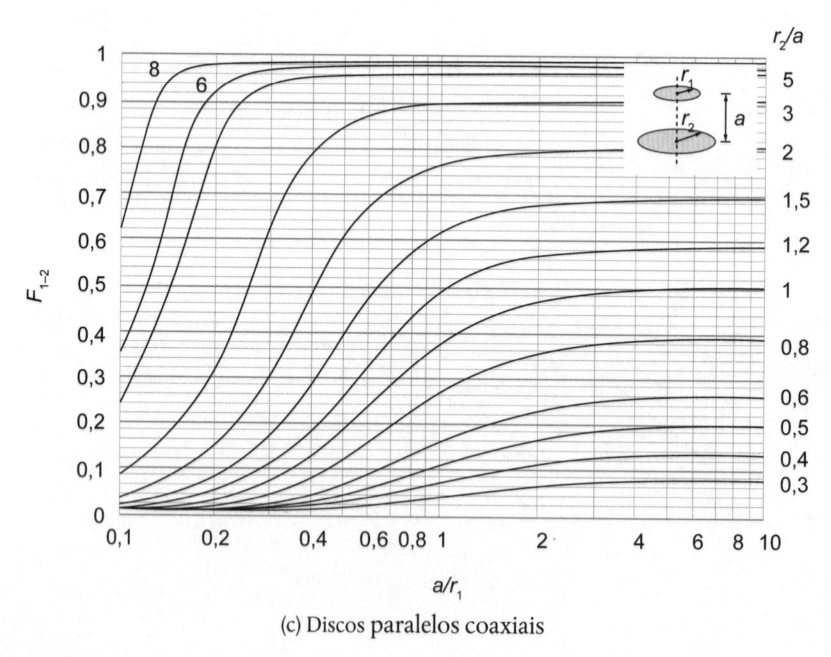

(c) Discos paralelos coaxiais

Figura 11.6 (*continuação*) Gráficos de fatores de forma para diversas configurações (as expressões analíticas estão na Tab. 11.1). (*continua*)

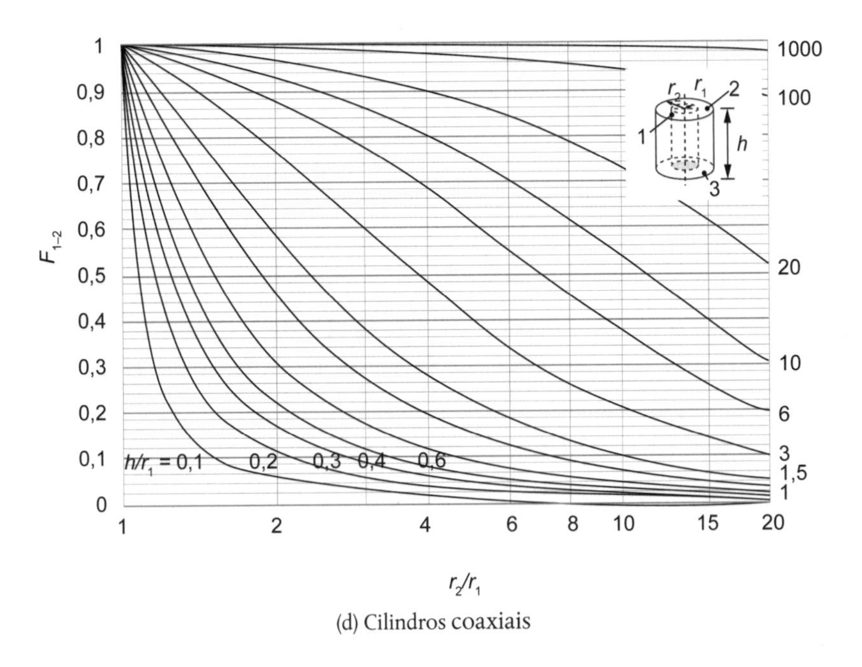

(d) Cilindros coaxiais

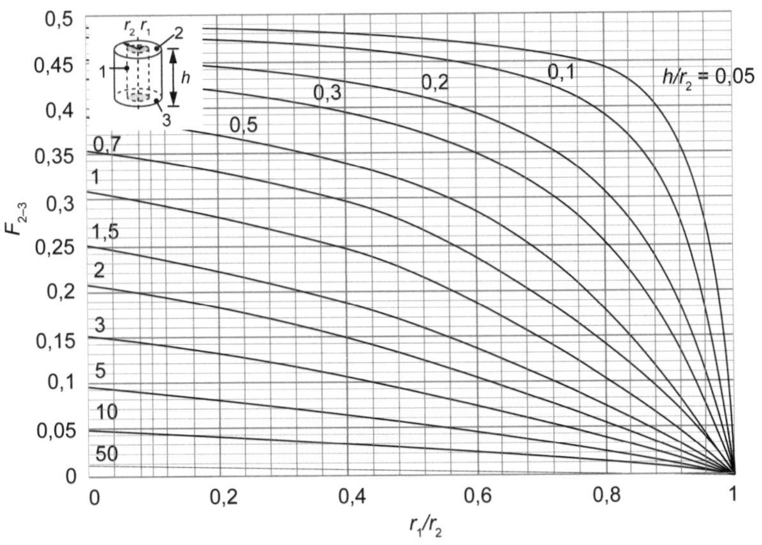

(e) Cilindro e anel

Figura 11.6 *(continuação)* Gráficos de fatores de forma para diversas configurações (as expressões analíticas estão na Tab. 11.1). *(continua)*

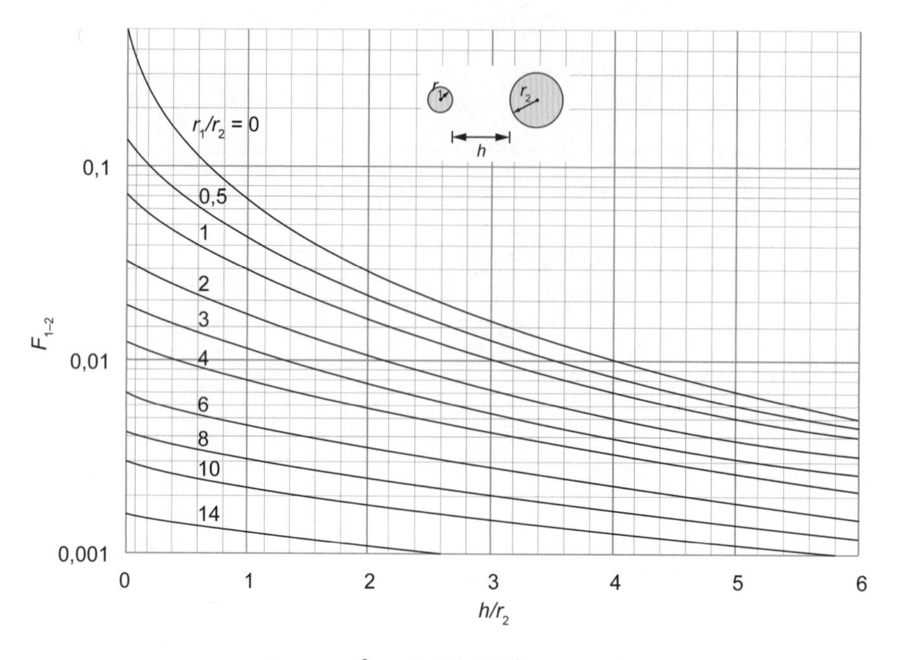

(f) Duas esferas (até 5,8 % de precisão)

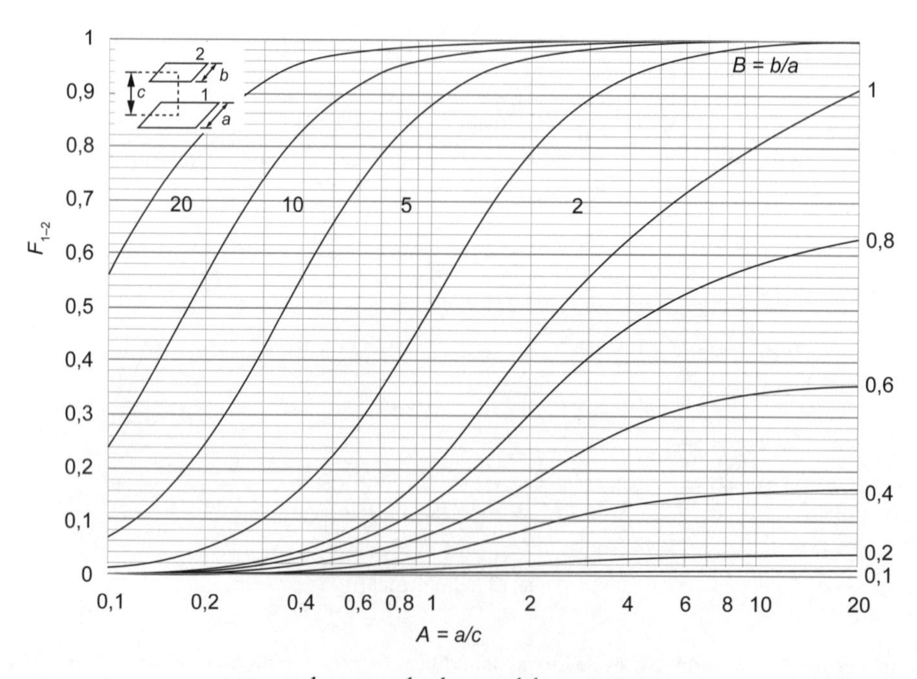

(g) Duas placas quadradas paralelas concêntricas

Figura 11.6 (*continuação*) Gráficos de fatores de forma para diversas configurações (as expressões analíticas estão na Tab. 11.1).

EXEMPLO 11.3 Fator de forma - planos perpendiculares

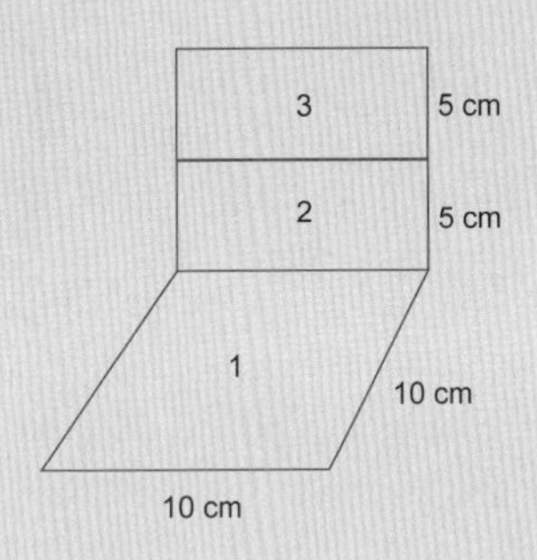

Três placas 1, 2 e 3 são posicionadas como indicado. Determine os fatores de forma F_{1-2}, F_{2-1} e F_{1-3}.

Solução:

Utilizando o gráfico da Figura 11.6b, vem:

$$F_{1-2}: \quad \frac{h}{a} = \frac{5}{10} = 0,5; \ \frac{w}{a} = \frac{10}{10} = 1 \quad \rightarrow \quad F_{1-2} = 0,15$$

No entanto, $F_{1-2,3} = F_{1-2} + F_{1-3} \quad \rightarrow \quad F_{1-3} = \underbrace{F_{1-2,3}}_{\text{gráfico}} - F_{1-2}$

$$F_{1-2,3}: \frac{h}{a} = \frac{10}{10} = 1; \ \frac{w}{a} = \frac{10}{10} = 1 \ \rightarrow \ F_{1-2,3} = 0,2$$

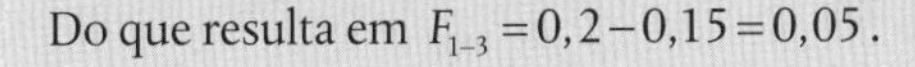

Do que resulta em $F_{1-3} = 0,2 - 0,15 = 0,05$.

Usando a lei de reciprocidade (Eq. 11.16), tem-se:

$$A_1 F_{1-2} = A_2 F_{2-1} \ \rightarrow \ F_{2-1} = \frac{A_1}{A_2} F_{1-2} \ \Rightarrow$$

$$F_{2-1} = \frac{10 \times 10}{10 \times 5} \times 0,15 \ \rightarrow \ F_{2-1} = 0,30$$

Comentários: embora as áreas das superfícies 2 e 3 sejam iguais, os fatores de forma F_{1-2} e F_{1-3} são diferentes. Com efeito, a taxa de radiação que deixa a superfície 1 e atinge 2 é de 15 %, enquanto da superfície 1 para a 3 é de apenas 5 %.
Em função dos resultados dos fatores de forma, pode-se afirmar que a taxa de radiação que deixa 1 e atinge 2 e 3 combinadas totaliza 20 % e, portanto, 80 % restantes são "perdidas" para o meio circundante.

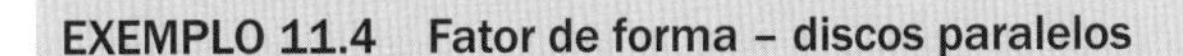

EXEMPLO 11.4 Fator de forma - discos paralelos

Um pequeno cone truncado é formado por dois discos paralelos que são conectados por uma superfície cônica como mostra a figura. Determine a fração de energia radiante que deixa a superfície cilíndrica (3) e atinge a sua própria.

Ø 10 cm
2
3
5 cm
1
Ø 20 cm

Solução:

$$A_1 = \pi \frac{D^2}{4} = \pi \frac{0,2^2}{4} = 0,0314 \text{ m}^2$$

$$A_2 = \pi \frac{0,1^2}{4} = 7,85 \times 10^{-3} \text{ m}$$

$$g = \sqrt{h^2 + (R - r)^2} = \sqrt{0,05^2 + (0,1 - 0,05)^2} = 0,0707 \text{ m}$$

$$A_3 = \pi g(r + R) = \pi 0,0707 \times (0,05 + 0,1) = 0,0333 \text{ m}^2$$

Lei de fechamento para a superfície 1: $F_{1-1} + F_{1-2} + F_{1-3} = 1$, $F_{1-1} = 0$

$$\frac{a}{r_1} = \frac{5}{10} = 0,5; \ \frac{r_2}{a} = \frac{5}{5} = 1 \rightarrow F_{1-2} = 0,19 \text{ (Fig. 11.6c)}$$

$$F_{1-3} = 1 - F_{1-2} = 1 - 0,19 = 0,81$$

$$A_1 F_{1-3} = A_3 F_{3-1} \ \rightarrow \ F_{3-1} = F_{1-3} \frac{A_1}{A_3} = 0,81 \times \frac{0,0314}{0,0333} = 0,7638$$

Lei de fechamento para a superfície 2: $F_{2\text{-}1} + F_{2\text{-}3} + F_{2\text{-}2} = 1$, mas $F_{2\text{-}2} = 0$

$$A_1F_{1\text{-}2} = A_2F_{2\text{-}1} \rightarrow F_{2\text{-}1} = F_{1\text{-}2}\frac{A_1}{A_2} = 0{,}19 \times \frac{0{,}0314}{7{,}85\times10^{-3}} = 0{,}76$$

$$F_{2\text{-}3} = 1 - F_{2\text{-}1} = 1 - 0{,}76 = 0{,}24$$

$$A_2F_{2\text{-}3} = A_3F_{3\text{-}2} \rightarrow F_{3\text{-}2} = F_{2\text{-}3}\frac{A_2}{A_3} = 0{,}24 \times \frac{7{,}85\times10^{-3}}{0{,}0333} = 0{,}0566$$

Finalmente, pela lei de fechamento para a superfície 3: $F_{3\text{-}1} + F_{3\text{-}2} + F_{3\text{-}3} = 1$

$$F_{3\text{-}3} = 1 - F_{3\text{-}1} - F_{3\text{-}2} = 1 - 0{,}7638 - 0{,}0566$$

$$F_{3\text{-}3} = 0{,}1796.$$

11.2.3 Fatores de forma – método das cordas de Hottel

Existe uma técnica desenvolvida por Hottel (1954), chamada *método das cordas*, que permite resolver geometrias de seção transversal constante de tubos e canais muito longos nos seus eixos, de modo que as extremidades não interferem no cálculo do fator de forma. Assim, essas geometrias podem ser consideradas como a de problemas bidimensionais. A técnica desenvolvida por Hottel é bastante simples e consiste na seguinte equação:

$$F_{i-j} = \frac{\sum \text{cordas que se cruzam} - \sum \text{cordas que não se cruzam}}{2 \times \text{corda da superfície } i} \tag{11.18}$$

As "cordas" são os tamanhos das cordas identificadas na Figura 11.7. A fim de exemplificar, considere a troca de calor por radiação entre as superfícies 1 e 2 muito longas na direção perpendicular ao papel ilustradas na Figura 11.7. As duas superfícies podem ter formatos quaisquer, isto é, côncavo, plano ou convexo. Os fatores de forma $F_{1\text{-}2}$ e $F_{2\text{-}1}$ estão indicados na própria figura.

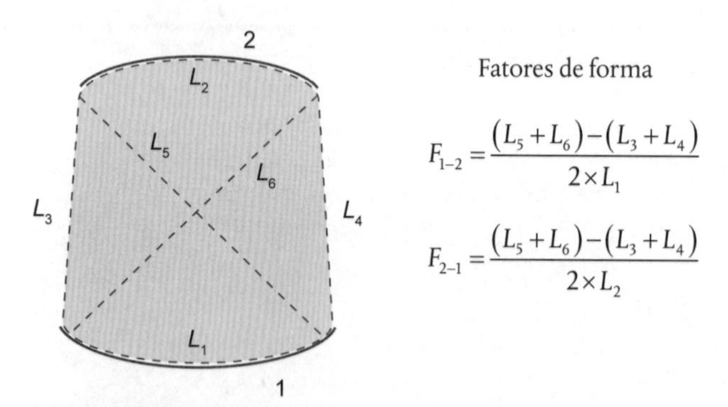

Figura 11.7 Método das cordas de Hottel (1954) de obtenção de fatores de forma para tubos e canais longos.

EXEMPLO 11.5 Fator de forma – método das cordas

Duas placas muito longas e paralelas de largura L_1 = 12 cm e L_2 = 7 cm estão distanciadas 5 cm, como mostrado na figura. Determine os fatores de forma $F_{1\text{-}2}$ e $F_{2\text{-}1}$.

L_2 = 7 cm

L_3 = 5 cm

L_1 = 12 cm

Solução:

É preciso determinar os comprimentos das cordas desconhecidos, os quais são indicados no esquema a seguir.

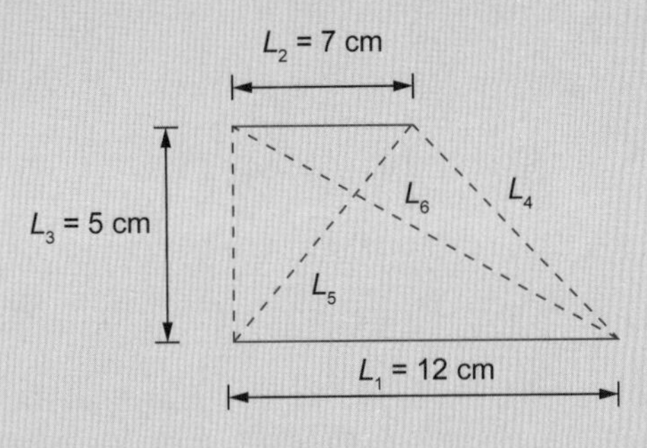

$$L_4 = \sqrt{(12-7)^2 + 5^2} = 7{,}07 \text{ cm}, L_5 = \sqrt{7^2 + 5^2} = 8{,}60 \text{ cm e } L_6 = \sqrt{12^2 + 5^2} = 13 \text{ cm}$$

Assim, os fatores de forma são:

$$F_{1-2} = \frac{8{,}6 + 13 - (7{,}07 + 5)}{2 \times 12} = \frac{9{,}53}{24} = 0{,}397$$

$$F_{2-1} = \frac{8{,}6 + 13 - (7{,}07 + 5)}{2 \times 7} = \frac{9{,}53}{14} = 0{,}681$$

Compare com a lei da reciprocidade considerando as áreas projetadas (Eq. 11.16).

11.3 Transferência de calor por radiação entre superfícies

11.3.1 Taxa líquida de radiação térmica trocada entre duas superfícies quaisquer

A taxa líquida de calor trocado por radiação entre duas ou mais superfícies quaisquer agora pode ser calculada considerando os fatores de forma das superfícies envolvidas. Para isso, considere duas superfícies cinzentas e opacas isotérmicas de temperaturas T_1 e T_2. Elas trocam uma taxa líquida de calor $\dot{Q}_{1-2}$ em função das suas radiosidades e fatores de forma, como indicado na Equação (11.19).

$$\dot{Q}_{1-2} = A_1 F_{1-2} J_1 - A_2 F_{2-1} J_2 \tag{11.19}$$

Utilizando a lei de reciprocidade, Equação (11.16), isto é, $A_1 F_{1-2} = A_2 F_{2-1}$, tem-se que:

$$\dot{Q}_{1-2} = -\dot{Q}_{2-1} = A_1 F_{1-2}(J_1 - J_2) = A_2 F_{2-1}(J_1 - J_2), \text{ ou}$$

$$\dot{Q}_{1-2} = \frac{(J_1 - J_2)}{R_{1-2}} \tag{11.20a}$$

sendo,

$$R_{1-2} = \frac{1}{A_1 F_{1-2}} = \frac{1}{A_2 F_{2-1}} \tag{11.20b}$$

em que R_{1-2} é conhecido como a *resistência espacial* entre as duas superfícies, que depende somente dos fatores de forma e áreas envolvidas. De uma forma mais geral, a resistência espacial R_{i-j} da superfície *i* em relação à superfície *j* pode ser escrita como:

$$R_{i-j} = \frac{1}{A_i F_{i-j}} = \frac{1}{A_j F_{j-i}} \tag{11.21}$$

Essa relação é mais completa do que aquela apresentada na Equação (11.13), válida para duas placas paralelas e infinitas em que $F_{i\text{-}j}$ é unitário. Finalmente, o circuito térmico equivalente é indicado na Figura 11.8 com a inserção das resistências superficiais (Eq. 11.12) e espacial (Eq. 11.21), as quais formam a resistência total equivalente, R_T, do circuito:

$$R_T = \frac{1}{R_1} + \frac{1}{A_1F_{1-2}} + \frac{1}{R_2} \tag{11.22}$$

e a taxa líquida de calor trocada, $\dot{Q}_{1-2}$, entre as duas superfícies é:

$$\dot{Q}_{1-2} = \frac{E_{n1} - E_{n2}}{R_T} = \frac{\sigma(T_1^4 - T_2^4)}{R_T} \tag{11.23}$$

$\dot{Q}_{1-2}$

σT_1^4 — J_1 — J_2 — σT_2^4

$\frac{1-\varepsilon_1}{\varepsilon_1 A_1}$ $\quad \frac{1}{A_1F_{1-2}}$ $\quad \frac{1-\varepsilon_2}{\varepsilon_2 A_2}$

Figura 11.8 Circuito térmico para o caso de duas superfícies.

EXEMPLO 11.6 Troca de calor entre duas superfícies

Determine a taxa de transferência de calor de uma esfera aquecida instalada no interior de uma superfície cilíndrica fechada mantida em vácuo, como indicado na figura. A esfera tem 10 cm de diâmetro, uma emissividade de 0,8 e é mantida a uma temperatura uniforme de 300 °C. A superfície interna do cilindro, cuja área é de 2 m², tem uma emissividade de 0,2 e é mantida a uma temperatura uniforme de 20 °C.

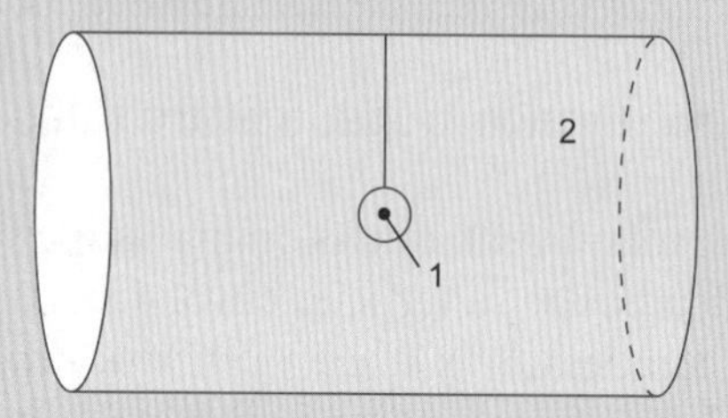

Solução:

O circuito de radiação equivalente é igual àquele indicado na Figura 11.8. O fator de forma de radiação é $F_{1-2} = 1$, já que toda a radiação emitida pela esfera vai atingir a superfície cilíndrica. A taxa líquida de transferência de calor, $\dot{Q}_{1-2}$, é obtida mediante:

$$\dot{Q}_{1-2} = \frac{\sigma(T_1^4 - T_2^4)}{\frac{1-\varepsilon_1}{\varepsilon_1 A_1} + \frac{1}{A_1F_{1-2}} + \frac{1-\varepsilon_2}{\varepsilon_2 A_2}}$$

sendo $A_1 = \pi\frac{d^2}{4} = 7{,}85\times10^{-3}\ \text{m}^2$.

$$T_1 = 300\ °\text{C} = 573{,}2\ \text{K e } T_2 = 20\ °\text{C} = 293{,}2\ \text{K}$$

$$\dot{Q}_{1-2} = \frac{5{,}67\times 10^{-8}\left(573{,}2^4 - 293{,}2^4\right)}{(1-0{,}8)/(0{,}8\times 7{,}85\times 10^{-3}) + 1/(7{,}85\times 10^{-3}\times 1) + (1-0{,}2)/(0{,}2\times 2)}$$

$$\dot{Q}_{1-2} = 35{,}4\ \text{W}$$

Observe que essa taxa de calor de 35,4 W deve, posteriormente, ser transferida da superfície externa do cilindro ao ambiente externo por algum método de transferência de calor: condução, convecção ou radiação ou a combinação entre convecção e radiação. A esfera também precisa de uma fonte externa de energia térmica para que possa ser mantida na temperatura de 300 °C. O problema lida tão somente com a troca líquida de radiação entre as duas superfícies.

No caso abordado de duas placas paralelas e infinitas (Seção 11.1), as radiosidades das superfícies (J_1 e J_2) são prontamente obtidas, pois a irradiação de uma superfície se torna a radiosidade da outra, e as taxas de troca de calor por radiação das superfícies são também a taxa líquida de calor entre elas, $\dot{Q}_{1-2}$. No caso de *mais de duas superfícies*, o problema se torna um pouco mais complexo, pois a determinação da radiosidade da superfície de interesse depende da determinação de todas as trocas de calor por radiação com as demais superfícies. A fim de examinar essa questão, a próxima subseção examina o caso de um invólucro formado por três superfícies. Nas subseções seguintes, a técnica de solução é expandida para situações que envolvem um número qualquer de superfícies.

11.3.2 Taxa líquida de radiação térmica trocada entre três superfícies

Considere o esquema da Figura 11.9, em que são mostradas três superfícies isotérmicas mantidas a temperaturas T_1, T_2 e T_3. Embora a figura mostre um invólucro fechado de seção triangular, a análise se aplica a qualquer invólucro fechado formado por três superfícies. As temperaturas das superfícies são mantidas por meio das taxas de calor que são transferidas para ou do meio externo, as quais representam as taxas de calor $\dot{Q}_1$, $\dot{Q}_2$ e $\dot{Q}_3$, respectivamente.

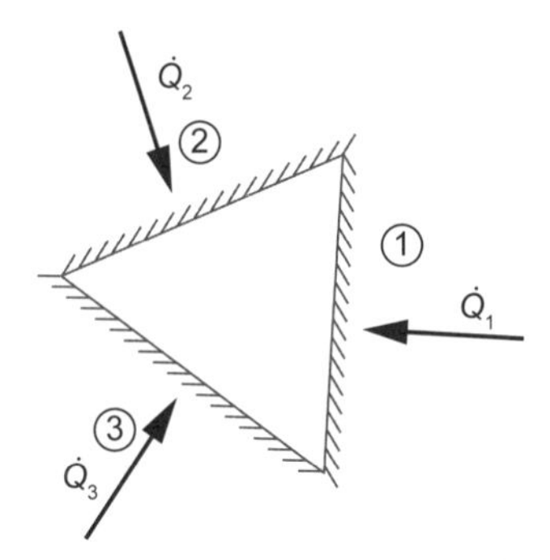

Figura 11.9 Invólucro fechado formado por três superfícies.

As trocas líquidas de calor entre essas três superfícies, tomadas duas a duas, podem ser obtidas por meio da Equação (11.20a), o que resulta em:

$$\begin{aligned}
\text{superfícies (1-2)}: \; \dot{Q}_{1-2} &= -\dot{Q}_{2-1} = \frac{(J_1 - J_2)}{R_{1-2}} \\
\text{superfícies (1-3)}: \; \dot{Q}_{1-3} &= -\dot{Q}_{3-1} = \frac{(J_1 - J_3)}{R_{1-3}} \\
\text{superfícies (2-3)}: \; \dot{Q}_{2-3} &= -\dot{Q}_{3-2} = \frac{(J_2 - J_3)}{R_{2-3}}
\end{aligned} \tag{11.24}$$

em que as *resistências espaciais* (Eq. 11.20b) entre as superfícies são dadas por:

$$\begin{aligned}
\text{resistência espacial (1-2)}: \; R_{1-2} &= \frac{1}{A_1 F_{1-2}} = \frac{1}{A_2 F_{2-1}} \\
\text{resistência espacial (1-3)}: \; R_{1-3} &= \frac{1}{A_1 F_{1-3}} = \frac{1}{A_3 F_{3-1}} \\
\text{resistência espacial (2-3)}: \; R_{2-3} &= \frac{1}{A_2 F_{2-3}} = \frac{1}{A_3 F_{3-2}}
\end{aligned} \tag{11.25}$$

Portanto, a fim de se determinar as trocas líquidas de calor entre as superfícies, é preciso que, primeiramente, sejam determinadas as radiosidades associadas, J_1, J_2 e J_3, de cada superfície. Por outro lado, a taxa de calor de cada superfície é dada pela Equação (11.5), o que permite escrever:

$$\begin{aligned}
&\text{superfície 1:} \quad \dot{Q}_1 = \frac{E_{n1} - J_1}{R_1} \\
&\text{superfície 2:} \quad \dot{Q}_2 = \frac{E_{n2} - J_2}{R_2} \\
&\text{superfície 3:} \quad \dot{Q}_3 = \frac{E_{n3} - J_3}{R_3}
\end{aligned} \tag{11.26}$$

em que as *resistências superficiais* das superfícies são dadas por:

$$\begin{aligned}
&\text{resistência superficial 1:} \quad R_1 = \frac{1-\varepsilon_1}{\varepsilon_1 A_1} \\
&\text{resistência superficial 2:} \quad R_2 = \frac{1-\varepsilon_2}{\varepsilon_2 A_2} \\
&\text{resistência superficial 3:} \quad R_3 = \frac{1-\varepsilon_3}{\varepsilon_3 A_3}
\end{aligned} \tag{11.27}$$

Agora, é importante uma vez mais lançar mão da analogia elétrica para relacionar as taxas de calor de cada superfície, $\dot{Q}_i$ (Eq. 11.26), com as taxas líquidas trocadas entre as superfícies, $\dot{Q}_{i-j}$ (Eq. 11.24), e as demais grandezas envolvidas. No presente caso de três superfícies, o circuito térmico equivalente está indicado na Figura 11.10. Observe as resistências de superfície $R_{i\text{-}j}$, as resistências superficiais R_i e as taxas de troca de calor por radiação no circuito analógico. A solução desses problemas térmicos exige que se *arbitrem* as direções das taxas de calor em cada nó, 1, 2 e 3. Portanto, as direções das taxas de calor indicadas na figura são *arbitrárias* para que se possa estabelecer a solução do circuito. Ao fim, caso a direção da taxa de calor originalmente assumida resulte em um sinal negativo (–), então, saber-se-á que a direção correta é a oposta da que foi assumida.

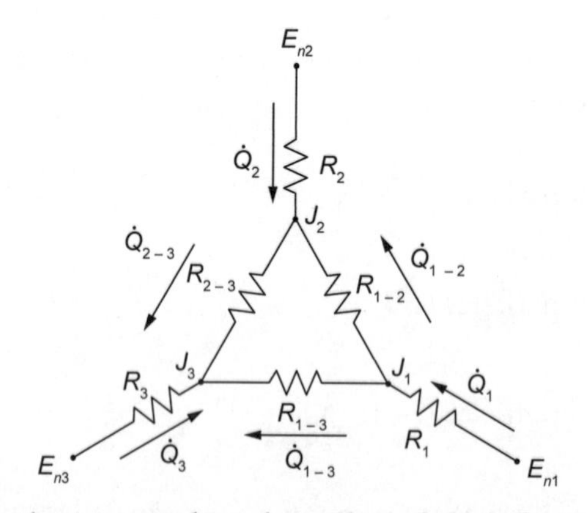

Figura 11.10 Circuito térmico equivalente do invólucro fechado formado por três superfícies.

A solução de problemas de circuitos elétricos (ou, nesse caso, circuitos térmicos equivalentes) dessa natureza lança mão da *Lei de Kirchhoff*,[1] que informa que "*a soma das correntes de um nó é igual à soma das correntes que deixam o nó*". Portanto, as taxas de calor das superfícies, $\dot{Q}_1$, $\dot{Q}_2$ e $\dot{Q}_3$ se relacionam com as taxas líquidas de troca de calor entre superfícies, $\dot{Q}_{1-2}$, $\dot{Q}_{1-3}$ e $\dot{Q}_{2-3}$, por meio do balanço energético de cada nó e, novamente, os sinais que aparecem estão associados às direções arbitrárias das taxas de calor já adotadas na Figura 11.10:

[1] Essa lei é diferente daquela do Capítulo 10.

$$\begin{aligned}\dot{Q}_1 &= \dot{Q}_{1-2} + \dot{Q}_{1-3} \\ \dot{Q}_2 &= -\dot{Q}_{1-2} + \dot{Q}_{2-3} \\ \dot{Q}_3 &= -\dot{Q}_{1-3} - \dot{Q}_{2-3}\end{aligned} \quad (11.28)$$

Substituir essas taxas de troca de calor de cada superfície no conjunto de Equações (11.26) resulta em um sistema linear de seis equações e seis incógnitas, nominalmente $\dot{Q}_{1-2}$, $\dot{Q}_{1-3}$, $\dot{Q}_{2-3}$, J_1, J_2 e J_3, cuja solução pode ser alcançada por meio de algum método numérico de solução de sistema linear de equações, como o de eliminação gaussiana. A vantagem dessa abordagem é que as taxas líquidas de calor trocadas entre superfícies resultam diretamente da solução.

EXEMPLO 11.7 Troca de calor entre três superfícies

O cone truncado analisado no Exemplo 11.4 está em vácuo interno e as superfícies apresentam as seguintes temperaturas e emissividades: T_1 = 1500 K, T_2 = 300 K, T_3 = 500 K, ε_1 = 0,9, ε_2 = 0,2, ε_1 = 0,3. Avalie a taxa de calor por radiação transferida por cada superfície.

Solução:

Nó 1: $\dfrac{E_{n1}-J_1}{(1-\varepsilon_1)/A_1\varepsilon_1} = \dfrac{J_1-J_2}{1/A_1F_{1-2}} + \dfrac{J_1-J_3}{1/A_1F_{1-3}}$

Nó 2: $\dfrac{E_{n2}-J_2}{(1-\varepsilon_2)/A_2\varepsilon_2} = -\dfrac{J_1-J_2}{1/A_1F_{1-2}} + \dfrac{J_2-J_3}{1/A_2F_{2-3}}$

Nó 3: $\dfrac{E_{n3}-J_3}{(1-\varepsilon_3)/A_3\varepsilon_3} = -\dfrac{J_1-J_3}{1/A_1F_{1-3}} - \dfrac{J_2-J_3}{1/A_2F_{2-3}}$

$E_{n1} = 5{,}67\times10^{-8}\times1500^4 = 287.044\ \text{W/m}^2,\ A_1 = 0{,}0314\ \text{m}^2$

$E_{n2} = 5{,}67\times10^{-8}\times300^4 = 459,\ A_2 = 0{,}0333\ \text{m}^2$

$E_{n3} = 5{,}67\times10^{-8}\times500^4 = 3544,\ A_3 = 7{,}85\times10^{-3}\ \text{m}^2$

Fatores de forma: $F_{1-2} = 0{,}81,\ F_{1-3} = 0{,}19,\ F_{2-3} = 0{,}0566$

Nó 1: $\dfrac{287.044 - J_1}{\dfrac{1-0{,}9}{0{,}9\times0{,}0314}} = \dfrac{J_1-J_2}{\dfrac{1}{0{,}0314\times0{,}81}} + \dfrac{J_1-J_3}{\dfrac{1}{0{,}0314\times0{,}19}}$

Nó 2: $\dfrac{459 - J_2}{\dfrac{1-0{,}2}{0{,}2\times0{,}0333}} = -\dfrac{J_1-J_2}{\dfrac{1}{0{,}0314\times0{,}81}} + \dfrac{J_2-J_3}{\dfrac{1}{0{,}0566\times0{,}0333}}$

Nó 3: $\dfrac{3544 - J_3}{\dfrac{1-0{,}5}{0{,}5\times7{,}85\times10^{-3}}} = -\dfrac{J_1-J_3}{\dfrac{1}{0{,}0314\times0{,}19}} - \dfrac{J_2-J_3}{\dfrac{1}{0{,}0333\times0{,}0566}}$

Resolvendo o sistema de três equações, obtém-se:

$J_1 = 277.454\ \text{W/m}^2;\ J_2 = 205.057\ \text{W/m}^2;\ J_3 = 131.815\ \text{W/m}^2;$

$\dot{Q}_1 = \dfrac{287.044 - 277.454}{\dfrac{1-0{,}9}{0{,}9\times0{,}0314}} = 2710\ \text{W}$

$\dot{Q}_2 = \dfrac{459 - 205.057}{\dfrac{1-0{,}2}{0{,}2\times0{,}0333}} = -1703\ \text{W}$

$\dot{Q}_3 = \dfrac{3544 - 131.815}{\dfrac{1-0{,}5}{0{,}5\times7{,}85\times10^{-3}}} = -1007\ \text{W}$

Os sinais negativos indicam que os sentidos das taxas de transferência de calor assumidos no início eram contrários. Os sentidos corretos dessas taxas são representados na figura. Perceba que $\dot{Q}_1 = \dot{Q}_2 + \dot{Q}_3$, como manda a Primeira Lei da Termodinâmica.

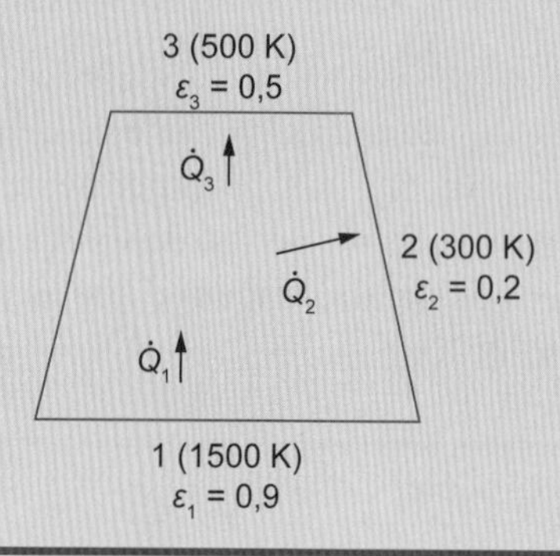

EXEMPLO 11.8 Superfícies adiabática-reirradiante e negra

Um pequeno forno tem a forma cilíndrica. Neste, a base, considerada negra, é mantida a 600 K e a superfície superior a 300 K. Se a superfície cilíndrica adiabática e reirradiante e as emissividades das superfícies são: $\varepsilon_2 = 0{,}5$ e $\varepsilon_3 = 0{,}8$, avalie a temperatura da superfície cilíndrica e as parcelas de taxa de calor que atingem a superfície superior vinda da inferior e da lateral.

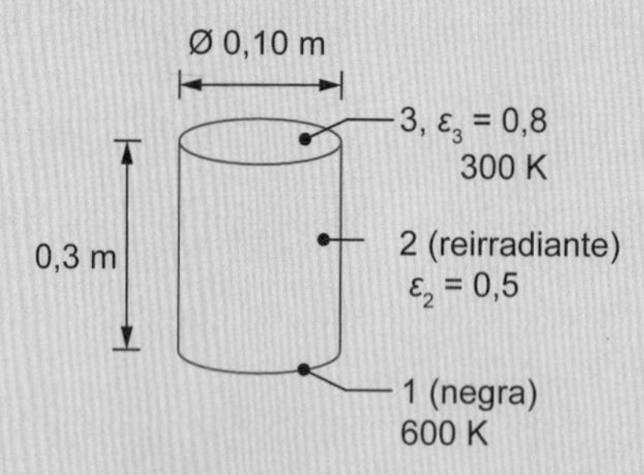

Solução:

A figura mostra o circuito térmico equivalente do exemplo, em que, inicialmente, os sentidos das taxas de radiação são assumidos; se necessário, serão corrigidos no final.

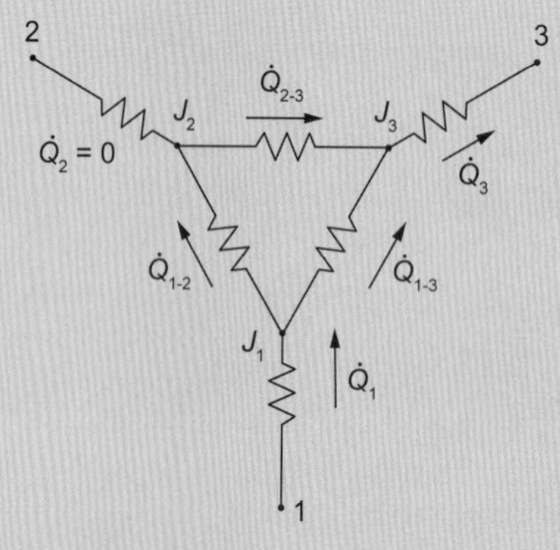

Nó 1: superfície negra, então: $J_1 = E_{n1} = 5{,}67 \times 10^{-8} \times 600^4 = 7348\ \text{W/m}^2$.

Nó 2: superfície adiabática-reirradiante, isto é: $\dot{Q}_{1-2} = \dot{Q}_{2-3}$: $\dfrac{J_1 - J_2}{1/A_1F_{1-2}} = \dfrac{J_2 - J_3}{1/A_2F_{2-3}}$

Nó 3: balanço energético: $\dot{Q}_3 = \dot{Q}_{1-3} + \dot{Q}_{2-3}$, então, $\dfrac{J_3 - E_{n3}}{(1-\varepsilon_3)/A_3\varepsilon_3} = \dfrac{J_1 - J_3}{1/A_1F_{1-3}} + \dfrac{J_2 - J_3}{1/A_2F_{2-3}}$

$E_{n3} = 5{,}67 \times 10^{-8} \times 300^4 = 459\ \text{W/m}^2$.

Fatores de forma:

$A_1 = A_3 = \pi 0{,}18^2 / 4 = 0{,}0254 \text{ m}^2$

$A_2 = \pi dL = \pi 0{,}18 \times 0{,}3 = 0{,}1696 \text{ m}^2$

$r_3/a = 0{,}09/0{,}3 = 0{,}3,\ a/r_1 = 0{,}3/0{,}09 = 3{,}3 \rightarrow F_{1-3} = 0{,}08$ (Fig. 11.6c)

$F_{1-1} + F_{1-2} + F_{1-3} = 1$, mas $F_{1-1} = 0 \rightarrow F_{1-2} = 0{,}92$

$F_{3-1} = F_{1-3} = 0{,}08$ (simetria)

$F_{3-1} + F_{3-2} + F_{3-3} = 1$, mas $F_{3-3} = 0 \rightarrow F_{3-2} = 0{,}92$

$$F_{2-3}A_2 = F_{3-2}A_3 \rightarrow F_{2-3} = F_{3-2}\frac{A_3}{A_2} = 0{,}92\frac{0{,}0254}{0{,}1696} \rightarrow F_{2-3} = 0{,}1378$$

$F_{1-3} = 0{,}19,\ F_{2-3} = 0{,}0566$

$$\text{Nó 2: } \frac{7348 - J_2}{1/(0{,}0254 \times 0{,}92)} = \frac{J_2 - J_3}{1/(0{,}1696 \times 0{,}1378)}$$

$$\text{Nó 3: } \frac{J_3 - 459}{(1-0{,}8)/(0{,}0254 \times 0{,}8)} = \frac{7348 - J_3}{1/(0{,}0254 \times 0{,}08)} + \frac{J_2 - J_3}{1/(0{,}1696 \times 0{,}1378)}$$

O sistema de duas equações anterior fornece a solução de:

$$J_2 = 4313 \text{ W/m}^2 \text{ e } J_3 = 1278 \text{ W/m}^2$$

Como a superfície 2 é reirradiante:

$$J_2 = E_{n2} = 4313 = 5{,}67 \times 10^{-8} T_2^4 \rightarrow T_2 = 525 \text{ K}$$

A superfície 3 recebe uma taxa de calor de:

$$\underbrace{\frac{1278 - 459}{(1-0{,}8)/(0{,}0254 \times 0{,}8)}}_{\dot{Q}_3} = \underbrace{\frac{7348 - 1278}{1/(0{,}0254 \times 0{,}08)}}_{\dot{Q}_{13}} + \underbrace{\frac{4313 - 1278}{1/(0{,}1696 \times 0{,}1378)}}_{\dot{Q}_{23}}$$

$$\dot{Q}_3 = 83{,}2 \text{ W},\ \dot{Q}_{13} = 12{,}3 \text{ W},\ \dot{Q}_{23} = 70{,}9 \text{ W}$$

Embora a superfície 1 tenha a maior temperatura, o fato de a superfície 2 ser reirradiante e possuir maior área faz com que, de todo o calor recebido pela superfície 3, 15 % venham da superfície 1 e 85 % da superfície 2.

EXEMPLO 11.9 Duas superfícies e o meio circundante

A durabilidade de uma nova tinta seletiva ($\varepsilon_2 = 0{,}2$) para receptores solares de média temperatura está sendo testada. O teste consiste em elevar a temperatura até 500 °C várias vezes, em um pequeno forno. A tinta foi depositada em um substrato de aço inoxidável circular e plano de 40 mm de diâmetro. Para aquecer a tinta é usada outra placa circular ($\varepsilon_1 = 0{,}9$) cuja resistência elétrica é aquecida até 1100 K. As duas placas circulares são isoladas termicamente nas partes posteriores e colocadas em um ambiente que, atingido o regime permanente, a temperatura chega a 30 °C. Desconsiderando as trocas de calor convectivas, avalie a potência elétrica da resistência necessária para aquecer a placa, bem como as taxas de calor transferido nas outras superfícies em regime permanente. Assuma que o ambiente no entorno se comporte como corpo negro.

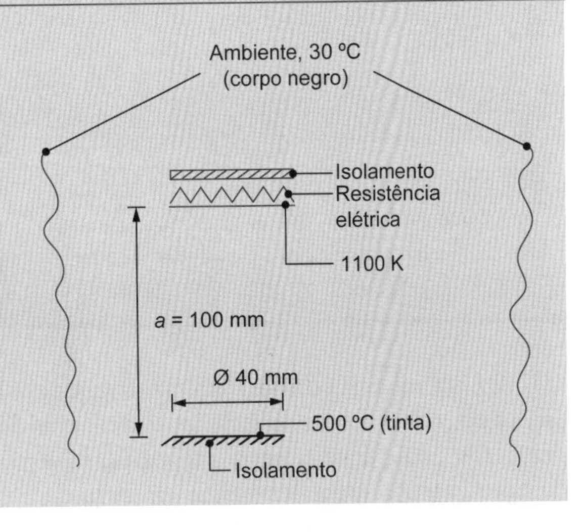

Solução:

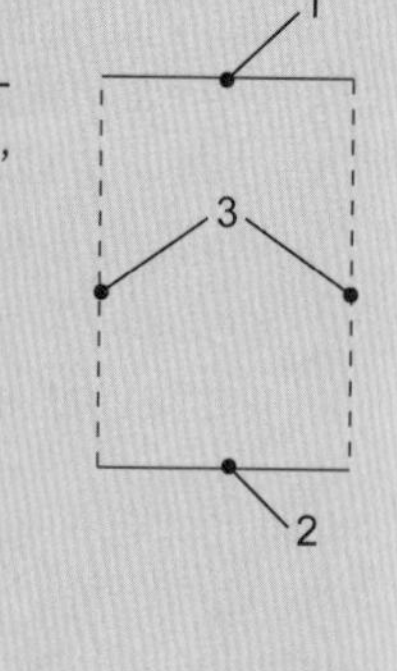

Para resolver esse problema imaginamos que o ambiente seja uma superfície imaginária (3) envolvendo as duas superfícies, como ilustrado na figura. A fim de obter os fatores de forma envolvidos, considere as seguintes razões geométricas:

$a/r_1 = 0,1/0,04 = 2,5,\ r_2/a = 0,04/0,1 = 0,4$; da Figura 11.6, $F_{1-2} = 0,12$

Por simetria: $F_{2-1} = F_{1-2} = 0,12$

Pela lei de fechamento, Equação (11.17): $F_{2-1} + \underbrace{F_{2-2}}_{0} + F_{2-3} = 1$

$$F_{2-3} = 1 - F_{2-1} = 1 - 0,12 = 0,88$$

Por simetria: $F_{13} = F_{23} = 0,88$

$A_1 = A_2 = \pi d_1^2/4 = \pi 0,04^2/4 = 1,256 \times 10^{-3}\ \text{m}^2$

$A_3 = \pi da = \pi 0,04 \times 0,10 = 0,0126\ \text{m}^2$

$E_{n1} = \sigma T_1^4 = 5,67 \times 10^{-8} \times 1100^4 = 83.014,5\ \text{W/m}^2$

$E_{n2} = \sigma T_2^4 = 5,67 \times 10^{-8} \times 773,2^4 = 20.265,2\ \text{W/m}^2$

$E_{n3} = \sigma T_3^4 = 5,67 \times 10^{-8} \times 303,2^4 = 479,2\ \text{W/m}^2$

O circuito térmico para esse caso pode ser representado por:

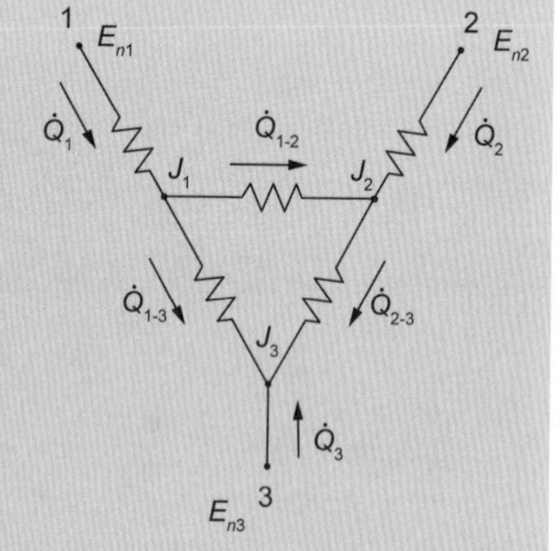

Da Lei de Kirchhoff:

Nó 1: $\dfrac{E_{n1} - J_1}{(1-\varepsilon_1)/A_1\varepsilon_1} = \dfrac{J_1 - J_2}{1/A_1F_{1-2}} + \dfrac{J_1 - J_3}{1/A_1F_{1-3}} \rightarrow \dfrac{83.014,5 - J_1}{(1-0,9)/0,9} = \dfrac{J_1 - J_2}{1/0,12} + \dfrac{J_1 - 479,2}{1/0,88}$

Nó 2: $\dfrac{E_{n2} - J_2}{(1-\varepsilon_2)/A_2\varepsilon_2} = \dfrac{J_1 - J_2}{1/A_1F_{1-2}} + \dfrac{J_2 - J_3}{1/A_2F_{2-3}} \rightarrow \dfrac{20.265,2 - J_2}{(1-0,2)/0,2} = \dfrac{J_1 - J_2}{1/0,12} + \dfrac{J_2 - 479,2}{1/0,88}$

Resolvendo o sistema de duas equações, obtém-se:

$J_1 = 74.894,2\ \text{W/m}^2$ e $J_2 = 11.580,2\ \text{W/m}^2$

Encontrando as taxas de calor nas superfícies 1 e 2,

$$\dot{Q}_1 = \frac{E_{n1} - J_1}{(1-\varepsilon_1)/A_1\varepsilon_1} = \frac{83.014,5 - 74.894,2}{(1-0,9)/(1,256 \times 10^{-3} \times 0,9)}$$

$\dot{Q}_1 = 91,8\ \text{W}$

$$\dot{Q}_2 = \frac{E_{n2} - J_2}{(1-\varepsilon_2)/A_2\varepsilon_2} = \frac{20.265,2 - 11.580,2}{(1-0,2)/(1,256 \times 10^{-3} \times 0,2)}$$

$\dot{Q}_2 = 2,7\ \text{W}$

Nó 3: $\dfrac{J_1 - J_3}{1/A_1F_{1-3}} + \dfrac{J_2 - J_3}{1/A_2F_{2-3}} + \dot{Q}_3 = 0$

$$\frac{74.894,2 - 479,2}{1/(1,256 \times 10^{-3} \times 0,88)} + \frac{11.580,2 - 479,2}{1/(1,256 \times 10^{-3} \times 0,88)} + \dot{Q}_3 = 0$$

$\dot{Q}_3 = -94,5\ \text{W}$

Pode-se notar que, em regime permanente, a resistência do aquecedor deve ser de 91,8 W. A placa com a tinta transfere 2,7 W de taxa de calor e o ambiente recebe 94,5 W. Claro que, no caso real, a convecção também terá um papel dominante, conforme será abordado na Seção 11.5.

Até aqui foram consideradas as trocas de calor de superfícies isotérmicas. Entretanto, caso as condições de contorno das superfícies sejam taxas de calor conhecidas, isto é, $\dot{Q}_1$, $\dot{Q}_2$ e $\dot{Q}_3$, no lugar das temperaturas, então deve-se proceder à solução do conjunto de Equações (11.28) para obter as taxas líquidas de calor entre as superfícies para, em seguida, resolver as Equações (11.24) e definir as radiosidades das superfícies, J_1, J_2 e J_3. Finalmente, obtêm-se os poderes emissivos de corpo negro (Eq. 11.26) e, por consequência, as temperaturas das superfícies, T_1, T_2 e T_3. Se houver condições de contorno mistas, isto é, temperatura e taxa de calor conhecidas, então deve-se tratar separadamente o problema combinando as equações fornecidas.

11.3.3 Taxa líquida de radiação térmica trocada entre múltiplas superfícies

Em muitas situações reais, o número de superfícies que trocam calor radiante pode ser grande, o que demanda resolver o sistema de equações correspondentes. Para considerar o caso de N superfícies que formam um *invólucro fechado*, como o ilustrado na Figura 11.11, é preciso obter, primeiramente, a taxa líquida de calor de cada superfície, $\dot{Q}_i$.

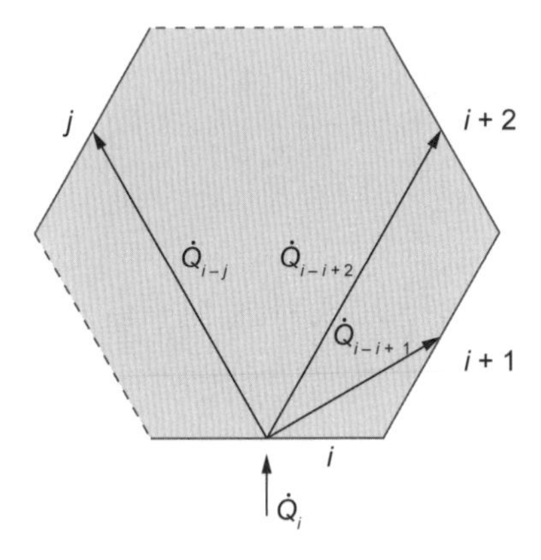

Figura 11.11 Taxa líquida de calor, $\dot{Q}_i$ da superfície *i* e a troca líquida com as demais superfícies que formam um invólucro com ela.

Pela Lei de Kirchhoff dos nós, que é também um balanço de energia, pode-se escrever:

$$\dot{Q}_i = \sum_{j=1}^{N} \dot{Q}_{i-j} \tag{11.29}$$

Por convenção de sinal, $\dot{Q}_i > 0$ indica transferência de calor de fora do sistema para a superfície *i* e está de acordo com a convenção da Figura 11.11. A troca líquida de calor por radiação da superfície *i* também pode ser escrita de acordo com a Equação (11.26), isto é:

$$\dot{Q}_i = \frac{E_{ni} - J_i}{R_i} \tag{11.30}$$

e as resistências superficiais (Eq. 11.27),

$$R_i = \frac{1 - \varepsilon_i}{\varepsilon_i A_i} \tag{11.31}$$

Os casos relevantes são:

1. Corpo negro – esse caso precisa ser analisado à parte, pois, pela Equação (11.30), pode induzir ao valor nulo do fluxo líquido de calor da superfície *i*, $\dot{Q}_i$, o que evidentemente é falso, visto que a superfície pode ou não trocar calor com o meio externo. A condição de corpo negro é que $E_{ni} = J_i$. Deve-se resolver a Equação (11.29) com a inclusão da taxa de calor externa (convecção, condução ou radiação para fora do sistema), caso necessário.
2. Superfície adiabática-reirradiante – nesse caso, a taxa líquida de calor da superfície *i*, $\dot{Q}_i$, é nula.

A taxa líquida de calor entre duas superfícies *i* e *j* é dada por:

$$\dot{Q}_{i-j} = \frac{J_i - J_j}{R_{i-j}} \tag{11.32}$$

Lembrando que a questão dos sinais é apenas uma convenção adotada inicialmente para resolver o problema e que $\dot{Q}_{i-j} = -\dot{Q}_{j-i}$. Substituindo as taxas de calor das Equações (11.30) nas Equações (11.29) e após rearranjo, obtém-se o seguinte conjunto de equações:

$$\begin{aligned}
&\left(1 - F_{1-1} + \frac{\varepsilon_1}{1-\varepsilon_1}\right) J_1 - F_{1-2} J_2 - F_{1-3} J_3 \ldots - F_{1-N} J_N = \frac{\varepsilon_1}{1-\varepsilon_1} E_{n1} \\
&-F_{2-1} J_1 + \left(1 - F_{2-2} + \frac{\varepsilon_2}{1-\varepsilon_2}\right) J_2 - F_{2-3} J_3 \ldots - F_{2-N} J_N = \frac{\varepsilon_2}{1-\varepsilon_2} E_{n2} \\
&-F_{3-1} J_1 - F_{3-2} J_2 + \left(1 - F_{3-3} + \frac{\varepsilon_3}{1-\varepsilon_3}\right) J_3 \ldots - F_{3-N} J_N = \frac{\varepsilon_3}{1-\varepsilon_3} E_{n3} \\
&\qquad \vdots \qquad\qquad\qquad\qquad \vdots \\
&-F_{n-1} J_1 - F_{n-2} J_2 - F_{n-3} J_3 \ldots + \left(1 - F_{N-N} + \frac{\varepsilon_N}{1-\varepsilon_N}\right) J_N = \frac{\varepsilon_N}{1-\varepsilon_N} E_{nN}
\end{aligned} \tag{11.33}$$

Em termos matriciais, a matriz de coeficientes **A**, o vetor das incógnitas (radiosidades) ***B*** e o vetor das constantes **C** podem ser escritos como:

$$A = \begin{bmatrix} a_{11} & a_{12} & \ldots & a_{1n} \\ a_{21} & a_{22} & \ldots & a_{21} \\ \vdots & \vdots & & \vdots \\ a_{N1} & a_{N1} & \ldots & a_{NN} \end{bmatrix} \quad B = \begin{bmatrix} J_1 \\ J_2 \\ \vdots \\ J_N \end{bmatrix} \tag{11.34a}$$

$$C = \begin{bmatrix} \frac{\varepsilon_1}{1-\varepsilon_1} E_{n1} \\ \frac{\varepsilon_2}{1-\varepsilon_2} E_{n2} \\ \vdots \\ \frac{\varepsilon_N}{1-\varepsilon_N} E_{nN} \end{bmatrix} \tag{11.34b}$$

em que:

$$\begin{aligned}
&\text{elementos da diagonal de A: } a_{ii} = \left(1 - F_{i-i} + \frac{\varepsilon_i}{1-\varepsilon_i}\right) \\
&\text{elementos fora da diagonal de A: } a_{ij} = -F_{i-j} \quad \text{com } i \neq j \\
&\text{elementos do vetor de constantes C: } C_i = \frac{\varepsilon_i}{1-\varepsilon_i} E_{ni}
\end{aligned} \tag{11.34c}$$

As particularidades de corpo negro devem ser obedecidas. Nesse caso, se a superfície *i* for de corpo negro, então $a_{i-j} = 0$ $(i \neq j)$, $a_{i-i} = 1$ e $C_i = E_{ni} = \sigma T_i^4$. Um sistema linear de N equações por N incógnitas pode ser resolvido para que se obtenham as radiosidades J_i. A partir desse ponto as taxas líquidas de calor trocadas entre as superfícies, $\dot{Q}_{i-j}$, são obtidas por meio das Equações (11.32) para, finalmente, se determinar as taxas líquidas de calor de cada superfície, $\dot{Q}_i$, pela Equação (11.30).

11.3.4 Taxa líquida de radiação térmica trocada entre uma pequena superfície envolvida por outra muito maior

Uma simplificação pode ser adotada quando uma pequena superfície A_1 é completamente envolvida por outra superfície A_2, muito maior. Nesse caso, a resistência total, R_T (Eq. 11.22), pode ser simplificada. Lembrando que, pelo fato de a superfície 1 ser completamente envolvida pela superfície 2, tem-se, também, $F_{1-2} = 1$.

$$R_T = \frac{(1-\varepsilon_1)}{\varepsilon_1 A_1} + \frac{1}{A_1 F_{1-2}} + \frac{(1-\varepsilon_2)}{\varepsilon_2 A_2} = \frac{1}{A_1}\left[\frac{(1-\varepsilon_1)}{\varepsilon_1} + 1 + \underbrace{\frac{A_1}{A_2}}_{\approx 0}\frac{(1-\varepsilon_2)}{\varepsilon_2}\right] \approx \frac{1}{\varepsilon_1 A_1}$$

De forma que, nesse caso, a troca de calor por radiação térmica será, aproximadamente:

$$\dot{Q}_{1-2} = \frac{E_{n1} - E_{n2}}{R_T} \approx \varepsilon_1 \sigma A_1 (T_1^4 - T_2^4) \qquad (11.35)$$

EXEMPLO 11.10 Superfície envolvente

Avalie essa taxa de transferência de calor do Exemplo 11.6 considerando a simplificação da Equação (11.35) e compare esses resultados.

Solução:

$$\dot{Q}_{12} = 0{,}8 \times 5{,}67 \times 10^{-8} \times 7{,}85 \times 10^{-3} \times (573{,}2^4 - 293{,}2^4)$$
$$\dot{Q}_{12} = 35{,}9 \text{ W}$$

A diferença percentual entre as duas formas de avaliação é de 1,4 %.

11.4 Blindagem de radiação

Uma técnica de reduzir a transferência de calor por radiação entre duas superfícies se dá pelo emprego de materiais altamente refletivos, isto é, de baixa emissividade, ε. Isso é facilmente comprovável observando a resistência superficial (Eq. 11.12) – quando $\varepsilon \to 0$ (o que denota superfície altamente refletiva), a resistência da superfície tende ao infinito e, por consequência, diminui a taxa de calor. Dessa forma, é interessante que superfícies expostas a fontes intensas de radiação (como a solar ou de fornos) sejam recobertas com camadas de materiais altamente refletores. Claro que se o objetivo for absorver a radiação, então a emissividade deve ser elevada.

Alternativamente, outro método de redução da transferência de calor por radiação consiste na instalação de *blindagem de radiação* entre as superfícies de transferência de calor. Essas blindagens introduzem uma resistência no circuito térmico reduzindo a taxa de calor transferido por radiação. A fim de exemplificar a técnica, considere duas superfícies paralelas e infinitas com emissividades iguais $\varepsilon_1 = \varepsilon_2 = \varepsilon$, como indicado na Figura 11.12a. Então, tem-se que a taxa de calor por radiação entre essas duas superfícies ($\dot{Q}_{sb}$, sem blindagem) é dada por:

$$\dot{Q}_{sb} = \frac{\sigma(T_1^4 - T_2^4)}{\frac{1-\varepsilon}{A\varepsilon} + \frac{1}{AF_{1-2}} + \frac{1-\varepsilon}{A\varepsilon}}, \text{ com } F_{1-2} = 1, \text{ logo } \frac{\dot{Q}_{sb}}{A} = \frac{\sigma(T_1^4 - T_2^4)}{2\frac{(1-\varepsilon)}{\varepsilon} + 1}$$

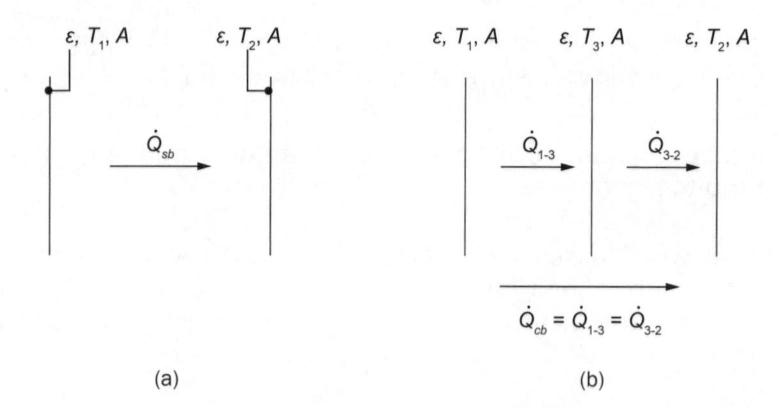

Figura 11.12 (a) Taxa de radiação transferida entre duas superfícies, sem blindagem (sb); (b) taxa de radiação transferida entre duas superfícies com uma superfície intermediária de blindagem (cb).

Agora, considere a introdução de uma superfície 3 entre as superfícies originais, como indicado na Figura 11.12b. Assim, a taxa de calor transferido nesse novo caso será calculada considerando a introdução dessas novas resistências associadas à terceira superfície. O circuito térmico equivalente é representado na Figura 11.13.

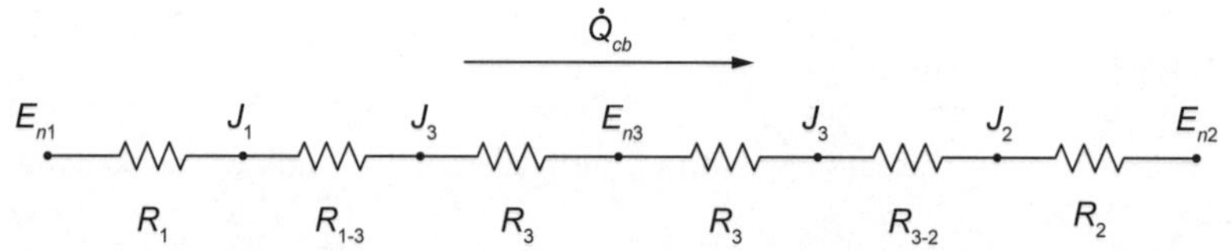

Figura 11.13 Circuito térmico da radiação para duas superfícies paralelas separadas por uma superfície de blindagem intermediária.

Por conservação de energia na placa 3 (blindagem), toda a taxa de calor incidente deve ser igual àquela que sai, logo:

$$\frac{\dot{Q}_{1-3}}{A} = \frac{\dot{Q}_{3-2}}{A} = \frac{\dot{Q}_{cb}}{A} \text{ ou } \frac{\dot{Q}_{cb}}{A} = \frac{\sigma(T_1^4 - T_3^4)}{2\frac{(1-\varepsilon)}{\varepsilon}+1} = \frac{\sigma(T_3^4 - T_2^4)}{2\frac{(1-\varepsilon)}{\varepsilon}+1}$$

Obtendo-se a temperatura da placa intermediária $T_3^4 = \frac{T_1^4 + T_2^4}{2}$. Finalmente, substituindo T_3 na equação anterior,

$$\frac{\dot{Q}_{cb}}{A} = \frac{1}{2}\left[\frac{\sigma(T_1^4 - T_2^4)}{2\frac{(1-\varepsilon)}{\varepsilon}+1}\right] = \frac{1}{2}\frac{\dot{Q}_{sb}}{A} \tag{11.36}$$

Comentário: a introdução de uma superfície de blindagem reduz à metade a taxa de calor inicial (desde que todas as superfícies tenham a mesma emissividade ε).

Quando são introduzidas n superfícies de blindagem entre as duas superfícies originais 1 e 2 (todas com a mesma emissividade), a taxa de calor fica reduzida a:

$$\left.\frac{\dot{Q}}{A}\right|_{\text{com } n \text{ blindagens}} = \frac{1}{1+n}\left.\frac{\dot{Q}}{A}\right|_{\text{sem blindagem}} \tag{11.37}$$

EXEMPLO 11.11 Blindagem de radiação térmica

Prove a Equação (11.37) para n superfícies de mesma emissividade.

Solução:

O fluxo de calor sem blindagem é dado por:

$$\left.\frac{\dot{Q}}{A}\right|_{sb} = \frac{\sigma(T_1^4 - T_2^4)}{2\dfrac{(1-\varepsilon)}{\varepsilon} + 1}$$

A introdução sucessivamente das superfícies 1, 2, ..., n de blindagem térmica resulta na seguinte equação da taxa de calor:

$$\dot{Q}_{cb} = \frac{\sigma(T_1^4 - T_2^4)}{\dfrac{1-\varepsilon}{A\varepsilon} + \dfrac{1}{A} + \underbrace{\dfrac{1-\varepsilon}{A\varepsilon} + \dfrac{1-\varepsilon}{A\varepsilon} + \dfrac{1}{A}}_{1} + \underbrace{\dfrac{1-\varepsilon}{A\varepsilon} + \dfrac{1-\varepsilon}{A\varepsilon} + \dfrac{1}{A}}_{2} + \ldots + \underbrace{\dfrac{1-\varepsilon}{A\varepsilon} + \dfrac{1-\varepsilon}{A\varepsilon} + \dfrac{1}{A}}_{n} + \dfrac{1-\varepsilon}{A\varepsilon}}$$

Por indução,

$$\frac{\dot{Q}_{cb}}{A} = \frac{1}{(n+1)} \underbrace{\frac{\sigma(T_1^4 - T_2^4)}{\left[2\dfrac{(1-\varepsilon)}{\varepsilon} + 1\right]}}_{\frac{\dot{Q}_{sb}}{A}}$$

Finalmente, $\left.\dfrac{\dot{Q}}{A}\right|_{cb} = \dfrac{1}{(n+1)} \left.\dfrac{\dot{Q}}{A}\right|_{sb}$

EXEMPLO 11.12 Blindagem de radiação em isolamento térmico

Um fluido criogênico é transportado por uma tubulação. A temperatura média da tubulação é de 80 K, com diâmetro externo de 15 mm e emissividade de 0,04. Para evitar o aquecimento do fluido é instalado um tubo concêntrico de 40 mm de diâmetro interno e emissividade 0,03, cujo espaço anular é evacuado. A temperatura média do tubo externo é de 30 °C. (a) Avalie o ganho de calor do fluido criogênico por metro de comprimento do tubo. (b) Se for instalada uma tubulação de blindagem de 30 mm de diâmetro e emissividade 0,03, qual seria o ganho de calor do fluido criogênico por metro de comprimento de tubo e sua redução de ganho de calor em %? Qual seria a temperatura da blindagem?

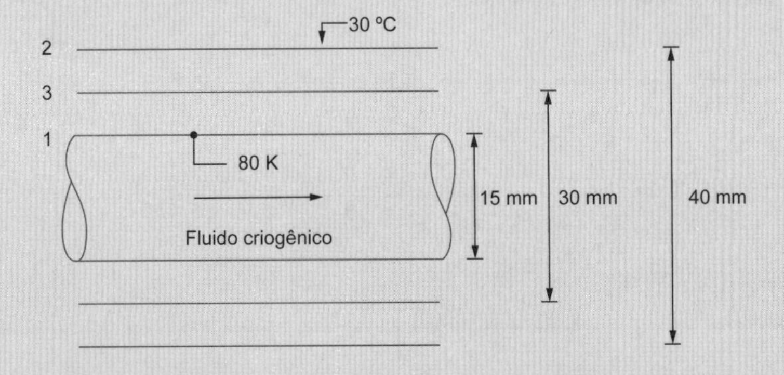

Solução:

(a) *Sem blindagem* – circuito térmico com os dois tubos 1 e 2 apenas

E_{n1} J_1 J_2 E_{n2}

R_1 $R_{1\text{-}2}$ R_2

$$F_{12} = 1$$

$$R_T = \frac{1-\varepsilon_1}{\varepsilon_1 A_1} + \frac{1}{A_1 F_{1-2}} + \frac{1-\varepsilon_2}{\varepsilon_2 A_2} = \frac{1}{A_1}\left[\frac{1-\varepsilon_1}{\varepsilon_1} + \frac{1}{1} + \frac{1-\varepsilon_2}{\varepsilon_2}\frac{D_1}{D_2}\right] = \frac{1}{\pi D_1 L}\left[\frac{1-\varepsilon_1}{\varepsilon_1} + 1 + \frac{1-\varepsilon_2}{\varepsilon_2}\frac{D_1}{D_2}\right]$$

$$= \frac{1}{\pi \times 0{,}015 \times 1}\left[\frac{1-0{,}04}{0{,}04} + 1 + \frac{1-0{,}03}{0{,}03} \times \frac{15}{40}\right]$$

$$= 787{,}8 \ 1/\text{m}^2$$

$$\dot{Q}_{sb} = \frac{\sigma(T_2^4 - T_1^4)}{R_T}$$

$$\dot{Q}_{sb} = \frac{5{,}67 \times 10^{-8}\left(303{,}2^4 - 80^4\right)}{787{,}8} = 0{,}605 \ \text{W}$$

(b) *Com blindagem* – circuito térmico com a introdução do terceiro tubo de blindagem

E_{n1} —R_1— J_1 —$R_{1\text{-}3}$— J_3 —R_3— E_{n3} —R_3— J_3 —$R_{3\text{-}2}$— J_2 —R_2— E_{n2}

$$F_{1-3} = 1; \ F_{3-2} = 1$$

$$R_T = \frac{1}{A_1}\left[\frac{1-\varepsilon_1}{\varepsilon_1} + \frac{1}{1} + 2\frac{(1-\varepsilon_3)}{\varepsilon_3}\frac{D_1}{D_3} + 1\frac{D_1}{D_3} + \frac{1-\varepsilon_2}{\varepsilon_2}\frac{D_1}{D_2}\right]$$

$$= \frac{1}{\pi \times 0{,}015 \times 1}\left[\frac{1-0{,}04}{0{,}04} + 1 + 2\frac{(1-0{,}03)}{0{,}03} \times \frac{15}{30} + \frac{1-0{,}03}{0{,}03} \times \frac{15}{40}\right]$$

$$= 1474{,}0 \ 1/\text{m}^2$$

Assim,

$$\dot{Q}_{cb} = \frac{\sigma(T_2^4 - T_1^4)}{R_T}$$

$$\dot{Q}_{cb} = \frac{5{,}67 \times 10^{-8}\left(303{,}2^4 - 80^4\right)}{1474{,}0} = 0{,}3241 \ \text{W}$$

o ganho diminui em torno de $\dfrac{0{,}605 - 0{,}3241}{0{,}605} 100\,\% = 46{,}4\,\%$

A temperatura da blindagem pode ser avaliada de:

$$\dot{Q}_{cb} = \frac{\sigma(T_2^4 - T_3^4)}{\dfrac{1-\varepsilon_2}{A_2\varepsilon_2} + \dfrac{1}{A_2 F_{2-3}} + \dfrac{1-\varepsilon_3}{A_3\varepsilon_3}}, \ A_2F_{2-3} = A_3F_{3-2}, \ F_{3-2} = 1$$

$$0{,}3241 = \frac{5{,}67 \times 10^{-8}(303{,}2^4 - T_3^4)}{\dfrac{1-0{,}03}{\pi \times 0{,}040 \times 1 \times 0{,}03} + \dfrac{1}{\pi \times 0{,}030 \times 1} + \dfrac{1-0{,}03}{\pi \times 0{,}030 \times 1 \times 0{,}03}}$$

$$T_3 = 265 \ \text{K}$$

11.5 Transferência de calor combinada

Os problemas reais de transferência de calor, evidentemente, podem ocorrer de modo combinado, isto é, as três formas de transferência de calor podem estar presentes. No caso de transferência de calor entre dois fluidos, o coeficiente global de transferência de calor, U, foi definido para capturar os efeitos de condução e convecção combinados. No caso de exposição de tubos a fontes de temperaturas elevadas (ou muito frias), como no interior da fornalha de uma caldeira, ou mesmo a uma exposição à radiação solar, a transferência de calor por radiação térmica não pode ser desprezada. Assim, todos os efeitos de transferência de calor precisam ser analisados de forma conjunta ou combinada. Nesta seção será vista uma técnica de solução desses problemas por meio de circuitos térmicos equivalentes. A fim de ilustrar a técnica, alguns exemplos serão apresentados nas subseções seguintes, começando com o caso da medição de temperatura.

11.5.1 Efeito da radiação na medida da temperatura

Quando um termômetro ou outro elemento sensor de temperatura é instalado em uma corrente de gás para medir sua temperatura, o valor da temperatura indicado pelo sensor é determinado pelo balanço global de energia no bulbo sensor desse elemento. Um erro considerável pode ocorrer entre o valor indicado da temperatura e a temperatura real do gás se os efeitos de radiação não forem considerados. Esse erro tende a aumentar à medida que haja uma diferença significativa nas temperaturas envolvidas, como se verá a seguir.

Considere o sensor mostrado na Figura 11.14a. A temperatura do gás é T_∞, a temperatura da superfície envolvente é T_p e a temperatura indicada pelo termômetro, T_t.

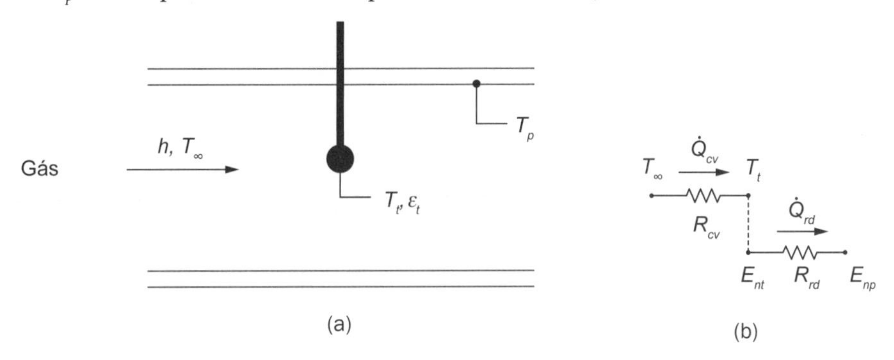

Figura 11.14 (a) Elemento sensor de temperatura inserido em um escoamento; (b) circuito térmico equivalente.

Admitindo que o gás seja aquecido, então a taxa de calor é transferida por convecção, $\dot{Q}_{cv}$, do gás aquecido para o bulbo do termômetro e, deste, para o meio envolvente na forma de radiação térmica, $\dot{Q}_{rd}$. Portanto, o circuito térmico equivalente pode ser estabelecido como indicado na Figura 11.14b. Note agora que os "potenciais" de trocas térmicas não são os mesmos. O "potencial" de radiação térmica é o poder emissivo de corpo negro. Já o "potencial" de transferência de calor convectiva é a temperatura. No entanto, os dois potenciais são interligados por uma linha tracejada a fim de ilustrar que se trata do mesmo corpo que, no caso, é o bulbo do termômetro. Dessa forma, no equilíbrio, tem-se:

$$\dot{Q}_{cv} = \dot{Q}_{rd} \Rightarrow \frac{T_\infty - T_t}{R_{cv}} = \frac{E_{nt} - E_{np}}{R_{rd}} \Rightarrow$$

$$\frac{T_\infty - T_t}{\dfrac{1}{hA_t}} = \frac{\sigma(T_t^4 - T_p^4)}{\dfrac{1}{\varepsilon_t A_t}} \tag{11.38}$$

em que A_t é a área superficial do bulbo do sensor e ε_t, sua emissividade. Para o cálculo da resistência de radiação térmica, já foi considerado o fato de que o bulbo do termômetro é completamente envolvido pela parede do tubo, conforme discutido na subseção 11.3.4. Resolvendo essa equação, obtém-se que a temperatura do fluido é dada por:

$$T_\infty = T_t + \underbrace{\frac{\varepsilon_t \sigma (T_t^4 - T_p^4)}{h}}_{\text{Correção por radiação}} \tag{11.39}$$

Dessa forma, a temperatura real do gás, T_∞, não é a temperatura indicada pelo termômetro, T_t. A temperatura indicada pelo sensor deve ser corrigida em razão do efeito da radiação térmica pelo termo indicado na Equação (11.39). A observação relevante da presente análise é que, quanto menor for o coeficiente de transferência de calor por convecção e maior a emissividade do sensor, maior será a correção a ser efetuada. Portanto, em medições de temperatura, é importante que se utilize um sensor feito de material de baixa emissividade e o gás deve estar em movimento a fim de se ter um elevado coeficiente de transferência de calor. Porém, nem sempre é possível atuar sobre essas grandezas, então deve-se proceder a uma blindagem térmica do elemento, como discutido na Seção 11.4.

EXEMPLO 11.13 Leitura de temperatura de um gás

Deseja-se medir a temperatura de um gás dentro de um duto mediante um termopar de junta exposta cuja emissividade é 0,82. A temperatura de parede do duto é de 250 °C. Pede-se: (a) a temperatura real do gás, se o termopar registra uma temperatura de 400 °C, assumindo o coeficiente de transferência de calor por convecção entre o gás e o sensor igual a 120 W/m²K; (b) para melhorar a precisão da medição da temperatura, decide-se colocar uma blindagem metálica altamente reflexiva (ρ_b = 0,85) com formato cilíndrico ao redor do termopar, assumindo que a área do pequeno cilindro é 10 vezes a área do termopar e que, por ser muito fino, sua temperatura pode ser considerada constante. Considerando que o coeficiente de transferência de calor por convecção entre o gás e a blindagem é de 100 W/m²K, avalie a nova leitura do termopar.

Solução:

(a) *Sem blindagem:*

$$T_p = 250\ °C\ (523{,}2\ K),\ T_t = 400\ °C\ (673{,}2\ K)$$

$$T_\infty = 673{,}2 + \frac{0{,}82 \times 5{,}67 \times 10^{-8}}{120}(673{,}2^4 - 523{,}2^4)$$

$$T_\infty = 723{,}7\ K \quad (450{,}5\ °C)$$

(b) *Com blindagem:*

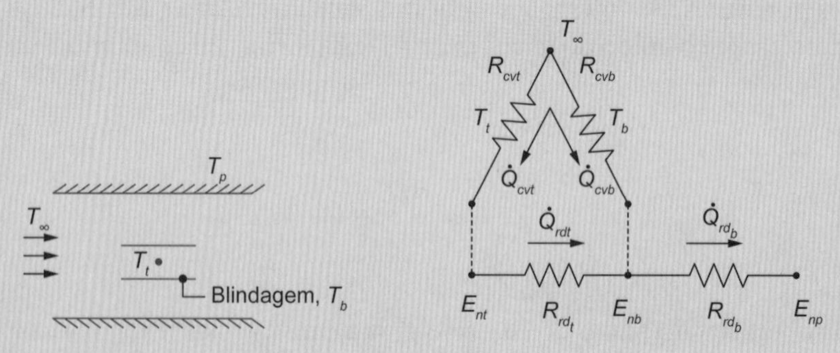

Nessa configuração, percebe-se que o gás transfere calor ao termopar e às duas faces da blindagem. Os balanços de energia no termopar e na blindagem são como se segue:

Termopar: $$h_{gt}A_t(T_\infty - T_t) = \frac{\sigma\left(T_t^4 - T_b^4\right)}{\dfrac{1-\varepsilon_t}{A_t\varepsilon_t} + \dfrac{1}{A_tF_{t-b}} + \dfrac{1-\varepsilon_b}{A_b\varepsilon_b}}$$

Blindagem: $$2h_{gb}A_b(T_\infty - T_b) + \frac{\sigma\left(T_t^4 - T_b^4\right)}{\dfrac{1-\varepsilon_t}{A_t\varepsilon_t} + \dfrac{1}{A_tF_{t-b}} + \dfrac{1-\varepsilon_b}{A_b\varepsilon_b}} = \frac{\sigma\left(T_b^4 - T_p^4\right)}{\dfrac{1-\varepsilon_b}{A_b\varepsilon_b} + \dfrac{1}{A_bF_{b-p}} + \dfrac{1-\varepsilon_p}{A_p\varepsilon_p}}$$

Substituindo valores e considerando que $A_b/A_t = 10$, $A_t/A_p \sim 0$, $F_{t-b} = 1$, $F_{bp} = 1$:

$$\text{Termopar: } 120\times1\times(723{,}7-T_t)=\frac{5{,}67\times10^{-8}\left(T_t^4-T_b^4\right)}{\dfrac{1-0{,}82}{1\times0{,}82}+\dfrac{1}{1\times1}+\dfrac{1-0{,}15}{10\times0{,}15}}$$

Blindagem:

$$2\times100\times10\times(723{,}7-T_b)+\frac{5{,}67\times10^{-8}\left(T_t^4-T_b^4\right)}{\dfrac{1-0{,}82}{1\times0{,}82}+\dfrac{1}{1\times1}+\dfrac{1-0{,}15}{10\times0{,}15}}=\frac{5{,}67\times10^{-8}\left(T_b^4-523{,}2^4\right)}{\dfrac{1-0{,}15}{10\times0{,}15}+\dfrac{1}{10\times1}+\underbrace{\dfrac{A_t}{A_p}}_{\sim0}\dfrac{1-\varepsilon_p}{\varepsilon_p}}$$

Resolvendo o sistema, obtém-se:

$$T_t = 721{,}5 \text{ K } (448{,}3\ °\text{C}), T_b = 715{,}9 \text{ K } (442{,}7\ °\text{C}).$$

Observe que a correção da leitura do termopar na condição sem blindagem é de $\Delta T_{corr,s/b} = 50{,}2$ °C e com blindagem, de $\Delta T_{corr,c/b} = 2{,}2$ °C.

11.5.2 Transferência de calor combinada em tubulações

Nesta seção é analisado um caso de transferência de calor combinada envolvendo os três fenômenos – condução, convecção e radiação térmica – por meio de exemplos. Para isso, considere uma tubulação metálica que transporta um fluido frio (ou quente). Para evitar ganhos (ou perdas) de calor no fluido que circula no interior do tubo é instalado isolamento térmico. Se for conhecida a temperatura interna do isolamento (1) ou se a parede tiver boa condutibilidade térmica, então a resistência à condução pela tubulação é desprezível e a temperatura interna do isolamento pode ser considerada a temperatura do fluido. Através do isolamento haverá transferência de calor por condução, sendo que a superfície externa do isolamento (2) está submetida à transferência de calor por convecção e radiação térmica. A Figura 11.15 mostra o caso de uma tubulação fria que ganha calor do ambiente, porém, em caso de uma tubulação que cede calor para o ambiente, as direções de troca térmica deverão ser invertidas.

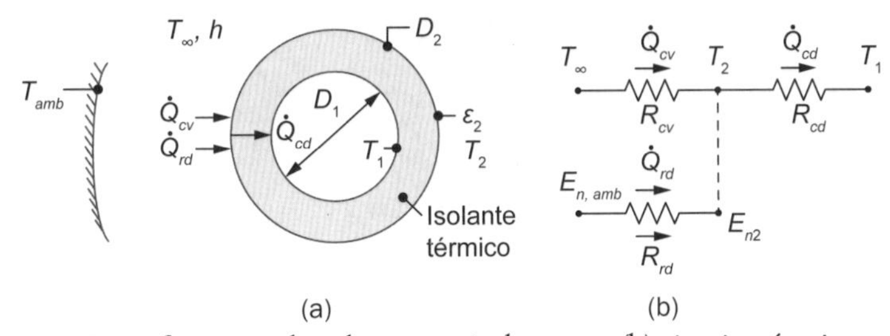

Figura 11.15 (a) Configuração do tubo com o isolamento; (b) circuito térmico equivalente.

O balanço de energia na parede externa do isolamento (2) para o caso da Figura 11.15 é dado por:

$$\dot{Q}_{cd} = \dot{Q}_{cv} + \dot{Q}_{rd} \Rightarrow \frac{T_2 - T_1}{R_{cd}} = \frac{T_\infty - T_2}{R_{cv}} + \frac{E_{n,amb} - E_{n2}}{R_{rd}} \Rightarrow$$

$$\frac{T_2 - T_1}{\dfrac{\ln[D_2/D_1]}{2\pi k_i L}} = \frac{T_\infty - T_2}{\dfrac{1}{hA_2}} + \frac{E_{n,amb} - E_{n2}}{\dfrac{1}{\varepsilon_2 A_2}} \Rightarrow \frac{T_2 - T_1}{\dfrac{\ln[D_2/D_1]}{2\pi k_i L}} = \frac{T_\infty - T_2}{\dfrac{1}{h\pi D_2 L}} + \frac{E_{n,amb} - E_{n2}}{\dfrac{1}{\varepsilon_2 \pi D_2 L}}$$

$$\frac{2k_i(T_2 - T_1)}{\ln(D_2/D_1)} = hD_2(T_\infty - T_2) + \varepsilon_2 \sigma D_2\left(T_{amb}^4 - T_2^4\right) \tag{11.40}$$

EXEMPLO 11.14 Transferência de calor combinada

Considere uma tubulação de 10 cm de diâmetro usada para o transporte de gás natural liquefeito (GNL) a 111 K (–162 °C). O problema de perda de calor é crítico, pois resulta em vaporização do GNL para o ambiente e consequente perda de vapor que, em termos técnicos, é chamada de *boil off*. Assim, a parede externa do tubo é envolvida por material isolante com espessura de 5 cm e condutividade $k_i = 0{,}06$ W/mK. Considerando que a parede interna do tubo de transporte se mantém a 111 K e que esses tubos possuem excelente condutividade térmica e, portanto, não representam nenhuma resistência térmica à condução, suas espessuras são desprezíveis. Além disso, a temperatura do ar ambiente é de 300 K e o coeficiente externo de transferência de calor por convecção entre o material isolante e o ar ambiente é de 5 W/m²K; o solo e o céu se comportam como um único corpo negro à temperatura média de 290 K. Avalie (a) a temperatura externa do isolamento assumindo que a emissividade de sua superfície é de 0,5 e (b) faça um gráfico da sensibilidade da temperatura externa do isolamento e do calor ganho pela tubulação por cada metro de comprimento do tubo em função da emissividade variando de 0,1 a 0,9.

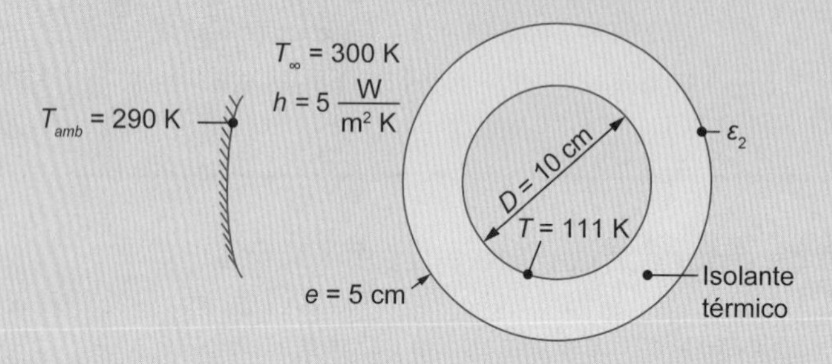

Solução:

O diâmetro externo do isolamento é: $D_2 = D_1 + 2e$

$$D_2 = D_1 + 2e = 0{,}1 + 2 \times 0{,}05 = 0{,}2 \text{ m}$$

Substituindo valores na Equação (11.40):

$$\frac{2 \times 0{,}06 \times (T_2 - 111)}{\ln(0{,}2/0{,}1)} = 5 \times 0{,}2 \times (300 - T_2) + \varepsilon_2 \times 5{,}67 \times 10^{-8} \times 0{,}2 \times (290^4 - T_2^4)$$

(a) Resolvendo a equação não linear anterior para $\varepsilon_2 = 0{,}5$, obtém-se:

$$T_2 = 277{,}6 \text{ K} \quad \text{ou} \quad 4{,}4 \text{ °C}$$

(b) A taxa de calor ganho por unidade de comprimento da tubulação é:

$$q' = \frac{\dot{Q}}{L} = \frac{2\pi k_i (T_2 - T_1)}{\ln(D_2/D_1)}$$

Resolvendo as equações para vários valores da emissividade,

ε_2	T_2 (°C)	q' (W/m)
0,1	0,4	88,4
0,2	1,6	89,0
0,3	2,7	89,6
0,4	3,6	90,1
0,5	4,4	90,6
0,6	5,2	91,0
0,7	5,8	91,3
0,8	6,4	91,6
0,9	6,9	91,9

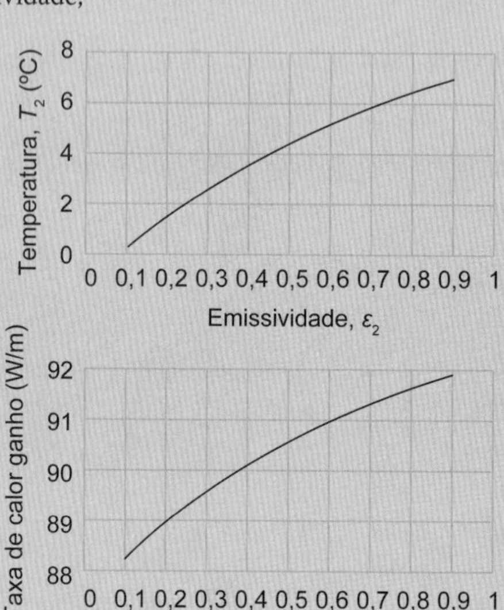

Pode-se notar nos gráficos que, quanto maior for a emissividade da superfície externa do isolamento, maior será a temperatura e o ganho de calor pela tubulação (e o fluido). Por exemplo, em 10 m haverá um ganho de potência térmica de 920 W. Caso a emissividade seja de 0,9, esse ganho de potência térmica será significativo dependendo da vazão de GNL que esteja sendo transportado, o que indicará formação de vapor de metano, o qual precisará ser expurgado (*boil off*) para o meio ambiente.

Referências

Hottel, H. C. Radiant heat transmission. *In:* McAdams, W. H. *Heat transmission.* 3. ed. New York: McGraw-Hill, 1954.

Howell, J. R. *A Catalog of Radiation Configuration Factors.* 3. ed. 2010. Disponível em: http://www.thermalradiation.net/indexCat.html. Acesso em: 21 fev. 2022.

Problemas propostos

11.1 Duas superfícies planas iguais muito grandes e paralelas têm as seguintes temperaturas: T_1 = 15 °C e T_2 = 100 °C. Avalie o fluxo líquido de radiação entre as superfícies e as radiosidades, se elas (a) são negras e (b) têm emissividades ε_1 = 0,1 e ε_2 = 0,9.

11.2 Um fluxo líquido de radiação de 400 W/m² é transferido a partir de uma superfície. Se sua radiosidade é de 800 W/m² e sua emissividade é de 0,4, avalie a temperatura da superfície.

11.3 Determine o fator de forma $F_{1\text{-}2}$ da figura a seguir, sabendo que cada região plana 1, 2, 3 e 4 possui a mesma área quadrada A e que 1 e 3 são perpendiculares a 2 e 4.

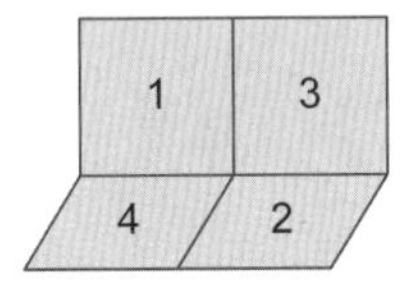

11.4 Avalie o fator de forma $F_{1\text{-}2}$ e $F_{2\text{-}1}$.

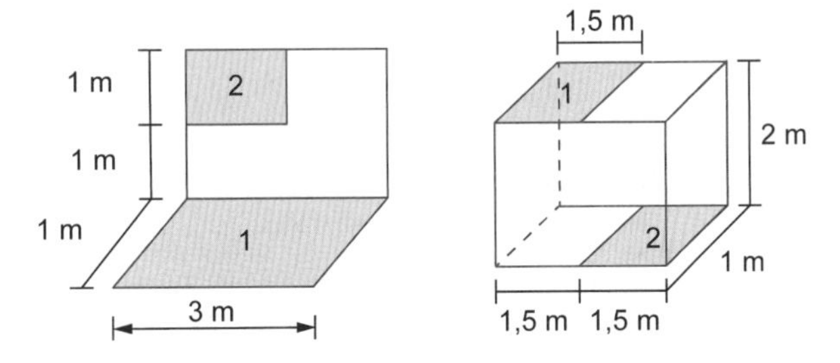

11.5 Avalie o fator de forma F_{12} do disco até a parte interna do cilindro, os quais estão coaxiais.

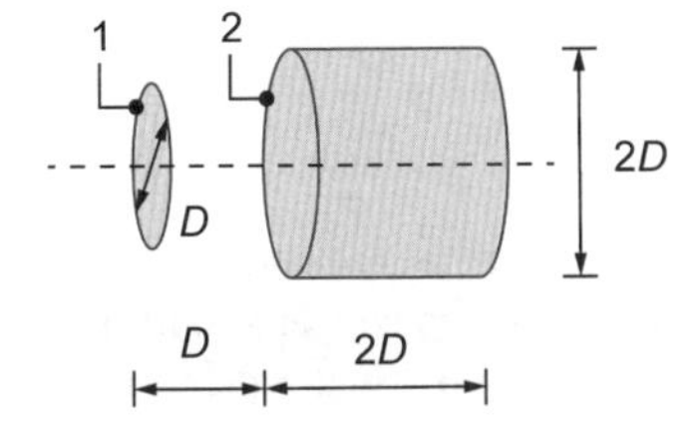

11.6 Dois discos coaxiais paralelos de diâmetros iguais a 1 m são corpos negros distanciados de 2 m e possuem temperaturas T_1 = 400 K e T_2 = 300 K. Avalie a taxa de calor líquido por radiação transferido entre eles. Avalie também a taxa de calor líquido quando a distância que os separa é reduzida para 1 m e, em seguida, aumentada para 4 m.

11.7 Em um centro comercial foi instalada uma pista de patinação comprida e de 10 m de largura com cobertura em formato de duto semicircular. Assumindo que a pista e a cobertura se comportam como corpos negros a 0 °C e 20 °C, avalie a taxa de calor transferido ao gelo por radiação por metro de comprimento da pista.

11.8 Qual é o fator de forma entre uma esfera 1 de diâmetro 0,03 m e uma superfície infinita 2?

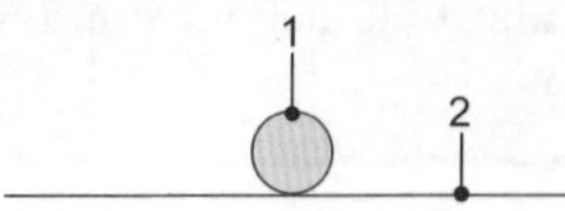

11.9 Utilizando a expressão de Hottel (Eq. 11.18), determine o fator de forma de duas placas de larguras W_1 e W_2 paralelas muito longas (infinitas) e distanciadas de H. Compare o resultado com a expressão da Tabela 11.1.

11.10 Uma barra metálica de 1 m de comprimento, 8 mm de diâmetro e emissividade de 0,1 dissipa 10 W de taxa de calor. Avalie sua temperatura se ela está inserida dentro de um cilindro de diâmetro 80 mm e de mesmo comprimento, com emissividade de 0,90 e temperatura de 0 °C.

11.11 Metano liquefeito saturado a –100 °C é armazenado em um reservatório esférico de 1,5 m de diâmetro. Para evitar ganho de calor, a esfera é colocada dentro de outra esfera de 2 m de diâmetro e o espaço entre as esferas é evacuado. Se a esfera externa está a 5 °C, e as emissividades de todas as superfícies são 0,015, avalie a taxa de vaporização (*boil off*) de metano por dia (kg/dia) se sua entalpia de vaporização é 300 kJ/kg.

11.12 Duas placas (1) e (2) paralelas de dimensões 2 × 2 m são mantidas a 350 °C e 25 °C, respectivamente, e há vácuo entre elas. A emissividade das placas vale 0,1 e estão distanciadas de 0,1 m. Nessas condições, pede-se: (a) calcule a taxa de calor total líquido (W) transferido entre as placas na sua configuração original. Desejando diminuir o fluxo de calor entre as placas a 1/3 do valor anterior, uma terceira placa é inserida exatamente no meio das duas anteriores (placa tracejada na figura). Pede-se (b) determinar a emissividade dessa nova placa para alcançar o efeito desejado, supondo o mesmo valor em ambos os lados da placa. (c) Que material(is) poderia(m) ser empregado(s)? (d) Calcule a temperatura de equilíbrio da terceira placa, considerando que ela troque calor por radiação apenas com as placas originais.

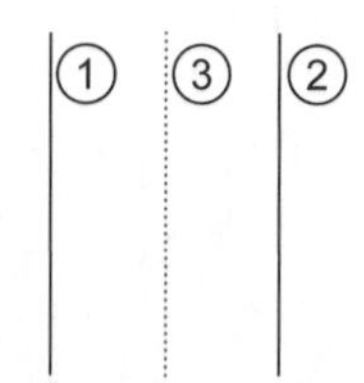

11.13 Água, à pressão atmosférica, escoa pelo interior de um tubo de seção circular, como indicado na figura, e é aquecida de 10 para 30 °C. A temperatura da superfície interna desse tubo é constante e vale 40 °C, enquanto a vazão de água é de 60 kg/h. Esse tubo está envolvido por um segundo tubo e, no espaço entre os dois, há vácuo. Outros dados são indicados na tabela que se segue. Avalie: (a) o comprimento dos tubos e (b) a temperatura da superfície interna do tubo externo (T_3).

Característica	Tubo interno	Tubo externo
Material	Plástico	Aço carbono
Condutividade (W/m °C)	0,23	70
Calor específico (kJ/kg °C)	1,70	0,40
Difusividade térmica (m²/s)	$1{,}10 \times 10^{-7}$	$1{,}94 \times 10^{-6}$
Diâmetro interno (mm)	20	60
Diâmetro externo (mm)	25	65
Emissividades	$\varepsilon_1 = 0{,}9$; $\varepsilon_2 = 0{,}8$	$\varepsilon_3 = 0{,}5$; $\varepsilon_4 = 0{,}7$

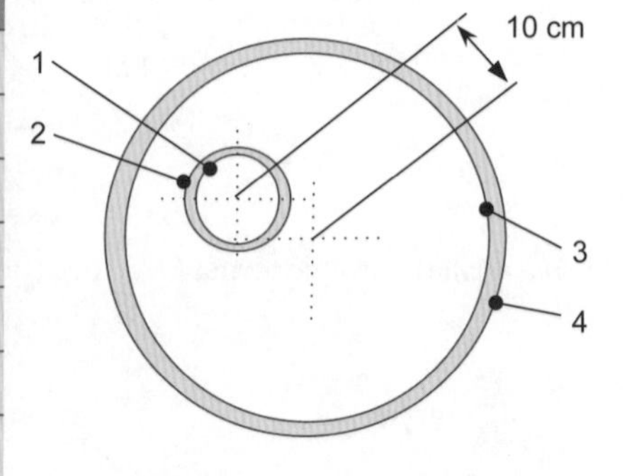

11.14 Em certa instalação industrial, nitrogênio líquido é usado como refrigerante. Esse refrigerante a 80 K escoa dentro de um tubo de aço inoxidável ($\varepsilon = 0{,}2$), de diâmetro externo de 6,35 mm, inserido em uma grande câmara de vácuo, cujas paredes estão a 230 K. Determine a taxa de ganho de calor pelo tubo por unidade de comprimento. Se um segundo tubo de aço inoxidável de diâmetro 12,7 mm é colocado em torno do tubo original, pede-se determinar a nova taxa de ganho de calor. Encontre a temperatura desse segundo tubo que age como um escudo de radiação.

11.15 Um satélite de diâmetro, D_S = 1,5 m, orbita o planeta em uma altitude H = 500 km. A Terra é uma esfera de diâmetro, D_T, igual a aproximadamente 12.700 km. Calcule (a) a temperatura de equilíbrio do satélite quando ele se encontra na zona "escura" da Terra (sem incidência de radiação solar). Considere temperatura uniforme do satélite e que a Terra seja um corpo negro a 15 °C, enquanto o espaço exterior é um corpo negro a 0 K. Quando o satélite está no lado "brilhante" da Terra (voltado para o Sol), recebe um fluxo de calor solar de 1366 W/m². (b) Recalcule a nova temperatura de equilíbrio do satélite para essas novas condições. Use a área projetada do satélite, isto é, $A_S = \frac{\pi D_S^2}{4}$ para efeitos de cálculo; material de cobertura tem emissividade de $\varepsilon = 0{,}06$. Se necessário, use nos seus cálculos o fator de forma da face do satélite voltada para a Terra: $F_{s,T} = \frac{D_T^2}{D_T^2 + 4L^2}$.

11.16 Um tubo horizontal de 6 m de comprimento e 10 cm de diâmetro é mantido a uma temperatura de 150 °C em uma sala muito grande onde o ar está a 20 °C. As paredes da sala estão a 38 °C. Considere a emissividade do tubo $\varepsilon = 0{,}7$. Calcule (a) a taxa de calor perdido pelo tubo por convecção, por radiação térmica e total. Posteriormente, decidiu-se aplicar uma tinta altamente refletora na superfície externa do tubo com $\varepsilon = 0{,}05$; (b) recalcule as perdas de calor nessa nova condição.

11.17 Uma placa metálica está localizada horizontalmente no topo do telhado de uma residência. A temperatura do ar vale 20 °C e escoa paralelamente à superfície da placa a uma velocidade de 5 m/s. Admitindo valores médios para o coeficiente de transferência de calor, calcule sua temperatura de equilíbrio, sabendo que a placa só troca calor pela superfície superior. O comprimento da placa vale 1 m na direção que escoa o ar e 0,5 m na direção perpendicular, a emissividade da superfície vale 0,9 e a temperatura efetiva do céu (corpo negro) para efeitos de radiação é igual a –50 °C.

11.18 O comprimento da tubulação externa que liga a caldeira a um galpão é igual a 120 m. A caldeira gera vapor saturado a 120 °C. A tubulação é construída com tubos de aço (k_a = 35 W/mK, D_i = 254 mm, D_e = 280 mm) e está isolada termicamente (duto de magnésia). A espessura do isolamento é igual a e = 50 mm. O coeficiente de transferência de calor no escoamento interno vale 5000 W/m² K e a tubulação está exposta a um vento transversal a uma temperatura de 25 °C, que resulta em um coeficiente de convecção de calor de 8 W/ m²K. Sabendo que o céu se comporta como um corpo negro a –40 °C, a Terra como um corpo negro a 20 °C e que a tubulação está coberta com um revestimento que apresenta emissividade hemisférica total igual a 0,2, determine a vazão em massa do condensado na extremidade da tubulação.

11.19 Considere uma tubulação para o transporte de gás natural liquefeito (GNL) a 111 K (–162 °C). O problema de ganho de calor do ambiente era crítico e, por isso, três alternativas para diminuir esse ganho de calor foram estudadas. Em todos os casos, foram consideradas as seguintes hipóteses:

(a) A parede interna do tubo se mantém a 111 K.
(b) Os tubos envolvidos possuem excelente condutividade térmica e, portanto, não representam nenhuma resistência térmica à condução. Suas espessuras também são desprezíveis.
(c) O coeficiente externo de transferência de calor por convecção entre o material isolante e o ar ambiente, em todos os casos, foi assumido igual a 5 W/m² K.
(d) A temperatura do ar ambiente é de 300 K, em todos os casos. O solo e o céu se comportam como um único corpo negro à temperatura média de 290 K.
(e) O isolante térmico empregado foi sempre o mesmo, cuja condutividade vale 0,06 W/mK.
(f) O diâmetro da tubulação de GNL é D = 10 cm e a espessura do isolamento térmico, e = 5 cm.

Faça seus cálculos de transferência de taxa de calor para o fluido criogênico para 1 m de tubulação e considere todos os tipos de transferência de calor (condução, convecção e radiação térmica), se necessário. Calcule o ganho de taxa de calor em cada uma das alternativas a seguir, bem como a temperatura da superfície externa do isolante térmico. Em todos os casos, comece o problema indicando o circuito térmico.

Alternativa 1 O tubo de transporte do GNL foi envolvido por isolante térmico (figura a seguir), o qual foi "pintado" externamente com uma tinta cuja emissividade vale 0,98 (cor negra).

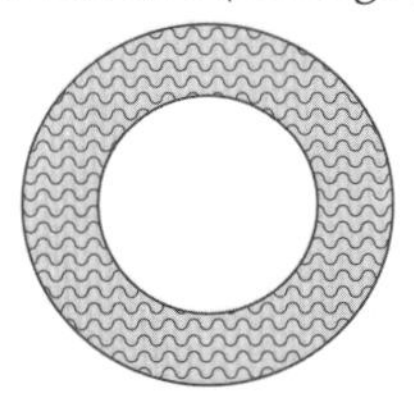

Alternativa 2 Alguém da equipe sugeriu que se mantivesse o mesmo projeto à alternativa 1, porém se pintasse a superfície externa do tubo com uma tinta de menor emissividade, por exemplo, de emissividade igual a 0,2.

Alternativa 3 Um engenheiro recém-formado, lembrando de suas aulas de *Transferência de Calor*, sugeriu que o tubo interno fosse inserido dentro de um segundo tubo e que se fizesse vácuo no espaço anular (figura a seguir), além de que se diminuísse à metade a espessura do isolamento térmico, a fim de manter o diâmetro total externo da tubulação inalterado e disponibilizar espaço para alojar o segundo tubo. O tubo interior permaneceu inalterado. Analise o caso com as emissividades do isolante de 0,98 e 0,2. As emissividades dos tubos são 0,4.

11.20 Uma "chapa quente" quadrada de 1 m de lado de uma grande lanchonete é mantida aquecida a 127 °C por meio de combustão de um gás. Para efeitos de propriedades de radiação, a chapa tem uma emissividade de 0,7 e as paredes da lanchonete (T_p = 27 °C) ε = 0,9. Além da radiação térmica, a superfície da chapa perde calor para o ar ambiente (27 °C) por convecção natural (h = 6 W/m²K). Determine (a) qual porcentagem de taxa de calor perdido se dá por radiação térmica para as paredes da lanchonete, (b) qual a vazão mínima, em kg/h, de gás necessário para manter a chapa quente a 127 °C, sabendo que o fluxo de calor resultante da combustão pode ser estimado por $Q = \dot{m}_{gás} \times PCI$, em que PCI é o poder calorífico inferior do gás e vale 50.000 kJ/kg. Para efeito de cálculo, considere somente a superfície superior da chapa.

11.21 As superfícies dos dois cilindros concêntricos se comportam como corpos negros. O cilindro interno (1) apresenta temperatura e diâmetro iguais a 480 K e 0,2 m. O cilindro externo (2) apresenta diâmetro igual a 0,4 m. A figura a seguir mostra um esquema da configuração indicada. Observe que o conjunto está posicionado em um ambiente (invólucro) que apresenta área exposta muito maior do que aquela do cilindro (2) e com temperatura superficial uniforme e igual a 300 K. Ar, também a 300 K, escoa sobre o cilindro externo (2) e proporciona um coeficiente de transferência de calor igual a 12 W/m²K. Considerando que o espaço formado entre os cilindros foi evacuado e desprezando a resistência térmica do cilindro (2), pede-se para apresentar: (a) todas suas hipóteses simplificadoras e circuitos térmicos equivalentes, (b) todos os fatores de forma relevantes, (c) a taxa de transferência de calor líquida entre as superfícies 1 e 2, por metro de cilindro, e (d) a temperatura da superfície externa do cilindro (2).

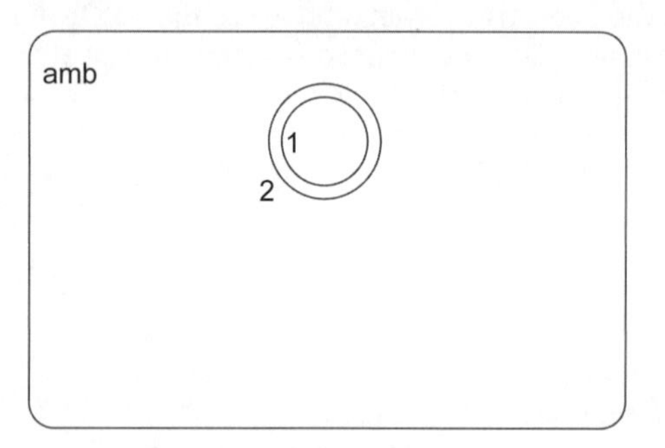

11.22 Uma pequena chapa (1) metálica quadrada de 1 m de lado repousa no centro de um galpão quadrado aberto de 10 m × 10 m, cujo pé direito vale 4 m (ver figura a seguir). O teto desse galpão pode ser aproximado por uma superfície (3) plana que alcança a temperatura de 70 °C em virtude da intensa irradiação solar. As laterais do galpão são abertas. A pequena chapa metálica troca calor convectivo com o ar atmosférico que está a 20 °C, sendo que o coeficiente de transferência de calor vale h = 10 W/m²°C. Não ocorre condução de calor para o solo. Nessas condições, pede-se: (a) a temperatura da chapa metálica quando sua emissividade ε_1 = 1 e (b) quando a sua emissividade vale ε_1 = 0,1 em função da pintura da superfície com uma tinta altamente refletora. Considere que todas as superfícies envolvidas são negras.

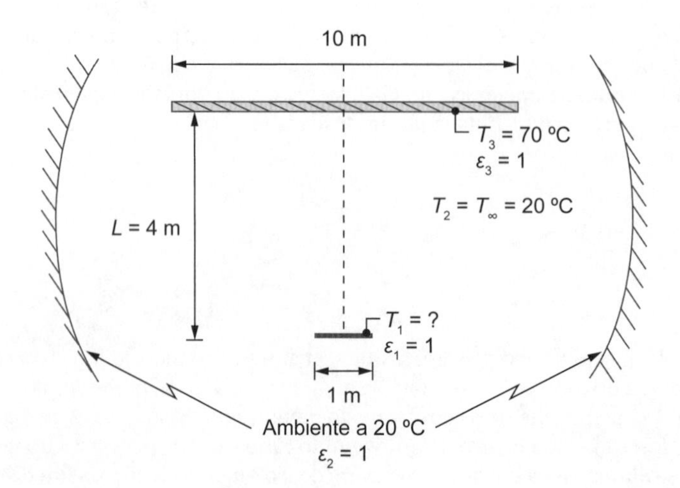

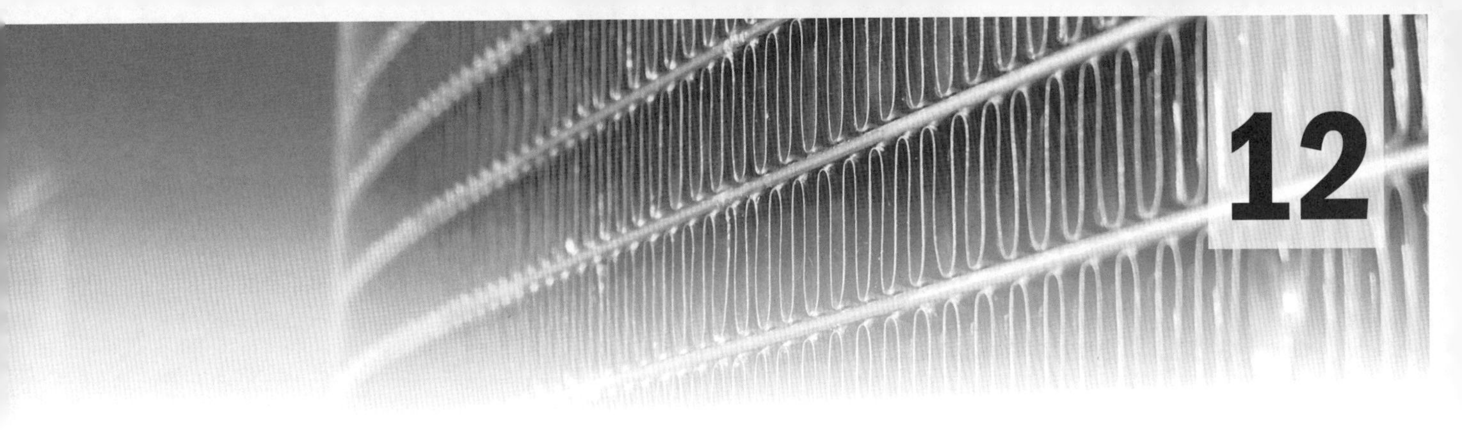

Transferência de Massa

A transferência de massa consiste na transferência ou transporte de matéria e se dá quando existe diferença de concentração de uma espécie no interior de um corpo ou no contato do corpo com o meio envolvente. Essa transferência pode acontecer em gases, líquidos ou sólidos. A transferência de massa sempre ocorre no sentido da maior para a menor concentração. Dá-se o nome *espécie* ou *soluto* à matéria transportada.

Assim como a transferência de calor, a transferência de massa pode acontecer por difusão ou por convecção. A difusão (molecular) de massa no interior dos corpos ocorre de forma relativamente lenta, enquanto a convecção, em geral, desenvolve-se de modo mais intenso em razão do movimento convectivo da mistura, o que aumenta o transporte de matéria. Para ilustrar essa diferença, considere os exemplos das Figuras 12.1a e b, em que um frasco de colônia é quebrado em uma ampla sala com ar estagnado (A). Lentamente as moléculas da colônia se difundem no ar quiescente e, nesse caso, as pessoas demorariam um pouco para perceber o odor da fragrância em virtude da transferência de massa por difusão pelo ar. Agora, imagine que um ventilador ligado (B) no interior da sala promova um movimento convectivo da colônia no ar e, assim, com certeza, as pessoas vão perceber a fragrância com maior rapidez, pois, nesse caso, estamos falando de transferência de massa por convecção, em que as misturas macroscópicas de massa são predominantes e mais efetivas.

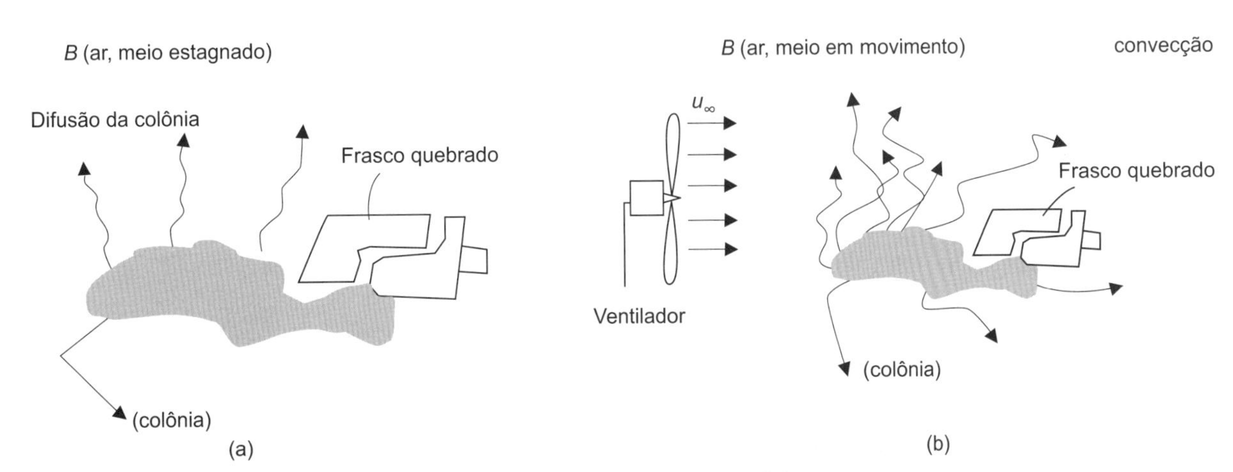

Figura 12.1 Transferência de massa por difusão e por convecção.

Existe uma analogia direta entre a transferência de massa e a transferência de calor, já que nas duas formas há uma diferença de *potencial* que dá origem ao fenômeno de transferência. No caso do calor, o potencial é a diferença de temperaturas e, no da massa, a diferença de concentração de uma espécie. Nos dois casos, a direção em que acontece a transferência é do maior potencial (temperatura ou concentração) para o de menor. Além disso, as leis constitutivas que regem ambos os fenômenos são semelhantes.

12.1 Transferência de massa por difusão

A lei que governa a transferência de massa por difusão é a *Lei de Fick* (1855), que é análoga à Lei de Fourier da condução de calor tratada no Capítulo 2. A Lei de Fick é expressa como:

$$j_A = -D_{AB}\frac{d\rho_A}{dz} \quad (12.1)$$

em que j_A [kg/m²s] é o fluxo mássico de A se difundindo em B, D_{AB} é o *coeficiente de difusão mássica* ou *difusividade binária* de A que se difunde em B[m²/s], sendo que para gases em mistura binária $D_{AB} = D_{BA}$. Em geral, a ordem de grandeza do coeficiente de difusão é menor que 10^{-4} m²/s; ρ_A é a concentração mássica de A por unidade de volume da mistura (A+B) [kg/m³]; e z é o comprimento na direção em que A está se difundindo [m].

O sinal negativo na Equação (12.1) refere-se ao fato de o gradiente da concentração $d\rho_A/dx$ ser negativo na direção em que ocorre a difusão. A Figura 12.2 mostra a transferência de massa de forma esquemática em que os pontos simbolizam a espécie A estando em maior concentração na seção 1 que na seção 2, e com isso a transferência de massa será na direção de 1 para 2.

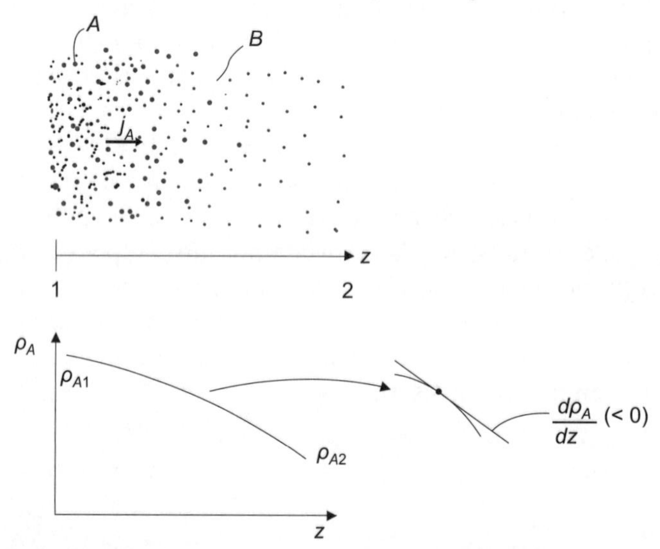

Figura 12.2 A se difundindo da região de maior concentração para a de menor direção z de menor concentração.

Observe que o comportamento das curvas da concentração mássica de A na Figura 12.2 é apenas ilustrativo. Esse comportamento depende de algumas variáveis, como será analisado ao longo deste capítulo, podendo ser linear ou ter algum outro comportamento.

12.1.1 Definição de variáveis

A concentração, a Lei de Fick e outras variáveis de interesse podem ser expressas em base *mássica* ou em base *molar*. A seguir são definidas algumas variáveis.

Concentração mássica da espécie A [kg/m³] é definida como a razão da massa de A (m_A) presente no volume de solução (∀).

$$\rho_A = \frac{m_A}{\forall} \quad (12.2)$$

Número de mols da espécie A [mol] é definido como a razão entre a massa de A (m_A) e a massa molar de A (M_A).

$$n_A = \frac{m_A}{M_A} \tag{12.3}$$

Concentração molar da espécie A [mol/m³] é definida como o número de mols de A (n_A) por volume de solução (∀).

$$C_A = \frac{n_A}{\forall} \tag{12.4}$$

Fração mássica da espécie A [–] w_A, é definida como a razão entre a massa (ou concentração mássica) de A, m_A, e a massa (ou concentração mássica) da mistura, m. Para o caso de uma mistura de apenas dois componentes A e B, sua massa total é:

$$m = m_A + m_B \tag{12.5}$$

A fração mássica de A é:

$$w_A = \frac{m_A}{m} \tag{12.6}$$

ou,

$$w_A = \frac{\rho_A}{\rho} \tag{12.7}$$

A soma das frações mássicas de todos os n componentes de uma mistura é a unidade, isto é,

$$\sum_{i=1}^{n} w_i = 1 \tag{12.8}$$

Fração molar de A [–] y_A, é definida como a razão entre o número de mols (ou concentração molar) de A, n_A, e o número de mols (ou concentração molar) da mistura, n. Novamente, assumindo que a mistura é formada por apenas dois componentes A e B, o número total de mols, n, é:

$$n = n_A + n_B \tag{12.9}$$

A fração molar de A é:

$$y_A = \frac{n_A}{n} \tag{12.10}$$

ou,

$$y_A = \frac{C_A}{C} \tag{12.11}$$

A soma das frações molares de todos os n componentes de uma mistura é a unidade.

$$\sum_{i=1}^{n} y_i = 1 \tag{12.12}$$

Massa molar de uma mistura de dois componentes [kg/mol]:

$$m = m_A + m_B \;\rightarrow\; nM = n_A M_A + n_B M_B \;\rightarrow\; M = \frac{n_A}{n} M_A + \frac{n_B}{n} M_B$$

Para n componentes, tem-se:

$$M = \sum_{i=1}^{n} y_i M_i \tag{12.13}$$

ou, em termos mássicos para dois componentes,

$$n = n_A + n_B \rightarrow \frac{m}{M} = \frac{m_A}{M_A} + \frac{m_B}{M_B} \rightarrow \frac{1}{M} = \frac{1}{M_A}\frac{m_A}{m} + \frac{1}{M_A}\frac{m_B}{m}$$

Para n componentes, tem-se:

$$\frac{1}{M} = \sum_{i=1}^{n} \frac{w_i}{M_i} \tag{12.14}$$

Relação entre a fração mássica e molar,

$$w_A = \frac{m_A}{m} = \frac{n_A M_A}{nM}, \text{ ou}$$

$$w_A = y_A \frac{M_A}{M} \tag{12.15}$$

Relação entre a concentração mássica e molar,

$$C_A = \frac{n_A}{\forall} = \frac{m_A}{M_A \forall}, \text{ ou}$$

$$C_A = \frac{\rho_A}{M_A} \tag{12.16}$$

Lei de Fick em termos molares [mol/m²s]; nesse caso, define-se o fluxo molar de A, J_A, como:

$$J_A = -D_{AB} \frac{dC_A}{dz} \tag{12.17}$$

A Tabela 12.1 resume as definições aqui apresentadas. Os Exemplos 12.1 e 12.2 mostram a sua operacionalização.

Tabela 12.1 Grandezas relacionadas com os fluxos difusivos em termos mássicos e molares

Grandeza	Unidade	Base mássica	Unidade	Base molar
Fluxo difusivo de *A* (Lei de Fick)	kg/m²s	$j_A = -D_{AB}\frac{d\rho_A}{dz}$	mol/m²s	$J_A = -D_{AB}\frac{dC_A}{dz}$
Concentração de *A*	kg/m³	$\rho_A = \frac{m_A}{\forall}$	mol/m³	$C_A = \frac{n_A}{\forall}$
Fração	-	$w_A = \frac{m_A}{m} = \frac{\rho_A}{\rho}$	-	$y_A = \frac{n_A}{n} = \frac{C_A}{C}$
Soma de frações	-	$\sum_{i=1}^{n} w_i = 1$	-	$\sum_{i=1}^{n} y_i = 1$*
Massa molar de mistura	g/mol	$\frac{1}{M} = \sum_{i=1}^{n}\frac{w_i}{M_i}$	g/mol	$M = \sum_{i=1}^{n} y_i M_i$
Número de mols de *A*	mol	$n_A = \frac{m_A}{M_A}$		
Relação entre frações mássica e molar	-	$w_A = y_A\frac{M_A}{M}$		
Relação entre concentrações mássica e molar	mol/m³	$C_A = \frac{\rho_A}{M_A}$		

*A fração molar em gases será nomeada como y e, em líquidos, como x.

EXEMPLO 12.1 Frações mássica e molar

O ar atmosférico é uma mistura de vários gases cuja composição pode variar de acordo com o lugar em que se encontram. Um dos componentes é o vapor de água e, em algumas situações, é conveniente realizar cálculos considerando ar seco, isto é, sem considerar a água. Assumindo que em dada situação o ar seja composto pelas seguintes frações molares: 76,913 % de N_2; 20,632 % de O_2; 1,5 % de H_2O; 0,920 % de Ar e 0,037 % de CO_2, e dado que suas massas molares são 28; 32; 18; 39,9; 44 g/mol, respectivamente, encontre:

(a) a massa molar da mistura e as frações mássicas dos componentes do ar;
(b) a massa molar da mistura e as frações molares e mássicas dos componentes para o ar seco.

Solução:

(a) Aplicando a Equação (12.13), a massa molar da mistura é:

$$M = \sum_{i=1} y_i M_i = 0{,}76913 \times 28 + 0{,}20632 \times 32 + 0{,}015 \times 18 + 0{,}0092 \times 39{,}9 + 0{,}00037 \times 44$$
$$M = 28{,}791 \text{ g/mol.}$$

Assim, as frações mássicas são avaliadas por meio da Equação (12.15):

$$w_{N_2} = y_{N_2} \frac{M_{N_2}}{M} = 76{,}913 \frac{28}{28{,}791} = 74{,}8\ \%, \text{ assim para os outros componentes}$$

$$w_{O_2} = 20{,}632 \frac{32}{28{,}791} = 22{,}932\ \%$$

$$w_{H_2O} = 1{,}5 \frac{18}{28{,}791} = 0{,}938\ \%$$

$$w_{Ar} = 0{,}92 \frac{39{,}9}{28{,}791} = 1{,}275\ \%$$

$$w_{CO_2} = 0{,}037 \frac{44}{28{,}791} = 0{,}057\ \%$$

(b) Para o caso do ar seco, deve-se dividir as frações molares pelo termo $(1 - y_{H_2O})$ a fim de normalizar a mistura sem a presença do vapor de água.

$$y_{N_2} = 76{,}913 \frac{1}{1 - 0{,}015} = 78{,}084\ \%, \text{ de forma similar para os outros gases}$$

$$y_{O_2} = 20{,}946\ \%, \quad y_{Ar} = 0{,}934\ \%, \quad y_{CO_2} = 0{,}038\ \%$$

$$M = \sum_{i=1} y_i M_i = 0{,}78084 \times 28 + 0{,}20946 \times 32 + 0{,}00934 \times 39{,}9 + 0{,}00038 \times 44$$

$$M = 28{,}956 \text{ g/mol}$$

$$w_{N_2} = 78{,}084 \frac{28}{28{,}956} = 75{,}506\ \%$$

$$w_{O_2} = 23{,}148\ \%, \quad w_{Ar} = 1{,}287\ \%, \quad w_{CO_2} = 0{,}058\ \%$$

EXEMPLO 12.2 Lei de Fick

Benzeno é um produto que pode causar tonturas no ser humano e, por longos períodos de exposições e consideráveis concentrações, leucemia. Foi detectado benzeno no ar em um local e medidas suas concentrações em dois pontos diferentes, separados de 0,5 m, as quais são de $2{,}58 \times 10^{-5}$ kg/m³ e $1{,}29 \times 10^{-5}$ kg/m³. Assumindo que o comportamento da variação da concentração é linear, que o coeficiente de difusão do benzeno no ar seja de $D_{AB} = 9 \times 10^{-6}$ m²/s e que o ar está estagnado, avalie o fluxo mássico do benzeno.

Solução:

Como o ar está estagnado, a transferência de massa é molecular ou por difusão. Se a distribuição da concentração de benzeno é linear, logo seu gradiente de concentração mássica entre esses pontos de medição é: $\frac{d\rho_A}{dx} = \frac{\rho_{A,2} - \rho_{A,1}}{x_2 - x_1}$, assim,

$$j_A = -D_{AB}\frac{\rho_{A,2}-\rho_{A,1}}{x_2-x_1} = -9\times10^{-6}\frac{1,29\times10^{-5}-2,58\times10^{-5}}{0,5-0}$$

$$j_A = 2,3\times10^{-7}\ \text{g/m}^2\text{s}$$

Assumindo que o benzeno está diluído no ar, a concentração da mistura é, basicamente, a concentração do ar. A 101,3 kPa e 25 °C, a concentração do ar é de 1,1764 kg/m³. Assim, a fração mássica do benzeno no ar é $2,58 \times 10^{-5}/1,1764 = 22 \times 10^{-6}$ ou 22 ppm (partes por milhão), que, embora pareça um valor desprezível, já ultrapassou o limite permitido no Brasil de 1 ppm (Norma Regulamentadora nº 15, NR-15, 2020, Ministério do Trabalho e Previdência).

Como indicado pela Equação (12.1), a Lei de Fick depende de forma direta do coeficiente de difusão (mássica) binária e do gradiente de concentrações da espécie estudada. Os valores do coeficiente de difusão variam fortemente com o estado em que a transferência de massa acontece, isto é, diferem para gases, líquidos e sólidos, como apresentado na continuação.

12.1.2 Difusividade em gases

A partir da teoria cinética dos gases, em que é suposto que as moléculas são esféricas, sem forças intermoleculares, de colisões elásticas – chamado modelo *hard-ball* – é possível se obter uma expressão teórica da dependência da difusividade mássica entre dois gases que, porém, apresenta uma variação com relação a valores experimentais (Foust *et al.*, 2006). Expressões mais exatas para determinação da difusividade binária em gases não polares foram encontrados por Fuller *et al.* (1966), cuja correlação é dada pela Equação (12.18). Observe que a difusividade aumenta com a temperatura e diminui com a pressão, o tamanho e as massas molares das espécies.

$$D_{AB} = 0,001\frac{T^{1,75}}{p\delta_{AB}^2}\left(\frac{1}{M_A}+\frac{1}{M_B}\right)^{1/2} \tag{12.18}$$

em que as unidades correspondentes na Equação (12.18) são D_{AB} [cm²/s], T é a temperatura absoluta [K], M_A e M_B são as massas molares de A e B, respectivamente [g/mol], p é a pressão absoluta do sistema [atm] e δ_{AB} (sem nome específico) [Å] é definido como:

$$\delta_{AB} = \left(\sum_{i=1}^{n} k_i v_i\right)_A^{1/3} + \left(\sum_{i=1}^{n} k_i v_i\right)_B^{1/3} \tag{12.19}$$

em que v_i é o volume associado à difusão, obtido experimentalmente na forma de ajuste de curva a dados experimentais (ver Tab. 12.2), k_i é o índice do átomo e n é o número de átomos que compõem a molécula. Existem átomos e moléculas cujos valores $\sum_{i=1}^{n} k_i v_i$ foram avaliados experimentalmente, os quais são mostrados na Tabela 12.3.

Tabela 12.2 Incrementos de volumes de difusão atômicos (Fuller *et al.*, 1966)

Átomo	v_i(Å³)	Átomo	v_i(Å³)
C	16,5	Cl	19,5
H	1,98	S	17,0
O	5,48	Anel aromático ou heterocíclico	-20,2
N	5,69		

Tabela 12.3 Volumes de difusão de átomos e moléculas simples (Å³), (Fuller *et al.*, 1966)

Gás	$\sum_{i=1}^{n} k_i v_i$ (Å³)	Gás	$\sum_{i=1}^{n} k_i v_i$ (Å³)
H_2	7,07	CO	18,9
He	2,88	CO_2	26,9
N_2	17,9	N_2O	35,9
O_2	16,6	NH_3	14,9
Ar	20,1	H_2O	12,7
Ne	5,59	CCl_2F_2	114,8
Ar (argônio)	16,1	SF_6	69,7
Kr	22,8	Cl_2	37,7
Xe	37,9	Br_2	67,2
SO_2	41,1		

EXEMPLO 12.3 Coeficiente de difusão (mássica)

Avalie o coeficiente de difusão (difusividade) do etano (C_2H_6) no ar a 50 °C e 1 atm de pressão.

Solução:

A = etano e B = ar

$$M_A = 2C + 6H = 2\times12 + 6\times1 = 30 \text{ g/mol}$$

$$M_B = 29 \text{ g/mol (Exemplo 12.1)}$$

$$\left(\sum_{i=1}^{n} k_i v_i\right)_A = 2v_C + 6v_H = 2\times16{,}5 + 6\times1{,}98 = 44{,}88 \text{ Å}^3 \text{ (Tab. 12.2)}$$

$$\left(\sum_{i=1}^{n} k_i v_i\right)_B = 20{,}1 \text{ Å}^3 \text{ (Tab. 12.3)}$$

$$\delta_{AB} = 44{,}88^{1/3} + 20{,}1^{1/3} = 6{,}272 \text{ Å}$$

$$D_{AB} = 0{,}001\frac{T^{1,75}}{pv_{AB}^2}\left(\frac{1}{M_A}+\frac{1}{M_B}\right)^{1/2} = 0{,}001\frac{(50+273{,}2)^{1,75}}{1\times6{,}272^2}\left(\frac{1}{30}+\frac{1}{29}\right)^{1/2}$$

$$D_{AB} = 0{,}163 \text{ cm}^2/\text{s}$$

É possível encontrar na literatura alguns valores experimentais de coeficientes de difusão binário em gases como em Reid *et al.* (1987), que reuniu uma grande quantidade desses coeficientes para diversas substâncias, os quais são indicados na Tabela 12.4.

Uma vez conhecida a difusividade para um gás em determinadas condições, é possível estimá-la para diferentes temperaturas e pressões usando a relação de Fuller *et al.* (1966),

$$\frac{D_{AB,\,1}}{D_{AB,\,2}} = \frac{0{,}001\dfrac{T_1^{1,75}}{p_1\delta_{AB}^2}\left(\dfrac{1}{M_A}+\dfrac{1}{M_B}\right)^{1/2}}{0{,}001\dfrac{T_2^{1,75}}{p_2\delta_{AB}^2}\left(\dfrac{1}{M_A}+\dfrac{1}{M_B}\right)^{1/2}}$$

$$D_{AB,\,2} = D_{AB,\,1}\left(\frac{T_2}{T_1}\right)^{1,75}\left(\frac{P_1}{P_2}\right) \qquad (12.20)$$

Tabela 12.4 Coeficientes de difusão binário em gases a 1 atm para várias temperaturas (adaptada de Reid *et al.*, 1987)

Gases	T(K)	D_{AB}(cm²/s)
Ar/CO_2	276 317	0,144 0,179
Ar/etanol	313	0,147
Ar/He	276 346	0,632 0,914
Ar/n-hexano	294 328	0,081 0,094
Ar/2-metilfurano	334	0,107
Ar/naftaleno	303	0,087
Ar/H_2O	313	0,292
NH_3/dietil éter	288 337	0,101 0,139
Argônio/benzeno	323 373	0,085 0,112
Argônio/hélio	276 418	0,655 1,417
Argônio/hexafluorobenzeno	323 373	0,082 0,095
Argônio/H_2	295 628 1068	0,840 3,25 8,21
Argônio/criptônio	273	0,121
Argônio/CH_4	298	0,205
Argônio/SO_2	263	0,078
Argônio/xenônio	195 378	0,052 0,180
CO_2/He	298 498	0,620 1,433
CO_2/N_2	298	0,169
CO_2/N_2O	313	0,130
CO_2/SO_2	473	0,198
CO_2/tetrafluorometano	298 673	0,087 0,385
CO_2/H_2O	307	0,201
CO/N_2	373	0,322
Etileno/H_2O	328	0,236
He/benzeno	423	0,618
He/bromobenzeno	427	0,550
He/2-clorobutano	429	0,568
He/n-butanol	423	0,595
He/1-iodobutano	428	0,524
He/metanol	432	1,046
He/N_2	298	0,696
He/H_2O	352	1,136
H_2/acetona	296	0,430
H_2/NH_3	263 358 473	0,580 1,110 1,890
H_2/ cicloexano	289	0,323
H_2/naftaleno	303	0,305
H_2/nitrobenzeno	493	0,831
H_2/N_2	294 573	0,773 2,449
H_2/piridina	318	0,443
H_2/H_2O	307	0,927
CH_4/H_2O	352	0,361
N_2/NH_3	298 358	0,233 0,332
N_2/anilina	473	0,182
N_2/SO_2	263	0,105
N_2/H_2O	308 352	0,259 0,364
N_2/SF_6	378	0,146
O_2/benzeno	311	0,102
O_2/CCl_4	296	0,076
O_2/cicloexano	289	0,076
O_2/H_2O	352	0,357

Quando uma espécie gasosa (espécie 1) se encontra em difusão em uma mistura de outros gases estagnados (mistura M de espécies 2, 3, ...), pode-se obter um coeficiente de difusão efetivo de 1 na mistura M, para ser usado na Equação (12.1). O coeficiente é definido como se segue (Fairbanks e Wilke, 1950):

$$D_{1M} = \frac{1 - y_1}{\dfrac{y_2}{D_{12}} + \dfrac{y_3}{D_{13}} + \ldots} \tag{12.21}$$

12.1.3 Difusividade em líquidos

Os líquidos podem se misturar em solução. Para acontecer a difusão molecular, o solvente (meio) deve estar estagnado, e essa mistura pode ser com espécies não eletrolíticas ou eletrolíticas. Os eletrólitos são espécies que, em contato com um líquido, se decompõem em íons, por exemplo, sal de cozinha (NaCl) em água. Em contraste com a mistura de gases, a qual é baseada na teoria cinética dos gases, a difusão em líquidos não possui uma teoria estabelecida. Duas teorias propostas para estudo do fenômeno da difusão em soluções não eletrolíticas são: a do *salto energético* e a *teoria hidrodinâmica*. A primeira, também conhecida como *teoria de Eyring*, afirma que um átomo (ou molécula) mantém-se vibrando em sua posição e, caso atinja uma energia suficiente, assumirá uma nova posição (se difundirá). A segunda teoria, a *hidrodinâmica*, é a mais aceita e afirma que existe tanto uma força provocada pela diferença de potencial químico do soluto quanto uma força de arrasto hidrodinâmico, sob o soluto (esfera) em diluição infinita, oposta ao movimento. Igualando essas duas forças em movimento uniforme, obtém-se o coeficiente de difusão em solução ideal conhecido como a *equação de Stokes-Einstein*:

$$D_{AB}^{o} = \frac{kT}{6\pi\mu_B R_A} \quad (12.22)$$

em que k é a constante de Boltzmann, T é a temperatura absoluta, μ_B é a viscosidade dinâmica do solvente e R_A, o raio molecular de A. Embora a Equação (12.22) seja uma equação teórica, ela indica que a difusividade aumenta com a temperatura e diminui com a viscosidade do meio e o tamanho do soluto.

A difusividade em líquidos, em contraste com a difusão em gases, é fortemente dependente da concentração. Assim, para soluções não eletrolíticas em que a espécie sendo difundida está *diluída*, Wilke e Chang (1955) propuseram a seguinte correlação:

$$D_{AB}^{o} = \frac{7{,}4\times10^{-8}\left(\phi M_B\right)^{0,5} T}{\mu \bar{\upsilon}_A^{0,6}} \quad (12.23)$$

O sobrescrito (^{o}) de D [cm²/s] indica que A está diluído em B, ϕ [–] é o *fator de associação* do solvente que corrige sua massa molar, M_B [g/mol] é a massa molar do solvente, T [K] é a temperatura, μ[cP] a viscosidade da solução e $\bar{\upsilon}_A$ [cm³/mol] o volume molar de A como líquido saturado a 1 atm de pressão de ebulição. Na Tabela 12.5 encontram-se valores do fator de associação para vários líquidos.

Tabela 12.5 Fator de associação (Wilke; Chang, 1955)

Solvente	ϕ [–]
Água	2,6
Metanol	1,9
Etanol	1,5
Benzeno	1,0
Éter	1,0
Heptano	1,0

Wilke e Chang (1955) reuniram uma grande quantidade de valores de difusividades experimentais, e algumas delas são indicadas na Tabela 12.6.

Tabela 12.6 Coeficiente de difusão binária de não eletrólitos diluídos (Wilke; Chang, 1955)

Soluto/solvente	T (°C)	D_{AB}^{o} (cm²/s)
Ácido acético/acetona	25	$3{,}309 \times 10^{-5}$
Ácido acético/benzeno	25	$2{,}081 \times 10^{-5}$
Ácido acético/CCl_4	25	$1{,}490 \times 10^{-5}$
Ácido acético/tolueno	25	$2{,}265 \times 10^{-5}$
Anilina/etanol	18,5	$2{,}7 \times 10^{-5}$
Benzeno/clorofórmio	15	$3{,}70 \times 10^{-5}$
Ácido benzoico/acetona	25	$2{,}522 \times 10^{-5}$

(*continua*)

Tabela 12.6 Coeficiente de difusão binária de não eletrólitos diluídos (Wilke; Chang, 1955) *(continuação)*

Ácido benzoico/CCl_4	25	$0{,}908 \times 10^{-5}$
Bromo benzeno/benzeno	7,3	$1{,}41 \times 10^{-5}$
CCl_4/benzeno	25	$2{,}0 \times 10^{-5}$
CCl_4/n-heptano	25	$3{,}17 \times 10^{-5}$
CCl_4/querosene	25	$0{,}961 \times 10^{-5}$
Ácido fórmico/acetona	25	$3{,}768 \times 10^{-5}$
Ácido fórmico/tolueno	25	$2{,}646 \times 10^{-5}$
Tolueno/n-decano	25	$2{,}090 \times 10^{-5}$
Tolueno/n-dodecano	25	$1{,}380 \times 10^{-5}$
Tolueno/n-heptano	25	$3{,}720 \times 10^{-5}$
Tolueno/n-hexano	25	$4{,}210 \times 10^{-5}$
Tolueno/n-tetradecano	25	$1{,}020 \times 10^{-5}$

A fração molar do soluto (x_A) ou do solvente (x_B) em líquidos é expressa de forma parecida que em gases (Eq. 12.10), segundo a Equação (12.24).

$$x_i = \frac{n_i}{n} \tag{12.24}$$

Quando a solução é concentrada, a fração molar do soluto influencia a difusividade. Leffler e Cullinan (1970) propuseram a seguinte relação para avaliar a difusividade em soluções concentradas:

$$D_{AB} = \alpha \frac{\left(\mu_A D^o_{BA}\right)^{x_A} \left(\mu_B D^o_{AB}\right)^{x_B}}{\mu} \tag{12.25}$$

em que α [–] é o *fator termodinâmico* e corrige a não idealidade da solução. Estudos para soluções eletrolíticas podem ser encontrados em bibliografia especializada, como Reid *et al.* (1987).

12.1.4 Difusividade em sólidos

Em geral, um sólido pode ser não poroso ou poroso. Na sequência, será tratada a difusividade em sólidos não porosos e, posteriormente, em porosos.

Difusividade em sólidos não porosos

A teoria usada para explicar a difusão em sólidos não porosos é a teoria de Eyring ou salto energético, já explicada na difusão em líquidos. Essa teoria explica que a espécie está vibrando até que possui energia suficiente para saltar até sua nova posição de equilíbrio; posteriormente, essa energia diminui dando início a um novo aumento.

Em geral, o coeficiente de difusão em sólidos não porosos é menor que em líquidos e gases, porque em sólidos os espaços disponíveis para a difusão são menores. Esses espaços podem ser *falhas estruturais* (ou vacância) ou *interstícios*, esquematizados na Figura 12.3.

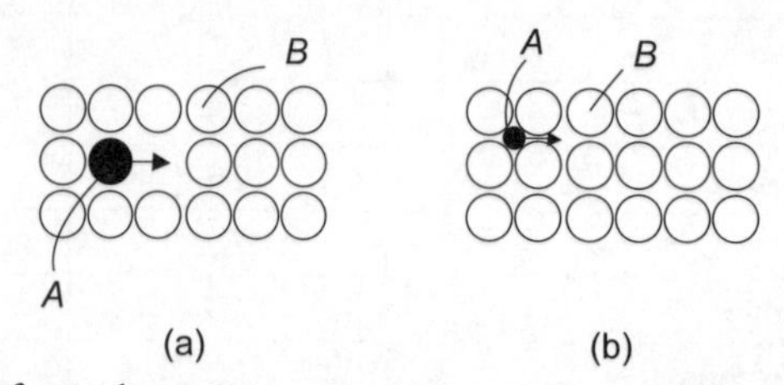

Figura 12.3 Difusão da espécie A no sólido B, (a) por vacância e (b) intersticial.

A difusão por vacância (pode acontecer autodifusão) ocorre em espaços dos sólidos formados por falhas estruturais, ao passo que, na difusão intersticial, a espécie A é transferida pelos espaços intersticiais da rede do sólido *B*. Em geral, a energia de ativação Q (ou barreira energética – ver Eq. 12.26) necessária para a difusão intersticial é menor que no caso de vacância. Para ambos os casos, o coeficiente de difusão da espécie *A* no sólido *B* pode ser expresso por:

$$D_{AB} = D_0 e^{-\frac{Q}{RT}} \tag{12.26}$$

sendo D_0[cm²/s] a constante pré-exponencial que não depende da temperatura, Q[J/mol], a energia de ativação difusiva, R = 8,314 J/mol K a constante universal dos gases e T[K], a temperatura absoluta.

A difusão em sólidos é um processo comum, por exemplo, acontece no endurecimento de aços no processo de *cementação*, aumentando a concentração de carbono em certa espessura da superfície do metal. Outro exemplo corresponde à dopagem com boro ou fósforo dando propriedades eletrônicas ao silício em células fotovoltaicas. Parâmetros da Equação (12.26) para alguns casos são indicados na Tabela 12.7.

Tabela 12.7 Parâmetros da Equação (12.26) (Vlack, 1970)

Espécie	Sólido	D_0(cm²/s)	Q(kJ/mol)
C	α-Fe (CCC)*	0,0079	75,7
C	γ-Fe (CFC)**	0,21	141,4
C	Ti (HC)***	2,24	174,1
Fe	α-Fe (CCC)	5,8	249,8
Fe	γ-Fe (CFC)	0,58	284,1
Ni	γ-Fe (CFC)	0,5	276,1
Mn	γ-Fe (CFC)	0,35	282,4
Zn	Cu	0,033	159,0
Cu	Al	2,0	141,8
Cu	Cu	11,0	239,3
Ag	Ag (cristal)	0,72	188,3
Ag	Ag (contorno de grão)	0,14	90,0

*CCC: estrutura cúbica de corpo centrado; **CFC: estrutura cúbica de face centrada;
***HC: hexagonal composta.

Aplicações recentes consideram a produção de hidrogênio para uso veicular, seja em combustão (motores à combustão) ou em células de combustível para produzir energia elétrica. De qualquer forma, o gás hidrogênio precisa ser armazenado pressurizado em cilindros e tanques metálicos, tanto no processo de produção quanto no uso final nos veículos. Evidentemente, haverá um gradiente de concentração de hidrogênio entre a superfície interna da parede do cilindro ou tanque e o ar ambiente externo. Portanto, haverá transferência de massa de hidrogênio do interior para o exterior através da parede. Segundo Wang *et al.* (2020), quando o hidrogênio é transferido na parede metálica de aço, ela é fragilizada, fragilização que depende da composição do aço, principalmente da martensita. O coeficiente de difusão nesses casos pode variar entre 2,8 e 3,7 × 10^{-7} cm²/s.

EXEMPLO 12.4 Difusão de hidrogênio armazenado

O hidrogênio se apresenta para ser o combustível do futuro, já que no processo de combustão resulta em produção de vapor de água. Considere a possibilidade de transportar gás hidrogênio pressurizado em uma tubulação de e = 10 cm de espessura usada, originalmente, para transporte de gás natural. A concentração na superfície metálica no lado do gás hidrogênio é de 0,02 kg/m³. Admita que a difusividade do hidrogênio no aço valha 3 × 10^{-11} m²/s e que do outro lado do tubo, em contato com o ambiente externo, sua concentração é desprezível. Além disso, assuma um gradiente de concentração linear na parede do aço e que seu raio é grande em comparação à sua espessura, para simplificar o problema. Avalie o fluxo mássico de hidrogênio perdido ao ambiente.

Solução:

O fluxo do hidrogênio no aço é avaliado pela Lei de Fick (Eq. 12.1). Assumindo um gradiente de concentração linear no aço, o fluxo de hidrogênio será:

$$j_A = -D_{AB}\frac{\rho_{Ae} - \rho_{Ai}}{e}$$

Substituindo valores,

$$j_A = -3\times10^{-11}\frac{0-0{,}02}{0{,}1} = 6\times10^{-12}\ \text{kg/m}^2\text{s}$$

Difusividade em sólidos porosos

Em sólidos porosos, a espécie (gasosa ou líquida) é transportada pelas redes tortuosas de poros. Assim, esse tipo de transferência depende fortemente da geometria dos poros. A difusividade em poros tem aplicações em processos de adsorção, catálise e secagem. Em macroporos, a difusão é parecida com a difusão molecular "normal" e as paredes dos poros não têm grande influência; já quando os poros são menores, a difusividade toma o nome de *difusividade de Knudsen*, em que as paredes interferem na difusão. Mais detalhes sobre esse tipo de difusão podem ser encontrados em Brakel (1975) e Epstein (1989).

12.2 Análise diferencial de transferência de massa

A transferência de massa pode ser tratada a partir de uma análise diferencial, que para alguns casos de geometrias simples resultam vantajosos, já que pode ser feita a análise em pequenos volumes e depois generalizá-los para volumes de controle maiores. A velocidade média de cada espécie será $\vec{v}_A$ e $\vec{v}_B$, como indicado na Figura 12.4, na qual pode-se ver duas espécies em transporte *A* e *B* em movimento no eixo *z*.

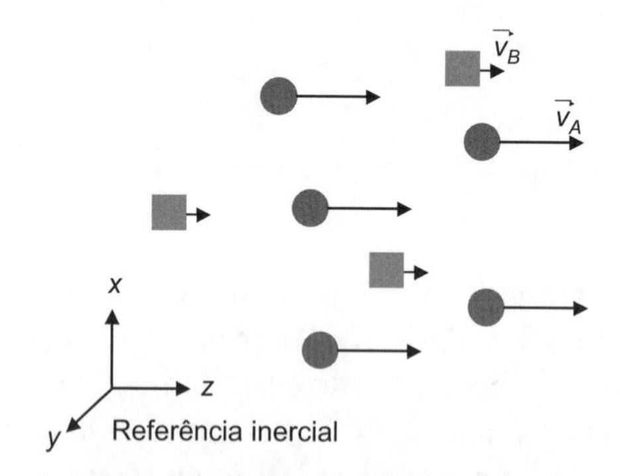

Figura 12.4 Velocidades das espécies.

Define-se velocidade *mássica* média da mistura de *k* componentes como:

$$\vec{v} = \frac{\sum_{i=1}^{k}\rho_i\vec{v}_i}{\rho} = \sum_{i=1}^{k} w_i\vec{v}_i \qquad (12.27)$$

Em base *molar*, a velocidade média da mistura é:

$$\vec{V} = \frac{\sum_{i=1}^{k} C_i\vec{v}_i}{C} = \sum_{i=1}^{k} y_i\vec{v}_i \qquad (12.28)$$

Cada espécie, por exemplo, A, terá sua velocidade expressa como:

$$\vec{v}_A = u_A\vec{i} + v_A\vec{j} + w_A\vec{k} \tag{12.29}$$

Define-se velocidade de difusão (velocidade relativa), em base mássica, da espécie i com relação à mistura como:

$$\vec{v}_i - \vec{v} \tag{12.30}$$

Assim, o fluxo difusivo, em base mássica, será:

$$\vec{j}_A = \rho_A(\vec{v}_i - \vec{v}) \tag{12.31}$$

O fluxo difusivo da Equação (12.31) é o mesmo daquele definido na Lei de Fick (Eq. 12.1), que, expandido aos demais eixos coordenados, fica:

$$\vec{j}_A = -D_{AB}\nabla\rho_A \tag{12.32}$$

Considerando uma referência inercial, o fluxo mássico absoluto da espécie A é definido por:

$$\vec{n}_A = \rho_A\vec{v}_A \tag{12.33}$$

Outras formas de expressar esse fluxo mássico:

$$\vec{n}_A = \rho_A(\vec{v}_A - \vec{v}) + \rho_A\vec{v} = \vec{j}_A + \rho_A\left(\frac{\vec{n}_A + \vec{n}_B}{\rho}\right)$$

$$\begin{aligned} \vec{n}_A &= \vec{j}_A + \rho_A\vec{v} \\ \vec{n}_A &= \vec{j}_A + w_A(\vec{n}_A + \vec{n}_B) \\ \vec{n}_A &= -\rho D_{AB}\frac{dw_A}{dz} + w_A(\vec{n}_A + \vec{n}_B) \end{aligned} \tag{12.34}$$

E em base molar:

Lei de Fick: $$\vec{J}_A = C_A(\vec{v}_i - \vec{V}) = -D_{AB}\nabla C_A \tag{12.35}$$

Fluxo absoluto: $$\vec{N}_A = C_A\vec{v}_i \tag{12.36}$$

$$\begin{aligned} \vec{N}_A &= \vec{J}_A + C_A\vec{v} \\ \vec{N}_A &= \vec{J}_A + y_A(\vec{N}_A + \vec{N}_B) \\ \vec{N}_A &= -CD_{AB}\frac{dy_A}{dz} + y_A(\vec{N}_A + \vec{N}_B) \end{aligned} \tag{12.37}$$

Os fluxos molar e mássico absolutos da espécie A estão relacionados por:

$$\vec{n}_A = M_A\vec{N}_A \tag{12.38}$$

O fluxo mássico e o molar absoluto da mistura são:

$$\begin{aligned} \vec{n} &= \rho\vec{v} = \vec{n}_A + \vec{n}_B \\ \vec{N} &= C\vec{V} = \vec{N}_A + \vec{N}_B \end{aligned} \tag{12.39}$$

Uma vez definidas essas variáveis, passa-se a analisar o balanço de massa em um volume de controle diferencial. A Figura 12.5 mostra um esquema de balanço de massa da espécie A, sendo que as setas indicam as vazões mássicas de A entrando e saindo nos três eixos coordenados e, para não deixar a figura por demais carregada, somente são indicadas as equações das vazões mássicas no eixo *x*. Para os demais eixos, basta trocar a variável *x* pela variável de interesse (*y* ou *z*) e as áreas transversais correspondentes a cada fluxo.

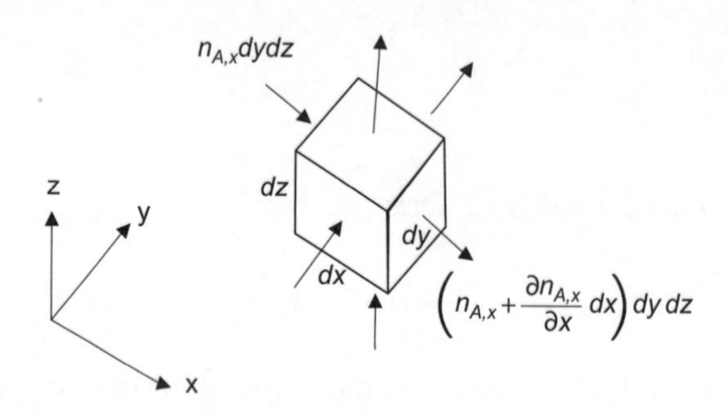

Figura 12.5 Volume de controle diferencial para o balanço de massa de A com a indicação do balanço apenas na direção *x*.

Poderá haver também um acúmulo de A no volume de controle e, também, por reação química pode ser produzida ou consumida a espécie A. Essas grandezas são relacionadas na Equação (12.40):

$$\begin{bmatrix}\text{Taxa de}\\ \text{acúmulo}\\ \text{de A}\end{bmatrix}=\begin{bmatrix}\text{Vazão}\\ \text{mássica de A}\\ \text{que entra}\end{bmatrix}-\begin{bmatrix}\text{Vazão}\\ \text{mássica de A}\\ \text{que sai}\end{bmatrix}+\begin{bmatrix}\text{Taxa de}\\ \text{produção ou}\\ \text{consumo de A}\end{bmatrix} \tag{12.40}$$

Desenvolvendo essa equação,

$$\frac{\partial \rho_A}{\partial t}dxdydz=\left(n_{A,x}dydz+n_{A,y}dxdz+n_{A,z}dxdy\right)-\left[\left(n_{A,x}+\frac{\partial n_{A,x}}{\partial x}dx\right)dydz+\right.$$

$$\left.\left(n_{A,y}+\frac{\partial n_{A,y}}{\partial y}dy\right)dxdz+\left(n_{A,z}+\frac{\partial n_{A,z}}{\partial z}dz\right)dxdy\right]+r_A'''dxdydz$$

e, simplificando-a, obtém-se:

$$\frac{\partial \rho_A}{\partial t}+\frac{\partial n_{A,x}}{\partial x}+\frac{\partial n_{A,y}}{\partial y}+\frac{\partial n_{A,z}}{\partial z}=r_A''' \tag{12.41a}$$

que constitui a *equação geral de conservação de massa de* A. Sabendo que o fluxo molar pode ser expresso na sua forma vetorial, em coordenadas cartesianas, como $\vec{n}_A=n_{A,x}\vec{i}+n_{A,y}\vec{j}+n_{A,z}\vec{k}$, a Equação (12.41a) também pode ser representada de forma compacta:

$$\frac{\partial \rho_A}{\partial t}+\nabla\cdot\vec{n}_A=r_A''' \tag{12.41b}$$

em que o termo $\nabla\cdot\vec{n}_A$ é conhecido como *divergente* de $\vec{n}_A$. Nas duas equações anteriores, r_A''' [kg/m³s] é a taxa de produção ou consumo de A por unidade de volume, que pode vir de uma reação química homogênea no volume de controle.

O divergente de $\vec{n}_A$ ($\nabla\cdot\vec{n}_A$), em coordenadas cilíndricas e esféricas, é representado, respectivamente, como:

$$\nabla\cdot\vec{n}_A=\frac{1}{r}\frac{\partial}{\partial r}\left(rn_{A,r}\right)+\frac{1}{r}\frac{\partial n_{A,\theta}}{\partial \theta}+\frac{\partial n_{A,z}}{\partial z} \tag{12.42a}$$

$$\nabla\cdot\vec{n}_A=\frac{1}{r^2}\frac{\partial}{\partial r}\left(r^2n_{A,r}\right)+\frac{1}{r\operatorname{sen}\theta}\frac{\partial}{\partial \theta}\left(\operatorname{sen}\theta\, n_{A,\theta}\right)+\frac{1}{r\operatorname{sen}\theta}\frac{\partial n_{A,\phi}}{\partial \phi} \tag{12.42b}$$

Note que as Equações (12.41) e (12.42) podem também ser expressas em termos molares e, também, a similaridade dessas equações com a transferência de calor, Equações (2.11) e (2.12). A diferença é que, nas equações de transferência de calor, está se referindo a um termo escalar (temperatura, T) e, nas Equações (12.42a) e (12.42b), a um vetor, $\vec{n}_A$.

Algumas considerações do processo fazem com que a Equação (12.41) seja simplificada, como é o caso de um processo à temperatura, T, e pressão, p, constantes, velocidade mássica média da mistura desprezível ($\vec{v}=0$) e sem reação química dentro do volume considerado. Da Equação (12.34), $\vec{n}_A=\vec{j}_A+\rho_A\vec{v}$, e (12.41b), vem:

$$\frac{\partial \rho_A}{\partial t}+\nabla\cdot\left(\vec{j}_A+\rho_A\vec{v}\right)=r_A''' \rightarrow \frac{\partial \rho_A}{\partial t}+\nabla\cdot\left(\rho_A\vec{v}\right)=-\nabla\cdot\vec{j}_A+r_A'''$$

$$\frac{\partial \rho_A}{\partial t}+\nabla\cdot\left(\rho_A\vec{v}\right)=-\nabla\cdot\left(-D_{AB}\nabla\rho_A\right)+r_A'''$$

Como $\vec{v}=0$, T e P constantes, logo D_{AB} e ρ são constantes. Como não há reação química $r_A'''=0$, logo:

$$\frac{\partial \rho_A}{\partial t}=D_{AB}\nabla^2\rho_A \tag{12.43a}$$

ou, em termos molares,

$$\frac{\partial C_A}{\partial t}=D_{AB}\nabla^2 C_A \tag{12.43b}$$

A Equação (12.43a) e sua variante (Eq. 12.43b) são conhecidas como a *Segunda Lei de Fick*. Veja a similitude com a Equação (2.8).

EXEMPLO 12.5 Conservação de massa de *A* em coordenadas cilíndricas

A partir do volume de controle em coordenadas cilíndricas indicado na figura a seguir, encontre a expressão para a equação de conservação de massa de A nessas coordenadas.

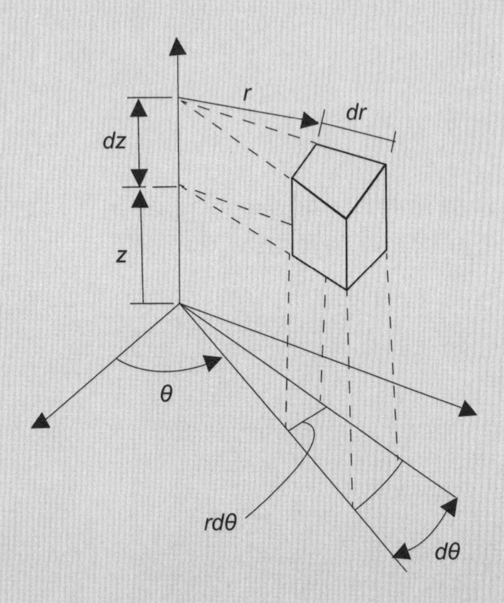

Solução:

As áreas transversais correspondentes ao fluxo mássico nas coordenadas r, θ e z, e o volume do elemento diferencial, desprezando diferenciais de ordens superiores, são:

$$A_r=rd\theta dz,\ A_\theta=drdz,\ A_z=rd\theta dr,\ \forall=rd\theta drdz$$

Substituindo na Equação (12.40), vem:

$$\frac{\partial\rho_A}{\partial t} rdrd\theta dz = \left(n_{A,r} rd\theta dz + n_{A,\theta} drdz + n_{A,z} rdrd\theta\right) - \left[n_{A,r} rd\theta dz + \frac{\partial\left(n_{A,r} rd\theta dz\right)}{\partial r} dr + n_{A,\theta} drdz + \frac{\partial\left(n_{A,\theta} drdz\right)}{r\partial\theta} rd\theta + n_{A,z} rdrd\theta + \frac{\partial\left(n_{A,z} rdrd\theta\right)}{\partial z} dz\right] + r_A''' rdrd\theta dz$$

Simplificando:

$$\frac{\partial\rho_A}{\partial t} rdrd\theta dz = -\frac{\partial\left(rn_{A,r}\right)}{\partial r} drd\theta dz - \frac{\partial n_{A,\theta}}{\partial\theta} drd\theta dz - \frac{\partial n_{A,z}}{\partial z} rdrd\theta dz + r_A''' rdrd\theta dz$$

Dividindo pelo volume elementar, $rdrd\theta dz$, obtém-se:

$$\frac{\partial\rho_A}{\partial t} + \frac{1}{r}\frac{\partial}{\partial r}\left(rn_{A,r}\right) + \frac{1}{r}\frac{\partial n_{A,\theta}}{\partial\theta} + \frac{\partial n_{A,z}}{\partial z} = r_A'''$$

12.2.1 Condições de contorno

Algumas condições de contorno em transferência de massa correspondem às interfaces gás-líquido, fluido-sólido, em que o fluido pode ser gás ou líquido. O termo "vapor" geralmente é dado em situações em que coexistem as fases líquido e gasoso em determinado recinto. Em muitas situações é suposta que a interface está em equilíbrio termodinâmico e não existe acúmulo de matéria.

Estar em equilíbrio termodinâmico, por exemplo, na Figura 12.6, significa que na interface (fronteira) a matéria gasosa e a líquida têm a mesma pressão e temperatura, o que não quer dizer que as frações molares de A em cada fase na interface sejam iguais. Supondo que as misturas sejam ideais, então, na interface de cada fase, tem-se:

Lei de Dalton – gás ideal $p_{A,s} = y_{A,s} p$ (12.44)

Lei de Raoult – solução ideal $p_{A,s} = x_{A,s} p_A^{vap}$ (12.45)

em que $p_{A,s}$ é a pressão parcial de A na interface do lado do gás, p_A^{vap} é a pressão parcial de vapor de A puro avaliada na temperatura T. Assim, juntando os termos, tem-se:

$$y_{A,s} = \frac{p_A^{vap}}{p} x_{A,s} \tag{12.46}$$

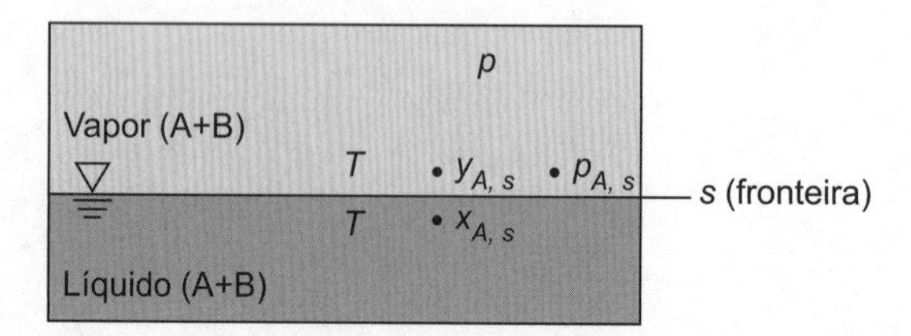

Figura 12.6 Interface gás-líquido.

Essa aproximação ideal geralmente acontece em soluções diluídas, tendo em vista que, em situações de maior exatidão, deve-se encontrar a relação de equilíbrio de forma experimental ou pela aplicação de modelos termodinâmicos de equilíbrio mais realistas. Em geral, as frações molares (ou mássicas) de A na interface são diferentes. A Figura 12.7 mostra um esquema de comportamento de frações molares nos meios líquido e vapor e na interface (fronteira).

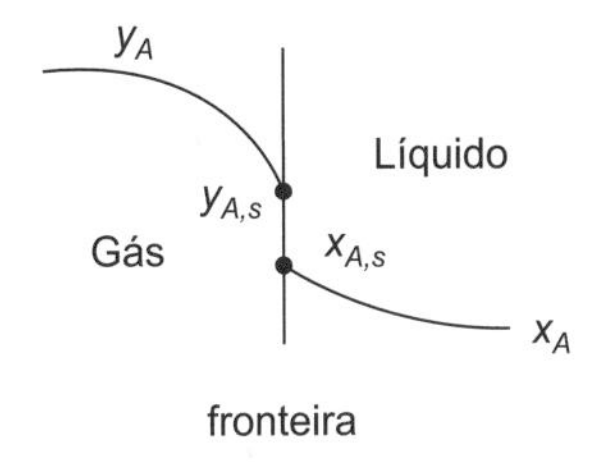

Figura 12.7 Perfil de frações molares em absorção e equilíbrio gás-líquido na interface (fronteira).

Em caso de um sólido, como naftaleno, em *sublimação* em baixas pressões, pode-se assumir que (Smith *et al.*, 2007):

$$y_{A,s} = \frac{p_A^{vap}}{p} \tag{12.47}$$

Outra condição de contorno pode ser o conhecimento do fluxo mássico de A na fronteira, o que inclui paredes impermeáveis à espécie A ($n_{A,s} = 0$). As reações químicas r_A'' podem ser também especificadas; podem acontecer na fronteira e, nesse caso, é tratado como fluxo mássico (ou molar) conhecido $n_A = r_A''$.

EXEMPLO 12.6 Difusão unidimensional em coordenadas retangulares

Um tubo de ensaio de 2 cm de diâmetro e 10 cm de altura contém 2 cm de água líquida, como indicado na figura. Supondo regime permanente e que o ar dentro do tubo é, inicialmente, seco e estagnado a 1 atm, avalie: (a) a variação (ou distribuição) simbólica da fração molar do vapor de água no ar seco; e (b) o fluxo molar e a vazão mássica de água a 30 °C. A fração mássica de água na boca do tubo é de 0,001.

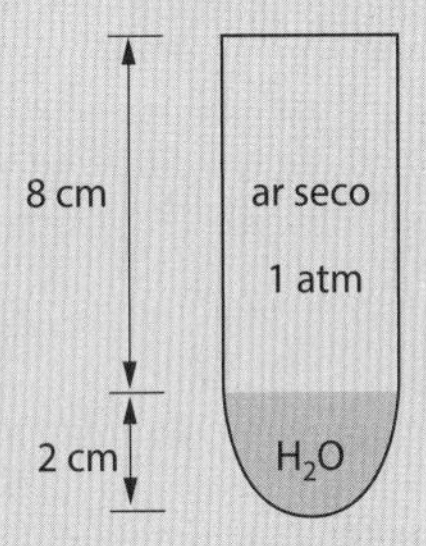

Solução:

Um esquema do fluxo molar do vapor de água é indicado na figura que se segue.

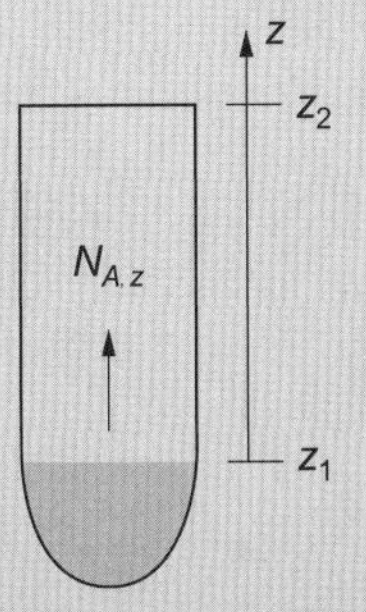

(a) Evidentemente, o regime não é permanente, já que o nível do líquido diminui. Porém, para simplificar, será suposto regime permanente, em que A = água e B = ar seco, sem reação química. Além disso, em coordenadas cilíndricas, supõe-se que a transferência de massa é unidimensional em z e, assim, não haverá mudança de fração no sentido radial nem angular. As equações a seguir correspondem unicamente à fase gasosa.

Da Equação (12.37) para o eixo z: $N_{A,z} = -CD_{AB}\frac{dy_A}{dz} + y_A\left(N_{A,z} + N_{B,z}\right)$ como $N_{B,z} = 0$, logo:

$N_{A,z} = -\frac{CD_{AB}}{1-y_A}\frac{dy_A}{dz}$, lembrando que C e D_{AB} são constantes porque T e P são constantes. Da equação de balanço de conservação de espécies, Equação (12.41) em regime permanente, coordenadas cilíndricas e em termos molares:

$$\frac{\partial C_A}{\partial t} + \left[\frac{1}{r}\frac{\partial}{\partial r}(rN_{A,r}) + \frac{1}{r}\frac{\partial N_{A,\theta}}{\partial \theta} + \frac{\partial N_{A,z}}{\partial z}\right] = R_A''' \rightarrow \frac{dN_{A,z}}{dz} = 0, \text{ assim:}$$

$$\frac{dN_{A,z}}{dz} = -CD_{AB}\frac{d}{dz}\left(\frac{1}{1-y_A}\frac{dy_A}{dz}\right) = 0, \text{ integrando indefinidamente duas vezes:}$$

$$\int d\left(\frac{1}{1-y_A}\frac{dy_A}{dz}\right) = 0\int dz \rightarrow \frac{1}{1-y_A}\frac{dy_A}{dz} = k_1 \rightarrow \int\frac{dy_A}{1-y_A} = k_1\int dz$$

$$\ln(1-y_A) = -k_1 z + k_2$$

O problema possui duas condições de contorno (CC):

CC_1: em $z = z_1,\ y_A = y_{A1}$

CC_2: em $z = z_2,\ y_A = y_{A2}$

Substituindo essas CC na equação: $\ln(1-y_A) = -k_1 z + k_2$

$$\left.\begin{matrix}\ln(1-y_{A1}) = -k_1 z_1 + k_2\\ \ln(1-y_{A2}) = -k_1 z_2 + k_2\end{matrix}\right\} \rightarrow \begin{matrix}k_1 = \dfrac{\ln\left(\dfrac{1-y_{A1}}{1-y_{A2}}\right)}{z_2 - z_1}\\ k_2 = \ln(1-y_{A1})\left(\dfrac{1-y_{A1}}{1-y_{A2}}\right)^{\frac{z_1}{z_2-z_1}}\end{matrix}$$

Substituindo as constantes k_1 e k_2 em: $\ln(1-y_A) = -k_1 z + k_2$, e, depois de algumas operações algébricas, obtém-se:

$$y_A = 1-(1-y_{A1})\left(\frac{1-y_{A2}}{1-y_{A1}}\right)^{\frac{z-z_1}{z_2-z_1}}$$

(b) O fluxo molar é obtido de: $N_{A,z} = -\frac{CD_{AB}}{1-y_A}\frac{d}{dz}\left[1-(1-y_{A1})\left(\frac{1-y_{A2}}{1-y_{A1}}\right)^{\frac{z-z_1}{z_2-z_1}}\right]$. Derivando e avaliando em z_1 ou em z_2,

obtém-se: $N_{A,z} = \frac{CD_{AB}}{z_2 - z_1}\ln\left(\frac{1-y_{A2}}{1-y_{A1}}\right)$. Pode-se notar nesta equação que o fluxo molar é constante em z.

A 30 °C (303,2 K), a concentração da mistura é:

$$C = \frac{p}{RT} = \frac{1}{82{,}05\times 303{,}2} = 4{,}02\times 10^{-5}\ \text{mol/cm}^3$$ (R = 82,05 cm³atm/molK constante universal dos gases ideais)

$D_{AB} = 0{,}292$ cm²/s a 313 K (Tab. 12.4), corrigindo para outra temperatura (Eq. 12.20)

$$D_{AB} = 0{,}292\left(\frac{303{,}2}{313}\right)^{1{,}75}\left(\frac{1}{1}\right) = 0{,}276\ \text{cm}^2/\text{s}$$

Na interface, $x_{A1} = 1$, $P_A^{vap} = 0{,}042$ atm (Tab. A.7 a 30 °C). Assim,

$$y_{A1} = \frac{P_A^{vap}}{P}x_{A1} = \frac{0{,}042}{1}(1) = 0{,}042$$

$$N_{A,z} = \frac{CD_{AB}}{z_2 - z_1}\ln\left(\frac{1-y_{A2}}{1-y_{A1}}\right) = \frac{4{,}02\times 10^{-5}(0{,}276)}{8-0}\ln\left(\frac{1-0{,}001}{1-0{,}042}\right)$$

$$N_{A,z} = 5{,}81\times 10^{-8}\ \text{mol/cm}^2\text{s}$$

$$n_{A,z} = N_{A,z}M_A = 5{,}81\times 10^{-8}(18) = 1{,}05\times 10^{-6}\ \text{g/cm}^2\text{s}$$

$$\dot{m}_{A,z} = n_{A,z}A = 1{,}05\times 10^{-6}\left(\frac{\pi 2^2}{4}\right)$$

$$\dot{m}_{A,z} = 3{,}3\times 10^{-6}\ \text{g/s}$$

EXEMPLO 12.7 Difusão pseudoestacionária em esfera

Uma esfera de naftaleno de 1 cm de diâmetro se encontra em ar estagnado a 30 °C e 0,82 atm, como indica a figura. Depois de 14 dias, seu diâmetro medido foi de 0,72 cm. Sabendo que sua massa molar é 128,2 g/mol, sua massa específica 1,14 g/cm³ (sólido), a fração molar de naftaleno ao longe é desprezível e que sua pressão de sublimação pode ser avaliada por $\log p = 10{,}56 - 3472/T$ com T (K) e p (mmHg), avalie a difusividade de naftaleno no ar assumindo difusão pseudoestacionária.

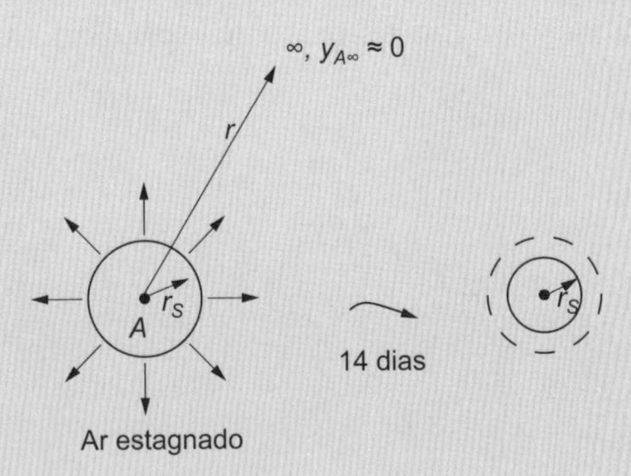

Solução:

Difusão pseudoestacionária leva em conta uma interface móvel mantendo as outras variáveis em regime permanente. O volume do naftaleno é de $\forall = 4\pi r_s^3/3$, em que r_s é o raio externo da esfera, o qual diminui no tempo. A vazão molar de naftaleno sendo sublimado na esfera é $W_{A,r} = -\frac{\rho_A}{M_A}\frac{d\forall}{dt}$. O sinal negativo é para obter uma vazão molar positiva, sendo que o volume diminui no tempo: $W_{A,r} = -4\pi r_s^2 \frac{\rho_A}{M_A}\frac{dr_s}{dt}$.

Por outro lado, no lado gasoso, o ar (B) mantém-se estagnado e, assim, o fluxo molar no raio r será: $N_{A,r} = -\frac{CD_{AB}}{1-y_A}\frac{dy_A}{dr}$. Da conservação de espécie em coordenadas esféricas e supondo que não existem fluxos nos sentidos angulares, havendo unicamente fluxo de A em r, sem reação química e em regime permanente:

$\frac{\partial C_A}{\partial t} + \left[\frac{1}{r^2}\frac{\partial}{\partial r}\left(r^2 N_{A,r}\right) + \frac{1}{r\text{sen}\theta}\frac{\partial}{\partial\theta}\left(\text{sen}\theta N_{A,\theta}\right) + \frac{1}{r\text{sen}\theta}\frac{\partial N_{A,\phi}}{\partial\phi}\right] = R_A'''$, obtém-se $\frac{d}{dr}\left(r^2 N_{A,r}\right) = 0$, então, a vazão molar será:

$W_{A,r} = N_{A,r}A = N_{A,r}\left(4\pi r^2\right) \equiv \text{cte}$, logo, substituindo o fluxo molar,

$W_{A,r} = -\left(\frac{4\pi r^2 CD_{AB}}{1-y_A}\right)\frac{dy_A}{dr} \rightarrow \frac{W_{A,r}}{4\pi CD_{AB}}\int_{r_s}^{\infty}\frac{dr}{r^2} = \int_{y_{As}}^{y_{A\infty}}\frac{dy_A}{y_A - 1}$. Integrando duas vezes, lembrando que C e D_{AB} são constantes porque a temperatura e a pressão são constantes, tem-se: $W_{A,r} = 4\pi r_s CD_{AB}\ln\left(\frac{1-y_{A\infty}}{1-y_{As}}\right)$. Igualando os termos de vazões molares no raio r_s:

$$-4\pi r_s^2\frac{\rho_A}{M_A}\frac{dr_s}{dt} = 4\pi r_s CD_{AB}\ln\left(\frac{1-y_{A\infty}}{1-y_{As}}\right) \rightarrow -\int_{r_{s0}}^{r_s} r_s dr_s = \frac{CD_{AB}M_A}{\rho_A}\ln\left(\frac{1-y_{A\infty}}{1-y_{As}}\right)$$

$$\frac{r_{s0}^2 - r_s^2}{2} = \frac{CD_{AB}M_A}{\rho_A}\ln\left(\frac{1-y_{A\infty}}{1-y_{As}}\right)(t - t_0)$$

$$C = \frac{p}{RT} = \frac{0{,}72}{82{,}05(303{,}2)} = 2{,}90\times10^{-5}$$

$$\log p_A^{vap} = 10{,}56 - 3472/T = 10{,}56 - 3472/303{,}2 \rightarrow p_A^{vap} = 0{,}1285 \text{ mmHg}$$

$$y_{As} = \frac{0{,}1285}{0{,}82(760)} = 2{,}1\times10^{-4},\ y_{A\infty} = 0$$

$$\frac{0{,}5^2 - 0{,}36^2}{2} = \frac{2{,}90\times10^{-5}D_{AB}128{,}2}{1{,}14}\ln\left(\frac{1-0}{1-2{,}1\times10^{-4}}\right)(14(3600) - 0)$$

$$D_{AB} = 0{,}073 \text{ cm}^2/\text{s}$$

12.3 Difusão em regime transiente

Em algumas situações, a difusão acontece de forma transiente, por exemplo, no caso de secagem, em que a massa de água se difunde do interior do sólido até a sua superfície e depois é transferida para o ar ambiente. A Figura 12.8 mostra duas situações em que (a) o processo é suposto ocorrer em regime permanente e (b) em regime transiente (a variação das concentrações no tempo pode apresentar diferente comportamento que aquele indicado nesse esquema). No primeiro caso, haverá variação da concentração no espaço e, no segundo, variação da concentração no espaço e no tempo.

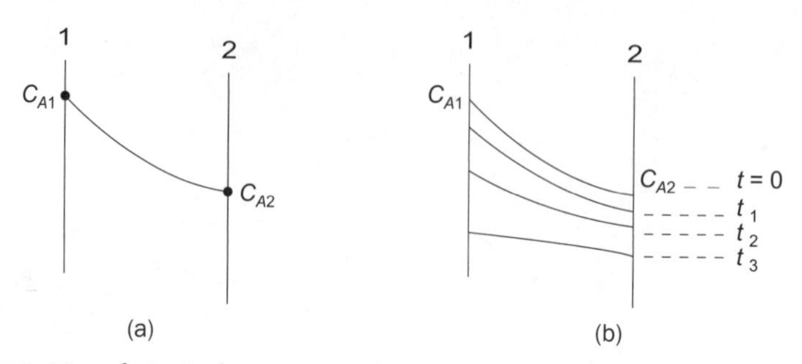

Figura 12.8 Transferência de massa em (a) regime permanente e (b) regime transiente.

Assumindo que o meio (solvente) está estagnado, $N_{BZ} = 0$, ter-se-á $N_{A,z} = -\dfrac{D_{AB}}{1-y_A}\dfrac{\partial C_A}{\partial z}$. Além disso, supondo que o soluto A está diluído, essa relação pode se expressar em função da difusividade efetiva (D_{ef}), como:

$$N_{A,z} = -D_{ef}\frac{\partial C_A}{\partial z} \tag{12.48}$$

De acordo com as relações de conservação de espécie A, em situações em que a temperatura e a pressão são constantes, a velocidade da mistura é desprezível (meio estagnado e soluto diluído) e sem reação química, obtém-se a Segunda Lei de Fick (Eq. 12.43):

$$\frac{\partial C_A}{\partial t} = D_{ef}\nabla^2 C_A \tag{12.49}$$

Essa equação pode ser resolvida analiticamente para algumas situações específicas de geometrias simples, como o caso de placa plana com difusão unidimensional que será tratado aqui.

A Figura 12.9 mostra uma placa plana de espessura $2a$ em que a concentração molar inicial de A é C_{A0}. Com o passar do tempo, essa concentração diminui. Na parede superficial externa, a concentração diminui até a condição de equilíbrio (C_{Ae}) com o meio externo adjacente, ar, por exemplo. Supõe-se desprezível o tempo para a parte externa atingir o equilíbrio. Note que o comportamento é simétrico referente ao plano central.

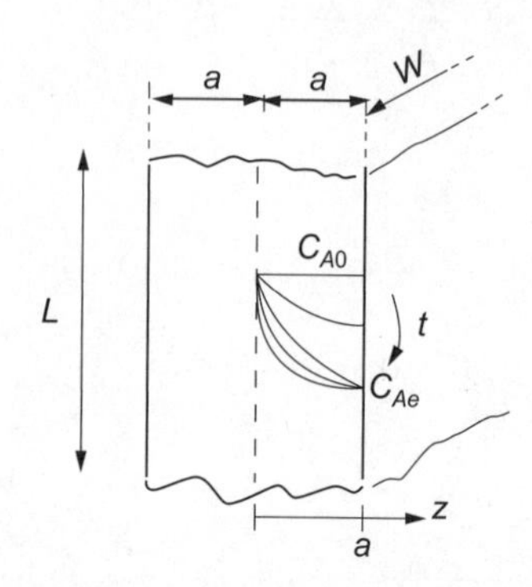

Figura 12.9 Perfil de concentração molar em secagem em regime transiente.

Na suposição de transferência de massa unidimensional em z, deve-se cumprir que L e $W \gg 16a$. O problema apresentado possui uma condição inicial e duas condições de contorno,

CI: $t=0,\ C_A = C_{A0}$ para qualquer z

CC$_1$: $t>0,\ z=0 \rightarrow \left.\dfrac{\partial C_A}{\partial z}\right|_{z=0} = 0$ (simetria, não há transferência de massa líquida em $z = 0$)

CC$_2$: $t>0,\ z=a \rightarrow C_A = C_{Ae}$ (a condição de equilíbrio em $z = a$ acontece rápido, face do processo de secagem).

Para resolver a Segunda Lei de Fick com a condição inicial e as de contorno mostradas, inicialmente define-se a concentração adimensional $\theta = \theta(z, t)$ como:

$$\theta = \frac{C_A - C_{Ae}}{C_{A0} - C_{Ae}} \tag{12.50}$$

Assim, a Segunda Lei de Fick pode ser expressa em termos dessa concentração adimensional:

$$\frac{\partial \theta}{\partial t} = D_{ef}\frac{\partial^2 \theta}{\partial z^2} \tag{12.51}$$

As novas condições inicial e de contorno serão:

CI: $t = 0,\ \theta = 1$ para qualquer z

CC$_1$: $t>0,\ z=0 \rightarrow \left.\dfrac{\partial \theta}{\partial z}\right|_{z=0} = 0$

CC$_2$: $t > 0,\ z = a \rightarrow \theta = 0$

A solução por separação de variáveis permite obter a distribuição da concentração,

$$\theta = \theta(\eta, Fo_m) = 2\sum_{n=0}^{\infty}\left[\frac{(-1)^n}{\gamma_n}\right]\cos(\eta\gamma_n)e^{-\gamma_n^2 Fo_m} \tag{12.52}$$

em que $\gamma_n = (2n+1)\pi/2,\ \eta = z/a,\ Fo_m = D_{ef}t/a^2$, que é o número de Fourier mássico. Se o tempo considerado for elevado, $Fo_m > 0,2$, a série pode ser truncada no primeiro termo, isto é, em $n = 0$; se o tempo for curto, $Fo_m < 0,2$, a série deve ser truncada no mínimo no terceiro termo (considerar no somatório $n = 0$, 1 e 2, no mínimo).

Como visto, a concentração (de água, p. ex.) varia com a posição e o tempo, porém, é possível definir uma concentração média de A, representativa do sólido, a qual varia unicamente com o tempo.

$$\overline{C}_A = \frac{\int_0^a C_A dz}{\int_0^a dz} = \frac{\int_0^a \left\{\dfrac{4(C_{A0} - C_{Ae})}{\pi}\sum_{n=0}^{\infty}\left[\dfrac{(-1)^n}{\gamma_n}\right]\cos(\eta\gamma_n)e^{-\gamma_n^2 Fo_m} + C_{Ae}\right\}}{\int_0^a dz}$$

Realizando essa integração, obtém-se:

$$\overline{\theta} = \frac{\overline{C}_A - C_{Ae}}{C_{A0} - C_{Ae}} = 2\sum_{n=0}^{\infty}\left(\frac{1}{\gamma_n^2}\right)e^{-\gamma_n^2 Fo_m} \tag{12.53}$$

O fluxo molar, $N_A = N_A(z, t)$, para qualquer posição (área transversal ao movimento do soluto) e tempo, pode ser obtida da Lei de Fick,

$$N_A = -D_{ef}\frac{\partial C_A}{\partial z} = -D_{ef}\frac{\partial}{\partial z}\left\{2\left(C_{A0} - C_A^e\right)\sum_{n=0}^{\infty}\left[\frac{(-1)^n}{\gamma_n}\right]\cos(z\gamma_n/a)e^{-\gamma_n^2 Fo_m} + C_A^e\right\}$$

De onde se obtém:

$$N_A = \frac{2D_{ef}\left(C_{A0} - C_{Ae}\right)}{a}\sum_{n=0}^{\infty}(-1)^n \operatorname{sen}(\gamma_n\eta)e^{-\gamma_n^2 Fo_m} \tag{12.54}$$

EXEMPLO 12.8 Difusão em regime transitório – secagem de madeira

Uma tábua quadrada de madeira de 50 cm de lado e 1 cm de espessura se encontra a 45 °C e 17 % de umidade ($w_A = m_A/m$). Essa tábua é submetida à secagem. Nas condições do ar em volta da madeira, a umidade de equilíbrio na superfície da madeira é de 9,5 %. Quanto tempo levará para que sua umidade média seja de 12 %, admitindo que a difusividade da água na madeira seja de 5,1 × 10⁻⁶ cm²/s?

Solução:

Na Equação (12.53) têm-se concentrações, não umidades. Assim, será necessário fazer uma mudança de variáveis nessa equação para umidades (mássicas) em base seca ($X_A = m_A/m_s$). É preferível trabalhar com essa variável à medida que a massa seca não muda ao longo do tempo.

$w_A = \dfrac{m_A}{m_A + m_s} = \dfrac{X_A m_s}{X_A m_s + m_s} = \dfrac{X_A}{X_A + 1}$, ou $X_A = \dfrac{w_A}{1 - w_A}$. Por outro lado,

$$\bar{\theta} = \frac{\bar{C}_A - C_{Ae}}{C_{A0} - C_{Ae}} = \frac{\bar{C}_A M_A/\rho_s - C_{Ae} M_A/\rho_s}{C_{A0} M_A/\rho_s - C_{Ae} M_A/\rho_s} = \frac{\bar{\rho}_A/\rho_s - \rho_{Ae}/\rho_s}{\rho_A/\rho_s - \rho_{Ae}/\rho_s} \approx \frac{\bar{X}_A - X_{Ae}}{X_{A0} - X_{Ae}}$$

O último termo é uma aproximação, já que, apesar de os volumes de mistura não serem iguais para cada caso, são próximos. Assim,

$$\bar{X}_A = \frac{\bar{w}_A}{1 - \bar{w}_A} = \frac{0,12}{1 - 0,12} = 0,1364$$

$$X_{Ae} = \frac{w_{Ae}}{1 - w_{Ae}} = \frac{0,095}{1 - 0,095} = 0,1050$$

$$X_{A0} = \frac{w_{A0}}{1 - w_{A0}} = \frac{0,17}{1 - 0,17} = 0,2048$$

Assumindo que $Fo_m > 0,2$, $\gamma_1 = [2(0)+1]\pi/2 = 1,57$

$\dfrac{0,1364 - 0,1050}{0,2048 - 0,1050} = 2\left(\dfrac{1}{1,57^2}\right)e^{-1,57^2 Fo_m}$, resolvendo essa equação, encontra-se que $Fo_m = 0,3843$, logo o tempo

será de $0,3843 = \dfrac{5,1 \times 10^{-6} t}{0,5^2}$.

$t = 18.838$ s (5h14min)

A hipótese de $Fo_m > 0,2$ foi correta. Caso o tempo considerado fosse menor, $Fo_m < 0,2$, deverão ser considerados pelo menos os três primeiros termos do somatório.

12.4 Transferência de massa por convecção

A transferência de massa por convecção se diferencia da transferência de massa por difusão (ou molecular): na primeira, o meio está em movimento natural ou forçado, e na segunda, a difusão acontece em meios, principalmente, quiescentes. Assim, na convecção, a transferência de massa acontece pelo gradiente de concentrações, bem como pelo movimento macroscópico do meio, e na difusão acontece, principalmente, pelo gradiente de concentrações.

Da mesma forma que a convecção de calor, a convecção mássica pode ser natural ou forçada. A convecção natural acontece quando o soluto causa uma variação da densidade suficiente para provocar movimentos convectivos do meio estagnado, e se o movimento do meio é provocado por forças externas (ventiladores, bombas, p. ex.) a convecção é dita forçada. De maneira geral, seja natural ou forçada, a transferência de massa da espécie A por convecção é definida de forma que:

$$n_A = k_m(\rho_{Ap} - \rho_{A\infty}) \tag{12.55}$$

em que k_m [m/s] é o coeficiente de transferência de massa por convecção da espécie A em um meio fluido (gás ou líquido), ρ_{Ap} é a concentração mássica de A na parede (líquida, estagnada ou em movimento, ou sólida) e $\rho_{A\infty}$ é a concentração mássica de A longe dessa parede. A diferença de concentrações é a responsável pela transferência de massa, sendo esta transferida da região de maior concentração para a de menor concentração. A Equação (12.55) pode ser expressa também em base molar.

Fenômenos de transferência de massa por convecção e difusão muitas vezes atuam de forma combinada em meios diferentes. Por exemplo, no processo de secagem de grãos, a difusão de água atua no interior do grão (sólido), enquanto o vapor de água é transferido de forma convectiva para o ar na superfície do grão.

A convecção mássica acontece de forma análoga à transferência de calor por convecção e pode ser explicada por meio do conceito de camada-limite de concentração, como ilustrado na Figura 12.10.

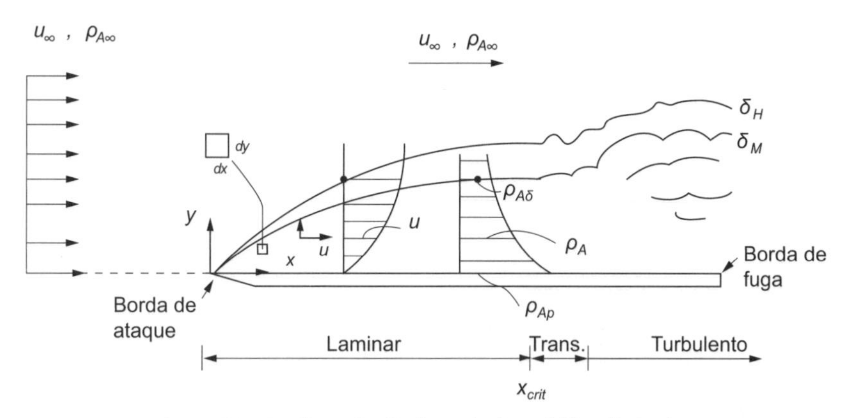

Figura 12.10 Camada-limite mássica e hidrodinâmica.

Com relação à Figura 12.10, o fluido antes da placa (a montante) possui uma velocidade u_∞ e concentração mássica de A, $\rho_{A\infty}$ (que pode ser nula). Ao chegar na placa, formam-se as camadas-limite hidrodinâmica e a mássica, sendo que a primeira se forma em razão da viscosidade do fluido e a última, em função da diferença de concentrações de A do fluido, ao longe e na superfície da placa. A camada-limite mássica de A é a região do fluido perpendicular à placa até onde a concentração mássica de A é $\rho_{A\delta}$, tal que $(\rho_{A\delta} - \rho_{Ap})/(\rho_{A\infty} - \rho_{Ap}) = 0{,}99$. Nessa figura, como $\rho_{Ap} > \rho_{A\infty}$, haverá transferência de massa de A da placa até o fluido. O contrário acontece se $\rho_{Ap} < \rho_{A\infty}$. A placa representa uma superfície sólida ou a de um líquido. A camada-limite inicia como laminar, e se a placa é suficientemente longa, em que $Re_{x,crit} = u_\infty x_{crit}/\upsilon > 5\times10^5$ (por vezes, também se usa 3×10^5), acontece a transição e depois passa para camada-limite turbulenta. Evidentemente, havendo diferença de temperaturas, haverá também a formação da camada-limite térmica.

Uma das diferenças na análise de transferência de massa em comparação à transferência de calor pura se refere à velocidade média do fluido junto à placa na direção y, denotada como v, a qual não é nula, justamente por existir transferência de massa da espécie A. Em convecção mássica, talvez o parâmetro mais importante seja o coeficiente de transferência de massa por convecção (k_m), o qual pode ser obtido por meio da solução da camada-limite mássica (caso laminar). A seguir, é indicada a solução da camada-limite mássica para o caso laminar, a qual considera: regime permanente, fluido newtoniano e incompressível, efeitos da gravidade desprezíveis, sem resistência à transferência de massa na interface, sem reação química no meio, escoamento bidimensional, propriedades de transporte constantes e que $\partial^2\rho_A/\partial y^2$ é muito maior que $\partial^2\rho_A/\partial x^2$. O balanço global de massa total no elemento diferencial (ver Fig. 12.10) na camada-limite sob as considerações mencionadas fornece a seguinte relação:

$$\frac{\partial u}{\partial x} + \frac{\partial v}{\partial y} = 0 \tag{12.56}$$

O balanço de massa da espécie A no volume de controle diferencial usando a Equação (12.41) permite encontrar que:

$$u\frac{\partial \rho_A}{\partial x} + v\frac{\partial \rho_A}{\partial y} = D_{AB}\frac{\partial^2 \rho_A}{\partial y^2} \tag{12.57}$$

Como mencionado, o transporte de massa de A na direção y faz com que a velocidade v seja diferente de zero. Porém, em situações de baixa transferência de massa, é possível considerar essa velocidade muito baixa ou desprezível ($v \approx 0$). Em decorrência, as condições de contorno para resolver as Equações (12.56) e (12.57) são:

CC_1: $y = 0 \rightarrow u = 0$

CC_2: $y = 0 \rightarrow v \approx 0$

CC_3: $y \rightarrow \infty \rightarrow u = u_\infty$

CC_4: $y = 0 \rightarrow \rho_A = \rho_{Ap}$

CC_5: $y \rightarrow \infty \rightarrow \rho_A = \rho_{A\infty}$

as quais possuem uma solução análoga à de Blasius (ver Ap. B.1), em que o gradiente de concentração em $y = 0$ é:

$$\left.\frac{\partial \rho_A}{\partial y}\right|_{y=0} = \frac{0{,}332(\rho_{A\infty} - \rho_{Ap})Re_x^{1/2}Sc^{1/3}}{x} \tag{12.58}$$

sendo Sc o número de Schmidt (análogo ao número de Prandtl na transferência de calor), definido como:

$$Sc = \frac{\upsilon}{D_{AB}} \tag{12.59}$$

Da Equação (12.34), em que $v \approx 0$, o fluxo mássico de A na parede será:

$$n_{Ap} = -D_{AB}\left.\frac{\partial \rho_A}{\partial y}\right|_{y=0} \tag{12.60}$$

Assim,

$$n_{Ap} = \frac{0{,}332 D_{AB}(\rho_{Ap} - \rho_{A\infty})Re_x^{1/2}Sc^{1/3}}{x} \tag{12.61}$$

Observe que o fluxo mássico de A possui o formato $n_{Ap} = \frac{\text{const}}{x^{2/3}}$, sendo infinitamente grande no início e depois diminui, como indica o esquema da Figura 12.11.

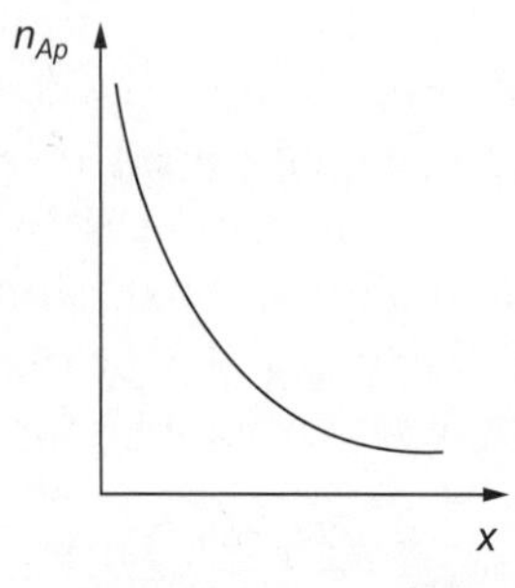

Figura 12.11 Comportamento do fluxo de massa local.

Igualando a definição da transferência de massa por convecção, Equação (12.55) de forma local, com a Equação (12.61), obtém-se o coeficiente local de transferência de massa por convecção de A,

$$k_{mx}(\rho_{Ap}-\rho_{A\infty})=\frac{0,332D_{AB}(\rho_{Ap}-\rho_{A\infty})Re_x^{1/2}Sc^{1/3}}{x}$$

$$k_{mx}=0,332D_{AB}\frac{Re_x^{1/2}}{x}Sc^{1/3} \qquad (12.62)$$

Define-se o número de Sherwood local (análogo ao número de Nusselt na transferência de calor) por:

$$Sh_x=\frac{k_{mx}x}{D_{AB}} \qquad (12.63)$$

Assim, nesse caso,

$$Sh_x=\frac{x}{D_{AB}}0,332D_{AB}\frac{Re_x^{1/2}}{x}Sc^{1/3}$$

$$Sh_x=0,332Re_x^{1/2}Sc^{1/3} \qquad (12.64)$$

Geralmente se está interessado em valores médios para a placa inteira de comprimento L, assim o coeficiente médio de transferência de massa por convecção será $k_m=\frac{1}{L}\int_0^L k_{mx}dx$. Substituindo a Equação (12.62) na expressão anterior e realizando a integral, obtém-se:

$$\bar{k}_m=0,664D_{AB}\frac{Re_L^{1/2}}{L}Sc^{1/3} \qquad (12.65)$$

O número de Sherwood médio para a placa inteira de comprimento L é definido como:

$$\overline{Sh}_L=\frac{\bar{k}_m L}{D_{AB}} \qquad (12.66)$$

Substituindo o coeficiente de transferência de massa da Equação (12.65), obtém-se:

$$\overline{Sh}_L=0,664Re_L^{1/2}Sc^{1/3} \qquad (12.67)$$

A vazão mássica total da espécie A transferida será:

$$\dot{m}_A=\bar{k}_m A(\rho_{Ap}-\rho_{A\infty}) \qquad (12.68)$$

sendo A a área de troca mássica.

A espessura da camada-limite mássica laminar depende da posição analisada. Essa espessura também é análoga à de transferência de calor, sendo definida como:

$$\delta_M=\frac{4,91x}{Re_x^{1/2}Sc^{1/3}} \qquad (12.69)$$

12.5 Analogia de Chilton-Colburn (1934)

Como visto, há algumas similaridades entre a transferência de massa e a de calor, sendo que esta última possui similaridade com a transferência de quantidade de movimento. Essas similaridades servem para prever coeficientes de transferência de massa conhecendo os de calor ou de atrito, nos quais deve ser observado que: não existe massa nem energia térmica produzidas ou consumidas dentro do meio; não se considera a troca de energia radiante; há baixa transferência de massa tal que o perfil de velocidade não é afetado; e consideram-se as propriedades de transporte constantes. É importante notar que, para aplicar a similaridade, as condições de contorno térmica e mássica devem ser análogas. Sob essas restrições é válida a *analogia de Chilton-Colburn*, que pode ser usada em gases e líquidos com $0,6 < Sc < 2500$, tanto para situações locais quanto em médias.

$$j_M = \frac{\overline{k}_m}{u_\infty} Sc^{2/3} = \frac{\overline{C}_{f,L}}{2} \tag{12.70}$$

em que j_M é o fator j para transferência de massa, que, segundo Chilton-Colburn (1934), é igual à analogia em transferência de calor (Eq. 5.55) e pode ser usada para cálculos de projetos. Além disso, é válida para várias geometrias como: escoamento paralelo à placa plana (laminar e turbulento), escoamento plenamente desenvolvido dentro de tubos, escoamento externo em tubos e em banco de tubos.

Por exemplo, os coeficientes local e médio de transferência de massa por convecção para escoamento puramente turbulento, em analogia com os de transferência de calor, são:

$$Sh_x = 0,0296 Re_x^{0,8} Sc^{1/3} \tag{12.71}$$

e

$$\overline{Sh}_L = 0,0365 Re_L^{0,8} Sc^{1/3} \tag{12.72}$$

12.6 Correlações de transferência de massa

Alguns estudos experimentais específicos foram desenvolvidos para certas geometrias, como o caso de escoamento interno. Essa correlação é parecida com a de Dittus-Boelter e foi desenvolvida por Linton e Sherwood (1950) para escoamento interno turbulento em tubo circular de diâmetro interno, d_i, a qual é indicada na Equação (12.73) válida para soluções líquidas diluídas com $2000 < Re_D < 35.000$ e $1000 < Sc < 2260$.

$$\overline{Sh}_D = \frac{\overline{k}_m d_i}{D_{AB}} = 0,023 Re_D^{0,83} Sc^{1/3} \tag{12.73}$$

Em caso de superfície externa a um cilindro (com diâmetro externo d_0) sublimando, Bedingfield e Drew (1950) propuseram a seguinte correlação válida para $400 < Re_D < 25.000$ e $0,6 < Sc < 2,6$.

$$\overline{Sh}_D = \frac{\overline{k}_m d_o}{D_{AB}} = 0,281 Re_D^{0,6} Sc^{0,44} \tag{12.74}$$

Para esferas isoladas (não agrupadas) de diâmetro externo d_0, o número de Sherwood para correntes gasosas na faixa $2 < Re_D < 800$ e $0,6 < Sc < 2,7$ foi proposto por Fröessling (1939):

$$\overline{Sh}_D = \frac{\overline{k}_m d_o}{D_{AB}} = 2 + 0,552 Re_D^{1/2} Sc^{1/3} \tag{12.75}$$

Já para correntes líquidas é recomendado o número de Sherwood dado por Garner e Suckling (1958):

$$\overline{Sh}_D = \frac{\overline{k}_m d_o}{D_{AB}} = 2 + 0,95 Re_D^{0,5} Sc^{0,33} \tag{12.76}$$

válido para $100 < Re_D < 700$ e $100 < Re_D^{0,5} Sc^{0,33} < 300$.

EXEMPLO 12.9 Convecção mássica em placa plana

Uma corrente de ar a 30 °C, 95 kPa, velocidade de 1,5 m/s e umidade relativa $\phi = 60\,\%$ ($\phi = p_{A\infty}/p_A^{vap}$) escoa sobre uma placa plana de 50 cm de comprimento e 20 cm de largura coberta por uma fina camada de água. Avalie a espessura da camada-limite mássica ao fim da placa, o número de Sherwood médio, o coeficiente médio de transferência de massa e a vazão mássica total de vapor de água transferido para o ar. Assuma que a massa molar do ar seco é de 28,85 g/mol e que a viscosidade cinemática média, de 0,167 cm²/s.

Solução:

A pressão de vapor ou de saturação a 30 °C é de 4,2 kPa (Tab. A.7).

$y_A^{vap} = \dfrac{p_A^{vap}}{p} = \dfrac{4,2}{95} = 0,0442$, essa será também a fração molar do vapor de água na fase gasosa na interface líquido-gás.

A umidade relativa (ϕ) pode ser expressa em termos de frações molares:

$$\phi = \frac{p_{A\infty}}{p_A^{vap}} = \frac{p_{A\infty}/p}{p_A^{vap}/p} = \frac{y_{A\infty}}{y_A^{vap}}$$

$$y_{A\infty} = \phi y_A^{vap} = 0,6 \times 0,0442 = 0,0265$$

A viscosidade depende da concentração dos componentes e, como a concentração da água varia desde a parede até o escoamento livre, geralmente é considerado seu valor médio. Neste exemplo, a viscosidade é dada; assim,

$$Re_L = \frac{u_\infty L}{\upsilon} = \frac{150 \times 50}{0,167} = 44.910 \text{ (laminar)}$$

A difusividade do vapor de água no ar seco é obtida da Tabela 12.3:

$$D_{AB} = 0,292\left(\frac{303,2}{313}\right)^{1,75}\left(\frac{101,3}{95}\right) = 0,295 \text{ cm}^2/\text{s}$$

$$Sc = \frac{\upsilon}{D_{AB}} = \frac{0,167}{0,295} = 0,5661$$

Espessura da CLM no bordo de fuga:

$$\delta_M = \frac{4,91x}{Re_x^{1/2} Sc^{1/3}} = \frac{4,91 \times 50}{44.910^{1/2} 0,5661^{1/3}} = 1,4 \text{ cm}$$

Número de Sherwood médio:

$$Sh_L = 0,664 Re_L^{1/2} Sc^{1/3} = 0,664 \times 44.910^{1/2} \times 0,5661^{1/3} = 116,4$$

Coeficiente médio de transferência de massa:

$$Sh_L = \frac{k_m L}{D_{AB}} \quad \rightarrow \quad k_m = Sh_L \frac{D_{AB}}{L} = 116,4 \frac{0,295}{50} = 0,687 \text{ cm/s}$$

Vazão mássica de vapor de água transferida ao ar:
Será necessário conhecer as concentrações da água na interface e ao longe.

$$w_A = y_A \frac{M_A}{M}, \quad \rho = \frac{pM}{RT} \quad \rightarrow \rho_A = w_A \rho = y_A \frac{M_A}{M}\frac{pM}{RT} \quad \rightarrow \quad \rho_A = y_A \frac{pM_A}{RT}$$

$$\rho_{Aw} = 0,0442 \frac{95(18)}{8,314(303,2)} = 0,030 \text{ kg/m}^3$$

$$\rho_{A\infty} = 0,0265 \frac{95(18)}{8,314(303,2)} = 0,018 \text{ kg/m}^3$$

$$\dot{m}_A = k_m A(\rho_{Aw} - \rho_{A\infty}) = 0,00687(0,5 \times 0,2)(0,03 - 0,018)$$

$$\dot{m}_A = 0,0082 \text{ g/s}$$

12.7 Transferência de massa no interior de tubos

Um tubo com concentração constante de A na sua parede, ρ_{Ap}, é submetido à transferência de massa. Na entrada do tubo, a concentração de A no escoamento é ρ_{Ae} e na saída é ρ_{As}, como indicado na Figura 12.12. Em caso que $\rho_{Ae} < \rho_{As} < \rho_{Ap}$, haverá transferência de massa de A da parede do tubo até o fluido. A análise para a transferência de massa é análoga à de calor.

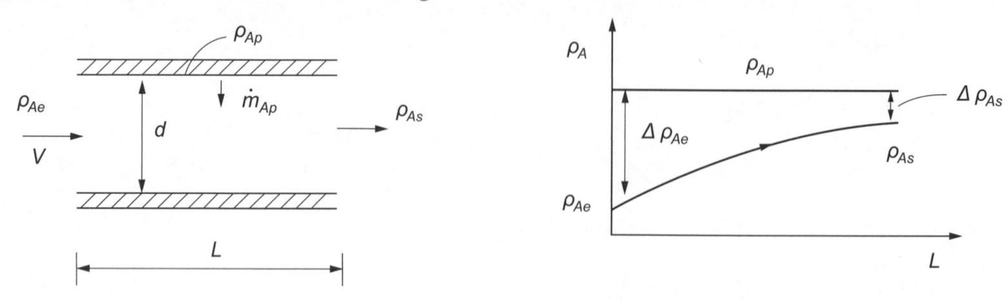

Figura 12.12 Transferência de massa no interior de tubo com concentração de parede constante.

Por conservação da massa de A, a taxa de massa transferida ao fluido é:

$$\dot{m}_{Ap} = \dot{m}_{As} - \dot{m}_{Ae} \tag{12.77}$$

A taxa de massa transferida também será igual a:

$$\dot{m}_{Ap} = \overline{k}_m A_p \times DMCL \tag{12.78}$$

em que A_p é a área de transferência de massa. Vamos chamar o potencial que promove a transferência de massa de *diferença média logarítmica de concentrações* (*DMLC*) em analogia à *DMLT* (ver Seção 6.3). Tendo por base a Figura 12.12, pode-se definir a *DMCL* como:

$$DMLC = \frac{\Delta\rho_{Ae} - \Delta\rho_{As}}{\ln \Delta\rho_{Ae} / \Delta\rho_{As}} \tag{12.79}$$

EXEMPLO 12.10 Convecção mássica no interior de tubo

Ar é umedecido no interior de um tubo de 6 cm de diâmetro. A parede do tubo está coberta por uma fina camada de água a 60 °C. O ar entra no tubo com umidade relativa de ϕ = 25 %, velocidade de 7 m/s, temperatura e pressão de 60 °C e 1 atm, respectivamente, e sai com 75 % de umidade relativa. Assumindo regime permanente, avalie a taxa de evaporação da água e o comprimento do tubo necessário nessa aplicação.

Solução:

A 60 °C, a pressão de vapor da água é $p_A^{vap} = 19,94$ kPa (Tab. A.7), logo as pressões parciais de vapor na entrada e na saída serão:

$$p_{Ae} = \phi_e \times P_A^{vap} = 0,25 \times 19,94 = 5,0 \text{ kPa}$$

$$p_{As} = \phi_s \times P_A^{vap} = 0,75 \times 19,94 = 15 \text{ kPa}$$

As concentrações do vapor de água na entrada, na saída e na parede molhada serão:

$$\rho_{Ae} = \frac{p_{Ae} M_A}{RT} = \frac{5 \times 18}{8,314 \times 333,2} = 0,03249 \text{ kg/m}^3$$

$$\rho_{As} = \frac{p_{As} M_A}{RT} = \frac{15 \times 18}{8,314 \times 333,2} = 0,09747 \text{ kg/m}^3$$

$$\rho_{Ap} = \frac{p_{Ap} M_A}{RT} = \frac{19,94 \times 18}{8,314 \times 333,2} = 0,12956 \text{ kg/m}^3$$

$$\Delta\rho_{Ae} = \rho_{Ap} - \rho_{Ae} = 0{,}12956 - 0{,}03249 = 0{,}09707 \text{ kg/m}^3$$
$$\Delta\rho_{As} = \rho_{Ap} - \rho_{As} = 0{,}12956 - 0{,}09738 = 0{,}03209 \text{ kg/m}^3$$

A vazão mássica evaporada será: $\dot{m}_{Ap} = \dot{m}_{As} - \dot{m}_{Ae} = VA(\rho_{As} - \rho_{Ae})$

$$\dot{m}_{Ap} = 7 \times \pi \frac{0{,}06^2}{4}(0{,}09747 - 0{,}03249) = 1{,}285 \times 10^{-3} \text{ kg/s ou } 4{,}6 \text{ kg/h}$$

$$DMCL = \frac{0{,}09707 - 0{,}03209}{\ln(0{,}09707/0{,}03209)} = 0{,}05871 \text{ kg/m}^3$$

Assumindo como desprezível a influência da água na viscosidade do ar, da Tabela A.7, $\upsilon = 1{,}896 \times 10^{-5}\text{ m}^2/\text{s}$

$$Re_D = \frac{Vd}{\upsilon} = \frac{7 \times 0{,}06}{1{,}896 \times 10^{-5}} = 22.152 \text{ (turbulento)}$$

Da Tabela 12.4, a 313 K, $D_{AB} = 2{,}92 \times 10^{-5}\text{ m}^2/\text{s}$, corrigindo pela Equação (12.20):

$$D_{AB} = 2{,}92 \times 10^{-5}\left(\frac{333{,}2}{313}\right)^{1{,}75}\left(\frac{1}{1}\right) = 3{,}26 \times 10^{-5} \text{ m}^2/\text{s}$$

$$Sc = \frac{\upsilon}{D_{AB}} = \frac{1{,}896 \times 10^{-5}}{3{,}26 \times 10^{-5}} = 0{,}5816$$

O número de Sherwood é avaliado pela Equação (12.72):

$$\overline{Sh}_D = 0{,}023 \times 22.152^{0{,}83} \times 0{,}5816^{1/3} = 77{,}6$$

O coeficiente médio de transferência de massa por convecção:

$$\bar{k}_m = \frac{\overline{Sh}_D D_{AB}}{d_i} = \frac{77{,}6 \times 3{,}26 \times 10^{-5}}{0{,}06} = 0{,}042 \text{ m/s}$$

O comprimento necessário será: $\dot{m}_{Ap} = \bar{k}_m A_p \times \text{DMCL}$

$$1{,}285 \times 10^{-3} = 0{,}042 \times \pi \times 0{,}06L \times 0{,}05871$$
$$L = 2{,}8 \text{ m}$$

Muitos equipamentos industriais, como as torres de resfriamento e condensadores evaporativos, envolvem o processo de transferência de massa por meio da evaporação da água para o ar atmosférico. O processo evaporativo da água para uma corrente de ar é muito efetiva no rebaixamento da temperatura da água e o estudo desse processo é um dos objetos da Psicrometria. Uma obra específica sobre o assunto com a teoria e informações de processos que envolvem a mistura ar seco e vapor de água é a da referência Simões Moreira e Hernandez Neto (2019).

Referências

Bedingfield, C. H.; Drew, T. B. Analogy between heat transfer and mass transfer. *Ind. Eng. Chem.*, v. 42, p. 1164-1173, 1950.

Brakel, J. V. Pore space models for transport phenomena in porous media review and evaluation with special emphasis on capillary liquid transport. *Powder Technology*, v. 11, p. 205-236, 1975.

Chilton, T. H.; Colburn, A. P. Mass transfer (absorption) coefficients prediction from data on heat transfer and fluid friction. *Ind. Eng. Chem.*, v. 26, n. 11, p. 1183-1187, 1934.

Colburn, A. P. A method of correlating forced convection heat transfer data and a comparison with fluid friction. *Trans. Amer. Inst. Chem. Engrs.*, v. 29, p. 174-210, 1933.

Epstein, N. On tortuosity and the tortuosity factor in flow and diffusion through porous media. *Chemical Engineering Science*, v. 44, p. 777-779, 1989.

Fairbanks, D. F.; Wilke, C. R. Diffusion coefficients in multicomponent gas mixtures. *Industrial & Engineering Chemistry*, v. 42, p. 471-475, 1950.
Foust, A. S.; Wenzel, L. A.; Clump, C. W. *et al*. *Operações unitárias*. 2. ed. México: Compañia Editorial Continental, 2006.
Fröessling, N. The evaporation of falling drops. *Gerlands Beitr. Geophys*, v. 52, p.120, 1938.
Fuller, E. N.; Schettler, P. D.; Giddings, J. C. A new method for prediction of binary gas-phase diffusion coefficients. *Ind. Eng. Chem.*, v. 58, n. 5, p. 18-27, 1966.
Garner, F. H.; Suckling, R. D. Mass transfer from a soluble solid sphere. *AIChE Journal*, v. 4, p. 114-124, 1958.
Leffler, J.; Cullinan, H. T. Variation of liquid diffusion coefficients with composition, *Industrial & Engineering Chemistry Fundamentals*, v. 9, p. 84-88, 1970.
Linton, W. H.; Sherwood, T. K. Mass transfer from solid shapes to water in streamline and turbulent flow. *Chem. Eng. Progr.*, v. 46, p. 258, 1950.
NR – Norma Regulamentadora nº 15. Atividades e operações insalubres, anexo 13A. Disponível em: https://www.gov.br/trabalho/pt-br/inspecao/seguranca-e-saude-no-trabalho/normas-regulamentadoras/NR15_Anexo_13A.pdf. Acesso em: 29 jun. 2021.
Reid, R. C.; Prausnitz, J. M.; Poling, B. E. *The properties of gases & liquids*. 4. ed. New York: McGraw-Hill, 1987.
Simões Moreira, J. R.; Hernandez Neto, A. *Fundamentos e Aplicações da Psicrometria*. 2ª ed. São Paulo: Ed. Blucher, 2019.
Smith, J. M.; van Ness, H. C.; Abbott, M. M. *Introdução à termodinâmica da engenharia química*. 7. ed. Rio de Janeiro: LTC, 2007.
Vlack, V. *Princípios da ciência dos materiais*. São Paulo: Edgard Blucher, 1970.
Wang, Z.; Liu, J.; Huang, F. *et al*. Hydrogen diffusion and its effect on hydrogen embrittlement in DP steels with different martensite content. *Frontiers in Materials*, v. 7, 620000, 2020.
Wilke, C. R.; Chang, P. Correlation of diffusion coefficients in dilute solutions. *AIChE Journal*. v. 1, n. 2, p. 264-270, 1955.

Problemas propostos

12.1 A pressão de um gás é de 200 kPa e possui a seguinte composição molar: 60 % de N_2, 21 % de O_2, 15 % de CO_2, 3 % de CO e 1 % de H_2O, avalie: (a) as frações mássicas e (b) as pressões parciais de cada gás.

12.2 Avalie o coeficiente de difusão mássica em gases para os sistemas a 1 atm de pressão total (a) hidrogênio (H_2) em oxigênio (O_2) a 55 °C e (b) benzeno em N_2 a 40 °C.

12.3 A partir de valores experimentais de coeficientes de difusão em gases (ver Tab. 12.4) encontre os coeficientes de difusão para: (a) SF_6 em N_2 a 80 °C e 2 atm, (b) CO_2 em N_2 a 45 °C e 95 kPa.

12.4 Para o sistema de gases com composição mássica de 65 % de N_2, 25 % de CO_2 e 10 % de O_2, avalie o coeficiente de difusão do O_2 na mistura, se o sistema está a 1 atm e 30 °C.

12.5 Avalie o coeficiente de difusão de uma mistura líquida de CCl_4 diluído em hexano a 1,1 atm e a (a) 15 °C e (b) 50 °C, sabendo que a viscosidade da mistura é $0{,}3348 \times 10^{-3}$ kg/ms a 15 °C e $0{,}2350 \times 10^{-3}$ kg/ms a 50 °C. Considere também que o volume normal líquido de CCl_4 é de 102 cm³/mol e que o fator de associação do hexano é 1.

12.6 Determine o coeficiente de difusão líquida de etanol em água, considerando a fração molar do etanol de 0,35, e que o sistema se encontra a 40 °C e 1,2 atm. O fator termodinâmico pode ser avaliado por $\alpha = 1 - \dfrac{3{,}9358 x_A x_B}{(0{,}9609 x_A + 1{,}4599 x_B)^3}$.

As viscosidades de substâncias líquidas puras podem ser obtidas a partir da equação de ajuste de Vogel: $\ln\mu = A + \dfrac{B}{C+T}$, com T em K e μ em 10^{-3} Pa·s (mPa·s); já as constantes são encontradas na seguinte tabela:

Substância	A	B	C
Etanol	-3,7188	578,919	-137,546
Água	-7,37146	2770,25	74,6787

A viscosidade da mistura etanol e água nessas condições é de $1{,}416 \times 10^{-3}$ Pa·s.

12.7 Avalie o coeficiente de difusão de sólidos nas temperaturas de 25 °C e 700 °C para: (a) carbono em α-Fe, (b) carbono em γ-Fe, (c) ferro em α-Fe e (d) níquel em γ-Fe.

12.8 Um cilindro de níquel de 10 cm de diâmetro externo, 50 cm de altura e 2,1 mm de espessura é usado para armazenar hidrogênio a 85 °C e 280 kPa. Avalie (a) a taxa de perda de hidrogênio, sabendo que sua difusividade mássica é de $1{,}2 \times 10^{-8}$ cm²/s e que a concentração de hidrogênio na parede interna é $C_A = Sp_A$ (ver Tab. A.13 do Apêndice A), sendo S sua solubilidade; a concentração na parede externa pode ser desprezada. (b) Qual porcentagem da massa de hidrogênio será perdida em uma semana?

12.9 Metanol é colocado em um frasco de vidro de 5 cm de diâmetro e 10 cm de altura, preenchendo-o até uma altura de 2 cm. O sistema está em um ambiente de ar a 30 °C e 1 atm. Sabendo que a difusividade mássica do vapor de metanol em ar a 25 °C e 1 atm é de 0,162 cm²/s, $\rho_A = 0{,}782$ g/cm³ (líquido) e que a pressão de vapor do metanol a 30 °C é de 38 kPa, avalie: (a) a taxa de metanol evaporado, assumindo regime permanente e concentração zero na parte superior do tubo e (b) o tempo necessário para que todo o metanol seja transferido ao ambiente e (c) supondo regime pseudoestacionário, avalie o item (b).

12.10 Para afugentar baratas de um recinto recém-comprado, foram colocadas esferas sólidas de naftaleno de 15 mm de diâmetro em vários cômodos da casa onde o ar está estagnado a 25 °C e 1 atm. A densidade do naftaleno sólido é de 1,16 g/cm³, sua massa molar de 128,2 kg/kmol, sua pressão de sublimação vale $\log p = 10{,}56 - 3472/T$, T em K e p em torr, a difusividade mássica é de 0,070 cm²/s e, ao longe, sua fração molar é de 3 % do valor da interface sólido-ar. Estime: (a) o tempo necessário para que seu diâmetro seja reduzido para 5 mm e (b) a vazão mássica do naftaleno sublimando no início e quando seu diâmetro for 5 mm. Suponha que os gases se comportam como ideais.

12.11 Em um processo de secagem, uma placa de madeira de 1 cm × 50 cm × 100 cm a 50 °C e 1 atm possui uma umidade inicial de 20 %, sua difusividade mássica efetiva é de $5{,}2 \times 10^{-6}$ cm²/s e sua umidade de equilíbrio, de 9,5 %. Quando sua umidade média for de 15 %, avalie a umidade (a) no centro da placa e (b) a 0,2 cm da borda da placa.

12.12 Um gel circular de 5 cm de diâmetro e 0,4 cm de espessura contém um soluto na sua matriz. O gel está imerso em um líquido que também possui esse soluto em maior concentração que no gel. Assim, o soluto irá se difundir, preferencialmente, pelas partes planas do gel. A concentração inicial do soluto no gel é de 20 mol/(L de gel), a difusividade mássica do soluto no gel é de $3{,}6 \times 10^{-7}$ cm²/s e a concentração de equilíbrio do soluto na superfície do gel é de 75 mol/(L de gel). Avalie: (a) o tempo necessário para que a concentração do soluto na superfície central do gel (paralelo às faces) seja de 50 mol/(L de gel) e (b) nesse momento do item (a) determine a concentração média do soluto no gel.

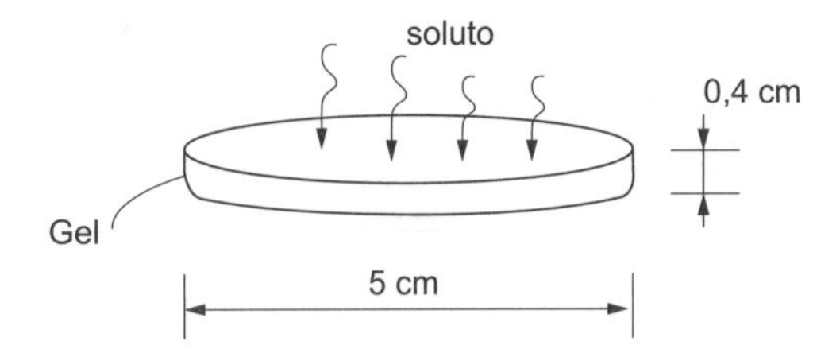

12.13 Em um experimento de secagem, arroz de 2 mm de diâmetro e umidade em base seca de 0,30 é colocado em contato com ar seco a 55 °C e 1 atm. Nessas condições, sua umidade de equilíbrio em base seca é de 0,038. Se depois de 1 h de secagem, sua umidade média em base seca é de 0,15, avalie o coeficiente de difusão da água no arroz. Considere o arroz um cilindro de comprimento infinito e, nessas condições, a umidade média adimensional pode ser avaliada por: $\bar{\theta} = 4\sum_{n=1}^{\infty}\frac{1}{\gamma_n^2}e^{-\gamma_n^2 Fo_m}$, em que os seis primeiros coeficientes γ são: $\gamma_1 = 2{,}4048$, $\gamma_2 = 5{,}5201$, $\gamma_3 = 8{,}6537$, $\gamma_4 = 11{,}7915$, $\gamma_5 = 14{,}9309$ e $\gamma_6 = 18{,}0711$ e $Fo_m = \frac{D_{ef}t}{R^2}$.

12.14 Uma placa de 1 m de comprimento está molhada por água a 30 °C. Ar na mesma temperatura, 1 atm e 4 m/s passa sobre a placa. Assumindo a viscosidade υ do ar puro (Tab. A.5), encontre o número de Sherwood e o coeficiente de transferência de massa local na metade e ao fim da placa, bem como seus valores médios para toda a placa.

12.15 Uma quadra de basquete de 28 m × 15 m foi molhada por água de chuva a 35 °C em uma espessura de 0,5 mm. Um vento forte e constante de 10 m/s a 35 °C e 1 atm sopra sobre a superfície no sentido dos 15 m. Assumindo que esse vento está seco e que existe um gerador de turbulência na borda de ataque, determine o tempo necessário para secar a quadra. Pode-se usar a analogia com a correlação de transferência de calor.

12.16 Uma esfera de naftaleno 19 mm de diâmetro está suspensa por onde passa ar a 25 °C, 1 atm e 0,6 m/s. Avalie a taxa de sublimação do naftaleno no ar, considerando que, ao longe, sua concentração é desprezível. Considere a massa molar do naftaleno de 128,2 kg/kmol, sua pressão de $\log p = 10{,}56 - 3472/T$, T em K e p em Torr, considere sua difusividade mássica de 0,070 cm²/s e a viscosidade cinemática como a de ar seco.

Tabela A.1 Conversão de unidades

grandeza	de	para	multiplique por
comprimento	pés	m	0,3048
	pol	cm	2,54
	pé	pol	12
	milha	km	1,609
área	$pé^2$	m^2	0,929
	pol^2	cm^2	6,452
volume	$pé^3$	m^3	$2{,}832\times10^{-2}$
	pol^3	cm^3	16,3871
massa	lbm	kg	0,4536
velocidade*	milha/h	km/h	1,609
	pé/s	cm/s	30,48
densidade	$lbm/pé^3$	kg/m^3	16,0186
	lbm/pol^3	g/cm^3	27,6802
força	kgf	N	9,807
	lbf	N	4,448
energia	cal	J	4,1868
	BTU	kJ	1,055
	pé·lbf	J	1,356
	kWh	kJ	3600
energia específica	cal/g	J/g	4,1868
	kcal/kg	kJ/kg	4,186
	Btu/lbm	kJ/kg	2,3261
	pé·lbf/lbm	kJ/kg	2,9894
potência	W	J/s	1
	HP	kW	0,7457
	pé·lbf/s	kW	$1{,}356\times10^{-3}$
	Btu/h	kW	$2{,}9307\times10^{-4}$
pressão	N/m^2	Pa	1
	atm	kPa	101,325
	bar	kPa	100
	bar	atm	0,98692
	kgf/cm^2	atm	0,96784
	mm Hg	kPa	0,13332
	in Hg	kPa	3,3864
	lbf/pol^2	kPa	6,8944
	kgf/cm^2	kPa	98,0665
	mca	kPa	9,8062

grandeza	de	para	multiplique por
coef. de transf. de calor por conv.	$kcal/hm^2°C$	$kW/m^2°C$	$1{,}163\times10^{-3}$
	$kcal/hpé^2°C$	$kW/m^2°C$	$1{,}252\times10^{-2}$
	$BTU/hpé^2°F$	$kW/m^2°C$	$5{,}6486\times10^{-3}$
calor específico	cal/g°C	J/kg°C	4186,8
	cal/g°F	J/kg°C	7536,2
condutividade térmica	W/mK	W/m°C	1
	kW/mK	BTU/hpé°F	577,82
	cal/scm°C	kW/mK	0,4187
viscosidade cinemática**	m^2/s	cSt	$1{,}0\times10^6$
	cm^2/s	St	1
	m^2/s	$pé^2/s$	10,764
viscosidade dinâmica	kg/ms	P (poise)	10
	Pa·s	lbm/hpé	2419,1
	$lbf·s/pé^2$	kg/ms	47,879

*O coeficiente de transferência de massa por convecção tem as mesmas unidades.

**As difusividades térmica e mássica têm as mesmas unidades.

Exemplo 1: Para converter a unidade de potência de hp para kW, busca-se na tabela o valor de conversão multiplicativo 0,7457. Em seguida, basta multiplicar por essa grandeza. Exemplo: 10 hp = 10×0,7457 = 7,457 kW.

Exemplo 2: Para converter a unidade de potência de kW para hp, busca-se na tabela o valor de multiplicativo 0,7457. Note que, nesse caso, deve-se DIVIDIR por essa grandeza. Exemplo: 10 kW = 10/0,7457 = 13,41 hp.

Tabela A.2 Propriedades de metais sólidos

Material	Temp. fusão (°C)	ρ^* (kg/m³)	C_p (J/kgK)	k (W/mK)	α (m²/s)	C_p (J/kgK) / k (W/mK)				
		25 °C				-100 °C	0 °C	100 °C	200 °C	400 °C
Alumínio	660	2699	901	234,9	$9{,}658\times10^{-5}$	739,7 / 238,6	883,2 / 233,4	928,6 / 240	979,8 / 237,8	1076 / 227,6
Alumínio 1100	660	2659	901	211,8	$8{,}844\times10^{-5}$	739,7 / 217,8	883,2 / 212,4	928,6 / 210	979,8 / 206,6	1076 / 195,8
Alumínio 6063	616	2900	900	200,8	$7{,}695\times10^{-5}$	–	–	–	–	–
Aço carbono	1410	7849	462	65,58	$1{,}809\times10^{-5}$	/ 69,87	/ 69,22	513,5 / 51,71	568,1 / 39,01	663,5 / 24,69
Aço-carb. AISI 1010	1410	7849	434	47,47	$1{,}394\times10^{-5}$	/ 45,9	/ 47,2	467 / 47,8	506,6 / 46,4	583,4 / 40,8
Aço inox. AISI 304	1399	7997	476	14,86	$3{,}906\times10^{-6}$	367,1 / 11,69	456,9 / 14,28	504,8 / 16,14	530,4 / 17,77	566,1 / 20,82
Aço inox. AISI 316	1385	8025	489	13,41	$3{,}417\times10^{-6}$	384,1 / 10,7	474 / 12,94	504,8 / 14,71	524,7 / 16,33	559,5 / 19,47
Berílio	1287	1850	1814	201,3	$5{,}998\times10^{-5}$	869,4 / 458,4	1645 / 224,4	2096 / 170,7	2342 / 147,6	2684 / 118,7
Bismuto	272	9778	122	7,926	$6{,}646\times10^{-6}$	117 / 12,2	121,5 / 8,351	122,7 / 7,242	–	–
Cádmio	321	8646	231	96,84	$4{,}852\times10^{-5}$	214,8 / 100,3	228,9 / 97,41	239 / 95,26	–	–
Chumbo	328	11335	129	35,33	$2{,}417\times10^{-5}$	123,1 / 37,51	128,1 / 35,68	131,2 / 34,35	135,7 / 33,05	–
Cobalto	1495	8898	425	100,4	$2{,}653\times10^{-5}$	337,9 / 132,1	415,3 / 105,4	444,3 / 89,03	472,2 / 78,42	521,4 / 63,71
Cobre	1085	8958	389	396,5	$1{,}137\times10^{-4}$	340,3 / 413	385,4 / 398,8	368 / 392,8	374,4 / 389,1	400,2 / 378,6
Cu70 %-Ni30 %	1200	8947	377	29,75	$8{,}822\times10^{-6}$	/ 26	/ 29	/ 32	/ 35,5	/ 49,02
Cu90 %-Ni10 %	1117	8897	377	51,76	$1{,}543\times10^{-5}$	/ 39,02	/ 49,62	/ 57,64	/ 69,27	/ 88
Cromo	1907	7189	449	93,85	$2{,}907\times10^{-5}$	330,4 / 123,6	436 / 96,66	487,3 / 91,08	524,4 / 87,17	581,8 / 77,26
Estanho	232	7362	227	68,29	$4{,}090\times10^{-5}$	208 / 76,52	223,8 / 69,57	238,7 / 63,81	/ 60,3	–
Ferro	1538	7873	441	80,52	$2{,}317\times10^{-5}$	352,4 / 99,37	435,4 / 83,51	476,6 / 72,09	517,7 / 63,47	602,9 / 50,31
Germânio	938	5350	322	60,47	$3{,}507\times10^{-5}$	260,8 / 132,7	313,3 / 67,79	337,6 / 46,65	350,7 / 37,15	368,8 / 24,44
Inconel 740H	–	8060	450	10,24	$2{,}825\times10^{-6}$	–	–	476 / 11,7	489 / 13	503 / 15,7
Irídio	2466	22558	130	147,1	$5{,}015\times10^{-5}$	115,6 / 156,9	129,2 / 148	132,5 / 144,7	135,2 / 141,8	140,2 / 135,8
Magnésio	650	1737	1022	156,1	$8{,}787\times10^{-5}$	857,5 / 161,7	1000 / 156,8	1061 / 153,8	1073 / 151,5	1142 / 147,9
Molibdênio	2623	10279	251	138,1	$5{,}363\times10^{-5}$	201,7 / 152,7	243,8 / 139,3	258,3 / 135,1	266,1 / 131,1	278,7 / 123,1
Nicromo	1400	8400	420	12,00	$3{,}401\times10^{-6}$	–	–	463,9 / 13,46	496,5 / 14,73	532,3 / 17,83
Nióbio	2477	8569	265	53,68	$2{,}367\times10^{-5}$	232,6 / 53,3	260,7 / 53,4	271,6 / 54,8	277,3 / 56,3	286,3 / 59,33
Níquel	1455	8901	443	91,00	$2{,}309\times10^{-5}$	342,5 / 120,7	427,6 / 95,08	474 / 83,02	496,3 / 74,86	521,1 / 66,33
Ouro	1064	19288	129	315,2	$1{,}264\times10^{-4}$	121,4 / 331,3	127,7 / 318	132,4 / 312,5	135,6 / 309,8	147,2 / 299,6
Paládio	1555	12021	245	72,0	$2{,}449\times10^{-5}$	233,2 / 73,34	243,3 / 72	255,6 / 73,46	264,7 / 76,19	274,7 / 82,56
Platina	1768	21447	133	73,03	$2{,}563\times10^{-5}$	118,3 / 75,93	130,9 / 73,48	135,2 / 72,41	137,8 / 72,13	142,8 / 72,33
Prata	962	10487	235	429,0	$1{,}742\times10^{-4}$	214,8 / 435,4	232,3 / 429,3	237,9 / 426,1	243 / 420,2	254,4 / 406,1

(continua)

Tabela A.2 Propriedades de metais sólidos (*continuação*)

Material	Temp. fusão (°C)	ρ^* (kg/m³)	C_p (J/kgK)	k (W/mK)	α (m²/s)	C_p (J/kgK) / k (W/mK)				
		25 °C				-100 °C	0 °C	100 °C	200 °C	400 °C
Rênio	3186	21018	136	47,96	$1{,}680\times10^{-5}$	118,9 / 53,12	133,6 / 48,73	138,2 / 46,58	141,2 / 45,41	147,2 / 44,16
Ródio	1964	12450	243	150,1	$4{,}969\times10^{-5}$	200,4 / 162,6	236,8 / 151,1	250,3 / 147,1	260,7 / 142,3	280,9 / 132,7
Silício	1414	2329	709	149,6	$9{,}058\times10^{-5}$	476 / 341,9	670,1 / 171,1	769,1 / 112,1	818,5 / 82,29	883,8 / 53,78
Tântalo	3017	16688	140	57,50	$2{,}463\times10^{-5}$	126,3 / 57,96	138,1 / 57,5	142,9 / 57,72	144,7 / 58,09	147,1 / 58,89
Titânio	1668	4505	521	21,95	$9{,}351\times10^{-6}$	420,7 / 26,11	506,7 / 22,6	543,2 / 20,8	565,6 / 20,03	606,4 / 19,51
Tório	1842	11697	118	54,00	$3{,}916\times10^{-5}$	108,5 / 55,54	116,4 / 54	122,4 / 54,73	127,7 / 55	138 / 56,37
Tungstênio	3422	19249	132	174,4	$6{,}875\times10^{-5}$	112,6 / 207,2	129,3 / 180,2	135,7 / 163	138,8 / 151	143,1 / 132,6
Urânio	1132	19096	116	27,93	$1{,}262\times10^{-5}$	104,2 / 24,46	113,9 / 26,93	122,6 / 29,46	132,7 / 32,19	157 / 35,83
Vanádio	1890	5999	482	31,0	$1{,}072\times10^{-5}$	404,5 / 31,54	471,7 / 31	504,2 / 31	523,7 / 31,73	548,4 / 34,1
Zinco	420	7137	389	121,1	$4{,}366\times10^{-5}$	354,7 / 127,6	384,2 / 122,3	400 / 117,3	415 / 112	–
Zircônio	1855	6519	278	22,75	$1{,}256\times10^{-5}$	248,2 / 27,35	274,2 / 23,37	294,1 / 21,9	308 / 21,27	329,3 / 21,03

Produzida no *Engineering Equation Solver* – EES, versão V10.833-3D, com permissão. *No Brasil a densidade é também chamada "massa específica".

Tabela A.3 Propriedades de sólidos não metálicos

Material	Temp. fusão (°C)	ρ (kg/m³)	C_p (J/kgK)	k (W/mK)	α (m²/s)	C_p (J/kgK) / k (W/mK)				
		25 °C				-100 °C	0 °C	100 °C	200 °C	400 °C
Boro	2075	2460	1098	27,1	$1{,}00\times10^{-5}$	473,3 / 91,61	973,9 / 32,81	1369 / 19,34	1620 / 14,53	1990 / 10,23
Dióxido de titânio	–	4156	710	8,4	$2{,}847\times10^{-6}$	–	–	779,5 / 7,383	832,4 / 6,282	891 / 4,625
Dióxido de tório	–	9109	235	13,0	$6{,}073\times10^{-6}$	–	–	249,6 / 10,95	261,9 / 8,883	278 / 5,905
Óxido de alumínio policristalino	2052	3970	765	38,67	$1{,}273\times10^{-5}$	/ 50,27	/ 41,63	893 / 31,22	1002 / 23,45	1136 / 12,27
Óxido de berílio	2507	3000	1023	273,7	$8{,}919\times10^{-5}$	–	–	1266 / 216	1474 / 164,9	1754 / 96
Teflon	321	2192	1028	0,2727	$1{,}211\times10^{-7}$	645 / 0,2626	965,7 / 0,272	1123 / 0,3074	/ 0,3752	–

Produzida no *Engineering Equation Solver* – EES, versão V10.833-3D, com permissão.

Tabela A.4 Propriedades de materiais comuns a ~ 25 °C

Material	ρ (kg/m³)	C_p (J/kgK)	k (W/mK)	α (m²/s)
Aglomerado de alta densidade	1000	1300	0,170	$1{,}308\times10^{-7}$
Aglomerado de baixa densidade	590	1300	0,078	$1{,}017\times10^{-7}$
Areia	1515	800	0,027	$2{,}228\times10^{-8}$
Argamassa de cimento	1860	780	0,720	$4{,}963\times10^{-7}$
Argila	1460	880	1,300	$1{,}012\times10^{-6}$
Asfalto	2115	920	0,062	$3{,}186\times10^{-8}$
Compensado de alta densidade	1010	1380	0,150	$1{,}076\times10^{-7}$
Compensado de madeira	545	1215	0,120	$1{,}812\times10^{-7}$
Compensado duro externo	640	1170	0,094	$1{,}255\times10^{-7}$
Concreto convencional	2300	880	1,400	$6{,}917\times10^{-7}$
Forro acústico	290	1340	0,058	$1{,}493\times10^{-7}$
Granito	2630	775	2,790	$1{,}369\times10^{-6}$
Madeira *acer* vermelho	626,5	1652	0,1456	$1{,}407\times10^{-7}$
Madeira álamo	447,9	1652	0,1194	$1{,}614\times10^{-7}$
Madeira branca *ash*	699,9	1652	0,1692	$1{,}463\times10^{-7}$
Madeira carvalho	738,9	1652	0,1792	$1{,}468\times10^{-7}$
Madeira cipreste	514,9	1652	0,1294	$1{,}521\times10^{-7}$
Madeira de abeto	436,9	1652	0,1145	$1{,}586\times10^{-7}$
Madeira de pinho	447,9	1652	0,1194	$1{,}614\times10^{-7}$
Madeira nogueira	795,9	1652	0,2090	$1{,}590\times10^{-7}$
Madeira *picea*	469,9	1652	0,1194	$1{,}538\times10^{-7}$
Mármore	2680	830	2,800	$1{,}259\times10^{-6}$
Papel	930	1400	0,0500	$3{,}840\times10^{-8}$
Papelão (12 justapostos)*	–	–	0,0530	–
Reboco de gesso e areia	1680	1085	0,2200	$1{,}207\times10^{-7}$
Revestimento de densidade regular	290	1300	0,0550	$1{,}459\times10^{-7}$
Tijolo comum	1920	835	0,72	$4{,}491\times10^{-7}$

Produzida no *Engineering Equation Solver* – EES, versão V10.833-3D, com permissão.

*Asdrubali *et al.* Innovative cardboard based panels with recycled materials from the packaging industry: thermal and acoustic performance analysis. *Energy Procedia*. 2015;78:321-26.

(*continua*)

Tabela A.4 Propriedades de materiais comuns a ~ 25 °C (*continuação*)

Material isolante	ρ^* (kg/m^3)	Condutividade térmica k (W/mK) a várias temperaturas (°C)											
		-70 °C	-50 °C	-25 °C	0 °C	25 °C	50 °C	75 °C	100 °C	200 °C	300 °C	400 °C	470 °C
Duto em asbesto	190	–	–	–	–	0,07963	0,08583	0,0931	–	–	–	–	–
Duto em asbesto	255	–	–	–	–	0,07222	0,07663	0,08163	–	–	–	–	–
Duto em asbesto	300	–	–	–	–	0,06922	0,07363	0,07863	–	–	–	–	–
Duto em bolinhas de poliestireno	16	0,03975	0,02954	0,03409	0,03642	0,03975	–	–	–	–	–	–	–
Duto em diatomácea	345	–	–	–	–	–	–	–	–	–	0,09425	0,09961	0,1036
Duto em magnésia	185	–	–	–	–	–	0,05196	0,05377	0,05589	–	–	–	–
Duto em poliestireno extrudado	35	0,02875	0,023	0,025	0,02621	0,02875	–	–	–	–	–	–	–
Duto em poliestireno extrudado	56	0,02688	0,02246	0,023	0,02521	0,02688	–	–	–	–	–	–	–
Duto em sílica	385	–	–	–	–	–	–	–	–	–	0,1006	0,104	0,114
Duto em silicato de cálcio	190	–	–	–	–	0,055	0,05596	0,05777	0,05959	0,0688	0,08025	0,09302	0,103
Duto em vidro celular	145	–	–	0,04963	0,05263	0,05763	0,06367	0,06686	0,07048	–	–	–	–
Forro de duto de fibra de vidro	32	–	–	–	–	0,038	–	–	–	–	–	–	–
Manta de fibra cerâmica (sílica-alumina)	128	–	–	–	–	–	–	–	–	–	0,05613	0,07417	0,0895
Manta de fibra cerâmica (sílica-alumina)	48	–	–	–	–	–	–	–	–	–	0,08376	0,1171	0,1471
Manta de fibra cerâmica (sílica-alumina)	64	–	–	–	–	–	–	–	–	–	0,06951	0,09719	0,1225
Manta de fibra cerâmica (sílica-alumina)	96	–	–	–	–	–	–	–	–	–	0,06101	0,08243	0,09843
Manta de fibra de vidro	12	–	–	0,03554	0,03963	0,04551	0,05378	0,06287	–	–	–	–	–
Manta de fibra de vidro	16	–	–	0,03409	0,03663	0,04163	0,04983	0,0571	–	–	–	–	–
Manta de fibra de vidro	24	–	–	0,03109	0,03363	0,03863	0,04311	0,04902	–	–	–	–	–

(*continua*)

Tabela A.4 Propriedades de materiais comuns a ~ 25 °C (*continuação*)

Material isolante	ρ^* (kg/m³)	Condutividade térmica k (W/mK) a várias temperaturas (°C)											
		-70 °C	-50 °C	-25 °C	0 °C	25 °C	50 °C	75 °C	100 °C	200 °C	300 °C	400 °C	470 °C
Manta de fibra de vidro	32	–	–	0,02954	0,03221	0,03563	0,04039	0,04494	–	–	–	–	–
Manta de fibra de vidro	48	–	–	0,02809	0,03042	0,03288	0,03739	0,04194	–	–	–	–	–
Pedaços soltos de madeira	45	–	–	–	–	0,03888	–	–	–	–	–	–	–
Perlita solta	105	0,05275	0,04063	0,04463	0,04942	0,05275	–	–	–	–	–	–	–
Placa de fibra de vidro	16	–	–	–	–	0,046	–	–	–	–	–	–	–
Placa de fibra de vidro	28	–	–	–	–	0,038	–	–	–	–	–	–	–
Placa de fibra de vidro	40	–	–	–	–	0,035	–	–	–	–	–	–	–
Poliestireno	51	0,02488	0,01692	0,01936	0,02202	0,02488	–	–	–	–	–	–	–
Poliestireno em bolinhas moldadas	16	0,03975	0,02954	0,03409	0,03642	0,03975	–	–	–	–	–	–	–
Poliestireno extrudado R12	56	0,02688	0,02246	0,023	0,02521	0,02688	–	–	–	–	–	–	–
Poliuretano	50	0,03538	0,0317	0,03349	0,03475	0,03538	–	–	–	–	–	–	–
Vermiculita solta	122	–	–	0,05963	0,06342	0,06763	–	–	–	–	–	–	–
Vermiculita solta	80	–	–	0,05317	0,05863	0,06275	–	–	–	–	–	–	–
Tijolo refratário	–	–	–	–	–	–	–	–	170 °C	300 °C	500 °C	900 °C	1000 °C
Argila**	2418	–	–	–	–	–	–	–	–	–	1,6680	1,7874	1,8399
Cromado**	3107	–	–	–	–	–	–	–	2,1641	2,2019	2,2336	2,1335	2,0574
Magnésia**	1787	–	–	–	–	–	–	–	10,007	8,2055	6,2571	4,32	–
Sílica**	1874	–	–	–	–	–	–	–	1,2835	1,2913	1,3660	1,6192	1,7099
Alumina (99 %)**	2867	–	–	–	–	–	–	–	5,0617	4,1684	3,4526	2,5897	2,5276

*Densidade típica na faixa de temperatura preenchida à direita. Produzida no *Engineering Equation Solver* – EES, versão V10.833-3D, com permissão. **Ruth, E. Refractory materials, metallurgical. *In:* Brook, R. J. *Concise Encyclopedia of Advanced Ceramic Materials*. Pergamon, p. 394-402, 1991 (avaliado por interpolação).

Tabela A.5 Propriedades do ar a 1 atm de pressão

T (°C)	ρ (kg/m³)	C_p (J/kgK)	k (W/mK)	μ (kg/ms)	υ (m²/s)	α (m²/s)	Pr
-150	2,8991	1021	0,01168	$8{,}665\times10^{-6}$	$2{,}989\times10^{-6}$	$3{,}948\times10^{-6}$	0,7571
-100	2,0467	1009	0,01621	$1{,}178\times10^{-5}$	$5{,}757\times10^{-6}$	$7{,}850\times10^{-6}$	0,7334
-50	1,5843	1006	0,02042	$1{,}462\times10^{-5}$	$9{,}225\times10^{-6}$	$1{,}281\times10^{-5}$	0,7200
-40	1,5160	1006	0,02123	$1{,}515\times10^{-5}$	$9{,}996\times10^{-6}$	$1{,}392\times10^{-5}$	0,7179
-30	1,4533	1006	0,02203	$1{,}568\times10^{-5}$	$1{,}079\times10^{-5}$	$1{,}507\times10^{-5}$	0,7160
-20	1,3957	1006	0,02281	$1{,}620\times10^{-5}$	$1{,}161\times10^{-5}$	$1{,}626\times10^{-5}$	0,7142
-10	1,3424	1006	0,02359	$1{,}672\times10^{-5}$	$1{,}245\times10^{-5}$	$1{,}748\times10^{-5}$	0,7124
0	1,2931	1006	0,02436	$1{,}722\times10^{-5}$	$1{,}332\times10^{-5}$	$1{,}873\times10^{-5}$	0,7108
5	1,2697	1006	0,02474	$1{,}747\times10^{-5}$	$1{,}376\times10^{-5}$	$1{,}938\times10^{-5}$	0,7101
10	1,2473	1006	0,02512	$1{,}772\times10^{-5}$	$1{,}421\times10^{-5}$	$2{,}003\times10^{-5}$	0,7093
15	1,2255	1006	0,02550	$1{,}796\times10^{-5}$	$1{,}466\times10^{-5}$	$2{,}068\times10^{-5}$	0,7086
20	1,2046	1006	0,02588	$1{,}821\times10^{-5}$	$1{,}512\times10^{-5}$	$2{,}135\times10^{-5}$	0,7080
25	1,1843	1006	0,02625	$1{,}845\times10^{-5}$	$1{,}558\times10^{-5}$	$2{,}203\times10^{-5}$	0,7073
30	1,1647	1006	0,02662	$1{,}869\times10^{-5}$	$1{,}605\times10^{-5}$	$2{,}271\times10^{-5}$	0,7067
35	1,1458	1007	0,02699	$1{,}893\times10^{-5}$	$1{,}652\times10^{-5}$	$2{,}340\times10^{-5}$	0,7061
40	1,1275	1007	0,02736	$1{,}917\times10^{-5}$	$1{,}700\times10^{-5}$	$2{,}410\times10^{-5}$	0,7055
45	1,1097	1007	0,02772	$1{,}940\times10^{-5}$	$1{,}749\times10^{-5}$	$2{,}480\times10^{-5}$	0,7049
50	1,0925	1007	0,02809	$1{,}964\times10^{-5}$	$1{,}798\times10^{-5}$	$2{,}552\times10^{-5}$	0,7044
60	1,0596	1008	0,02881	$2{,}010\times10^{-5}$	$1{,}897\times10^{-5}$	$2{,}697\times10^{-5}$	0,7034
70	1,0287	1009	0,02952	$2{,}056\times10^{-5}$	$1{,}999\times10^{-5}$	$2{,}845\times10^{-5}$	0,7025
80	0,9995	1009	0,03023	$2{,}101\times10^{-5}$	$2{,}102\times10^{-5}$	$2{,}996\times10^{-5}$	0,7017
90	0,9720	1010	0,03093	$2{,}146\times10^{-5}$	$2{,}208\times10^{-5}$	$3{,}150\times10^{-5}$	0,7009
100	0,9459	1011	0,03162	$2{,}190\times10^{-5}$	$2{,}315\times10^{-5}$	$3{,}306\times10^{-5}$	0,7003
120	0,8977	1013	0,03299	$2{,}277\times10^{-5}$	$2{,}536\times10^{-5}$	$3{,}627\times10^{-5}$	0,6992
140	0,8542	1016	0,03434	$2{,}361\times10^{-5}$	$2{,}764\times10^{-5}$	$3{,}958\times10^{-5}$	0,6985
160	0,8147	1019	0,03566	$2{,}444\times10^{-5}$	$3{,}000\times10^{-5}$	$4{,}298\times10^{-5}$	0,6980
180	0,7787	1022	0,03697	$2{,}525\times10^{-5}$	$3{,}243\times10^{-5}$	$4{,}647\times10^{-5}$	0,6979
200	0,7458	1025	0,03825	$2{,}605\times10^{-5}$	$3{,}493\times10^{-5}$	$5{,}004\times10^{-5}$	0,6980
250	0,6745	1034	0,04139	$2{,}797\times10^{-5}$	$4{,}147\times10^{-5}$	$5{,}932\times10^{-5}$	0,6992
300	0,6157	1045	0,04442	$2{,}981\times10^{-5}$	$4{,}843\times10^{-5}$	$6{,}904\times10^{-5}$	0,7014
350	0,5663	1057	0,04737	$3{,}158\times10^{-5}$	$5{,}578\times10^{-5}$	$7{,}918\times10^{-5}$	0,7044
400	0,5242	1069	0,05025	$3{,}329\times10^{-5}$	$6{,}350\times10^{-5}$	$8{,}971\times10^{-5}$	0,7079
450	0,4879	1081	0,05305	$3{,}494\times10^{-5}$	$7{,}160\times10^{-5}$	$1{,}006\times10^{-4}$	0,7116
500	0,4564	1092	0,05580	$3{,}653\times10^{-5}$	$8{,}005\times10^{-5}$	$1{,}119\times10^{-4}$	0,7152
600	0,4041	1115	0,06114	$3{,}960\times10^{-5}$	$9{,}799\times10^{-5}$	$1{,}357\times10^{-4}$	0,7222
700	0,3626	1136	0,06632	$4{,}252\times10^{-5}$	$1{,}173\times10^{-4}$	$1{,}610\times10^{-4}$	0,7283
800	0,3288	1154	0,07136	$4{,}532\times10^{-5}$	$1{,}378\times10^{-4}$	$1{,}880\times10^{-4}$	0,7331
900	0,3008	1170	0,07628	$4{,}802\times10^{-5}$	$1{,}596\times10^{-4}$	$2{,}166\times10^{-4}$	0,7369
1000	0,2772	1185	0,08111	$5{,}064\times10^{-5}$	$1{,}827\times10^{-4}$	$2{,}470\times10^{-4}$	0,7397
1500	0,1990	1235	0,10430	$6{,}285\times10^{-5}$	$3{,}158\times10^{-4}$	$4{,}244\times10^{-4}$	0,7441
2000	0,1553	1265	0,12663	$7{,}421\times10^{-5}$	$4{,}780\times10^{-4}$	$6{,}446\times10^{-4}$	0,7415

Produzida no *Engineering Equation Solver* - EES, versão V10.833-3D, com permissão.

Tabela A.6 Propriedades de gases a 1 atm de pressão

Amônia (NH_3)							
T (°C)	ρ (kg/m³)	C_p (J/kgK)	k (W/mK)	μ (kg/ms)	υ (m²/s)	α (m²/s)	Pr
0	0,7715	2179	0,02292	$9{,}193\times10^{-6}$	$1{,}192\times10^{-5}$	$1{,}363\times10^{-5}$	0,8743
20	0,7161	2165	0,02449	$9{,}910\times10^{-6}$	$1{,}384\times10^{-5}$	$1{,}580\times10^{-5}$	0,8758
40	0,6686	2169	0,02636	$1{,}065\times10^{-5}$	$1{,}592\times10^{-5}$	$1{,}817\times10^{-5}$	0,8762
60	0,6273	2186	0,02849	$1{,}140\times10^{-5}$	$1{,}817\times10^{-5}$	$2{,}078\times10^{-5}$	0,8745
80	0,5909	2210	0,03085	$1{,}216\times10^{-5}$	$2{,}058\times10^{-5}$	$2{,}363\times10^{-5}$	0,8707
100	0,5587	2239	0,03344	$1{,}293\times10^{-5}$	$2{,}314\times10^{-5}$	$2{,}674\times10^{-5}$	0,8655
120	0,5299	2271	0,03622	$1{,}370\times10^{-5}$	$2{,}587\times10^{-5}$	$3{,}010\times10^{-5}$	0,8594
140	0,5039	2307	0,03917	$1{,}448\times10^{-5}$	$2{,}874\times10^{-5}$	$3{,}369\times10^{-5}$	0,8531
160	0,4804	2345	0,04225	$1{,}526\times10^{-5}$	$3{,}177\times10^{-5}$	$3{,}751\times10^{-5}$	0,8472
180	0,4590	2385	0,04544	$1{,}604\times10^{-5}$	$3{,}495\times10^{-5}$	$4{,}151\times10^{-5}$	0,8420
200	0,4395	2426	0,04870	$1{,}682\times10^{-5}$	$3{,}828\times10^{-5}$	$4{,}568\times10^{-5}$	0,8380
220	0,4215	2468	0,05199	$1{,}760\times10^{-5}$	$4{,}175\times10^{-5}$	$4{,}997\times10^{-5}$	0,8354
240	0,4050	2511	0,05528	$1{,}837\times10^{-5}$	$4{,}536\times10^{-5}$	$5{,}436\times10^{-5}$	0,8345
260	0,3898	2555	0,05854	$1{,}914\times10^{-5}$	$4{,}911\times10^{-5}$	$5{,}878\times10^{-5}$	0,8354
280	0,3756	2600	0,06172	$1{,}991\times10^{-5}$	$5{,}300\times10^{-5}$	$6{,}321\times10^{-5}$	0,8385
300	0,3624	2645	0,06477	$2{,}067\times10^{-5}$	$5{,}702\times10^{-5}$	$6{,}757\times10^{-5}$	0,8439

Monóxido de Carbono (CO)							
T (°C)	ρ (kg/m³)	C_p (J/kgK)	k (W/mK)	μ (kg/ms)	υ (m²/s)	α (m²/s)	Pr
-50	1,5317	1043	0,02085	$1{,}392\times10^{-5}$	$9{,}087\times10^{-6}$	$1{,}306\times10^{-5}$	0,6960
0	1,2500	1041	0,02459	$1{,}639\times10^{-5}$	$1{,}311\times10^{-5}$	$1{,}890\times10^{-5}$	0,6937
50	1,0561	1040	0,02807	$1{,}869\times10^{-5}$	$1{,}769\times10^{-5}$	$2{,}556\times10^{-5}$	0,6921
100	0,9143	1039	0,03131	$2{,}082\times10^{-5}$	$2{,}277\times10^{-5}$	$3{,}295\times10^{-5}$	0,6911
150	0,8062	1039	0,03434	$2{,}281\times10^{-5}$	$2{,}829\times10^{-5}$	$4{,}099\times10^{-5}$	0,6903
200	0,7209	1039	0,03717	$2{,}467\times10^{-5}$	$3{,}422\times10^{-5}$	$4{,}961\times10^{-5}$	0,6897
250	0,6520	1040	0,03985	$2{,}641\times10^{-5}$	$4{,}051\times10^{-5}$	$5{,}878\times10^{-5}$	0,6892
300	0,5951	1040	0,04238	$2{,}806\times10^{-5}$	$4{,}716\times10^{-5}$	$6{,}845\times10^{-5}$	0,6889
350	0,5473	1041	0,04480	$2{,}963\times10^{-5}$	$5{,}414\times10^{-5}$	$7{,}861\times10^{-5}$	0,6887
400	0,5067	1042	0,04713	$3{,}114\times10^{-5}$	$6{,}146\times10^{-5}$	$8{,}925\times10^{-5}$	0,6886
450	0,4716	1043	0,04940	$3{,}260\times10^{-5}$	$6{,}911\times10^{-5}$	$1{,}004\times10^{-4}$	0,6885
500	0,4411	1045	0,05163	$3{,}402\times10^{-5}$	$7{,}712\times10^{-5}$	$1{,}120\times10^{-4}$	0,6885
550	0,4143	1046	0,05385	$3{,}543\times10^{-5}$	$8{,}551\times10^{-5}$	$1{,}242\times10^{-4}$	0,6885
600	0,3906	1048	0,05608	$3{,}684\times10^{-5}$	$9{,}432\times10^{-5}$	$1{,}370\times10^{-4}$	0,6884
650	0,3695	1050	0,05835	$3{,}827\times10^{-5}$	$1{,}036\times10^{-4}$	$1{,}505\times10^{-4}$	0,6883
700	0,3505	1051	0,06069	$3{,}973\times10^{-5}$	$1{,}134\times10^{-4}$	$1{,}647\times10^{-4}$	0,6881

(continua)

Tabela A.6 Propriedades de gases a 1 atm de pressão (*continuação*)

Dióxido de Carbono (CO_2)							
T (°C)	ρ (kg/m³)	C_p (J/kgK)	k (W/mK)	μ (kg/ms)	υ (m²/s)	α (m²/s)	Pr
-50	2,4357	783	0,01110	$1{,}122\times10^{-5}$	$4{,}607\times10^{-6}$	$5{,}821\times10^{-6}$	0,7914
0	1,9768	827	0,01466	$1{,}371\times10^{-5}$	$6{,}936\times10^{-6}$	$8{,}968\times10^{-6}$	0,7734
50	1,6661	875	0,01867	$1{,}613\times10^{-5}$	$9{,}683\times10^{-6}$	$1{,}281\times10^{-5}$	0,7558
100	1,4407	919	0,02288	$1{,}848\times10^{-5}$	$1{,}282\times10^{-5}$	$1{,}727\times10^{-5}$	0,7425
150	1,2694	960	0,02712	$2{,}073\times10^{-5}$	$1{,}633\times10^{-5}$	$2{,}225\times10^{-5}$	0,7339
200	1,1346	997	0,03131	$2{,}289\times10^{-5}$	$2{,}018\times10^{-5}$	$2{,}768\times10^{-5}$	0,7289
250	1,0258	1031	0,03544	$2{,}497\times10^{-5}$	$2{,}434\times10^{-5}$	$3{,}352\times10^{-5}$	0,7261
300	0,9361	1061	0,03947	$2{,}696\times10^{-5}$	$2{,}880\times10^{-5}$	$3{,}974\times10^{-5}$	0,7248
350	0,8609	1089	0,04341	$2{,}888\times10^{-5}$	$3{,}354\times10^{-5}$	$4{,}631\times10^{-5}$	0,7243
400	0,7968	1114	0,04726	$3{,}072\times10^{-5}$	$3{,}855\times10^{-5}$	$5{,}323\times10^{-5}$	0,7242
450	0,7417	1137	0,05102	$3{,}249\times10^{-5}$	$4{,}380\times10^{-5}$	$6{,}049\times10^{-5}$	0,7242
500	0,6937	1159	0,05470	$3{,}420\times10^{-5}$	$4{,}930\times10^{-5}$	$6{,}807\times10^{-5}$	0,7242
550	0,6515	1178	0,05831	$3{,}584\times10^{-5}$	$5{,}502\times10^{-5}$	$7{,}598\times10^{-5}$	0,7242
600	0,6142	1196	0,06184	$3{,}744\times10^{-5}$	$6{,}096\times10^{-5}$	$8{,}420\times10^{-5}$	0,7239
650	0,5809	1212	0,06530	$3{,}898\times10^{-5}$	$6{,}711\times10^{-5}$	$9{,}275\times10^{-5}$	0,7235
700	0,551	1227	0,06869	$4{,}048\times10^{-5}$	$7{,}346\times10^{-5}$	$1{,}016\times10^{-4}$	0,7229

Hélio (He)							
T (°C)	ρ (kg/m³)	C_p (J/kgK)	k (W/mK)	μ (kg/ms)	υ (m²/s)	α (m²/s)	Pr
-200	0,6656	5197	0,05986	$8{,}044\times10^{-6}$	$1{,}208\times10^{-5}$	$1{,}731\times10^{-5}$	0,6983
-150	0,3956	5194	0,08480	$1{,}098\times10^{-5}$	$2{,}775\times10^{-5}$	$4{,}127\times10^{-5}$	0,6724
-100	0,2815	5194	0,10690	$1{,}375\times10^{-5}$	$4{,}885\times10^{-5}$	$7{,}313\times10^{-5}$	0,6681
-50	0,2184	5193	0,12719	$1{,}630\times10^{-5}$	$7{,}462\times10^{-5}$	$1{,}121\times10^{-4}$	0,6655
0	0,1785	5193	0,14620	$1{,}869\times10^{-5}$	$1{,}047\times10^{-4}$	$1{,}577\times10^{-4}$	0,6641
50	0,1509	5193	0,16420	$2{,}097\times10^{-5}$	$1{,}390\times10^{-4}$	$2{,}096\times10^{-4}$	0,6632
100	0,1307	5193	0,18141	$2{,}315\times10^{-5}$	$1{,}772\times10^{-4}$	$2{,}673\times10^{-4}$	0,6628
200	0,1031	5193	0,21393	$2{,}729\times10^{-5}$	$2{,}648\times10^{-4}$	$3{,}997\times10^{-4}$	0,6626
300	0,08510	5193	0,24447	$3{,}120\times10^{-5}$	$3{,}667\times10^{-4}$	$5{,}533\times10^{-4}$	0,6627
400	0,07240	5193	0,27348	$3{,}492\times10^{-5}$	$4{,}820\times10^{-4}$	$7{,}269\times10^{-4}$	0,6631
500	0,06310	5193	0,30125	$3{,}849\times10^{-5}$	$6{,}102\times10^{-4}$	$9{,}196\times10^{-4}$	0,6636
600	0,05590	5193	0,32797	$4{,}194\times10^{-5}$	$7{,}509\times10^{-4}$	$1{,}131\times10^{-3}$	0,6641
700	0,05010	5193	0,35380	$4{,}528\times10^{-5}$	$9{,}035\times10^{-4}$	$1{,}359\times10^{-3}$	0,6646
800	0,04540	5193	0,37886	$4{,}853\times10^{-5}$	$1{,}068\times10^{-3}$	$1{,}605\times10^{-3}$	0,6651
900	0,04160	5193	0,40324	$5{,}169\times10^{-5}$	$1{,}243\times10^{-3}$	$1{,}868\times10^{-3}$	0,6657
1000	0,03830	5193	0,42701	$5{,}478\times10^{-5}$	$1{,}430\times10^{-3}$	$2{,}146\times10^{-3}$	0,6662
1100	0,03550	5193	0,45024	$5{,}780\times10^{-5}$	$1{,}627\times10^{-3}$	$2{,}441\times10^{-3}$	0,6667
1200	0,03310	5193	0,47297	$6{,}076\times10^{-5}$	$1{,}835\times10^{-3}$	$2{,}751\times10^{-3}$	0,6671

(*continua*)

Tabela A.6 Propriedades de gases a 1 atm de pressão (*continuação*)

Hidrogênio (H_2)							
T (°C)	ρ (kg/m³)	C_p (J/kgK)	k (W/mK)	μ (kg/ms)	υ (m²/s)	α (m²/s)	Pr
-250	1,1372	11365	0,02047	$1{,}163\times10^{-6}$	$1{,}023\times10^{-6}$	$1{,}584\times10^{-6}$	0,6457
-200	0,3365	10617	0,05220	$3{,}259\times10^{-6}$	$9{,}682\times10^{-6}$	$1{,}461\times10^{-5}$	0,6628
-150	0,1994	11896	0,08343	$4{,}793\times10^{-6}$	$2{,}403\times10^{-5}$	$3{,}517\times10^{-5}$	0,6833
-100	0,1418	13099	0,11634	$6{,}102\times10^{-6}$	$4{,}303\times10^{-5}$	$6{,}264\times10^{-5}$	0,6870
-50	0,1100	13818	0,14666	$7{,}282\times10^{-6}$	$6{,}619\times10^{-5}$	$9{,}647\times10^{-5}$	0,6861
0	0,08990	14197	0,17351	$8{,}377\times10^{-6}$	$9{,}320\times10^{-5}$	$1{,}360\times10^{-4}$	0,6855
50	0,07600	14379	0,19762	$9{,}410\times10^{-6}$	$1{,}238\times10^{-4}$	$1{,}809\times10^{-4}$	0,6847
100	0,06580	14458	0,21979	$1{,}040\times10^{-5}$	$1{,}580\times10^{-4}$	$2{,}310\times10^{-4}$	0,6839
200	0,05190	14506	0,26060	$1{,}226\times10^{-5}$	$2{,}362\times10^{-4}$	$3{,}461\times10^{-4}$	0,6823
300	0,04280	14537	0,29896	$1{,}401\times10^{-5}$	$3{,}270\times10^{-4}$	$4{,}800\times10^{-4}$	0,6813
400	0,03650	14593	0,33641	$1{,}568\times10^{-5}$	$4{,}298\times10^{-4}$	$6{,}318\times10^{-4}$	0,6802
500	0,03180	14681	0,37380	$1{,}728\times10^{-5}$	$5{,}441\times10^{-4}$	$8{,}015\times10^{-4}$	0,6788
600	0,02810	14799	0,41157	$1{,}883\times10^{-5}$	$6{,}695\times10^{-4}$	$9{,}886\times10^{-4}$	0,6771
700	0,02520	14947	0,44997	$2{,}033\times10^{-5}$	$8{,}055\times10^{-4}$	$1{,}193\times10^{-3}$	0,6753

Nitrogênio (N_2)							
T (°C)	ρ (kg/m³)	C_p (J/kgK)	k (W/mK)	μ (kg/ms)	υ (m²/s)	α (m²/s)	Pr
-150	2,8021	1056	0,01157	$8{,}443\times10^{-6}$	$3{,}013\times10^{-6}$	$3{,}909\times10^{-6}$	0,7707
-100	1,9789	1045	0,01603	$1{,}142\times10^{-5}$	$5{,}773\times10^{-6}$	$7{,}746\times10^{-6}$	0,7453
-50	1,5320	1042	0,02015	$1{,}414\times10^{-5}$	$9{,}228\times10^{-6}$	$1{,}262\times10^{-5}$	0,7313
0	1,2504	1041	0,02400	$1{,}663\times10^{-5}$	$1{,}330\times10^{-5}$	$1{,}843\times10^{-5}$	0,7215
50	1,0564	1042	0,02762	$1{,}894\times10^{-5}$	$1{,}793\times10^{-5}$	$2{,}510\times10^{-5}$	0,7144
100	0,91470	1043	0,03104	$2{,}110\times10^{-5}$	$2{,}307\times10^{-5}$	$3{,}252\times10^{-5}$	0,7093
200	0,72120	1053	0,03742	$2{,}507\times10^{-5}$	$3{,}475\times10^{-5}$	$4{,}929\times10^{-5}$	0,7051
300	0,59540	1070	0,04332	$2{,}866\times10^{-5}$	$4{,}814\times10^{-5}$	$6{,}803\times10^{-5}$	0,7076
400	0,50690	1092	0,04887	$3{,}198\times10^{-5}$	$6{,}309\times10^{-5}$	$8{,}830\times10^{-5}$	0,7145
500	0,44140	1116	0,05414	$3{,}508\times10^{-5}$	$7{,}949\times10^{-5}$	$1{,}099\times10^{-4}$	0,7231
600	0,39080	1140	0,05919	$3{,}802\times10^{-5}$	$9{,}727\times10^{-5}$	$1{,}329\times10^{-4}$	0,7319
700	0,35070	1162	0,06408	$4{,}081\times10^{-5}$	$1{,}164\times10^{-4}$	$1{,}573\times10^{-4}$	0,7400
1000	0,26810	1215	0,07799	$4{,}860\times10^{-5}$	$1{,}813\times10^{-4}$	$2{,}394\times10^{-4}$	0,7573
1300	0,21700	1251	0,09119	$5{,}578\times10^{-5}$	$2{,}571\times10^{-4}$	$3{,}358\times10^{-4}$	0,7655

(*continua*)

Tabela A.6 Propriedades de gases a 1 atm de pressão (*continuação*)

Oxigênio (O_2)							
T (°C)	ρ (kg/m³)	C_p (J/kgK)	k (W/mK)	μ (kg/ms)	υ (m²/s)	α (m²/s)	Pr
-150	3,2085	927	0,01129	$9{,}452\times10^{-6}$	$2{,}946\times10^{-6}$	$3{,}795\times10^{-6}$	0,7761
-100	2,2629	916	0,01588	$1{,}296\times10^{-5}$	$5{,}726\times10^{-6}$	$7{,}657\times10^{-6}$	0,7479
-50	1,7512	914	0,02022	$1{,}617\times10^{-5}$	$9{,}235\times10^{-6}$	$1{,}264\times10^{-5}$	0,7309
0	1,4290	916	0,02435	$1{,}914\times10^{-5}$	$1{,}340\times10^{-5}$	$1{,}860\times10^{-5}$	0,7203
50	1,2073	923	0,02829	$2{,}191\times10^{-5}$	$1{,}815\times10^{-5}$	$2{,}539\times10^{-5}$	0,7149
100	1,0452	934	0,03206	$2{,}451\times10^{-5}$	$2{,}345\times10^{-5}$	$3{,}286\times10^{-5}$	0,7136
200	0,8241	962	0,03921	$2{,}928\times10^{-5}$	$3{,}554\times10^{-5}$	$4{,}945\times10^{-5}$	0,7187
300	0,6802	993	0,04592	$3{,}362\times10^{-5}$	$4{,}943\times10^{-5}$	$6{,}798\times10^{-5}$	0,7271
400	0,5792	1021	0,05230	$3{,}763\times10^{-5}$	$6{,}497\times10^{-5}$	$8{,}845\times10^{-5}$	0,7345
500	0,5042	1045	0,05842	$4{,}136\times10^{-5}$	$8{,}203\times10^{-5}$	$1{,}109\times10^{-4}$	0,7398
600	0,4465	1064	0,06431	$4{,}489\times10^{-5}$	$1{,}005\times10^{-4}$	$1{,}354\times10^{-4}$	0,7427
700	0,4006	1080	0,07004	$4{,}824\times10^{-5}$	$1{,}204\times10^{-4}$	$1{,}619\times10^{-4}$	0,7437
1000	0,3062	1111	0,08640	$5{,}752\times10^{-5}$	$1{,}878\times10^{-4}$	$2{,}541\times10^{-4}$	0,7393
1300	0,2478	1127	0,10191	$6{,}598\times10^{-5}$	$2{,}662\times10^{-4}$	$3{,}649\times10^{-4}$	0,7296

Vapor de água (H_2O)							
T (°C)	ρ (kg/m³)	C_p (J/kgK)	k (W/mK)	μ (kg/ms)	υ (m²/s)	α (m²/s)	Pr
100	0,5976	2080	0,02460	$1{,}227\times10^{-5}$	$2{,}053\times10^{-5}$	$1{,}979\times10^{-5}$	1,0372
150	0,5233	1986	0,02885	$1{,}418\times10^{-5}$	$2{,}710\times10^{-5}$	$2{,}777\times10^{-5}$	0,9762
200	0,4664	1976	0,03344	$1{,}618\times10^{-5}$	$3{,}468\times10^{-5}$	$3{,}628\times10^{-5}$	0,9558
250	0,4211	1990	0,03834	$1{,}822\times10^{-5}$	$4{,}326\times10^{-5}$	$4{,}576\times10^{-5}$	0,9454
300	0,384	2013	0,04353	$2{,}029\times10^{-5}$	$5{,}284\times10^{-5}$	$5{,}633\times10^{-5}$	0,9381
350	0,3529	2040	0,04898	$2{,}237\times10^{-5}$	$6{,}338\times10^{-5}$	$6{,}802\times10^{-5}$	0,9318
400	0,3266	2070	0,05465	$2{,}445\times10^{-5}$	$7{,}487\times10^{-5}$	$8{,}085\times10^{-5}$	0,9261
450	0,3039	2102	0,06053	$2{,}652\times10^{-5}$	$8{,}727\times10^{-5}$	$9{,}477\times10^{-5}$	0,9208
500	0,2842	2134	0,06659	$2{,}857\times10^{-5}$	$1{,}006\times10^{-4}$	$1{,}098\times10^{-4}$	0,9160
550	0,2669	2168	0,07281	$3{,}061\times10^{-5}$	$1{,}147\times10^{-4}$	$1{,}258\times10^{-4}$	0,9116
600	0,2516	2203	0,07917	$3{,}262\times10^{-5}$	$1{,}297\times10^{-4}$	$1{,}429\times10^{-4}$	0,9075
650	0,2379	2238	0,08567	$3{,}460\times10^{-5}$	$1{,}454\times10^{-4}$	$1{,}609\times10^{-4}$	0,9038
700	0,2257	2273	0,09228	$3{,}655\times10^{-5}$	$1{,}620\times10^{-4}$	$1{,}799\times10^{-4}$	0,9004
800	0,2046	2343	0,10581	$4{,}038\times10^{-5}$	$1{,}973\times10^{-4}$	$2{,}207\times10^{-4}$	0,8942
900	0,1872	2412	0,11967	$4{,}408\times10^{-5}$	$2{,}355\times10^{-4}$	$2{,}651\times10^{-4}$	0,8885
1000	0,1725	2478	0,13380	$4{,}767\times10^{-5}$	$2{,}764\times10^{-4}$	$3{,}131\times10^{-4}$	0,8829

Produzida no *Engineering Equation Solver* – EES, versão V10.833-3D, com permissão.

Tabela A.7 Propriedades da água saturada das fases líquida (L) e vapor (V)

Temperatura (°C)	Pressão (kPa)	Densidade (kg/m³)		Entalpia espec. vaporiz. (kJ/kg)	Calor específico (J/kgK)		Condutividade térmica (W/mK)		Viscosidade dinâmica (kg/ms)		Número de Prandtl (-)		Coeficiente de expansão (1/K)		Tensão superf. (N/m)
T	p_{sat}	ρ_L	ρ_V	h_{LV}	C_{pL}	C_{pV}	k_L	k_V	μ_L	μ_V	Pr_L	Pr_V	β_L	β_V	σ_{LV}
0,01	0,611	999,8	0,004854	2501	4220	1884	0,5564	0,01676	$1{,}791\times10^{-3}$	$9{,}216\times10^{-6}$	13,6	1,036	$-6{,}799\times10^{-5}$	$3{,}681\times10^{-3}$	0,0756
5	0,873	999,9	0,006801	2489	4205	1889	0,5686	0,01708	$1{,}518\times10^{-3}$	$9{,}336\times10^{-6}$	11,2	1,033	$1{,}572\times10^{-5}$	$3{,}619\times10^{-3}$	0,0749
10	1,228	999,7	0,009406	2477	4196	1895	0,5798	0,01741	$1{,}306\times10^{-3}$	$9{,}461\times10^{-6}$	9,45	1,029	$8{,}768\times10^{-5}$	$3{,}559\times10^{-3}$	0,0742
15	1,706	999,1	0,01284	2465	4189	1900	0,5900	0,01775	$1{,}138\times10^{-3}$	$9{,}592\times10^{-6}$	8,08	1,027	$1{,}506\times10^{-4}$	$3{,}502\times10^{-3}$	0,0735
20	2,339	998,2	0,01731	2454	4184	1906	0,5994	0,01809	$1{,}002\times10^{-3}$	$9{,}727\times10^{-6}$	6,99	1,025	$2{,}066\times10^{-4}$	$3{,}447\times10^{-3}$	0,0727
25	3,170	997,0	0,02307	2442	4182	1912	0,6081	0,01843	$8{,}901\times10^{-4}$	$9{,}867\times10^{-6}$	6,12	1,023	$2{,}572\times10^{-4}$	$3{,}395\times10^{-3}$	0,0720
30	4,247	995,6	0,03041	2430	4180	1918	0,6162	0,01879	$7{,}974\times10^{-4}$	$1{,}001\times10^{-5}$	5,41	1,022	$3{,}033\times10^{-4}$	$3{,}345\times10^{-3}$	0,0712
35	5,629	994,0	0,03967	2418	4180	1925	0,6237	0,01915	$7{,}193\times10^{-4}$	$1{,}016\times10^{-5}$	4,82	1,021	$3{,}458\times10^{-4}$	$3{,}298\times10^{-3}$	0,0704
40	7,385	992,2	0,05124	2406	4180	1931	0,6307	0,01951	$6{,}530\times10^{-4}$	$1{,}031\times10^{-5}$	4,33	1,020	$3{,}854\times10^{-4}$	$3{,}253\times10^{-3}$	0,0696
45	9,595	990,2	0,06557	2394	4180	1939	0,6372	0,01988	$5{,}961\times10^{-4}$	$1{,}046\times10^{-5}$	3,91	1,020	$4{,}226\times10^{-4}$	$3{,}210\times10^{-3}$	0,0688
50	12,35	988,0	0,08315	2382	4182	1947	0,6433	0,02027	$5{,}468\times10^{-4}$	$1{,}062\times10^{-5}$	3,55	1,020	$4{,}578\times10^{-4}$	$3{,}170\times10^{-3}$	0,0679
55	15,76	985,7	0,1046	2370	4183	1955	0,6490	0,02065	$5{,}040\times10^{-4}$	$1{,}077\times10^{-5}$	3,25	1,020	$4{,}913\times10^{-4}$	$3{,}132\times10^{-3}$	0,0671
60	19,95	983,2	0,1304	2358	4185	1965	0,6542	0,02105	$4{,}664\times10^{-4}$	$1{,}093\times10^{-5}$	2,98	1,021	$5{,}233\times10^{-4}$	$3{,}096\times10^{-3}$	0,0662
65	25,04	980,5	0,1615	2345	4188	1975	0,6591	0,02146	$4{,}332\times10^{-4}$	$1{,}110\times10^{-5}$	2,75	1,021	$5{,}542\times10^{-4}$	$3{,}063\times10^{-3}$	0,0654
70	31,20	977,7	0,1984	2333	4190	1986	0,6636	0,02187	$4{,}039\times10^{-4}$	$1{,}126\times10^{-5}$	2,55	1,023	$5{,}840\times10^{-4}$	$3{,}033\times10^{-3}$	0,0645
75	38,60	974,8	0,2422	2321	4193	1999	0,6676	0,02230	$3{,}777\times10^{-4}$	$1{,}143\times10^{-5}$	2,37	1,024	$6{,}131\times10^{-4}$	$3{,}004\times10^{-3}$	0,0636
80	47,42	971,8	0,2937	2308	4197	2012	0,6714	0,02273	$3{,}543\times10^{-4}$	$1{,}159\times10^{-5}$	2,22	1,026	$6{,}414\times10^{-4}$	$2{,}979\times10^{-3}$	0,0627
85	57,87	968,6	0,3539	2295	4201	2027	0,6748	0,02318	$3{,}333\times10^{-4}$	$1{,}176\times10^{-5}$	2,08	1,028	$6{,}693\times10^{-4}$	$2{,}955\times10^{-3}$	0,0618
90	70,18	965,3	0,4239	2283	4205	2043	0,6778	0,02364	$3{,}144\times10^{-4}$	$1{,}193\times10^{-5}$	1,95	1,031	$6{,}967\times10^{-4}$	$2{,}935\times10^{-3}$	0,0608
95	84,61	961,9	0,5049	2270	4210	2061	0,6805	0,02412	$2{,}973\times10^{-4}$	$1{,}210\times10^{-5}$	1,84	1,034	$7{,}238\times10^{-4}$	$2{,}917\times10^{-3}$	0,0599
100	101,325	958,4	0,5981	2256	4216	2080	0,6828	0,02460	$2{,}817\times10^{-4}$	$1{,}227\times10^{-5}$	1,74	1,037	$7{,}506\times10^{-4}$	$2{,}902\times10^{-3}$	0,0589
110	143,38	951,0	0,8268	2230	4228	2124	0,6866	0,02562	$2{,}547\times10^{-4}$	$1{,}261\times10^{-5}$	1,57	1,046	$8{,}041\times10^{-4}$	$2{,}881\times10^{-3}$	0,0570
120	198,67	943,1	1,122	2202	4244	2177	0,6891	0,02671	$2{,}321\times10^{-4}$	$1{,}296\times10^{-5}$	1,43	1,056	$8{,}578\times10^{-4}$	$2{,}872\times10^{-3}$	0,0550
130	270,28	934,8	1,497	2174	4261	2239	0,6905	0,02788	$2{,}129\times10^{-4}$	$1{,}330\times10^{-5}$	1,31	1,068	$9{,}123\times10^{-4}$	$2{,}876\times10^{-3}$	0,0529

(continua)

Tabela A.7 Propriedades da água saturada das fases líquida (L) e vapor (V) (*continuação*)

Temperatura (°C)	Pressão (kPa)	Densidade (kg/m³)		Entalpia espec. vaporiz. (kJ/kg)	Calor específico (J/kgK)		Condutividade térmica (W/mK)		Viscosidade dinâmica (kg/ms)		Número de Prandtl (-)		Coeficiente de expansão (1/K)		Tensão superf. (N/m)
T	p_{sat}	ρ_L	ρ_V	h_{LV}	c_{pL}	c_{pV}	k_L	k_V	μ_L	μ_V	Pr_L	Pr_V	β_L	β_V	σ_{LV}
140	361,53	926,1	1,967	2144	4283	2311	0,6907	0,02913	$1,965\times10^{-4}$	$1,365\times10^{-5}$	1,22	1,083	$9,683\times10^{-4}$	$2,894\times10^{-3}$	0,0509
150	476,16	917,0	2,548	2114	4307	2394	0,6898	0,03047	$1,825\times10^{-4}$	$1,399\times10^{-5}$	1,14	1,099	$1,027\times10^{-3}$	$2,926\times10^{-3}$	0,0487
160	618,23	907,5	3,259	2082	4335	2488	0,6879	0,03192	$1,702\times10^{-4}$	$1,434\times10^{-5}$	1,07	1,118	$1,088\times10^{-3}$	$2,973\times10^{-3}$	0,0466
170	792,18	897,5	4,122	2049	4368	2594	0,6850	0,03347	$1,596\times10^{-4}$	$1,468\times10^{-5}$	1,02	1,138	$1,153\times10^{-3}$	$3,036\times10^{-3}$	0,0444
180	1002,8	887,0	5,159	2014	4405	2713	0,6811	0,03515	$1,501\times10^{-4}$	$1,503\times10^{-5}$	0,971	1,160	$1,222\times10^{-3}$	$3,116\times10^{-3}$	0,0422
190	1255,2	876,1	6,395	1978	4447	2844	0,6763	0,03697	$1,418\times10^{-4}$	$1,537\times10^{-5}$	0,932	1,183	$1,297\times10^{-3}$	$3,215\times10^{-3}$	0,0399
200	1554,9	864,7	7,861	1940	4496	2990	0,6705	0,03893	$1,343\times10^{-4}$	$1,571\times10^{-5}$	0,901	1,207	$1,379\times10^{-3}$	$3,334\times10^{-3}$	0,0377
220	2319,6	840,3	11,62	1857	4614	3329	0,6563	0,04337	$1,215\times10^{-4}$	$1,641\times10^{-5}$	0,854	1,260	$1,569\times10^{-3}$	$3,644\times10^{-3}$	0,0331
240	3347,0	813,4	16,75	1765	4771	3754	0,6386	0,04861	$1,109\times10^{-4}$	$1,712\times10^{-5}$	0,828	1,322	$1,809\times10^{-3}$	$4,084\times10^{-3}$	0,0284
260	4692,3	783,7	23,71	1662	4984	4307	0,6174	0,05491	$1,017\times10^{-4}$	$1,788\times10^{-5}$	0,821	1,402	$2,128\times10^{-3}$	$4,714\times10^{-3}$	0,0237
280	6416,6	750,4	33,16	1543	5286	5073	0,5925	0,06266	$9,354\times10^{-5}$	$1,870\times10^{-5}$	0,835	1,514	$2,577\times10^{-3}$	$5,657\times10^{-3}$	0,0190
300	8587,9	712,3	46,17	1405	5746	6220	0,5635	0,07259	$8,593\times10^{-5}$	$1,965\times10^{-5}$	0,876	1,684	$3,267\times10^{-3}$	$7,167\times10^{-3}$	0,0144
320	11284	667,3	64,64	1239	6532	8160	0,5294	0,08614	$7,843\times10^{-5}$	$2,085\times10^{-5}$	0,968	1,975	$4,477\times10^{-3}$	$9,873\times10^{-3}$	0,0099
340	14601	610,6	92,74	1027	8211	12229	0,4878	0,1069	$7,042\times10^{-5}$	$2,255\times10^{-5}$	1,19	2,581	$7,181\times10^{-3}$	$1,587\times10^{-2}$	0,0056
360	18666	527,7	143,9	720	14976	27336	0,4308	0,1488	$6,034\times10^{-5}$	$2,572\times10^{-5}$	2,10	4,726	$1,907\times10^{-2}$	$3,941\times10^{-2}$	0,0019
373,95*	22064	322,0	322,0	0					$8,031\times10^{-5}$	$8,031\times10^{-5}$	354,4				0,0000

Produzida no *Engineering Equation Solver* – EES, versão V10.833-3D, com permissão. *Valores críticos.

Tabela A.8 Propriedades de vários fluidos saturados das fases líquida (L) e vapor (V)

R134a ($C_2H_2F_4$)															
Temperatura (°C)	Pressão (kPa)	Densidade (kg/m³)		Entalpia especif. vaporiz. (kJ/kg)	Calor específico (J/kgK)		Condutividade térmica (W/mK)		Viscosidade dinâmica (kg/ms)		Número de Prandtl (-)		Coeficiente de expansão (1/K)		Tensão superf. (N/m)
T	p_{sat}	ρ_L	ρ_V	h_{LV}	c_{pL}	c_{pV}	k_L	k_V	μ_L	μ_V	Pr_L	Pr_V	β_L	β_V	σ_{LV}
-40	51,25	1418	2,772	225,9	1255	749	0,1101	0,00811	$4,653\times10^{-4}$	$9,335\times10^{-6}$	5,3	0,862	$2,045\times10^{-3}$	$4,797\times10^{-3}$	0,0173
-35	66,19	1403	3,523	222,7	1264	765	0,1083	0,00863	$4,305\times10^{-4}$	$9,531\times10^{-6}$	5,0	0,845	$2,094\times10^{-3}$	$4,794\times10^{-3}$	0,0165
-30	84,43	1388	4,429	219,5	1273	781	0,1065	0,00913	$3,994\times10^{-4}$	$9,727\times10^{-6}$	4,77	0,832	$2,146\times10^{-3}$	$4,806\times10^{-3}$	0,0158
-25	106,5	1373	5,510	216,3	1283	798	0,1047	0,00963	$3,714\times10^{-4}$	$9,923\times10^{-6}$	4,55	0,822	$2,203\times10^{-3}$	$4,833\times10^{-3}$	0,0150
-20	132,8	1358	6,789	212,9	1293	816	0,1028	0,01013	$3,462\times10^{-4}$	$1,012\times10^{-5}$	4,36	0,815	$2,266\times10^{-3}$	$4,875\times10^{-3}$	0,0143
-15	164,0	1343	8,293	209,5	1304	835	0,1008	0,01063	$3,232\times10^{-4}$	$1,032\times10^{-5}$	4,18	0,810	$2,334\times10^{-3}$	$4,934\times10^{-3}$	0,0136
-10	200,7	1327	10,05	206,0	1316	854	0,0988	0,01112	$3,023\times10^{-4}$	$1,052\times10^{-5}$	4,03	0,808	$2,409\times10^{-3}$	$5,011\times10^{-3}$	0,0128
-5	243,5	1311	12,09	202,3	1328	875	0,0967	0,01161	$2,832\times10^{-4}$	$1,071\times10^{-5}$	3,89	0,808	$2,492\times10^{-3}$	$5,107\times10^{-3}$	0,0121
0	293,0	1295	14,44	198,6	1341	897	0,0946	0,01210	$2,655\times10^{-4}$	$1,092\times10^{-5}$	3,76	0,810	$2,584\times10^{-3}$	$5,224\times10^{-3}$	0,0114
5	349,9	1278	17,14	194,7	1355	921	0,0925	0,01259	$2,492\times10^{-4}$	$1,112\times10^{-5}$	3,65	0,813	$2,686\times10^{-3}$	$5,365\times10^{-3}$	0,0107
10	414,9	1261	20,24	190,7	1370	946	0,0902	0,01308	$2,341\times10^{-4}$	$1,132\times10^{-5}$	3,56	0,819	$2,799\times10^{-3}$	$5,531\times10^{-3}$	0,0100
15	488,7	1243	23,78	186,6	1387	972	0,0880	0,01357	$2,200\times10^{-4}$	$1,153\times10^{-5}$	3,47	0,826	$2,927\times10^{-3}$	$5,727\times10^{-3}$	0,0094
20	572,1	1225	27,80	182,3	1405	1001	0,0856	0,01406	$2,068\times10^{-4}$	$1,175\times10^{-5}$	3,39	0,836	$3,072\times10^{-3}$	$5,957\times10^{-3}$	0,0087
25	665,8	1207	32,37	177,8	1425	1032	0,0832	0,01456	$1,944\times10^{-4}$	$1,197\times10^{-5}$	3,33	0,848	$3,236\times10^{-3}$	$6,227\times10^{-3}$	0,0080
30	770,6	1187	37,56	173,1	1446	1066	0,0808	0,01507	$1,827\times10^{-4}$	$1,219\times10^{-5}$	3,27	0,863	$3,425\times10^{-3}$	$6,545\times10^{-3}$	0,0074
35	887,5	1168	43,45	168,2	1471	1103	0,0783	0,01558	$1,717\times10^{-4}$	$1,243\times10^{-5}$	3,23	0,880	$3,643\times10^{3}$	$6,921\times10^{3}$	0,0067
40	1017,1	1147	50,12	163,0	1498	1145	0,0757	0,01610	$1,612\times10^{-4}$	$1,268\times10^{-5}$	3,19	0,902	$3,898\times10^{-3}$	$7,368\times10^{-3}$	0,0061
45	1160,5	1125	57,70	157,6	1530	1192	0,0731	0,01664	$1,512\times10^{-4}$	$1,295\times10^{-5}$	3,17	0,928	$4,200\times10^{-3}$	$7,906\times10^{-3}$	0,0055
50	1318,6	1102	66,32	151,8	1566	1247	0,0704	0,01720	$1,416\times10^{-4}$	$1,324\times10^{-5}$	3,15	0,960	$4,561\times10^{-3}$	$8,560\times10^{-3}$	0,0049
55	1492,3	1078	76,17	145,7	1609	1311	0,0676	0,01778	$1,325\times10^{-4}$	$1,355\times10^{-5}$	3,15	0,999	$5,002\times10^{-3}$	$9,369\times10^{-3}$	0,0043
60	1682,8	1053	87,46	139,1	1660	1388	0,0647	0,01838	$1,236\times10^{-4}$	$1,390\times10^{-5}$	3,17	1,050	$5,551\times10^{-3}$	$1,039\times10^{-2}$	0,0037
65	1891,0	1026	100,5	132,0	1723	1484	0,0618	0,01903	$1,150\times10^{-4}$	$1,430\times10^{-5}$	3,21	1,115	$6,254\times10^{-3}$	$1,171\times10^{-2}$	0,0032
70	2118,2	996,3	115,7	124,3	1804	1607	0,0587	0,01972	$1,065\times10^{-4}$	$1,477\times10^{-5}$	3,27	1,204	$7,184\times10^{3}$	$1,347\times10^{2}$	0,0026
75	2365,8	964,1	133,7	115,8	1911	1775	0,0555	0,02048	$9,823\times10^{-5}$	$1,532\times10^{-5}$	3,38	1,328	$8,479\times10^{-3}$	$1,593\times10^{-2}$	0,0021
80	2635,2	928,3	155,4	106,3	2064	2018	0,0521	0,02133	$8,992\times10^{-5}$	$1,601\times10^{-5}$	3,56	1,515	$1,041\times10^{-2}$	$1,959\times10^{-2}$	0,0016
85	2928,2	887,3	182,3	95,44	2305	2409	0,0485	0,02233	$8,145\times10^{-5}$	$1,692\times10^{-5}$	3,88	1,825	$1,359\times10^{-2}$	$2,558\times10^{-2}$	0,0012
90	3246,9	838,1	217,4	82,35	2751	3148	0,0444	0,02356	$7,252\times10^{-5}$	$1,818\times10^{-5}$	4,49	2,430	$1,982\times10^{-2}$	$3,709\times10^{-2}$	0,0007
95	3594,1	773,2	268,4	65,21	3916	5126	0,0396	0,02540	$6,244\times10^{-5}$	$2,024\times10^{-5}$	6,17	4,084	$3,703\times10^{-2}$	$6,821\times10^{-2}$	0,0004

(continua)

Tabela A.8 Propriedades de vários fluidos saturados das fases líquida (L) e vapor (V) *(continuação)*

R1234yf (HFO-1234yf, $C_3H_2F_4$)															
Temperatura (°C)	Pressão (kPa)	Densidade (kg/m³)		Entalpia especif. vaporiz. (kJ/kg)	Calor específico (J/kgK)		Condutividade térmica (W/mK)		Viscosidade dinâmica (kg/ms)		Número de Prandtl (-)		Coeficiente de expansão (1/K)		Tensão superf. (N/m)
T	p_{sat}	ρ_L	ρ_V	h_{LV}	c_{pL}	c_{pV}	k_L	k_V	μ_L	μ_V	Pr_L	Pr_V	β_L	β_V	σ_{LV}
-40	62,36	1292	3,785	185,5	1158	778	0,0852	0,00843	$3,267\times10^{-4}$	$8,230\times10^{-6}$	4,44	0,759	$2,093\times10^{-3}$	$4,844\times10^{-3}$	0,0155
-35	79,03	1278	4,721	183,1	1173	794	0,0834	0,00882	$3,078\times10^{-4}$	$8,495\times10^{-6}$	4,33	0,765	$2,146\times10^{-3}$	$4,847\times10^{-3}$	0,0147
-30	99,05	1265	5,837	180,6	1188	811	0,0817	0,00922	$2,902\times10^{-4}$	$8,753\times10^{-6}$	4,22	0,770	$2,205\times10^{-3}$	$4,864\times10^{-3}$	0,0139
-25	122,9	1251	7,154	178,0	1204	828	0,0799	0,00961	$2,737\times10^{-4}$	$9,006\times10^{-6}$	4,12	0,777	$2,269\times10^{-3}$	$4,897\times10^{-3}$	0,0131
-20	150,9	1237	8,699	175,2	1220	847	0,0782	0,01000	$2,582\times10^{-4}$	$9,254\times10^{-6}$	4,03	0,783	$2,340\times10^{-3}$	$4,947\times10^{-3}$	0,0124
-15	183,7	1222	10,50	172,4	1236	865	0,0764	0,01039	$2,437\times10^{-4}$	$9,497\times10^{-6}$	3,94	0,791	$2,418\times10^{-3}$	$5,013\times10^{-3}$	0,0116
-10	221,8	1207	12,57	169,5	1253	885	0,0747	0,01079	$2,300\times10^{-4}$	$9,738\times10^{-6}$	3,86	0,799	$2,505\times10^{-3}$	$5,098\times10^{-3}$	0,0109
-5	265,6	1192	14,96	166,4	1271	905	0,0730	0,01118	$2,172\times10^{-4}$	$9,976\times10^{-6}$	3,78	0,807	$2,600\times10^{-3}$	$5,203\times10^{-3}$	0,0102
0	315,8	1177	17,69	163,3	1289	926	0,0713	0,01158	$2,050\times10^{-4}$	$1,021\times10^{-5}$	3,70	0,817	$2,707\times10^{-3}$	$5,331\times10^{-3}$	0,0095
5	372,9	1161	20,80	160,0	1307	949	0,0697	0,01198	$1,935\times10^{-4}$	$1,045\times10^{-5}$	3,63	0,827	$2,826\times10^{-3}$	$5,484\times10^{-3}$	0,0088
10	437,5	1144	24,33	156,6	1327	972	0,0680	0,01239	$1,826\times10^{-4}$	$1,069\times10^{-5}$	3,56	0,838	$2,959\times10^{-3}$	$5,667\times10^{-3}$	0,0081
15	510,2	1127	28,32	153,0	1347	997	0,0664	0,01281	$1,722\times10^{-4}$	$1,093\times10^{-5}$	3,50	0,851	$3,109\times10^{-3}$	$5,884\times10^{-3}$	0,0074
20	591,7	1110	32,84	149,3	1369	1024	0,0648	0,01323	$1,624\times10^{-4}$	$1,117\times10^{-5}$	3,43	0,865	$3,280\times10^{-3}$	$6,144\times10^{-3}$	0,0068
25	682,5	1092	37,94	145,4	1392	1053	0,0632	0,01367	$1,530\times10^{-4}$	$1,143\times10^{-5}$	3,37	0,881	$3,473\times10^{-3}$	$6,454\times10^{-3}$	0,0062
30	783,5	1073	43,70	141,3	1416	1086	0,0616	0,01412	$1,440\times10^{-4}$	$1,169\times10^{-5}$	3,31	0,899	$3,696\times10^{-3}$	$6,828\times10^{-3}$	0,0056
35	895,2	1054	50,22	136,9	1443	1123	0,0600	0,01458	$1,354\times10^{-4}$	$1,196\times10^{-5}$	3,26	0,921	$3,954\times10^{-3}$	$7,280\times10^{-3}$	0,0050
40	1018,4	1034	57,63	132,3	1473	1166	0,0585	0,01507	$1,272\times10^{-4}$	$1,225\times10^{-5}$	3,21	0,948	$4,258\times10^{-3}$	$7,832\times10^{-3}$	0,0044
45	1153,9	1012	66,06	127,4	1508	1216	0,0569	0,01558	$1,192\times10^{-4}$	$1,255\times10^{-5}$	3,16	0,980	$4,626\times10^{-3}$	$8,514\times10^{-3}$	0,0039
50	1302,4	990,0	75,70	122,2	1549	1276	0,0554	0,01612	$1,116\times10^{-4}$	$1,289\times10^{-5}$	3,12	1,020	$5,083\times10^{-3}$	$9,370\times10^{-3}$	0,0033
55	1464,8	966,1	86,80	116,5	1599	1349	0,0538	0,01670	$1,041\times10^{-4}$	$1,326\times10^{-5}$	3,09	1,071	$5,666\times10^{-3}$	$1,047\times10^{-2}$	0,0028
60	1642,0	940,6	99,67	110,4	1660	1441	0,0522	0,01733	$9,684\times10^{-5}$	$1,367\times10^{-5}$	3,08	1,137	$6,434\times10^{-3}$	$1,191\times10^{-2}$	0,0023
65	1834,9	913,0	114,7	103,6	1738	1561	0,0505	0,01802	$8,970\times10^{-5}$	$1,415\times10^{-5}$	3,08	1,226	$7,475\times10^{-3}$	$1,387\times10^{-2}$	0,0019
70	2044,5	882,7	132,6	96,2	1841	1728	0,0488	0,01878	$8,260\times10^{-5}$	$1,471\times10^{-5}$	3,11	1,353	$8,941\times10^{-3}$	$1,667\times10^{-2}$	0,0015
75	2272,2	848,8	154,1	87,9	1987	1974	0,0470	0,01966	$7,547\times10^{-5}$	$1,539\times10^{-5}$	3,19	1,546	$1,114\times10^{-2}$	$2,092\times10^{-2}$	0,0011
80	2519,4	809,4	180,8	78,3	2221	2377	0,0450	0,02068	$6,813\times10^{-5}$	$1,627\times10^{-5}$	3,36	1,870	$1,482\times10^{-2}$	$2,801\times10^{-2}$	0,0007
85	2787,8	761,4	215,6	66,69	2682	3165	0,0427	0,02194	$6,029\times10^{-5}$	$1,747\times10^{-5}$	3,79	2,520	$2,240\times10^{-2}$	$4,204\times10^{-2}$	0,0004

(continua)

Tabela A.8 Propriedades de vários fluidos saturados das fases líquida (L) e vapor (V) *(continuação)*

R32 (HFO-32, CH_2F_2)																
Tempe-ratura (°C)	Pressão (kPa)	Densidade (kg/m³)		Entalpia especif. vaporiz. (kJ/kg)	Calor específico (J/kgK)		Condutividade térmica (W/mK)		Viscosidade dinâmica (kg/ms)		Número de Prandtl (-)		Coeficiente de expansão (1/K)		Tensão superf. (N/m)
T	p_{sat}	ρ_L	ρ_V	h_{LV}	c_{pL}	c_{pV}	k_L	k_V	μ_L	μ_V	Pr_L	Pr_V	β_L	β_V	σ_{LV}
-40	177,40	1180	5,065	368,8	1608	940,1	0,1799	0,01046	$2,451\times10^{-4}$	$9,697\times10^{-6}$	2,19	0,872	$2,444\times10^{-3}$	$5,609\times10^{-3}$	0,0184
-35	221,36	1166	6,247	362,9	1619	970,9	0,1755	0,01083	$2,307\times10^{-4}$	$9,908\times10^{-6}$	2,13	0,889	$2,523\times10^{-3}$	$5,692\times10^{-3}$	0,0174
-30	273,42	1151	7,638	356,8	1631	1003	0,1712	0,01121	$2,175\times10^{-4}$	$1,012\times10^{-5}$	2,07	0,906	$2,609\times10^{-3}$	$5,795\times10^{-3}$	0,0165
-25	334,54	1136	9,265	350,5	1645	1038	0,1668	0,01162	$2,054\times10^{-4}$	$1,034\times10^{-5}$	2,03	0,924	$2,704\times10^{-3}$	$5,919\times10^{-3}$	0,0155
-20	405,73	1121	11,16	344,0	1661	1075	0,1625	0,01205	$1,941\times10^{-4}$	$1,056\times10^{-5}$	1,98	0,942	$2,809\times10^{-3}$	$6,067\times10^{-3}$	0,0146
-15	488,07	1105	13,35	337,3	1678	1114	0,1581	0,01250	$1,836\times10^{-4}$	$1,078\times10^{-5}$	1,95	0,961	$2,924\times10^{-3}$	$6,242\times10^{-3}$	0,0137
-10	582,64	1089	15,87	330,3	1698	1156	0,1538	0,01298	$1,737\times10^{-4}$	$1,100\times10^{-5}$	1,92	0,980	$3,054\times10^{-3}$	$6,448\times10^{-3}$	0,0128
-5	690,60	1072	18,77	322,9	1720	1202	0,1495	0,01349	$1,645\times10^{-4}$	$1,123\times10^{-5}$	1,89	1,000	$3,198\times10^{-3}$	$6,689\times10^{-3}$	0,0119
0	813,15	1055	22,09	315,3	1745	1251	0,1451	0,01404	$1,557\times10^{-4}$	$1,147\times10^{-5}$	1,87	1,022	$3,362\times10^{-3}$	$6,972\times10^{-3}$	0,0110
5	951,52	1038	25,89	307,3	1773	1306	0,1408	0,01462	$1,474\times10^{-4}$	$1,171\times10^{-5}$	1,86	1,046	$3,548\times10^{-3}$	$7,305\times10^{-3}$	0,0101
10	1107,0	1020	30,24	298,9	1806	1367	0,1364	0,01525	$1,395\times10^{-4}$	$1,196\times10^{-5}$	1,85	1,072	$3,762\times10^{3}$	$7,697\times10^{3}$	0,0093
15	1280,9	1001	35,19	290,1	1843	1435	0,1320	0,01593	$1,319\times10^{-4}$	$1,222\times10^{-5}$	1,84	1,101	$4,010\times10^{-3}$	$8,162\times10^{-3}$	0,0084
20	1474,7	981,4	40,86	280,8	1886	1514	0,1275	0,01666	$1,246\times10^{-4}$	$1,249\times10^{-5}$	1,84	1,134	$4,302\times10^{-3}$	$8,719\times10^{-3}$	0,0076
25	1689,7	961,0	47,34	270,9	1937	1605	0,1230	0,01746	$1,176\times10^{-4}$	$1,276\times10^{-5}$	1,85	1,172	$4,650\times10^{-3}$	$9,391\times10^{-3}$	0,0068
30	1927,5	939,6	54,78	260,4	1997	1712	0,1185	0,01834	$1,108\times10^{-4}$	$1,305\times10^{-5}$	1,87	1,218	$5,072\times10^{-3}$	$1,021\times10^{-2}$	0,0060
35	2189,8	917,1	63,34	249,2	2071	1841	0,1138	0,01931	$1,042\times10^{-4}$	$1,336\times10^{-5}$	1,90	1,274	$5,596\times10^{-3}$	$1,124\times10^{-2}$	0,0052
40	2478,2	893,0	73,26	237,1	2163	2001	0,1091	0,02039	$9,769\times10^{-5}$	$1,371\times10^{-5}$	1,94	1,345	$6,263\times10^{-3}$	$1,255\times10^{-2}$	0,0045
45	2794,6	867,3	84,85	224,0	2281	2205	0,1041	0,02161	$9,129\times10^{-5}$	$1,409\times10^{-5}$	2,00	1,438	$7,140\times10^{-3}$	$1,426\times10^{-2}$	0,0038
50	3141,0	839,3	98,54	209,6	2439	2477	0,09904	0,02301	$8,494\times10^{-5}$	$1,453\times10^{-5}$	2,09	1,564	$8,344\times10^{-3}$	$1,659\times10^{-2}$	0,0031
55	3519,6	808,3	115,0	193,7	2661	2859	0,09368	0,02464	$7,856\times10^{-5}$	$1,504\times10^{-5}$	2,23	1,745	$1,010\times10^{-2}$	$1,992\times10^{-2}$	0,0024
60	3933,0	773,3	135,2	175,5	3001	3440	0,08796	0,02661	$7,208\times10^{-5}$	$1,567\times10^{-5}$	2,46	2,026	$1,286\times10^{-2}$	$2,510\times10^{-2}$	0,0018
65	4384,3	732,3	161,1	154,2	3588	4447	0,08170	0,02910	$6,531\times10^{-5}$	$1,649\times10^{-5}$	2,87	2,519	$1,784\times10^{-2}$	$3,420\times10^{-2}$	0,0012
70	4877,2	681,0	196,8	127,8	4864	6648	0,07455	0,03251	$5,797\times10^{-5}$	$1,765\times10^{-5}$	3,78	3,609	$2,919\times10^{-2}$	$5,435\times10^{-2}$	0,0007

(continua)

Tabela A.8 Propriedades de vários fluidos saturados das fases líquida (L) e vapor (V) *(continuação)*

Propano (R290, C_3H_8)															
Tempe-ratura (°C)	Pressão (kPa)	Densidade (kg/m³)		Entalpia especif. vaporiz. (kJ/kg)	Calor específico (J/kgK)		Condutividade térmica (W/mK)		Viscosidade dinâmica (kg/ms)		Número de Prandtl (-)		Coeficiente de expansão (1/K)		Tensão superf. (N/m)
T	p_{sat}	ρ_L	ρ_V	h_{LV}	c_{pL}	c_{pV}	k_L	k_V	μ_L	μ_V	Pr_L	Pr_V	β_L	β_V	σ_{LV}
-80	13,01	623,3	0,360	462,6	2097	1265	0,1567	0,00844	$3,289\times10^{-4}$	$5,409\times10^{-6}$	4,40	0,811	$1,700\times10^{-3}$	$5,339\times10^{-3}$	0,0206
-70	24,34	612,6	0,644	453,4	2130	1309	0,1503	0,00923	$2,868\times10^{-4}$	$5,680\times10^{-6}$	4,06	0,806	$1,764\times10^{-3}$	$5,167\times10^{-3}$	0,0192
-60	42,61	601,7	1,08	443,9	2168	1359	0,1440	0,01004	$2,522\times10^{-4}$	$5,956\times10^{-6}$	3,80	0,806	$1,838\times10^{-3}$	$5,045\times10^{-3}$	0,0179
-50	70,47	590,5	1,73	434,0	2211	1414	0,1377	0,01089	$2,232\times10^{-4}$	$6,239\times10^{-6}$	3,59	0,810	$1,924\times10^{-3}$	$4,972\times10^{-3}$	0,0165
-40	111,0	579,0	2,63	423,6	2259	1474	0,1315	0,01177	$1,986\times10^{-4}$	$6,529\times10^{-6}$	3,41	0,818	$2,025\times10^{-3}$	$4,949\times10^{-3}$	0,0152
-35	137,1	573,1	3,20	418,2	2285	1507	0,1284	0,01222	$1,877\times10^{-4}$	$6,677\times10^{-6}$	3,34	0,823	$2,082\times10^{-3}$	$4,958\times10^{-3}$	0,0145
-30	167,8	567,2	3,87	412,6	2312	1541	0,1254	0,01269	$1,775\times10^{-4}$	$6,828\times10^{-6}$	3,27	0,829	$2,143\times10^{-3}$	$4,980\times10^{-3}$	0,0138
-25	203,4	561,1	4,63	406,8	2340	1577	0,1224	0,01316	$1,680\times10^{-4}$	$6,981\times10^{-6}$	3,21	0,836	$2,209\times10^{-3}$	$5,016\times10^{-3}$	0,0132
-20	244,5	554,9	5,51	400,8	2371	1615	0,1194	0,01365	$1,591\times10^{-4}$	$7,136\times10^{-6}$	3,16	0,844	$2,282\times10^{-3}$	$5,067\times10^{-3}$	0,0125
-15	291,6	548,5	6,51	394,6	2402	1655	0,1165	0,01415	$1,507\times10^{-4}$	$7,295\times10^{-6}$	3,11	0,853	$2,360\times10^{-3}$	$5,134\times10^{-3}$	0,0119
-10	345,3	542,1	7,64	388,2	2436	1696	0,1137	0,01467	$1,429\times10^{-4}$	$7,457\times10^{-6}$	3,06	0,862	$2,446\times10^{-3}$	$5,218\times10^{-3}$	0,0112
-5	406,1	535,5	8,92	381,6	2471	1740	0,1108	0,01521	$1,355\times10^{-4}$	$7,624\times10^{-6}$	3,02	0,872	$2,540\times10^{-3}$	$5,322\times10^{-3}$	0,0106
0	474,6	528,7	10,36	374,7	2509	1787	0,1081	0,01577	$1,285\times10^{-4}$	$7,794\times10^{-6}$	2,98	0,883	$2,644\times10^{-3}$	$5,446\times10^{-3}$	0,0100
5	551,2	521,8	11,98	367,5	2549	1836	0,1053	0,01635	$1,218\times10^{-4}$	$7,970\times10^{-6}$	2,95	0,895	$2,758\times10^{-3}$	$5,594\times10^{-3}$	0,0093
10	636,7	514,7	13,80	359,9	2591	1889	0,1027	0,01696	$1,156\times10^{-4}$	$8,151\times10^{-6}$	2,92	0,908	$2,884\times10^{-3}$	$5,769\times10^{-3}$	0,0087
15	731,7	507,4	15,83	352,1	2636	1945	0,1000	0,01759	$1,096\times10^{-4}$	$8,339\times10^{-6}$	2,89	0,922	$3,025\times10^{-3}$	$5,976\times10^{-3}$	0,0081
20	836,6	499,8	18,10	343,9	2684	2006	0,0975	0,01826	$1,039\times10^{-4}$	$8,534\times10^{-6}$	2,86	0,937	$3,184\times10^{-3}$	$6,219\times10^{-3}$	0,0075
25	952,2	492,1	20,64	335,3	2737	2072	0,0950	0,01897	$9,846\times10^{-5}$	$8,737\times10^{-6}$	2,84	0,954	$3,362\times10^{-3}$	$6,506\times10^{-3}$	0,0069
30	1079,1	484,1	23,48	326,2	2794	2145	0,0925	0,01972	$9,326\times10^{-5}$	$8,951\times10^{-6}$	2,82	0,974	$3,567\times10^{-3}$	$6,847\times10^{-3}$	0,0063
35	1218,0	475,7	26,65	316,6	2857	2226	0,0901	0,02052	$8,827\times10^{-5}$	$9,176\times10^{-6}$	2,80	0,995	$3,803\times10^{-3}$	$7,253\times10^{-3}$	0,0058
40	1369,5	467,1	30,20	306,5	2927	2317	0,0877	0,02137	$8,347\times10^{-5}$	$9,415\times10^{-6}$	2,78	1,021	$4,080\times10^{-3}$	$7,741\times10^{-3}$	0,0052
50	1713,4	448,5	38,68	284,3	3099	2543	0,0831	0,02327	$7,433\times10^{-5}$	$9,947\times10^{-6}$	2,77	1,087	$4,814\times10^{-3}$	$9,069\times10^{-3}$	0,0041
60	2116,9	427,8	49,56	258,8	3342	2868	0,0787	0,02550	$6,566\times10^{-5}$	$1,058\times10^{-5}$	2,79	1,190	$5,967\times10^{-3}$	$1,118\times10^{-2}$	0,0030
70	2587,2	403,7	64,01	228,3	3736	3405	0,0742	0,02822	$5,717\times10^{-5}$	$1,138\times10^{-5}$	2,88	1,374	$8,049\times10^{-3}$	$1,493\times10^{-2}$	0,0020
80	3132,7	373,6	84,51	189,8	4544	4534	0,0695	0,03171	$4,842\times10^{-5}$	$1,251\times10^{-5}$	3,17	1,789	$1,284\times10^{-2}$	$2,326\times10^{-2}$	0,0011
90	3765,4	329,2	119,0	133,2	7625	8923	0,0669	0,03691	$3,831\times10^{-5}$	$1,451\times10^{-5}$	4,37	3,508	$3,356\times10^{-2}$	$5,659\times10^{-2}$	0,0004

(continua)

Tabela A.8 Propriedades de vários fluidos saturados das fases líquida (L) e vapor (V) *(continuação)*

Isobutano (R600a, C_4H_{10})																
Temperatura (°C)	Pressão (kPa)	Densidade (kg/m³)		Entalpia especif. vaporiz. (kJ/kg)	Calor específico (J/kgK)		Condutividade térmica (W/mK)		Viscosidade dinâmica (kg/ms)		Número de Prandtl (-)		Coeficiente de expansão (1/K)		Tensão superf. (N/m)
T	p_{sat}	ρ_L	ρ_V	h_{LV}	c_{pL}	c_{pV}	k_L	k_V	μ_L	μ_V	Pr_L	Pr_V	β_L	β_V	σ_{LV}
-80	2,234	665,0	0,081	421,0	1944	1213	0,1323	0,00751	6,226×10⁻⁴	4,943×10⁻⁶	9,15	0,799	1,467×10⁻³	5,226×10⁻³	0,0230
-70	4,710	655,1	0,163	413,5	1980	1256	0,1281	0,00828	5,214×10⁻⁴	5,176×10⁻⁶	8,06	0,785	1,511×10⁻³	5,004×10⁻³	0,0216
-60	9,164	645,2	0,303	405,9	2017	1300	0,1238	0,00907	4,428×10⁻⁴	5,412×10⁻⁶	7,21	0,776	1,561×10⁻³	4,818×10⁻³	0,0203
-50	16,64	635,0	0,527	398,1	2057	1347	0,1195	0,00989	3,803×10⁻⁴	5,654×10⁻⁶	6,55	0,770	1,617×10⁻³	4,669×10⁻³	0,0190
-40	28,50	624,6	0,869	390,1	2100	1397	0,1152	0,01073	3,298×10⁻⁴	5,901×10⁻⁶	6,01	0,768	1,680×10⁻³	4,556×10⁻³	0,0177
-35	36,56	619,4	1,10	386,0	2122	1424	0,1131	0,01116	3,080×10⁻⁴	6,027×10⁻⁶	5,78	0,769	1,715×10⁻³	4,514×10⁻³	0,0171
-30	46,37	614,0	1,37	381,9	2145	1451	0,1109	0,01160	2,882×10⁻⁴	6,155×10⁻⁶	5,57	0,770	1,752×10⁻³	4,481×10⁻³	0,0165
-25	58,15	608,6	1,69	377,7	2169	1479	0,1088	0,01204	2,701×10⁻⁴	6,285×10⁻⁶	5,39	0,772	1,791×10⁻³	4,457×10⁻³	0,0158
-20	72,19	603,2	2,06	373,4	2194	1508	0,1067	0,01249	2,535×10⁻⁴	6,417×10⁻⁶	5,21	0,775	1,833×10⁻³	4,442×10⁻³	0,0152
-15	88,75	597,6	2,50	368,9	2219	1538	0,1046	0,01295	2,382×10⁻⁴	6,551×10⁻⁶	5,05	0,778	1,878×10⁻³	4,437×10⁻³	0,0146
-10	108,1	592,0	3,00	364,4	2245	1569	0,1025	0,01341	2,242×10⁻⁴	6,688×10⁻⁶	4,91	0,782	1,926×10⁻³	4,443×10⁻³	0,0140
-5	130,7	586,3	3,59	359,8	2272	1601	0,1005	0,01388	2,111×10⁻⁴	6,827×10⁻⁶	4,77	0,787	1,977×10⁻³	4,458×10⁻³	0,0134
0	156,7	580,5	4,25	355,0	2299	1634	0,0985	0,01436	1,991×10⁻⁴	6,970×10⁻⁶	4,65	0,793	2,032×10⁻³	4,484×10⁻³	0,0128
5	186,4	574,6	5,01	350,1	2327	1668	0,0965	0,01486	1,879×10⁻⁴	7,116×10⁻⁶	4,53	0,799	2,091×10⁻³	4,522×10⁻³	0,0122
10	220,3	568,6	5,86	345,1	2357	1704	0,0946	0,01536	1,774×10⁻⁴	7,265×10⁻⁶	4,42	0,806	2,154×10⁻³	4,571×10⁻³	0,0116
15	258,7	562,4	6,83	339,9	2387	1741	0,0927	0,01587	1,677×10⁻⁴	7,419×10⁻⁶	4,32	0,814	2,222×10⁻³	4,633×10⁻³	0,0110
20	302,0	556,2	7,91	334,6	2418	1779	0,0908	0,01640	1,586×10⁻⁴	7,577×10⁻⁶	4,22	0,822	2,295×10⁻³	4,709×10⁻³	0,0104
25	350,4	549,9	9,12	329,1	2450	1819	0,0889	0,01694	1,500×10⁻⁴	7,739×10⁻⁶	4,13	0,831	2,375×10⁻³	4,799×10⁻³	0,0099
30	404,5	543,4	10,48	323,4	2483	1860	0,0872	0,01749	1,420×10⁻⁴	7,907×10⁻⁶	4,05	0,841	2,461×10⁻³	4,907×10⁻³	0,0093
35	464,5	536,8	11,99	317,5	2518	1904	0,0854	0,01807	1,345×10⁻⁴	8,080×10⁻⁶	3,97	0,851	2,554×10⁻³	5,033×10⁻³	0,0087
40	530,9	530,0	13,66	311,4	2553	1949	0,0837	0,01866	1,274×10⁻⁴	8,260×10⁻⁶	3,89	0,863	2,656×10⁻³	5,180×10⁻³	0,0082
50	684,4	516,0	17,59	298,5	2630	2048	0,0804	0,01991	1,144×10⁻⁴	8,642×10⁻⁶	3,74	0,889	2,890×10⁻³	5,551×10⁻³	0,0071
60	868,4	501,2	22,42	284,5	2714	2160	0,0773	0,02127	1,027×10⁻⁴	9,059×10⁻⁶	3,61	0,920	3,180×10⁻³	6,055×10⁻³	0,0061
70	1086,4	485,6	28,36	269,2	2812	2292	0,0743	0,02276	9,210×10⁻⁵	9,521×10⁻⁶	3,49	0,959	3,554×10⁻³	6,751×10⁻³	0,0051
80	1342,2	468,8	35,71	252,2	2932	2456	0,0715	0,02442	8,244×10⁻⁵	1,005×10⁻⁵	3,38	1,010	4,068×10⁻³	7,743×10⁻³	0,0041
90	1640,0	450,5	44,9	233,1	3091	2672	0,0689	0,02628	7,345×10⁻⁵	1,065×10⁻⁵	3,30	1,083	4,837×10⁻³	9,224×10⁻³	0,0032

(continua)

Tabela A.8 Propriedades de vários fluidos saturados das fases líquida (L) e vapor (V) *(continuação)*

Etanol (C_2H_6O)															
Tempe-ratura (°C)	Pressão (kPa)	Densidade (kg/m³)		Entalpia especif. vaporiz. (kJ/kg)	Calor específico (J/kgK)		Condutividade térmica (W/mK)		Viscosidade dinâmica (kg/ms)		Número de Prandtl (-)		Coeficiente de expansão (1/K)		Tensão superf. (N/m)
T	p_{sat}	ρ_L	ρ_V	h_{LV}	c_{pL}	c_{pV}	k_L	k_V	μ_L	μ_V	Pr_L	Pr_V	β_L	β_V	σ_{LV}
0	1,733	806,4	0,033	949,2	2257	1341	0,1763	0,01270	$1{,}758\times10^{-3}$	$8{,}215\times10^{-6}$	22,51	0,867	$1{,}050\times10^{-3}$	$3{,}694\times10^{-3}$	0,0243
10	3,308	797,9	0,062	938,7	2324	1377	0,1736	0,01361	$1{,}418\times10^{-3}$	$8{,}498\times10^{-6}$	18,98	0,859	$1{,}065\times10^{-3}$	$3{,}583\times10^{-3}$	0,0235
20	6,049	789,4	0,111	927,8	2396	1415	0,1708	0,01455	$1{,}162\times10^{-3}$	$8{,}780\times10^{-6}$	16,29	0,854	$1{,}084\times10^{-3}$	$3{,}489\times10^{-3}$	0,0227
30	10,63	780,7	0,191	916,4	2475	1457	0,1680	0,01550	$9{,}645\times10^{-4}$	$9{,}062\times10^{-6}$	14,20	0,852	$1{,}110\times10^{-3}$	$3{,}412\times10^{-3}$	0,0219
40	18,01	772,0	0,317	904,5	2559	1502	0,1652	0,01647	$8{,}100\times10^{-4}$	$9{,}344\times10^{-6}$	12,55	0,852	$1{,}141\times10^{-3}$	$3{,}354\times10^{-3}$	0,0211
50	29,49	763,1	0,51	891,7	2649	1551	0,1623	0,01747	$6{,}868\times10^{-4}$	$9{,}625\times10^{-6}$	11,21	0,855	$1{,}181\times10^{-3}$	$3{,}316\times10^{-3}$	0,0202
60	46,77	754,0	0,79	878,0	2744	1604	0,1594	0,01849	$5{,}872\times10^{-4}$	$9{,}907\times10^{-6}$	10,11	0,860	$1{,}230\times10^{-3}$	$3{,}300\times10^{-3}$	0,0193
70	72,03	744,6	1,19	863,2	2844	1664	0,1564	0,01954	$5{,}054\times10^{-4}$	$1{,}019\times10^{-5}$	9,19	0,867	$1{,}289\times10^{-3}$	$3{,}308\times10^{-3}$	0,0184
80	107,9	734,9	1,75	847,2	2948	1729	0,1533	0,02063	$4{,}374\times10^{-4}$	$1{,}047\times10^{-5}$	8,41	0,878	$1{,}360\times10^{-3}$	$3{,}342\times10^{-3}$	0,0175
90	157,6	724,7	2,51	829,9	3058	1802	0,1501	0,02175	$3{,}804\times10^{-4}$	$1{,}076\times10^{-5}$	7,75	0,891	$1{,}446\times10^{-3}$	$3{,}404\times10^{-3}$	0,0165
100	224,7	714,0	3,52	811,0	3174	1882	0,1469	0,02292	$3{,}319\times10^{-4}$	$1{,}105\times10^{-5}$	7,17	0,908	$1{,}550\times10^{-3}$	$3{,}499\times10^{-3}$	0,0156
110	313,5	702,8	4,86	790,5	3296	1973	0,1436	0,02414	$2{,}905\times10^{-4}$	$1{,}135\times10^{-5}$	6,67	0,927	$1{,}675\times10^{-3}$	$3{,}629\times10^{-3}$	0,0145
120	428,4	690,8	6,58	768,1	3425	2074	0,1402	0,02541	$2{,}548\times10^{-4}$	$1{,}165\times10^{-5}$	6,22	0,951	$1{,}825\times10^{-3}$	$3{,}801\times10^{-3}$	0,0135
130	574,5	678,0	8,77	743,8	3559	2188	0,1366	0,02675	$2{,}237\times10^{-4}$	$1{,}196\times10^{-5}$	5,83	0,978	$2{,}006\times10^{-3}$	$4{,}022\times10^{-3}$	0,0124
140	757,0	664,2	11,53	717,3	3696	2318	0,1330	0,02817	$1{,}966\times10^{-4}$	$1{,}228\times10^{-5}$	5,46	1,010	$2{,}221\times10^{-3}$	$4{,}303\times10^{-3}$	0,0113
150	981,6	649,4	14,99	688,5	3833	2469	0,1292	0,02968	$1{,}728\times10^{-4}$	$1{,}261\times10^{-5}$	5,13	1,049	$2{,}475\times10^{-3}$	$4{,}661\times10^{-3}$	0,0102
160	1254,2	633,4	19,29	657,4	3968	2646	0,1251	0,03130	$1{,}518\times10^{-4}$	$1{,}296\times10^{-5}$	4,81	1,095	$2{,}773\times10^{-3}$	$5{,}121\times10^{-3}$	0,0091
170	1581,1	616,2	24,62	623,7	4103	2859	0,1209	0,03305	$1{,}333\times10^{-4}$	$1{,}333\times10^{-5}$	4,52	1,153	$3{,}129\times10^{-3}$	$5{,}723\times10^{-3}$	0,0079
180	1969,1	597,6	31,23	587,3	4249	3124	0,1164	0,03497	$1{,}169\times10^{-4}$	$1{,}372\times10^{-5}$	4,27	1,226	$3{,}572\times10^{-3}$	$6{,}535\times10^{-3}$	0,0067
190	2425,7	577,3	39,46	547,6	4429	3472	0,1116	0,03709	$1{,}023\times10^{-4}$	$1{,}416\times10^{-5}$	4,06	1,325	$4{,}173\times10^{-3}$	$7{,}677\times10^{-3}$	0,0055
200	2959,3	554,8	49,80	503,9	4690	3959	0,1063	0,03948	$8{,}941\times10^{-5}$	$1{,}466\times10^{-5}$	3,95	1,470	$5{,}091\times10^{-3}$	$9{,}389\times10^{-3}$	0,0043

(continua)

Tabela A.8 Propriedades de vários fluidos saturados das fases líquida (L) e vapor (V) (*continuação*)

Amônia (NH_3)																
Temperatura (°C)	Pressão (kPa)	Densidade (kg/m^3)		Entalpia especif. vaporiz. (kJ/kg)	Calor específico (J/kgK)		Condutividade térmica (W/mK)		Viscosidade dinâmica (kg/ms)		Número de Prandtl (-)		Coeficiente de expansão (1/K)		Tensão superf. (N/m)
T	p_{sat}	ρ_L	ρ_V	h_{LV}	c_{pL}	c_{pV}	k_L	k_V	μ_L	μ_V	Pr_L	Pr_V	β_L	β_V	σ_{LV}
-50	40,82	701,9	0,380	1416	4361	2178	0,7218	0,02024	$3,283 \times 10^{-4}$	$7,573 \times 10^{-6}$	1,98	0,815	$1,676 \times 10^{-3}$	$4,816 \times 10^{-3}$	0,0380
-40	71,66	690,0	0,644	1388	4415	2244	0,6876	0,02064	$2,807 \times 10^{-4}$	$7,859 \times 10^{-6}$	1,80	0,854	$1,763 \times 10^{-3}$	$4,746 \times 10^{-3}$	0,0357
-35	93,07	683,9	0,822	1374	4441	2283	0,6708	0,02088	$2,611 \times 10^{-4}$	$8,005 \times 10^{-6}$	1,73	0,875	$1,807 \times 10^{-3}$	$4,728 \times 10^{-3}$	0,0345
-30	119,40	677,7	1,04	1360	4466	2326	0,6543	0,02115	$2,438 \times 10^{-4}$	$8,152 \times 10^{-6}$	1,66	0,896	$1,852 \times 10^{-3}$	$4,720 \times 10^{-3}$	0,0334
-25	151,46	671,4	1,30	1344	4490	2373	0,6380	0,02144	$2,282 \times 10^{-4}$	$8,300 \times 10^{-6}$	1,61	0,918	$1,898 \times 10^{-3}$	$4,724 \times 10^{-3}$	0,0322
-20	190,09	665,1	1,60	1329	4514	2425	0,6218	0,02177	$2,143 \times 10^{-4}$	$8,450 \times 10^{-6}$	1,56	0,941	$1,945 \times 10^{-3}$	$4,740 \times 10^{-3}$	0,0310
-15	236,21	658,7	1,97	1313	4538	2481	0,6059	0,02212	$2,017 \times 10^{-4}$	$8,600 \times 10^{-6}$	1,51	0,964	$1,995 \times 10^{-3}$	$4,768 \times 10^{-3}$	0,0298
-10	290,79	652,1	2,39	1297	4563	2542	0,5902	0,02250	$1,903 \times 10^{-4}$	$8,751 \times 10^{-6}$	1,47	0,989	$2,047 \times 10^{-3}$	$4,808 \times 10^{-3}$	0,0287
-5	354,9	645,5	2,89	1280	4589	2608	0,5747	0,02292	$1,798 \times 10^{-4}$	$8,903 \times 10^{-6}$	1,44	1,013	$2,102 \times 10^{-3}$	$4,861 \times 10^{-3}$	0,0275
0	429,6	638,7	3,46	1262	4615	2680	0,5594	0,02337	$1,702 \times 10^{-4}$	$9,056 \times 10^{-6}$	1,40	1,039	$2,161 \times 10^{-3}$	$4,928 \times 10^{-3}$	0,0263
5	516,0	631,8	4,12	1244	4644	2758	0,5443	0,02385	$1,614 \times 10^{-4}$	$9,209 \times 10^{-6}$	1,38	1,065	$2,224 \times 10^{-3}$	$5,009 \times 10^{-3}$	0,0251
10	615,3	624,8	4,87	1226	4674	2842	0,5294	0,02437	$1,532 \times 10^{-4}$	$9,364 \times 10^{-6}$	1,35	1,092	$2,293 \times 10^{3}$	$5,105 \times 10^{3}$	0,0240
15	728,8	617,6	5,73	1206	4707	2932	0,5147	0,02492	$1,456 \times 10^{-4}$	$9,519 \times 10^{-6}$	1,33	1,120	$2,367 \times 10^{-3}$	$5,218 \times 10^{-3}$	0,0228
20	857,8	610,3	6,71	1187	4743	3030	0,5001	0,02552	$1,384 \times 10^{-4}$	$9,676 \times 10^{-6}$	1,31	1,149	$2,449 \times 10^{-3}$	$5,349 \times 10^{-3}$	0,0216
25	1003,5	602,9	7,81	1166	4783	3136	0,4857	0,02616	$1,318 \times 10^{-4}$	$9,835 \times 10^{-6}$	1,30	1,179	$2,538 \times 10^{-3}$	$5,500 \times 10^{-3}$	0,0205
30	1167,4	595,3	9,06	1145	4827	3250	0,4714	0,02684	$1,255 \times 10^{-4}$	$9,995 \times 10^{-6}$	1,29	1,210	$2,637 \times 10^{-3}$	$5,673 \times 10^{-3}$	0,0194
35	1350,8	587,5	10,46	1122	4876	3375	0,4574	0,02758	$1,196 \times 10^{-4}$	$1,016 \times 10^{-5}$	1,28	1,243	$2,747 \times 10^{-3}$	$5,870 \times 10^{-3}$	0,0182
40	1555,3	579,5	12,03	1099	4931	3510	0,4434	0,02837	$1,141 \times 10^{-4}$	$1,033 \times 10^{-5}$	1,27	1,278	$2,870 \times 10^{-3}$	$6,097 \times 10^{-3}$	0,0171
45	1782,3	571,3	13,80	1075	4993	3659	0,4296	0,02922	$1,088 \times 10^{-4}$	$1,050 \times 10^{-5}$	1,26	1,314	$3,007 \times 10^{-3}$	$6,356 \times 10^{-3}$	0,0160
50	2033,5	562,8	15,78	1050	5064	3822	0,4159	0,03013	$1,038 \times 10^{-4}$	$1,067 \times 10^{-5}$	1,26	1,354	$3,163 \times 10^{3}$	$6,653 \times 10^{3}$	0,0149
55	2310,3	554,1	18,00	1024	5145	4004	0,4023	0,03112	$9,898 \times 10^{-5}$	$1,086 \times 10^{-5}$	1,27	1,397	$3,340 \times 10^{-3}$	$6,995 \times 10^{-3}$	0,0138
60	2614,5	545,1	20,48	997,2	5238	4206	0,3888	0,03219	$9,442 \times 10^{-5}$	$1,105 \times 10^{-5}$	1,27	1,444	$3,543 \times 10^{-3}$	$7,393 \times 10^{-3}$	0,0127
70	3312,0	526,1	26,39	938,8	5469	4696	0,3620	0,03462	$8,586 \times 10^{-5}$	$1,147 \times 10^{-5}$	1,30	1,556	$4,052 \times 10^{-3}$	$8,402 \times 10^{-3}$	0,0106
80	4140,6	505,5	33,87	873,9	5789	5352	0,3353	0,03754	$7,792 \times 10^{-5}$	$1,195 \times 10^{-5}$	1,35	1,704	$4,761 \times 10^{-3}$	$9,836 \times 10^{-3}$	0,0086
90	5116,3	482,7	43,48	800,5	6252	6290	0,3083	0,04117	$7,045 \times 10^{-5}$	$1,255 \times 10^{-5}$	1,43	1,917	$5,812 \times 10^{-3}$	$1,200 \times 10^{-2}$	0,0067
100	6257,1	456,8	56,15	715,6	6984	7771	0,2806	0,04587	$6,326 \times 10^{-5}$	$1,332 \times 10^{-5}$	1,58	2,257	$7,516 \times 10^{-3}$	$1,555 \times 10^{-2}$	0,0048

Produzida no *Engineering Equation Solver* – EES, versão V10.833-3D, com permissão.

(*continua*)

Tabela A.8 Propriedades de vários fluidos saturados das fases líquida (L) e vapor (V) (*continuação*)

Óleo de motor não usado								
T (°C)	ρ (kg/m³)	C_p (J/kgK)	k (W/mK)	μ (kg/ms)	υ (m²/s)	α (m²/s)	Pr (-)	β (1/K)
0	899,0	1797	0,1466	3,814	$4,242\times10^{-3}$	$9,076\times10^{-8}$	46743	$7,0\times10^{-4}$
10	893,6	1840	0,1456	1,801	$2,016\times10^{-3}$	$8,857\times10^{-8}$	22756	$7,0\times10^{-4}$
20	888,1	1881	0,1447	$8,374\times10^{-1}$	$9,429\times10^{-4}$	$8,659\times10^{-8}$	10889	$7,0\times10^{-4}$
30	882,2	1922	0,1437	$4,126\times10^{-1}$	$4,677\times10^{-4}$	$8,474\times10^{-8}$	5520	$7,0\times10^{-4}$
40	876,0	1964	0,1427	$2,177\times10^{-1}$	$2,485\times10^{-4}$	$8,294\times10^{-8}$	2997	$7,0\times10^{-4}$
50	869,9	2006	0,1417	$1,229\times10^{-1}$	$1,413\times10^{-4}$	$8,122\times10^{-8}$	1740	$7,0\times10^{-4}$
60	863,9	2048	0,1408	$7,399\times10^{-2}$	$8,565\times10^{-5}$	$7,956\times10^{-8}$	1076	$7,0\times10^{-4}$
70	858,0	2089	0,1398	$4,759\times10^{-2}$	$5,546\times10^{-5}$	$7,799\times10^{-8}$	711,2	$7,0\times10^{-4}$
80	852,0	2132	0,1388	$3,232\times10^{-2}$	$3,794\times10^{-5}$	$7,645\times10^{-8}$	496,3	$7,0\times10^{-4}$
90	845,9	2175	0,1379	$2,312\times10^{-2}$	$2,733\times10^{-5}$	$7,492\times10^{-8}$	364,8	$7,0\times10^{-4}$
100	840,0	2220	0,1369	$1,718\times10^{-2}$	$2,046\times10^{-5}$	$7,341\times10^{-8}$	278,6	$7,0\times10^{-4}$
110	834,3	2264	0,1359	$1,312\times10^{-2}$	$1,573\times10^{-5}$	$7,196\times10^{-8}$	218,6	$7,0\times10^{-4}$
120	828,9	2308	0,1349	$1,029\times10^{-2}$	$1,241\times10^{-5}$	$7,055\times10^{-8}$	175,9	$7,0\times10^{-4}$
130	823,2	2351	0,1340	$8,186\times10^{-3}$	$9,944\times10^{-6}$	$6,923\times10^{-8}$	143,6	$7,0\times10^{-4}$
140	816,8	2395	0,1330	$6,558\times10^{-3}$	$8,029\times10^{-6}$	$6,798\times10^{-8}$	118,1	$7,0\times10^{-4}$
150	810,3	2441	0,1320	$5,344\times10^{-3}$	$6,595\times10^{-6}$	$6,675\times10^{-8}$	98,79	$7,0\times10^{-4}$

Therminol 59								
T (°C)	ρ (kg/m³)	C_p (J/kgK)	k (W/mK)	μ (kg/ms)	υ (m²/s)	α (m²/s)	Pr (-)	β (1/K)
-49	1024,4	1458	0,1256	2,326	$2,271\times10^{-3}$	$8,408\times10^{-8}$	27005	-
-40	1018,0	1490	0,1251	$4,540\times10^{-1}$	$4,460\times10^{-4}$	$8,248\times10^{-8}$	5407	-
-20	1003,5	1553	0,1239	$5,819\times10^{-2}$	$5,799\times10^{-5}$	$7,954\times10^{-8}$	729	-
0	988,91	1619	0,1227	$1,588\times10^{-2}$	$1,606\times10^{-5}$	$7,660\times10^{-8}$	210	-
10	982,00	1650	0,1220	$1,025\times10^{-2}$	$1,044\times10^{-5}$	$7,533\times10^{-8}$	139	-
20	975,09	1681	0,1214	$7,113\times10^{-3}$	$7,294\times10^{-6}$	$7,407\times10^{-8}$	98,5	-
30	967,82	1711	0,1207	$5,162\times10^{-3}$	$5,333\times10^{-6}$	$7,287\times10^{-8}$	73,2	-
40	960,36	1745	0,1199	$3,927\times10^{-3}$	$4,089\times10^{-6}$	$7,150\times10^{-8}$	57,2	-
50	952,27	1774	0,1191	$3,092\times10^{-3}$	$3,247\times10^{-6}$	$7,053\times10^{-8}$	46,0	-
60	945,00	1810	0,1183	$2,510\times10^{-3}$	$2,656\times10^{-6}$	$6,916\times10^{-8}$	38,4	-
70	937,73	1846	0,1175	$2,092\times10^{-3}$	$2,231\times10^{-6}$	$6,785\times10^{-8}$	32,9	-
80	930,45	1875	0,1166	$1,772\times10^{-3}$	$1,904\times10^{-6}$	$6,684\times10^{-8}$	28,5	-
90	923,18	1909	0,1157	$1,521\times10^{-3}$	$1,647\times10^{-6}$	$6,563\times10^{-8}$	25,1	-
100	915,91	1945	0,1148	$1,316\times10^{-3}$	$1,437\times10^{-6}$	$6,441\times10^{-8}$	22,3	-
120	901,09	2005	0,1130	$1,032\times10^{-3}$	$1,145\times10^{-6}$	$6,256\times10^{-8}$	18,3	-
140	886,36	2075	0,1110	$8,216\times10^{-4}$	$9,270\times10^{-7}$	$6,033\times10^{-8}$	15,4	-

(*continua*)

Tabela A.8 Propriedades de vários fluidos saturados das fases líquida (L) e vapor (V) *(continuação)*

Therminol 59								
T (°C)	ρ (kg/m³)	c_p (J/kgK)	k (W/mK)	μ (kg/ms)	υ (m²/s)	α (m²/s)	Pr (-)	β (1/K)
160	871,00	2140	0,1088	$6,710\times10^{-4}$	$7,704\times10^{-7}$	$5,837\times10^{-8}$	13,2	-
180	854,64	2205	0,1065	$5,610\times10^{-4}$	$6,564\times10^{-7}$	$5,655\times10^{-8}$	11,6	-
200	839,27	2275	0,1042	$4,763\times10^{-4}$	$5,675\times10^{-7}$	$5,457\times10^{-8}$	10,4	-
220	823,73	2341	0,1019	$4,124\times10^{-4}$	$5,006\times10^{-7}$	$5,284\times10^{-8}$	9,47	-
240	807,36	2407	0,0993	$3,585\times10^{-4}$	$4,440\times10^{-7}$	$5,111\times10^{-8}$	8,69	-
260	790,00	2480	0,0966	$3,150\times10^{-4}$	$3,987\times10^{-7}$	$4,931\times10^{-8}$	8,09	-
280	772,82	2553	0,0939	$2,795\times10^{-4}$	$3,616\times10^{-7}$	$4,758\times10^{-8}$	7,60	-
300	754,64	2625	0,0909	$2,505\times10^{-4}$	$3,319\times10^{-7}$	$4,589\times10^{-8}$	7,23	-
315	740,92	2677	0,0888	$2,322\times10^{-4}$	$3,134\times10^{-7}$	$4,479\times10^{-8}$	7,00	-

Therminol VP1								
T (°C)	ρ (kg/m³)	c_p (J/kgK)	k (W/mK)	μ (kg/ms)	υ (m²/s)	α (m²/s)	Pr (-)	β (1/K)
12	1071,0	1520	0,1370	$5,480\times10^{-3}$	$5,117\times10^{-6}$	$8,416\times10^{-8}$	60,8	-
20	1064,6	1544	0,1363	$4,336\times10^{-3}$	$4,073\times10^{-6}$	$8,291\times10^{-8}$	49,1	-
40	1047,6	1604	0,1344	$2,616\times10^{-3}$	$2,497\times10^{-6}$	$7,998\times10^{-8}$	31,2	-
60	1031,6	1664	0,1322	$1,768\times10^{-3}$	$1,714\times10^{-6}$	$7,703\times10^{-8}$	22,3	-
80	1015,6	1716	0,1300	$1,290\times10^{-3}$	$1,270\times10^{-6}$	$7,461\times10^{-8}$	17,0	-
100	998,60	1774	0,1276	$9,876\times10^{-4}$	$9,890\times10^{-7}$	$7,205\times10^{-8}$	13,7	-
120	982,60	1834	0,1252	$7,856\times10^{-4}$	$7,995\times10^{-7}$	$6,945\times10^{-8}$	11,5	-
140	965,60	1884	0,1226	$6,426\times10^{-4}$	$6,655\times10^{-7}$	$6,737\times10^{-8}$	9,88	-
160	948,60	1944	0,1198	$5,374\times10^{-4}$	$5,665\times10^{-7}$	$6,495\times10^{-8}$	8,72	-
180	930,80	1994	0,1168	$4,572\times10^{-4}$	$4,912\times10^{-7}$	$6,293\times10^{-8}$	7,81	-
200	912,80	2046	0,1138	$3,948\times10^{-4}$	$4,325\times10^{-7}$	$6,093\times10^{-8}$	7,10	-
220	894,80	2104	0,1106	$3,456\times10^{-4}$	$3,862\times10^{-7}$	$5,876\times10^{-8}$	6,57	-
240	876,80	2154	0,1072	$3,048\times10^{-4}$	$3,476\times10^{-7}$	$5,678\times10^{-8}$	6,12	-
260	857,80	2206	0,1038	$2,720\times10^{-4}$	$3,171\times10^{-7}$	$5,483\times10^{-8}$	5,78	-
280	838,00	2264	0,1002	$2,446\times10^{-4}$	$2,919\times10^{-7}$	$5,279\times10^{-8}$	5,53	-
300	817,00	2314	0,0964	$2,212\times10^{-4}$	$2,707\times10^{-7}$	$5,098\times10^{-8}$	5,31	-
320	795,20	2366	0,0925	$2,018\times10^{-4}$	$2,538\times10^{-7}$	$4,916\times10^{-8}$	5,16	-
340	772,40	2424	0,0885	$1,846\times10^{-4}$	$2,390\times10^{-7}$	$4,727\times10^{-8}$	5,06	-
360	748,60	2484	0,0843	$1,704\times10^{-4}$	$2,276\times10^{-7}$	$4,534\times10^{-8}$	5,02	-
380	722,60	2552	0,0800	$1,572\times10^{-4}$	$2,175\times10^{-7}$	$4,340\times10^{-8}$	5,01	-
400	694,00	2630	0,0756	$1,460\times10^{-4}$	$2,104\times10^{-7}$	$4,142\times10^{-8}$	5,08	-

(continua)

Tabela A.8 Propriedades de vários fluidos saturados das fases líquida (L) e vapor (V) (*continuação*)

Glicerina (glicerol, $C_3H_5(OH)_3$)								
T (°C)	ρ (kg/m³)	C_p (J/kgK)	k (W/mK)	μ (kg/ms)	υ (m²/s)	α (m²/s)	Pr (-)	β (1/K)
0	1272,7	2288	0,2820	12,03	$9,452\times10^{-3}$	$9,683\times10^{-8}$	97611	-
10	1267,0	2340	0,2829	3,888	$3,068\times10^{-3}$	$9,540\times10^{-8}$	32165	-
20	1261,3	2392	0,2837	1,410	$1,118\times10^{-3}$	$9,403\times10^{-8}$	11888	-
30	1255,1	2444	0,2861	$8,456\times10^{-1}$	$6,737\times10^{-4}$	$9,327\times10^{-8}$	7223	-
40	1248,9	2495	0,2884	$2,835\times10^{-1}$	$2,270\times10^{-4}$	$9,255\times10^{-8}$	2453	-
50	1241,9	2547	0,2908	$1,824\times10^{-1}$	$1,469\times10^{-4}$	$9,193\times10^{-8}$	1598	-
60	1234,8	2598	0,2931	$8,130\times10^{-2}$	$6,584\times10^{-5}$	$9,135\times10^{-8}$	721	-
70	1227,8	2649	0,2946	$5,654\times10^{-2}$	$4,605\times10^{-5}$	$9,056\times10^{-8}$	509	-
80	1220,7	2700	0,2960	$3,186\times10^{-2}$	$2,610\times10^{-5}$	$8,980\times10^{-8}$	291	-
90	1213,9	2752	0,2975	$2,333\times10^{-2}$	$1,922\times10^{-5}$	$8,905\times10^{-8}$	216	-
100	1207,0	2804	0,2990	$1,480\times10^{-2}$	$1,226\times10^{-5}$	$8,833\times10^{-8}$	139	-

Glicerina 50 % – água 50 % (em massa)								
T (°C)	ρ (kg/m³)	C_p (J/kgK)	k (W/mK)	μ (kg/ms)	υ (m²/s)	α (m²/s)	Pr (-)	β (1/K)
-40	1150,1	2889	0,3778	$2,849\times10^{-1}$	$2,477\times10^{-4}$	$1,137\times10^{-7}$	2179	-
-30	1147,1	2943	0,3838	$1,063\times10^{-1}$	$9,264\times10^{-5}$	$1,137\times10^{-7}$	815	-
-20	1143,7	3001	0,3900	$4,686\times10^{-2}$	$4,097\times10^{-5}$	$1,137\times10^{-7}$	360	-
-10	1139,8	3061	0,3965	$2,387\times10^{-2}$	$2,094\times10^{-5}$	$1,137\times10^{-7}$	184	-
0	1135,5	3122	0,4033	$1,372\times10^{-2}$	$1,209\times10^{-5}$	$1,138\times10^{-7}$	106	-
10	1130,9	3184	0,4102	$8,708\times10^{-3}$	$7,700\times10^{-6}$	$1,139\times10^{-7}$	68	-
20	1126,1	3247	0,4173	$5,958\times10^{-3}$	$5,291\times10^{-6}$	$1,141\times10^{-7}$	46	-
30	1121,0	3309	0,4246	$4,295\times10^{-3}$	$3,832\times10^{-6}$	$1,145\times10^{-7}$	33	-
40	1115,8	3370	0,4321	$3,189\times10^{-3}$	$2,858\times10^{-6}$	$1,149\times10^{-7}$	25	-

Etilenoglicol ($C_2H_4(OH)_2$)								
T (°C)	ρ (kg/m³)	C_p (J/kgK)	k (W/mK)	μ (kg/ms)	υ (m²/s)	α (m²/s)	Pr (-)	β (1/K)
0	1126,7	2297	0,2518	$7,059\times10^{-2}$	$6,265\times10^{-5}$	$9,731\times10^{-8}$	643,8	-
5	1123,4	2315	0,2528	$5,817\times10^{-2}$	$5,179\times10^{-5}$	$9,723\times10^{-8}$	532,6	-
10	1120,0	2333	0,2539	$4,576\times10^{-2}$	$4,086\times10^{-5}$	$9,715\times10^{-8}$	420,6	-
15	1116,7	2352	0,2550	$3,335\times10^{-2}$	$2,987\times10^{-5}$	$9,708\times10^{-8}$	307,6	-
20	1113,4	2370	0,2560	$2,094\times10^{-2}$	$1,881\times10^{-5}$	$9,702\times10^{-8}$	193,9	-
25	1109,9	2392	0,2567	$1,863\times10^{-2}$	$1,678\times10^{-5}$	$9,670\times10^{-8}$	173,6	-
30	1106,5	2413	0,2574	$1,632\times10^{-2}$	$1,475\times10^{-5}$	$9,638\times10^{-8}$	153,0	-

(*continua*)

Tabela A.8 Propriedades de vários fluidos saturados das fases líquida (L) e vapor (V) (*continuação*)

Etilenoglicol ($C_2H_4(OH)_2$)								
T (°C)	ρ (kg/m³)	c_p (J/kgK)	k (W/mK)	μ (kg/ms)	υ (m²/s)	α (m²/s)	Pr (-)	β (1/K)
35	1103,0	2435	0,2581	$1{,}400\times10^{-2}$	$1{,}270\times10^{-5}$	$9{,}608\times10^{-8}$	132,2	-
40	1099,6	2457	0,2587	$1{,}169\times10^{-2}$	$1{,}063\times10^{-5}$	$9{,}578\times10^{-8}$	111,0	-
45	1096,1	2478	0,2594	$9{,}381\times10^{-3}$	$8{,}559\times10^{-6}$	$9{,}550\times10^{-8}$	89,62	-
50	1092,7	2500	0,2601	$7{,}069\times10^{-3}$	$6{,}470\times10^{-6}$	$9{,}522\times10^{-8}$	67,95	-
55	1089,1	2522	0,2603	$6{,}413\times10^{-3}$	$5{,}888\times10^{-6}$	$9{,}480\times10^{-8}$	62,12	-
60	1085,5	2543	0,2606	$5{,}756\times10^{-3}$	$5{,}303\times10^{-6}$	$9{,}438\times10^{-8}$	56,19	-
65	1081,9	2565	0,2608	$5{,}100\times10^{-3}$	$4{,}714\times10^{-6}$	$9{,}398\times10^{-8}$	50,16	-
70	1078,3	2587	0,2610	$4{,}443\times10^{-3}$	$4{,}120\times10^{-6}$	$9{,}359\times10^{-8}$	44,03	-
75	1074,7	2608	0,2613	$3{,}786\times10^{-3}$	$3{,}523\times10^{-6}$	$9{,}320\times10^{-8}$	37,80	-
80	1071,1	2630	0,2615	$3{,}130\times10^{-3}$	$2{,}922\times10^{-6}$	$9{,}283\times10^{-8}$	31,48	-
85	1067,3	2653	0,2613	$2{,}885\times10^{-3}$	$2{,}703\times10^{-6}$	$9{,}226\times10^{-8}$	29,29	-
90	1063,6	2677	0,2611	$2{,}640\times10^{-3}$	$2{,}482\times10^{-6}$	$9{,}170\times10^{-8}$	27,06	-
95	1059,8	2700	0,2608	$2{,}394\times10^{-3}$	$2{,}259\times10^{-6}$	$9{,}116\times10^{-8}$	24,79	-
100	1056,1	2723	0,2606	$2{,}149\times10^{-3}$	$2{,}035\times10^{-6}$	$9{,}062\times10^{-8}$	22,46	-

Etilenoglicol 50 % - água 50 % (em massa)								
T (°C)	ρ (kg/m³)	c_p (J/kgK)	k (W/mK)	μ (kg/ms)	υ (m²/s)	α (m²/s)	Pr (-)	β (1/K)
0	1074,6	3203	0,3768	$7{,}930\times10^{-3}$	$7{,}379\times10^{-6}$	$1{,}095\times10^{-7}$	67,4	-
10	1070,0	3258	0,3830	$5{,}257\times10^{-3}$	$4{,}913\times10^{-6}$	$1{,}098\times10^{-7}$	44,7	-
20	1064,9	3312	0,3891	$3{,}693\times10^{-3}$	$3{,}468\times10^{-6}$	$1{,}103\times10^{-7}$	31,4	-
30	1059,4	3364	0,3953	$2{,}729\times10^{-3}$	$2{,}576\times10^{-6}$	$1{,}109\times10^{-7}$	23,2	-
40	1053,4	3413	0,4015	$2{,}103\times10^{-3}$	$1{,}997\times10^{-6}$	$1{,}117\times10^{-7}$	17,9	-
50	1047,1	3459	0,4077	$1{,}678\times10^{-3}$	$1{,}603\times10^{-6}$	$1{,}125\times10^{-7}$	14,2	-
60	1040,5	3503	0,4138	$1{,}375\times10^{-3}$	$1{,}321\times10^{-6}$	$1{,}135\times10^{-7}$	11,6	-
70	1033,6	3544	0,4198	$1{,}148\times10^{-3}$	$1{,}110\times10^{-6}$	$1{,}146\times10^{-7}$	9,69	-
80	1026,4	3582	0,4257	$9{,}685\times10^{-4}$	$9{,}435\times10^{-7}$	$1{,}158\times10^{-7}$	8,15	-
90	1019,0	3616	0,4315	$8{,}195\times10^{-4}$	$8{,}042\times10^{-7}$	$1{,}171\times10^{-7}$	6,87	-
100	1011,5	3646	0,4371	$6{,}900\times10^{-4}$	$6{,}821\times10^{-7}$	$1{,}185\times10^{-7}$	5,76	-
110	1003,9	3673	0,4425	$5{,}735\times10^{-4}$	$5{,}712\times10^{-7}$	$1{,}200\times10^{-7}$	4,76	-
120	996,2	3695	0,4477	$4{,}668\times10^{-4}$	$4{,}686\times10^{-7}$	$1{,}216\times10^{-7}$	3,85	-

Produzida no *Engineering Equation Solver* - EES, versão V10.833-3D, com permissão.

Tabela A.9 Propriedades de metais líquidos

Bismuto (Bi), temperatura de fusão: 271,4 °C								
T (°C)	ρ (kg/m³)	C_p (J/kgK)	k (W/mK)	μ (kg/ms)	υ (m²/s)	α (m²/s)	Pr (-)	β (1/K)
300	10027	143,6	12,28	$1{,}735\times10^{-3}$	$1{,}730\times10^{-7}$	$8{,}530\times10^{-6}$	0,020	-
400	9904	138,1	13,28	$1{,}415\times10^{-3}$	$1{,}429\times10^{-7}$	$9{,}709\times10^{-6}$	0,015	-
500	9782	134,8	14,28	$1{,}218\times10^{-3}$	$1{,}245\times10^{-7}$	$1{,}083\times10^{-5}$	0,011	-
600	9660	132,8	15,28	$1{,}086\times10^{-3}$	$1{,}124\times10^{-7}$	$1{,}191\times10^{-5}$	0,009	-
700	9538	131,6	16,28	$9{,}902\times10^{-4}$	$1{,}038\times10^{-7}$	$1{,}297\times10^{-5}$	0,008	-

Chumbo (Pb), temperatura de fusão: 327,5 °C								
T (°C)	ρ (kg/m³)	C_p (J/kgK)	k (W/mK)	μ (kg/ms)	υ (m²/s)	α (m²/s)	Pr (-)	β (1/K)
350	10623	147,5	16,05	$2{,}542\times10^{-3}$	$2{,}393\times10^{-7}$	$1{,}025\times10^{-5}$	0,023	-
400	10563	146,7	16,60	$2{,}235\times10^{-3}$	$2{,}116\times10^{-7}$	$1{,}071\times10^{-5}$	0,020	-
600	10324	143,5	18,80	$1{,}550\times10^{-3}$	$1{,}501\times10^{-7}$	$1{,}269\times10^{-5}$	0,012	-
800	10085	140,8	21,00	$1{,}233\times10^{-3}$	$1{,}222\times10^{-7}$	$1{,}479\times10^{-5}$	0,008	-
1000	9846	138,9	23,20	$1{,}054\times10^{-3}$	$1{,}070\times10^{-7}$	$1{,}697\times10^{-5}$	0,006	-

Mercúrio (Hg), temperatura de fusão: −38,9 °C								
T (°C)	ρ (kg/m³)	C_p (J/kgK)	k (W/mK)	μ (kg/ms)	υ (m²/s)	α (m²/s)	Pr (-)	β (1/K)
0	13595	140,4	8,18	$1{,}687\times10^{-3}$	$1{,}241\times10^{-7}$	$4{,}287\times10^{-6}$	0,029	-
200	13112	135,5	10,64	$1{,}040\times10^{-3}$	$7{,}930\times10^{-8}$	$5{,}990\times10^{-6}$	0,013	-
400	12633	136,4	12,60	$8{,}629\times10^{-4}$	$6{,}831\times10^{-8}$	$7{,}313\times10^{-6}$	0,009	-
600	12130	142,8	14,04	$7{,}844\times10^{-4}$	$6{,}467\times10^{-8}$	$8{,}106\times10^{-6}$	0,008	-
800	11584	154,3	14,98	$7{,}414\times10^{-4}$	$6{,}400\times10^{-8}$	$8{,}381\times10^{-6}$	0,008	-

Potássio (K), temperatura de fusão: 63,6 °C								
T (°C)	ρ (kg/m³)	C_p (J/kgK)	k (W/mK)	μ (kg/ms)	υ (m²/s)	α (m²/s)	Pr (-)	β (1/K)
150	808	801,1	49,63	$3{,}894\times10^{-4}$	$4{,}818\times10^{-7}$	$7{,}665\times10^{-5}$	0,0063	-
300	774	775,0	44,15	$2{,}536\times10^{-4}$	$3{,}277\times10^{-7}$	$7{,}360\times10^{-5}$	0,0045	-
400	751	765,5	40,81	$2{,}080\times10^{-4}$	$2{,}769\times10^{-7}$	$7{,}096\times10^{-5}$	0,0039	-
500	727	761,7	37,70	$1{,}777\times10^{-4}$	$2{,}445\times10^{-7}$	$6{,}811\times10^{-5}$	0,0036	-
700	678	773,6	31,97	$1{,}399\times10^{-4}$	$2{,}065\times10^{-7}$	$6{,}097\times10^{-5}$	0,0034	-

(*continua*)

Tabela A.9 Propriedades de metais líquidos *(continuação)*

Sódio (Na), temperatura de fusão: 97,8 °C								
T (°C)	ρ (kg/m^3)	C_p (J/kgK)	k (W/mK)	μ (kg/ms)	υ (m^2/s)	α (m^2/s)	Pr (-)	β (1/K)
100	927	1378	88,15	$6{,}788\times10^{-4}$	$7{,}322\times10^{-7}$	$6{,}899\times10^{-5}$	0,0106	-
200	903	1344	82,00	$4{,}644\times10^{-4}$	$5{,}143\times10^{-7}$	$6{,}757\times10^{-5}$	0,0076	-
400	858	1283	69,53	$2{,}793\times10^{-4}$	$3{,}256\times10^{-7}$	$6{,}315\times10^{-5}$	0,0052	-
500	834	1265	64,27	$2{,}369\times10^{-4}$	$2{,}839\times10^{-7}$	$6{,}091\times10^{-5}$	0,0047	-
700	787	1252	55,34	$1{,}864\times10^{-4}$	$2{,}367\times10^{-7}$	$5{,}613\times10^{-5}$	0,0042	-

Sódio 22 % - potássio 78 % (em massa), temperatura de fusão: -12,6 °C								
T (°C)	ρ (kg/m^3)	C_p (J/kgK)	k (W/mK)	μ (kg/ms)	υ (m^2/s)	α (m^2/s)	Pr (-)	β (1/K)
100	841	937	23,40	$4{,}481\times10^{-4}$	$5{,}328\times10^{-7}$	$2{,}970\times10^{-5}$	0,0179	-
200	818	911	24,70	$3{,}189\times10^{-4}$	$3{,}898\times10^{-7}$	$3{,}315\times10^{-5}$	0,0118	-
400	771	877	26,00	$2{,}005\times10^{-4}$	$2{,}600\times10^{-7}$	$3{,}845\times10^{-5}$	0,0068	-
600	724	873	25,60	$1{,}578\times10^{-4}$	$2{,}179\times10^{-7}$	$4{,}050\times10^{-5}$	0,0054	-
800	676	901	23,50	$1{,}278\times10^{-4}$	$1{,}890\times10^{-7}$	$3{,}858\times10^{-5}$	0,0049	-
1000	626	962	19,80	$1{,}108\times10^{-4}$	$1{,}770\times10^{-7}$	$3{,}287\times10^{-5}$	0,0054	-

$NaNO_3$ 40 % - KNO_3 60 % (em massa) - sal solar, temperatura de fusão: 220,9 °C								
T (°C)	ρ (kg/m^3)	C_p (J/kgK)	k (W/mK)	μ (kg/ms)	υ (m^2/s)	α (m^2/s)	Pr (-)	β (1/K)
260	1924	1492	0,4922	$4{,}343\times10^{-3}$	$2{,}257\times10^{-6}$	$1{,}714\times10^{-7}$	13,17	-
300	1898	1499	0,4999	$3{,}288\times10^{-3}$	$1{,}732\times10^{-6}$	$1{,}756\times10^{-7}$	9,862	-
350	1866	1508	0,5098	$2{,}343\times10^{-3}$	$1{,}256\times10^{-6}$	$1{,}812\times10^{-7}$	6,932	-
400	1834	1516	0,5195	$1{,}779\times10^{-3}$	$9{,}699\times10^{-7}$	$1{,}868\times10^{-7}$	5,193	-
500	1770	1534	0,5390	$1{,}315\times10^{-3}$	$7{,}431\times10^{-7}$	$1{,}986\times10^{-7}$	3,743	-
593	1710	1550	0,5572	$1{,}026\times10^{-3}$	$5{,}999\times10^{-7}$	$2{,}102\times10^{-7}$	2,854	-

Produzida no *Engineering Equation Solver* - EES, versão V10.833-3D, com permissão.

Tabela A.10 Emissividade total hemisférica de algumas superfícies para algumas temperaturas (em ordem de acordo com a temperatura)

Metais		
Material	**Temperatura (°C)**	**Emissividade, ε (-)**
Aço AISI 304 polido	64 - 447 - 830	0,1043 - 0,1594 - 0,1963
Alumínio polido	-100 - 165 - 429	0,01 - 0,0243 - 0,037
Cobalto liso	474 - 727 - 979	0,125 - 0,175 - 0,23
Cobre polido	-226 - 314 - 854	0,022 - 0,0359 - 0,061
Cromo polido	37 - 92	0,08 - 0,11
Estanho polido	21 - 102	0,04 - 0,06
Ferro polido	24 - 427 - 829	0,07 - 0,2051 - 0,34
Germânio polido	724 - 929	0,56 - 0,53
Irídio liso	724 - 1477 - 2230	0,11 - 0,1575 - 0,21
Magnésio jateado a vapor	79 - 208	0,31 - 0,26
Mercúrio limpo	37 - 102	0,09 - 0,12
Molibdênio polido	824 - 1627 - 2430	0,1 - 0,2 - 0,276
Nióbio liso	724 - 1477 - 2230	0,07 - 0,19 - 0,252
Níquel oxidado liso	-226 - 202 - 629	0,385 - 0,4743 - 0,6
Níquel polido	-26 - 602 - 1230	0,053 - 0,13 - 0,195
Ouro polido	-226 - 314 - 854	0,013 - 0,0385 - 0,062
Platina lisa	24 - 777 - 1530	0,04 - 0,1316 - 0,196
Prata lisa	-226 - 302 - 829	0,013 - 0,028 - 0,048
Ródio liso	974 - 1855	0,12 - 0,18
Tântalo liso	724 - 1877 - 3030	0,132 - 0,2475 - 0,316
Titânio liso	599 - 1040 - 1480	0,505 - 0,5546 - 0,613
Tungstênio liso	37 - 1584 - 3130	0,04 - 0,2327 - 0,348
Vanádio liso	849 - 1202 - 1555	0,168 - 0,2102 - 0,246

Não metais		
Água limpa	0 - 99	0,95 - 0,96
Argila lisa	17 - 72	0,86
Borracha macia cinzenta lisa	17 - 22	0,89
Borracha rígida escura lisa	20 - 39	0,94
Dióxido de silício fundido	-201 - 41	0,753 - 0,76
Gesso liso	20 - 22	0,9
Grafite lisa	924 - 1927 - 2930	0,77 - 0,8075 - 0,83
Madeira lisa	17 - 42	0,90 - 0,94
Silício polido	20 - 42	0,72
Vidro comum liso	24 - 627 - 1230	0,93 - 0,8599 - 0,56

Produzida no *Engineering Equation Solver* - EES, versão V10.833-3D, com permissão.

Tabela A.11 Propriedades de radiação solar de alguns materiais: absortividade solar (α_s), emissividade total hemisférica (ε) (25 °C), razão entre essas grandezas e transmissividade solar (τ_s)

Material	Tratamento ou condição da superfície	α_s	ε	α_s/ε	τ_s
Aço AISI 321, azul-claro	Espelhado e oxidado quimicamente por 12 min, 0,6M de ácido crômico e sulfuroso a 90 °C	0,85	0,18	4,72	-
Aço AISI 321, azul-claro	Oxidado termicamente por 10 min a 1043 K sob condições atmosféricas normais	0,85	0,14	6,07	-
Aço AISI 321, cinza prateado	Espelhado	0,38	0,15	2,53	-
Aço AISI 321, prata fosco	Sem polimento	0,42	0,23	1,83	-
Aço, cinza brilhante	Espelhado	0,41	0,05	8,20	-
Aço, marrom-escuro	Desgastado e fortemente enferrujado pelo tempo	0,89	0,92	0,97	-
Alumínio anodizado, verde-claro	Anodizado em 2 a 4 % de ácido oxálico, 20 min, 2,2 A/dm^2, 5 a 12 V	0,55	0,29	1,90	-
Alumínio, prata brilhante	Espelhado	0,24	0,04	6,00	-
Alumínio, prata fosca	Como recebido	0,28	0,07	4,00	-
Amianto, cinza	Seco	0,73	0,89	0,82	-
Amianto, cinza	Molhado	0,92	0,92	1,00	-
Areia, esbranquiçada	Seca	0,52	0,82	0,63	-
Areia, vermelha fosca	Seca	0,73	0,86	0,85	-
Argila, cinza-escuro	Uma fina camada seca em uma placa de alumínio espelhado com ε = 0,04	0,76	0,92	0,83	-
Cimento, cinza-claro	Uma fina camada seca em uma placa de alumínio espelhado com ε = 0,04	0,67	0,88	0,76	-
Cobre, vermelho-claro	Espelhado	0,27	0,03	9,00	-
Concreto, rosa-claro	Superfície lisa, não refletiva	0,65	0,87	0,75	-
Esmalte, amarelo	Revestido à mão sobre uma placa de alumínio espelhado com ε = 0,04	0,46	0,88	0,52	-
Esmalte, azul		0,68	0,87	0,78	-
Esmalte, branco		0,28	0,90	0,31	-
Esmalte, preto		0,93	0,90	1,03	-
Esmalte, verde		0,78	0,90	0,87	-
Esmalte, vermelho		0,65	0,87	0,75	-
Ferro galvanizado, cinza prateado	Brilhante	0,39	0,05	7,80	-
Ferro galvanizado, marrom-escuro	Altamente enferrujado e desgastado	0,90	0,90	1,00	-
Fibra de vidro "Sun-lite", transparente	Como recebido	-	0,87	-	0,88
Laca, transparente	Revestido à mão sobre uma placa de alumínio espelhado com ε = 0,04	-	0,88	-	-
Lata, prata brilhante	Espelhado	0,30	0,04	7,50	-
Madeira compensada, marrom-escuro	Como recebido	0,67	0,80	0,84	-
Madeira, marrom-claro	Aplainada e afinada	0,59	0,90	0,66	-
Mármore, ligeiramente esbranquiçado	Não refletivo	0,40	0,88	0,45	-
Papel, branco		0,27	0,83	0,33	-
Pedra, rosa-claro	Lisa e não reflexiva	0,65	0,87	0,75	-
Pintura de alumínio, prata brilhante	Pintado à mão	0,35	0,56	0,63	-

(continua)

Tabela A.11 Propriedades de radiação solar de alguns materiais: absortividade solar (α_s), emissividade total hemisférica (ε) (25 °C), razão entre essas grandezas e transmissividade solar (τ_s) *(continuação)*

Material	Tratamento ou condição da superfície	α_s	ε	α_s/ε	τ_s
Policarbonato Makrolon® transparente	Como recebido	-	0,88	-	0,88
Telha de cobertura, vermelha brilhante	Seca	0,65	0,85	0,76	-
Telha de cobertura, vermelha brilhante	Molhada	0,88	0,91	0,97	-
Telha de porcelana, branca	Refletiva vidrada	0,26	0,85	0,31	-
Telhas de mosaico, chocolate	Não refletiva	0,82	0,82	1,00	-
Tijolo, vermelho brilhante	Afinado e alisado, seco	0,65	0,85	0,76	-
Tijolo, vermelho brilhante	Afinado e alisado, molhado	0,88	0,91	0,97	-
Verniz, transparente	Revestido à mão sobre uma placa de alumínio espelhado com ε = 0,04	-	0,90	-	-
Vidro de janela, transparente		-	0,86	-	0,88

Adaptada de Sharma V. C. e Sharma A. Solar properties of some building elements. *Energy*. 1989;14(12):805-10.

Tabela A.12 Constante de Henry, H, para gases em água à pressão moderada a várias temperaturas

	H (kPa)					
Gás	**0 °C**	**10 °C**	**20 °C**	**30 °C**	**40 °C**	**50 °C**
Ar	$4{,}440\times10^6$	$5{,}475\times10^6$	$6{,}656\times10^6$	$7{,}988\times10^6$	$9{,}476\times10^6$	$1{,}112\times10^7$
CO	$3{,}827\times10^6$	$4{,}528\times10^6$	$5{,}295\times10^6$	$6{,}129\times10^6$	$7{,}029\times10^6$	$7{,}992\times10^6$
CO_2	80255	109455	146152	191466	246541	312528
CH_4	$2{,}206\times10^6$	$2{,}820\times10^6$	$3{,}545\times10^6$	$4{,}390\times10^6$	$5{,}363\times10^6$	$6{,}470\times10^6$
H_2	$6{,}028\times10^6$	$6{,}456\times10^6$	$6{,}882\times10^6$	$7{,}304\times10^6$	$7{,}724\times10^6$	$8{,}139\times10^6$
H_2S	29039	38098	49065	62144	77530	95410
N_2	$5{,}290\times10^6$	$6{,}506\times10^6$	$7{,}889\times10^6$	$9{,}445\times10^6$	$1{,}118\times10^7$	$1{,}309\times10^7$
NH_3	25,83	44,46	73,75	118,3	184,1	278,9
O_2	$2{,}736\times10^6$	$3{,}409\times10^6$	$4{,}183\times10^6$	$5{,}065\times10^6$	$6{,}059\times10^6$	$7{,}167\times10^6$
SO_2	1747	2542	3605	4997	6782	9032

Produzida no *Engineering Equation Solver* – EES, versão V10.833-3D, com permissão.

Tabela A.13 Solubilidade, S, de gases em sólidos

Gás	Sólido	*T* (°C)	*S* (kmol/m³·bar)
H_2	Borracha vulcanizada	25	0,00176
CO_2	Borracha vulcanizada	25	0,03963
N_2	Borracha vulcanizada	25	0,00154
O_2	Borracha vulcanizada	25	0,00308
H_2	Ni	85	0,00889
H_2	Ni	165	0,00845
H_2	SiO_2	300	0,00024
He	SiO_2	20	0,00044
He	Pirex	20	0,00037

Adaptada de Barrer R. M. *Diffusion in and through solids*. New York: Macmillan, 1941.

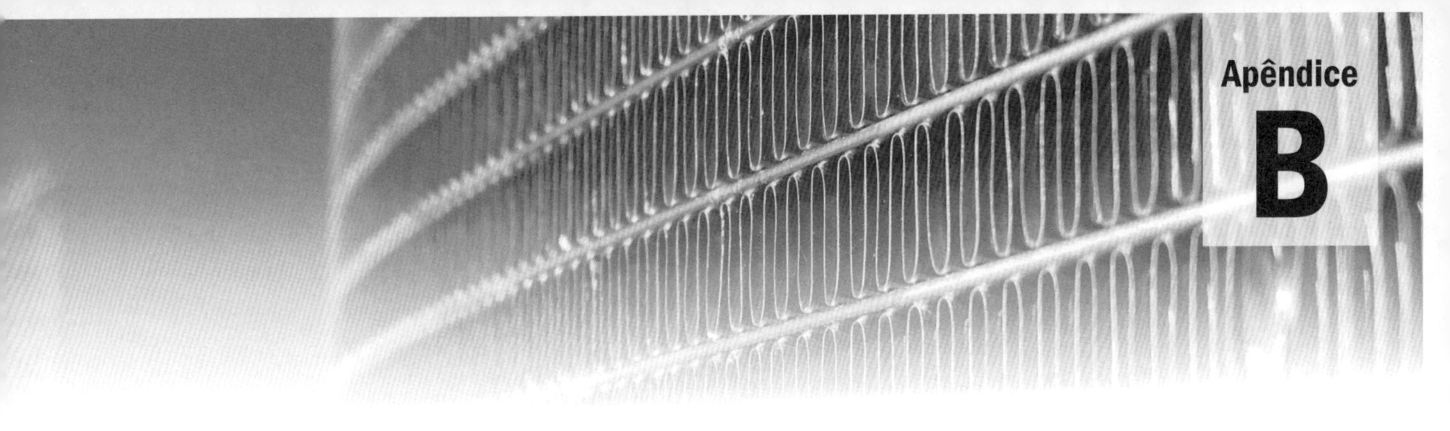

B.1 Solução exata da camada-limite laminar em placa plana

As equações de conservação de massa (Eq. 5.8), de quantidade de movimento (Eq. 5.13) e de energia (Eq. 5.14) na camada-limite laminar em superfície plana (ver também Tab. 5.2) são:

$$\frac{\partial u}{\partial x}+\frac{\partial v}{\partial y}=0 \tag{5.8}$$

$$u\frac{\partial u}{\partial x}+v\frac{\partial u}{\partial y}=\upsilon\frac{\partial^2 u}{\partial y^2} \tag{5.13}$$

$$u\frac{\partial T}{\partial x}+v\frac{\partial T}{\partial y}=\alpha\frac{\partial^2 T}{\partial y^2} \tag{5.14}$$

Inicialmente, são resolvidas as equações de conservação da massa e quantidade de movimento. Blasius propôs, em 1908, reduzir essas duas equações em uma só mediante as seguintes três considerações:

1. Definiu a variável de similaridade η que reduz as duas variáveis (x, y) a uma única variável:

$$\eta = y\sqrt{\frac{u_\infty}{\upsilon x}} \tag{B.1}$$

2. Introduziu a função de corrente $\psi(x, y)$, onde se cumpre que:

$$u=\frac{\partial \psi}{\partial y} \quad \text{e} \quad v=-\frac{\partial \psi}{\partial x} \tag{B.2}$$

Em razão das definições da Equação (B.2), a conservação de massa (Eq. 5.8) é satisfeita naturalmente.

3. Definiu a função de similaridade $f = f(\eta)$:

$$f=\frac{\psi}{u_\infty\sqrt{\dfrac{\upsilon x}{u_\infty}}} \quad \text{ou} \quad \psi = f u_\infty\sqrt{\frac{\upsilon x}{u_\infty}} \tag{B.3}$$

As velocidades e suas derivadas em função da variável e da função de similaridade ficam como:

$$u=\frac{\partial \psi}{\partial y}=\frac{\partial \psi}{\partial \eta}\frac{\partial \eta}{\partial y}=\left(f' u_\infty\sqrt{\frac{\upsilon x}{u_\infty}}\right)\sqrt{\frac{u_\infty}{\upsilon x}}$$

$$u=u_\infty f' \tag{B.4}$$

$$v=-\frac{\partial\psi}{\partial x}=\frac{\partial\psi}{\partial\eta}\frac{\partial\eta}{\partial x}$$

$$v=\frac{1}{2}\sqrt{\frac{u_\infty \upsilon}{x}}(\eta f'-f) \tag{B.5}$$

De forma análoga, são obtidas as outras derivadas:

$$\frac{\partial u}{\partial x}=-\frac{u_\infty}{2x}\eta f'' \tag{B.6}$$

$$\frac{\partial u}{\partial y}=u_\infty\sqrt{\frac{u_\infty}{\upsilon x}}f'' \tag{B.7}$$

$$\frac{\partial^2 u}{\partial y^2}=\frac{u_\infty^2}{\upsilon x}f''' \tag{B.8}$$

Substituindo na equação da quantidade de movimento (Eq. 5.13):

$$2f'''+f''f=0 \tag{B.9}$$

As condições de contorno, segundo as novas variáveis, são:

$y = 0,$	$u = 0,$	$\eta = 0,$	da Equação (B.4)	$\rightarrow$	$f'(0) = 0$
$y = 0,$	$v = 0,$	$\eta = 0,$	da Equação (B.5)	$\rightarrow$	$f(0) = 0$
$y \rightarrow \infty,$	$u = u_\infty,$	$\eta \rightarrow \infty,$	da Equação (B.4)	$\rightarrow$	$f'(\infty) = 1$

A Equação (B.9), juntamente com as condições de contorno indicadas, foi resolvida por Blasius em 1908, não havendo uma equação explícita para a velocidade. Na Tabela B.1 são apresentados os valores de algumas variáveis de interesse.

De acordo com a Equação (5.6), a espessura da camada-limite hidrodinâmica é definida como aquela em que a velocidade horizontal é: $u = 0{,}99u_\infty$. Isso corresponde, segundo a Equação (B.4), a $f' = 0{,}99$. Fazendo uma interpolação na Tabela B.1, o valor da variável de similaridade é igual a $\eta = 4{,}9176$ ou, aproximadamente, $\eta = 4{,}92$. Assim, é descoberta a espessura da camada-limite hidrodinâmica:

$$\eta=y\sqrt{\frac{u_\infty}{\upsilon x}} \quad\rightarrow\quad 4{,}92=\delta_H\sqrt{\frac{u_\infty}{\upsilon x}} \quad\rightarrow\quad \delta_H=\frac{4{,}92x}{\sqrt{\dfrac{u_\infty x}{\upsilon}}},\ \text{ou}$$

$$\delta_H=\frac{4{,}92x}{\sqrt{Re_x}} \tag{B.10}$$

em que Re_x é o número de Reynolds local medido a partir da borda de ataque:

$$Re_x=\frac{u_\infty x}{\upsilon} \tag{B.11}$$

A tensão de cisalhamento local na parede da placa plana é definida por:

$$\tau_{p,x}=\mu\left.\frac{\partial u}{\partial y}\right|_{y=0} \tag{B.12}$$

Tabela B.1 Variáveis de interesse da solução da camada-limite (adaptada de Howarth, 1938)

η	f	f'	f''
0,0	0,00000	0,00000	0,33206
0,4	0,02656	0,13277	0,33147
0,8	0,10611	0,26471	0,32739
1,2	0,23795	0,39378	0,31659
1,6	0,42032	0,51676	0,29667
2,0	0,65003	0,62977	0,26675
2,4	0,92230	0,72899	0,22809
2,8	1,23099	0,81162	0,18401
3,2	1,56911	0,87609	0,13913
3,6	1,92954	0,92333	0,09809
4,0	2,30576	0,95552	0,06424
4,4	2,69238	0,97587	0,03897
4,8	3,08534	0,98779	0,02187
5,0	3,28329	0,99155	0,01591
5,4	3,68094	0,99616	0,00793
5,8	4,07990	0,99838	0,00365
6,2	4,47948	0,99937	0,00155
6,6	4,87931	0,99977	0,00061
7,0	5,27926	0,99992	0,00022
7,4	5,67924	0,99998	0,00007
7,8	6,07923	1,00000	0,00002
8,2	6,47923	1,00000	0,00001
8,6	6,87923	1,00000	0,00000

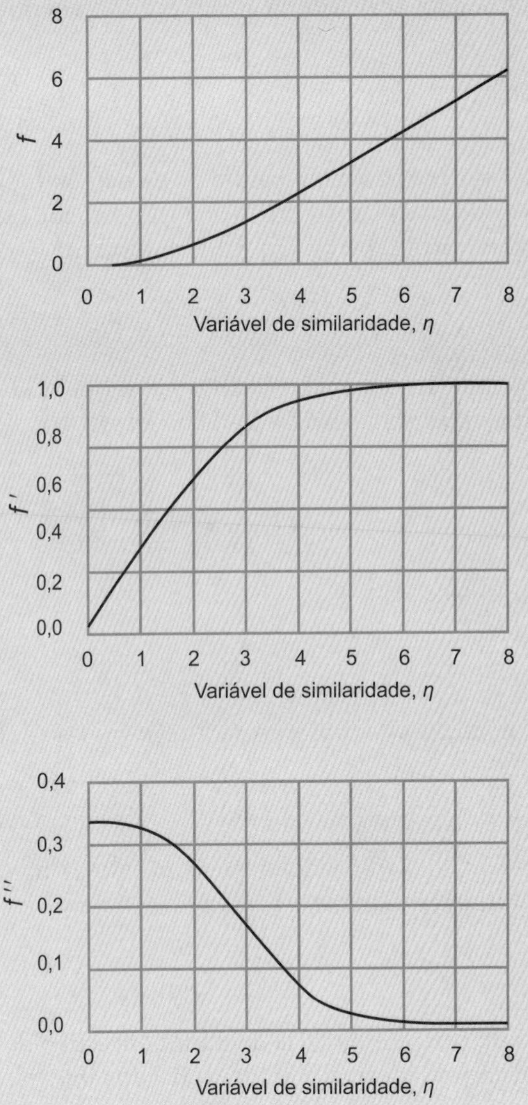

Da Equação (B.7) e da Tabela B.1:

$$\tau_{p,x} = \mu \left.\frac{\partial u}{\partial y}\right|_{y=0} = \mu u_\infty \sqrt{\frac{u_\infty}{\upsilon x}} f''(0) = \mu u_\infty \sqrt{\frac{u_\infty}{\upsilon x}} 0{,}332, \text{ ou}$$

$$\tau_{p,x} = \frac{0{,}332 \rho u_\infty^2}{\sqrt{Re_x}} \tag{B.13}$$

O coeficiente de atrito local é definido por:

$$C_{f,x} = \frac{\tau_{p,x}}{\rho u_\infty^2 / 2} \tag{B.14}$$

Substituindo da Equação (B.13):

$$C_{f,x} = \frac{0{,}664}{\sqrt{Re_x}} \tag{B.15}$$

Agora, será analisada a conservação de energia. Para isso, define-se a temperatura adimensional $\theta = \theta(x, y)$:

$$\theta = \frac{T - T_p}{T_\infty - T_p} \tag{B.16}$$

em que $T = T(x, y)$ é a temperatura do escoamento na posição (x, y) e T_p é a temperatura da superfície da placa considerada constante (placa isotérmica). Substituir a temperatura adimensional na equação da conservação de energia (Eq. 5.14) resulta em:

$$u\frac{\partial \theta}{\partial x} + v\frac{\partial \theta}{\partial y} = \alpha \frac{\partial^2 \theta}{\partial y^2} \tag{B.17}$$

A temperatura adimensional pode ser definida em função da variável de similaridade, $\theta = \theta(\eta)$. Substituir as velocidades u e v das Equações (B.4) e (B.5) na Equação (B.17) resulta em:

$$u_\infty f' \frac{\partial \theta}{\partial \eta}\frac{\partial \eta}{\partial x} + \frac{1}{2}\sqrt{\frac{u_\infty \upsilon}{x}}(\eta f' - f)\frac{\partial \theta}{\partial \eta}\frac{\partial \eta}{\partial y} = \alpha \frac{\partial^2 \theta}{\partial \eta^2}\left(\frac{\partial \eta}{\partial y}\right)^2$$

e, assim, obtém-se:

$$2\theta'' + Pr\theta' f = 0 \tag{B.18}$$

As condições de contorno para as novas variáveis são:

$y = 0$, $T = T_p$, $\eta = 0$, da Equação (B.16) $\rightarrow$ $\theta(0) = 0$

$y \rightarrow \infty$, $T \rightarrow T_\infty$, $\eta \rightarrow \infty$, da Equação (B.16) $\rightarrow$ $\theta(\infty) = 1$

A Equação (B.18), juntamente com essas condições de contorno e a condição da Equação (5.7), foi resolvida numericamente e, para $Pr > 0{,}6$, obteve-se:

$$\left.\frac{\partial \theta}{\partial \eta}\right|_{\eta=0} = 0{,}332 Pr^{1/3} \quad \text{e} \quad \delta_{T,x} = \frac{\delta_{H,x}}{Pr^{1/3}} \tag{B.19}$$

O fluxo de transferência de calor convectivo desde a placa até o escoamento deve ser igual à condução na primeira camada fluida, a qual está imóvel, e a Lei de Fourier é válida:

$$q = h_x(T_s - T_\infty) = -k\left.\frac{\partial T}{\partial y}\right|_{y=0}$$

Das Equações (B.16) e (B.19):

$$\left.\frac{\partial T}{\partial y}\right|_{y=0} = (T_\infty - T_p)\left.\frac{\partial \theta}{\partial y}\right|_{y=0} = (T_\infty - T_p)\left.\frac{\partial \theta}{\partial \eta}\right|_{\eta=0}\left.\frac{\partial \eta}{\partial y}\right|_{y=0} = (T_\infty - T_p)0{,}332 Pr^{1/3}\sqrt{\frac{u_\infty}{\upsilon x}}$$

Substituindo na equação do fluxo de calor:

$$h_x(T_p - T_\infty) = -k(T_\infty - T_s)0{,}332 Pr^{1/3}\sqrt{\frac{u_\infty}{\upsilon x}}$$

De onde se obtém o coeficiente de transferência de calor por convecção local em placa plana em escoamento laminar:

$$h_x = 0{,}332\frac{k}{x}Re_x^{1/2}Pr^{1/3} \tag{B.20}$$

e o número de Nusselt local: $Nu_x = \frac{h_x x}{k}$,

$$Nu_x = 0{,}332 Re_x^{1/2} Pr^{1/3} \tag{B.21}$$

B.2 Equações da camada-limite em convecção natural

A convecção natural pode acontecer em um meio fluido em repouso em contato com uma superfície que está a uma temperatura diferente. Aqui é analisada a camada-limite em parede plana vertical em situação de regime permanente, bidimensional, fluido newtoniano, propriedades constantes, temperatura da superfície constante (T_p) e temperatura do meio constante (T_∞). A Figura B.1 indica o caso em que $T_p > T_\infty$.

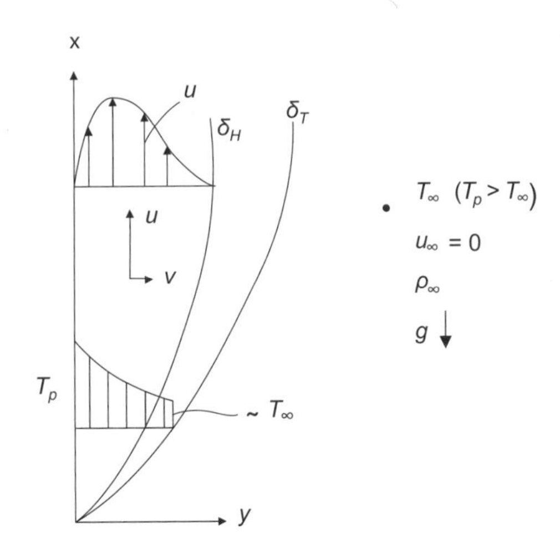

Figura B.1 Esquema das camadas-limites hidrodinâmica e térmica em convecção natural.

De forma análoga à análise de camada-limite em escoamento forçado (subseção 5.2.1), três equações de conservação podem ser definidas na camada-limite em convecção natural: a de massa (Eq. 5.8), a de quantidade de movimento (Eq. 7.7) e a de conservação de energia (Eq. 5.14), que são indicadas a seguir, respectivamente:

$$\frac{\partial u}{\partial x} + \frac{\partial v}{\partial y} = 0 \tag{5.8}$$

$$u\frac{\partial u}{\partial x} + v\frac{\partial u}{\partial y} = g\beta(T - T_\infty) + \upsilon\frac{\partial^2 u}{\partial y^2} \tag{7.7}$$

$$u\frac{\partial T}{\partial x} + v\frac{\partial T}{\partial y} = \alpha\frac{\partial^2 T}{\partial y^2} \tag{5.14}$$

Antes de analisar a solução das equações, a Equação (7.7) será adimensionalizada para se obter um importante número adimensional em convecção natural. Substituindo $x^* = x/L$, $y^* = y/L$, $u^* = u/V$, $v^* = v/V$, em que L é um comprimento característico e V uma *velocidade arbitrária* de referência em função do número de Reynolds ($Re_L = VL/\upsilon$). Perceba que, em convecção natural (pura, não mista, ver Seção 7.3), não existe uma velocidade constante diferente de zero de referência, já que a velocidade varia de 0 na parede, aumentando e diminuindo na camada-limite, para depois se tornar 0 novamente, no meio que está em repouso (ver Fig. B.1). Além disso, a temperatura adimensional é definida como:

$$\theta = \frac{T - T_\infty}{T_p - T_\infty} \quad \text{(B.22)}$$

Substituindo essas variáveis adimensionais na Equação (7.7), obtém-se:

$$u^* \frac{\partial u^*}{\partial x^*} + v^* \frac{\partial u^*}{\partial y^*} = \left[\frac{g\beta (T_p - T_\infty) L^3}{\upsilon^2} \right] \frac{\theta}{Re^2} + \frac{1}{Re} \frac{\partial^2 u^*}{\partial y^{*2}} \quad \text{(B.23)}$$

O termo em colchetes é conhecido como número de Grashof, que representa a relação entre as forças de empuxo e as viscosas. Assim, esse número desempenha um papel semelhante ao número de Reynolds em convecção forçada, por exemplo, para placas verticais, o escoamento é laminar para $Gr \lesssim 10^9$.

Retomando a solução das equações diferenciais (5.8, 7.7 e 5.14), Ostrach (1952) propôs uma solução parecida com a de Blasius (convecção forçada), quando foram feitas as seguintes três considerações:

1. Definiu a variável de similaridade η que reduz duas variáveis (x, y) a uma:

$$\eta = \frac{y}{x} \left(\frac{Gr_x}{4} \right)^{1/4} \quad \text{(B.24)}$$

2. Introduziu a função de corrente $\psi = \psi(x, y)$ na qual é cumprido que:

$$u = \frac{\partial \psi}{\partial y} \quad \text{e} \quad v = -\frac{\partial \psi}{\partial x} \quad \text{(B.25)}$$

3. Definiu a função de similaridade $f = f(\eta)$:

$$f = \frac{\psi}{4\upsilon \left(\frac{Gr_x}{4} \right)^{1/4}} \quad \text{ou} \quad \psi = 4 f \upsilon \left(\frac{Gr_x}{4} \right)^{1/4} \quad \text{(B.26)}$$

Em seguida, as velocidades e suas derivadas devem ser representadas em função das novas variáveis (η, f). A velocidade u fica como:

$$u = \frac{\partial \psi}{\partial y} = \frac{\partial \psi}{\partial \eta} \frac{\partial \eta}{\partial y} = \left[4\upsilon \left(\frac{Gr_x}{4} \right)^{1/4} f' \right] \left[\frac{1}{x} \left(\frac{Gr_x}{4} \right)^{1/4} \right]$$

$$u = \frac{2\upsilon}{x} Gr_x^{1/2} f' \quad \text{(B.27)}$$

De maneira análoga, são obtidas as variáveis: v, $\partial u/\partial x$, $\partial u/\partial y$, $\partial^2 u/\partial y^2$ que, juntamente com a Equação (B.22), devem ser substituídas nas Equações (5.8), (7.7) e (5.14). Note que a conservação de massa (Eq. 5.8) fica satisfeita usando a Equação (B.25). As Equações (7.7) e (5.14) podem ser escritas, respectivamente:

$$f''' + 3f''f - 2f'^2 + \theta = 0 \quad \text{(B.28)}$$

$$\theta'' + 3Prf\theta' = 0 \quad \text{(B.29)}$$

As condições de contorno para solucionar essas equações são indicadas na Tabela B.2.

Tabela B.2 Condições de contorno para as Equações (B.28) e (B.29)

Em função de x e y		Em função de η e f	
$y = 0$	$u = 0$	$\eta = 0,$	$f'(0) = 0$
$y = 0$	$v = 0$	$\eta = 0,$	$f(0) = 0$
$y \to \infty$	$u = 0$	$\eta \to \infty,$	$f'(\infty) \to 0$
$y = 0$	$T = T_p$	$\eta = 0,$	$\theta = 1$
$y \to \infty$	$T \to T_\infty$	$\eta \to \infty,$	$\theta = 0$

Ostrach (1952) resolveu numericamente as Equações (B.27) e (B.28), juntamente com as condições de contorno da Tabela B.2. Uma parte dos resultados é mostrada nos gráficos da Figura B.2.

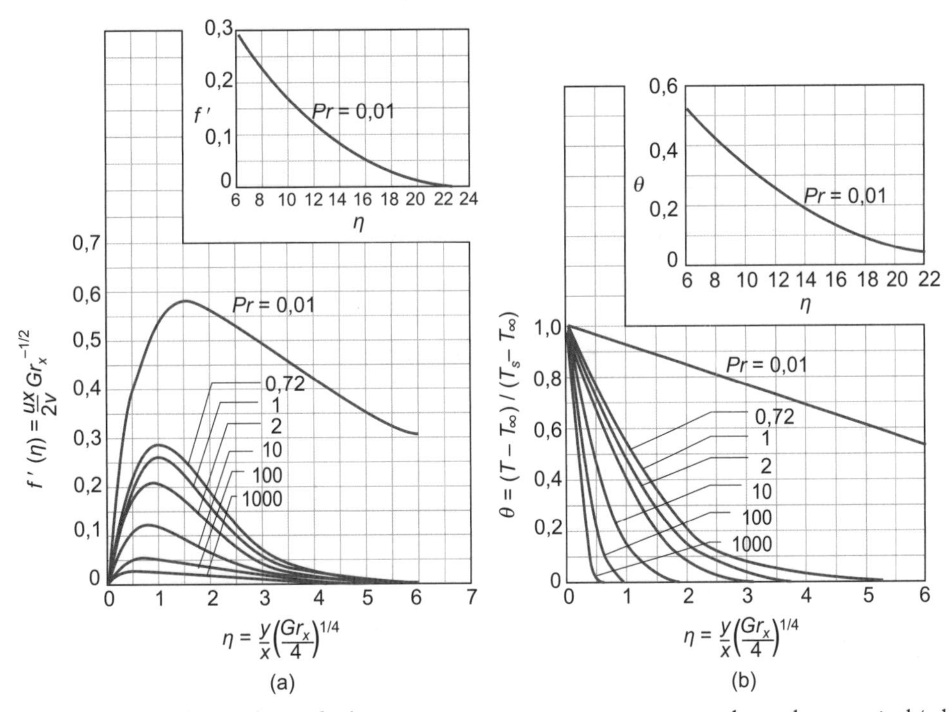

Figura B.2 (a) Perfis de velocidade e (b) perfis de temperatura para convecção natural em placa vertical (adaptada de Ostrach, 1952).

Igualando a Lei de Resfriamento de Newton com a Lei de Fourier em $y = 0$, pode-se encontrar o coeficiente de transferência de calor por convecção local (h_x).

$$q_p = h_x(T_p - T_\infty) = -k\left.\frac{\partial T}{\partial y}\right|_{y=0}$$

em que , $\left.\frac{\partial T}{\partial y}\right|_{y=0} = (T_p - T_\infty)\left.\frac{\partial \theta}{\partial y}\right|_{y=0} = (T_p - T_\infty)\left.\frac{\partial \theta}{\partial \eta}\right|_{y=0}\left.\frac{\partial \eta}{\partial y}\right|_{y=0} = (T_p - T_\infty)\theta'(0)\frac{1}{x}\left(\frac{Gr_x}{4}\right)^{1/4}$

assim:

$$h_x(T_p - T_\infty) = -k\left.\frac{\partial T}{\partial y}\right|_{y=0} = -k(T_p - T_\infty)\frac{1}{x}\left(\frac{Gr_x}{4}\right)^{1/4}\theta'(0).$$

Pode-se notar, na Figura B.2b, que $\theta(0)$ é negativo e depende do número de Prandtl, assim, é possível dizer que $F(Pr) = -\theta(0)$, logo,

$$h_x = \frac{k}{x}\left(\frac{Gr_x}{4}\right)^{1/4} F(Pr) \qquad \text{(B.30)}$$

em que $F(Pr)$ foi correlacionado por ajuste de curva por LeFevre (1956) como:

$$F(Pr) = \frac{0{,}75Pr^{1/2}}{\left(0{,}609 + 1{,}221Pr^{1/2} + 1{,}238Pr\right)^{1/4}} \qquad \text{(B.31)}$$

O número de Nusselt local será:

$$Nu_x = \frac{h_x x}{k}$$

$$Nu_x = \left(\frac{Gr_x}{4}\right)^{1/4} F(Pr) \qquad \text{(B.32)}$$

O coeficiente médio de transferência de calor por convecção pode ser encontrado por $\bar{h}_L = \frac{1}{L}\int_0^L h_x dx$. Realizando essa integral, chega-se a:

$$\bar{h}_L = \frac{4}{3}\frac{k}{L}\left(\frac{Gr_L}{4}\right)^{1/4} F(Pr) \qquad \text{(B.33)}$$

e o número de Nusselt médio é definido como $\overline{Nu}_L = \frac{\bar{h}_L L}{k}$,

$$\overline{Nu}_L = \frac{4}{3}\left(\frac{Gr_L}{4}\right)^{1/4} F(Pr) \qquad \text{(B.34)}$$

ou

$$\overline{Nu}_L = \left(\frac{Ra_L Pr}{2{,}436 + 4{,}884Pr^{1/2} + 4{,}952Pr}\right)^{1/4} \qquad \text{(B.35)}$$

em que, Ra_L é o número de Rayleigh (ver Eq. 7.12).

Referências

Howarth, L. On the solution of the laminar boundary layer equations. *Proc. R. Soc. Lond. A.*, v. 164, p. 547-579, 1938.

LeFevre, E. J. Laminar free convection from a vertical plane surface. *Proc. 9th International Congress of Applied Mechanics*, Brussels, Belgium, p. 168-174, 1956.

Ostrach, S. *An analysis of laminar free convection flow and heat transfer about a flat plate parallel to the direction of the generating body force.* National Advisory Committee for Aeronautics, Technical Note 2635, 1952.

Apêndice C

C.1 Funções de Bessel

Dada a equação diferencial $x^2\dfrac{d^2y}{dx^2}+x\dfrac{dy}{dx}+\left(x^2-m^2\right)y=0$, conhecida como equação de Bessel, a função de Bessel (J) é a solução ($y(x) = J_m(x)$) dessa equação, a qual é expressa, inicialmente, em uma soma de uma série infinita de potências:

$y=\sum_{n=0}^{\infty}a_n x^{n+r}$, com $a_0 \neq 0$. Derivando essa função:

$$\frac{dy}{dx}=\sum_{n=0}^{\infty}(n+r)a_n x^{n+r-1} \quad \text{e} \quad \frac{d^2y}{dx^2}=\sum_{n=0}^{\infty}(n+r)(n+r-1)a_n x^{n+r-2}$$

Substituindo na equação diferencial, obtém-se:

$$x^2\sum_{n=0}^{\infty}(n+r)(n+r-1)a_n x^{n+r-2}+x\sum_{n=0}^{\infty}(n+r)a_n x^{n+r-1}+(x^2-m^2)\sum_{n=0}^{\infty}a_n x^{n+r}=0$$

Eliminando x^r, simplificando e agrupando:

$$\sum_{n=0}^{\infty}a_n\left[(n+r)^2-m^2\right]x^n+\sum_{n=0}^{\infty}a_n x^{n+2}=0$$

Redefinindo o segundo somatório:

$$\sum_{n=0}^{\infty}a_n\left[(n+r)^2-m^2\right]x^n+\sum_{n=2}^{\infty}a_{n-2}x^n=0$$

Realizando a somatória parcial:

$$a_0\left(r^2-m^2\right)+a_1\left[(1+r)^2-m^2\right]x+\sum_{n=2}^{\infty}\left\{a_n\left[(n+r)^2-m^2\right]+a_{n-2}\right\}x^n=0$$

$n = 0 \rightarrow$ como $a_0 \neq 0$, logo, $r = m$ ou $r = -m$. Assumindo $r = m$.

$n = 1 \rightarrow$ como $(1 + r^2) - m^2 \neq 0$, logo, $a_1 = 0$

$n \geq 2 \rightarrow \ a_n=-\dfrac{a_{n-2}}{n(n+2m)}$

Dessa última expressão, como $a_1 = 0$, logo: $a_3 = 0$, $a_5 = 0$ etc.

$$n=2\rightarrow a_2=-\frac{a_0}{2(2+2m)}=-\frac{(-1)^1a_0}{2^2 1!(1+m)}$$

$$n=4\rightarrow a_4=-\frac{a_2}{4(4+2m)}=\frac{(-1)^2a_0}{2^4 2!(2+m)(1+m)}$$

$$n=6\rightarrow a_6=-\frac{a_4}{6(6+2m)}=\frac{(-1)^3a_0}{2^6 3!(3+m)(2+m)(1+m)}$$

Generalizando: $a_{2n} = \dfrac{(-1)^n a_0 m!}{2^{2n} n!(n+m)!}$, assim, a série de potências será:

$$y = a_0 x^m + \not{a_1} x^{m+1} + a_2 x^{m+2} + \not{a_3} x^{m+3} + a_4 x^{m+4} + ... = a_0 x^m + a_2 x^{m+2} + a_4 x^{m+4} + ...$$

$y = \sum_{n=0}^{\infty} \dfrac{(-1)^n a_0 m! 2^m}{n!(n+m)!} \left(\dfrac{x}{2}\right)^{2n+m}$, como a_0 é arbitrária, poderá ser: $a_0 = \dfrac{1}{2^m m!}$. A solução final será:

$$J_m(x) = \sum_{n=0}^{\infty} \frac{(-1)^n}{n!(n+m)!} \left(\frac{x}{2}\right)^{2n+m}$$

Conhecida como função de Bessel de primeira espécie de ordem m.

Existe ainda a equação diferencial similar: $x^2 \dfrac{d^2 y}{dx^2} + x \dfrac{dy}{dx} - \left(x^2 + m^2\right) y = 0$, cuja solução é:

$I_m(x) = \sum_{n=0}^{\infty} \dfrac{1}{n!(n+m)!} \left(\dfrac{x}{2}\right)^{2n+m}$, conhecida como função de Bessel *modificada* de primeira espécie de ordem m.

A segunda solução à equação é: $K_m(x) = \dfrac{\pi}{2} \dfrac{I_{-m}(x) - I_m(x)}{\text{sen}(m\pi)}$, conhecida como função de Bessel modificada de segunda espécie de ordem m. A Tabela C.1 mostra alguns valores de funções de Bessel, de primeira espécie de ordem 0 (J_0), modificada de primeira espécie de ordem 0 e 1, I_0 e I_1, respectivamente, e modificada de segunda espécie de ordem 0 e 1, K_0 e K_1, respectivamente.

Tabela C.1 Funções de Bessel modificadas

x	J_0	J_1	I_0	I_1	K_0	K_1
0,0	1,0000	0,0000	1,0000	0,0000	–	–
0,2	0,9900	0,0995	1,0100	0,1005	1,75	4,78
0,4	0,9604	0,1960	1,0404	0,2040	1,11	2,18
0,6	0,9120	0,2867	1,0920	0,3137	$7{,}78\times10^{-1}$	1,30
0,8	0,8463	0,3688	1,1665	0,4329	$5{,}65\times10^{-1}$	$8{,}62\times10^{-1}$
1,0	0,7652	0,4401	1,2661	0,5652	$4{,}21\times10^{-1}$	$6{,}02\times10^{-1}$
1,2	0,6711	0,4983	1,3937	0,7147	$3{,}19\times10^{-1}$	$4{,}35\times10^{-1}$
1,4	0,5669	0,5419	1,5534	0,8861	$2{,}44\times10^{-1}$	$3{,}21\times10^{-1}$
1,6	0,4554	0,5699	1,7500	1,0848	$1{,}88\times10^{-1}$	$2{,}41\times10^{-1}$
1,8	0,3400	0,5815	1,9896	1,3172	$1{,}46\times10^{-1}$	$1{,}83\times10^{-1}$
2,0	0,2239	0,5767	2,2796	1,5906	$1{,}14\times10^{-1}$	$1{,}40\times10^{-1}$
2,2	0,1104	0,5560	2,6291	1,9141	$8{,}93\times10^{-2}$	$1{,}08\times10^{-1}$
2,4	0,0025	0,5202	3,0493	2,2981	$7{,}02\times10^{-2}$	$8{,}37\times10^{-2}$
2,6	–	–	3,5533	2,7554	$5{,}54\times10^{-2}$	$6{,}53\times10^{-2}$
2,8	–	–	4,1573	3,3011	$4{,}38\times10^{-2}$	$5{,}11\times10^{-2}$
3,0	–	–	4,8808	3,9534	$3{,}47\times10^{-2}$	$4{,}02\times10^{-2}$
3,2	–	–	5,7472	4,7343	$2{,}76\times10^{-2}$	$3{,}16\times10^{-2}$
3,4	–	–	6,7848	5,6701	$2{,}20\times10^{-2}$	$2{,}50\times10^{-2}$
3,6	–	–	8,0277	6,7927	$1{,}75\times10^{-2}$	$1{,}98\times10^{-2}$
3,8	–	–	9,5169	8,1404	$1{,}40\times10^{-2}$	$1{,}57\times10^{-2}$
4,0	–	–	11,3019	9,7595	$1{,}12\times10^{-2}$	$1{,}25\times10^{-2}$
4,2	–	–	13,4425	11,7056	$8{,}93\times10^{-3}$	$9{,}94\times10^{-3}$
4,4	–	–	16,0104	14,0462	$7{,}15\times10^{-3}$	$7{,}92\times10^{-3}$
4,6	–	–	19,0926	16,8626	$5{,}73\times10^{-3}$	$6{,}33\times10^{-3}$

(*continua*)

Tabela C.1 Funções de Bessel modificadas (*continuação*)

x	J_0	J_1	I_0	I_1	K_0	K_1
4,8	–	–	22,7937	20,2528	$4{,}60\times10^{-3}$	$5{,}06\times10^{-3}$
5,0	–	–	27,2399	24,3356	$3{,}69\times10^{-3}$	$4{,}04\times10^{-3}$
5,2	–	–	32,5836	29,2543	$2{,}97\times10^{-3}$	$3{,}24\times10^{-3}$
5,4	–	–	39,0088	35,1821	$2{,}38\times10^{-3}$	$2{,}60\times10^{-3}$
5,6	–	–	46,7376	42,3283	$1{,}92\times10^{-3}$	$2{,}08\times10^{-3}$
5,8	–	–	56,0381	50,9462	$1{,}54\times10^{-3}$	$1{,}67\times10^{-3}$
6,0	–	–	67,2344	61,3419	$1{,}24\times10^{-3}$	$1{,}34\times10^{-3}$
6,2	–	–	80,7179	73,8859	$1{,}00\times10^{-3}$	$1{,}08\times10^{-3}$
6,4	–	–	96,9616	89,0261	$8{,}08\times10^{-4}$	$8{,}69\times10^{-4}$
6,6	–	–	116,5373	107,3047	$6{,}52\times10^{-4}$	$7{,}00\times10^{-4}$
6,8	–	–	140,1362	129,3776	$5{,}26\times10^{-4}$	$5{,}64\times10^{-4}$
7,0	–	–	168,5939	156,0391	$4{,}25\times10^{-4}$	$4{,}54\times10^{-4}$
7,2	–	–	202,9213	188,2503	$3{,}43\times10^{-4}$	$3{,}66\times10^{-4}$
7,4	–	–	244,3410	227,1750	$2{,}77\times10^{-4}$	$2{,}95\times10^{-4}$
7,6	–	–	294,3322	274,2225	$2{,}24\times10^{-4}$	$2{,}38\times10^{-4}$
7,8	–	–	354,6845	331,0995	$1{,}81\times10^{-4}$	$1{,}92\times10^{-4}$
8,0	–	–	427,5641	399,8731	$1{,}46\times10^{-4}$	$1{,}55\times10^{-4}$
8,2	–	–	515,5927	483,0477	$1{,}18\times10^{-4}$	$1{,}26\times10^{-4}$
8,4	–	–	621,9441	583,6570	$9{,}59\times10^{-5}$	$1{,}01\times10^{-4}$
8,6	–	–	750,4612	705,3773	$7{,}76\times10^{-5}$	$8{,}20\times10^{-5}$
8,8	–	–	905,7973	852,6635	$6{,}28\times10^{-5}$	$6{,}63\times10^{-5}$
9,0	–	–	1093,5884	1030,9147	$5{,}09\times10^{-5}$	$5{,}36\times10^{-5}$
9,2	–	–	1320,6608	1246,6755	$4{,}12\times10^{-5}$	$4{,}34\times10^{-5}$
9,4	–	–	1595,2844	1507,8794	$3{,}34\times10^{-5}$	$3{,}51\times10^{-5}$
9,6	–	–	1927,4788	1824,1447	$2{,}71\times10^{-5}$	$2{,}84\times10^{-5}$
9,8	–	–	2329,3851	2207,1337	$2{,}19\times10^{-5}$	$2{,}30\times10^{-5}$
10,0	–	–	2815,7167	2670,9883	$1{,}78\times10^{-5}$	$1{,}86\times10^{-5}$

Propriedades da função de Bessel:

Se $y = f(x)$, logo $\dfrac{dJ_0(y)}{dx} = -J_1(y)\dfrac{dy}{dx}$.

Respostas dos Problemas

CAPÍTULO 1

1.1

$\dot{Q} = 337{,}5 \text{ W}$

$q = 25 \text{ W/m}^2$

1.2

$L = 0{,}54 \text{ m}$

Pode-se diminuir a perda de calor aumentando a espessura da parede, adicionando um material isolante na parte externa do forno ou trocando o tijolo por outro com menor "*k*", por exemplo.

1.3

$L = 42{,}5 \text{ m}$

1.4

30 W/m^2

75 W/m^2

1.5

371 W/m^2

1.6

$N_A = 5{,}6 \times 10^{-8} \text{ mol/s}$

1.7

2147,8 s ou 35,8 min

CAPÍTULO 2

2.1

a) $q = 420 \ \frac{W}{m^2}$

b) $q = 14.241 \ \frac{W}{m^2}$

c) $q = 35,82 \ \frac{W}{m^2}$

2.2

$k = 0,15 \ \frac{W}{m \ ^\circ C} \underset{A4}{\overset{Tab}{\Rightarrow}}$ Compensado de alta densidade

2.3

a) $T_p = 30,2 \ ^\circ C$

b) $T_p = 21,2 \ ^\circ C$

c) No caso da água, pois transfere mais que o dobro de calor por unidade de superfície da pele.

2.4

$T(x) = 2573,335 - 500 \ \sqrt{126,556x + 6,488}$

$q = -148.307,8 \ \frac{W}{m^2}$

2.5

$$q = 1493{,}6\ \frac{\text{W}}{\text{m}^2}$$

$$T_C = 1087{,}2\ ^\circ\text{C}$$

2.6

$$L_d = 0{,}0173\ \text{m}$$

$$T_{C_1} = 1087{,}2\ ^\circ\text{C}$$

$$T_{C_2} = 570{,}6\ ^\circ\text{C}$$

2.7

a) $T(x) = T_1 + (T_2 - T_1)\cdot\dfrac{x}{L}$

$$q = -\frac{k(T_2 - T_1)}{L}$$

b) $T(x) = \dfrac{q_1}{k}\cdot(L - x) + T_2$

$$q(x) = q_1$$

c) $T(x) = T_2 + \dfrac{h}{k}\cdot(T_\infty - T_1)\times(L - x);\ q = h(T_\infty - T_1)$

2.8

a) $q = 143{,}48\ \dfrac{\text{W}}{\text{m}^2}$

b) deve-se selecionar materiais e espessuras cuja razão seja

$$\frac{e_2}{k_2} = 0{,}185\ \frac{\text{m}^2\ ^\circ\text{C}}{\text{W}}$$

2.9

a)

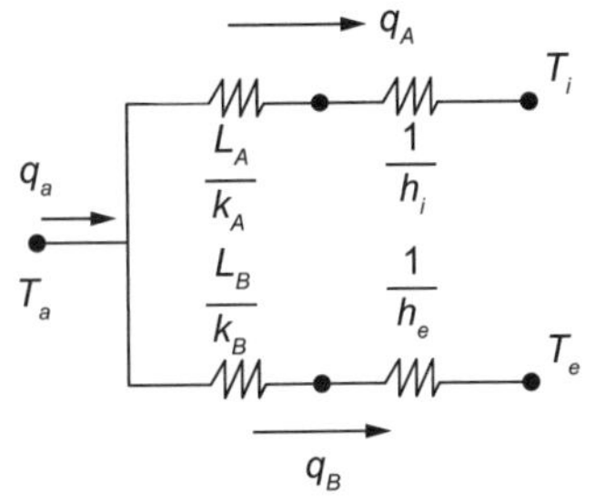

b) $R_A = \frac{L_A}{k_A} + \frac{1}{h_i}$; $R_B = \frac{L_B}{k_B} + \frac{1}{h_e}$

$$T_a = \frac{R_A R_B q_a + T_i R_B + T_e R_A}{R_A + R_B}$$

c) $\frac{q_A}{q_B} = \frac{R_B}{R_A}\left(\frac{T_a - T_i}{T_a - T_e}\right)$, como tendência geral basta minimizar R_B em relação à R_A

2.10

$T_1 = 21,3\ °C$

$T_2 = 21,6\ °C$

2.11

$q' = 58,226\ \frac{kW}{m}$

2.12

$q' = 136,03\ \frac{W}{m}$

$T_s = 250,0\ °C$

2.13

$L = 32,1\ m$

2.14

$$U = \frac{1}{2\pi r_i}\left[\frac{1}{h_i} + \frac{r_i}{r_e h_e}\right]$$

a) Temp. de parede T_p imposta por $T_i \Rightarrow h_i \gg h_e$

b) Temp. de parede T_p imposta por $T_e \Rightarrow h_e \gg h_i$

2.15

$T_{máx} = 178,4\ °C$

2.16

a) $\frac{1}{r}\frac{d}{dr}\left(r\frac{dT}{dr}\right) + \frac{q'''_G}{k_C} = 0$ (para o fio)

Hipóteses: unidimensional em regime permanente

K_c – constante

b) $P_{ot} = 13\ \frac{W}{m}$

c) $T(r) = 658,4\ [4 \times 10^{-6} - r^2] + 100,8$

d) $T_{máx}$ ocorre ao centro $(r = 0) = 100,8\ °C$

e) $T_f = 96,6\ °C$

2.17

$$T(x) = -\frac{q'''_G}{2k_C}\left(x^2 - 3L^2\right) - \frac{Lq'''_G x}{k_C} + 2Lq'''_G\left(\frac{b}{k_a} + \frac{1}{h}\right) + T_\infty$$

ou

$T(x) = 1,667 \times 10^5(6,75 \times 10^{-4} - x^2) - 5000x + 380\ °C$

$T_{máx}(x = -L) = 530\ °C$

$T_{mín}(x = L) = 380\ °C$

Sem isolamento, $T(x) = \frac{q'''_G}{2k_C}\left(L^2 - x^2\right) + Lq'''_G\left(\frac{b}{k_a} + \frac{1}{h}\right) + T_\infty$

$T(x) = 1{,}667 \times 10^5(2{,}25 \times 10^{-4} - x^2) + 290$

$T_{máx}(x=0) = 327{,}5\ ^\circ C$

$T_{mín} = 290\ ^\circ C$

2.18

$\Delta T = 400\ ^\circ C$

2.19

a) $\lambda = 18{,}42\ m^{-1}$

b) $T(x) = \dfrac{q'''_{G0}}{\lambda^2 k}\left[e^{-\lambda L} - e^{-\lambda x}\right] + \dfrac{q'''_{G0}}{\lambda k}(L - x) + T_S$

$$T(x) = 2{,}947\left[0{,}01 - e^{-18{,}42x}\right] + 54{,}289(0{,}25 - x) + 40$$

c) $T(x=0) = T_i = 50{,}65\ ^\circ C$

2.20

Da barra para a parede 2: 64,9 W

Da parede 1 para a barra: – 2,35 W

Para o ar: 67,25 W

2.21

$\dot{Q} = 23{,}0\ W$

2.22

Sem aletas: $L = 35{,}8\ m$

Com aletas: $L = 8{,}4\ m$

2.23

Sem dissipador: $T_P = 247{,}2\ ^\circ C > 150\ ^\circ C$ (fora de operação)

Com dissipador: $T_P = 49{,}5\ ^\circ C < 150\ ^\circ C$ (opera corretamente)

CAPÍTULO 3

3.1

$T = 125\ ^\circ C$

3.2

$T = 150\ ^\circ C$

3.3

$T = 175\ ^\circ C$

3.4

$T = 175\ ^\circ C$ (numericamente)

3.5

$$\left[2 + \frac{hP(\Delta x)^2}{kA}\right] \cdot T_m - T_{m-1} - T_{m+1} = \frac{hP(\Delta x)^2}{kA} \cdot T_\infty$$

a) Faça $h = 0 \Rightarrow T_m = (T_{m-1} + T_{m+1})/2$

b) Equação nodal acima

3.6

	T_1	T_2	T_3	T_4	T_5	T_6	T_7	T_8	T_9	T_{10}
NUM	185,3	159,0	137,9	121,3	108,5	98,97	92,43	88,62	87,4	88,7
Exata	184,6	158,4	137,3	120,8	108,0	98,52	92,02	88,25	87,05	88,39

$$\dot{Q}_1 \sim -kA(T_1 - 200)\Big/\frac{\Delta x}{2} = 58{,}87\ \text{W}$$

$$\dot{Q}_2 \sim -kA(90 - T_{10})\Big/\frac{\Delta x}{2} = -5{,}2\ \text{W}$$

3.7

$$\left(2+\sqrt{2}\cdot\frac{h\cdot\Delta x}{k}\right)\cdot T_{m,n}-T_{m-1,n}-T_{m,n-1}-\frac{\sqrt{2}\cdot h\cdot\Delta x}{k}\cdot T_{\infty}=0$$

3.8

$$\left(2+\frac{h\Delta x}{k}\right)\cdot T_{m,n}-T_{m-1,n}-T_{m,n-1}-\frac{h\Delta x}{k}\cdot T_{\infty}=0$$

CAPÍTULO 4

4.1

a) $B_i=3,49\times10^{-4}\ll0,1$ (Sistema concentrado)
b) $B_i=0,0017\ll0,1$ (Sistema concentrado)
c) $B_i=0,2>0,1$ (Não vale a hipótese do sistema concentrado)

4.2

$t=0,29$ s – aumento de h ou diminuição do diâmetro da junção

4.3

$T = 0,1$ °C; $t = 0,003$ s
$T = 9,9$ °C; $t = 1,33$ s

4.4

a) $T_f=61,5\ ^{\circ}\text{C}$

b) $t=1,25$ s

4.5

$B_i=0,19>0,1$
$T_{(t)}=20-15\cdot e^{\frac{-t}{8373}}$

A hipótese de "sistema concentrado" não é a melhor, mas será empregada apenas como primeira estimativa.

4.6

$$\theta(t) = T(t) - Tm$$

$$\theta = \theta_0 \cdot e^{-t/\tau} + \frac{\alpha}{1+(\tau\omega)^2}\left\{ \text{sen } \omega t - \tau\omega \cos \omega t + \tau\omega \cdot e^{-t/\tau} \right\}$$

4.7

$$T_e = 211{,}8\ ^\circ\text{C}$$

$$\theta = \theta_0 \cdot e^{-\bar{k}L\left[\frac{1}{m_1C_1}+\frac{1}{m_2C_2}\right]t}$$

$$\bar{k} = \frac{k_1 \cdot k_2}{k_1 + k_2}$$

$$t = 230\ \text{s}$$

4.8

$$T = 16{,}2\ ^\circ\text{C}$$

4.9

$$T_0 = 94\ ^\circ\text{C}$$

4.10

$$t = 7{,}7\ \text{s}$$

CAPÍTULO 5

5.1

Fluido	Re_L(–)	Nu_L(–)	Pr(–)	α (m²/s)
Água (L)	4,48 x 10^6	328,9	6,12	1,46 x 10^{-7}
Ar	2,57 x 10^5	7619	0,71	2,20 x 10^{-5}
Amônia (L)	1,83 x 10^7	411,8	1,30	1,68 x 10^{-7}
R134a (L)	2,48 x 10^7	2403,8	3,33	4,84 x 10^{-8}
Therminol 59	6,33 x 10^5	1652,2	85,99	7,35 x 10^{-8}

5.2

$a = 0{,}8108$

$b = 0{,}2423$

$c = 0{,}0195$

5.3

$\delta_H = 0{,}0168 \text{ m}$

$\delta_T = 0{,}0189 \text{ m}$

$h_L = 2{,}4 \text{ W/m}^2\text{K}$

$\overline{h}_L = 4{,}8 \text{ W/m}^2\text{K}$

$\dot{Q} = 238 \text{ W}$

5.4

a) $175\ ^\circ\text{C}$

b) $25\ ^\circ\text{C}$

c) $h_x = 47{,}30 \text{ W/m}^2\text{K}$

O fluido está se aquecendo, já que $T_p > T_\infty$

5.5

$L = 0{,}2 \text{ m}$

$\dot{Q} = 1596{,}2 \text{ W}$

$L = 0{,}1 \text{ m}$

$\dot{Q} = 2257{,}7 \text{ W}$

Escolhe-se o comprimento de $L = 0{,}1$ m em relação ao movimento da água.

5.6

Fluido	*L* (m)	$\dot{Q}$ (w)	δ_H/δ_T (-)
Glicerina	21,2	41.859	11,1
Therminol VP1	0,34	5060	2,9
Etilenoglicol	1,03	13.508	4,0

5.7

1,22 m

5.8

$u = 0{,}1248$ m/s

$v = 0{,}00012$ m/s

5.9

27,7 W

5.10

a) $T_p(x) = 939{,}7\sqrt{x} + 20$

b) 230 °C

c) $\overline{T}_p = 218{,}1$ °C

5.11

a) $T = -\dfrac{\mu}{2k}\left(\dfrac{V}{\delta}\right)^2 y^2 + \left(T_2 - T_1 + \dfrac{\mu V^2}{2k}\right)\dfrac{y}{\delta} + T_1$

b) $y_{T_{máx}} = \delta\left[\dfrac{k(T_2 - T_1)}{\mu V^2} + \dfrac{1}{2}\right]$

c) $q_0 = -\dfrac{k}{\delta}\left(T_2 - T_1 + \dfrac{\mu V^2}{2k}\right)$

5.12

a) $\bar{T}_p = T_0 + \frac{3q}{4}\left(\frac{6WL}{\rho C_p V k^2}\right)^{1/3}$

b) $\overline{Nu}_L = \frac{3}{2}\left(\frac{\rho C_P V L^2}{6kW}\right)^{1/3}$

5.13

6272,1 W/m^2

5.14

a) $x = \frac{L}{2}$

$\delta_H = 0{,}0019 \text{ m}$

$\delta_T = 0{,}012 \text{ m}$

$h_x = 859{,}1 \text{ W/m}^2\text{K}$

$x = L$

$\delta_H = \delta_T = 0{,}0121 \text{ m}$

$h_L = 3232 \text{ W/m}^2\text{K}$

b) $\dot{Q} = 11.457 \text{ W}$

5.15

17,9 kW

5.16

27,3 °C

5.17

318,1 °C

5.18

O caso do escoamento perpendicular ao eixo principal da elipse: $q = 5860\ W/m^2$

5.19

163,5 °C

0,9 m/s

5.20

perpendicular = 7,88 W (escolhido, trocando calor em ambas as faces);
deitado = 6,54 W

5.21

4,95 m/s

2,03 kg/s

5.22

33,9 °C

53.089 W

5.23

12 tubos

CAPÍTULO 6

6.1

$\dot{m}$(kg/s)	*D* (m)	*L* (m)	a	Re_D	b		c	
			$\bar{u}$ (m/s)		L_H(m)	L_T(m)	$\%L_H$	$\%L_T$
0,025	0,02	10	0,08	1997	2,0	10,8	20	108
0,025	0,02	100	0,08	1997	2,0	10,8	2,0	10,8
0,2	0,02	10	0,64	15.975	0,2	0,2	2,0	2,0
0,2	0,02	100	0,64	15.975	0,2	0,2	0,2	0,2

6.2

a) O fluido está se aquecendo, já que $T_p > T_0$

b) $\bar{u} = 0{,}04$ m/s

c) $\bar{T} = 367{,}6$ K

d) $\dot{m} = 0{,}019$ kg/s

e) $h_x = 130{,}5$ W/m^{2}K

6.3

a) 1,94 m/s

b) 3,88 m/s

c) 3,66

d) 9,6 W/m^{2}K

e) $11{,}4\ \frac{Pa}{m}$

Não haveria diferença com uso de PVC.

6.4

- Plenamente desenvolvido:

a) 3,2 W/m^{2}K

b) 49,9 W/m^{2}K

- Entrada térmica:

a) 4,9 W/m^{2}K

b) 397,3 W/m^{2}K

Em nenhum dos casos é justificada a consideração de escoamento plenamente desenvolvido.

6.5

a) 13,3 m

b) 300 °C

360 °C

c) 49 Pa

6.6

$\Delta T = 0{,}9\ °C$, não é significativa

$\dot{Q} = 1110\ W$

6.7

a) 12,98 °C

b) 2963 W

6.8

$h_D = 11.322\ W/m^2k$

$f = 0{,}0215$

6.9

Fluido	L (m)	T_s (°C)	DMLT (°C)	$\bar{T}$(°C)
Água	1	42,5	73,6	36,3
	10	100,4	33,2	65,2
Therminol 59	1	33,9	78,0	32,0
	10	64,5	61,1	47,3

Em geral, $DMLT \neq T_p - \bar{T}$, assim não pode ser usada a diferença $T_p - \bar{T}$ no cálculo do calor $\dot{Q} = hA(T_p - \bar{T})$, já que pode trazer erros de cálculo.

6.10

a) $L = 53{,}4$ m

b) ambos de 72,8 °C

c) 729,3 Pa
0,05 W

6.11

a) $T = \dfrac{C\pi D}{2\dot{m}C_p}x^2 + T_e$

b) $L=\left(\frac{\dot{m}C_pT_e}{C\pi D}\right)^{0,5}$

c) $\dot{Q}=0,5\dot{m}C_pT_e$

6.12

a) 25,7 m

b) 22,5 m

6.13

$$T_s=T_\infty+\left(T_e-T_\infty\right)e^{-\frac{U_i\pi D_i L}{\dot{m}C_p}}$$

6.14

452,2 °C

6.15

a) 68.870 W

b) 18,8 m

c) 68.870 W e 461 m

d) para D = 25 mm, $\dot{W}$ = 4 W e para D =120 mm, $\dot{W}$ = 0,04 W.

6.16

44,6 °C

6.17

50 mm

6.18

a) 93,5 °C

b) 101,7 °C

CAPÍTULO 7

7.1

a) **V**: $Gr_L = 5{,}23\times10^7$; $Ra_L = 3{,}68\times10^7$

H: $Gr_L = 2{,}35\times10^5$; $Ra_L = 1{,}65\times10^5$

b) **V**: $Gr_L = 6{,}0\times10^5$; $Ra_L = 6{,}46\times10^8$

H: $Gr_L = 2691$; $Ra_L = 2{,}89\times10^6$

c) **V**: $Gr_L = 1{,}460\times10^{10}$; $Ra_L = 4{,}35\times10^{10}$

H: $Gr_L = 6{,}56\times10^7$; $Ra_L = 1{,}95\times10^8$

7.2

a) $Gr_L = 7{,}32\times10^9$; $Ra_L = 2{,}86\times10^{10}$

b) $Gr_L = 3{,}65\times10^9$; $Ra_L = 1{,}09\times10^{10}$

Nota-se que o incremento de ΔT ou de T_f faz que Gr_L e Ra_L aumentem também.

7.3

a) 16,3 mm

b) 3,2 mm

c) 0,42 m/s

7.4

Para $L = 0{,}2$ m:

$\dot{Q} = 1683$ W

Para $L = 0{,}1$ m:

$\dot{Q} = 1739$ W

Logo, escolhe-se a placa com o comprimento vertical de 0,1 m.

7.5

$\bar{h}_L = 5{,}48\ \mathrm{W/m^2k}$

$\dot{Q} = 4{,}9\ \mathrm{W}$

7.6

102,2 W

7.7

$\dot{Q} = 44{,}4\ \mathrm{W}$

7.8

13,4 W

7.9

124 °C

7.10

163,8 W

7.11

67,2 °C

7.12

125,2 °C

7.13

3 W

7.14

$\dot{Q}_{vert} = 1331\ \mathrm{W}$ (selecionada)

$\dot{Q}_{hor} = 2787\ \mathrm{W}$

É selecionada a posição vertical.

7.15

$b_{ot} = 0{,}0051$ m

$N_{ot} = 23$ aletas

$\dot{Q} = 105$ W

7.16

196 W

7.17

126,7 W/m^2 para ambos os tubos.

7.18

a) $C = 0{,}869$

b) 122,9 W

7.19

4,9 g

7.20

a) 920,8 W/m^2

b) 1060,5 W/m^2

7.21

a) 64,2 °C

b) 52,8 °C

c) 86 °C. É selecionado o escoamento paralelo

CAPÍTULO 8

8.1

$$\frac{\dot{Q}}{L} = 291.993 \frac{W}{m} \text{ e } \Gamma_x = 0{,}122 \text{ kg/m} \cdot \text{s}$$

8.2

$$\frac{\dot{Q}}{L} = 642.561 \ \frac{W}{m} \text{ e } \Gamma_x = 0,268 \ \text{kg/m} \cdot \text{s}$$

8.3

As afirmativas 2, 3 e 7 são corretas.

8.4

$$\frac{\overline{h}_V}{\overline{h}_H} = 1,3$$

8.5

$L = 0,9057$ m

8.6

$$q_{CHF-COR} = 1,134 \ \frac{MW}{m^2}$$

CAPÍTULO 9

9.1

Correntes paralelas: 0,2951 m^2
Contracorrente: 0,2786 m^2

9.2

0,6968 kg/s

2,2192 m^2

9.3

2,3116 m^2

9.4

2,2192 m^2

9.5

$T_{fs} = 39\ ^\circ C$ (ar)

$T_{qs} = 51{,}1\ ^\circ C$ (água)

9.6

1,24 m

9.7

a) $\dot{m}_q = 0{,}991$ kg/s

$\dot{m}_f = 35{,}885$ kg/s

b)

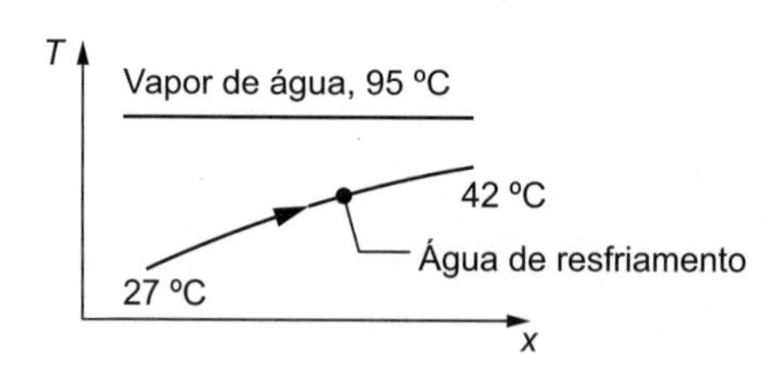

c) 0,22

9.8

a) 2,720 kg/s

b) 33,762 m^2

c) 3,58 m/passe

9.9

$\dot{Q} = 143.055$ W

$T_{qs} = 56{,}4\ ^\circ C$

$T_{fs} = 81{,}3\ ^\circ C$

9.10

$T_{qs} = 62{,}8\ ^{\circ}\mathrm{C}$

$T_{fs} = 76{,}7\ ^{\circ}\mathrm{C}$

$U_d = 262{,}7\ \mathrm{W/m^2K}$

$R_d = 0{,}00095\ \dfrac{\mathrm{m^2K}}{\mathrm{W}}$

CAPÍTULO 10

10.1

$\lambda = 500\ \mathrm{km}$

10.2

$T = 11.591{,}2\ \mathrm{K}$ - classe B - branca azulada

10.3

a) Gráfico (ver Fig. 10.2)

b) $E_n = 1451{,}3\ \dfrac{\mathrm{W}}{\mathrm{m^2}}$

c) $\lambda_{\text{máx}} = 7{,}24\ \mu\mathrm{m}$

d) $E_{n\lambda} = 131{,}7\ \dfrac{\mathrm{W}}{\mathrm{m^2}\mu\mathrm{m}}$

10.4

a) $\lambda_{\text{máx}} = 0{,}252\ \mu\mathrm{m}$

b) $E_{n\lambda} = 2{,}69 \times 10^9\ \dfrac{\mathrm{W}}{\mathrm{m^2}\mu\mathrm{m}}$

c) $F_{[0,35-0,7]} = 0,373$

$$E_V = F_{[0,35-0,7]} \cdot E_{n\lambda} = 369\ \frac{\text{MW}}{\text{m}^2} \quad \left(\text{Sol: } 27\ \frac{\text{MW}}{\text{m}^2}\right)$$

10.5

58,05 W

10.6

Planeta	Raio médio da órbita (10^6 km)	$q \cdot \left(\text{W}/\text{m}^2\right)$
Mercúrio	57,9	9248
Vênus	108,2	2648
Terra	149,6	1385
Marte	228,0	596

10.7

a) $I_{n\lambda} = 174,68\ \frac{\text{W}}{\text{m}^2\text{sr}\mu\text{m}}$

b) $I_n = 91.336,6\ \frac{\text{W}}{\text{m}^2\text{sr}}$

10.8

a) $\dot{Q} = 34\ \text{W}$

b) $\dot{Q} = 34\ \text{W}$

10.9

a) $\dot{Q}_a = 9,7 \times 10^{-3}\ \text{W}$

b) $\dot{Q}_b = 2,40 \times 10^{-3}\ \text{W}$

c) $\dot{Q}_c = 0,6 \times 10^{-3}\ \text{W}$

10.10

a) $q = 20{,}63\ \dfrac{\text{W}}{\text{m}^2}$

b) $q = 19{,}39\ \dfrac{\text{W}}{\text{m}^2}$

10.11

$q_S = 10{,}84\ \dfrac{\text{W}}{\text{m}^2}$

10.12

a) $a = \varepsilon = 0{,}573$

b) $J = 113.862\ \dfrac{\text{W}}{\text{m}^2}$

$q_{LIQ} = 67.546\ \dfrac{\text{W}}{\text{m}^2}$

c) $E_{2,5} = 2880\ \dfrac{\text{W}}{\text{m}^2 \mu\text{m}}$

d) $q_{abs} = 103.947\ \dfrac{\text{W}}{\text{m}^2}$

10.13

$\tau = 0{,}375$

10.14

$\dot{Q} = 6636\ \text{W}$

10.15

$\alpha = 0{,}3831$

$\rho = 0{,}6169$

10.16

a) $G = 7500\ \dfrac{\text{W}}{\text{m}^2}$

b) $q_{abs} = 3650\ \dfrac{\text{W}}{\text{m}^2}$

c) $\alpha = 0,487$

10.17

$J = 1489,2 \ \frac{W}{m^2}$

10.18

a) $\alpha = 0,675$

b) $\rho = 0,275$

c) $\tau = 0$

d) $\varepsilon = 0,352$

e) $q_{LIQ} = 1550 \ \frac{W}{m^2}$

10.19

$\frac{dT}{dt} \cong 0,86 \ \mathrm{K/s}$

10.20

a) $T = 481,8$ K

b) $T = 494,6$ K

10.21

a) $\dot{Q}_{água} = 1339$ W

b) $T_p = 352,8 \text{ K} = 79,7 \text{ °C}$

10.22

$q_{el} = 698,6 \ \frac{W}{m^2}$

CAPÍTULO 11

11.1

a) $q_{LÍQ} = -708{,}3\ \mathrm{W/m^2}$ (da superfície 2 para a superfície 1)

b) $q_{LÍQ} = -950{,}1\ \mathrm{W/m^2}$

11.2

$T = 243{,}7\ \mathrm{K}$

11.3

$F_{1-2} = 0{,}04$

11.4

a) $F_{1-2} = 0{,}025$

$F_{2-1} = 0{,}05$

b) $F_{2-1} = F_{1-2} = 0{,}06$

11.5

$F_{1-2} = 0{,}37$

11.6

a) $F_{1-2} = 0{,}17$ (Fig. 11.6 c) $\Rightarrow \dot{Q}_{LÍQ} = 132{,}4\ \mathrm{W}$

b) $F_{1-2} \cong 0{,}01 \Rightarrow \dot{Q}_{LÍQ} = 7{,}8\ \mathrm{W}$

11.7

$$F_{1-2} = \frac{2}{\pi}$$

$$q_{1-2} = 1030{,}8\ \frac{\mathrm{W}}{m}$$

11.8

$F_{1-2} = \frac{1}{2}$

11.9

Usando o teorema de Pitágoras, mostra-se que $F_{1-2} = \frac{1}{2B} \cdot \left[\sqrt{(B+C)^2 + 4} - \sqrt{(C-B)^2 + 4} \right]$

11.10

$T_1 = 336{,}7 \text{ K} (63{,}5 \text{ °C})$

11.11

$\dot{m} = 6{,}56 \times 10^{-5} \text{ kg/s}$

11.12

a) $\dot{Q}_a = 1695{,}3 \text{ W}$

b) e **c)** $\varepsilon_n \sim 0{,}05$ (da Tab. 10.2 pode ser alumínio ou cobre altamente polido)

d) $T_3 = 530{,}7 \text{ K}$

11.13

a) $L = 11{,}1 \text{ m}$

b) $T_3 = 493{,}3 \text{ K} = 220{,}15 \text{ °C}$

11.14

$\frac{\dot{Q}}{L} = 0{,}328 \frac{\text{W}}{\text{m}}$

$T_2 = 213{,}4 \text{ K}$

11.15

a) $T_S = 242{,}3 \text{ K} = -30{,}8 \text{ °C}$

b) $T_S = 352{,}8 \text{ K} = 79{,}6 \text{ °C}$

11.16

a) $\dot{Q}_R = 1696{,}8 \text{ W}$

$\dot{Q}_C = 1382{,}0 \text{ W}$

$\dot{Q}_T = 3078{,}8 \text{ W}$

b) $\dot{Q}_R = 121{,}2 \text{ W}$

$\dot{Q}_C = 1382{,}0 \text{ W}$

$\dot{Q}_T = 1503{,}2 \text{ W}$

11.17

$T_p = 274{,}6 \text{ K} = 1{,}45 \text{ °C}$

11.18

$\dot{m}_{cond} = 6{,}2 \text{ g/s}$

11.19

Alternativa 1

$T_S = 280{,}5 \text{ K} = 7{,}3 \text{ °C}$

$$\frac{\dot{Q}}{L} = 532{,}4 \ \frac{\text{W}}{\text{m}}$$

Alternativa 2

$T_S = 274{,}7 \text{ K} = 1{,}6 \text{ °C}$

$$q' = 514{,}4 \ \frac{\text{W}}{\text{m}}$$

Alternativa 3

$T_s = 293{,}0 \text{ K} = 19{,}85 \text{ °C}$ e $\dfrac{\dot{Q}}{L} = 20{,}0 \ \dfrac{\text{W}}{\text{m}}$

11.20

a) 53,7 %

b) $\dot{m}_G = 2,589 \times 10^{-5} \dfrac{kg}{s}$

11.21

a) Hipóteses: resistência térmica à condução desprezível; cilindros longos sem efeito de bordas; regime permanente.

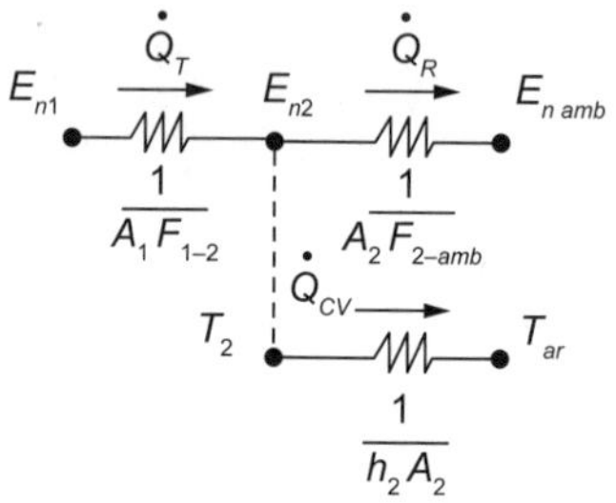

b) $F_{1-2} = 1$; $F_{2-amb} = 1$

c) $\dfrac{\dot{Q}_T}{L} = 1336 \dfrac{W}{m}$

d) $T_2 = 353,3\ K = 80,15\ °C$

11.22

a) $T_1 = 307,4\ K \sim 34,2\ °C$

b) $T_1 = 296,2\ K = 23\ °C$

CAPÍTULO 12

12.1

Espécie	$w_i(-)$	$p_i(kPa)$
N_2	0,5376	120
O_2	0,2157	42
CO_2	0,2118	30
CO	0,0270	6
H_2O	0,0058	2

12.2

a) $0{,}92\ \text{cm}^2/\text{s}$

b) $0{,}102\ \text{cm}^2/\text{s}$

12.3

a) $0{,}065\ \text{cm}^2/\text{s}$

b) $0{,}202\ \text{cm}^2/\text{s}$

12.4

$0{,}2022\ \text{cm}^2/\text{s}$

12.5

a) $3{,}69\times10^{-5}\ \text{cm}^2/\text{s}$

b) $5{,}89\times10^{-5}\ \text{cm}^2/\text{s}$

12.6

$7{,}55\times10^{-6}\ \text{cm}^2/\text{s}$

12.7

	$A \rightarrow B$	$D_{AB}(\text{cm}^2/\text{s})$	
		298,15 K	973,15 K
a)	$C \rightarrow \alpha - F_e$ (CCC)*	$4{,}31 \times 10^{-16}$	$6{,}83 \times 10^{-7}$
b)	$C \rightarrow \gamma - F_e$ (CFC)**	$3{,}54 \times 10^{-26}$	$5{,}40 \times 10^{-8}$
c)	$F_e \rightarrow \alpha - F_e$(CCC)	$9{,}95 \times 10^{-44}$	$2{,}26 \times 10^{-13}$
d)	$N_i \rightarrow \gamma - F_e$(CFC)	$2{,}12 \times 10^{-49}$	$7{,}56 \times 10^{-16}$

12.8

a) 4,823 kg/s (lateral e faces inferior e superior)

b) 0,43 %

12.9

a) $2{,}48\times10^{-4}$ g/s

b) 34,4 h

c) 38,7 h

12.10

a) 87 dias

b) Início: $3{,}63\times10^{-7}$ g/s

Fim: $1{,}21\times10^{-7}$ g/s

12.11

a) 17,9 %

b) 16,4 %

12.12

a) ~12,9 h

b) 59,1 mol/L

12.13

$2{,}417\times10^{-7}$ cm²/s

12.14

$x = L/2$:

$Sh_x = 97{,}8$

$k_{mx} = 5{,}4\times10^{-3}$ m/s

$x = L: Sh_x = 138{,}3;\ k_{mx} = 3{,}8\times10^{-3}$ m/s

$\overline{Sh_L} = 276{,}7$

$\overline{k}_m = 7{,}6\times10^{-3}$ m²/s

12.15

1,64 h

12.16

$5{,}09 \times 10^{-9}$ kg/s

Índice Alfabético

D

E

F

G

I

V

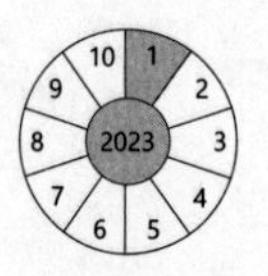

10
1
2
3
4
5
6
7
8
9
2023